中 国 国 家 标 准 汇 编

2007 年修订-3

中国标准出版社　编

中 国 标 准 出 版 社

北 京

图书在版编目（CIP）数据

中国国家标准汇编：2007年修订．3/中国标准出版社编．—北京：中国标准出版社，2008

ISBN 978-7-5066-4968-1

Ⅰ．中…　Ⅱ．中…　Ⅲ．国家标准-汇编-中国-2007　Ⅳ．T-652.1

中国版本图书馆CIP数据核字（2008）第101059号

中国标准出版社出版发行
北京复兴门外三里河北街16号
邮政编码：100045

网址 www.spc.net.cn
电话：68523946　68517548
中国标准出版社秦皇岛印刷厂印刷
各地新华书店经销

*

开本 880×1230 1/16　印张 41.25　字数 1 247 千字
2008年8月第一版　2008年8月第一次印刷

*

定价 200.00 元

出 版 说 明

1.《中国国家标准汇编》是一部大型综合性国家标准全集，自 1983 年起，按国家标准顺序号以精装本、平装本两种装帧形式陆续分册汇编出版。《汇编》在一定程度上反映了我国建国以来标准化事业发展的基本情况和主要成就，是各级标准化管理机构，工矿企事业单位，农林牧副渔系统，科研、设计、教学等部门必不可少的工具书。

2. 由于标准的动态性，每年有相当数量的国家标准被修订，这些国家标准的修订信息无法在已出版的《汇编》中得到反映。为此，自 1995 年起，新增出版在上一年度被修订的国家标准的汇编本。

3. 修订的国家标准汇编本的正书名、版本形式、装帧形式与《中国国家标准汇编》相同，视篇幅分设若干册，但不占总的分册号，仅在封面和书脊上注明"2006 年修订-1，-2，-3，……"等字样，作为对《中国国家标准汇编》的补充。读者配套购买则可收齐前一年新制定和修订的全部国家标准。

4. 修订的国家标准汇编本的各分册中的标准，仍按顺序号由小到大排列(不连续)；如有遗漏的，均在当年最后一分册中补齐。

5. 2007 年制修订国家标准 1 410 项，全部收入在《中国国家标准汇编》第 352～367 分册和 2007 年修订-1～修订-23 分册中。本分册为"2007 年修订-3"，收入新修订的国家标准 17 项。

中国标准出版社

2008 年 6 月

目　　录

GB/T 2260—2007　中华人民共和国行政区划代码 ………………………………………………… 1
GB/T 2273—2007　烧结镁砂 ………………………………………………………………… 233
GB/T 2275—2007　镁砖和镁铝砖 …………………………………………………………… 239
GB/T 2374—2007　染料　染色测定的一般条件规定 ……………………………………… 245
GB/T 2382—2007　硫化染料　游离硫磺含量的测定 ……………………………………… 253
GB/T 2384—2007　染料中间体　熔点范围测定通用方法 ………………………………… 257
GB/T 2385—2007　染料中间体　结晶点的测定通用方法 ………………………………… 263
GB/T 2490—2007　固结磨具　硬度检验 …………………………………………………… 271
GB/T 2522—2007　电工钢片(带)表面绝缘电阻、涂层附着性测试方法 ………………… 279
GB/T 2550—2007　气体焊接设备　焊接、切割和类似作业用橡胶软管 ………………… 289
GB 2585—2007　铁路用热轧钢轨 ……………………………………………………………… 301
GB/T 2611—2007　试验机　通用技术要求 ………………………………………………… 353
GB/T 2673—2007　内六角花形沉头螺钉 …………………………………………………… 361
GB 2760—2007　食品添加剂使用卫生标准 …………………………………………………… 367
GB/T 2778—2007　农业拖拉机动力输出皮带轮　圆周速度和宽度 ……………………… 617
GB 2811—2007　安全帽 ………………………………………………………………………… 621
GB/T 2877—2007　液压二通盖板式插装阀　安装连接尺寸 ……………………………… 633

ICS 35.040
A 24

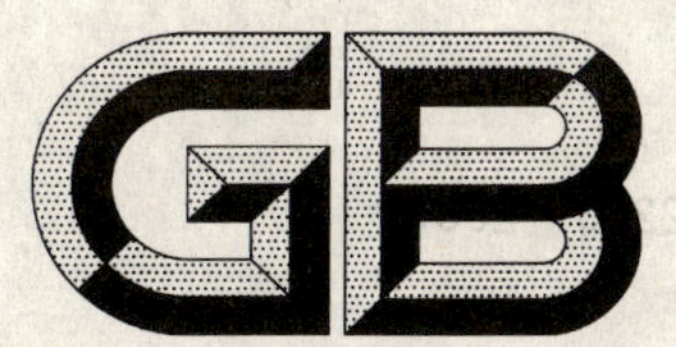

中华人民共和国国家标准

GB/T 2260—2007
代替 GB/T 2260—2002

中华人民共和国行政区划代码

Codes for the administrative divisions of the People′s Republic of China

2007-11-14 发布 2008-02-01 实施

中华人民共和国国家质量监督检验检疫总局
中国国家标准化管理委员会 发布

前　言

GB/T 2260《中华人民共和国行政区划代码》自1980年发布以来，已广泛应用于我国计划、统计、人口普查、经济普查、农业普查、社会保障、信息化、教育、人事管理、组织机构管理等诸多领域。实践证明，此项标准是我国现代化管理中一项重要的基础标准。

GB/T 10114—2003《县级以下行政区划代码编制规则》应与本标准配套使用。

GB/T 2260的本次修订，以2002年1月1日至2007年10月31日期间国务院或民政部对县级及县级以上行政区划变更的批复文件为依据。

本次标准的修订版本为GB/T 2260—2007，代替GB/T 2260—2002。

GB/T 2260—2007与GB/T 2260—2002相比，主要变化表现在对应于行政区划变更的代码修订和区划名称变化，合计为：撤销数字码238个，新赋数字码255个；撤销字母码104个，新赋字母码103个；区划名称变化182处。

本标准的附录A和附录B为资料性附录。

本标准由中国标准化研究院提出。

本标准由全国信息分类编码标准化技术委员会归口。

本标准起草单位：中国标准化研究院、民政部区划地名司。

本标准主要起草人：李小林、张爱、赵艳华、江洲、黄茹、黄智晖。

本标准于1980年12月首次发布，1982年、1984年、1986年、1988年、1991年、1995年、1999年、2002年先后进行了八次修订，本次为第九次修订。

中华人民共和国行政区划代码

1 范围

本标准规定了中华人民共和国县级及县级以上行政区划的数字代码和字母代码。

本标准适用于对县级及县级以上行政区划进行标识、信息处理和交换等。

2 规范性引用文件

下列文件中的条款通过本标准的引用而成为本标准的条款。凡是注日期的引用文件，其随后所有的修改单（不包括勘误的内容）或修订版均不适用于本标准，然而，鼓励根据本标准达成协议的各方研究是否可使用这些文件的最新版本。凡是不注日期的引用文件，其最新版本适用于本标准。

GB/T 3304—1991　中国各民族名称的罗马字母拼写法和代码

GB/T 7407—1997　中国及世界主要海运贸易港口代码

GB/T 15514—1998　中华人民共和国口岸及其有关地点代码

3 数字代码的编制原则和结构

3.1　行政区划数字代码（简称数字码）采用三层六位层次码结构，按层次分别表示我国各省（自治区、直辖市、特别行政区）、市（地区、自治州、盟）、县（自治县、县级市、旗、自治旗、市辖区、林区、特区）。

3.2　数字码码位结构从左至右的含义是：

第一层即前两位代码表示省、自治区、直辖市、特别行政区。

第二层即中间两位代码表示市、地区、自治州、盟、直辖市所辖市辖区/县汇总码、省（自治区）直辖县级行政区划汇总码，其中：

——01～20、51～70 表示市，01、02 还用于表示直辖市所辖市辖区、县汇总码；

——21～50 表示地区、自治州、盟；

——90 表示省（自治区）直辖县级行政区划汇总码。

第三层即后两位表示县、自治县、县级市、旗、自治旗、市辖区、林区、特区，其中：

——01～20 表示市辖区、地区（自治州、盟）辖县级市、市辖特区以及省（自治区）直辖县级行政区划中的县级市，01 通常表示市辖区汇总码；

——21～80 表示县、自治县、旗、自治旗、林区、地区辖特区；

——81～99 表示省（自治区）辖县级市。

3.3　为保证数字码的唯一性，因行政区划发生变更而撤销的数字码不再赋予其他行政区划。

4 字母代码的编制原则和结构

4.1　行政区划字母代码（简称字母码）遵循科学性、统一性、实用性编码原则，参照县及县以上行政区划名称的罗马字母拼写，取相应的字母编制。

4.2　省、自治区、直辖市、特别行政区的字母码用两位大写字母表示。

4.3　市、地区、自治州、盟、县、自治县、县级市、旗、自治旗、市辖区、林区、特区的字母码用三位大写字母表示。

4.4　部分行政区划字母代码采用了 GB/T 15514—1998 或 GB/T 7407—1997 中的字母码，在代码表中用 * 号标出。

4.5　行政区划名称的罗马字母拼写一般采用汉语地名的罗马字母拼写；但当行政区划名称以蒙古语、

维吾尔语、藏语命名时，其行政区划名称的罗马字母拼写执行相应的民族语言音译转写规定，并在代码表中用＊＊号标出；台湾省和香港特别行政区、澳门特别行政区的罗马字母拼写遵循国家有关规定；当行政区划名称中含有民族名称时，该民族名称的罗马字母拼写执行 GB/T 3304—1991 的规定。

5 代码表

5.1 省、自治区、直辖市、特别行政区代码见表 1。

5.2 各省(自治区、直辖市)代码表见表 2～表 32。

5.3 台湾省代码表暂缺。

5.4 香港特别行政区、澳门特别行政区代码表暂缺。

表 1 省、自治区、直辖市、特别行政区代码表

名　称	罗马字母拼写	数字码	字母码
北京市	Beijing Shi	110000	BJ
天津市	Tianjin Shi	120000	TJ
河北省	Hebei Sheng	130000	HE
山西省	Shanxi Sheng	140000	SX
内蒙古自治区	Nei Mongol Zizhiqu	150000	NM
辽宁省	Liaoning Sheng	210000	LN
吉林省	Jilin Sheng	220000	JL
黑龙江省	Heilongjiang Sheng	230000	HL
上海市	Shanghai Shi	310000	SH
江苏省	Jiangsu Sheng	320000	JS
浙江省	Zhejiang Sheng	330000	ZJ
安徽省	Anhui Sheng	340000	AH
福建省	Fujian Sheng	350000	FJ
江西省	Jiangxi Sheng	360000	JX
山东省	Shandong Sheng	370000	SD
河南省	Henan Sheng	410000	HA
湖北省	Hubei Sheng	420000	HB
湖南省	Hunan Sheng	430000	HN
广东省	Guangdong Sheng	440000	GD
广西壮族自治区	Guangxi Zhuangzu Zizhiqu	450000	GX
海南省	Hainan Sheng	460000	HI
重庆市	Chongqing Shi	500000	CQ
四川省	Sichuan Sheng	510000	SC
贵州省	Guizhou Sheng	520000	GZ
云南省	Yunnan Sheng	530000	YN
西藏自治区	Xizang Zizhiqu	540000	XZ
陕西省	Shaanxi Sheng	610000	SN
甘肃省	Gansu Sheng	620000	GS
青海省	Qinghai Sheng	630000	QH
宁夏回族自治区	Ningxia Huizu Zizhiqu	640000	NX
新疆维吾尔自治区	Xinjiang Uygur Zizhiqu	650000	XJ
台湾省	Taiwan Sheng	710000	TW
香港特别行政区	Hongkong Tebiexingzhengqu	810000	HK
澳门特别行政区	Macau Tebiexingzhengqu	820000	MO

表 2 北京市(110000 BJ)代码表

名 称	罗马字母拼写	数字码	字母码
市辖区	Shixiaqu	110100	
东城区	Dongcheng Qu	110101	DCQ
西城区	Xicheng Qu	110102	XCQ
崇文区	Chongwen Qu	110103	CWQ
宣武区	Xuanwu Qu	110104	XWQ
朝阳区	Chaoyang Qu	110105	CYQ
丰台区	Fengtai Qu	110106	FTQ
石景山区	Shijingshan Qu	110107	SJS
海淀区	Haidian Qu	110108	HDN
门头沟区	Mentougou Qu	110109	MTG
房山区	Fangshan Qu	110111	FSQ
通州区	Tongzhou Qu	110112	TZQ
顺义区	Shunyi Qu	110113	SYI
昌平区	Changping Qu	110114	CHP
大兴区	Daxing Qu	110115	DXU
怀柔区	Huairou Qu	110116	HRO
平谷区	Pinggu Qu	110117	PGU
县	Xian	110200	
密云县	Miyun Xian	110228	MYN
延庆县	Yanqing Xian	110229	YQX

表 3 天津市(120000 TJ)代码表

名 称	罗马字母拼写	数字码	字母码
市辖区	Shixiaqu	120100	
和平区	Heping Qu	120101	HEP
河东区	Hedong Qu	120102	HDQ
河西区	Hexi Qu	120103	HXQ
南开区	Nankai Qu	120104	NKQ
河北区	Hebei Qu	120105	HBQ
红桥区	Hongqiao Qu	120106	HQO
塘沽区(*)	Tanggu Qu	120107	TGA
汉沽区	Hangu Qu	120108	HGQ
大港区	Dagang Qu	120109	DGJ
东丽区	Dongli Qu	120110	DLI
西青区	Xiqing Qu	120111	XQG
津南区	Jinnan Qu	120112	JNQ
北辰区	Beichen Qu	120113	BCQ
武清区	Wuqing Qu	120114	WQQ
宝坻区	Baodi Qu	120115	BDI
县	Xian	120200	
宁河县	Ninghe Xian	120221	NHE
静海县	Jinghai Xian	120223	JHT
蓟县	Ji Xian	120225	JIT

表 4 河北省(130000 HE)代码表

名 称	罗马字母拼写	数字码	字母码
石家庄市(*)	Shijiazhuang Shi	130100	SJW
市辖区	Shixiaqu	130101	
长安区	Chang'an Qu	130102	CAQ
桥东区	Qiaodong Qu	130103	QDQ
桥西区	Qiaoxi Qu	130104	QXI
新华区	Xinhua Qu	130105	XHR
井陉矿区	Jingxing Kuangqu	130107	JXK
裕华区	Yuhua Qu	130108	YUH
井陉县	Jingxing Xian	130121	JXJ
正定县	Zhengding Xian	130123	ZDJ
栾城县	Luancheng Xian	130124	LCG
行唐县	Xingtang Xian	130125	XTG
灵寿县	Lingshou Xian	130126	LSO
高邑县	Gaoyi Xian	130127	GYJ
深泽县	Shenze Xian	130128	SZE
赞皇县	Zanhuang Xian	130129	ZHG
无极县	Wuji Xian	130130	WJI
平山县	Pingshan Xian	130131	PSH
元氏县	Yuanshi Xian	130132	YSI
赵县	Zhao Xian	130133	ZAO
辛集市	Xinji Shi	130181	XJS
藁城市	Gaocheng Shi	130182	GCS
晋州市	Jinzhou Shi	130183	JZJ
新乐市	Xinle Shi	130184	XLE
鹿泉市	Luquan Shi	130185	LUQ
唐山市(*)	Tangshan Shi	130200	TGS
市辖区	Shixiaqu	130201	
路南区	Lunan Qu	130202	LNB
路北区	Lubei Qu	130203	LBQ
古冶区	Guye Qu	130204	GYE
开平区	Kaiping Qu	130205	KPQ
丰南区	Fengnan Qu	130207	FNQ
丰润区	Fengrun Qu	130208	FRN
滦县	Luan Xian	130223	LUA

表 4（续）

名　称	罗马字母拼写	数字码	字母码
滦南县	Luannan Xian	130224	LNJ
乐亭县	Leting Xian	130225	LTJ
迁西县	Qianxi Xian	130227	QXX
玉田县	Yutian Xian	130229	YTJ
唐海县	Tanghai Xian	130230	THA
遵化市	Zunhua Shi	130281	ZNH
迁安市	Qian'an Shi	130283	QAS
秦皇岛市（*）	Qinhuangdao Shi	130300	SHP
市辖区	Shixiaqu	130301	
海港区	Haigang Qu	130302	HGG
山海关区	Shanhaiguan Qu	130303	SHG
北戴河区	Beidaihe Qu	130304	BDH
青龙满族自治县	Qinglong Manzu Zizhixian	130321	QLM
昌黎县	Changli Xian	130322	CGL
抚宁县	Funing Xian	130323	FUN
卢龙县	Lulong Xian	130324	LLG
邯郸市	Handan Shi	130400	HDS
市辖区	Shixiaqu	130401	
邯山区	Hanshan Qu	130402	HHD
丛台区	Congtai Qu	130403	CTQ
复兴区	Fuxing Qu	130404	FXQ
峰峰矿区	Fengfeng Kuangqu	130406	FFK
邯郸县	Handan Xian	130421	HDX
临漳县	Linzhang Xian	130423	LNZ
成安县	Cheng'an Xian	130424	CAJ
大名县	Daming Xian	130425	DMX
涉县	She Xian	130426	SEJ
磁县	Ci Xian	130427	CIX
肥乡县	Feixiang Xian	130428	FXJ
永年县	Yongnian Xian	130429	YON
邱县	Qiu Xian	130430	QIU
鸡泽县	Jize Xian	130431	JZE
广平县	Guangping Xian	130432	GPX
馆陶县	Guantao Xian	130433	GTO
魏县	Wei Xian	130434	WEI
曲周县	Quzhou Xian	130435	QZX
武安市	Wu'an Shi	130481	WUA
邢台市	Xingtai Shi	130500	XTS
市辖区	Shixiaqu	130501	
桥东区	Qiaodong Qu	130502	QDZ

表 4（续）

名　称	罗马字母拼写	数字码	字母码
桥西区	Qiaoxi Qu	130503	QXQ
邢台县	Xingtai Xian	130521	XTJ
临城县	Lincheng Xian	130522	LNC
内丘县	Neiqiu Xian	130523	NQU
柏乡县	Baixiang Xian	130524	BXG
隆尧县	Longyao Xian	130525	LYO
任县	Ren Xian	130526	REN
南和县	Nanhe Xian	130527	NHX
宁晋县	Ningjin Xian	130528	NJN
巨鹿县	Julu Xian	130529	JLU
新河县	Xinhe Xian	130530	XHJ
广宗县	Guangzong Xian	130531	GZJ
平乡县	Pingxiang Xian	130532	PXX
威县	Wei Xian	130533	WEX
清河县	Qinghe Xian	130534	QHE
临西县	Linxi Xian	130535	LXI
南宫市	Nangong Shi	130581	NGO
沙河市	Shahe Shi	130582	SHS
保定市	Baoding Shi	130600	BDS
市辖区	Shixiaqu	130601	
新市区	Xinshi Qu	130602	XSU
北市区	Beishi Qu	130603	BSI
南市区	Nanshi Qu	130604	NSB
满城县	Mancheng Xian	130621	MCE
清苑县	Qingyuan Xian	130622	QYJ
涞水县	Laishui Xian	130623	LSM
阜平县	Fuping Xian	130624	FUP
徐水县	Xushui Xian	130625	XSJ
定兴县	Dingxing Xian	130626	DXG
唐县	Tang Xian	130627	TAG
高阳县	Gaoyang Xian	130628	GAY
容城县	Rongcheng Xian	130629	RCX
涞源县	Laiyuan Xian	130630	LIY
望都县	Wangdu Xian	130631	WDU
安新县	Anxin Xian	130632	AXX
易县	Yi Xian	130633	YII
曲阳县	Quyang Xian	130634	QUY
蠡县	Li Xian	130635	LXJ
顺平县	Shunping Xian	130636	SPI
博野县	Boye Xian	130637	BYE

表 4（续）

名　称	罗马字母拼写	数字码	字母码
雄县	Xiong Xian	130638	XOX
涿州市	Zhuozhou Shi	130681	ZZO
定州市	Dingzhou Shi	130682	DZO
安国市	Anguo Shi	130683	AGO
高碑店市	Gaobeidian Shi	130684	GBD
张家口市	Zhangjiakou Shi	130700	ZJK
市辖区	Shixiaqu	130701	
桥东区	Qiaodong Qu	130702	QDG
桥西区	Qiaoxi Qu	130703	QXT
宣化区	Xuanhua Qu	130705	XHZ
下花园区	Xiahuayuan Qu	130706	XHY
宣化县	Xuanhua Xian	130721	XHX
张北县	Zhangbei Xian	130722	ZGB
康保县	Kangbao Xian	130723	KBO
沽源县	Guyuan Xian	130724	GUY
尚义县	Shangyi Xian	130725	SYK
蔚县	Yu Xian	130726	YXJ
阳原县	Yangyuan Xian	130727	YYN
怀安县	Huai'an Xian	130728	HAX
万全县	Wanquan Xian	130729	WQN
怀来县	Huailai Xian	130730	HLA
涿鹿县	Zhuolu Xian	130731	ZLU
赤城县	Chicheng Xian	130732	CCX
崇礼县	Chongli Xian	130733	COL
承德市	Chengde Shi	130800	CDS
市辖区	Shixiaqu	130801	
双桥区	Shuangqiao Qu	130802	SQQ
双滦区	Shuangluan Qu	130803	SLQ
鹰手营子矿区	Yingshouyingzi Kuangqu	130804	YSY
承德县	Chengde Xian	130821	CDX
兴隆县	Xinglong Xian	130822	XLJ
平泉县	Pingquan Xian	130823	PQN
滦平县	Luanping Xian	130824	LUP
隆化县	Longhua Xian	130825	LHJ
丰宁满族自治县	Fengning Manzu Zizhixian	130826	FNJ
宽城满族自治县	Kuancheng Manzu Zizhixian	130827	KCX
围场满族蒙古族自治县	Weichang Manzu Mongolzu Zizhixian	130828	WCJ
沧州市	Cangzhou Shi	130900	CGZ
市辖区	Shixiaqu	130901	
新华区	Xinhua Qu	130902	XHK

表 4（续）

名　称	罗马字母拼写	数字码	字母码
运河区	Yunhe Qu	130903	YHC
沧县	Cang Xian	130921	CAG
青县	Qing Xian	130922	QIG
东光县	Dongguang Xian	130923	DGU
海兴县	Haixing Xian	130924	HXG
盐山县	Yanshan Xian	130925	YNS
肃宁县	Suning Xian	130926	SNG
南皮县	Nanpi Xian	130927	NPI
吴桥县	Wuqiao Xian	130928	WUQ
献县	Xian Xian	130929	XXN
孟村回族自治县	Mengcun Huizu Zizhixian	130930	MCN
泊头市	Botou Shi	130981	BOT
任丘市	Renqiu Shi	130982	RQS
黄骅市	Huanghua Shi	130983	HHJ
河间市	Hejian Shi	130984	HJN
廊坊市	Langfang Shi	131000	LFS
市辖区	Shixiaqu	131001	
安次区	Anci Qu	131002	ACI
广阳区	Guangyang Qu	131003	GYQ
固安县	Gu'an Xian	131022	GUA
永清县	Yongqing Xian	131023	YQG
香河县	Xianghe Xian	131024	XGH
大城县	Daicheng Xian	131025	DCJ
文安县	Wen'an Xian	131026	WEA
大厂回族自治县	Dachang Huizu Zizhixian	131028	DCG
霸州市	Bazhou Shi	131081	BZO
三河市	Sanhe Shi	131082	SNH
衡水市	Hengshui Shi	131100	HGS
市辖区	Shixiaqu	131101	
桃城区	Taocheng Qu	131102	TOC
枣强县	Zaoqiang Xian	131121	ZQJ
武邑县	Wuyi Xian	131122	WYI
武强县	Wuqiang Xian	131123	WQG
饶阳县	Raoyang Xian	131124	RYG
安平县	Anping Xian	131125	APG
故城县	Gucheng Xian	131126	GCE
景县	Jing Xian	131127	JIG
阜城县	Fucheng Xian	131128	FCE
冀州市	Jizhou Shi	131181	JIZ
深州市	Shenzhou Shi	131182	SNZ

表 5 山西省(140000 SX)代码表

名称	罗马字母拼写	数字码	字母码
太原市(*)	Taiyuan Shi	140100	TYN
市辖区	Shixiaqu	140101	
小店区	Xiaodian Qu	140105	XDQ
迎泽区	Yingze Qu	140106	YZT
杏花岭区	Xinghualing Qu	140107	XHL
尖草坪区	Jiancaoping Qu	140108	JCP
万柏林区	Wanbailin Qu	140109	WBL
晋源区	Jinyuan Qu	140110	JYM
清徐县	Qingxu Xian	140121	QXU
阳曲县	Yangqu Xian	140122	YGQ
娄烦县	Loufan Xian	140123	LFA
古交市	Gujiao Shi	140181	GUJ
大同市	Datong Shi	140200	DTG
市辖区	Shixiaqu	140201	
城区	Chengqu	140202	CQF
矿区	Kuangqu	140203	KQY
南郊区	Nanjiao Qu	140211	NJQ
新荣区	Xinrong Qu	140212	XRQ
阳高县	Yanggao Xian	140221	YGO
天镇县	Tianzhen Xian	140222	TZE
广灵县	Guangling Xian	140223	GLJ
灵丘县	Lingqiu Xian	140224	LQX
浑源县	Hunyuan Xian	140225	HYM
左云县	Zuoyun Xian	140226	ZUY
大同县	Datong Xian	140227	DTX
阳泉市	Yangquan Shi	140300	YQS
市辖区	Shixiaqu	140301	
城区	Chengqu	140302	CQD
矿区	Kuangqu	140303	KQD
郊区	Jiaoqu	140311	JQY
平定县	Pingding Xian	140321	PDG
盂县	Yu Xian	140322	YUX
长治市	Changzhi Shi	140400	CZS

表 5（续）

名　称	罗马字母拼写	数字码	字母码
市辖区	Shixiaqu	140401	
城区	Chengqu	140402	CQC
郊区	Jiaoqu	140411	JHB
长治县	Changzhi Xian	140421	CZI
襄垣县	Xiangyuan Xian	140423	XYJ
屯留县	Tunliu Xian	140424	TNL
平顺县	Pingshun Xian	140425	PSX
黎城县	Licheng Xian	140426	LIC
壶关县	Huguan Xian	140427	HGN
长子县	Zhangzi Xian	140428	ZHZ
武乡县	Wuxiang Xian	140429	WXG
沁县	Qin Xian	140430	QIN
沁源县	Qinyuan Xian	140431	QYU
潞城市	Lucheng Shi	140481	LCS
晋城市	Jincheng Shi	140500	JCG
市辖区	Shixiaqu	140501	
城区	Chengqu	140502	CQJ
沁水县	Qinshui Xian	140521	QSI
阳城县	Yangcheng Xian	140522	YGC
陵川县	Lingchuan Xian	140524	LGC
泽州县	Zezhou Xian	140525	ZEZ
高平市	Gaoping Shi	140581	GPG
朔州市	Shuozhou Shi	140600	SZJ
市辖区	Shixiaqu	140601	
朔城区	Shuocheng Qu	140602	SCH
平鲁区	Pinglu Qu	140603	PLU
山阴县	Shanyin Xian	140621	SYP
应县	Ying Xian	140622	YIG
右玉县	Youyu Xian	140623	YOY
怀仁县	Huairen Xian	140624	HRN
晋中市	Jinzhong Shi	140700	JZN
市辖区	Shixiaqu	140701	
榆次区	Yuci Qu	140702	YCI
榆社县	Yushe Xian	140721	YSJ
左权县	Zuoquan Xian	140722	ZQX
和顺县	Heshun Xian	140723	HSJ
昔阳县	Xiyang Xian	140724	XIY
寿阳县	Shouyang Xian	140725	SYJ
太谷县	Taigu Xian	140726	TIG

表 5（续）

名　称	罗马字母拼写	数字码	字母码
祁县	Qi Xian	140727	QIJ
平遥县	Pingyao Xian	140728	PGY
灵石县	Lingshi Xian	140729	LSF
介休市	Jiexiu Shi	140781	JXS
运城市	Yuncheng Shi	140800	YCE
市辖区	Shixiaqu	140801	
盐湖区	Yanhu Qu	140802	YAH
临猗县	Linyi Xian	140821	LYJ
万荣县	Wanrong Xian	140822	WRG
闻喜县	Wenxi Xian	140823	WNX
稷山县	Jishan Xian	140824	JSJ
新绛县	Xinjiang Xian	140825	XNJ
绛县	Jiang Xian	140826	JXC
垣曲县	Yuanqu Xian	140827	YQU
夏县	Xia Xian	140828	XIA
平陆县	Pinglu Xian	140829	PGL
芮城县	Ruicheng Xian	140830	RIC
永济市	Yongji Shi	140881	YJJ
河津市	Hejin Shi	140882	HJS
忻州市	Xinzhou Shi	140900	XZS
市辖区	Shixiaqu	140901	
忻府区	Xinfu Qu	140902	XNU
定襄县	Dingxiang Xian	140921	DXJ
五台县	Wutai Xian	140922	WTA
代县	Dai Xian	140923	DAI
繁峙县	Fanshi Xian	140924	FSI
宁武县	Ningwu Xian	140925	NWU
静乐县	Jingle Xian	140926	JGL
神池县	Shenchi Xian	140927	SCI
五寨县	Wuzhai Xian	140928	WZH
岢岚县	Kelan Xian	140929	KLN
河曲县	Hequ Xian	140930	HQU
保德县	Baode Xian	140931	BDE
偏关县	Pianguan Xian	140932	PGN
原平市	Yuanping Shi	140981	YUP
临汾市	Linfen Shi	141000	LFN
市辖区	Shixiaqu	141001	
尧都区	Yaodu Qu	141002	YDJ
曲沃县	Quwo Xian	141021	QWO

表 5（续）

名　称	罗马字母拼写	数字码	字母码
翼城县	Yicheng Xian	141022	YCB
襄汾县	Xiangfen Xian	141023	XFJ
洪洞县	Hongtong Xian	141024	HTO
古县	Gu Xian	141025	GUX
安泽县	Anze Xian	141026	AZE
浮山县	Fushan Xian	141027	FSJ
吉县	Ji Xian	141028	JIJ
乡宁县	Xiangning Xian	141029	XGN
大宁县	Daning Xian	141030	DNG
隰县	Xi Xian	141031	XIJ
永和县	Yonghe Xian	141032	YGH
蒲县	Pu Xian	141033	PUX
汾西县	Fenxi Xian	141034	FEX
侯马市	Houma Shi	141081	HMA
霍州市	Huozhou Shi	141082	HOZ
吕梁市	Lüliang Shi	141100	LLH
市辖区	Shixiaqu	141101	
离石区	Lishi Qu	141102	LSW
文水县	Wenshui Xian	141121	WSJ
交城县	Jiaocheng Xian	141122	JCJ
兴县	Xing Xian	141123	XGX
临县	Lin Xian	141124	LXN
柳林县	Liulin Xian	141125	LUL
石楼县	Shilou Xian	141126	SLO
岚县	Lan Xian	141127	LAN
方山县	Fangshan Xian	141128	FGS
中阳县	Zhongyang Xian	141129	ZHY
交口县	Jiaokou Xian	141130	JKO
孝义市	Xiaoyi Shi	141181	XOY
汾阳市	Fenyang Shi	141182	FYJ

表 6 内蒙古自治区(150000 NM)代码表

名 称	罗马字母拼写	数字码	字母码
呼和浩特市(*)	Hohhot Shi	150100	HET
市辖区	Shixiaqu	150101	
新城区	Xincheng Qu	150102	XCE
回民区	Huimin Qu	150103	HMQ
玉泉区	Yuquan Qu	150104	YQN
赛罕区(**)	Saihan Qu	150105	SAQ
土默特左旗(**)	Tumd Zuoqi	150121	TUZ
托克托县(**)	Togtoh Xian	150122	TOG
和林格尔县(**)	Horinger Xian	150123	HOR
清水河县	Qingshuihe Xian	150124	QSH
武川县	Wuchuan Xian	150125	WCX
包头市	Baotou Shi	150200	BTS
市辖区	Shixiaqu	150201	
东河区	Donghe Qu	150202	DHE
昆都仑区(**)	Hondlon Qu	150203	HDB
青山区	Qingshan Qu	150204	QSN
石拐区(**)	Xiguit Qu	150205	XIT
白云鄂博矿区(**)	Bayan Obo Kuangqu	150206	BYK
九原区	Jiuyuan Qu	150207	JYN
土默特右旗(**)	Tumd Youqi	150221	TUY
固阳县	Guyang Xian	150222	GYM
达尔罕茂明安联合旗(**)	Darhan Mu Minggan Lianheqi	150223	DML
乌海市	Wuhai Shi	150300	WHM
市辖区	Shixiaqu	150301	
海勃湾区(**)	Hairab Wan Qu	150302	HBW
海南区	Hainan Qu	150303	HNU
乌达区(**)	Ud Qu	150304	UDQ
赤峰市	Chifeng(Ulanhad) Shi	150400	CFS
市辖区	Shixiaqu	150401	
红山区	Hongshan Qu	150402	HSZ
元宝山区	Yuanbaoshan Qu	150403	YBO
松山区	Songshan Qu	150404	SSQ
阿鲁科尔沁旗(**)	Ar Horqin Qi	150421	AHO

表 6（续）

名　称	罗马字母拼写	数字码	字母码
巴林左旗(＊＊)	Bairin Zuoqi	150422	BAZ
巴林右旗(＊＊)	Bairin Youqi	150423	BAY
林西县	Linxi Xian	150424	LXM
克什克腾旗(＊＊)	Hexigten Qi	150425	HXT
翁牛特旗(＊＊)	Ongniud Qi	150426	ONG
喀喇沁旗(＊＊)	Harqin Qi	150428	HAR
宁城县	Ningcheng Xian	150429	NCH
敖汉旗	Aohan Qi	150430	AHN
通辽市	Tongliao Shi	150500	TLO
市辖区	Shixiaqu	150501	
科尔沁区(＊＊)	Horqin Qu	150502	HQN
科尔沁左翼中旗(＊＊)	Horqin Zuoyi Zhongqi	150521	HZZ
科尔沁左翼后旗(＊＊)	Horqin Zuoyi Houqi	150522	HZI
开鲁县	Kailu Xian	150523	KLU
库伦旗(＊＊)	Hure Qi	150524	HUR
奈曼旗	Naiman Qi	150525	NMN
扎鲁特旗(＊＊)	Jarud Qi	150526	JAR
霍林郭勒市(＊＊)	Holin Gol Shi	150581	HQL
鄂尔多斯市(＊＊)	Ordos Shi	150600	ODS
市辖区	Shixiaqu	150601	
东胜区	Dongsheng Qu	150602	DNS
达拉特旗(＊＊)	Dalad Qi	150621	DLA
准格尔旗(＊＊)	Jungar Qi	150622	JUN
鄂托克前旗(＊＊)	Otog Qianqi	150623	OTQ
鄂托克旗(＊＊)	Otog Qi	150624	OTO
杭锦旗(＊＊)	Hanggin Qi	150625	HAQ
乌审旗(＊＊)	Uxin Qi	150626	UXI
伊金霍洛旗(＊＊)	Ejin Horo Qi	150627	EHO
呼伦贝尔市(＊＊)	Hulun Buir Shi	150700	HBR
市辖区	Shixiaqu	150701	
海拉尔区(＊＊)	Hailar Qu	150702	HLR
阿荣旗(＊＊)	Arun Qi	150721	ARU
莫力达瓦达斡尔族自治旗(＊＊)	Morin Dawa Daurzu Zizhiqi	150722	MDD
鄂伦春自治旗(＊＊)	Oroqen Zizhiqi	150723	ORO
鄂温克族自治旗(＊＊)	Ewenkizu Zizhiqi	150724	EWE
陈巴尔虎旗(＊＊)	Chen Barag Qi	150725	CBA
新巴尔虎左旗(＊＊)	Xin Barag Zuoqi	150726	XBZ
新巴尔虎右旗(＊＊)	Xin Barag Youqi	150727	XBY
满洲里市(＊)	Manzhouli Shi	150781	MLX

表 6（续）

名　称	罗马字母拼写	数字码	字母码
牙克石市	Yakeshi Shi	150782	YKS
扎兰屯市（＊＊）	Zalantun Shi	150783	ZLT
额尔古纳市（＊＊）	Ergun Shi	150784	ERG
根河市	Genhe Shi	150785	GHS
巴彦淖尔市（＊＊）	Bayannur Shi	150800	BYR
市辖区	Shixiaqu	150801	
临河区	Linhe Qu	150802	LNH
五原县	Wuyuan Xian	150821	WYM
磴口县	Dengkou Xian	150822	DKO
乌拉特前旗（＊＊）	Urad Qianqi	150823	URQ
乌拉特中旗（＊＊）	Urad Zhongqi	150824	URZ
乌拉特后旗（＊＊）	Urad Houqi	150825	URH
杭锦后旗（＊＊）	Hanggin Houqi	150826	HAH
乌兰察布市（＊＊）	Ulanqab Shi	150900	ULS
市辖区	Shixiaqu	150901	
集宁区	Jining Qu	150902	JIN
卓资县	Zhuozi Xian	150921	ZUZ
化德县	Huade Xian	150922	HDE
商都县	Shangdu Xian	150923	SDX
兴和县	Xinghe Xian	150924	XHM
凉城县	Liangcheng Xian	150925	LCM
察哈尔右翼前旗（＊＊）	Qahar Youyi Qianqi	150926	QYM
察哈尔右翼中旗（＊＊）	Qahar Youyi Zhongqi	150927	QYZ
察哈尔右翼后旗（＊＊）	Qahar Youyi Houqi	150928	QYH
四子王旗（＊＊）	Dorbod Qi	150929	DOR
丰镇市	Fengzhen Shi	150981	FZS
兴安盟（＊＊）	Hinggan Meng	152200	HIN
乌兰浩特市（＊＊）	Ulan Hot Shi	152201	ULO
阿尔山市（＊）	Arxan Shi	152202	ARS
科尔沁右翼前旗（＊＊）	Horqin Youyi Qianqi	152221	HYQ
科尔沁右翼中旗（＊＊）	Horqin Youyi Zhongqi	152222	HYZ
扎赉特旗（＊＊）	Jalaid Qi	152223	JAL
突泉县	Tuquan Xian	152224	TUQ
锡林郭勒盟（＊＊）	Xilin Gol Meng	152500	XGO
二连浩特市（＊）	Eren Hot Shi	152501	ERC
锡林浩特市（＊＊）	Xilin Hot Shi	152502	XLI
阿巴嘎旗（＊＊）	Abag Qi	152522	ABG
苏尼特左旗（＊＊）	Sonid Zuoqi	152523	SOZ
苏尼特右旗（＊＊）	Sonid Youqi	152524	SOY

表 6（续）

名　称	罗马字母拼写	数字码	字母码
东乌珠穆沁旗(＊＊)	Dong Ujimqin Qi	152525	DUJ
西乌珠穆沁旗(＊＊)	Xi Ujimqin Qi	152526	XUJ
太仆寺旗(＊＊)	Taibus Qi	152527	TAB
镶黄旗	Xianghuang(Hobot Xar) Qi	152528	XHG
正镶白旗	Zhengxiangbai(Xulun Hobot Qagan) Qi	152529	ZXB
正蓝旗	Zhenglan(Xulun Hoh) Qi	152530	ZLM
多伦县	Duolun(Dolonnur) Xian	152531	DLM
阿拉善盟(＊＊)	Alxa Meng	152900	ALM
阿拉善左旗(＊＊)	Alxa Zuoqi	152921	ALZ
阿拉善右旗(＊＊)	Alxa Youqi	152922	ALY
额济纳旗(＊＊)	Ejin Qi	152923	EJI

表 7 辽宁省(210000 LN)代码表

名 称	罗马字母拼写	数字码	字母码
沈阳市(*)	Shenyang Shi	210100	SHE
市辖区	Shixiaqu	210101	
和平区	Heping Qu	210102	HPG
沈河区	Shenhe Qu	210103	SHQ
大东区	Dadong Qu	210104	DDQ
皇姑区	Huanggu Qu	210105	HGU
铁西区	Tiexi Qu	210106	TXI
苏家屯区	Sujiatun Qu	210111	SJT
东陵区	Dongling Qu	210112	DLQ
沈北新区	Shenbei Xinqu	210113	SBX
于洪区	Yuhong Qu	210114	YHQ
辽中县	Liaozhong Xian	210122	LZL
康平县	Kangping Xian	210123	KPG
法库县	Faku Xian	210124	FKU
新民市	Xinmin Shi	210181	XMS
大连市(*)	Dalian Shi	210200	DLC
市辖区	Shixiaqu	210201	
中山区	Zhongshan Qu	210202	ZSD
西岗区	Xigang Qu	210203	XGD
沙河口区	Shahekou Qu	210204	SHK
甘井子区	Ganjingzi Qu	210211	GJZ
旅顺口区	Lüshunkou Qu	210212	LSK
金州区	Jinzhou Qu	210213	JZH
长海县	Changhai Xian	210224	CHX
瓦房店市	Wafangdian Shi	210281	WFD
普兰店市	Pulandian Shi	210282	PLD
庄河市	Zhuanghe Shi	210283	ZHH
鞍山市(*)	Anshan Shi	210300	ASN
市辖区	Shixiaqu	210301	
铁东区	Tiedong Qu	210302	TED
铁西区	Tiexi Qu	210303	TXS
立山区	Lishan Qu	210304	LAS
千山区	Qianshan Qu	210311	QSQ

表 7(续)

名称	罗马字母拼写	数字码	字母码
台安县	Tai'an Xian	210321	TAX
岫岩满族自治县	Xiuyan Manzu Zizhixian	210323	XYL
海城市	Haicheng Shi	210381	HCL
抚顺市(*)	Fushun Shi	210400	FSN
市辖区	Shixiaqu	210401	
新抚区	Xinfu Qu	210402	XFU
东洲区	Dongzhou Qu	210403	DOZ
望花区	Wanghua Qu	210404	WHF
顺城区	Shuncheng Qu	210411	SCF
抚顺县	Fushun Xian	210421	FSX
新宾满族自治县	Xinbin Manzu Zizhixian	210422	XBN
清原满族自治县	Qingyuan Manzu Zizhixian	210423	QYA
本溪市	Benxi Shi	210500	BXS
市辖区	Shixiaqu	210501	
平山区	Pingshan Qu	210502	PSN
溪湖区	Xihu Qu	210503	XHB
明山区	Mingshan Qu	210504	MSB
南芬区	Nanfen Qu	210505	NFQ
本溪满族自治县	Benxi Manzu Zizhixian	210521	BXX
桓仁满族自治县	Huanren Manzu Zizhixian	210522	HRL
丹东市(*)	Dandong Shi	210600	DDG
市辖区	Shixiaqu	210601	
元宝区	Yuanbao Qu	210602	YBD
振兴区	Zhenxing Qu	210603	ZXQ
振安区	Zhen'an Qu	210604	ZAQ
宽甸满族自治县	Kuandian Manzu Zizhixian	210624	KDN
东港市	Donggang Shi	210681	DGS
凤城市	Fengcheng Shi	210682	FCL
锦州市(*)	Jinzhou Shi	210700	JNZ
市辖区	Shixiaqu	210701	
古塔区	Guta Qu	210702	GTQ
凌河区	Linghe Qu	210703	LHF
太和区	Taihe Qu	210711	THJ
黑山县	Heishan Xian	210726	HSL
义县	Yi Xian	210727	YXL
凌海市	Linghai Shi	210781	LHL
北镇市	Beizhen Shi	210782	BZN
营口市(*)	Yingkou Shi	210800	YIK
市辖区	Shixiaqu	210801	

表 7（续）

名　　称	罗马字母拼写	数字码	字母码
站前区	Zhanqian Qu	210802	ZQQ
西市区	Xishi Qu	210803	XBB
鲅鱼圈区	Bayuquan Qu	210804	BYQ
老边区	Laobian Qu	210811	LOB
盖州市	Gaizhou Shi	210881	GZU
大石桥市	Dashiqiao Shi	210882	DSQ
阜新市	Fuxin Shi	210900	FXS
市辖区	Shixiaqu	210901	
海州区	Haizhou Qu	210902	HIZ
新邱区	Xinqiu Qu	210903	XQF
太平区	Taiping Qu	210904	TPQ
清河门区	Qinghemen Qu	210905	QHM
细河区	Xihe Qu	210911	XHO
阜新蒙古族自治县	Fuxin Mongolzu Zizhixian	210921	FXX
彰武县	Zhangwu Xian	210922	ZWU
辽阳市	Liaoyang Shi	211000	LYL
市辖区	Shixiaqu	211001	
白塔区	Baita Qu	211002	BTL
文圣区	Wensheng Qu	211003	WSL
宏伟区	Hongwei Qu	211004	HWQ
弓长岭区	Gongchangling Qu	211005	GCL
太子河区	Taizihe Qu	211011	TZH
辽阳县	Liaoyang Xian	211021	LYX
灯塔市	Dengta Shi	211081	DTA
盘锦市	Panjin Shi	211100	PJS
市辖区	Shixiaqu	211101	
双台子区	Shuangtaizi Qu	211102	STZ
兴隆台区	Xinglongtai Qu	211103	XLT
大洼县	Dawa Xian	211121	DWA
盘山县	Panshan Xian	211122	PNS
铁岭市	Tieling Shi	211200	TLS
市辖区	Shixiaqu	211201	
银州区	Yinzhou Qu	211202	YZU
清河区	Qinghe Qu	211204	QHQ
铁岭县	Tieling Xian	211221	TLG
西丰县	Xifeng Xian	211223	XIF
昌图县	Changtu Xian	211224	CTX
调兵山市	Diaobingshan Shi	211281	DBS
开原市	Kaiyuan Shi	211282	KYS

表 7（续）

名　称	罗马字母拼写	数字码	字母码
朝阳市	Chaoyang Shi	211300	CYS
市辖区	Shixiaqu	211301	
双塔区	Shuangta Qu	211302	STQ
龙城区	Longcheng Qu	211303	LCL
朝阳县	Chaoyang Xian	211321	CYG
建平县	Jianping Xian	211322	JPG
喀喇沁左翼蒙古族自治县（＊＊）	Harqin Zuoyi Mongolzu Zizhixian	211324	HAZ
北票市	Beipiao Shi	211381	BPO
凌源市	Lingyuan Shi	211382	LYK
葫芦岛市	Huludao Shi	211400	HLD
市辖区	Shixiaqu	211401	
连山区	Lianshan Qu	211402	LSQ
龙港区	Longgang Qu	211403	LGD
南票区	Nanpiao Qu	211404	NPQ
绥中县	Suizhong Xian	211421	SZL
建昌县	Jianchang Xian	211422	JCL
兴城市	Xingcheng Shi	211481	XCL

表 8　吉林省(220000　JL)代码表

名　称	罗马字母拼写	数字码	字母码
长春市(＊)	Changchun Shi	220100	CGQ
市辖区	Shixiaqu	220101	
南关区	Nanguan Qu	220102	NGK
宽城区	Kuancheng Qu	220103	KCQ
朝阳区	Chaoyang Qu	220104	CYC
二道区	Erdao Qu	220105	EDQ
绿园区	Lüyuan Qu	220106	LYQ
双阳区	Shuangyang Qu	220112	SYQ
农安县	Nong'an Xian	220122	NAJ
九台市	Jiutai Shi	220181	JUT
榆树市	Yushu Shi	220182	YSS
德惠市	Dehui Shi	220183	DEH
吉林市	Jilin Shi	220200	JLS
市辖区	Shixiaqu	220201	
昌邑区	Changyi Qu	220202	CYI
龙潭区	Longtan Qu	220203	LTQ
船营区	Chuanying Qu	220204	CYJ
丰满区	Fengman Qu	220211	FMQ
永吉县	Yongji Xian	220221	YOJ
蛟河市	Jiaohe Shi	220281	JHJ
桦甸市	Huadian Shi	220282	HDJ
舒兰市	Shulan Shi	220283	SLN
磐石市	Panshi Shi	220284	PSI
四平市	Siping Shi	220300	SPS
市辖区	Shixiaqu	220301	
铁西区	Tiexi Qu	220302	TXL
铁东区	Tiedong Qu	220303	TDQ
梨树县	Lishu Xian	220322	LSU
伊通满族自治县	Yitong Manzu Zizhixian	220323	YTO
公主岭市	Gongzhuling Shi	220381	GZL
双辽市	Shuangliao Shi	220382	SLS
辽源市	Liaoyuan Shi	220400	LYH
市辖区	Shixiaqu	220401	

表 8（续）

名　称	罗马字母拼写	数字码	字母码
龙山区	Longshan Qu	220402	LGS
西安区	Xi'an Qu	220403	XAQ
东丰县	Dongfeng Xian	220421	DGF
东辽县	Dongliao Xian	220422	DLX
通化市	Tonghua Shi	220500	THS
市辖区	Shixiaqu	220501	
东昌区	Dongchang Qu	220502	DCT
二道江区	Erdaojiang Qu	220503	EDJ
通化县	Tonghua Xian	220521	THX
辉南县	Huinan Xian	220523	HNA
柳河县	Liuhe Xian	220524	LHC
梅河口市	Meihekou Shi	220581	MHK
集安市(＊)	Ji'an Shi	220582	KNC
白山市	Baishan Shi	220600	BSN
市辖区	Shixiaqu	220601	
八道江区	Badaojiang Qu	220602	BDJ
江源区	Jiangyuan Qu	220605	JYT
抚松县	Fusong Xian	220621	FSG
靖宇县	Jingyu Xian	220622	JYJ
长白朝鲜族自治县(＊)	Changbai Chosenzu Zizhixian	220623	CGB
临江市(＊)	Linjiang Shi	220681	LIN
松原市	Songyuan Shi	220700	SYU
市辖区	Shixiaqu	220701	
宁江区	Ningjiang Qu	220702	NJA
前郭尔罗斯蒙古族自治县(＊＊)	Qian Gorlos Mongolzu Zizhixian	220721	QGO
长岭县	Changling Xian	220722	CLG
乾安县	Qian'an Xian	220723	QAJ
扶余县	Fuyu Xian	220724	FYU
白城市	Baicheng Shi	220800	BCS
市辖区	Shixiaqu	220801	
洮北区	Taobei Qu	220802	TBQ
镇赉县	Zhenlai Xian	220821	ZLA
通榆县	Tongyu Xian	220822	TGY
洮南市	Taonan Shi	220881	TNS
大安市(＊)	Da'an Shi	220882	DAN
延边朝鲜族自治州	Yanbian Chosenzu Zizhizhou	222400	YBZ
延吉市(＊)	Yanji Shi	222401	YNJ
图们市(＊)	Tumen Shi	222402	TME

表 8（续）

名　　称	罗马字母拼写	数字码	字母码
敦化市	Dunhua Shi	222403	DHS
珲春市（*）	Hunchun Shi	222404	HUC
龙井市	Longjing Shi	222405	LJJ
和龙市	Helong Shi	222406	HEL
汪清县	Wangqing Xian	222424	WGQ
安图县	Antu Xian	222426	ATU

表 9 黑龙江省(230000 HL)代码表

名 称	罗马字母拼写	数字码	字母码
哈尔滨市(＊)	Harbin Shi	230100	HRB
市辖区	Shixiaqu	230101	
道里区	Daoli Qu	230102	DLH
南岗区	Nangang Qu	230103	NGQ
道外区	Daowai Qu	230104	DWQ
平房区	Pingfang Qu	230108	PFQ
松北区	Songbei Qu	230109	SBU
香坊区	Xiangfang Qu	230110	XFQ
呼兰区	Hulan Qu	230111	HLH
阿城区	Acheng Qu	230112	ACQ
依兰县	Yilan Xian	230123	YLH
方正县	Fangzheng Xian	230124	FZH
宾县	Bin Xian	230125	BNX
巴彦县	Bayan Xian	230126	BYH
木兰县	Mulan Xian	230127	MUL
通河县	Tonghe Xian	230128	TOH
延寿县	Yanshou Xian	230129	YSU
双城市	Shuangcheng Shi	230182	SCS
尚志市	Shangzhi Shi	230183	SZI
五常市	Wuchang Shi	230184	WCA
齐齐哈尔市(＊)	Qiqihar Shi	230200	NDG
市辖区	Shixiaqu	230201	
龙沙区	Longsha Qu	230202	LQQ
建华区	Jianhua Qu	230203	JHQ
铁锋区	Tiefeng Qu	230204	TFQ
昂昂溪区	Ang'angxi Qu	230205	AAX
富拉尔基区(＊＊)	Hulan Ergi Qu	230206	HUE
碾子山区	Nianzishan Qu	230207	NZS
梅里斯达斡尔族区	Meilisi Daurzu Qu	230208	MLS
龙江县	Longjiang Xian	230221	LGJ
依安县	Yi'an Xian	230223	YAN
泰来县	Tailai Xian	230224	TLA
甘南县	Gannan Xian	230225	GNX

表 9（续）

名　称	罗马字母拼写	数字码	字母码
富裕县	Fuyu Xian	230227	FYX
克山县	Keshan Xian	230229	KSN
克东县	Kedong Xian	230230	KDO
拜泉县	Baiquan Xian	230231	BQN
讷河市	Nehe Shi	230281	NEH
鸡西市	Jixi Shi	230300	JXI
市辖区	Shixiaqu	230301	
鸡冠区	Jiguan Qu	230302	JGU
恒山区	Hengshan Qu	230303	HSD
滴道区	Didao Qu	230304	DDO
梨树区	Lishu Qu	230305	LJX
城子河区	Chengzihe Qu	230306	CZH
麻山区	Mashan Qu	230307	MSN
鸡东县	Jidong Xian	230321	JID
虎林市(＊)	Hulin Shi	230381	HUL
密山市(＊)	Mishan Shi	230382	MIS
鹤岗市	Hegang Shi	230400	HEG
市辖区	Shixiaqu	230401	
向阳区	Xiangyang Qu	230402	XYQ
工农区	Gongnong Qu	230403	GNH
南山区	Nanshan Qu	230404	NSN
兴安区	Xing'an Qu	230405	XAH
东山区	Dongshan Qu	230406	DSA
兴山区	Xingshan Qu	230407	XSQ
萝北县(＊)	Luobei Xian	230421	LUB
绥滨县(＊)	Suibin Xian	230422	SBN
双鸭山市	Shuangyashan Shi	230500	SYS
市辖区	Shixiaqu	230501	
尖山区	Jianshan Qu	230502	JSQ
岭东区	Lingdong Qu	230503	LDQ
四方台区	Sifangtai Qu	230505	SFT
宝山区	Baoshan Qu	230506	BAO
集贤县	Jixian Xian	230521	JXH
友谊县	Youyi Xian	230522	YYI
宝清县	Baoqing Xian	230523	BQG
饶河县(＊)	Raohe Xian	230524	ROH
大庆市(＊)	Daqing Shi	230600	DQG
市辖区	Shixiaqu	230601	
萨尔图区(＊＊)	Sairt Qu	230602	SAI

表 9（续）

名 称	罗马字母拼写	数字码	字母码
龙凤区	Longfeng Qu	230603	LFQ
让胡路区	Ranghulu Qu	230604	RHL
红岗区	Honggang Qu	230605	HGD
大同区	Datong Qu	230606	DTD
肇州县	Zhaozhou Xian	230621	ZAZ
肇源县	Zhaoyuan Xian	230622	ZYH
林甸县	Lindian Xian	230623	LDN
杜尔伯特蒙古族自治县（＊＊）	Dorbod Mongolzu Zizhixian	230624	DOM
伊春市	Yichun Shi	230700	YCH
市辖区	Shixiaqu	230701	
伊春区	Yichun Qu	230702	YYC
南岔区	Nancha Qu	230703	NCQ
友好区	Youhao Qu	230704	YOH
西林区	Xilin Qu	230705	XIL
翠峦区	Cuiluan Qu	230706	CLN
新青区	Xinqing Qu	230707	XQQ
美溪区	Meixi Qu	230708	MXQ
金山屯区	Jinshantun Qu	230709	JST
五营区	Wuying Qu	230710	WYQ
乌马河区	Wumahe Qu	230711	WMH
汤旺河区	Tangwanghe Qu	230712	TWH
带岭区	Dailing Qu	230713	DLY
乌伊岭区	Wuyiling Qu	230714	WYL
红星区	Hongxing Qu	230715	HGX
上甘岭区	Shangganling Qu	230716	SGL
嘉荫县（＊）	Jiayin Xian	230722	JAY
铁力市	Tieli Shi	230781	TEL
佳木斯市（＊）	Jiamusi Shi	230800	JMU
市辖区	Shixiaqu	230801	
向阳区	Xiangyang Qu	230803	XYZ
前进区	Qianjin Qu	230804	QJQ
东风区	Dongfeng Qu	230805	DFQ
郊区	Jiaoqu	230811	JCZ
桦南县	Huanan Xian	230822	HNH
桦川县（＊）	Huachuan Xian	230826	HCN
汤原县	Tangyuan Xian	230828	TYX
抚远县（＊）	Fuyuan Xian	230833	FUY
同江市（＊）	Tongjiang Shi	230881	TOJ
富锦市（＊）	Fujin Shi	230882	FUJ

表 9（续）

名　称	罗马字母拼写	数字码	字母码
七台河市	Qitaihe Shi	230900	QTH
市辖区	Shixiaqu	230901	
新兴区	Xinxing Qu	230902	XXQ
桃山区	Taoshan Qu	230903	TSC
茄子河区	Qiezihe Qu	230904	QZI
勃利县	Boli Xian	230921	BLI
牡丹江市(＊)	Mudanjiang Shi	231000	MDG
市辖区	Shixiaqu	231001	
东安区	Dong'an Qu	231002	DGA
阳明区	Yangming Qu	231003	YMQ
爱民区	Aimin Qu	231004	AMQ
西安区	Xi'an Qu	231005	XAA
东宁县(＊)	Dongning Xian	231024	DON
林口县	Linkou Xian	231025	LKO
绥芬河市(＊)	Suifenhe Shi	231081	SFE
海林市	Hailin Shi	231083	HLS
宁安市	Ning'an Shi	231084	NAI
穆棱市	Muling Shi	231085	MLG
黑河市(＊)	Heihe Shi	231100	HEK
市辖区	Shixiaqu	231101	
爱辉区	Aihui Qu	231102	AHQ
嫩江县	Nenjiang Xian	231121	NJH
逊克县(＊)	Xunke Xian	231123	XUK
孙吴县(＊)	Sunwu Xian	231124	SUW
北安市	Bei'an Shi	231181	BAS
五大连池市	Wudalianchi Shi	231182	WDL
绥化市	Suihua Shi	231200	SUH
市辖区	Shixiaqu	231201	
北林区	Beilin Qu	231202	BEL
望奎县	Wangkui Xian	231221	WKI
兰西县	Lanxi Xian	231222	LXT
青冈县	Qinggang Xian	231223	QGG
庆安县	Qing'an Xian	231224	QAN
明水县	Mingshui Xian	231225	MSU

表 9（续）

名 称	罗马字母拼写	数字码	字母码
绥棱县	Suileng Xian	231226	SLG
安达市	Anda Shi	231281	ADA
肇东市	Zhaodong Shi	231282	ZDS
海伦市	Hailun Shi	231283	HLU
大兴安岭地区(**)	Da Hinggan Ling Diqu	232700	DHL
呼玛县(*)	Huma Xian	232721	HUM
塔河县	Tahe Xian	232722	TAH
漠河县(*)	Mohe Xian	232723	MOH

表 10 上海市(310000 SH)代码表

名称	罗马字母拼写	数字码	字母码
市辖区	Shixiaqu	310100	
黄浦区	Huangpu Qu	310101	HGP
卢湾区	Luwan Qu	310103	LWN
徐汇区	Xuhui Qu	310104	XHI
长宁区	Changning Qu	310105	CNQ
静安区	Jing'an Qu	310106	JAQ
普陀区	Putuo Qu	310107	PTO
闸北区	Zhabei Qu	310108	ZBE
虹口区	Hongkou Qu	310109	HKQ
杨浦区	Yangpu Qu	310110	YPU
闵行区	Minhang Qu	310112	MHQ
宝山区(*)	Baoshan Qu	310113	BSQ
嘉定区	Jiading Qu	310114	JDG
浦东新区	Pudong Xinqu	310115	PDX
金山区	Jinshan Qu	310116	JSH
松江区	Songjiang Qu	310117	SOJ
青浦区	Qingpu Qu	310118	QPU
南汇区	Nanhui Qu	310119	NNH
奉贤区	Fengxian Qu	310120	FXI
县	Xian	310200	
崇明县	Chongming Xian	310230	CMI

表 11 江苏省(320000 JS)代码表

名 称	罗马字母拼写	数字码	字母码
南京市(*)	Nanjing Shi	320100	NKG
市辖区	Shixiaqu	320101	
玄武区	Xuanwu Qu	320102	XWU
白下区	Baixia Qu	320103	BXQ
秦淮区	Qinhuai Qu	320104	QHU
建邺区	Jianye Qu	320105	JYQ
鼓楼区	Gulou Qu	320106	GLK
下关区	Xiaguan Qu	320107	XGQ
浦口区	Pukou Qu	320111	PKO
栖霞区	Qixia Qu	320113	QXA
雨花台区	Yuhuatai Qu	320114	YHT
江宁区	Jiangning Qu	320115	JNN
六合区	Luhe Qu	320116	LHE
溧水县	Lishui Xian	320124	LIS
高淳县	Gaochun Xian	320125	GCN
无锡市(*)	Wuxi Shi	320200	WUX
市辖区	Shixiaqu	320201	
崇安区	Chong'an Qu	320202	CGA
南长区	Nanchang Qu	320203	NCG
北塘区	Beitang Qu	320204	BTQ
锡山区	Xishan Qu	320205	XSW
惠山区	Huishan Qu	320206	HSU
滨湖区	Binhu Qu	320211	BNH
江阴市(*)	Jiangyin Shi	320281	JIA
宜兴市	Yixing Shi	320282	YIX
徐州市(*)	Xuzhou Shi	320300	XUZ
市辖区	Shixiaqu	320301	
鼓楼区	Gulou Qu	320302	GLR
云龙区	Yunlong Qu	320303	YLF
九里区	Jiuli Qu	320304	JUL
贾汪区	Jiawang Qu	320305	JWQ
泉山区	Quanshan Qu	320311	QSX
丰县	Feng Xian	320321	FXN

表 11（续）

名　称	罗马字母拼写	数字码	字母码
沛县	Pei Xian	320322	PEI
铜山县	Tongshan Xian	320323	TSX
睢宁县	Suining Xian	320324	SNI
新沂市	Xinyi Shi	320381	XYW
邳州市	Pizhou Shi	320382	PZO
常州市(＊)	Changzhou Shi	320400	CZX
市辖区	Shixiaqu	320401	
天宁区	Tianning Qu	320402	TNQ
钟楼区	Zhonglou Qu	320404	ZLQ
戚墅堰区	Qishuyan Qu	320405	QSY
新北区	Xinbei Qu	320411	XBQ
武进区	Wujin Qu	320412	WJN
溧阳市	Liyang Shi	320481	LYR
金坛市	Jintan Shi	320482	JTS
苏州市(＊)	Suzhou Shi	320500	SZH
市辖区	Shixiaqu	320501	
沧浪区	Canglang Qu	320502	CLQ
平江区	Pingjiang Qu	320503	PJQ
金阊区	Jinchang Qu	320504	JCA
虎丘区	Huqiu Qu	320505	HUQ
吴中区	Wuzhong Qu	320506	WZQ
相城区	Xiangcheng Qu	320507	XAU
常熟市(＊)	Changshu Shi	320581	CGS
张家港市(＊)	Zhangjiagang Shi	320582	ZJG
昆山市(＊)	Kunshan Shi	320583	KUS
吴江市	Wujiang Shi	320584	WUJ
太仓市(＊)	Taicang Shi	320585	TAC
南通市(＊)	Nantong Shi	320600	NTG
市辖区	Shixiaqu	320601	
崇川区	Chongchuan Qu	320602	CCQ
港闸区	Gangzha Qu	320611	GZQ
海安县	Hai'an Xian	320621	HIA
如东县	Rudong Xian	320623	RDG
启东市	Qidong Shi	320681	QID
如皋市	Rugao Shi	320682	RGO
通州市	Tongzhou Shi	320683	TGZ
海门市(＊)	Haimen Shi	320684	HME
连云港市(＊)	Lianyungang Shi	320700	LYG
市辖区	Shixiaqu	320701	

表 11（续）

名称	罗马字母拼写	数字码	字母码
连云区	Lianyun Qu	320703	LYB
新浦区	Xinpu Qu	320705	XPQ
海州区	Haizhou Qu	320706	HZF
赣榆县	Ganyu Xian	320721	GYU
东海县	Donghai Xian	320722	DHX
灌云县	Guanyun Xian	320723	GYS
灌南县	Guannan Xian	320724	GUN
淮安市	Huai'an Shi	320800	HAS
市辖区	Shixiaqu	320801	
清河区	Qinghe Qu	320802	QHH
楚州区	Chuzhou Qu	320803	CHZ
淮阴区	Huaiyin Qu	320804	HUU
清浦区	Qingpu Qu	320811	QPQ
涟水县	Lianshui Xian	320826	LSI
洪泽县	Hongze Xian	320829	HGZ
盱眙县	Xuyi Xian	320830	XUY
金湖县	Jinhu Xian	320831	JHU
盐城市	Yancheng Shi	320900	YCK
市辖区	Shixiaqu	320901	
亭湖区	Tinghu Qu	320902	TNH
盐都区	Yandu Qu	320903	YDU
响水县	Xiangshui Xian	320921	XSH
滨海县	Binhai Xian	320922	BHI
阜宁县	Funing Xian	320923	FNG
射阳县	Sheyang Xian	320924	SEY
建湖县	Jianhu Xian	320925	JIH
东台市	Dongtai Shi	320981	DTS
大丰市	Dafeng Shi	320982	DFS
扬州市(＊)	Yangzhou Shi	321000	YZH
市辖区	Shixiaqu	321001	
广陵区	Guangling Qu	321002	GGL
邗江区	Hanjiang Qu	321003	HAJ
维扬区	Weiyang Qu	321011	WEY
宝应县	Baoying Xian	321023	BYI
仪征市	Yizheng Shi	321081	YZE
高邮市	Gaoyou Shi	321084	GYO
江都市	Jiangdu Shi	321088	JDU
镇江市(＊)	Zhenjiang Shi	321100	ZHE
市辖区	Shixiaqu	321101	

表 11（续）

名　　称	罗马字母拼写	数字码	字母码
京口区	Jingkou Qu	321102	JKQ
润州区	Runzhou Qu	321111	RZQ
丹徒区	Dantu Qu	321112	DNT
丹阳市	Danyang Shi	321181	DNY
扬中市	Yangzhong Shi	321182	YZG
句容市	Jurong Shi	321183	JRG
泰州市	Taizhou Shi	321200	TZS
市辖区	Shixiaqu	321201	
海陵区	Hailing Qu	321202	HIL
高港区	Gaogang Qu	321203	GGQ
兴化市	Xinghua Shi	321281	XHS
靖江市	Jingjiang Shi	321282	JGJ
泰兴市	Taixing Shi	321283	TXG
姜堰市	Jiangyan Shi	321284	JYS
宿迁市	Suqian Shi	321300	SUQ
市辖区	Shixiaqu	321301	
宿城区	Sucheng Qu	321302	SCE
宿豫区	Suyu Qu	321311	SYY
沭阳县	Shuyang Xian	321322	SYD
泗阳县	Siyang Xian	321323	SIY
泗洪县	Sihong Xian	321324	SIH

表 12　浙江省(330000　ZJ)代码表

名　　称	罗马字母拼写	数字码	字母码
杭州市(*)	Hangzhou Shi	330100	HGH
市辖区	Shixiaqu	330101	
上城区	Shangcheng Qu	330102	SCQ
下城区	Xiacheng Qu	330103	XCG
江干区	Jianggan Qu	330104	JGQ
拱墅区	Gongshu Qu	330105	GSQ
西湖区	Xihu Qu	330106	XHU
滨江区	Binjiang Qu	330108	BJQ
萧山区(*)	Xiaoshan Qu	330109	XIS
余杭区	Yuhang Qu	330110	YHG
桐庐县	Tonglu Xian	330122	TLU
淳安县	Chun'an Xian	330127	CAZ
建德市	Jiande Shi	330182	JDS
富阳市	Fuyang Shi	330183	FYZ
临安市	Lin'an Shi	330185	LNA
宁波市(*)	Ningbo Shi	330200	NGB
市辖区	Shixiaqu	330201	
海曙区	Haishu Qu	330203	HNB
江东区	Jiangdong Qu	330204	JDO
江北区	Jiangbei Qu	330205	JBE
北仑区	Beilun Qu	330206	BLN
镇海区	Zhenhai Qu	330211	ZHF
鄞州区	Yinzhou Qu	330212	YIZ
象山县	Xiangshan Xian	330225	XSZ
宁海县	Ninghai Xian	330226	NHI
余姚市	Yuyao Shi	330281	YYO
慈溪市	Cixi Shi	330282	CXI
奉化市	Fenghua Shi	330283	FHU
温州市(*)	Wenzhou Shi	330300	WNZ
市辖区	Shixiaqu	330301	
鹿城区	Lucheng Qu	330302	LUW
龙湾区	Longwan Qu	330303	LWW
瓯海区	Ouhai Qu	330304	OHQ

表 12（续）

名 称	罗马字母拼写	数字码	字母码
洞头县	Dongtou Xian	330322	DTO
永嘉县	Yongjia Xian	330324	YJX
平阳县	Pingyang Xian	330326	PYG
苍南县	Cangnan Xian	330327	CNA
文成县	Wencheng Xian	330328	WCZ
泰顺县	Taishun Xian	330329	TSZ
瑞安市	Rui'an Shi	330381	RAS
乐清市	Yueqing Shi	330382	YQZ
嘉兴市(*)	Jiaxing Shi	330400	JIX
市辖区	Shixiaqu	330401	
南湖区	Nanhu Qu	330402	NHQ
秀洲区	Xiuzhou Qu	330411	XZH
嘉善县	Jiashan Xian	330421	JSK
海盐县	Haiyan Xian	330424	HYN
海宁市	Haining Shi	330481	HNG
平湖市	Pinghu Shi	330482	PHU
桐乡市	Tongxiang Shi	330483	TXZ
湖州市(*)	Huzhou Shi	330500	HZH
市辖区	Shixiaqu	330501	
吴兴区	Wuxing Qu	330502	WXU
南浔区	Nanxun Qu	330503	NXQ
德清县	Deqing Xian	330521	DQX
长兴县	Changxing Xian	330522	CXG
安吉县	Anji Xian	330523	AJI
绍兴市(*)	Shaoxing Shi	330600	SXG
市辖区	Shixiaqu	330601	
越城区	Yuecheng Qu	330602	YSX
绍兴县	Shaoxing Xian	330621	SXZ
新昌县	Xinchang Xian	330624	XCX
诸暨市	Zhuji Shi	330681	ZHJ
上虞市	Shangyu Shi	330682	SYZ
嵊州市	Shengzhou Shi	330683	SGZ
金华市(*)	Jinhua Shi	330700	JHA
市辖区	Shixiaqu	330701	
婺城区	Wucheng Qu	330702	WCF
金东区	Jindong Qu	330703	JDQ
武义县	Wuyi Xian	330723	WYX
浦江县	Pujiang Xian	330726	PJG
磐安县	Pan'an Xian	330727	PAX

表 12（续）

名　称	罗马字母拼写	数字码	字母码
兰溪市	Lanxi Shi	330781	LXZ
义乌市	Yiwu Shi	330782	YWS
东阳市	Dongyang Shi	330783	DGY
永康市	Yongkang Shi	330784	YKG
衢州市	Quzhou Shi	330800	QUZ
市辖区	Shixiaqu	330801	
柯城区	Kecheng Qu	330802	KEC
衢江区	Qujiang Qu	330803	QJI
常山县	Changshan Xian	330822	CSN
开化县	Kaihua Xian	330824	KHU
龙游县	Longyou Xian	330825	LGY
江山市(*)	Jiangshan Shi	330881	JIS
舟山市	Zhoushan Shi	330900	ZOS
市辖区	Shixiaqu	330901	
定海区	Dinghai Qu	330902	DHQ
普陀区	Putuo Qu	330903	PTQ
岱山县	Daishan Xian	330921	DSH
嵊泗县	Shengsi Xian	330922	SSZ
台州市	Taizhou Shi	331000	TZZ
市辖区	Shixiaqu	331001	
椒江区	Jiaojiang Qu	331002	JJT
黄岩区	Huangyan Qu	331003	HYT
路桥区	Luqiao Qu	331004	LQT
玉环县	Yuhuan Xian	331021	YHN
三门县	Sanmen Xian	331022	SMN
天台县	Tiantai Xian	331023	TTA
仙居县	Xianju Xian	331024	XJU
温岭市	Wenling Shi	331081	WLS
临海市	Linhai Shi	331082	LHI
丽水市	Lishui Shi	331100	LSS
市辖区	Shixiaqu	331101	
莲都区	Liandu Qu	331102	LID
青田县	Qingtian Xian	331121	QTN
缙云县	Jinyun Xian	331122	JYP

表 12（续）

名　称	罗马字母拼写	数字码	字母码
遂昌县	Suichang Xian	331123	SCZ
松阳县	Songyang Xian	331124	SGY
云和县	Yunhe Xian	331125	YNH
庆元县	Qingyuan Xian	331126	QYX
景宁畲族自治县	Jingning Shezu Zizhixian	331127	JGN
龙泉市	Longquan Shi	331181	LGQ

表 13　安徽省(340000　AH)代码表

名　称	罗马字母拼写	数字码	字母码
合肥市(＊)	Hefei Shi	340100	HFE
市辖区	Shixiaqu	340101	
瑶海区	Yaohai Qu	340102	YAI
庐阳区	Luyang Qu	340103	LUG
蜀山区	Shushan Qu	340104	SSA
包河区	Baohe Qu	340111	BAH
长丰县	Changfeng Xian	340121	CFG
肥东县	Feidong Xian	340122	FDO
肥西县	Feixi Xian	340123	FIX
芜湖市(＊)	Wuhu Shi	340200	WHI
市辖区	Shixiaqu	340201	
镜湖区	Jinghu Qu	340202	JHW
弋江区	Yijiang Qu	340203	YIJ
鸠江区	Jiujiang Qu	340207	JJW
三山区	Sanshan Qu	340208	SAU
芜湖县	Wuhu Xian	340221	WHX
繁昌县	Fanchang Xian	340222	FCH
南陵县	Nanling Xian	340223	NLX
蚌埠市(＊)	Bengbu Shi	340300	BBU
市辖区	Shixiaqu	340301	
龙子湖区	Longzihu Qu	340302	LOZ
蚌山区	Bengshan Qu	340303	BES
禹会区	Yuhui Qu	340304	YUI
淮上区	Huaishang Qu	340311	HIQ
怀远县	Huaiyuan Xian	340321	HYW
五河县	Wuhe Xian	340322	WHE
固镇县	Guzhen Xian	340323	GZX
淮南市	Huainan Shi	340400	HNS
市辖区	Shixiaqu	340401	
大通区	Datong Qu	340402	DTQ
田家庵区	Tianjia'an Qu	340403	TJA
谢家集区	Xiejiaji Qu	340404	XJJ
八公山区	Bagongshan Qu	340405	BGS

表 13（续）

名　称	罗马字母拼写	数字码	字母码
潘集区	Panji Qu	340406	PJI
凤台县	Fengtai Xian	340421	FTX
马鞍山市(＊)	Ma'anshan Shi	340500	MAA
市辖区	Shixiaqu	340501	
金家庄区	Jinjiazhuang Qu	340502	JJZ
花山区	Huashan Qu	340503	HSM
雨山区	Yushan Qu	340504	YSQ
当涂县	Dangtu Xian	340521	DTU
淮北市	Huaibei Shi	340600	HBE
市辖区	Shixiaqu	340601	
杜集区	Duji Qu	340602	DJQ
相山区	Xiangshan Qu	340603	XSA
烈山区	Lieshan Qu	340604	LHB
濉溪县	Suixi Xian	340621	SXW
铜陵市(＊)	Tongling Shi	340700	TOL
市辖区	Shixiaqu	340701	
铜官山区	Tongguanshan Qu	340702	TGQ
狮子山区	Shizishan Qu	340703	SZN
郊区	Jiaoqu	340711	JTL
铜陵县	Tongling Xian	340721	TLX
安庆市(＊)	Anqing Shi	340800	AQG
市辖区	Shixiaqu	340801	
迎江区	Yingjiang Qu	340802	YJQ
大观区	Daguan Qu	340803	DGQ
宜秀区	Yixiu Qu	340811	YUU
怀宁县	Huaining Xian	340822	HNW
枞阳县	Zongyang Xian	340823	ZYW
潜山县	Qianshan Xian	340824	QSW
太湖县	Taihu Xian	340825	THU
宿松县	Susong Xian	340826	SUS
望江县	Wangjiang Xian	340827	WJX
岳西县	Yuexi Xian	340828	YXW
桐城市	Tongcheng Shi	340881	TCW
黄山市	Huangshan Shi	341000	HSN
市辖区	Shixiaqu	341001	
屯溪区(＊)	Tunxi Qu	341002	TXN
黄山区	Huangshan Qu	341003	HSK
徽州区	Huizhou Qu	341004	HZQ
歙县	She Xian	341021	SEX

表 13（续）

名　称	罗马字母拼写	数字码	字母码
休宁县	Xiuning Xian	341022	XUN
黟县	Yi Xian	341023	YIW
祁门县	Qimen Xian	341024	QMN
滁州市	Chuzhou Shi	341100	CUZ
市辖区	Shixiaqu	341101	
琅琊区	Langya Qu	341102	LYV
南谯区	Nanqiao Qu	341103	NQQ
来安县	Lai'an Xian	341122	LAX
全椒县	Quanjiao Xian	341124	QJO
定远县	Dingyuan Xian	341125	DYW
凤阳县	Fengyang Xian	341126	FYG
天长市	Tianchang Shi	341181	TNC
明光市	Mingguang Shi	341182	MGG
阜阳市	Fuyang Shi	341200	FYS
市辖区	Shixiaqu	341201	
颍州区	Yingzhou Qu	341202	YGZ
颍东区	Yingdong Qu	341203	YDO
颍泉区	Yingquan Qu	341204	YQQ
临泉县	Linquan Xian	341221	LQN
太和县	Taihe Xian	341222	TIH
阜南县	Funan Xian	341225	FNX
颍上县	Yingshang Xian	341226	YSW
界首市	Jieshou Shi	341282	JSW
宿州市	Suzhou Shi	341300	SUZ
市辖区	Shixiaqu	341301	
埇桥区	Yongqiao Qu	341302	YQO
砀山县	Dangshan Xian	341321	DSW
萧县	Xiao Xian	341322	XIO
灵璧县	Lingbi Xian	341323	LBI
泗县	Si Xian	341324	SIX
巢湖市	Chaohu Shi	341400	CAH
市辖区	Shixiaqu	341401	
居巢区	Juchao Qu	341402	JUC
庐江县	Lujiang Xian	341421	LJG
无为县	Wuwei Xian	341422	WWX
含山县	Hanshan Xian	341423	HSW
和县	He Xian	341424	HEX
六安市	Lu'an Shi	341500	LAW
市辖区	Shixiaqu	341501	

表 13（续）

名　称	罗马字母拼写	数字码	字母码
金安区	Jin'an Qu	341502	JAU
裕安区	Yu'an Qu	341503	YAQ
寿县	Shou Xian	341521	SHO
霍邱县	Huoqiu Xian	341522	HQI
舒城县	Shucheng Xian	341523	SCW
金寨县	Jinzhai Xian	341524	JZX
霍山县	Huoshan Xian	341525	HOS
亳州市	Bozhou Shi	341600	BOZ
市辖区	Shixiaqu	341601	
谯城区	Qiaocheng Qu	341602	QCH
涡阳县	Guoyang Xian	341621	GOY
蒙城县	Mengcheng Xian	341622	MCX
利辛县	Lixin Xian	341623	LIX
池州市	Chizhou Shi	341700	CIZ
市辖区	Shixiaqu	341701	
贵池区	Guichi Qu	341702	GCI
东至县	Dongzhi Xian	341721	DZI
石台县	Shitai Xian	341722	SHT
青阳县	Qingyang Xian	341723	QGY
宣城市	Xuancheng Shi	341800	XCI
市辖区	Shixiaqu	341801	
宣州区	Xuanzhou Qu	341802	XZO
郎溪县	Langxi Xian	341821	LGX
广德县	Guangde Xian	341822	GGD
泾县	Jing Xian	341823	JXA
绩溪县	Jixi Xian	341824	JXW
旌德县	Jingde Xian	341825	JDE
宁国市	Ningguo Shi	341881	NGU

表 14　福建省(350000　FJ)代码表

名　称	罗马字母拼写	数字码	字母码
福州市(*)	Fuzhou Shi	350100	FOC
市辖区	Shixiaqu	350101	
鼓楼区	Gulou Qu	350102	GLQ
台江区	Taijiang Qu	350103	TJQ
仓山区	Cangshan Qu	350104	CSQ
马尾区	Mawei Qu	350105	MWQ
晋安区	Jin'an Qu	350111	JAF
闽侯县	Minhou Xian	350121	MHO
连江县	Lianjiang Xian	350122	LJF
罗源县	Luoyuan Xian	350123	LOY
闽清县	Minqing Xian	350124	MQG
永泰县	Yongtai Xian	350125	YTX
平潭县	Pingtan Xian	350128	PTN
福清市	Fuqing Shi	350181	FQS
长乐市	Changle Shi	350182	CLS
厦门市(*)	Xiamen Shi	350200	XMN
市辖区	Shixiaqu	350201	
思明区	Siming Qu	350203	SMQ
海沧区	Haicang Qu	350205	HCA
湖里区	Huli Qu	350206	HLQ
集美区	Jimei Qu	350211	JMQ
同安区	Tong'an Qu	350212	TAQ
翔安区	Xiang'an Qu	350213	XIU
莆田市(*)	Putian Shi	350300	PUT
市辖区	Shixiaqu	350301	
城厢区	Chengxiang Qu	350302	CXP
涵江区	Hanjiang Qu	350303	HJQ
荔城区	Licheng Qu	350304	LEG
秀屿区	Xiuyu Qu	350305	XUQ
仙游县	Xianyou Xian	350322	XYF
三明市	Sanming Shi	350400	SMS
市辖区	Shixiaqu	350401	
梅列区	Meilie Qu	350402	MLQ

表 14（续）

名称	罗马字母拼写	数字码	字母码
三元区	Sanyuan Qu	350403	SYB
明溪县	Mingxi Xian	350421	MXI
清流县	Qingliu Xian	350423	QLX
宁化县	Ninghua Xian	350424	NGH
大田县	Datian Xian	350425	DTM
尤溪县	Youxi Xian	350426	YXF
沙县	Sha Xian	350427	SAX
将乐县	Jiangle Xian	350428	JLE
泰宁县	Taining Xian	350429	TNG
建宁县	Jianning Xian	350430	JNF
永安市	Yong'an Shi	350481	YAF
泉州市(＊)	Quanzhou Shi	350500	QZJ
市辖区	Shixiaqu	350501	
鲤城区	Licheng Qu	350502	LCQ
丰泽区	Fengze Qu	350503	FZE
洛江区	Luojiang Qu	350504	LJQ
泉港区	Quangang Qu	350505	QGQ
惠安县	Hui'an Xian	350521	HAF
安溪县	Anxi Xian	350524	ANX
永春县	Yongchun Xian	350525	YCM
德化县	Dehua Xian	350526	DHA
金门县	Jinmen Xian	350527	JME
石狮市(＊)	Shishi Shi	350581	SHH
晋江市	Jinjiang Shi	350582	JJG
南安市	Nan'an Shi	350583	NAS
漳州市(＊)	Zhangzhou Shi	350600	ZZU
市辖区	Shixiaqu	350601	
芗城区	Xiangcheng Qu	350602	XZZ
龙文区	Longwen Qu	350603	LWZ
云霄县	Yunxiao Xian	350622	YXO
漳浦县	Zhangpu Xian	350623	ZPU
诏安县	Zhao'an Xian	350624	ZAF
长泰县	Changtai Xian	350625	CTA
东山县(＊)	Dongshan Xian	350626	DSN
南靖县	Nanjing Xian	350627	NJX
平和县	Pinghe Xian	350628	PHE
华安县	Hua'an Xian	350629	HAN
龙海市	Longhai Shi	350681	LHM

表 14（续）

名　称	罗马字母拼写	数字码	字母码
南平市	Nanping Shi	350700	NPS
市辖区	Shixiaqu	350701	
延平区	Yanping Qu	350702	YPQ
顺昌县	Shunchang Xian	350721	SCG
浦城县	Pucheng Xian	350722	PCX
光泽县	Guangze Xian	350723	GZE
松溪县	Songxi Xian	350724	SOX
政和县	Zhenghe Xian	350725	ZGH
邵武市	Shaowu Shi	350781	SWU
武夷山市(*)	Wuyishan Shi	350782	WUS
建瓯市	Jian'ou Shi	350783	JOU
建阳市	Jianyang Shi	350784	JNY
龙岩市	Longyan Shi	350800	LYF
市辖区	Shixiaqu	350801	
新罗区	Xinluo Qu	350802	XNL
长汀县	Changting Xian	350821	CTG
永定县	Yongding Xian	350822	YDI
上杭县	Shanghang Xian	350823	SHF
武平县	Wuping Xian	350824	WPG
连城县	Liancheng Xian	350825	LCF
漳平市	Zhangping Shi	350881	ZGP
宁德市	Ningde Shi	350900	NDS
市辖区	Shixiaqu	350901	
蕉城区	Jiaocheng Qu	350902	JIQ
霞浦县	Xiapu Xian	350921	XPU
古田县	Gutian Xian	350922	GTN
屏南县	Pingnan Xian	350923	PNX
寿宁县	Shouning Xian	350924	SNF
周宁县	Zhouning Xian	350925	ZNX
柘荣县	Zherong Xian	350926	ZRG
福安市	Fu'an Shi	350981	FAS
福鼎市	Fuding Shi	350982	FDG

表 15　江西省(360000　JX)代码表

名　　称	罗马字母拼写	数字码	字母码
南昌市(*)	Nanchang Shi	360100	KHN
市辖区	Shixiaqu	360101	
东湖区	Donghu Qu	360102	DHU
西湖区	Xihu Qu	360103	XHQ
青云谱区	Qingyunpu Qu	360104	QYP
湾里区	Wanli Qu	360105	WLI
青山湖区	Qingshanhu Qu	360111	QSU
南昌县	Nanchang Xian	360121	NCA
新建县	Xinjian Xian	360122	XJN
安义县	Anyi Xian	360123	AYI
进贤县	Jinxian Xian	360124	JXX
景德镇市(*)	Jingdezhen Shi	360200	JDZ
市辖区	Shixiaqu	360201	
昌江区	Changjiang Qu	360202	CJG
珠山区	Zhushan Qu	360203	ZSJ
浮梁县	Fuliang Xian	360222	FLX
乐平市	Leping Shi	360281	LEP
萍乡市	Pingxiang Shi	360300	PXS
市辖区	Shixiaqu	360301	
安源区	Anyuan Qu	360302	AYQ
湘东区	Xiangdong Qu	360313	XDG
莲花县	Lianhua Xian	360321	LHG
上栗县	Shangli Xian	360322	SLI
芦溪县	Luxi Xian	360323	LXP
九江市(*)	Jiujiang Shi	360400	JIU
市辖区	Shixiaqu	360401	
庐山区	Lushan Qu	360402	LSV
浔阳区	Xunyang Qu	360403	XYC
九江县	Jiujiang Xian	360421	JUJ
武宁县	Wuning Xian	360423	WUN
修水县	Xiushui Xian	360424	XSG
永修县	Yongxiu Xian	360425	YOX
德安县	De'an Xian	360426	DEA

表 15（续）

名　　称	罗马字母拼写	数字码	字母码
星子县	Xingzi Xian	360427	XZI
都昌县	Duchang Xian	360428	DUC
湖口县	Hukou Xian	360429	HUK
彭泽县	Pengze Xian	360430	PZE
瑞昌市	Ruichang Shi	360481	RCG
新余市	Xinyu Shi	360500	XYU
市辖区	Shixiaqu	360501	
渝水区	Yushui Qu	360502	YSR
分宜县	Fenyi Xian	360521	FYI
鹰潭市	Yingtan Shi	360600	YTS
市辖区	Shixiaqu	360601	
月湖区	Yuehu Qu	360602	YHY
余江县	Yujiang Xian	360622	YUJ
贵溪市	Guixi Shi	360681	GXS
赣州市	Ganzhou Shi	360700	GZH
市辖区	Shixiaqu	360701	
章贡区	Zhanggong Qu	360702	ZGG
赣县	Gan Xian	360721	GXN
信丰县	Xinfeng Xian	360722	XNF
大余县	Dayu Xian	360723	DYX
上犹县	Shangyou Xian	360724	SYO
崇义县	Chongyi Xian	360725	CYX
安远县	Anyuan Xian	360726	AYN
龙南县	Longnan Xian	360727	LNX
定南县	Dingnan Xian	360728	DNN
全南县	Quannan Xian	360729	QNN
宁都县	Ningdu Xian	360730	NDU
于都县	Yudu Xian	360731	YUD
兴国县	Xingguo Xian	360732	XGG
会昌县	Huichang Xian	360733	HIC
寻乌县	Xunwu Xian	360734	XNW
石城县	Shicheng Xian	360735	SIC
瑞金市	Ruijin Shi	360781	RJS
南康市	Nankang Shi	360782	NNK
吉安市	Ji'an Shi	360800	JAS
市辖区	Shixiaqu	360801	
吉州区	Jizhou Qu	360802	JZU
青原区	Qingyuan Qu	360803	QUQ
吉安县	Ji'an Xian	360821	JAX

表 15(续)

名　称	罗马字母拼写	数字码	字母码
吉水县	Jishui Xian	360822	JSG
峡江县	Xiajiang Xian	360823	XJG
新干县	Xingan Xian	360824	XGA
永丰县	Yongfeng Xian	360825	YFX
泰和县	Taihe Xian	360826	THE
遂川县	Suichuan Xian	360827	SCN
万安县	Wan'an Xian	360828	WAX
安福县	Anfu Xian	360829	AFU
永新县	Yongxin Xian	360830	YXG
井冈山市	Jinggangshan Shi	360881	JGS
宜春市	Yichun Shi	360900	YCN
市辖区	Shixiaqu	360901	
袁州区	Yuanzhou Qu	360902	YNZ
奉新县	Fengxin Xian	360921	FGX
万载县	Wanzai Xian	360922	WZA
上高县	Shanggao Xian	360923	SGO
宜丰县	Yifeng Xian	360924	YFG
靖安县	Jing'an Xian	360925	JGA
铜鼓县	Tonggu Xian	360926	TGU
丰城市	Fengcheng Shi	360981	FCS
樟树市	Zhangshu Shi	360982	ZSS
高安市	Gao'an Shi	360983	GAS
抚州市	Fuzhou Shi	361000	FUZ
市辖区	Shixiaqu	361001	
临川区	Linchuan Qu	361002	LCR
南城县	Nancheng Xian	361021	NCE
黎川县	Lichuan Xian	361022	LCP
南丰县	Nanfeng Xian	361023	NFG
崇仁县	Chongren Xian	361024	CRN
乐安县	Le'an Xian	361025	LEA
宜黄县	Yihuang Xian	361026	YHX
金溪县	Jinxi Xian	361027	JXF
资溪县	Zixi Xian	361028	ZXI
东乡县	Dongxiang Xian	361029	DGX
广昌县	Guangchang Xian	361030	GCG
上饶市	Shangrao Shi	361100	SRS
市辖区	Shixiaqu	361101	
信州区	Xinzhou Qu	361102	XZU
上饶县	Shangrao Xian	361121	SRX

表 15（续）

名　称	罗马字母拼写	数字码	字母码
广丰县	Guangfeng Xian	361122	GFG
玉山县	Yushan Xian	361123	YUS
铅山县	Yanshan Xian	361124	YSG
横峰县	Hengfeng Xian	361125	HFG
弋阳县	Yiyang Xian	361126	YYB
余干县	Yugan Xian	361127	YUG
鄱阳县	Poyang Xian	361128	POY
万年县	Wannian Xian	361129	WNI
婺源县	Wuyuan Xian	361130	WUY
德兴市	Dexing Shi	361181	DEX

表 16　山东省(370000　SD)代码表

名　　称	罗马字母拼写	数字码	字母码
济南市(*)	Jinan Shi	370100	TNA
市辖区	Shixiaqu	370101	
历下区	Lixia Qu	370102	LXQ
市中区	Shizhong Qu	370103	SZG
槐荫区	Huaiyin Qu	370104	HYF
天桥区	Tianqiao Qu	370105	TQQ
历城区	Licheng Qu	370112	LCZ
长清区	Changqing Qu	370113	CQG
平阴县	Pingyin Xian	370124	PYL
济阳县	Jiyang Xian	370125	JYL
商河县	Shanghe Xian	370126	SGH
章丘市	Zhangqiu Shi	370181	ZQS
青岛市(*)	Qingdao Shi	370200	TAO
市辖区	Shixiaqu	370201	
市南区	Shinan Qu	370202	SNQ
市北区	Shibei Qu	370203	SBQ
四方区	Sifang Qu	370205	SFQ
黄岛区	Huangdao Qu	370211	HDO
崂山区	Laoshan Qu	370212	LQD
李沧区	Licang Qu	370213	LCT
城阳区	Chengyang Qu	370214	CEY
胶州市	Jiaozhou Shi	370281	JZS
即墨市	Jimo Shi	370282	JMO
平度市	Pingdu Shi	370283	PDU
胶南市	Jiaonan Shi	370284	JNS
莱西市	Laixi Shi	370285	LXE
淄博市	Zibo Shi	370300	ZBO
市辖区	Shixiaqu	370301	
淄川区	Zichuan Qu	370302	ZCQ
张店区	Zhangdian Qu	370303	ZDQ
博山区	Boshan Qu	370304	BSZ
临淄区	Linzi Qu	370305	LZQ
周村区	Zhoucun Qu	370306	ZCN

表 16（续）

名　称	罗马字母拼写	数字码	字母码
桓台县	Huantai Xian	370321	HTL
高青县	Gaoqing Xian	370322	GQG
沂源县	Yiyuan Xian	370323	YIY
枣庄市	Zaozhuang Shi	370400	ZZG
市辖区	Shixiaqu	370401	
市中区	Shizhong Qu	370402	SZM
薛城区	Xuecheng Qu	370403	XEC
峄城区	Yicheng Qu	370404	YZZ
台儿庄区	Tai'erzhuang Qu	370405	TEZ
山亭区	Shanting Qu	370406	STG
滕州市	Tengzhou Shi	370481	TZO
东营市(＊)	Dongying Shi	370500	DYG
市辖区	Shixiaqu	370501	
东营区	Dongying Qu	370502	DYQ
河口区	Hekou Qu	370503	HKO
垦利县	Kenli Xian	370521	KLI
利津县	Lijin Xian	370522	LJN
广饶县	Guangrao Xian	370523	GRO
烟台市(＊)	Yantai Shi	370600	YNT
市辖区	Shixiaqu	370601	
芝罘区	Zhifu Qu	370602	ZFQ
福山区	Fushan Qu	370611	FUS
牟平区	Muping Qu	370612	MPQ
莱山区	Laishan Qu	370613	LYT
长岛县	Changdao Xian	370634	CDO
龙口市(＊)	Longkou Shi	370681	LKU
莱阳市	Laiyang Shi	370682	LYD
莱州市(＊)	Laizhou Shi	370683	LZG
蓬莱市(＊)	Penglai Shi	370684	PLI
招远市	Zhaoyuan Shi	370685	ZYL
栖霞市	Qixia Shi	370686	QXS
海阳市	Haiyang Shi	370687	HYL
潍坊市(＊)	Weifang Shi	370700	WEF
市辖区	Shixiaqu	370701	
潍城区	Weicheng Qu	370702	WCG
寒亭区	Hanting Qu	370703	HNT
坊子区	Fangzi Qu	370704	FZQ
奎文区	Kuiwen Qu	370705	KWN
临朐县	Linqu Xian	370724	LNQ

表 16（续）

名　称	罗马字母拼写	数字码	字母码
昌乐县	Changle Xian	370725	CLX
青州市	Qingzhou Shi	370781	QGZ
诸城市	Zhucheng Shi	370782	ZCL
寿光市	Shouguang Shi	370783	SGG
安丘市	Anqiu Shi	370784	AQU
高密市	Gaomi Shi	370785	GMI
昌邑市	Changyi Shi	370786	CYL
济宁市(*)	Jining Shi	370800	JNG
市辖区	Shixiaqu	370801	
市中区	Shizhong Qu	370802	SZQ
任城区	Rencheng Qu	370811	RCQ
微山县	Weishan Xian	370826	WSA
鱼台县	Yutai Xian	370827	YTL
金乡县	Jinxiang Xian	370828	JXG
嘉祥县	Jiaxiang Xian	370829	JXP
汶上县	Wenshang Xian	370830	WNS
泗水县	Sishui Xian	370831	SSH
梁山县	Liangshan Xian	370832	LSN
曲阜市	Qufu Shi	370881	QFU
兖州市	Yanzhou Shi	370882	YZL
邹城市	Zoucheng Shi	370883	ZCG
泰安市(*)	Tai'an Shi	370900	TAI
市辖区	Shixiaqu	370901	
泰山区	Taishan Qu	370902	TSQ
岱岳区	Daiyue Qu	370911	DYU
宁阳县	Ningyang Xian	370921	NGY
东平县	Dongping Xian	370923	DPG
新泰市	Xintai Shi	370982	XTA
肥城市	Feicheng Shi	370983	FEC
威海市(*)	Weihai Shi	371000	WEH
市辖区	Shixiaqu	371001	
环翠区	Huancui Qu	371002	HNC
文登市	Wendeng Shi	371081	WDS
荣成市	Rongcheng Shi	371082	RCS
乳山市	Rushan Shi	371083	RSN
日照市(*)	Rizhao Shi	371100	RZH
市辖区	Shixiaqu	371101	
东港区	Donggang Qu	371102	DGR
岚山区	Lanshan Qu	371103	LAH

表 16（续）

名　称	罗马字母拼写	数字码	字母码
五莲县	Wulian Xian	371121	WLN
莒县	Ju Xian	371122	JUX
莱芜市	Laiwu Shi	371200	LWS
市辖区	Shixiaqu	371201	
莱城区	Laicheng Qu	371202	LAC
钢城区	Gangcheng Qu	371203	GCQ
临沂市（*）	Linyi Shi	371300	LYI
市辖区	Shixiaqu	371301	
兰山区	Lanshan Qu	371302	LLS
罗庄区	Luozhuang Qu	371311	LZU
河东区	Hedong Qu	371312	HDL
沂南县	Yinan Xian	371321	YNN
郯城县	Tancheng Xian	371322	TCE
沂水县	Yishui Xian	371323	YIS
苍山县	Cangshan Xian	371324	CSH
费县	Fei Xian	371325	FEI
平邑县	Pingyi Xian	371326	PYI
莒南县	Junan Xian	371327	JNB
蒙阴县	Mengyin Xian	371328	MYL
临沭县	Linshu Xian	371329	LSP
德州市	Dezhou Shi	371400	DZS
市辖区	Shixiaqu	371401	
德城区	Decheng Qu	371402	DCD
陵县	Ling Xian	371421	LXL
宁津县	Ningjin Xian	371422	NGJ
庆云县	Qingyun Xian	371423	QYL
临邑县	Linyi Xian	371424	LYM
齐河县	Qihe Xian	371425	QIH
平原县	Pingyuan Xian	371426	PYN
夏津县	Xiajin Xian	371427	XAJ
武城县	Wucheng Xian	371428	WUC
乐陵市	Leling Shi	371481	LEL
禹城市	Yucheng Shi	371482	YCL
聊城市	Liaocheng Shi	371500	LCH
市辖区	Shixiaqu	371501	
东昌府区	Dongchangfu Qu	371502	DCF
阳谷县	Yanggu Xian	371521	YGU
莘县	Shen Xian	371522	SHN
茌平县	Chiping Xian	371523	CPG

表 16（续）

名　称	罗马字母拼写	数字码	字母码
东阿县	Dong'e Xian	371524	DGE
冠县	Guan Xian	371525	GXL
高唐县	Gaotang Xian	371526	GTG
临清市	Linqing Shi	371581	LQS
滨州市	Binzhou Shi	371600	BZH
市辖区	Shixiaqu	371601	
滨城区	Bincheng Qu	371602	BCU
惠民县	Huimin Xian	371621	HMN
阳信县	Yangxin Xian	371622	YXN
无棣县	Wudi Xian	371623	WDI
沾化县	Zhanhua Xian	371624	ZHU
博兴县	Boxing Xian	371625	BOX
邹平县	Zouping Xian	371626	ZOP
菏泽市	Heze Shi	371700	HZS
市辖区	Shixiaqu	371701	
牡丹区	Mudan Qu	371702	MDQ
曹县	Cao Xian	371721	CAO
单县	Shan Xian	371722	SXN
成武县	Chengwu Xian	371723	CWX
巨野县	Juye Xian	371724	JYE
郓城县	Yuncheng Xian	371725	YCR
鄄城县	Juancheng Xian	371726	JNC
定陶县	Dingtao Xian	371727	DGT
东明县	Dongming Xian	371728	DMG

表 17　河南省(410000　HA)代码表

名　称	罗马字母拼写	数字码	字母码
郑州市(*)	Zhengzhou Shi	410100	CGO
市辖区	Shixiaqu	410101	
中原区	Zhongyuan Qu	410102	ZYQ
二七区	Erqi Qu	410103	EQQ
管城回族区	Guancheng Huizu Qu	410104	GCH
金水区	Jinshui Qu	410105	JSU
上街区	Shangjie Qu	410106	SJE
惠济区	Huiji Qu	410108	HJU
中牟县	Zhongmu Xian	410122	ZMU
巩义市	Gongyi Shi	410181	GYI
荥阳市	Xingyang Shi	410182	XYK
新密市	Xinmi Shi	410183	XMI
新郑市	Xinzheng Shi	410184	XZG
登封市	Dengfeng Shi	410185	DFY
开封市	Kaifeng Shi	410200	KFS
市辖区	Shixiaqu	410201	
龙亭区	Longting Qu	410202	LTK
顺河回族区	Shunhe Huizu Qu	410203	SHR
鼓楼区	Gulou Qu	410204	GLU
禹王台区	Yuwangtai Qu	410205	YWT
金明区	Jinming Qu	410211	JMG
杞县	Qi Xian	410221	QIX
通许县	Tongxu Xian	410222	TXY
尉氏县	Weishi Xian	410223	WSI
开封县	Kaifeng Xian	410224	KFX
兰考县	Lankao Xian	410225	LKA
洛阳市(*)	Luoyang Shi	410300	LYA
市辖区	Shixiaqu	410301	
老城区	Laocheng Qu	410302	LLY
西工区	Xigong Qu	410303	XGL
瀍河回族区	Chanhe Huizu Qu	410304	CHH
涧西区	Jianxi Qu	410305	JXL
吉利区	Jili Qu	410306	JLL

表 17（续）

名 称	罗马字母拼写	数字码	字母码
洛龙区	Luolong Qu	410311	LLQ
孟津县	Mengjin Xian	410322	MGJ
新安县	Xin'an Xian	410323	XAX
栾川县	Luanchuan Xian	410324	LCK
嵩县	Song Xian	410325	SON
汝阳县	Ruyang Xian	410326	RUY
宜阳县	Yiyang Xian	410327	YYY
洛宁县	Luoning Xian	410328	LNI
伊川县	Yichuan Xian	410329	YCZ
偃师市	Yanshi Shi	410381	YST
平顶山市	Pingdingshan Shi	410400	PDS
市辖区	Shixiaqu	410401	
新华区	Xinhua Qu	410402	XHP
卫东区	Weidong Qu	410403	WDG
石龙区	Shilong Qu	410404	SIL
湛河区	Zhanhe Qu	410411	ZHQ
宝丰县	Baofeng Xian	410421	BFG
叶县	Ye Xian	410422	YEX
鲁山县	Lushan Xian	410423	LUS
郏县	Jia Xian	410425	JXY
舞钢市	Wugang Shi	410481	WGY
汝州市	Ruzhou Shi	410482	RZO
安阳市	Anyang Shi	410500	AYS
市辖区	Shixiaqu	410501	
文峰区	Wenfeng Qu	410502	WFQ
北关区	Beiguan Qu	410503	BGQ
殷都区	Yindu Qu	410505	YND
龙安区	Long'an Qu	410506	LAQ
安阳县	Anyang Xian	410522	AYX
汤阴县	Tangyin Xian	410523	TYI
滑县	Hua Xian	410526	HUA
内黄县	Neihuang Xian	410527	NHG
林州市	Linzhou Shi	410581	LZY
鹤壁市	Hebi Shi	410600	HBS
市辖区	Shixiaqu	410601	
鹤山区	Heshan Qu	410602	HSF
山城区	Shancheng Qu	410603	SCB
淇滨区	Qibin Qu	410611	QBN
浚县	Xun Xian	410621	XUX

表 17（续）

名　称	罗马字母拼写	数字码	字母码
淇县	Qi Xian	410622	QXY
新乡市	Xinxiang Shi	410700	XXS
市辖区	Shixiaqu	410701	
红旗区	Hongqi Qu	410702	HQQ
卫滨区	Weibin Qu	410703	WEQ
凤泉区	Fengquan Qu	410704	FQQ
牧野区	Muye Qu	410711	MYQ
新乡县	Xinxiang Xian	410721	XXX
获嘉县	Huojia Xian	410724	HOJ
原阳县	Yuanyang Xian	410725	YYA
延津县	Yanjin Xian	410726	YJN
封丘县	Fengqiu Xian	410727	FQU
长垣县	Changyuan Xian	410728	CYU
卫辉市	Weihui Shi	410781	WHS
辉县市	Huixian Shi	410782	HXS
焦作市	Jiaozuo Shi	410800	JZY
市辖区	Shixiaqu	410801	
解放区	Jiefang Qu	410802	JFQ
中站区	Zhongzhan Qu	410803	ZZQ
马村区	Macun Qu	410804	MCQ
山阳区	Shanyang Qu	410811	SYC
修武县	Xiuwu Xian	410821	XUW
博爱县	Bo'ai Xian	410822	BOA
武陟县	Wuzhi Xian	410823	WZI
温县	Wen Xian	410825	WEN
沁阳市	Qinyang Shi	410882	QYS
孟州市	Mengzhou Shi	410883	MZO
濮阳市	Puyang Shi	410900	PYS
市辖区	Shixiaqu	410901	
华龙区	Hualong Qu	410902	HAL
清丰县	Qingfeng Xian	410922	QFG
南乐县	Nanle Xian	410923	NLE
范县	Fan Xian	410926	FAX
台前县	Taiqian Xian	410927	TQN
濮阳县	Puyang Xian	410928	PUY
许昌市	Xuchang Shi	411000	XCS
市辖区	Shixiaqu	411001	
魏都区	Weidu Qu	411002	WED
许昌县	Xuchang Xian	411023	XUC

表 17（续）

名　称	罗马字母拼写	数字码	字母码
鄢陵县	Yanling Xian	411024	YLY
襄城县	Xiangcheng Xian	411025	XAC
禹州市	Yuzhou Shi	411081	YUZ
长葛市	Changge Shi	411082	CGE
漯河市	Luohe Shi	411100	LHS
市辖区	Shixiaqu	411101	
源汇区	Yuanhui Qu	411102	YHI
郾城区	Yancheng Qu	411103	YNC
召陵区	Shaoling Qu	411104	SOL
舞阳县	Wuyang Xian	411121	WYG
临颍县	Linying Xian	411122	LNY
三门峡市	Sanmenxia Shi	411200	SMX
市辖区	Shixiaqu	411201	
湖滨区	Hubin Qu	411202	HBI
渑池县	Mianchi Xian	411221	MCI
陕县	Shan Xian	411222	SHX
卢氏县	Lushi Xian	411224	LUU
义马市	Yima Shi	411281	YMA
灵宝市	Lingbao Shi	411282	LBS
南阳市	Nanyang Shi	411300	NYS
市辖区	Shixiaqu	411301	
宛城区	Wancheng Qu	411302	WCN
卧龙区	Wolong Qu	411303	WOL
南召县	Nanzhao Xian	411321	NZO
方城县	Fangcheng Xian	411322	FCX
西峡县	Xixia Xian	411323	XXY
镇平县	Zhenping Xian	411324	ZPX
内乡县	Neixiang Xian	411325	NXG
淅川县	Xichuan Xian	411326	XCY
社旗县	Sheqi Xian	411327	SEQ
唐河县	Tanghe Xian	411328	TGH
新野县	Xinye Xian	411329	XYE
桐柏县	Tongbai Xian	411330	TBX
邓州市	Dengzhou Shi	411381	DGZ
商丘市	Shangqiu Shi	411400	SQS
市辖区	Shixiaqu	411401	
梁园区	Liangyuan Qu	411402	LYY
睢阳区	Suiyang Qu	411403	SYA
民权县	Minquan Xian	411421	MQY

表 17（续）

名　称	罗马字母拼写	数字码	字母码
睢县	Sui Xian	411422	SUI
宁陵县	Ningling Xian	411423	NGL
柘城县	Zhecheng Xian	411424	ZHC
虞城县	Yucheng Xian	411425	YUC
夏邑县	Xiayi Xian	411426	XAY
永城市	Yongcheng Shi	411481	YOC
信阳市	Xinyang Shi	411500	XYG
市辖区	Shixiaqu	411501	
浉河区	Shihe Qu	411502	SHU
平桥区	Pingqiao Qu	411503	PQQ
罗山县	Luoshan Xian	411521	LSE
光山县	Guangshan Xian	411522	GSX
新县	Xin Xian	411523	XXI
商城县	Shangcheng Xian	411524	SCX
固始县	Gushi Xian	411525	GSI
潢川县	Huangchuan Xian	411526	HCU
淮滨县	Huaibin Xian	411527	HBN
息县	Xi Xian	411528	XIX
周口市	Zhoukou Shi	411600	ZKS
市辖区	Shixiaqu	411601	
川汇区	Chuanhui Qu	411602	CIQ
扶沟县	Fugou Xian	411621	FUG
西华县	Xihua Xian	411622	XIH
商水县	Shangshui Xian	411623	SSU
沈丘县	Shenqiu Xian	411624	SQU
郸城县	Dancheng Xian	411625	DNC
淮阳县	Huaiyang Xian	411626	HYG
太康县	Taikang Xian	411627	TKG
鹿邑县	Luyi Xian	411628	LUY
项城市	Xiangcheng Shi	411681	XGC
驻马店市	Zhumadian Shi	411700	ZMD
市辖区	Shixiaqu	411701	
驿城区	Yicheng Qu	411702	YEQ
西平县	Xiping Xian	411721	XIP
上蔡县	Shangcai Xian	411722	SGC
平舆县	Pingyu Xian	411723	PYX
正阳县	Zhengyang Xian	411724	ZGY
确山县	Queshan Xian	411725	QSA
泌阳县	Biyang Xian	411726	BYY

表 17（续）

名　　称	罗马字母拼写	数字码	字母码
汝南县	Runan Xian	411727	RNN
遂平县	Suiping Xian	411728	SUP
新蔡县	Xincai Xian	411729	XNC
省直辖县级行政区划	Sheng Zhixia Xianji Xingzhengquhua	419000	
济源市	Jiyuan Shi	419001	JYY

表 18 湖北省(420000 HB)代码表

名 称	罗马字母拼写	数字码	字母码
武汉市(*)	Wuhan Shi	420100	WUH
市辖区	Shixiaqu	420101	
江岸区	Jiang'an Qu	420102	JAA
江汉区	Jianghan Qu	420103	JHN
硚口区	Qiaokou Qu	420104	QKQ
汉阳区	Hanyang Qu	420105	HYA
武昌区	Wuchang Qu	420106	WCQ
青山区	Qingshan Qu	420107	QSB
洪山区	Hongshan Qu	420111	HSQ
东西湖区	Dongxihu Qu	420112	DXH
汉南区	Hannan Qu	420113	HNQ
蔡甸区	Caidian Qu	420114	CDN
江夏区	Jiangxia Qu	420115	JXQ
黄陂区	Huangpi Qu	420116	HPI
新洲区	Xinzhou Qu	420117	XNZ
黄石市(*)	Huangshi Shi	420200	HSI
市辖区	Shixiaqu	420201	
黄石港区	Huangshigang Qu	420202	HSG
西塞山区	Xisaishan Qu	420203	XAI
下陆区	Xialu Qu	420204	XAL
铁山区	Tieshan Qu	420205	TSH
阳新县	Yangxin Xian	420222	YXE
大冶市	Daye Shi	420281	DYE
十堰市	Shiyan Shi	420300	SYE
市辖区	Shixiaqu	420301	
茅箭区	Maojian Qu	420302	MJN
张湾区	Zhangwan Qu	420303	ZWQ
郧县	Yun Xian	420321	YUN
郧西县	Yunxi Xian	420322	YNX
竹山县	Zhushan Xian	420323	ZHS
竹溪县	Zhuxi Xian	420324	ZXX
房县	Fang Xian	420325	FAG
丹江口市	Danjiangkou Shi	420381	DJK

表 18（续）

名　称	罗马字母拼写	数字码	字母码
宜昌市	Yichang Shi	420500	YCO
市辖区	Shixiaqu	420501	
西陵区	Xiling Qu	420502	XLQ
伍家岗区	Wujiagang Qu	420503	WJG
点军区	Dianjun Qu	420504	DJN
猇亭区	Xiaoting Qu	420505	XTQ
夷陵区	Yiling Qu	420506	YIQ
远安县	Yuan'an Xian	420525	YAX
兴山县	Xingshan Xian	420526	XSX
秭归县	Zigui Xian	420527	ZGI
长阳土家族自治县	Changyang Tujiazu Zizhixian	420528	CYA
五峰土家族自治县	Wufeng Tujiazu Zizhixian	420529	WFG
宜都市	Yidu Shi	420581	YID
当阳市	Dangyang Shi	420582	DYS
枝江市	Zhijiang Shi	420583	ZIJ
襄樊市	Xiangfan Shi	420600	XFN
市辖区	Shixiaqu	420601	
襄城区	Xiangcheng Qu	420602	XXF
樊城区	Fancheng Qu	420606	FNC
襄阳区	Xiangyang Qu	420607	XYA
南漳县	Nanzhang Xian	420624	NZH
谷城县	Gucheng Xian	420625	GUC
保康县	Baokang Xian	420626	BKG
老河口市	Laohekou Shi	420682	LHK
枣阳市	Zaoyang Shi	420683	ZOY
宜城市	Yicheng Shi	420684	YCW
鄂州市	Ezhou Shi	420700	EZS
市辖区	Shixiaqu	420701	
梁子湖区	Liangzihu Qu	420702	LZI
华容区	Huarong Qu	420703	HRQ
鄂城区	Echeng Qu	420704	ECQ
荆门市	Jingmen Shi	420800	JMS
市辖区	Shixiaqu	420801	
东宝区	Dongbao Qu	420802	DBQ
掇刀区	Duodao Qu	420804	DOQ
京山县	Jingshan Xian	420821	JSA
沙洋县	Shayang Xian	420822	SYF
钟祥市	Zhongxiang Shi	420881	ZXS
孝感市	Xiaogan Shi	420900	XGE

表 18（续）

名　称	罗马字母拼写	数字码	字母码
市辖区	Shixiaqu	420901	
孝南区	Xiaonan Qu	420902	XNA
孝昌县	Xiaochang Xian	420921	XOC
大悟县	Dawu Xian	420922	DWU
云梦县	Yunmeng Xian	420923	YMX
应城市	Yingcheng Shi	420981	YCG
安陆市	Anlu Shi	420982	ALU
汉川市	Hanchuan Shi	420984	HCH
荆州市(*)	Jingzhou Shi	421000	JGZ
市辖区	Shixiaqu	421001	
沙市区	Shashi Qu	421002	SSJ
荆州区	Jingzhou Qu	421003	JZQ
公安县	Gong'an Xian	421022	GGA
监利县	Jianli Xian	421023	JLI
江陵县	Jiangling Xian	421024	JLX
石首市	Shishou Shi	421081	SSO
洪湖市	Honghu Shi	421083	HHU
松滋市	Songzi Shi	421087	SZF
黄冈市	Huanggang Shi	421100	HGE
市辖区	Shixiaqu	421101	
黄州区	Huangzhou Qu	421102	HZC
团风县	Tuanfeng Xian	421121	TFG
红安县	Hong'an Xian	421122	HGA
罗田县	Luotian Xian	421123	LTE
英山县	Yingshan Xian	421124	YSE
浠水县	Xishui Xian	421125	XSE
蕲春县	Qichun Xian	421126	QCN
黄梅县	Huangmei Xian	421127	HGM
麻城市	Macheng Shi	421181	MCS
武穴市	Wuxue Shi	421182	WXE
咸宁市	Xianning Shi	421200	XNS
市辖区	Shixiaqu	421201	
咸安区	Xian'an Qu	421202	XAN
嘉鱼县	Jiayu Xian	421221	JYX
通城县	Tongcheng Xian	421222	TCX
崇阳县	Chongyang Xian	421223	CGY
通山县	Tongshan Xian	421224	TSA

表 18（续）

名　　称	罗马字母拼写	数字码	字母码
赤壁市	Chibi Shi	421281	CBI
随州市	Suizhou Shi	421300	SZR
市辖区	Shixiaqu	421301	
曾都区	Zengdu Qu	421302	ZDU
广水市	Guangshui Shi	421381	GSS
恩施土家族苗族自治州	Enshi Tujiazu Miaozu Zizhizhou	422800	ESH
恩施市	Enshi Shi	422801	ESS
利川市	Lichuan Shi	422802	LCE
建始县	Jianshi Xian	422822	JSE
巴东县	Badong Xian	422823	BDG
宣恩县	Xuan'en Xian	422825	XEN
咸丰县	Xianfeng Xian	422826	XFG
来凤县	Laifeng Xian	422827	LFG
鹤峰县	Hefeng Xian	422828	HEF
省直辖县级行政区划	Sheng Zhixia Xianji Xingzhengquhua	429000	
仙桃市	Xiantao Shi	429004	XNT
潜江市	Qianjiang Shi	429005	QNJ
天门市	Tianmen Shi	429006	TMS
神农架林区	Shennongjia Linqu	429021	SNJ

表 19 湖南省(430000 HN)代码表

名 称	罗马字母拼写	数字码	字母码
长沙市(*)	Changsha Shi	430100	CSX
市辖区	Shixiaqu	430101	
芙蓉区	Furong Qu	430102	FRQ
天心区	Tianxin Qu	430103	TXQ
岳麓区	Yuelu Qu	430104	YLU
开福区	Kaifu Qu	430105	KFQ
雨花区	Yuhua Qu	430111	YHA
长沙县	Changsha Xian	430121	CSA
望城县	Wangcheng Xian	430122	WCH
宁乡县	Ningxiang Xian	430124	NXX
浏阳市	Liuyang Shi	430181	LYS
株洲市	Zhuzhou Shi	430200	ZZS
市辖区	Shixiaqu	430201	
荷塘区	Hetang Qu	430202	HTZ
芦淞区	Lusong Qu	430203	LZZ
石峰区	Shifeng Qu	430204	SFG
天元区	Tianyuan Qu	430211	TYQ
株洲县	Zhuzhou Xian	430221	ZZX
攸县	You Xian	430223	YOU
茶陵县	Chaling Xian	430224	CAL
炎陵县	Yanling Xian	430225	YLX
醴陵市	Liling Shi	430281	LIL
湘潭市	Xiangtan Shi	430300	XGT
市辖区	Shixiaqu	430301	
雨湖区	Yuhu Qu	430302	YHU
岳塘区	Yuetang Qu	430304	YTG
湘潭县	Xiangtan Xian	430321	XTX
湘乡市	Xiangxiang Shi	430381	XXG
韶山市	Shaoshan Shi	430382	SSN
衡阳市(*)	Hengyang Shi	430400	HNY
市辖区	Shixiaqu	430401	
珠晖区	Zhuhui Qu	430405	ZIQ
雁峰区	Yanfeng Qu	430406	YNQ

表 19（续）

名　称	罗马字母拼写	数字码	字母码
石鼓区	Shigu Qu	430407	SIG
蒸湘区	Zhengxiang Qu	430408	ZXU
南岳区	Nanyue Qu	430412	NYQ
衡阳县	Hengyang Xian	430421	HYO
衡南县	Hengnan Xian	430422	HNX
衡山县	Hengshan Xian	430423	HSH
衡东县	Hengdong Xian	430424	HED
祁东县	Qidong Xian	430426	QDX
耒阳市	Leiyang Shi	430481	LEY
常宁市	Changning Shi	430482	CNS
邵阳市	Shaoyang Shi	430500	SYR
市辖区	Shixiaqu	430501	
双清区	Shuangqing Qu	430502	SGQ
大祥区	Daxiang Qu	430503	DXS
北塔区	Beita Qu	430511	BET
邵东县	Shaodong Xian	430521	SDG
新邵县	Xinshao Xian	430522	XSO
邵阳县	Shaoyang Xian	430523	SYW
隆回县	Longhui Xian	430524	LGH
洞口县	Dongkou Xian	430525	DGK
绥宁县	Suining Xian	430527	SNX
新宁县	Xinning Xian	430528	XNI
城步苗族自治县	Chengbu Miaozu Zizhixian	430529	CBU
武冈市	Wugang Shi	430581	WGS
岳阳市	Yueyang Shi	430600	YYG
市辖区	Shixiaqu	430601	
岳阳楼区	Yueyanglou Qu	430602	YYL
云溪区	Yunxi Qu	430603	YXI
君山区	Junshan Qu	430611	JUS
岳阳县	Yueyang Xian	430621	YYX
华容县	Huarong Xian	430623	HRG
湘阴县	Xiangyin Xian	430624	XYN
平江县	Pingjiang Xian	430626	PJH
汨罗市	Miluo Shi	430681	MLU
临湘市	Linxiang Shi	430682	LXY
常德市	Changde Shi	430700	CDE
市辖区	Shixiaqu	430701	
武陵区	Wuling Qu	430702	WLQ
鼎城区	Dingcheng Qu	430703	DCE

表 19（续）

名　称	罗马字母拼写	数字码	字母码
安乡县	Anxiang Xian	430721	AXG
汉寿县	Hanshou Xian	430722	HSO
澧县	Li Xian	430723	LXX
临澧县	Linli Xian	430724	LNL
桃源县	Taoyuan Xian	430725	TOY
石门县	Shimen Xian	430726	SHM
津市市	Jinshi Shi	430781	JSS
张家界市	Zhangjiajie Shi	430800	ZJJ
市辖区	Shixiaqu	430801	
永定区	Yongding Qu	430802	YDQ
武陵源区	Wulingyuan Qu	430811	WLY
慈利县	Cili Xian	430821	CLI
桑植县	Sangzhi Xian	430822	SZT
益阳市	Yiyang Shi	430900	YYS
市辖区	Shixiaqu	430901	
资阳区	Ziyang Qu	430902	ZYC
赫山区	Heshan Qu	430903	HSY
南县	Nan Xian	430921	NXN
桃江县	Taojiang Xian	430922	TJG
安化县	Anhua Xian	430923	ANH
沅江市	Yuanjiang Shi	430981	YJS
郴州市	Chenzhou Shi	431000	CNZ
市辖区	Shixiaqu	431001	
北湖区	Beihu Qu	431002	BHQ
苏仙区	Suxian Qu	431003	SUX
桂阳县	Guiyang Xian	431021	GYX
宜章县	Yizhang Xian	431022	YZA
永兴县	Yongxing Xian	431023	YXX
嘉禾县	Jiahe Xian	431024	JAH
临武县	Linwu Xian	431025	LWX
汝城县	Rucheng Xian	431026	RCE
桂东县	Guidong Xian	431027	GDO
安仁县	Anren Xian	431028	ARN
资兴市	Zixing Shi	431081	ZXG
永州市	Yongzhou Shi	431100	YZS
市辖区	Shixiaqu	431101	
零陵区	Lingling Qu	431102	LIG
冷水滩区	Lengshuitan Qu	431103	LST
祁阳县	Qiyang Xian	431121	QIY

表 19（续）

名　称	罗马字母拼写	数字码	字母码
东安县	Dong'an Xian	431122	DOA
双牌县	Shuangpai Xian	431123	SPA
道县	Dao Xian	431124	DAO
江永县	Jiangyong Xian	431125	JYD
宁远县	Ningyuan Xian	431126	NYN
蓝山县	Lanshan Xian	431127	LNS
新田县	Xintian Xian	431128	XTN
江华瑶族自治县	Jianghua Yaozu Zizhixian	431129	JHX
怀化市	Huaihua Shi	431200	HHS
市辖区	Shixiaqu	431201	
鹤城区	Hecheng Qu	431202	HCG
中方县	Zhongfang Xian	431221	ZFX
沅陵县	Yuanling Xian	431222	YNL
辰溪县	Chenxi Xian	431223	CXX
溆浦县	Xupu Xian	431224	XUP
会同县	Huitong Xian	431225	HTG
麻阳苗族自治县	Mayang Miaozu Zizhixian	431226	MYX
新晃侗族自治县	Xinhuang Dongzu Zizhixian	431227	XHD
芷江侗族自治县	Zhijiang Dongzu Zizhixian	431228	ZJX
靖州苗族侗族自治县	Jingzhou Miaozu Dongzu Zizhixian	431229	JZO
通道侗族自治县	Tongdao Dongzu Zizhixian	431230	TDD
洪江市	Hongjiang Shi	431281	HGJ
娄底市	Loudi Shi	431300	LDI
市辖区	Shixiaqu	431301	
娄星区	Louxing Qu	431302	LOX
双峰县	Shuangfeng Xian	431321	SFX
新化县	Xinhua Xian	431322	XNH
冷水江市	Lengshuijiang Shi	431381	LSJ
涟源市	Lianyuan Shi	431382	LYU
湘西土家族苗族自治州	Xiangxi Tujiazu Miaozu Zizhizhou	433100	XXZ
吉首市	Jishou Shi	433101	JSO
泸溪县	Luxi Xian	433122	LXW
凤凰县	Fenghuang Xian	433123	FHX
花垣县	Huayuan Xian	433124	HYH
保靖县	Baojing Xian	433125	BJG
古丈县	Guzhang Xian	433126	GZG
永顺县	Yongshun Xian	433127	YSF
龙山县	Longshan Xian	433130	LSR

表 20 广东省(440000 GD)代码表

名　称	罗马字母拼写	数字码	字母码
广州市(*)	Guangzhou Shi	440100	CAN
市辖区	Shixiaqu	440101	
荔湾区	Liwan Qu	440103	LWQ
越秀区	Yuexiu Qu	440104	YXU
海珠区	Haizhu Qu	440105	HZU
天河区	Tianhe Qu	440106	THQ
白云区	Baiyun Qu	440111	BYU
黄埔区	Huangpu Qu	440112	HPU
番禺区(*)	Panyu Qu	440113	PNY
花都区	Huadu Qu	440114	HDU
南沙区	Nansha Qu	440115	NSH
萝岗区	Logang Qu	440116	LOG
增城市	Zengcheng Shi	440183	ZEC
从化市(*)	Conghua Shi	440184	CNH
韶关市(*)	Shaoguan Shi	440200	HSC
市辖区	Shixiaqu	440201	
武江区	Wujiang Qu	440203	WJQ
浈江区	Zhenjiang Qu	440204	ZJQ
曲江区	Qujiang Qu	440205	QUJ
始兴县	Shixing Xian	440222	SXX
仁化县	Renhua Xian	440224	RHA
翁源县	Wengyuan Xian	440229	WYN
乳源瑶族自治县	Ruyuan Yaozu Zizhixian	440232	RYN
新丰县	Xinfeng Xian	440233	XFY
乐昌市	Lechang Shi	440281	LEC
南雄市	Nanxiong Shi	440282	NXS
深圳市(*)	Shenzhen Shi	440300	SZX
市辖区	Shixiaqu	440301	
罗湖区	Luohu Qu	440303	LHQ
福田区	Futian Qu	440304	FTN
南山区	Nanshan Qu	440305	NSQ
宝安区	Bao'an Qu	440306	BAQ
龙岗区	Longgang Qu	440307	LGG

表 20（续）

名　称	罗马字母拼写	数字码	字母码
盐田区	Yan Tian Qu	440308	YTQ
珠海市(＊)	Zhuhai Shi	440400	ZUH
市辖区	Shixiaqu	440401	
香洲区	Xiangzhou Qu	440402	XZQ
斗门区(＊)	Doumen Qu	440403	DOU
金湾区	Jinwan Qu	440404	JNW
汕头市(＊)	Shantou Shi	440500	SWA
市辖区	Shixiaqu	440501	
龙湖区	Longhu Qu	440507	LHH
金平区	Jinping Qu	440511	JPQ
濠江区	Haojiang Qu	440512	HJI
潮阳区(＊)	Chaoyang Qu	440513	CHY
潮南区	Chaonan Qu	440514	CHN
澄海区	Chenghai Qu	440515	CGH
南澳县(＊)	Nan'ao Xian	440523	NAN
佛山市(＊)	Foshan Shi	440600	FOS
市辖区	Shixiaqu	440601	
禅城区	Chancheng Qu	440604	CHC
南海区(＊)	Nanhai Shi	440605	NAH
顺德区(＊)	Shunde Shi	440606	SUD
三水区(＊)	Sanshui Shi	440607	SJQ
高明区(＊)	Gaoming Shi	440608	GOM
江门市(＊)	Jiangmen Shi	440700	JMN
市辖区	Shixiaqu	440701	
蓬江区	Pengjiang Qu	440703	PJJ
江海区	Jianghai Qu	440704	JHI
新会区(＊)	Xinhui Qu	440705	XIN
台山市	Taishan Shi	440781	TSS
开平市	Kaiping Shi	440783	KPS
鹤山市(＊)	Heshan Shi	440784	HES
恩平市(＊)	Enping Shi	440785	ENP
湛江市(＊)	Zhanjiang Shi	440800	ZHA
市辖区	Shixiaqu	440801	
赤坎区	Chikan Qu	440802	CKQ
霞山区	Xiashan Qu	440803	XAS
坡头区	Potou Qu	440804	PTU
麻章区	Mazhang Qu	440811	MZQ
遂溪县	Suixi Xian	440823	SXI
徐闻县	Xuwen Xian	440825	XWN

表 20（续）

名　称	罗马字母拼写	数字码	字母码
廉江市	Lianjiang Shi	440881	LJS
雷州市	Leizhou Shi	440882	LEZ
吴川市	Wuchuan Shi	440883	WCS
茂名市（*）	Maoming Shi	440900	MMI
市辖区	Shixiaqu	440901	
茂南区	Maonan Qu	440902	MNQ
茂港区	Maogang Qu	440903	MGQ
电白县	Dianbai Xian	440923	DBI
高州市	Gaozhou Shi	440981	GZO
化州市	Huazhou Shi	440982	HZY
信宜市	Xinyi Shi	440983	XYY
肇庆市（*）	Zhaoqing Shi	441200	ZQG
市辖区	Shixiaqu	441201	
端州区	Duanzhou Qu	441202	DZQ
鼎湖区	Dinghu Qu	441203	DGH
广宁县	Guangning Xian	441223	GNG
怀集县	Huaiji Xian	441224	HJX
封开县	Fengkai Xian	441225	FKX
德庆县	Deqing Xian	441226	DQY
高要市	Gaoyao Shi	441283	GYY
四会市	Sihui Shi	441284	SHI
惠州市（*）	Huizhou Shi	441300	HUI
市辖区	Shixiaqu	441301	
惠城区	Huicheng Qu	441302	HCQ
惠阳区	Huiyang Qu	441303	HUY
博罗县	Boluo Xian	441322	BOL
惠东县	Huidong Xian	441323	HID
龙门县	Longmen Xian	441324	LMN
梅州市（*）	Meizhou Shi	441400	MXZ
市辖区	Shixiaqu	441401	
梅江区	Meijiang Qu	441402	MJQ
梅县	Mei Xian	441421	MEX
大埔县	Dabu Xian	441422	DBX
丰顺县	Fengshun Xian	441423	FES
五华县	Wuhua Xian	441424	WHY
平远县	Pingyuan Xian	441426	PYY
蕉岭县	Jiaoling Xian	441427	JOL
兴宁市	Xingning Shi	441481	XNG
汕尾市（*）	Shanwei Shi	441500	SWE

表 20（续）

名　称	罗马字母拼写	数字码	字母码
市辖区	Shixiaqu	441501	
城区	Chengqu	441502	CQU
海丰县	Haifeng Xian	441521	HIF
陆河县	Luhe Xian	441523	LHY
陆丰市	Lufeng Shi	441581	LUF
河源市（*）	Heyuan Shi	441600	HEY
市辖区	Shixiaqu	441601	
源城区	Yuancheng Qu	441602	YCQ
紫金县	Zijin Xian	441621	ZJY
龙川县	Longchuan Xian	441622	LCY
连平县	Lianping Xian	441623	LNP
和平县	Heping Xian	441624	HPY
东源县	Dongyuan Xian	441625	DYN
阳江市（*）	Yangjiang Shi	441700	YJI
市辖区	Shixiaqu	441701	
江城区	Jiangcheng Qu	441702	JCQ
阳西县	Yangxi Xian	441721	YXY
阳东县	Yangdong Xian	441723	YGD
阳春市	Yangchun Shi	441781	YCU
清远市（*）	Qingyuan Shi	441800	QYN
市辖区	Shixiaqu	441801	
清城区	Qingcheng Qu	441802	QCQ
佛冈县	Fogang Xian	441821	FGY
阳山县	Yangshan Xian	441823	YSN
连山壮族瑶族自治县	Lianshan Zhuangzu Yaozu Zizhixian	441825	LSZ
连南瑶族自治县	Liannan Yaozu Zizhixian	441826	LNN
清新县	Qingxin Xian	441827	QGX
英德市	Yingde Shi	441881	YDS
连州市	Lianzhou Shi	441882	LZO
东莞市（*）	Dongguan Shi	441900	DGG
中山市（*）	Zhongshan Shi	442000	ZSN
潮州市	Chaozhou Shi	445100	CZY
市辖区	Shixiaqu	445101	
湘桥区	Xiangqiao Qu	445102	XQO
潮安县	Chao'an Xian	445121	CAY

表 20（续）

名　　称	罗马字母拼写	数字码	字母码
饶平县	Raoping Xian	445122	RPG
揭阳市(＊)	Jieyang Shi	445200	JIY
市辖区	Shixiaqu	445201	
榕城区	Rongcheng Qu	445202	RCH
揭东县	Jiedong Xian	445221	JDX
揭西县	Jiexi Xian	445222	JEX
惠来县	Huilai Xian	445224	HLY
普宁市	Puning Shi	445281	PNG
云浮市	Yunfu Shi	445300	YFS
市辖区	Shixiaqu	445301	
云城区	Yuncheng Qu	445302	YYF
新兴县	Xinxing Xian	445321	XNX
郁南县	Yunan Xian	445322	YNK
云安县	Yun’an Xian	445323	YUA
罗定市(＊)	Luoding Shi	445381	LUO

表 21 广西壮族自治区(450000 GX)代码表

名 称	罗马字母拼写	数字码	字母码
南宁市(*)	Nanning Shi	450100	NNG
市辖区	Shixiaqu	450101	
兴宁区	Xingning Qu	450102	XNE
青秀区	Qingxiu Qu	450103	QNU
江南区	Jiangnan Qu	450105	JNA
西乡塘区	Xixiangtang Qu	450107	XXT
良庆区	Liangqing Qu	450108	LQI
邕宁区	Yongning Qu	450109	YNG
武鸣县	Wuming Xian	450122	WMG
隆安县	Long'an Xian	450123	LGA
马山县	Mashan Xian	450124	MSH
上林县	Shanglin Xian	450125	SLX
宾阳县	Binyang Xian	450126	BYX
横县	Heng Xian	450127	HEN
柳州市(*)	Liuzhou Shi	450200	LZH
市辖区	Shixiaqu	450201	
城中区	Chengzhong Qu	450202	CZQ
鱼峰区	Yufeng Qu	450203	YFQ
柳南区	Liunan Qu	450204	LNU
柳北区	Liubei Qu	450205	LBE
柳江县	Liujiang Xian	450221	LUJ
柳城县	Liucheng Xian	450222	LCB
鹿寨县	Luzhai Xian	450223	LZA
融安县	Rong'an Xian	450224	RAN
融水苗族自治县	Rongshui Miaozu Zizhixian	450225	RSI
三江侗族自治县	Sanjiang Dongzu Zizhixian	450226	SJG
桂林市(*)	Guilin Shi	450300	KWL
市辖区	Shixiaqu	450301	
秀峰区	Xiufeng Qu	450302	XUF
叠彩区	Diecai Qu	450303	DCA
象山区	Xiangshan Qu	450304	XSK
七星区	Qixing Qu	450305	QXG
雁山区	Yanshan Qu	450311	YSA

表 21（续）

名　称	罗马字母拼写	数字码	字母码
阳朔县	Yangshuo Xian	450321	YSO
临桂县	Lingui Xian	450322	LGI
灵川县	Lingchuan Xian	450323	LCU
全州县	Quanzhou Xian	450324	QZO
兴安县	Xing'an Xian	450325	XAG
永福县	Yongfu Xian	450326	YFU
灌阳县	Guanyang Xian	450327	GNY
龙胜各族自治县	Longsheng Gezu Zizhixian	450328	LSG
资源县	Ziyuan Xian	450329	ZYU
平乐县	Pingle Xian	450330	PLE
荔浦县	Lipu Xian	450331	LPU
恭城瑶族自治县	Gongcheng Yaozu Zizhixian	450332	GGC
梧州市(＊)	Wuzhou Shi	450400	WUZ
市辖区	Shixiaqu	450401	
万秀区	Wanxiu Qu	450403	WXQ
蝶山区	Dieshan Qu	450404	DES
长洲区	Changzhou Qu	450405	CHO
苍梧县	Cangwu Xian	450421	CAW
藤县	Teng Xian	450422	TEG
蒙山县	Mengshan Xian	450423	MSA
岑溪市	Cenxi Shi	450481	CEX
北海市(＊)	Beihai Shi	450500	BHY
市辖区	Shixiaqu	450501	
海城区	Haicheng Qu	450502	HCB
银海区	Yinhai Qu	450503	YHB
铁山港区	Tieshangang Qu	450512	TSG
合浦县	Hepu Xian	450521	HPX
防城港市(＊)	Fangchenggang Shi	450600	FAN
市辖区	Shixiaqu	450601	
港口区	Gangkou Qu	450602	GKQ
防城区	Fangcheng Qu	450603	FCQ
上思县	Shangsi Xian	450621	SGS
东兴市(＊)	Dongxing Shi	450681	DOX
钦州市(＊)	Qinzhou Shi	450700	QZH
市辖区	Shixiaqu	450701	
钦南区	Qinnan Qu	450702	QNQ
钦北区	Qinbei Qu	450703	QBQ
灵山县	Lingshan Xian	450721	LSB
浦北县	Pubei Xian	450722	PBE

表 21(续)

名　称	罗马字母拼写	数字码	字母码
贵港市(＊)	Guigang Shi	450800	GUG
市辖区	Shixiaqu	450801	
港北区	Gangbei Qu	450802	GBE
港南区	Gangnan Qu	450803	GNQ
覃塘区	Qintang Qu	450804	QTQ
平南县	Pingnan Xian	450821	PNN
桂平市	Guiping Shi	450881	GPS
玉林市	Yulin Shi	450900	YUL
市辖区	Shixiaqu	450901	
玉州区	Yuzhou Qu	450902	YZO
容县	Rong Xian	450921	ROG
陆川县	Luchuan Xian	450922	LCJ
博白县	Bobai Xian	450923	BBA
兴业县	Xingye Xian	450924	XGY
北流市	Beiliu Shi	450981	BLS
百色市	Bose Shi	451000	BSS
市辖区	Shixiaqu	451001	
右江区	Youjiang Qu	451002	YOQ
田阳县	Tianyang Xian	451021	TYG
田东县	Tiandong Xian	451022	TDO
平果县	Pingguo Xian	451023	PGX
德保县	Debao Xian	451024	DEB
靖西县	Jingxi Xian	451025	JGX
那坡县	Napo Xian	451026	NPO
凌云县	Lingyun Xian	451027	LYN
乐业县	Leye Xian	451028	LYE
田林县	Tianlin Xian	451029	TLN
西林县	Xilin Xian	451030	XLX
隆林各族自治县	Longlin Gezu Zizhixian	451031	LLN
贺州市	Hezhou Shi	451100	HZO
市辖区	Shixiaqu	451101	
八步区	Babu Qu	451102	BBQ
昭平县	Zhaoping Xian	451121	ZPG
钟山县	Zhongshan Xian	451122	ZSG
富川瑶族自治县	Fuchuan Yaozu Zizhixian	451123	FUC
河池市	Hechi Shi	451200	HCS
市辖区	Shixiaqu	451201	
金城江区	Jinchengjiang Qu	451202	JCI
南丹县	Nandan Xian	451221	NDN

表 21(续)

名　称	罗马字母拼写	数字码	字母码
天峨县	Tian'e Xian	451222	TEX
凤山县	Fengshan Xian	451223	FSA
东兰县	Donglan Xian	451224	DLN
罗城仫佬族自治县	Luocheng Mulaozu Zizhixian	451225	LOC
环江毛南族自治县	Huanjiang Maonanzu Zizhixian	451226	HNJ
巴马瑶族自治县	Bama Yaozu Zizhixian	451227	BMA
都安瑶族自治县	Du'an Yaozu Zizhixian	451228	DUA
大化瑶族自治县	Dahua Yaozu Zizhixian	451229	DAH
宜州市	Yizhou Shi	451281	YIZ
来宾市	Laibin Shi	451300	LIB
市辖区	Shixiaqu	451301	
兴宾区	Xingbin Qu	451302	XNB
忻城县	Xincheng Xian	451321	XCH
象州县	Xiangzhou Xian	451322	XGZ
武宣县	Wuxuan Xian	451323	WXN
金秀瑶族自治县	Jinxiu Yaozu Zizhixian	451324	JXU
合山市	Heshan Shi	451381	HSS
崇左市	Chongzuo Shi	451400	COZ
市辖区	Shixiaqu	451401	
江洲区	Jiangzhou Qu	451402	JOQ
扶绥县	Fusui Xian	451421	FSU
宁明县	Ningming Xian	451422	NMG
龙州县	Longzhou Xian	451423	LZX
大新县	Daxin Xian	451424	DXN
天等县	Tiandeng Xian	451425	TDG
凭祥市(*)	Pingxiang Shi	451481	PIN

表 22 海南省(460000 HI)代码表

名　称	罗马字母拼写	数字码	字母码
海口市(*)	Haikou Shi	460100	HAK
市辖区	Shixiaqu	460101	
秀英区	Xiuying Qu	460105	XYH
龙华区	Longhua Qu	460106	LOH
琼山区	Qiongshan Qu	460107	QOS
美兰区	Meilan Qu	460108	MEL
三亚市(*)	Sanya Shi	460200	SYX
市辖区	Shixiaqu	460201	
省直辖县级行政区划	Sheng Zhixia Xianji Xingzhengquhua	469000	
五指山市	Wuzhishan Shi	469001	WZN
琼海市	Qionghai Shi	469002	QHA
儋州市	Danzhou Shi	469003	DNZ
文昌市	Wenchang Shi	469005	WEC
万宁市	Wanning Shi	469006	WNN
东方市	Dongfang Shi	469007	DFG
定安县	Ding'an Xian	469021	DIA
屯昌县	Tunchang Xian	469022	TCG
澄迈县	Chengmai Xian	469023	CMA
临高县	Lingao Xian	469024	LGO
白沙黎族自治县	Baisha Lizu Zizhixian	469025	BSX
昌江黎族自治县	Changjiang Lizu Zizhixian	469026	CJX
乐东黎族自治县	Ledong Lizu Zizhixian	469027	LED
陵水黎族自治县	Lingshui Lizu Zizhixian	469028	LSL
保亭黎族苗族自治县	Baoting Lizu Miaozu Zizhixian	469029	BTG
琼中黎族苗族自治县	Qiongzhong Lizu Miaozu Zizhixian	469030	QZG
西沙群岛	Xisha Qundao	469031	XSD
南沙群岛	Nansha Qundao	469032	NSA
中沙群岛的岛礁及其海域	Zhongsha Qundao de Daojiao Jiqi Haiyu	469033	ZSA

表 23　重庆市(500000　CQ)代码表

名　称	罗马字母拼写	数字码	字母码
市辖区	Shixiaqu	500100	
万州区	Wanzhou Qu	500101	WZO
涪陵区	Fuling Qu	500102	FLG
渝中区	Yuzhong Qu	500103	YZQ
大渡口区	Dadukou Qu	500104	DDK
江北区	Jiangbei Qu	500105	JBQ
沙坪坝区	Shapingba Qu	500106	SPB
九龙坡区	Jiulongpo Qu	500107	JLP
南岸区	Nan'an Qu	500108	NAQ
北碚区	Beibei Qu	500109	BBE
万盛区	Wansheng Qu	500110	WSQ
双桥区	Shuangqiao Qu	500111	SQO
渝北区	Yubei Qu	500112	YBE
巴南区	Banan Qu	500113	BNN
黔江区	Qianjiang Qu	500114	QJU
长寿区	Changshou Qu	500115	CSO
江津区	Jiangjin Qu	500116	JJY
合川区	Hechuan Qu	500117	HEC
永川区	Yongchuan Qu	500118	YCP
南川区	Nanchuan Qu	500119	NCU
县	Xian	500200	
綦江县	Qijiang Xian	500222	QJG
潼南县	Tongnan Xian	500223	TNN
铜梁县	Tongliang Xian	500224	TGL
大足县	Dazu Xian	500225	DZX
荣昌县	Rongchang Xian	500226	RGC
璧山县	Bishan Xian	500227	BSY
梁平县	Liangping Xian	500228	LGP
城口县	Chengkou Xian	500229	CKO
丰都县	Fengdu Xian	500230	FDU
垫江县	Dianjiang Xian	500231	DJG
武隆县	Wulong Xian	500232	WLG
忠县	Zhong Xian	500233	ZHX

表 23（续）

名　　称	罗马字母拼写	数字码	字母码
开县	Kai Xian	500234	KAI
云阳县	Yunyang Xian	500235	YNY
奉节县	Fengjie Xian	500236	FJE
巫山县	Wushan Xian	500237	WSN
巫溪县	Wuxi Xian	500238	WXX
石柱土家族自治县	Shizhu Tujiazu Zizhixian	500240	SZY
秀山土家族苗族自治县	Xiushan Tujiazu Miaozu Zizhixian	500241	XUS
酉阳土家族苗族自治县	Youyang Tujiazu Miaozu Zizhixian	500242	YUY
彭水苗族土家族自治县	Pengshui Miaozu Tujiazu Zizhixian	500243	PSU

表 24　四川省(510000　SC)代码表

名　　称	罗马字母拼写	数字码	字母码
成都市(＊)	Chengdu Shi	510100	CTU
市辖区	Shixiaqu	510101	
锦江区	Jinjiang Qu	510104	JJQ
青羊区	Qingyang Qu	510105	QYQ
金牛区	Jinniu Qu	510106	JNU
武侯区	Wuhou Qu	510107	WHQ
成华区	Chenghua Qu	510108	CHQ
龙泉驿区	Longquanyi Qu	510112	LQY
青白江区	Qingbaijiang Qu	510113	QBJ
新都区	Xindu Qu	510114	XDU
温江区	Wenjiang Qu	510115	WNJ
金堂县	Jintang Xian	510121	JNT
双流县	Shuangliu Xian	510122	SLU
郫县	Pi Xian	510124	PIX
大邑县	Dayi Xian	510129	DYI
蒲江县	Pujiang Xian	510131	PJX
新津县	Xinjin Xian	510132	XJC
都江堰市	Dujiangyan Shi	510181	DJY
彭州市	Pengzhou Shi	510182	PZS
邛崃市	Qionglai Shi	510183	QLA
崇州市	Chongzhou Shi	510184	CZO
自贡市	Zigong Shi	510300	ZGS
市辖区	Shixiaqu	510301	
自流井区	Ziliujing Qu	510302	ZLJ
贡井区	Gongjing Qu	510303	GJQ
大安区	Da'an Qu	510304	DAQ
沿滩区	Yantan Qu	510311	YTN
荣县	Rong Xian	510321	RGX
富顺县	Fushun Xian	510322	FSH
攀枝花市(＊)	Panzhihua Shi	510400	PZH
市辖区	Shixiaqu	510401	
东区	Dong Qu	510402	DQP
西区	Xi Qu	510403	XIQ

表 24（续）

名　称	罗马字母拼写	数字码	字母码
仁和区	Renhe Qu	510411	RHQ
米易县	Miyi Xian	510421	MIY
盐边县	Yanbian Xian	510422	YBN
泸州市	Luzhou Shi	510500	LUZ
市辖区	Shixiaqu	510501	
江阳区	Jiangyang Qu	510502	JYB
纳溪区	Naxi Qu	510503	NXI
龙马潭区	Longmatan Qu	510504	LMT
泸县	Lu Xian	510521	LUX
合江县	Hejiang Xian	510522	HEJ
叙永县	Xuyong Xian	510524	XYO
古蔺县	Gulin Xian	510525	GUL
德阳市	Deyang Shi	510600	DEY
市辖区	Shixiaqu	510601	
旌阳区	Jingyang Qu	510603	JYF
中江县	Zhongjiang Xian	510623	ZGJ
罗江县	Luojiang Xian	510626	LOJ
广汉市	Guanghan Shi	510681	GHN
什邡市	Shifang Shi	510682	SFS
绵竹市	Mianzhu Shi	510683	MZU
绵阳市(＊)	Mianyang Shi	510700	MYG
市辖区	Shixiaqu	510701	
涪城区	Fucheng Qu	510703	FCM
游仙区	Youxian Qu	510704	YXM
三台县	Santai Xian	510722	SNT
盐亭县	Yanting Xian	510723	YTC
安县	An Xian	510724	AXN
梓潼县	Zitong Xian	510725	ZTG
北川羌族自治县	Beichuan Qiangzu Zizhixian	510726	BCN
平武县	Pingwu Xian	510727	PWU
江油市	Jiangyou Shi	510781	JYO
广元市	Guangyuan Shi	510800	GYC
市辖区	Shixiaqu	510801	
市中区	Shizhong Qu	510802	SZU
元坝区	Yuanba Qu	510811	YBQ
朝天区	Chaotian Qu	510812	CTN
旺苍县	Wangcang Xian	510821	WGC
青川县	Qingchuan Xian	510822	QCX
剑阁县	Jiange Xian	510823	JGE

表 24（续）

名　称	罗马字母拼写	数字码	字母码
苍溪县	Cangxi Xian	510824	CXC
遂宁市	Suining Shi	510900	SNS
市辖区	Shixiaqu	510901	
船山区	Chuanshan Qu	510903	CUS
安居区	Anju Qu	510904	AJQ
蓬溪县	Pengxi Xian	510921	PXI
射洪县	Shehong Xian	510922	SEH
大英县	Daying Xian	510923	DAY
内江市	Neijiang Shi	511000	NJS
市辖区	Shixiaqu	511001	
市中区	Shizhong Qu	511002	SZB
东兴区	Dongxing Qu	511011	DXQ
威远县	Weiyuan Xian	511024	WYU
资中县	Zizhong Xian	511025	ZZC
隆昌县	Longchang Xian	511028	LCC
乐山市	Leshan Shi	511100	LES
市辖区	Shixiaqu	511101	
市中区	Shizhong Qu	511102	SZZ
沙湾区	Shawan Qu	511111	SWN
五通桥区	Wutongqiao Qu	511112	WTQ
金口河区	Jinkouhe Qu	511113	JKH
犍为县	Qianwei Xian	511123	QWE
井研县	Jingyan Xian	511124	JYA
夹江县	Jiajiang Xian	511126	JJC
沐川县	Muchuan Xian	511129	MCH
峨边彝族自治县	Ebian Yizu Zizhixian	511132	EBN
马边彝族自治县	Mabian Yizu Zizhixian	511133	MBN
峨眉山市	Emeishan Shi	511181	EMS
南充市	Nanchong Shi	511300	NCO
市辖区	Shixiaqu	511301	
顺庆区	Shunqing Qu	511302	SQG
高坪区	Gaoping Qu	511303	GPQ
嘉陵区	Jialing Qu	511304	JLG
南部县	Nanbu Xian	511321	NBU
营山县	Yingshan Xian	511322	YGS
蓬安县	Peng'an Xian	511323	PGA
仪陇县	Yilong Xian	511324	YLC
西充县	Xichong Xian	511325	XCO
阆中市	Langzhong Shi	511381	LZJ

表 24（续）

名　称	罗马字母拼写	数字码	字母码
眉山市	Meishan Shi	511400	MSS
市辖区	Shixiaqu	511401	
东坡区	Dongpo Qu	511402	DPQ
仁寿县	Renshou Xian	511421	RSO
彭山县	Pengshan Xian	511422	PGS
洪雅县	Hongya Xian	511423	HGY
丹棱县	Danling Xian	511424	DLG
青神县	Qingshen Xian	511425	QSC
宜宾市	Yibin Shi	511500	YBS
市辖区	Shixiaqu	511501	
翠屏区	Cuiping Qu	511502	CPQ
宜宾县	Yibin Xian	511521	YBX
南溪县	Nanxi Xian	511522	NNX
江安县	Jiang'an Xian	511523	JAC
长宁县	Changning Xian	511524	CNX
高县	Gao Xian	511525	GAO
珙县	Gong Xian	511526	GOG
筠连县	Junlian Xian	511527	JNL
兴文县	Xingwen Xian	511528	XWC
屏山县	Pingshan Xian	511529	PSC
广安市	Guang'an Shi	511600	GAC
市辖区	Shixiaqu	511601	
广安区	Guang'an Qu	511602	GAQ
岳池县	Yuechi Xian	511621	YCC
武胜县	Wusheng Xian	511622	WSG
邻水县	Linshui Xian	511623	LSH
华蓥市	Huaying Shi	511681	HYC
达州市	Dazhou Shi	511700	DAZ
市辖区	Shixiaqu	511701	
通川区	Tongchuan Qu	511702	TCQ
达县	Da Xian	511721	DAX
宣汉县	Xuanhan Xian	511722	XHC
开江县	Kaijiang Xian	511723	KJG
大竹县	Dazhu Xian	511724	DZU
渠县	Qu Xian	511725	QXC
万源市	Wanyuan Shi	511781	WYS
雅安市	Ya'an Shi	511800	YAS
市辖区	Shixiaqu	511801	
雨城区	Yucheng Qu	511802	YEU

表 24（续）

名　称	罗马字母拼写	数字码	字母码
名山县	Mingshan Xian	511821	MGS
荥经县	Yingjing Xian	511822	YJC
汉源县	Hanyuan Xian	511823	HAY
石棉县	Shimian Xian	511824	SIM
天全县	Tianquan Xian	511825	TQU
芦山县	Lushan Xian	511826	LSC
宝兴县	Baoxing Xian	511827	BXC
巴中市	Bazhong Shi	511900	BZS
市辖区	Shixiaqu	511901	
巴州区	Bazhou Qu	511902	BZU
通江县	Tongjiang Xian	511921	TGJ
南江县	Nanjiang Xian	511922	NJC
平昌县	Pingchang Xian	511923	PCG
资阳市	Ziyang Shi	512000	ZYS
市辖区	Shixiaqu	512001	
雁江区	Yanjiang Qu	512002	YIU
安岳县	Anyue Xian	512021	AYU
乐至县	Lezhi Xian	512022	LZC
简阳市	Jianyang Shi	512081	JYC
阿坝藏族羌族自治州	Aba(Ngawa) Zangzu Qiangzu Zizhizhou	513200	ABA
汶川县	Wenchuan Xian	513221	WNC
理县	Li Xian	513222	LXC
茂县	Mao Xian	513223	MAO
松潘县	Songpan(Sungqu) Xian	513224	SOP
九寨沟县	Jiuzhaigou Xian	513225	JZG
金川县	Jinchuan(Quqên) Xian	513226	JCH
小金县	Xiaojin Xian	513227	XJX
黑水县	Heishui Xian	513228	HIS
马尔康县(* *)	Barkam Xian	513229	BAK
壤塘县(* *)	Zamtang Xian	513230	ZAM
阿坝县	Aba(Ngawa) Xian	513231	ABX
若尔盖县(* *)	Zoigê Xian	513232	ZOI
红原县	Hongyuan Xian	513233	HOY
甘孜藏族自治州(* *)	Garzê Zangzu Zizhizhou	513300	GAZ
康定县	Kangding(Dardo) Xian	513321	KDX
泸定县	Luding(Jagsamka) Xian	513322	LUD
丹巴县	Danba(Rongzhag) Xian	513323	DBA
九龙县	Jiulong(Gyaisi) Xian	513324	JLC
雅江县	Yajiang(Nyagquka) Xian	513325	YAJ

表 24（续）

名　称	罗马字母拼写	数字码	字母码
道孚县(＊＊)	Dawu Xian	513326	DAW
炉霍县	Luhuo(Zhaggo) Xian	513327	LUH
甘孜县(＊＊)	Garzê Xian	513328	GRZ
新龙县	Xinlong(Nyagrong) Xian	513329	XLG
德格县(＊＊)	Dêgê Xian	513330	DEG
白玉县	Baiyu Xian	513331	BYC
石渠县(＊＊)	Sêrxü Xian	513332	SER
色达县(＊＊)	Sêrtar Xian	513333	STX
理塘县	Litang Xian	513334	LIT
巴塘县	Batang Xian	513335	BTC
乡城县	Xiangcheng(Qagchêng) Xian	513336	XCC
稻城县	Daocheng(Dabba) Xian	513337	DCX
得荣县(＊＊)	Dêrong Xian	513338	DER
凉山彝族自治州	Liangshan Yizu Zizhizhou	513400	LSY
西昌市	Xichang Shi	513401	XCA
木里藏族自治县	Muli Zangzu Zizhixian	513422	MLI
盐源县	Yanyuan Xian	513423	YYU
德昌县	Dechang Xian	513424	DEC
会理县	Huili Xian	513425	HLI
会东县	Huidong Xian	513426	HDG
宁南县(＊＊)	Ningnan Xian	513427	NIN
普格县	Puge Xian	513428	PGE
布拖县	Butuo Xian	513429	BTO
金阳县	Jinyang Xian	513430	JYW
昭觉县	Zhaojue Xian	513431	ZJE
喜德县	Xide Xian	513432	XDE
冕宁县	Mianning Xian	513433	MNG
越西县	Yuexi Xian	513434	YXC
甘洛县	Ganluo Xian	513435	GLO
美姑县	Meigu Xian	513436	MEG
雷波县	Leibo Xian	513437	LBX

表 25 贵州省(520000 GZ)代码表

名 称	罗马字母拼写	数字码	字母码
贵阳市(*)	Guiyang Shi	520100	KWE
市辖区	Shixiaqu	520101	
南明区	Nanming Qu	520102	NMQ
云岩区	Yunyan Qu	520103	YYQ
花溪区	Huaxi Qu	520111	HXI
乌当区	Wudang Qu	520112	WDQ
白云区	Baiyun Qu	520113	BYN
小河区	Xiaohe Qu	520114	XEQ
开阳县	Kaiyang Xian	520121	KYG
息烽县	Xifeng Xian	520122	XFX
修文县	Xiuwen Xian	520123	XWX
清镇市	Qingzhen Shi	520181	QZN
六盘水市	Lupanshui Shi	520200	LPS
钟山区	Zhongshan Qu	520201	ZSQ
六枝特区	Luzhi Tequ	520203	LZT
水城县	Shuicheng Xian	520221	SUC
盘县	Pan Xian	520222	PXN
遵义市	Zunyi Shi	520300	ZNY
市辖区	Shixiaqu	520301	
红花岗区	Honghuagang Qu	520302	HHG
汇川区	Huichuan Qu	520303	HHQ
遵义县	Zunyi Xian	520321	ZYI
桐梓县	Tongzi Xian	520322	TZI
绥阳县	Suiyang Xian	520323	SUY
正安县	Zheng'an Xian	520324	ZAX
道真仡佬族苗族自治县	Daozhen Gelaozu Miaozu Zizhixian	520325	DZN
务川仡佬族苗族自治县	Wuchuan Gelaozu Miaozu Zizhixian	520326	WCU
凤冈县	Fenggang Xian	520327	FGG
湄潭县	Meitan Xian	520328	MTN
余庆县	Yuqing Xian	520329	YUQ
习水县	Xishui Xian	520330	XSI
赤水市	Chishui Shi	520381	CSS
仁怀市	Renhuai Shi	520382	RHS

表 25（续）

名　称	罗马字母拼写	数字码	字母码
安顺市	Anshun Shi	520400	ASS
市辖区	Shixiaqu	520401	
西秀区	Xixiu Qu	520402	XXU
平坝县	Pingba Xian	520421	PBA
普定县	Puding Xian	520422	PUD
镇宁布依族苗族自治县	Zhenning Buyeizu Miaozu Zizhixian	520423	ZNN
关岭布依族苗族自治县	Guanling Buyeizu Miaozu Zizhixian	520424	GNL
紫云苗族布依族自治县	Ziyun Miaozu Buyeizu Zizhixian	520425	ZYF
铜仁地区	Tongren Diqu	522200	TRD
铜仁市	Tongren Shi	522201	TRS
江口县	Jiangkou Xian	522222	JGK
玉屏侗族自治县	Yuping Dongzu Zizhixian	522223	YPG
石阡县	Shiqian Xian	522224	SQI
思南县	Sinan Xian	522225	SNA
印江土家族苗族自治县	Yinjiang Tujiazu Miaozu Zizhixian	522226	YJY
德江县	Dejiang Xian	522227	DEJ
沿河土家族自治县	Yanhe Tujiazu Zizhixian	522228	YHE
松桃苗族自治县	Songtao Miaozu Zizhixian	522229	STM
万山特区	Wanshan Tequ	522230	WAS
黔西南布依族苗族自治州	Qianxinan Buyeizu Miaozu Zizhizhou	522300	QXZ
兴义市	Xingyi Shi	522301	XYI
兴仁县	Xingren Xian	522322	XRN
普安县	Pu'an Xian	522323	PUA
晴隆县	Qinglong Xian	522324	QLG
贞丰县	Zhenfeng Xian	522325	ZFG
望谟县	Wangmo Xian	522326	WMO
册亨县	Ceheng Xian	522327	CEH
安龙县	Anlong Xian	522328	ALG
毕节地区	Bijie Diqu	522400	BJD
毕节市	Bijie Shi	522401	BJE
大方县	Dafang Xian	522422	DAF
黔西县	Qianxi Xian	522423	QNX
金沙县	Jinsha Xian	522424	JSX
织金县	Zhijin Xian	522425	ZJN
纳雍县	Nayong Xian	522426	NYG
威宁彝族回族苗族自治县	Weining Yizu Huizu Miaozu Zizhixian	522427	WNG
赫章县	Hezhang Xian	522428	HZA
黔东南苗族侗族自治州	Qiandongnan Miaozu Dongzu Zizhizhou	522600	QND
凯里市	Kaili Shi	522601	KLS

表 25（续）

名 称	罗马字母拼写	数字码	字母码
黄平县	Huangping Xian	522622	HPN
施秉县	Shibing Xian	522623	SBG
三穗县	Sansui Xian	522624	SAS
镇远县	Zhenyuan Xian	522625	ZYX
岑巩县	Cengong Xian	522626	CGX
天柱县	Tianzhu Xian	522627	TZU
锦屏县	Jinping Xian	522628	JPX
剑河县	Jianhe Xian	522629	JHE
台江县	Taijiang Xian	522630	TJX
黎平县	Liping Xian	522631	LIP
榕江县	Rongjiang Xian	522632	RJG
从江县	Congjiang Xian	522633	COJ
雷山县	Leishan Xian	522634	LSA
麻江县	Majiang Xian	522635	MAJ
丹寨县	Danzhai Xian	522636	DZH
黔南布依族苗族自治州	Qiannan Buyeizu Miaozu Zizhizhou	522700	QNZ
都匀市	Duyun Shi	522701	DUY
福泉市	Fuquan Shi	522702	FQN
荔波县	Libo Xian	522722	LBO
贵定县	Guiding Xian	522723	GDG
瓮安县	Weng'an Xian	522725	WGA
独山县	Dushan Xian	522726	DSX
平塘县	Pingtang Xian	522727	PTG
罗甸县	Luodian Xian	522728	LOD
长顺县	Changshun Xian	522729	CSU
龙里县	Longli Xian	522730	LLI
惠水县	Huishui Xian	522731	HUS
三都水族自治县	Sandu Suizu Zizhixian	522732	SDU

表 26　云南省(530000　YN)代码表

名　　称	罗马字母拼写	数字码	字母码
昆明市(*)	Kunming Shi	530100	KMG
市辖区	Shixiaqu	530101	
五华区	Wuhua Qu	530102	WHA
盘龙区	Panlong Qu	530103	PLQ
官渡区	Guandu Qu	530111	GDU
西山区	Xishan Qu	530112	XSN
东川区	Dongchuan Qu	530113	DCU
呈贡县	Chenggong Xian	530121	CGD
晋宁县	Jinning Xian	530122	JND
富民县	Fumin Xian	530124	FMN
宜良县	Yiliang Xian	530125	YIL
石林彝族自治县	Shilin Yizu Zizhixian	530126	SLY
嵩明县	Songming Xian	530127	SMI
禄劝彝族苗族自治县(**)	Luchuan Yizu Miaozu Zizhixian	530128	LUC
寻甸回族彝族自治县	Xundian Huizu Yizu Zizhixian	530129	XDN
安宁市	Anning Shi	530181	ANG
曲靖市	Qujing Shi	530300	QJS
市辖区	Shixiaqu	530301	
麒麟区	Qilin Qu	530302	QLQ
马龙县	Malong Xian	530321	MLO
陆良县	Luliang Xian	530322	LLX
师宗县	Shizong Xian	530323	SZD
罗平县	Luoping Xian	530324	LPX
富源县	Fuyuan Xian	530325	FYD
会泽县	Huize Xian	530326	HUZ
沾益县	Zhanyi Xian	530328	ZYD
宣威市	Xuanwei Shi	530381	XWS
玉溪市	Yuxi Shi	530400	YXS
市辖区	Shixiaqu	530401	
红塔区	Hongta Qu	530402	HTA
江川县	Jiangchuan Xian	530421	JGC
澄江县	Chengjiang Xian	530422	CGJ
通海县	Tonghai Xian	530423	THI

表 26（续）

名称	罗马字母拼写	数字码	字母码
华宁县	Huaning Xian	530424	HND
易门县	Yimen Xian	530425	YMD
峨山彝族自治县	Eshan Yizu Zizhixian	530426	ESN
新平彝族傣族自治县	Xinping Yizu Daizu Zizhixian	530427	XNP
元江哈尼族彝族傣族自治县	Yuanjiang Hanizu Yizu Daizu Zizhixian	530428	YJA
保山市	Baoshan Shi	530500	BOS
市辖区	Shixiaqu	530501	
隆阳区	Longyang Qu	530502	LGU
施甸县	Shidian Xian	530521	SDD
腾冲县	Tengchong Xian	530522	TCO
龙陵县	Longling Xian	530523	LGL
昌宁县	Changning Xian	530524	CND
昭通市	Zhaotong Shi	530600	ZTS
市辖区	Shixiaqu	530601	
昭阳区	Zhaoyang Qu	530602	ZGQ
鲁甸县	Ludian Xian	530621	LDX
巧家县	Qiaojia Xian	530622	QJA
盐津县	Yanjin Xian	530623	YJD
大关县	Daguan Xian	530624	DGN
永善县	Yongshan Xian	530625	YSB
绥江县	Suijiang Xian	530626	SUJ
镇雄县	Zhenxiong Xian	530627	ZEX
彝良县	Yiliang Xian	530628	YLG
威信县	Weixin Xian	530629	WIX
水富县	Shuifu Xian	530630	SFD
丽江市	Lijiang Shi	530700	LJH
市辖区	Shixiaqu	530701	
古城区	Gucheng Qu	530702	GUQ
玉龙纳西族自治县	Yulong Naxizu Zizhixian	530721	YLZ
永胜县	Yongsheng Xian	530722	YOS
华坪县	Huaping Xian	530723	HAP
宁蒗彝族自治县	Ninglang Yizu Zizhixian	530724	NLG
普洱市	Pu'er Shi	530800	PRS
市辖区	Shixiaqu	530801	
思茅区(*)	Simao Qu	530802	SYM
宁洱哈尼族彝族自治县	Ning'er Hanizu Yizu Zizhixian	530821	NER
墨江哈尼族自治县	Mojiang Hanizu Zizhixian	530822	MJG
景东彝族自治县	Jingdong Yizu Zizhixian	530823	JDD
景谷傣族彝族自治县	Jinggu Daizu Yizu Zizhixian	530824	JGD

表 26（续）

名　称	罗马字母拼写	数字码	字母码
镇沅彝族哈尼族拉祜族自治县	Zhengyuan Yizu Hanizu Lahuzu Zizhixian	530825	ZYY
江城哈尼族彝族自治县	Jiangcheng Hanizu Yizu Zizhixian	530826	JCE
孟连傣族拉祜族佤族自治县(＊)	Menglian Daizu Lahuzu Vazu Zizhixian	530827	MLN
澜沧拉祜族自治县	Lancang Lahuzu Zizhixian	530828	LCA
西盟佤族自治县	Ximeng Vazu Zizhixian	530829	XMG
临沧市	Lincang Shi	530900	LIH
市辖区	Shixiaqu	530901	
临翔区	Linxiang Qu	530902	LXU
凤庆县	Fengqing Xian	530921	FQX
云县	Yun Xian	530922	YXP
永德县	Yongde Xian	530923	YDX
镇康县	Zhenkang Xian	530924	ZKG
双江拉祜族佤族布朗族傣族自治县	Shuangjiang Lahuzu Vazu Blangzu Daizu Zizhixian	530925	SGJ
耿马傣族佤族自治县	Gengma Daizu Vazu Zizhixian	530926	GMA
沧源佤族自治县	Cangyuan Vazu Zizhixian	530927	CYN
楚雄彝族自治州	Chuxiong Yizu Zizhizhou	532300	CXD
楚雄市	Chuxiong Shi	532301	CXS
双柏县	Shuangbai Xian	532322	SBA
牟定县	Mouding Xian	532323	MDI
南华县	Nanhua Xian	532324	NHA
姚安县	Yao'an Xian	532325	YOA
大姚县	Dayao Xian	532326	DYO
永仁县	Yongren Xian	532327	YRN
元谋县	Yuanmou Xian	532328	YMO
武定县	Wuding Xian	532329	WDX
禄丰县	Lufeng Xian	532331	LFX
红河哈尼族彝族自治州	Honghe Hanizu Yizu Zizhizhou	532500	HHZ
个旧市	Gejiu Shi	532501	GJU
开远市	Kaiyuan Shi	532502	KYD
蒙自县	Mengzi Xian	532522	MZI
屏边苗族自治县	Pingbian Miaozu Zizhixian	532523	PBN
建水县	Jianshui Xian	532524	JSD
石屏县	Shiping Xian	532525	SPG
弥勒县	Mile Xian	532526	MIL

表 26（续）

名　称	罗马字母拼写	数字码	字母码
泸西县	Luxi Xian	532527	LXD
元阳县	Yuanyang Xian	532528	YYD
红河县	Honghe Xian	532529	HHX
金平苗族瑶族傣族自治县	Jinping Miaozu Yaozu Daizu Zizhixian	532530	JNP
绿春县	Lüchun Xian	532531	LCX
河口瑶族自治县(＊)	Hekou Yaozu Zizhixian	532532	HKM
文山壮族苗族自治州	Wenshan Zhuangzu Miaozu Zizhizhou	532600	WSZ
文山县	Wenshan Xian	532621	WES
砚山县	Yanshan Xian	532622	YSD
西畴县	Xichou Xian	532623	XIC
麻栗坡县	Malipo Xian	532624	MLP
马关县	Maguan Xian	532625	MGN
丘北县	Qiubei Xian	532626	QBE
广南县	Guangnan Xian	532627	GGN
富宁县	Funing Xian	532628	FND
西双版纳傣族自治州	Xishuangbanna Daizu Zizhizhou	532800	XSB
景洪市(＊)	Jinghong Shi	532801	JHG
勐海县	Menghai Xian	532822	MHI
勐腊县	Mengla Xian	532823	MLA
大理白族自治州	Dali Baizu Zizhizhou	532900	DLZ
大理市	Dali Shi	532901	DLS
漾濞彝族自治县	Yangbi Yizu Zizhixian	532922	YGB
祥云县	Xiangyun Xian	532923	XYD
宾川县	Binchuan Xian	532924	BCD
弥渡县	Midu Xian	532925	MDU
南涧彝族自治县	Nanjian Yizu Zizhixian	532926	NNJ
巍山彝族回族自治县	Weishan Yizu Huizu Zizhixian	532927	WSY
永平县	Yongping Xian	532928	YPX
云龙县	Yunlong Xian	532929	YLO
洱源县	Eryuan Xian	532930	EYN
剑川县	Jianchuan Xian	532931	JIC
鹤庆县	Heqing Xian	532932	HQG
德宏傣族景颇族自治州	Dehong Daizu Jingpozu Zizhizhou	533100	DHG

表 26（续）

名　称	罗马字母拼写	数字码	字母码
瑞丽市(＊)	Ruili Shi	533102	RUI
潞西市	Luxi Shi	533103	LXS
梁河县	Lianghe Xian	533122	LHD
盈江县(＊)	Yingjiang Xian	533123	YGJ
陇川县	Longchuan Xian	533124	LCN
怒江傈僳族自治州	Nujiang Lisuzu Zizhizhou	533300	NUJ
泸水县	Lushui Xian	533321	LSX
福贡县	Fugong Xian	533323	FGO
贡山独龙族怒族自治县	Gongshan Derungzu Nuzu Zizhixian	533324	GSN
兰坪白族普米族自治县	Lanping Baizu Pumizu Zizhixian	533325	LPG
迪庆藏族自治州(＊＊)	Dêqên Zangzu Zizhizhou	533400	DEZ
香格里拉县(＊＊)	Shangêlila Xian	533421	SGN
德钦县(＊＊)	Dêqên Xian	533422	DQN
维西傈僳族自治县	Weixi Lisuzu Zizhixian	533423	WXI

表 27　西藏自治区(540000　XZ)代码表

名　　称	罗马字母拼写	数字码	字母码
拉萨市(＊)	Lhasa Shi	540100	LXA
市辖区	Shixiaqu	540101	
城关区	Chengguan Qu	540102	CGN
林周县(＊＊)	Lhünzhub Xian	540121	LZB
当雄县(＊＊)	Damxung Xian	540122	DAM
尼木县(＊＊)	Nyêmo Xian	540123	NYE
曲水县(＊＊)	Qüxü Xian	540124	QUX
堆龙德庆县(＊＊)	Doilungdêqên Xian	540125	DOI
达孜县(＊＊)	Dagzê Xian	540126	DAG
墨竹工卡县(＊＊)	Maizhokunggar Xian	540127	MAI
昌都地区(＊＊)	Qamdo Diqu	542100	QAD
昌都县(＊＊)	Qamdo Xian	542121	QAX
江达县(＊＊)	Jomda Xian	542122	JOM
贡觉县(＊＊)	Konjo Xian	542123	KON
类乌齐县(＊＊)	Riwoq Xian	542124	RIW
丁青县(＊＊)	Dêngqên Xian	542125	DEN
察雅县(＊＊)	Chagyab Xian	542126	CHA
八宿县(＊＊)	Baxoi Xian	542127	BAX
左贡县(＊＊)	Zogang Xian	542128	ZOX
芒康县(＊＊)	Mangkam Xian	542129	MAN
洛隆县(＊＊)	Lhorong Xian	542132	LHO
边坝县(＊＊)	Banbar Xian	542133	BAN
山南地区	Shannan Diqu	542200	SND
乃东县(＊＊)	Nêdong Xian	542221	NED
扎囊县(＊＊)	Chanang(Chatang) Xian	542222	CNG
贡嘎县(＊＊)	Gonggar Xian	542223	GON
桑日县	Sangri Xian	542224	SRI
琼结县(＊＊)	Qonggyai Xian	542225	QON
曲松县(＊＊)	Qusum Xian	542226	QUS
措美县(＊＊)	Comai Xian	542227	COM
洛扎县(＊＊)	Lhozhag Xian	542228	LHX
加查县(＊＊)	Gyaca Xian	542229	GYA
隆子县(＊＊)	Lhünzê Xian	542231	LHZ

表 27（续）

名　　称	罗马字母拼写	数字码	字母码
错那县(＊＊)	Cona Xian	542232	CON
浪卡子县(＊＊)	Nagarzê Xian	542233	NAX
日喀则地区(＊＊)	Xigazê Diqu	542300	XID
日喀则市(＊＊)	Xigazê Shi	542301	XIG
南木林县(＊＊)	Namling Xian	542322	NAM
江孜县(＊＊)	Gyangzê Xian	542323	GYZ
定日县(＊＊)	Tingri Xian	542324	TIN
萨迦县(＊＊)	Sa'gya Xian	542325	SGX
拉孜县(＊＊)	Lhazê Xian	542326	LAZ
昂仁县(＊＊)	Ngamring Xian	542327	NGA
谢通门县(＊＊)	Xaitongmoin Xian	542328	XTM
白朗县(＊＊)	Bainang Xian	542329	BAI
仁布县(＊＊)	Rinbung Xian	542330	RIN
康马县(＊＊)	Kangmar Xian	542331	KAN
定结县(＊＊)	Dinggyê Xian	542332	DIN
仲巴县	Zhongba Xian	542333	ZHB
亚东县	Yadong(Chomo) Xian	542334	YDZ
吉隆县(＊)	Gyirong Xian	542335	GIR
聂拉木县(＊＊)	Nyalam Xian	542336	NYA
萨嘎县(＊＊)	Saga Xian	542337	SAG
岗巴县(＊＊)	Gamba Xian	542338	GAM
那曲地区(＊＊)	Nagqu Diqu	542400	NAD
那曲县(＊＊)	Nagqu Xian	542421	NAG
嘉黎县(＊＊)	Lhari Xian	542422	LHR
比如县	Biru Xian	542423	BRU
聂荣县(＊＊)	Nyainrong Xian	542424	NRO
安多县(＊＊)	Amdo Xian	542425	AMD
申扎县(＊＊)	Xainza Xian	542426	XZX
索县(＊＊)	Sog Xian	542427	SOG
班戈县(＊＊)	Bangoin Xian	542428	BGX
巴青县(＊＊)	Baqên Xian	542429	BQE
尼玛县(＊＊)	Nyima Xian	542430	NYX
阿里地区(＊＊)	Ngari Diqu	542500	NGD

表 27（续）

名　　称	罗马字母拼写	数字码	字母码
普兰县(＊＊)	Burang Xian	542521	BUR
札达县(＊＊)	Zanda Xian	542522	ZAN
噶尔县(＊＊)	Gar Xian	542523	GAR
日土县(＊＊)	Rutog Xian	542524	RUT
革吉县(＊＊)	Gê'gyai Xian	542525	GEG
改则县(＊＊)	Gêrzê Xian	542526	GER
措勤县(＊＊)	Coqên Xian	542527	COQ
林芝地区(＊＊)	Nyingchi Diqu	542600	NYD
林芝县(＊＊)	Nyingchi Xian	542621	NYI
工布江达县(＊＊)	Gongbo'gyamda Xian	542622	GOX
米林县(＊＊)	Mainling Xian	542623	MAX
墨脱县(＊＊)	Mêtog Xian	542624	MET
波密县	Bomi(Bowo) Xian	542625	BMI
察隅县(＊＊)	Zayü Xian	542626	ZAY
朗县(＊＊)	Nang Xian	542627	NGX

表 28 陕西省(610000 SN)代码表

名 称	罗马字母拼写	数字码	字母码
西安市(*)	Xi'an Shi	610100	SIA
市辖区	Shixiaqu	610101	
新城区	Xincheng Qu	610102	XCK
碑林区	Beilin Qu	610103	BLQ
莲湖区	Lianhu Qu	610104	LHU
灞桥区	Baqiao Qu	610111	BQQ
未央区	Weiyang Qu	610112	WYA
雁塔区	Yanta Qu	610113	YTA
阎良区	Yanliang Qu	610114	YLQ
临潼区	Lintong Qu	610115	LTG
长安区	Chang'an Qu	610116	CAU
蓝田县	Lantian Xian	610122	LNT
周至县	Zhouzhi Xian	610124	ZOZ
户县	Hu Xian	610125	HUX
高陵县	Gaoling Xian	610126	GLS
铜川市	Tongchuan Shi	610200	TCN
市辖区	Shixiaqu	610201	
王益区	Wangyi Qu	610202	WAY
印台区	Yintai Qu	610203	YIT
耀州区	Yaozhou Qu	610204	YAO
宜君县	Yijun Xian	610222	YJU
宝鸡市	Baoji Shi	610300	BJI
市辖区	Shixiaqu	610301	
渭滨区	Weibin Qu	610302	WBQ
金台区	Jintai Qu	610303	JTQ
陈仓区	Chencang Qu	610304	CCU
凤翔县	Fengxiang Xian	610322	FXG
岐山县	Qishan Xian	610323	QIS
扶风县	Fufeng Xian	610324	FFG
眉县	Mei Xian	610326	MEI
陇县	Long Xian	610327	LON
千阳县	Qianyang Xian	610328	QNY
麟游县	Linyou Xian	610329	LYP

表 28（续）

名　　称	罗马字母拼写	数字码	字母码
凤县	Feng Xian	610330	FEG
太白县	Taibai Xian	610331	TBA
咸阳市	Xianyang Shi	610400	XYS
市辖区	Shixiaqu	610401	
秦都区	Qindu Qu	610402	QDU
杨陵区	Yangling Qu	610403	YGL
渭城区	Weicheng Qu	610404	WIC
三原县	Sanyuan Xian	610422	SYN
泾阳县	Jingyang Xian	610423	JGY
乾县	Qian Xian	610424	QIA
礼泉县	Liquan Xian	610425	LIQ
永寿县	Yongshou Xian	610426	YSH
彬县	Bin Xian	610427	BIX
长武县	Changwu Xian	610428	CWU
旬邑县	Xunyi Xian	610429	XNY
淳化县	Chunhua Xian	610430	CHU
武功县	Wugong Xian	610431	WGG
兴平市	Xingping Shi	610481	XPG
渭南市	Weinan Shi	610500	WNA
市辖区	Shixiaqu	610501	
临渭区	Linwei Qu	610502	LWE
华县	Hua Xian	610521	HXN
潼关县	Tongguan Xian	610522	TGN
大荔县	Dali Xian	610523	DAL
合阳县	Heyang Xian	610524	HYK
澄城县	Chengcheng Xian	610525	CCG
蒲城县	Pucheng Xian	610526	PUC
白水县	Baishui Xian	610527	BSU
富平县	Fuping Xian	610528	FPX
韩城市	Hancheng Shi	610581	HCE
华阴市	Huayin Shi	610582	HYI
延安市	Yan'an Shi	610600	YNA
市辖区	Shixiaqu	610601	
宝塔区	Baota Qu	610602	BTA
延长县	Yanchang Xian	610621	YCA
延川县	Yanchuan Xian	610622	YCT
子长县	Zichang Xian	610623	ZCA
安塞县	Ansai Xian	610624	ANS
志丹县	Zhidan Xian	610625	ZDN

表 28（续）

名　　称	罗马字母拼写	数字码	字母码
吴起县	Wuqi Xian	610626	WQI
甘泉县	Ganquan Xian	610627	GQN
富县	Fu Xian	610628	FUX
洛川县	Luochuan Xian	610629	LCW
宜川县	Yichuan Xian	610630	YIC
黄龙县	Huanglong Xian	610631	HGL
黄陵县	Huangling Xian	610632	HLG
汉中市	Hanzhong Shi	610700	HZJ
市辖区	Shixiaqu	610701	
汉台区	Hantai Qu	610702	HTQ
南郑县	Nanzheng Xian	610721	NZG
城固县	Chenggu Xian	610722	CGU
洋县	Yang Xian	610723	YGX
西乡县	Xixiang Xian	610724	XXA
勉县	Mian Xian	610725	MIA
宁强县	Ningqiang Xian	610726	NQG
略阳县	Lüeyang Xian	610727	LYC
镇巴县	Zhenba Xian	610728	ZBA
留坝县	Liuba Xian	610729	LBA
佛坪县	Foping Xian	610730	FPG
榆林市	Yulin Shi	610800	YLN
市辖区	Shixiaqu	610801	
榆阳区	Yuyang Qu	610802	YNU
神木县	Shenmu Xian	610821	SMU
府谷县	Fugu Xian	610822	FGU
横山县	Hengshan Xian	610823	HSA
靖边县	Jingbian Xian	610824	JBN
定边县	Dingbian Xian	610825	DBN
绥德县	Suide Xian	610826	SDE
米脂县	Mizhi Xian	610827	MZH
佳县	Jia Xian	610828	JXN
吴堡县	Wubu Xian	610829	WBU
清涧县	Qingjian Xian	610830	QJN
子洲县	Zizhou Xian	610831	ZZH
安康市	Ankang Shi	610900	ANK
市辖区	Shixiaqu	610901	
汉滨区	Hanbin Qu	610902	HBU
汉阴县	Hanyin Xian	610921	HYY
石泉县	Shiquan Xian	610922	SQN

表 28（续）

名 称	罗马字母拼写	数字码	字母码
宁陕县	Ningshan Xian	610923	NGS
紫阳县	Ziyang Xian	610924	ZYG
岚皋县	Langao Xian	610925	LNG
平利县	Pingli Xian	610926	PLX
镇坪县	Zhenping Xian	610927	ZNP
旬阳县	Xunyang Xian	610928	XYX
白河县	Baihe Xian	610929	BHE
商洛市	Shangluo Shi	611000	SLH
市辖区	Shixiaqu	611001	
商州区	Shangzhou Qu	611002	SZO
洛南县	Luonan Xian	611021	LNK
丹凤县	Danfeng Xian	611022	DNF
商南县	Shangnan Xian	611023	SNN
山阳县	Shanyang Xian	611024	SNY
镇安县	Zhen'an Xian	611025	ZNA
柞水县	Zhashui Xian	611026	ZSU

表 29 甘肃省(620000 GS)代码表

名 称	罗马字母拼写	数字码	字母码
兰州市(*)	Lanzhou Shi	620100	LHW
市辖区	Shixiaqu	620101	
城关区	Chengguan Qu	620102	CLZ
七里河区	Qilihe Qu	620103	QLH
西固区	Xigu Qu	620104	XGU
安宁区	Anning Qu	620105	ANQ
红古区	Honggu Qu	620111	HOG
永登县	Yongdeng Xian	620121	YDG
皋兰县	Gaolan Xian	620122	GAL
榆中县	Yuzhong Xian	620123	YZX
嘉峪关市	Jiayuguan Shi	620200	JYG
市辖区	Shixiaqu	620201	
金昌市	Jinchang Shi	620300	JCS
市辖区	Shixiaqu	620301	
金川区	Jinchuan Qu	620302	JCU
永昌县	Yongchang Xian	620321	YCF
白银市	Baiyin Shi	620400	BYS
市辖区	Shixiaqu	620401	
白银区	Baiyin Qu	620402	BYB
平川区	Pingchuan Qu	620403	PCQ
靖远县	Jingyuan Xian	620421	JYH
会宁县	Huining Xian	620422	HNI
景泰县	Jingtai Xian	620423	JGT
天水市	Tianshui Shi	620500	TSU
市辖区	Shixiaqu	620501	
秦州区	Qinzhou Qu	620502	QZQ
麦积区	Maiji Qu	620503	MJI
清水县	Qingshui Xian	620521	QSG
秦安县	Qin'an Xian	620522	QNA
甘谷县	Gangu Xian	620523	GGU
武山县	Wushan Xian	620524	WSX
张家川回族自治县	Zhangjiachuan Huizu Zizhixian	620525	ZJC
武威市	Wuwei Shi	620600	WWS

表 29（续）

名　称	罗马字母拼写	数字码	字母码
市辖区	Shixiaqu	620601	
凉州区	Liangzhou Qu	620602	LQZ
民勤县	Minqin Xian	620621	MQN
古浪县	Gulang Xian	620622	GLG
天祝藏族自治县	Tianzhu Zangzu Zizhixian	620623	TZG
张掖市	Zhangye Shi	620700	ZYE
市辖区	Shixiaqu	620701	
甘州区	Ganzhou Qu	620702	GOU
肃南裕固族自治县	Sunan Yugurzu Zizhixian	620721	SUN
民乐县	Minle Xian	620722	MLE
临泽县	Linze Xian	620723	LZE
高台县	Gaotai Xian	620724	GAT
山丹县	Shandan Xian	620725	SDN
平凉市	Pingliang Shi	620800	PLS
市辖区	Shixiaqu	620801	
崆峒区	Kongtong Qu	620802	KTQ
泾川县	Jingchuan Xian	620821	JCN
灵台县	Lingtai Xian	620822	LGT
崇信县	Chongxin Xian	620823	COX
华亭县	Huating Xian	620824	HTI
庄浪县	Zhuanglang Xian	620825	ZLG
静宁县	Jingning Xian	620826	JNI
酒泉市	Jiuquan Shi	620900	JQG
市辖区	Shixiaqu	620901	
肃州区	Suzhou Qu	620902	SOU
金塔县	Jinta Xian	620921	JTA
瓜州县	Guazhou Xian	620922	GUZ
肃北蒙古族自治县	Subei Mongolzu Zizhixian	620923	SBE
阿克塞哈萨克族自治县(* *)	Aksay Kazakzu Zizhixian	620924	AKX
玉门市	Yumen Shi	620981	YMS
敦煌市	Dunhuang Shi	620982	DNH
庆阳市	Qingyang Shi	621000	QYI
市辖区	Shixiaqu	621001	
西峰区	Xifeng Qu	621002	XFE
庆城县	Qingcheng Xian	621021	QIC
环县	Huan Xian	621022	HUN
华池县	Huachi Xian	621023	HCI
合水县	Heshui Xian	621024	HSX

表 29（续）

名　称	罗马字母拼写	数字码	字母码
正宁县	Zhengning Xian	621025	ZGN
宁县	Ning Xian	621026	NIG
镇原县	Zhenyuan Xian	621027	ZYN
定西市	Dingxi Shi	621100	DNX
市辖区	Shixiaqu	621101	
安定区	Anding Qu	621102	ADQ
通渭县	Tongwei Xian	621121	TWE
陇西县	Longxi Xian	621122	LXK
渭源县	Weiyuan Xian	621123	WIY
临洮县	Lintao Xian	621124	LTO
漳县	Zhang Xian	621125	ZGX
岷县	Min Xian	621126	MIN
陇南市	Longnan Shi	621200	LGN
市辖区	Shixiaqu	621201	
武都区	Wudu Qu	621202	WUD
成县	Cheng Xian	621221	CHG
文县	Wen Xian	621222	WEG
宕昌县	Tanchang Xian	621223	TCH
康县	Kang Xian	621224	KNG
西和县	Xihe Xian	621225	XHE
礼县	Li Xian	621226	LXG
徽县	Hui Xian	621227	HIX
两当县	Liangdang Xian	621228	LDG
临夏回族自治州	Linxia Huizu Zizhizhou	622900	LXH
临夏市	Linxia Shi	622901	LXR
临夏县	Linxia Xian	622921	LXF
康乐县	Kangle Xian	622922	KLE
永靖县	Yongjing Xian	622923	YJG
广河县	Guanghe Xian	622924	GHX
和政县	Hezheng Xian	622925	HZG
东乡族自治县	Dongxiangzu Zizhixian	622926	DXZ
积石山保安族东乡族撒拉族自治县	Jishishan Bonanzu Dongxiangzu Salarzu Zizhixian	622927	JSN
甘南藏族自治州	Gannan Zangzu Zizhizhou	623000	GNZ
合作市	Hezuo Shi	623001	HEZ
临潭县	Lintan Xian	623021	LTN
卓尼县（＊＊）	Jonê Xian	623022	JON

表 29（续）

名　称	罗马字母拼写	数字码	字母码
舟曲县（＊＊）	Zhugqu Xian	623023	ZQU
迭部县（＊＊）	Têwo Xian	623024	TEW
玛曲县	Maqu Xian	623025	MQU
碌曲县	Luqu Xian	623026	LQU
夏河县	Xiahe Xian	623027	XHN

表 30 青海省(630000 QH)代码表

名 称	罗马字母拼写	数字码	字母码
西宁市(*)	Xining Shi	630100	XNN
市辖区	Shixiaqu	630101	
城东区	Chengdong Qu	630102	CDQ
城中区	Chengzhong Qu	630103	CZG
城西区	Chengxi Qu	630104	CXQ
城北区	Chengbei Qu	630105	CBE
大通回族土族自治县	Datong Huizu Tuzu Zizhixian	630121	DAT
湟中县	Huangzhong Xian	630122	HZX
湟源县	Huangyuan Xian	630123	HYU
海东地区	Haidong Diqu	632100	HDD
平安县	Ping'an Xian	632121	PAN
民和回族土族自治县	Minhe Huizu Tuzu Zizhixian	632122	MHE
乐都县	Ledu Xian	632123	LDU
互助土族自治县	Huzhu Tuzu Zizhixian	632126	HZT
化隆回族自治县	Hualong Huizu Zizhixian	632127	HLO
循化撒拉族自治县	Xunhua Salarzu Zizhixian	632128	XUH
海北藏族自治州	Haibei Zangzu Zizhizhou	632200	HBZ
门源回族自治县	Menyuan Huizu Zizhixian	632221	MYU
祁连县	Qilian Xian	632222	QLN
海晏县	Haiyan Xian	632223	HIY
刚察县(**)	Gangca Xian	632224	GAN
黄南藏族自治州	Huangnan Zangzu Zizhizhou	632300	HNZ
同仁县	Tongren Xian	632321	TRN
尖扎县(**)	Jainca Xian	632322	JAI
泽库县(**)	Zêkog Xian	632323	ZEK
河南蒙古族自治县	Henan Mongolzu Zizhixian	632324	HNM
海南藏族自治州	Hainan Zangzu Zizhizhou	632500	HNN
共和县	Gonghe Xian	632521	GHE
同德县	Tongde Xian	632522	TDX
贵德县	Guide Xian	632523	GID
兴海县	Xinghai Xian	632524	XHA
贵南县	Guinan Xian	632525	GNN
果洛藏族自治州(**)	Golog Zangzu Zizhizhou	632600	GOL

表 30（续）

名　称	罗马字母拼写	数字码	字母码
玛沁县（＊＊）	Maqên Xian	632621	MAQ
班玛县（＊＊）	Baima Xian	632622	BMX
甘德县（＊＊）	Gadê Xian	632623	GAD
达日县（＊＊）	Tarlag Xian	632624	TAR
久治县（＊＊）	Jigzhi Xian	632625	JUZ
玛多县（＊＊）	Madoi Xian	632626	MAD
玉树藏族自治州	Yushu Zangzu Zizhizhou	632700	YSZ
玉树县	Yushu Xian	632721	YSK
杂多县（＊＊）	Zadoi Xian	632722	ZAD
称多县（＊＊）	Chindu Xian	632723	CHI
治多县（＊＊）	Zhidoi Xian	632724	ZHI
囊谦县（＊＊）	Nangqên Xian	632725	NQN
曲麻莱县（＊＊）	Qumarlêb Xian	632726	QUM
海西蒙古族藏族自治州	Haixi Mongolzu Zangzu Zizhizhou	632800	HXZ
格尔木市（＊＊）	Golmud Shi	632801	GOS
德令哈市（＊＊）	Delhi Shi	632802	DEL
乌兰县（＊＊）	Ulan Xian	632821	ULA
都兰县	Dulan Xian	632822	DUL
天峻县	Tianjun Xian	632823	TJN

表 31　宁夏回族自治区(640000　NX)代码表

名　　称	罗马字母拼写	数字码	字母码
银川市(*)	Yinchuan Shi	640100	INC
市辖区	Shixiaqu	640101	
兴庆区	Xingqing Qu	640104	XQN
西夏区	Xixia Qu	640105	XQU
金凤区	Jinfeng Qu	640106	JFU
永宁县	Yongning Xian	640121	YGN
贺兰县	Helan Xian	640122	HLN
灵武市	Lingwu Shi	640181	LWU
石嘴山市	Shizuishan Shi	640200	SZS
市辖区	Shixiaqu	640201	
大武口区	Dawukou Qu	640202	DWK
惠农区	Huinong Qu	640205	HNO
平罗县	Pingluo Xian	640221	PLO
吴忠市	Wuzhong Shi	640300	WZS
市辖区	Shixiaqu	640301	
利通区	Litong Qu	640302	LTW
盐池县	Yanchi Xian	640323	YCY
同心县	Tongxin Xian	640324	TGX
青铜峡市	Qingtongxia Shi	640381	QTX
固原市	Guyuan Shi	640400	GYN
市辖区	Shixiaqu	640401	
原州区	Yuanzhou Qu	640402	YAZ
西吉县	Xiji Xian	640422	XJI
隆德县	Longde Xian	640423	LDE
泾源县	Jingyuan Xian	640424	JYK
彭阳县	Pengyang Xian	640425	PEY
中卫市	Zhongwei Shi	640500	ZWS
市辖区	Shixiaqu	640501	
沙坡头区	Shapotou Qu	640502	SPT
中宁县	Zhongning Xian	640521	ZNG
海原县	Haiyuan Xian	640522	HYB

表 32　新疆维吾尔自治区(650000　XJ)代码表

名　称	罗马字母拼写	数字码	字母码
乌鲁木齐市(*)	Ürümqi Shi	650100	URC
市辖区	Shixiaqu	650101	
天山区	Tianshan Qu	650102	TSL
沙依巴克区(**)	Saybag Qu	650103	SAY
新市区	Xinshi Qu	650104	XBD
水磨沟区	Shuimogou Qu	650105	SMG
头屯河区	Toutunhe Qu	650106	TTH
达坂城区	Dabancheng Qu	650107	DBC
米东区	Midong Qu	650109	MOQ
乌鲁木齐县(**)	Ürümqi Xian	650121	URX
克拉玛依市(**)	Karamay Shi	650200	KAR
市辖区	Shixiaqu	650201	
独山子区	Dushanzi Qu	650202	DSZ
克拉玛依区(**)	Karamay Qu	650203	KRQ
白碱滩区	Baijiantan Qu	650204	BJT
乌尔禾区(**)	Orku Qu	650205	ORK
吐鲁番地区(**)	Turpan Diqu	652100	TUD
吐鲁番市(**)	Turpan Shi	652101	TUR
鄯善县	Shanshan(Piqan) Xian	652122	SSX
托克逊县(**)	Toksun Xian	652123	TOK
哈密地区	Hami(Kumul) Diqu	652200	HMD
哈密市	Hami(Kumul) Shi	652201	HAM
巴里坤哈萨克自治县(**)	Barkol Kazak Zizhixian	652222	BAR
伊吾县	Yiwu(Aratürük) Xian	652223	YWX
昌吉回族自治州	Changji Huizu Zizhizhou	652300	CJZ
昌吉市	Changji Shi	652301	CJS
阜康市	Fukang Shi	652302	FKG
呼图壁县	Hutubi Xian	652323	HTB
玛纳斯县(**)	Manas Xian	652324	MAS
奇台县	Qitai Xian	652325	QTA
吉木萨尔县(**)	Jimsar Xian	652327	JIM
木垒哈萨克自治县(**)	Mori Kazak Zizhixian	652328	MOR
博尔塔拉蒙古自治州(**)	Bortala Mongol Zizhizhou	652700	BOR

表 32（续）

名　称	罗马字母拼写	数字码	字母码
博乐市(*)	Bole(Bortala) Shi	652701	BLE
精河县	Jinghe(Jing) Xian	652722	JGH
温泉县	Wenquan(Arixang) Xian	652723	WNQ
巴音郭楞蒙古自治州(**)	Bayingolin Mongol Zizhizhou	652800	BAG
库尔勒市(**)	Korla Shi	652801	KOR
轮台县(**)	Luntai(Bügür) Xian	652822	LTX
尉犁县	Yuli(Lopnur) Xian	652823	YLI
若羌县	Ruoqiang(Qakilik) Xian	652824	RQG
且末县	Qiemo(Qarqan) Xian	652825	QMO
焉耆回族自治县	Yanqi Huizu Zizhixian	652826	YQI
和静县	Hejing Xian	652827	HJG
和硕县(**)	Hoxud Xian	652828	HOX
博湖县	Bohu(Bagrax) Xian	652829	BHU
阿克苏地区(**)	Aksu Diqu	652900	AKD
阿克苏市(**)	Aksu Shi	652901	AKS
温宿县	Wensu Xian	652922	WSU
库车县(**)	Kuqa Xian	652923	KUQ
沙雅县(**)	Xayar Xian	652924	XYR
新和县	Xinhe(Toksu) Xian	652925	XHT
拜城县	Baicheng(Bay) Xian	652926	BCG
乌什县	Wushi(Üqturpan) Xian	652927	WSH
阿瓦提县(**)	Awat Xian	652928	AWA
柯坪县(**)	Kalpin Xian	652929	KAL
克孜勒苏柯尔克孜自治州(**)	Kizilsu Kirgiz Zizhizhou	653000	KIZ
阿图什市(**)	Artux Shi	653001	ART
阿克陶县(**)	Akto Xian	653022	AKT
阿合奇县(**)	Akqi Xian	653023	AKQ
乌恰县	Wuqia(Ulugqat) Xian	653024	WQA
喀什地区	Kashi(Kaxgar) Diqu	653100	KSI
喀什市(*)	Kashi(Kaxgar) Shi	653101	KHG
疏附县	Shufu Xian	653121	SFU
疏勒县	Shule Xian	653122	SHL
英吉沙县(**)	Yengisar Xian	653123	YEN
泽普县	Zepu(Poskam) Xian	653124	ZEP
莎车县	Shache(Yarkant) Xian	653125	SHC
叶城县	Yecheng(Kargilik) Xian	653126	YEC
麦盖提县(**)	Makit Xian	653127	MAR
岳普湖县(**)	Yopurga Xian	653128	YOP
伽师县	Jiashi(Payzawat) Xian	653129	JSI

表 32（续）

名　称	罗马字母拼写	数字码	字母码
巴楚县	Bachu(Maralbexi) Xian	653130	BCX
塔什库尔干塔吉克自治县(* *)	Taxkorgan Tajik Zizhixian	653131	TXK
和田地区(* *)	Hotan Diqu	653200	HOD
和田市(* *)	Hotan Shi	653201	HTS
和田县(* *)	Hotan Xian	653221	HOT
墨玉县	Moyu(Karakax) Xian	653222	MOY
皮山县	Pishan(Guma) Xian	653223	PSA
洛浦县(* *)	Lop Xian	653224	LOP
策勒县(* *)	Qira Xian	653225	QIR
于田县	Yutian(Keriya) Xian	653226	YUT
民丰县	Minfeng(Niya) Xian	653227	MFG
伊犁哈萨克自治州(* *)	Ili Kazak Zizhizhou	654000	ILD
伊宁市(*)	Yining(Gulja) Shi	654002	YIN
奎屯市(* *)	Kuytun Shi	654003	KUY
伊宁县	Yining(Gulja) Xian	654021	YNI
察布查尔锡伯自治县(* *)	Qapqal Xibe Zizhixian	654022	QAP
霍城县	Huocheng Xian	654023	HCX
巩留县	Gongliu(Tokkuztara) Xian	654024	GLX
新源县	Xinyuan(Künes) Xian	654025	XYT
昭苏县	Zhaosu(Mongolküre) Xian	654026	ZSX
特克斯县(* *)	Tekes Xian	654027	TEK
尼勒克县(* *)	Nilka Xian	654028	NIL
塔城地区	Tacheng(Qoqek) Diqu	654200	TCD
塔城市	Tacheng(Qoqek) Shi	654201	TCS
乌苏市(* *)	Usu Shi	654202	USU
额敏县	Emin(Dorbiljin) Xian	654221	EMN
沙湾县	Shawan Xian	654223	SWX
托里县(* *)	Toli Xian	654224	TLI
裕民县	Yumin(Qagantokay) Xian	654225	YMN
和布克赛尔蒙古自治县(* *)	Hoboksar Mongol Zizhixian	654226	HOB
阿勒泰地区(* *)	Altay Diqu	654300	ALD
阿勒泰市(* *)	Altay Shi	654301	ALT
布尔津县(* *)	Burqin Xian	654321	BUX
富蕴县	Fuyun(Koktokay) Xian	654322	FYN
福海县	Fuhai(Burultokay) Xian	654323	FHI
哈巴河县	Habahe(Kaba) Xian	654324	HBH
青河县	Qinghe(Qinggil) Xian	654325	QHX
吉木乃县(*)	Jeminay Xian	654326	JEM
自治区直辖县级行政区划	Zizhiqu Zhixia Xianji Xingzhengquhua	659000	

表 32（续）

名　　称	罗马字母拼写	数字码	字母码
石河子市	Shihezi Shi	659001	SHZ
阿拉尔市（* *）	Aral Shi	659002	ALS
图木舒克市（* *）	Tumxuk Shi	659003	TMK
五家渠市	Wujiaqu Shi	659004	WJS

表 33　台湾省(710000　TW)代码表(暂缺)

表 34　香港特别行政区(810000　HK)代码表(暂缺)

表 35　澳门特别行政区(820000　MO)代码表(暂缺)

附 录 A
(资料性附录)
中华人民共和国行政区划代码索引表
(按行政区划名称音序排列)

表 A.1 中华人民共和国行政区划代码索引表(按行政区划名称音序排列)

名　　称	罗马字母拼写	所属行政区	字母码	数字码
		A		
阿巴嘎旗	Abag Qi	内蒙古自治区	ABG	152522
阿坝县	Aba(Ngawa) Xian	四川省	ABX	513231
阿坝藏族羌族自治州	Aba(Ngawa) Zangzu Qiangzu Zizhizhou	四川省	ABA	513200
阿城区	Acheng Qu	黑龙江省哈尔滨市	ACQ	230112
阿尔山市	Arxan Shi	内蒙古自治区	ARS	152202
阿合奇县	Akqi Xian	新疆维吾尔自治区	AKQ	653023
阿克塞哈萨克族自治县	Aksay Kazakzu Zizhixian	甘肃省	AKX	620924
阿克苏地区	Aksu Diqu	新疆维吾尔自治区	AKD	652900
阿克苏市	Aksu Shi	新疆维吾尔自治区	AKS	652901
阿克陶县	Akto Xian	新疆维吾尔自治区	AKT	653022
阿拉尔市	Aral Shi	新疆维吾尔自治区	ALS	659002
阿拉善盟	Alxa Meng	内蒙古自治区	ALM	152900
阿拉善右旗	Alxa Youqi	内蒙古自治区	ALY	152922
阿拉善左旗	Alxa Zuoqi	内蒙古自治区	ALZ	152921
阿勒泰地区	Altay Diqu	新疆维吾尔自治区	ALD	654300
阿勒泰市	Altay Shi	新疆维吾尔自治区	ALT	654301
阿里地区	Ngari Diqu	西藏自治区	NGD	542500
阿鲁科尔沁旗	Ar Horqin Qi	内蒙古自治区	AHO	150421
阿荣旗	Arun Qi	内蒙古自治区	ARU	150721
阿图什市	Artux Shi	新疆维吾尔自治区	ART	653001
阿瓦提县	Awat Xian	新疆维吾尔自治区	AWA	652928
爱辉区	Aihui Qu	黑龙江省黑河市	AHQ	231102
爱民区	Aimin Qu	黑龙江省牡丹江市	AMQ	231004
安县	An Xian	四川省	AXN	510724
安次区	Anci Qu	河北省廊坊市	ACI	131002
安达市	Anda Shi	黑龙江省	ADA	231281
安定区	Anding Qu	甘肃省定西市	ADQ	621102
安多县	Amdo Xian	西藏自治区	AMD	542425
安福县	Anfu Xian	江西省	AFU	360829
安国市	Anguo Shi	河北省	AGO	130683
安化县	Anhua Xian	湖南省	ANH	430923
安徽省	Anhui Sheng		AH	340000

表 A.1（续）

名　　称	罗马字母拼写	所属行政区	字母码	数字码
安吉县	Anji Xian	浙江省	AJI	330523
安居区	Anju Qu	四川省遂宁市	AJQ	510904
安康市	Ankang Shi	陕西省	ANK	610900
安龙县	Anlong Xian	贵州省	ALG	522328
安陆市	Anlu Shi	湖北省	ALU	420982
安宁区	Anning Qu	甘肃省兰州市	ANQ	620105
安宁市	Anning Shi	云南省	ANG	530181
安平县	Anping Xian	河北省	APG	131125
安庆市	Anqing Shi	安徽省	AQG	340800
安丘市	Anqiu Shi	山东省	AQU	370784
安仁县	Anren Xian	湖南省	ARN	431028
安塞县	Ansai Xian	陕西省	ANS	610624
安顺市	Anshun Shi	贵州省	ASS	520400
安图县	Antu Xian	吉林省	ATU	222426
安溪县	Anxi Xian	福建省	ANX	350524
安乡县	Anxiang Xian	湖南省	AXG	430721
安新县	Anxin Xian	河北省	AXX	130632
安阳市	Anyang Shi	河南省	AYS	410500
安阳县	Anyang Xian	河南省	AYX	410522
安义县	Anyi Xian	江西省	AYI	360123
安源区	Anyuan Qu	江西省萍乡市	AYQ	360302
安远县	Anyuan Xian	江西省	AYN	360726
安岳县	Anyue Xian	四川省	AYU	512021
安泽县	Anze Xian	山西省	AZE	141026
鞍山市	Anshan Shi	辽宁省	ASN	210300
昂昂溪区	Ang'angxi Qu	黑龙江省齐齐哈尔市	AAX	230205
昂仁县	Ngamring Xian	西藏自治区	NGA	542327
敖汉旗	Aohan Qi	内蒙古自治区	AHN	150430
澳门特别行政区	Macau Tebiexingzhengqu		MO	820000
		B		
八步区	Babu Qu	广西壮族自治区贺州市	BBQ	451102
八道江区	Badaojiang Qu	吉林省白山市	BDJ	220602
八公山区	Bagongshan Qu	安徽省淮南市	BGS	340405
八宿县	Baxoi Xian	西藏自治区	BAX	542127
巴楚县	Bachu(Maralbexi) Xian	新疆维吾尔自治区	BCX	653130
巴东县	Badong Xian	湖北省	BDG	422823
巴里坤哈萨克自治县	Barkol Kazak Zizhixian	新疆维吾尔自治区	BAR	652222
巴林右旗	Bairin Youqi	内蒙古自治区	BAY	150423

表 A.1（续）

名　称	罗马字母拼写	所属行政区	字母码	数字码
巴林左旗	Bairin Zuoqi	内蒙古自治区	BAZ	150422
巴马瑶族自治县	Bama Yaozu Zizhixian	广西壮族自治区	BMA	451227
巴南区	Banan Qu	重庆市	BNN	500113
巴青县	Baqên Xian	西藏自治区	BQE	542429
巴塘县	Batang Xian	四川省	BTC	513335
巴彦县	Bayan Xian	黑龙江省	BYH	230126
巴彦淖尔市	Bayannur Shi	内蒙古自治区	BYR	150800
巴音郭楞蒙古自治州	Bayingolin Mongol Zizhizhou	新疆维吾尔自治区	BAG	652800
巴中市	Bazhong Shi	四川省	BZS	511900
巴州区	Bazhou Qu	四川省巴中市	BZU	511902
鲅鱼圈区	Bayuquan Qu	辽宁省营口市	BYQ	210804
霸州市	Bazhou Shi	河北省	BZO	131081
灞桥区	Baqiao Qu	陕西省西安市	BQQ	610111
白城市	Baicheng Shi	吉林省	BCS	220800
白河县	Baihe Xian	陕西省	BHE	610929
白碱滩区	Baijiantan Qu	新疆维吾尔自治区克拉玛依市	BJT	650204
白朗县	Bainang Xian	西藏自治区	BAI	542329
白沙黎族自治县	Baisha Lizu Zizhixian	海南省	BSX	469025
白山市	Baishan Shi	吉林省	BSN	220600
白水县	Baishui Xian	陕西省	BSU	610527
白塔区	Baita Qu	辽宁省辽阳市	BTL	211002
白下区	Baixia Qu	江苏省南京市	BXQ	320103
白银市	Baiyin Shi	甘肃省	BYS	620400
白银区	Baiyin Qu	甘肃省白银市	BYB	620402
白玉县	Baiyu Xian	四川省	BYC	513331
白云区	Baiyun Qu	广东省广州市	BYU	440111
白云区	Baiyun Qu	贵州省贵阳市	BYN	520113
白云鄂博矿区	Bayan Obo Kuangqu	内蒙古自治区包头市	BYK	150206
柏乡县	Baixiang Xian	河北省	BXG	130524
拜城县	Baicheng(Bay) Xian	新疆维吾尔自治区	BCG	652926
拜泉县	Baiquan Xian	黑龙江省	BQN	230231
班玛县	Baima Xian	青海省	BMX	632622
班戈县	Bangoin Xian	西藏自治区	BGX	542428
包河区	Baohe Qu	安徽省合肥市	BAH	340111

表 A.1(续)

名　称	罗马字母拼写	所属行政区	字母码	数字码
包头市	Baotou Shi	内蒙古自治区	BTS	150200
宝安区	Bao'an Qu	广东省深圳市	BAQ	440306
宝坻区	Baodi Qu	天津市	BDI	120115
宝丰县	Baofeng Xian	河南省	BFG	410421
宝鸡市	Baoji Shi	陕西省	BJI	610300
宝清县	Baoqing Xian	黑龙江省	BQG	230523
宝山区	Baoshan Qu	黑龙江省双鸭山市	BAO	230506
宝山区	Baoshan Qu	上海市	BSQ	310113
宝塔区	Baota Qu	陕西省延安市	BTA	610602
宝兴县	Baoxing Xian	四川省	BXC	511827
宝应县	Baoying Xian	江苏省	BYI	321023
保德县	Baode Xian	山西省	BDE	140931
保定市	Baoding Shi	河北省	BDS	130600
保靖县	Baojing Xian	湖南省	BJG	433125
保康县	Baokang Xian	湖北省	BKG	420626
保山市	Baoshan Shi	云南省	BOS	530500
保亭黎族苗族自治县	Baoting Lizu Miaozu Zizhixian	海南省	BTG	469029
碑林区	Beilin Qu	陕西省西安市	BLQ	610103
北安市	Bei'an Shi	黑龙江省	BAS	231181
北碚区	Beibei Qu	重庆市	BBE	500109
北辰区	Beichen Qu	天津市	BCQ	120113
北川羌族自治县	Beichuan Qiangzu Zizhixian	四川省	BCN	510726
北戴河区	Beidaihe Qu	河北省秦皇岛市	BDH	130304
北关区	Beiguan Qu	河南省安阳市	BGQ	410503
北海市	Beihai Shi	广西壮族自治区	BHY	450500
北湖区	Beihu Qu	湖南省郴州市	BHQ	431002
北京市	Beijing Shi		BJ	110000
北林区	Beilin Qu	黑龙江省绥化市	BEL	231202
北流市	Beiliu Shi	广西壮族自治区	BLS	450981
北仑区	Beilun Qu	浙江省宁波市	BLN	330206
北票市	Beipiao Shi	辽宁省	BPO	211381
北市区	Beishi Qu	河北省保定市	BSI	130603
北塔区	Beita Qu	湖南省邵阳市	BET	430511

表 A.1（续）

名　称	罗马字母拼写	所属行政区	字母码	数字码
北塘区	Beitang Qu	江苏省无锡市	BTQ	320204
北镇市	Beizhen Shi	辽宁省	BZN	210782
本溪满族自治县	Benxi Manzu Zizhixian	辽宁省	BXX	210521
本溪市	Benxi Shi	辽宁省	BXS	210500
蚌埠市	Bengbu Shi	安徽省	BBU	340300
蚌山区	Bengshan Qu	安徽省蚌埠市	BES	340303
比如县	Biru Xian	西藏自治区	BRU	542423
毕节地区	Bijie Diqu	贵州省	BJD	522400
毕节市	Bijie Shi	贵州省	BJE	522401
泌阳县	Biyang Xian	河南省	BYY	411726
璧山县	Bishan Xian	重庆市	BSY	500227
边坝县	Banbar Xian	西藏自治区	BAN	542133
宾县	Bin Xian	黑龙江省	BNX	230125
宾川县	Binchuan Xian	云南省	BCD	532924
宾阳县	Binyang Xian	广西壮族自治区	BYX	450126
彬县	Bin Xian	陕西省	BIX	610427
滨城区	Bincheng Qu	山东省滨州市	BCU	371602
滨海县	Binhai Xian	江苏省	BHI	320922
滨湖区	Binhu Qu	江苏省无锡市	BNH	320211
滨江区	Binjiang Qu	浙江省杭州市	BJQ	330108
滨州市	Binzhou Shi	山东省	BZH	371600
波密县	Bomi(Bowo) Xian	西藏自治区	BMI	542625
百色市	Bose Shi	广西壮族自治区	BSS	451000
泊头市	Botou Shi	河北省	BOT	130981
勃利县	Boli Xian	黑龙江省	BLI	230921
亳州市	Bozhou Shi	安徽省	BOZ	341600
博爱县	Bo'ai Xian	河南省	BOA	410822
博白县	Bobai Xian	广西壮族自治区	BBA	450923
博尔塔拉蒙古自治州	Bortala Mongol Zizhizhou	新疆维吾尔自治区	BOR	652700
博湖县	Bohu(Bagrax) Xian	新疆维吾尔自治区	BHU	652829
博乐市	Bole(Bortala) Shi	新疆维吾尔自治区	BLE	652701
博罗县	Boluo Xian	广东省	BOL	441322
博山区	Boshan Qu	山东省淄博市	BSZ	370304

表 A.1（续）

名　称	罗马字母拼写	所属行政区	字母码	数字码
博兴县	Boxing Xian	山东省	BOX	371625
博野县	Boye Xian	河北省	BYE	130637
布尔津县	Burqin Xian	新疆维吾尔自治区	BUX	654321
布拖县	Butuo Xian	四川省	BTO	513429
		C		
蔡甸区	Caidian Qu	湖北省武汉市	CDN	420114
仓山区	Cangshan Qu	福建省福州市	CSQ	350104
沧县	Cang Xian	河北省	CAG	130921
沧浪区	Canglang Qu	江苏省苏州市	CLQ	320502
沧源佤族自治县	Cangyuan Vazu Zizhixian	云南省	CYN	530927
沧州市	Cangzhou Shi	河北省	CGZ	130900
苍南县	Cangnan Xian	浙江省	CNA	330327
苍山县	Cangshan Xian	山东省	CSH	371324
苍梧县	Cangwu Xian	广西壮族自治区	CAW	450421
苍溪县	Cangxi Xian	四川省	CXC	510824
曹县	Cao Xian	山东省	CAO	371721
册亨县	Ceheng Xian	贵州省	CEH	522327
策勒县	Qira Xian	新疆维吾尔自治区	QIR	653225
岑巩县	Cengong Xian	贵州省	CGX	522626
岑溪市	Cenxi Shi	广西壮族自治区	CEX	450481
茶陵县	Chaling Xian	湖南省	CAL	430224
察布查尔锡伯自治县	Qapqal Xibe Zizhixian	新疆维吾尔自治区	QAP	654022
察哈尔右翼后旗	Qahar Youyi Houqi	内蒙古自治区	QYH	150928
察哈尔右翼前旗	Qahar Youyi Qianqi	内蒙古自治区	QYM	150926
察哈尔右翼中旗	Qahar Youyi Zhongqi	内蒙古自治区	QYZ	150927
察雅县	Chagyab Xian	西藏自治区	CHA	542126
察隅县	Zayü Xian	西藏自治区	ZAY	542626
禅城区	Chancheng Qu	广东省佛山市	CHC	440604
瀍河回族区	Chanhe Huizu Qu	河南省洛阳市	CHH	410304
昌都地区	Qamdo Diqu	西藏自治区	QAD	542100
昌都县	Qamdo Xian	西藏自治区	QAX	542121
昌吉市	Changji Shi	新疆维吾尔自治区	CJS	652301
昌吉回族自治州	Changji Huizu Zizhizhou	新疆维吾尔自治区	CJZ	652300
昌江区	Changjiang Qu	江西省景德镇市	CJG	360202
昌江黎族自治县	Changjiang Lizu Zizhixian	海南省	CJX	469026
昌乐县	Changle Xian	山东省	CLX	370725
昌黎县	Changli Xian	河北省	CGL	130322
昌宁县	Changning Xian	云南省	CND	530524

表 A.1（续）

名　称	罗马字母拼写	所属行政区	字母码	数字码
昌平区	Changping Qu	北京市	CHP	110114
昌图县	Changtu Xian	辽宁省	CTX	211224
昌邑区	Changyi Qu	吉林省吉林市	CYI	220202
昌邑市	Changyi Shi	山东省	CYL	370786
长安区	Chang'an Qu	河北省石家庄市	CAQ	130102
长安区	Chang'an Qu	陕西省西安市	CAU	610116
长白朝鲜族自治县	Changbai Chosenzu Zizhixian	吉林省	CGB	220623
长春市	Changchun Shi	吉林省	CGQ	220100
长岛县	Changdao Xian	山东省	CDO	370634
长丰县	Changfeng Xian	安徽省	CFG	340121
长葛市	Changge Shi	河南省	CGE	411082
长海县	Changhai Xian	辽宁省	CHX	210224
长乐市	Changle Shi	福建省	CLS	350182
长岭县	Changling Xian	吉林省	CLG	220722
长宁区	Changning Qu	上海市	CNQ	310105
长宁县	Changning Xian	四川省	CNX	511524
长清区	Changqing Qu	山东省济南市	CQG	370113
长沙市	Changsha Shi	湖南省	CSX	430100
长沙县	Changsha Xian	湖南省	CSA	430121
长寿区	Changshou Qu	重庆市	CSO	500115
长顺县	Changshun Xian	贵州省	CSU	522729
长泰县	Changtai Xian	福建省	CTA	350625
长汀县	Changting Xian	福建省	CTG	350821
长武县	Changwu Xian	陕西省	CWU	610428
长兴县	Changxing Xian	浙江省	CXG	330522
长阳土家族自治县	Changyang Tujiazu Zizhixian	湖北省	CYA	420528
长垣县	Changyuan Xian	河南省	CYU	410728
长治市	Changzhi Shi	山西省	CZS	140400
长治县	Changzhi Xian	山西省	CZI	140421
长洲区	Changzhou Qu	广西壮族自治区梧州市	CHO	450405
常德市	Changde Shi	湖南省	CDE	430700
常宁市	Changning Shi	湖南省	CNS	430482
常山县	Changshan Xian	浙江省	CSN	330822
常熟市	Changshu Shi	江苏省	CGS	320581
常州市	Changzhou Shi	江苏省	CZX	320400
巢湖市	Chaohu Shi	安徽省	CAH	341400
朝天区	Chaotian Qu	四川省广元市	CTN	510812
朝阳区	Chaoyang Qu	北京市	CYQ	110105
朝阳区	Chaoyang Qu	吉林省长春市	CYC	220104

表 A.1（续）

名　称	罗马字母拼写	所属行政区	字母码	数字码
朝阳市	Chaoyang Shi	辽宁省	CYS	211300
朝阳县	Chaoyang Xian	辽宁省	CYG	211321
潮安县	Chao’an Xian	广东省	CAY	445121
潮南区	Chaonan Qu	广东省汕头市	CHN	440514
潮阳区	Chaoyang Qu	广东省汕头市	CHY	440513
潮州市	Chaozhou Shi	广东省	CZY	445100
郴州市	Chenzhou Shi	湖南省	CNZ	431000
辰溪县	Chenxi Xian	湖南省	CXX	431223
陈巴尔虎旗	Chen Barag Qi	内蒙古自治区	CBA	150725
陈仓区	Chencang Qu	陕西省宝鸡市	CCU	610304
称多县	Chindu Xian	青海省	CHI	632723
成县	Cheng Xian	甘肃省	CHG	621221
成安县	Cheng’an Xian	河北省	CAJ	130424
成都市	Chengdu Shi	四川省	CTU	510100
成华区	Chenghua Qu	四川省成都市	CHQ	510108
成武县	Chengwu Xian	山东省	CWX	371723
呈贡县	Chenggong Xian	云南省	CGD	530121
承德市	Chengde Shi	河北省	CDS	130800
承德县	Chengde Xian	河北省	CDX	130821
城北区	Chengbei Qu	青海省西宁市	CBE	630105
城步苗族自治县	Chengbu Miaozu Zizhixian	湖南省	CBU	430529
城东区	Chengdong Qu	青海省西宁市	CDQ	630102
城固县	Chenggu Xian	陕西省	CGU	610722
城关区	Chengguan Qu	西藏自治区拉萨市	CGN	540102
城关区	Chengguan Qu	甘肃省兰州市	CLZ	620102
城口县	Chengkou Xian	重庆市	CKO	500229
城区	Chengqu	山西省大同市	CQF	140202
城区	Chengqu	山西省阳泉市	CQD	140302
城区	Chengqu	山西省长治市	CQC	140402
城区	Chengqu	山西省晋城市	CQJ	140502
城区	Chengqu	广东省汕尾市	CQU	441502
城西区	Chengxi Qu	青海省西宁市	CXQ	630104
城厢区	Chengxiang Qu	福建省莆田市	CXP	350302
城阳区	Chengyang Qu	山东省青岛市	CEY	370214
城中区	Chengzhong Qu	广西壮族自治区柳州市	CZQ	450202
城中区	Chengzhong Qu	青海省西宁市	CZG	630103
城子河区	Chengzihe Qu	黑龙江省鸡西市	CZH	230306
澄城县	Chengcheng Xian	陕西省	CCG	610525
澄海区	Chenghai Qu	广东省汕头市	CGH	440515

表 A.1（续）

名　称	罗马字母拼写	所属行政区	字母码	数字码
澄江县	Chengjiang Xian	云南省	CGJ	530422
澄迈县	Chengmai Xian	海南省	CMA	469023
池州市	Chizhou Shi	安徽省	CIZ	341700
茌平县	Chiping Xian	山东省	CPG	371523
赤壁市	Chibi Shi	湖北省	CBI	421281
赤城县	Chicheng Xian	河北省	CCX	130732
赤峰市	Chifeng(Ulanhad) Shi	内蒙古自治区	CFS	150400
赤坎区	Chikan Qu	广东省湛江市	CKQ	440802
赤水市	Chishui Shi	贵州省	CSS	520381
重庆市	Chongqing Shi		CQ	500000
崇安区	Chong'an Qu	江苏省无锡市	CGA	320202
崇川区	Chongchuan Qu	江苏省南通市	CCQ	320602
崇礼县	Chongli Xian	河北省	COL	130733
崇明县	Chongming Xian	上海市	CMI	310230
崇仁县	Chongren Xian	江西省	CRN	361024
崇文区	Chongwen Qu	北京市	CWQ	110103
崇信县	Chongxin Xian	甘肃省	COX	620823
崇阳县	Chongyang Xian	湖北省	CGY	421223
崇义县	Chongyi Xian	江西省	CYX	360725
崇州市	Chongzhou Shi	四川省	CZO	510184
崇左市	Chongzuo Shi	广西壮族自治区	COZ	451400
滁州市	Chuzhou Shi	安徽省	CUZ	341100
楚雄市	Chuxiong Shi	云南省	CXS	532301
楚雄彝族自治州	Chuxiong Yizu Zizhizhou	云南省	CXD	532300
楚州区	Chuzhou Qu	江苏省淮安市	CHZ	320803
川汇区	Chuanhui Qu	河南省周口市	CIQ	411602
船山区	Chuanshan Qu	四川省遂宁市	CUS	510903
船营区	Chuanying Qu	吉林省吉林市	CYJ	220204
淳安县	Chun'an Xian	浙江省	CAZ	330127
淳化县	Chunhua Xian	陕西省	CHU	610430
慈利县	Cili Xian	湖南省	CLI	430821
慈溪市	Cixi Shi	浙江省	CXI	330282
磁县	Ci Xian	河北省	CIX	130427
从化市	Conghua Shi	广东省	CNH	440184
从江县	Congjiang Xian	贵州省	COJ	522633
丛台区	Congtai Qu	河北省邯郸市	CTQ	130403
翠峦区	Cuiluan Qu	黑龙江省伊春市	CLN	230706
翠屏区	Cuiping Qu	四川省宜宾市	CPQ	511502
措美县	Comai Xian	西藏自治区	COM	542227

表 A.1（续）

名　称	罗马字母拼写	所属行政区	字母码	数字码
措勤县	Coqên Xian	西藏自治区	COQ	542527
错那县	Cona Xian	西藏自治区	CON	542232
		D		
达县	Da Xian	四川省	DAX	511721
达坂城区	Dabancheng Qu	新疆维吾尔自治区乌鲁木齐市	DBC	650107
达尔罕茂明安联合旗	Darhan Mu Minggan Lianheqi	内蒙古自治区	DML	150223
达拉特旗	Dalad Qi	内蒙古自治区	DLA	150621
达日县	Tarlag Xian	青海省	TAR	632624
达州市	Dazhou Shi	四川省	DAZ	511700
达孜县	Dagzê Xian	西藏自治区	DAG	540126
大安区	Da'an Qu	四川省自贡市	DAQ	510304
大安市	Da'an Shi	吉林省	DAN	220882
大埔县	Dabu Xian	广东省	DBX	441422
大厂回族自治县	Dachang Huizu Zizhixian	河北省	DCG	131028
大东区	Dadong Qu	辽宁省沈阳市	DDQ	210104
大渡口区	Dadukou Qu	重庆市	DDK	500104
大方县	Dafang Xian	贵州省	DAF	522422
大丰市	Dafeng Shi	江苏省	DFS	320982
大港区	Dagang Qu	天津市	DGJ	120109
大关县	Daguan Xian	云南省	DGN	530624
大观区	Daguan Qu	安徽省安庆市	DGQ	340803
大化瑶族自治县	Dahua Yaozu Zizhixian	广西壮族自治区	DAH	451229
大理白族自治州	Dali Baizu Zizhizhou	云南省	DLZ	532900
大理市	Dali Shi	云南省	DLS	532901
大荔县	Dali Xian	陕西省	DAL	610523
大连市	Dalian Shi	辽宁省	DLC	210200
大名县	Daming Xian	河北省	DMX	130425
大宁县	Daning Xian	山西省	DNG	141030
大庆市	Daqing Shi	黑龙江省	DQG	230600
大石桥市	Dashiqiao Shi	辽宁省	DSQ	210882
大田县	Datian Xian	福建省	DTM	350425
大通回族土族自治县	Datong Huizu Tuzu Zizhixian	青海省	DAT	630121
大通区	Datong Qu	安徽省淮南市	DTQ	340402

表 A.1（续）

名　称	罗马字母拼写	所属行政区	字母码	数字码
大同区	Datong Qu	黑龙江省大庆市	DTD	230606
大同市	Datong Shi	山西省	DTG	140200
大同县	Datong Xian	山西省	DTX	140227
大洼县	Dawa Xian	辽宁省	DWA	211121
大武口区	Dawukou Qu	宁夏回族自治区石嘴山市	DWK	640202
大悟县	Dawu Xian	湖北省	DWU	420922
大祥区	Daxiang Qu	湖南省邵阳市	DXS	430503
大新县	Daxin Xian	广西壮族自治区	DXN	451424
大兴区	Daxing Qu	北京市	DXU	110115
大兴安岭地区	Da Hinggan Ling Diqu	黑龙江省	DHL	232700
大姚县	Dayao Xian	云南省	DYO	532326
大冶市	Daye Shi	湖北省	DYE	420281
大邑县	Dayi Xian	四川省	DYI	510129
大英县	Daying Xian	四川省	DAY	510923
大余县	Dayu Xian	江西省	DYX	360723
大竹县	Dazhu Xian	四川省	DZU	511724
大足县	Dazu Xian	重庆市	DZX	500225
大城县	Daicheng Xian	河北省	DCJ	131025
代县	Dai Xian	山西省	DAI	140923
岱山县	Daishan Xian	浙江省	DSH	330921
岱岳区	Daiyue Qu	山东省泰安市	DYU	370911
带岭区	Dailing Qu	黑龙江省伊春市	DLY	230713
丹巴县	Danba(Rongzhag) Xian	四川省	DBA	513323
丹东市	Dandong Shi	辽宁省	DDG	210600
丹凤县	Danfeng Xian	陕西省	DNF	611022
丹江口市	Danjiangkou Shi	湖北省	DJK	420381
丹棱县	Danling Xian	四川省	DLG	511424
丹徒区	Dantu Qu	江苏省镇江市	DNT	321112
丹阳市	Danyang Shi	江苏省	DNY	321181
丹寨县	Danzhai Xian	贵州省	DZH	522636
郸城县	Dancheng Xian	河南省	DNC	411625
儋州市	Danzhou Shi	海南省	DNZ	469003
当涂县	Dangtu Xian	安徽省	DTU	340521

表 A.1（续）

名　称	罗马字母拼写	所属行政区	字母码	数字码
当雄县	Damxung Xian	西藏自治区	DAM	540122
当阳市	Dangyang Shi	湖北省	DYS	420582
砀山县	Dangshan Xian	安徽省	DSW	341321
道县	Dao Xian	湖南省	DAO	431124
道孚县	Dawu Xian	四川省	DAW	513326
道里区	Daoli Qu	黑龙江省哈尔滨市	DLH	230102
道外区	Daowai Qu	黑龙江省哈尔滨市	DWQ	230104
道真仡佬族苗族自治县	Daozhen Gelaozu Miaozu Zizhixian	贵州省	DZN	520325
稻城县	Daocheng(Dabba) Xian	四川省	DCX	513337
得荣县	Dêrong Xian	四川省	DER	513338
德安县	De'an Xian	江西省	DEA	360426
德保县	Debao Xian	广西壮族自治区	DEB	451024
德昌县	Dechang Xian	四川省	DEC	513424
德城区	Decheng Qu	山东省德州市	DCD	371402
德格县	Dêgê Xian	四川省	DEG	513330
德宏傣族景颇族自治州	Dehong Daizu Jingpozu Zizhizhou	云南省	DHG	533100
德化县	Dehua Xian	福建省	DHA	350526
德惠市	Dehui Shi	吉林省	DEH	220183
德江县	Dejiang Xian	贵州省	DEJ	522227
德令哈市	Delhi Shi	青海省	DEL	632802
德钦县	Dêqên Xian	云南省	DQN	533422
德清县	Deqing Xian	浙江省	DQX	330521
德庆县	Deqing Xian	广东省	DQY	441226
德兴市	Dexing Shi	江西省	DEX	361181
德阳市	Deyang Shi	四川省	DEY	510600
德州市	Dezhou Shi	山东省	DZS	371400
灯塔市	Dengta Shi	辽宁省	DTA	211081
登封市	Dengfeng Shi	河南省	DFY	410185
邓州市	Dengzhou Shi	河南省	DGZ	411381
磴口县	Dengkou Xian	内蒙古自治区	DKO	150822
滴道区	Didao Qu	黑龙江省鸡西市	DDO	230304

表 A.1（续）

名　称	罗马字母拼写	所属行政区	字母码	数字码
迪庆藏族自治州	Dêqên Zangzu Zizhizhou	云南省	DEZ	533400
点军区	Dianjun Qu	湖北省宜昌市	DJN	420504
电白县	Dianbai Xian	广东省	DBI	440923
垫江县	Dianjiang Xian	重庆市	DJG	500231
调兵山市	Diaobingshan Shi	辽宁省	DBS	211281
迭部县	Têwo Xian	甘肃省	TEW	623024
叠彩区	Diecai Qu	广西壮族自治区桂林市	DCA	450303
蝶山区	Dieshan Qu	广西壮族自治区梧州市	DES	450404
丁青县	Dêngqên Xian	西藏自治区	DEN	542125
鼎城区	Dingcheng Qu	湖南省常德市	DCE	430703
鼎湖区	Dinghu Qu	广东省肇庆市	DGH	441203
定安县	Ding'an Xian	海南省	DIA	469021
定边县	Dingbian Xian	陕西省	DBN	610825
定海区	Dinghai Qu	浙江省舟山市	DHQ	330902
定结县	Dinggyê Xian	西藏自治区	DIN	542332
定南县	Dingnan Xian	江西省	DNN	360728
定日县	Tingri Xian	西藏自治区	TIN	542324
定陶县	Dingtao Xian	山东省	DGT	371727
定西市	Dingxi Shi	甘肃省	DNX	621100
定襄县	Dingxiang Xian	山西省	DXJ	140921
定兴县	Dingxing Xian	河北省	DXG	130626
定远县	Dingyuan Xian	安徽省	DYW	341125
定州市	Dingzhou Shi	河北省	DZO	130682
东区	Dong Qu	四川省攀枝花市	DQP	510402
东安区	Dong'an Qu	黑龙江省牡丹江市	DGA	231002
东安县	Dong'an Xian	湖南省	DOA	431122
东宝区	Dongbao Qu	湖北省荆门市	DBQ	420802
东昌区	Dongchang Qu	吉林省通化市	DCT	220502
东昌府区	Dongchangfu Qu	山东省聊城市	DCF	371502
东城区	Dongcheng Qu	北京市	DCQ	110101
东川区	Dongchuan Qu	云南省昆明市	DCU	530113
东阿县	Dong'e Xian	山东省	DGE	371524
东方市	Dongfang Shi	海南省	DFG	469007

表 A.1（续）

名　称	罗马字母拼写	所属行政区	字母码	数字码
东丰县	Dongfeng Xian	吉林省	DGF	220421
东风区	Dongfeng Qu	黑龙江省佳木斯市	DFQ	230805
东港区	Donggang Qu	山东省日照市	DGR	371102
东港市	Donggang Shi	辽宁省	DGS	210681
东光县	Dongguang Xian	河北省	DGU	130923
东海县	Donghai Xian	江苏省	DHX	320722
东河区	Donghe Qu	内蒙古自治区包头市	DHE	150202
东湖区	Donghu Qu	江西省南昌市	DHU	360102
东兰县	Donglan Xian	广西壮族自治区	DLN	451224
东丽区	Dongli Qu	天津市	DLI	120110
东辽县	Dongliao Xian	吉林省	DLX	220422
东陵区	Dongling Qu	辽宁省沈阳市	DLQ	210112
东明县	Dongming Xian	山东省	DMG	371728
东宁县	Dongning Xian	黑龙江省	DON	231024
东平县	Dongping Xian	山东省	DPG	370923
东坡区	Dongpo Qu	四川省眉山市	DPQ	511402
东山区	Dongshan Qu	黑龙江省鹤岗市	DSA	230406
东山县	Dongshan Xian	福建省	DSN	350626
东胜区	Dongsheng Qu	内蒙古自治区鄂尔多斯市	DNS	150602
东台市	Dongtai Shi	江苏省	DTS	320981
东莞市	Dongguan Shi	广东省	DGG	441900
东乌珠穆沁旗	Dong Ujimqin Qi	内蒙古自治区	DUJ	152525
东西湖区	Dongxihu Qu	湖北省武汉市	DXH	420112
东乡县	Dongxiang Xian	江西省	DGX	361029
东乡族自治县	Dongxiangzu Zizhixian	甘肃省	DXZ	622926
东兴区	Dongxing Qu	四川省内江市	DXQ	511011
东兴市	Dongxing Shi	广西壮族自治区	DOX	450681
东阳市	Dongyang Shi	浙江省	DGY	330783
东营市	Dongying Shi	山东省	DYG	370500
东营区	Dongying Qu	山东省东营市	DYQ	370502
东源县	Dongyuan Xian	广东省	DYN	441625
东至县	Dongzhi Xian	安徽省	DZI	341721

表 A.1（续）

名　称	罗马字母拼写	所属行政区	字母码	数字码
东洲区	Dongzhou Qu	辽宁省抚顺市	DOZ	210403
洞口县	Dongkou Xian	湖南省	DGK	430525
洞头县	Dongtou Xian	浙江省	DTO	330322
斗门区	Doumen Qu	广东省珠海市	DOU	440403
都安瑶族自治县	Du'an Yaozu Zizhixian	广西壮族自治区	DUA	451228
都昌县	Duchang Xian	江西省	DUC	360428
都江堰市	Dujiangyan Shi	四川省	DJY	510181
都兰县	Dulan Xian	青海省	DUL	632822
都匀市	Duyun Shi	贵州省	DUY	522701
独山县	Dushan Xian	贵州省	DSX	522726
独山子区	Dushanzi Qu	新疆维吾尔自治区克拉玛依市	DSZ	650202
杜尔伯特蒙古族自治县	Dorbod Mongolzu Zizhixian	黑龙江省	DOM	230624
杜集区	Duji Qu	安徽省淮北市	DJQ	340602
端州区	Duanzhou Qu	广东省肇庆市	DZQ	441202
堆龙德庆县	Doilungdêqên Xian	西藏自治区	DOI	540125
敦化市	Dunhua Shi	吉林省	DHS	222403
敦煌市	Dunhuang Shi	甘肃省	DNH	620982
多伦县	Duolun(Dolonnur) Xian	内蒙古自治区	DLM	152531
掇刀区	Duodao Qu	湖北省荆门市	DOQ	420804
		E		
峨边彝族自治县	Ebian Yizu Zizhixian	四川省	EBN	511132
峨眉山市	Emeishan Shi	四川省	EMS	511181
峨山彝族自治县	Eshan Yizu Zizhixian	云南省	ESN	530426
额尔古纳市	Ergun Shi	内蒙古自治区	ERG	150784
额济纳旗	Ejin Qi	内蒙古自治区	EJI	152923
额敏县	Emin(Dorbiljin) Xian	新疆维吾尔自治区	EMN	654221
鄂城区	Echeng Qu	湖北省鄂州市	ECQ	420704
鄂尔多斯市	Ordos Shi	内蒙古自治区	ODS	150600
鄂伦春自治旗	Oroqen Zizhiqi	内蒙古自治区	ORO	150723
鄂托克旗	Otog Qi	内蒙古自治区	OTO	150624
鄂托克前旗	Otog Qianqi	内蒙古自治区	OTQ	150623
鄂温克族自治旗	Ewenkizu Zizhiqi	内蒙古自治区	EWE	150724
鄂州市	Ezhou Shi	湖北省	EZS	420700
恩平市	Enping Shi	广东省	ENP	440785

表 A.1（续）

名　称	罗马字母拼写	所属行政区	字母码	数字码
恩施市	Enshi Shi	湖北省	ESS	422801
恩施土家族苗族自治州	Enshi Tujiazu Miaozu Zizhizhou	湖北省	ESH	422800
洱源县	Eryuan Xian	云南省	EYN	532930
二道区	Erdao Qu	吉林省长春市	EDQ	220105
二道江区	Erdaojiang Qu	吉林省通化市	EDJ	220503
二连浩特市	Eren Hot Shi	内蒙古自治区	ERC	152501
二七区	Erqi Qu	河南省郑州市	EQQ	410103
		F		
法库县	Faku Xian	辽宁省	FKU	210124
樊城区	Fancheng Qu	湖北省襄樊市	FNC	420606
繁昌县	Fanchang Xian	安徽省	FCH	340222
繁峙县	Fanshi Xian	山西省	FSI	140924
范县	Fan Xian	河南省	FAX	410926
方城县	Fangcheng Xian	河南省	FCX	411322
方山县	Fangshan Xian	山西省	FGS	141128
方正县	Fangzheng Xian	黑龙江省	FZH	230124
坊子区	Fangzi Qu	山东省潍坊市	FZQ	370704
防城区	Fangcheng Qu	广西壮族自治区防城港市	FCQ	450603
防城港市	Fangchenggang Shi	广西壮族自治区	FAN	450600
房县	Fang Xian	湖北省	FAG	420325
房山区	Fangshan Qu	北京市	FSQ	110111
肥城市	Feicheng Shi	山东省	FEC	370983
肥东县	Feidong Xian	安徽省	FDO	340122
肥西县	Feixi Xian	安徽省	FIX	340123
肥乡县	Feixiang Xian	河北省	FXJ	130428
费县	Fei Xian	山东省	FEI	371325
分宜县	Fenyi Xian	江西省	FYI	360521
汾西县	Fenxi Xian	山西省	FEX	141034
汾阳市	Fenyang Shi	山西省	FYJ	141182
丰县	Feng Xian	江苏省	FXN	320321
丰城市	Fengcheng Shi	江西省	FCS	360981
丰都县	Fengdu Xian	重庆市	FDU	500230
丰满区	Fengman Qu	吉林省吉林市	FMQ	220211

表 A.1（续）

名　称	罗马字母拼写	所属行政区	字母码	数字码
丰南区	Fengnan Qu	河北省唐山市	FNQ	130207
丰宁满族自治县	Fengning Manzu Zizhixian	河北省	FNJ	130826
丰润区	Fengrun Qu	河北省唐山市	FRN	130208
丰顺县	Fengshun Xian	广东省	FES	441423
丰台区	Fengtai Qu	北京市	FTQ	110106
丰泽区	Fengze Qu	福建省泉州市	FZE	350503
丰镇市	Fengzhen Shi	内蒙古自治区	FZS	150981
封开县	Fengkai Xian	广东省	FKX	441225
封丘县	Fengqiu Xian	河南省	FQU	410727
峰峰矿区	Fengfeng Kuangqu	河北省邯郸市	FFK	130406
凤县	Feng Xian	陕西省	FEG	610330
凤城市	Fengcheng Shi	辽宁省	FCL	210682
凤冈县	Fenggang Xian	贵州省	FGG	520327
凤凰县	Fenghuang Xian	湖南省	FHX	433123
凤庆县	Fengqing Xian	云南省	FQX	530921
凤泉区	Fengquan Qu	河南省新乡市	FQQ	410704
凤山县	Fengshan Xian	广西壮族自治区	FSA	451223
凤台县	Fengtai Xian	安徽省	FTX	340421
凤翔县	Fengxiang Xian	陕西省	FXG	610322
凤阳县	Fengyang Xian	安徽省	FYG	341126
奉化市	Fenghua Shi	浙江省	FHU	330283
奉节县	Fengjie Xian	重庆市	FJE	500236
奉贤区	Fengxian Qu	上海市	FXI	310120
奉新县	Fengxin Xian	江西省	FGX	360921
佛冈县	Fogang Xian	广东省	FGY	441821
佛坪县	Foping Xian	陕西省	FPG	610730
佛山市	Foshan Shi	广东省	FOS	440600
扶风县	Fufeng Xian	陕西省	FFG	610324
扶沟县	Fugou Xian	河南省	FUG	411621
扶绥县	Fusui Xian	广西壮族自治区	FSU	451421
扶余县	Fuyu Xian	吉林省	FYU	220724
芙蓉区	Furong Qu	湖南省长沙市	FRQ	430102
浮梁县	Fuliang Xian	江西省	FLX	360222

表 A.1(续)

名　称	罗马字母拼写	所属行政区	字母码	数字码
浮山县	Fushan Xian	山西省	FSJ	141027
涪城区	Fucheng Qu	四川省绵阳市	FCM	510703
涪陵区	Fuling Qu	重庆市	FLG	500102
福安市	Fu'an Shi	福建省	FAS	350981
福鼎市	Fuding Shi	福建省	FDG	350982
福贡县	Fugong Xian	云南省	FGO	533323
福海县	Fuhai(Burultokay) Xian	新疆维吾尔自治区	FHI	654323
福建省	Fujian Sheng		FJ	350000
福清市	Fuqing Shi	福建省	FQS	350181
福泉市	Fuquan Shi	贵州省	FQN	522702
福山区	Fushan Qu	山东省烟台市	FUS	370611
福田区	Futian Qu	广东省深圳市	FTN	440304
福州市	Fuzhou Shi	福建省	FOC	350100
抚宁县	Funing Xian	河北省	FUN	130323
抚顺市	Fushun Shi	辽宁省	FSN	210400
抚顺县	Fushun Xian	辽宁省	FSX	210421
抚松县	Fusong Xian	吉林省	FSG	220621
抚远县	Fuyuan Xian	黑龙江省	FUY	230833
抚州市	Fuzhou Shi	江西省	FUZ	361000
府谷县	Fugu Xian	陕西省	FGU	610822
阜城县	Fucheng Xian	河北省	FCE	131128
阜康市	Fukang Shi	新疆维吾尔自治区	FKG	652302
阜南县	Funan Xian	安徽省	FNX	341225
阜宁县	Funing Xian	江苏省	FNG	320923
阜平县	Fuping Xian	河北省	FUP	130624
阜新蒙古族自治县	Fuxin Mongolzu Zizhixian	辽宁省	FXX	210921
阜新市	Fuxin Shi	辽宁省	FXS	210900
阜阳市	Fuyang Shi	安徽省	FYS	341200
复兴区	Fuxing Qu	河北省邯郸市	FXQ	130404
富县	Fu Xian	陕西省	FUX	610628
富川瑶族自治县	Fuchuan Yaozu Zizhixian	广西壮族自治区	FUC	451123
富锦市	Fujin Shi	黑龙江省	FUJ	230882
富拉尔基区	Hulan Ergi Qu	黑龙江省齐齐哈尔市	HUE	230206

表 A.1（续）

名　称	罗马字母拼写	所属行政区	字母码	数字码
富民县	Fumin Xian	云南省	FMN	530124
富宁县	Funing Xian	云南省	FND	532628
富平县	Fuping Xian	陕西省	FPX	610528
富顺县	Fushun Xian	四川省	FSH	510322
富阳市	Fuyang Shi	浙江省	FYZ	330183
富裕县	Fuyu Xian	黑龙江省	FYX	230227
富源县	Fuyuan Xian	云南省	FYD	530325
富蕴县	Fuyun(Koktokay) Xian	新疆维吾尔自治区	FYN	654322
G				
噶尔县	Gar Xian	西藏自治区	GAR	542523
改则县	Gêrzê Xian	西藏自治区	GER	542526
盖州市	Gaizhou Shi	辽宁省	GZU	210881
甘德县	Gadê Xian	青海省	GAD	632623
甘谷县	Gangu Xian	甘肃省	GGU	620523
甘井子区	Ganjingzi Qu	辽宁省大连市	GJZ	210211
甘洛县	Ganluo Xian	四川省	GLO	513435
甘南县	Gannan Xian	黑龙江省	GNX	230225
甘南藏族自治州	Gannan Zangzu Zizhizhou	甘肃省	GNZ	623000
甘泉县	Ganquan Xian	陕西省	GQN	610627
甘肃省	Gansu Sheng		GS	620000
甘州区	Ganzhou Qu	甘肃省张掖市	GOU	620702
甘孜县	Garzê Xian	四川省	GRZ	513328
甘孜藏族自治州	Garzê Zangzu Zizhizhou	四川省	GAZ	513300
赣县	Gan Xian	江西省	GXN	360721
赣榆县	Ganyu Xian	江苏省	GYU	320721
赣州市	Ganzhou Shi	江西省	GZH	360700
刚察县	Gangca Xian	青海省	GAN	632224
岗巴县	Gamba Xian	西藏自治区	GAM	542338
钢城区	Gangcheng Qu	山东省莱芜市	GCQ	371203
港北区	Gangbei Qu	广西壮族自治区贵港市	GBE	450802
港口区	Gangkou Qu	广西壮族自治区防城港市	GKQ	450602
港南区	Gangnan Qu	广西壮族自治区贵港市	GNQ	450803
港闸区	Gangzha Qu	江苏省南通市	GZQ	320611
皋兰县	Gaolan Xian	甘肃省	GAL	620122
高县	Gao Xian	四川省	GAO	511525

表 A.1（续）

名　称	罗马字母拼写	所属行政区	字母码	数字码
高安市	Gao'an Shi	江西省	GAS	360983
高碑店市	Gaobeidian Shi	河北省	GBD	130684
高淳县	Gaochun Xian	江苏省	GCN	320125
高港区	Gaogang Qu	江苏省泰州市	GGQ	321203
高陵县	Gaoling Xian	陕西省	GLS	610126
高密市	Gaomi Shi	山东省	GMI	370785
高明区	Gaoming Shi	广东省佛山市	GOM	440608
高平市	Gaoping Shi	山西省	GPG	140581
高坪区	Gaoping Qu	四川省南充市	GPQ	511303
高青县	Gaoqing Xian	山东省	GQG	370322
高台县	Gaotai Xian	甘肃省	GAT	620724
高唐县	Gaotang Xian	山东省	GTG	371526
高阳县	Gaoyang Xian	河北省	GAY	130628
高要市	Gaoyao Shi	广东省	GYY	441283
高邑县	Gaoyi Xian	河北省	GYJ	130127
高邮市	Gaoyou Shi	江苏省	GYO	321084
高州市	Gaozhou Shi	广东省	GZO	440981
藁城市	Gaocheng Shi	河北省	GCS	130182
革吉县	Gê'gyai Xian	西藏自治区	GEG	542525
格尔木市	Golmud Shi	青海省	GOS	632801
个旧市	Gejiu Shi	云南省	GJU	532501
根河市	Genhe Shi	内蒙古自治区	GHS	150785
耿马傣族佤族自治县	Gengma Daizu Vazu Zizhixian	云南省	GMA	530926
工布江达县	Gongbo'gyamda Xian	西藏自治区	GOX	542622
工农区	Gongnong Qu	黑龙江省鹤岗市	GNH	230403
弓长岭区	Gongchangling Qu	辽宁省辽阳市	GCL	211005
公安县	Gong'an Xian	湖北省	GGA	421022
公主岭市	Gongzhuling Shi	吉林省	GZL	220381
恭城瑶族自治县	Gongcheng Yaozu Zizhixian	广西壮族自治区	GGC	450332
巩留县	Gongliu(Tokkuztara) Xian	新疆维吾尔自治区	GLX	654024
巩义市	Gongyi Shi	河南省	GYI	410181
拱墅区	Gongshu Qu	浙江省杭州市	GSQ	330105
珙县	Gong Xian	四川省	GOG	511526

表 A.1（续）

名称	罗马字母拼写	所属行政区	字母码	数字码
共和县	Gonghe Xian	青海省	GHE	632521
贡嘎县	Gonggar Xian	西藏自治区	GON	542223
贡井区	Gongjing Qu	四川省自贡市	GJQ	510303
贡觉县	Konjo Xian	西藏自治区	KON	542123
贡山独龙族怒族自治县	Gongshan Derungzu Nuzu Zizhixian	云南省	GSN	533324
沽源县	Guyuan Xian	河北省	GUY	130724
古县	Gu Xian	山西省	GUX	141025
古城区	Gucheng Qu	云南省丽江市	GUQ	530702
古交市	Gujiao Shi	山西省	GUJ	140181
古浪县	Gulang Xian	甘肃省	GLG	620622
古蔺县	Gulin Xian	四川省	GUL	510525
古塔区	Guta Qu	辽宁省锦州市	GTQ	210702
古田县	Gutian Xian	福建省	GTN	350922
古冶区	Guye Qu	河北省唐山市	GYE	130204
古丈县	Guzhang Xian	湖南省	GZG	433126
谷城县	Gucheng Xian	湖北省	GUC	420625
鼓楼区	Gulou Qu	江苏省南京市	GLK	320106
鼓楼区	Gulou Qu	江苏省徐州市	GLR	320302
鼓楼区	Gulou Qu	福建省福州市	GLQ	350102
鼓楼区	Gulou Qu	河南省开封市	GLU	410204
固安县	Gu'an Xian	河北省	GUA	131022
固始县	Gushi Xian	河南省	GSI	411525
固阳县	Guyang Xian	内蒙古自治区	GYM	150222
固原市	Guyuan Shi	宁夏回族自治区	GYN	640400
固镇县	Guzhen Xian	安徽省	GZX	340323
故城县	Gucheng Xian	河北省	GCE	131126
瓜州县	Guazhou Xian	甘肃省	GUZ	620922
关岭布依族苗族自治县	Guanling Buyeizu Miaozu Zizhixian	贵州省	GNL	520424
官渡区	Guandu Qu	云南省昆明市	GDU	530111
冠县	Guan Xian	山东省	GXL	371525
馆陶县	Guantao Xian	河北省	GTO	130433
管城回族区	Guancheng Huizu Qu	河南省郑州市	GCH	410104

表 A.1（续）

名　称	罗马字母拼写	所属行政区	字母码	数字码
灌南县	Guannan Xian	江苏省	GUN	320724
灌阳县	Guanyang Xian	广西壮族自治区	GNY	450327
灌云县	Guanyun Xian	江苏省	GYS	320723
光山县	Guangshan Xian	河南省	GSX	411522
光泽县	Guangze Xian	福建省	GZE	350723
广安区	Guang'an Qu	四川省广安市	GAQ	511602
广安市	Guang'an Shi	四川省	GAC	511600
广昌县	Guangchang Xian	江西省	GCG	361030
广德县	Guangde Xian	安徽省	GGD	341822
广东省	Guangdong Sheng		GD	440000
广丰县	Guangfeng Xian	江西省	GFG	361122
广汉市	Guanghan Shi	四川省	GHN	510681
广河县	Guanghe Xian	甘肃省	GHX	622924
广灵县	Guangling Xian	山西省	GLJ	140223
广陵区	Guangling Qu	江苏省扬州市	GGL	321002
广南县	Guangnan Xian	云南省	GGN	532627
广宁县	Guangning Xian	广东省	GNG	441223
广平县	Guangping Xian	河北省	GPX	130432
广饶县	Guangrao Xian	山东省	GRO	370523
广水市	Guangshui Shi	湖北省	GSS	421381
广西壮族自治区	Guangxi Zhuangzu Zizhiqu		GX	450000
广阳区	Guangyang Qu	河北省廊坊市	GYQ	131003
广元市	Guangyuan Shi	四川省	GYC	510800
广州市	Guangzhou Shi	广东省	CAN	440100
广宗县	Guangzong Xian	河北省	GZJ	130531
贵池区	Guichi Qu	安徽省池州市	GCI	341702
贵德县	Guide Xian	青海省	GID	632523
贵定县	Guiding Xian	贵州省	GDG	522723
贵港市	Guigang Shi	广西壮族自治区	GUG	450800
贵南县	Guinan Xian	青海省	GNN	632525
贵溪市	Guixi Shi	江西省	GXS	360681
贵阳市	Guiyang Shi	贵州省	KWE	520100
贵州省	Guizhou Sheng		GZ	520000

表 A.1（续）

名　称	罗马字母拼写	所属行政区	字母码	数字码
桂东县	Guidong Xian	湖南省	GDO	431027
桂林市	Guilin Shi	广西壮族自治区	KWL	450300
桂平市	Guiping Shi	广西壮族自治区	GPS	450881
桂阳县	Guiyang Xian	湖南省	GYX	431021
涡阳县	Guoyang Xian	安徽省	GOY	341621
果洛藏族自治州	Golog Zangzu Zizhizhou	青海省	GOL	632600
H				
哈巴河县	Habahe(Kaba) Xian	新疆维吾尔自治区	HBH	654324
哈尔滨市	Harbin Shi	黑龙江省	HRB	230100
哈密地区	Hami(Kumul) Diqu	新疆维吾尔自治区	HMD	652200
哈密市	Hami(Kumul) Shi	新疆维吾尔自治区	HAM	652201
海安县	Hai'an Xian	江苏省	HIA	320621
海北藏族自治州	Haibei Zangzu Zizhizhou	青海省	HBZ	632200
海勃湾区	Hairab Wan Qu	内蒙古自治区乌海市	HBW	150302
海沧区	Haicang Qu	福建省厦门市	HCA	350205
海城区	Haicheng Qu	广西壮族自治区北海市	HCB	450502
海城市	Haicheng Shi	辽宁省	HCL	210381
海淀区	Haidian Qu	北京市	HDN	110108
海东地区	Haidong Diqu	青海省	HDD	632100
海丰县	Haifeng Xian	广东省	HIF	441521
海港区	Haigang Qu	河北省秦皇岛市	HGG	130302
海口市	Haikou Shi	海南省	HAK	460100
海拉尔区	Hailar Qu	内蒙古自治区呼伦贝尔市	HLR	150702
海林市	Hailin Shi	黑龙江省	HLS	231083
海陵区	Hailing Qu	江苏省泰州市	HIL	321202
海伦市	Hailun Shi	黑龙江省	HLU	231283
海门市	Haimen Shi	江苏省	HME	320684
海南区	Hainan Qu	内蒙古自治区乌海市	HNU	150303
海南省	Hainan Sheng		HI	460000
海南藏族自治州	Hainan Zangzu Zizhizhou	青海省	HNN	632500
海宁市	Haining Shi	浙江省	HNG	330481
海曙区	Haishu Qu	浙江省宁波市	HNB	330203
海西蒙古族藏族自治州	Haixi Mongolzu Zangzu Zizhizhou	青海省	HXZ	632800
海兴县	Haixing Xian	河北省	HXG	130924

表 A.1（续）

名　称	罗马字母拼写	所属行政区	字母码	数字码
海盐县	Haiyan Xian	浙江省	HYN	330424
海晏县	Haiyan Xian	青海省	HIY	632223
海阳市	Haiyang Shi	山东省	HYL	370687
海原县	Haiyuan Xian	宁夏回族自治区	HYB	640522
海州区	Haizhou Qu	辽宁省阜新市	HIZ	210902
海州区	Haizhou Qu	江苏省连云港市	HZF	320706
海珠区	Haizhu Qu	广东省广州市	HZU	440105
邗江区	Hanjiang Qu	江苏省扬州市	HAJ	321003
含山县	Hanshan Xian	安徽省	HSW	341423
邯郸市	Handan Shi	河北省	HDS	130400
邯郸县	Handan Xian	河北省	HDX	130421
邯山区	Hanshan Qu	河北省邯郸市	HHD	130402
涵江区	Hanjiang Qu	福建省莆田市	HJQ	350303
寒亭区	Hanting Qu	山东省潍坊市	HNT	370703
韩城市	Hancheng Shi	陕西省	HCE	610581
汉滨区	Hanbin Qu	陕西省安康市	HBU	610902
汉川市	Hanchuan Shi	湖北省	HCH	420984
汉沽区	Hangu Qu	天津市	HGQ	120108
汉南区	Hannan Qu	湖北省武汉市	HNQ	420113
汉寿县	Hanshou Xian	湖南省	HSO	430722
汉台区	Hantai Qu	陕西省汉中市	HTQ	610702
汉阳区	Hanyang Qu	湖北省武汉市	HYA	420105
汉阴县	Hanyin Xian	陕西省	HYY	610921
汉源县	Hanyuan Xian	四川省	HAY	511823
汉中市	Hanzhong Shi	陕西省	HZJ	610700
杭锦旗	Hanggin Qi	内蒙古自治区	HAQ	150625
杭锦后旗	Hanggin Houqi	内蒙古自治区	HAH	150826
杭州市	Hangzhou Shi	浙江省	HGH	330100
濠江区	Haojiang Qu	广东省汕头市	HJI	440512
合川区	Hechuan Qu	重庆市	HEC	500117
合肥市	Hefei Shi	安徽省	HFE	340100
合江县	Hejiang Xian	四川省	HEJ	510522
合浦县	Hepu Xian	广西壮族自治区	HPX	450521

表 A.1（续）

名　称	罗马字母拼写	所属行政区	字母码	数字码
合山市	Heshan Shi	广西壮族自治区	HSS	451381
合水县	Heshui Xian	甘肃省	HSX	621024
合阳县	Heyang Xian	陕西省	HYK	610524
合作市	Hezuo Shi	甘肃省	HEZ	623001
和县	He Xian	安徽省	HEX	341424
和布克赛尔蒙古自治县	Hoboksar Mongol Zizhixian	新疆维吾尔自治区	HOB	654226
和静县	Hejing Xian	新疆维吾尔自治区	HJG	652827
和林格尔县	Horinger Xian	内蒙古自治区	HOR	150123
和龙市	Helong Shi	吉林省	HEL	222406
和平区	Heping Qu	天津市	HEP	120101
和平区	Heping Qu	辽宁省沈阳市	HPG	210102
和平县	Heping Xian	广东省	HPY	441624
和顺县	Heshun Xian	山西省	HSJ	140723
和硕县	Hoxud Xian	新疆维吾尔自治区	HOX	652828
和田地区	Hotan Diqu	新疆维吾尔自治区	HOD	653200
和田市	Hotan Shi	新疆维吾尔自治区	HTS	653201
和田县	Hotan Xian	新疆维吾尔自治区	HOT	653221
和政县	Hezheng Xian	甘肃省	HZG	622925
河北区	Hebei Qu	天津市	HBQ	120105
河北省	Hebei Sheng		HE	130000
河池市	Hechi Shi	广西壮族自治区	HCS	451200
河东区	Hedong Qu	天津市	HDQ	120102
河东区	Hedong Qu	山东省临沂市	HDL	371312
河间市	Hejian Shi	河北省	HJN	130984
河津市	Hejin Shi	山西省	HJS	140882
河口区	Hekou Qu	山东省东营市	HKO	370503
河口瑶族自治县	Hekou Yaozu Zizhixian	云南省	HKM	532532
河南省	Henan Sheng		HA	410000
河南蒙古族自治县	Henan Mongolzu Zizhixian	青海省	HNM	632324
河曲县	Hequ Xian	山西省	HQU	140930
河西区	Hexi Qu	天津市	HXQ	120103
河源市	Heyuan Shi	广东省	HEY	441600

表 A.1（续）

名　称	罗马字母拼写	所属行政区	字母码	数字码
荷塘区	Hetang Qu	湖南省株洲市	HTZ	430202
菏泽市	Heze Shi	山东省	HZS	371700
贺兰县	Helan Xian	宁夏回族自治区	HLN	640122
贺州市	Hezhou Shi	广西壮族自治区	HZO	451100
赫山区	Heshan Qu	湖南省益阳市	HSY	430903
赫章县	Hezhang Xian	贵州省	HZA	522428
鹤壁市	Hebi Shi	河南省	HBS	410600
鹤城区	Hecheng Qu	湖南省怀化市	HCG	431202
鹤峰县	Hefeng Xian	湖北省	HEF	422828
鹤岗市	Hegang Shi	黑龙江省	HEG	230400
鹤庆县	Heqing Xian	云南省	HQG	532932
鹤山区	Heshan Qu	河南省鹤壁市	HSF	410602
鹤山市	Heshan Shi	广东省	HES	440784
黑河市	Heihe Shi	黑龙江省	HEK	231100
黑龙江省	Heilongjiang Sheng		HL	230000
黑山县	Heishan Xian	辽宁省	HSL	210726
黑水县	Heishui Xian	四川省	HIS	513228
恒山区	Hengshan Qu	黑龙江省鸡西市	HSD	230303
横县	Heng Xian	广西壮族自治区	HEN	450127
横峰县	Hengfeng Xian	江西省	HFG	361125
横山县	Hengshan Xian	陕西省	HSA	610823
衡东县	Hengdong Xian	湖南省	HED	430424
衡南县	Hengnan Xian	湖南省	HNX	430422
衡山县	Hengshan Xian	湖南省	HSH	430423
衡水市	Hengshui Shi	河北省	HGS	131100
衡阳市	Hengyang Shi	湖南省	HNY	430400
衡阳县	Hengyang Xian	湖南省	HYO	430421
红安县	Hong'an Xian	湖北省	HGA	421122
红岗区	Honggang Qu	黑龙江省大庆市	HGD	230605
红古区	Honggu Qu	甘肃省兰州市	HOG	620111
红河县	Honghe Xian	云南省	HHX	532529
红河哈尼族彝族自治州	Honghe Hanizu Yizu Zizhizhou	云南省	HHZ	532500

表 A.1（续）

名　称	罗马字母拼写	所属行政区	字母码	数字码
红花岗区	Honghuagang Qu	贵州省遵义市	HHG	520302
红旗区	Hongqi Qu	河南省新乡市	HQQ	410702
红桥区	Hongqiao Qu	天津市	HQO	120106
红山区	Hongshan Qu	内蒙古自治区赤峰市	HSZ	150402
红塔区	Hongta Qu	云南省玉溪市	HTA	530402
红星区	Hongxing Qu	黑龙江省伊春市	HGX	230715
红原县	Hongyuan Xian	四川省	HOY	513233
宏伟区	Hongwei Qu	辽宁省辽阳市	HWQ	211004
洪湖市	Honghu Shi	湖北省	HHU	421083
洪江市	Hongjiang Shi	湖南省	HGJ	431281
洪山区	Hongshan Qu	湖北省武汉市	HSQ	420111
洪洞县	Hongtong Xian	山西省	HTO	141024
洪雅县	Hongya Xian	四川省	HGY	511423
洪泽县	Hongze Xian	江苏省	HGZ	320829
虹口区	Hongkou Qu	上海市	HKQ	310109
侯马市	Houma Shi	山西省	HMA	141081
呼和浩特市	Hohhot Shi	内蒙古自治区	HET	150100
呼兰区	Hulan Qu	黑龙江省哈尔滨市	HLH	230111
呼伦贝尔市	Hulun Buir Shi	内蒙古自治区	HBR	150700
呼玛县	Huma Xian	黑龙江省	HUM	232721
呼图壁县	Hutubi Xian	新疆维吾尔自治区	HTB	652323
壶关县	Huguan Xian	山西省	HGN	140427
湖北省	Hubei Sheng		HB	420000
湖滨区	Hubin Qu	河南省三门峡市	HBI	411202
湖口县	Hukou Xian	江西省	HUK	360429
湖里区	Huli Qu	福建省厦门市	HLQ	350206
湖南省	Hunan Sheng		HN	430000
湖州市	Huzhou Shi	浙江省	HZH	330500
葫芦岛市	Huludao Shi	辽宁省	HLD	211400
虎林市	Hulin Shi	黑龙江省	HUL	230381
虎丘区	Huqiu Qu	江苏省苏州市	HUQ	320505
互助土族自治县	Huzhu Tuzu Zizhixian	青海省	HZT	632126
户县	Hu Xian	陕西省	HUX	610125

表 A.1（续）

名　称	罗马字母拼写	所属行政区	字母码	数字码
花都区	Huadu Qu	广东省广州市	HDU	440114
花山区	Huashan Qu	安徽省马鞍山市	HSM	340503
花溪区	Huaxi Qu	贵州省贵阳市	HXI	520111
花垣县	Huayuan Xian	湖南省	HYH	433124
华县	Hua Xian	陕西省	HXN	610521
华安县	Hua'an Xian	福建省	HAN	350629
华池县	Huachi Xian	甘肃省	HCI	621023
华龙区	Hualong Qu	河南省濮阳市	HAL	410902
华宁县	Huaning Xian	云南省	HND	530424
华坪县	Huaping Xian	云南省	HAP	530723
华容区	Huarong Qu	湖北省鄂州市	HRQ	420703
华容县	Huarong Xian	湖南省	HRG	430623
华亭县	Huating Xian	甘肃省	HTI	620824
华阴市	Huayin Shi	陕西省	HYI	610582
华蓥市	Huaying Shi	四川省	HYC	511681
滑县	Hua Xian	河南省	HUA	410526
化德县	Huade Xian	内蒙古自治区	HDE	150922
化隆回族自治县	Hualong Huizu Zizhixian	青海省	HLO	632127
化州市	Huazhou Shi	广东省	HZY	440982
桦川县	Huachuan Xian	黑龙江省	HCN	230826
桦甸市	Huadian Shi	吉林省	HDJ	220282
桦南县	Huanan Xian	黑龙江省	HNH	230822
怀安县	Huai'an Xian	河北省	HAX	130728
怀化市	Huaihua Shi	湖南省	HHS	431200
怀集县	Huaiji Xian	广东省	HJX	441224
怀来县	Huailai Xian	河北省	HLA	130730
怀宁县	Huaining Xian	安徽省	HNW	340822
怀仁县	Huairen Xian	山西省	HRN	140624
怀柔区	Huairou Qu	北京市	HRO	110116
怀远县	Huaiyuan Xian	安徽省	HYW	340321
淮安市	Huai'an Shi	江苏省	HAS	320800
淮北市	Huaibei Shi	安徽省	HBE	340600
淮滨县	Huaibin Xian	河南省	HBN	411527

表 A.1（续）

名　称	罗马字母拼写	所属行政区	字母码	数字码
淮南市	Huainan Shi	安徽省	HNS	340400
淮上区	Huaishang Qu	安徽省蚌埠市	HIQ	340311
淮阳县	Huaiyang Xian	河南省	HYG	411626
淮阴区	Huaiyin Qu	江苏省淮安市	HUU	320804
槐荫区	Huaiyin Qu	山东省济南市	HYF	370104
环县	Huan Xian	甘肃省	HUN	621022
环翠区	Huancui Qu	山东省威海市	HNC	371002
环江毛南族自治县	Huanjiang Maonanzu Zizhixian	广西壮族自治区	HNJ	451226
桓仁满族自治县	Huanren Manzu Zizhixian	辽宁省	HRL	210522
桓台县	Huantai Xian	山东省	HTL	370321
皇姑区	Huanggu Qu	辽宁省沈阳市	HGU	210105
黄岛区	Huangdao Qu	山东省青岛市	HDO	370211
黄冈市	Huanggang Shi	湖北省	HGE	421100
黄骅市	Huanghua Shi	河北省	HHJ	130983
黄陵县	Huangling Xian	陕西省	HLG	610632
黄龙县	Huanglong Xian	陕西省	HGL	610631
黄梅县	Huangmei Xian	湖北省	HGM	421127
黄南藏族自治州	Huangnan Zangzu Zizhizhou	青海省	HNZ	632300
黄陂区	Huangpi Qu	湖北省武汉市	HPI	420116
黄平县	Huangping Xian	贵州省	HPN	522622
黄埔区	Huangpu Qu	广东省广州市	HPU	440112
黄浦区	Huangpu Qu	上海市	HGP	310101
黄山区	Huangshan Qu	安徽省黄山市	HSK	341003
黄山市	Huangshan Shi	安徽省	HSN	341000
黄石市	Huangshi Shi	湖北省	HSI	420200
黄石港区	Huangshigang Qu	湖北省黄石市	HSG	420202
黄岩区	Huangyan Qu	浙江省台州市	HYT	331003
黄州区	Huangzhou Qu	湖北省黄冈市	HZC	421102
湟源县	Huangyuan Xian	青海省	HYU	630123
湟中县	Huangzhong Xian	青海省	HZX	630122
潢川县	Huangchuan Xian	河南省	HCU	411526
珲春市	Hunchun Shi	吉林省	HUC	222404
辉南县	Huinan Xian	吉林省	HNA	220523

表 A.1（续）

名　称	罗马字母拼写	所属行政区	字母码	数字码
辉县市	Huixian Shi	河南省	HXS	410782
徽县	Hui Xian	甘肃省	HIX	621227
徽州区	Huizhou Qu	安徽省黄山市	HZQ	341004
回民区	Huimin Qu	内蒙古自治区呼和浩特市	HMQ	150103
汇川区	Huichuan Qu	贵州省遵义市	HHQ	520303
会昌县	Huichang Xian	江西省	HIC	360733
会东县	Huidong Xian	四川省	HDG	513426
会理县	Huili Xian	四川省	HLI	513425
会宁县	Huining Xian	甘肃省	HNI	620422
会同县	Huitong Xian	湖南省	HTG	431225
会泽县	Huize Xian	云南省	HUZ	530326
惠安县	Hui'an Xian	福建省	HAF	350521
惠城区	Huicheng Qu	广东省惠州市	HCQ	441302
惠东县	Huidong Xian	广东省	HID	441323
惠济区	Huiji Qu	河南省郑州市	HJU	410108
惠来县	Huilai Xian	广东省	HLY	445224
惠民县	Huimin Xian	山东省	HMN	371621
惠农区	Huinong Qu	宁夏回族自治区石嘴山市	HNO	640205
惠山区	Huishan Qu	江苏省无锡市	HSU	320206
惠水县	Huishui Xian	贵州省	HUS	522731
惠阳区	Huiyang Qu	广东省惠州市	HUY	441303
惠州市	Huizhou Shi	广东省	HUI	441300
浑源县	Hunyuan Xian	山西省	HYM	140225
获嘉县	Huojia Xian	河南省	HOJ	410724
霍城县	Huocheng Xian	新疆维吾尔自治区	HCX	654023
霍林郭勒市	Holin Gol Shi	内蒙古自治区	HOL	150581
霍邱县	Huoqiu Xian	安徽省	HQI	341522
霍山县	Huoshan Xian	安徽省	HOS	341525
霍州市	Huozhou Shi	山西省	HOZ	141082
		J		
鸡东县	Jidong Xian	黑龙江省	JID	230321
鸡冠区	Jiguan Qu	黑龙江省鸡西市	JGU	230302

表 A.1（续）

名　称	罗马字母拼写	所属行政区	字母码	数字码
鸡西市	Jixi Shi	黑龙江省	JXI	230300
鸡泽县	Jize Xian	河北省	JZE	130431
积石山保安族东乡族撒拉族自治县	Jishishan Bonanzu Dongxiangzu Salarzu Zizhixian	甘肃省	JSN	622927
绩溪县	Jixi Xian	安徽省	JXW	341824
吉县	Ji Xian	山西省	JIJ	141028
吉安市	Ji'an Shi	江西省	JAS	360800
吉安县	Ji'an Xian	江西省	JAX	360821
吉利区	Jili Qu	河南省洛阳市	JLL	410306
吉林省	Jilin Sheng		JL	220000
吉林市	Jilin Shi	吉林省	JLS	220200
吉隆县	Gyirong Xian	西藏自治区	GIR	542335
吉木乃县	Jeminay Xian	新疆维吾尔自治区	JEM	654326
吉木萨尔县	Jimsar Xian	新疆维吾尔自治区	JIM	652327
吉首市	Jishou Shi	湖南省	JSO	433101
吉水县	Jishui Xian	江西省	JSG	360822
吉州区	Jizhou Qu	江西省吉安市	JZU	360802
即墨市	Jimo Shi	山东省	JMO	370282
集安市	Ji'an Shi	吉林省	KNC	220582
集美区	Jimei Qu	福建省厦门市	JMQ	350211
集宁区	Jining Qu	内蒙古自治区乌兰察布市	JIN	150902
集贤县	Jixian Xian	黑龙江省	JXH	230521
济南市	Jinan Shi	山东省	TNA	370100
济宁市	Jining Shi	山东省	JNG	370800
济阳县	Jiyang Xian	山东省	JYL	370125
济源市	Jiyuan Shi	河南省	JYY	419001
蓟县	Ji Xian	天津市	JIT	120225
稷山县	Jishan Xian	山西省	JSJ	140824
冀州市	Jizhou Shi	河北省	JIZ	131181
加查县	Gyaca Xian	西藏自治区	GYA	542229
夹江县	Jiajiang Xian	四川省	JJC	511126
佳县	Jia Xian	陕西省	JXN	610828
佳木斯市	Jiamusi Shi	黑龙江省	JMU	230800

表 A.1（续）

名　称	罗马字母拼写	所属行政区	字母码	数字码
伽师县	Jiashi(Payzawat) Xian	新疆维吾尔自治区	JSI	653129
嘉定区	Jiading Qu	上海市	JDG	310114
嘉禾县	Jiahe Xian	湖南省	JAH	431024
嘉黎县	Lhari Xian	西藏自治区	LHR	542422
嘉陵区	Jialing Qu	四川省南充市	JLG	511304
嘉善县	Jiashan Xian	浙江省	JSK	330421
嘉祥县	Jiaxiang Xian	山东省	JXP	370829
嘉兴市	Jiaxing Shi	浙江省	JIX	330400
嘉荫县	Jiayin Xian	黑龙江省	JAY	230722
嘉鱼县	Jiayu Xian	湖北省	JYX	421221
嘉峪关市	Jiayuguan Shi	甘肃省	JYG	620200
郏县	Jia Xian	河南省	JXY	410425
贾汪区	Jiawang Qu	江苏省徐州市	JWQ	320305
尖草坪区	Jiancaoping Qu	山西省太原市	JCP	140108
尖山区	Jianshan Qu	黑龙江省双鸭山市	JSQ	230502
尖扎县	Jainca Xian	青海省	JAI	632322
监利县	Jianli Xian	湖北省	JLI	421023
简阳市	Jianyang Shi	四川省	JYC	512081
建昌县	Jianchang Xian	辽宁省	JCL	211422
建德市	Jiande Shi	浙江省	JDS	330182
建湖县	Jianhu Xian	江苏省	JIH	320925
建华区	Jianhua Qu	黑龙江省齐齐哈尔市	JHQ	230203
建宁县	Jianning Xian	福建省	JNF	350430
建瓯市	Jian’ou Shi	福建省	JOU	350783
建平县	Jianping Xian	辽宁省	JPG	211322
建始县	Jianshi Xian	湖北省	JSE	422822
建水县	Jianshui Xian	云南省	JSD	532524
建阳市	Jianyang Shi	福建省	JNY	350784
建邺区	Jianye Qu	江苏省南京市	JYQ	320105
剑川县	Jianchuan Xian	云南省	JIC	532931
剑阁县	Jiange Xian	四川省	JGE	510823
剑河县	Jianhe Xian	贵州省	JHE	522629
涧西区	Jianxi Qu	河南省洛阳市	JXL	410305

表 A.1（续）

名　称	罗马字母拼写	所属行政区	字母码	数字码
江安县	Jiang'an Xian	四川省	JAC	511523
江岸区	Jiang'an Qu	湖北省武汉市	JAA	420102
江北区	Jiangbei Qu	浙江省宁波市	JBE	330205
江北区	Jiangbei Qu	重庆市	JBQ	500105
江城区	Jiangcheng Qu	广东省阳江市	JCQ	441702
江城哈尼族彝族自治县	Jiangcheng Hanizu Yizu Zizhixian	云南省	JCE	530826
江川县	Jiangchuan Xian	云南省	JGC	530421
江达县	Jomda Xian	西藏自治区	JOM	542122
江东区	Jiangdong Qu	浙江省宁波市	JDO	330204
江都市	Jiangdu Shi	江苏省	JDU	321088
江干区	Jianggan Qu	浙江省杭州市	JGQ	330104
江海区	Jianghai Qu	广东省江门市	JHI	440704
江汉区	Jianghan Qu	湖北省武汉市	JHN	420103
江华瑶族自治县	Jianghua Yaozu Zizhixian	湖南省	JHX	431129
江津区	Jiangjin Qu	重庆市	JJY	500116
江口县	Jiangkou Xian	贵州省	JGK	522222
江陵县	Jiangling Xian	湖北省	JLX	421024
江门市	Jiangmen Shi	广东省	JMN	440700
江南区	Jiangnan Qu	广西壮族自治区南宁市	JNA	450105
江宁区	Jiangning Qu	江苏省南京市	JNN	320115
江山市	Jiangshan Shi	浙江省	JIS	330881
江苏省	Jiangsu Sheng		JS	320000
江西省	Jiangxi Sheng		JX	360000
江夏区	Jiangxia Qu	湖北省武汉市	JXQ	420115
江阳区	Jiangyang Qu	四川省泸州市	JYB	510502
江阴市	Jiangyin Shi	江苏省	JIA	320281
江永县	Jiangyong Xian	湖南省	JYD	431125
江油市	Jiangyou Shi	四川省	JYO	510781
江源区	Jiangyuan Qu	吉林省白山市	JYT	220605
江洲区	Jiangzhou Qu	广西壮族自治区崇左市	JOQ	451402
江孜县	Gyangzê Xian	西藏自治区	GYZ	542323
姜堰市	Jiangyan Shi	江苏省	JYS	321284

表 A.1（续）

名　称	罗马字母拼写	所属行政区	字母码	数字码
将乐县	Jiangle Xian	福建省	JLE	350428
绛县	Jiang Xian	山西省	JXC	140826
交城县	Jiaocheng Xian	山西省	JCJ	141122
交口县	Jiaokou Xian	山西省	JKO	141130
郊区	Jiaoqu	山西省阳泉市	JQY	140311
郊区	Jiaoqu	山西省长治市	JHB	140411
郊区	Jiaoqu	黑龙江省佳木斯市	JCZ	230811
郊区	Jiaoqu	安徽省铜陵市	JTL	340711
胶南市	Jiaonan Shi	山东省	JNS	370284
胶州市	Jiaozhou Shi	山东省	JZS	370281
椒江区	Jiaojiang Qu	浙江省台州市	JJT	331002
焦作市	Jiaozuo Shi	河南省	JZY	410800
蛟河市	Jiaohe Shi	吉林省	JHJ	220281
蕉城区	Jiaocheng Qu	福建省宁德市	JIQ	350902
蕉岭县	Jiaoling Xian	广东省	JOL	441427
揭东县	Jiedong Xian	广东省	JDX	445221
揭西县	Jiexi Xian	广东省	JEX	445222
揭阳市	Jieyang Shi	广东省	JIY	445200
解放区	Jiefang Qu	河南省焦作市	JFQ	410802
介休市	Jiexiu Shi	山西省	JXS	140781
界首市	Jieshou Shi	安徽省	JSW	341282
金安区	Jin'an Qu	安徽省六安市	JAU	341502
金昌市	Jinchang Shi	甘肃省	JCS	620300
金阊区	Jinchang Qu	江苏省苏州市	JCA	320504
金城江区	Jinchengjiang Qu	广西壮族自治区河池市	JCI	451202
金川区	Jinchuan Qu	甘肃省金昌市	JCU	620302
金川县	Jinchuan(Quqên) Xian	四川省	JCH	513226
金东区	Jindong Qu	浙江省金华市	JDQ	330703
金凤区	Jinfeng Qu	宁夏回族自治区银川市	JFU	640106
金湖县	Jinhu Xian	江苏省	JHU	320831
金华市	Jinhua Shi	浙江省	JHA	330700
金家庄区	Jinjiazhuang Qu	安徽省马鞍山市	JJZ	340502
金口河区	Jinkouhe Qu	四川省乐山市	JKH	511113

表 A.1（续）

名　称	罗马字母拼写	所属行政区	字母码	数字码
金门县	Jinmen Xian	福建省	JME	350527
金明区	Jinming Qu	河南省开封市	JMG	410211
金牛区	Jinniu Qu	四川省成都市	JNU	510106
金平区	Jinping Qu	广东省汕头市	JPQ	440511
金平苗族瑶族傣族自治县	Jinping Miaozu Yaozu Daizu Zizhixian	云南省	JNP	532530
金沙县	Jinsha Xian	贵州省	JSX	522424
金山区	Jinshan Qu	上海市	JSH	310116
金山屯区	Jinshantun Qu	黑龙江省伊春市	JST	230709
金水区	Jinshui Qu	河南省郑州市	JSU	410105
金塔县	Jinta Xian	甘肃省	JTA	620921
金台区	Jintai Qu	陕西省宝鸡市	JTQ	610303
金坛市	Jintan Shi	江苏省	JTS	320482
金堂县	Jintang Xian	四川省	JNT	510121
金湾区	Jinwan Qu	广东省珠海市	JNW	440404
金溪县	Jinxi Xian	江西省	JXF	361027
金乡县	Jinxiang Xian	山东省	JXG	370828
金秀瑶族自治县	Jinxiu Yaozu Zizhixian	广西壮族自治区	JXU	451324
金阳县	Jinyang Xian	四川省	JYW	513430
金寨县	Jinzhai Xian	安徽省	JZX	341524
金州区	Jinzhou Qu	辽宁省大连市	JZH	210213
津南区	Jinnan Qu	天津市	JNQ	120112
津市市	Jinshi Shi	湖南省	JSS	430781
锦江区	Jinjiang Qu	四川省成都市	JJQ	510104
锦屏县	Jinping Xian	贵州省	JPX	522628
锦州市	Jinzhou Shi	辽宁省	JNZ	210700
进贤县	Jinxian Xian	江西省	JXX	360124
晋安区	Jin'an Qu	福建省福州市	JAF	350111
晋城市	Jincheng Shi	山西省	JCG	140500
晋江市	Jinjiang Shi	福建省	JJG	350582
晋宁县	Jinning Xian	云南省	JND	530122
晋源区	Jinyuan Qu	山西省太原市	JYM	140110
晋中市	Jinzhong Shi	山西省	JZN	140700

表 A.1（续）

名　称	罗马字母拼写	所属行政区	字母码	数字码
晋州市	Jinzhou Shi	河北省	JZJ	130183
缙云县	Jinyun Xian	浙江省	JYP	331122
京口区	Jingkou Qu	江苏省镇江市	JKQ	321102
京山县	Jingshan Xian	湖北省	JSA	420821
泾县	Jing Xian	安徽省	JXA	341823
泾川县	Jingchuan Xian	甘肃省	JCN	620821
泾阳县	Jingyang Xian	陕西省	JGY	610423
泾源县	Jingyuan Xian	宁夏回族自治区	JYK	640424
荆门市	Jingmen Shi	湖北省	JMS	420800
荆州区	Jingzhou Qu	湖北省荆州市	JZQ	421003
荆州市	Jingzhou Shi	湖北省	JGZ	421000
旌德县	Jingde Xian	安徽省	JDE	341825
旌阳区	Jingyang Qu	四川省德阳市	JYF	510603
精河县	Jinghe(Jing) Xian	新疆维吾尔自治区	JGH	652722
井冈山市	Jinggangshan Shi	江西省	JGS	360881
井陉矿区	Jingxing Kuangqu	河北省石家庄市	JXK	130107
井陉县	Jingxing Xian	河北省	JXJ	130121
井研县	Jingyan Xian	四川省	JYA	511124
景县	Jing Xian	河北省	JIG	131127
景德镇市	Jingdezhen Shi	江西省	JDZ	360200
景东彝族自治县	Jingdong Yizu Zizhixian	云南省	JDD	530823
景谷傣族彝族自治县	Jinggu Daizu Yizu Zizhixian	云南省	JGD	530824
景洪市	Jinghong Shi	云南省	JHG	532801
景宁畲族自治县	Jingning Shezu Zizhixian	浙江省	JGN	331127
景泰县	Jingtai Xian	甘肃省	JGT	620423
靖安县	Jing'an Xian	江西省	JGA	360925
靖边县	Jingbian Xian	陕西省	JBN	610824
靖江市	Jingjiang Shi	江苏省	JGJ	321282
靖西县	Jingxi Xian	广西壮族自治区	JGX	451025
靖宇县	Jingyu Xian	吉林省	JYJ	220622
靖远县	Jingyuan Xian	甘肃省	JYH	620421
靖州苗族侗族自治县	Jingzhou Miaozu Dongzu Zizhixian	湖南省	JZO	431229
静安区	Jing'an Qu	上海市	JAQ	310106

表 A.1（续）

名　称	罗马字母拼写	所属行政区	字母码	数字码
静海县	Jinghai Xian	天津市	JHT	120223
静乐县	Jingle Xian	山西省	JGL	140926
静宁县	Jingning Xian	甘肃省	JNI	620826
镜湖区	Jinghu Qu	安徽省芜湖市	JHW	340202
鸠江区	Jiujiang Qu	安徽省芜湖市	JJW	340207
九江市	Jiujiang Shi	江西省	JIU	360400
九江县	Jiujiang Xian	江西省	JUJ	360421
九里区	Jiuli Qu	江苏省徐州市	JUL	320304
九龙坡区	Jiulongpo Qu	重庆市	JLP	500107
九龙县	Jiulong(Gyaisi) Xian	四川省	JLC	513324
九台市	Jiutai Shi	吉林省	JUT	220181
九原区	Jiuyuan Qu	内蒙古自治区包头市	JYN	150207
九寨沟县	Jiuzhaigou Xian	四川省	JZG	513225
久治县	Jigzhi Xian	青海省	JUZ	632625
酒泉市	Jiuquan Shi	甘肃省	JQG	620900
居巢区	Juchao Qu	安徽省巢湖市	JUC	341402
莒县	Ju Xian	山东省	JUX	371122
莒南县	Junan Xian	山东省	JNB	371327
句容市	Jurong Shi	江苏省	JRG	321183
巨鹿县	Julu Xian	河北省	JLU	130529
巨野县	Juye Xian	山东省	JYE	371724
鄄城县	Juancheng Xian	山东省	JNC	371726
君山区	Junshan Qu	湖南省岳阳市	JUS	430611
筠连县	Junlian Xian	四川省	JNL	511527
		K		
喀喇沁旗	Harqin Qi	内蒙古自治区	HAR	150428
喀喇沁左翼蒙古族自治县	Harqin Zuoyi Mongolzu Zizhixian	辽宁省	HAZ	211324
喀什地区	Kashi(Kaxgar) Diqu	新疆维吾尔自治区	KSI	653100
喀什市	Kashi(Kaxgar) Shi	新疆维吾尔自治区	KHG	653101
开县	Kai Xian	重庆市	KAI	500234
开封市	Kaifeng Shi	河南省	KFS	410200
开封县	Kaifeng Xian	河南省	KFX	410224
开福区	Kaifu Qu	湖南省长沙市	KFQ	430105

表 A.1（续）

名　称	罗马字母拼写	所属行政区	字母码	数字码
开化县	Kaihua Xian	浙江省	KHU	330824
开江县	Kaijiang Xian	四川省	KJG	511723
开鲁县	Kailu Xian	内蒙古自治区	KLU	150523
开平区	Kaiping Qu	河北省唐山市	KPQ	130205
开平市	Kaiping Shi	广东省	KPS	440783
开阳县	Kaiyang Xian	贵州省	KYG	520121
开原市	Kaiyuan Shi	辽宁省	KYS	211282
开远市	Kaiyuan Shi	云南省	KYD	532502
凯里市	Kaili Shi	贵州省	KLS	522601
康县	Kang Xian	甘肃省	KNG	621224
康保县	Kangbao Xian	河北省	KBO	130723
康定县	Kangding(Dardo) Xian	四川省	KDX	513321
康乐县	Kangle Xian	甘肃省	KLE	622922
康马县	Kangmar Xian	西藏自治区	KAN	542331
康平县	Kangping Xian	辽宁省	KPG	210123
柯城区	Kecheng Qu	浙江省衢州市	KEC	330802
柯坪县	Kalpin Xian	新疆维吾尔自治区	KAL	652929
科尔沁区	Horqin Qu	内蒙古自治区通辽市	HQN	150502
科尔沁右翼前旗	Horqin Youyi Qianqi	内蒙古自治区	HYQ	152221
科尔沁右翼中旗	Horqin Youyi Zhongqi	内蒙古自治区	HYZ	152222
科尔沁左翼后旗	Horqin Zuoyi Houqi	内蒙古自治区	HZI	150522
科尔沁左翼中旗	Horqin Zuoyi Zhongqi	内蒙古自治区	HZZ	150521
岢岚县	Kelan Xian	山西省	KLN	140929
克东县	Kedong Xian	黑龙江省	KDO	230230
克拉玛依市	Karamay Shi	新疆维吾尔自治区	KAR	650200
克拉玛依区	Karamay Qu	新疆维吾尔自治区克拉玛依市	KRQ	650203
克山县	Keshan Xian	黑龙江省	KSN	230229
克什克腾旗	Hexigten Qi	内蒙古自治区	HXT	150425
克孜勒苏柯尔克孜自治州	Kizilsu Kirgiz Zizhizhou	新疆维吾尔自治区	KIZ	653000
垦利县	Kenli Xian	山东省	KLI	370521
崆峒区	Kongtong Qu	甘肃省平凉市	KTQ	620802
库车县	Kuqa Xian	新疆维吾尔自治区	KUQ	652923

表 A.1（续）

名　　称	罗马字母拼写	所属行政区	字母码	数字码
库尔勒市	Korla Shi	新疆维吾尔自治区	KOR	652801
库伦旗	Hure Qi	内蒙古自治区	HUR	150524
宽城区	Kuancheng Qu	吉林省长春市	KCQ	220103
宽城满族自治县	Kuancheng Manzu Zizhixian	河北省	KCX	130827
宽甸满族自治县	Kuandian Manzu Zizhixian	辽宁省	KDN	210624
矿区	Kuangqu	山西省大同市	KQY	140203
矿区	Kuangqu	山西省阳泉市	KQD	140303
奎屯市	Kuytun Shi	新疆维吾尔自治区	KUY	654003
奎文区	Kuiwen Qu	山东省潍坊市	KWN	370705
昆都仑区	Hondlon Qu	内蒙古自治区包头市	HDB	150203
昆明市	Kunming Shi	云南省	KMG	530100
昆山市	Kunshan Shi	江苏省	KUS	320583
L				
拉萨市	Lhasa Shi	西藏自治区	LXA	540100
拉孜县	Lhazê Xian	西藏自治区	LAZ	542326
来安县	Lai'an Xian	安徽省	LAX	341122
来宾市	Laibin Shi	广西壮族自治区	LIB	451300
来凤县	Laifeng Xian	湖北省	LFG	422827
涞水县	Laishui Xian	河北省	LSM	130623
涞源县	Laiyuan Xian	河北省	LIY	130630
莱城区	Laicheng Qu	山东省莱芜市	LAC	371202
莱山区	Laishan Qu	山东省烟台市	LYT	370613
莱芜市	Laiwu Shi	山东省	LWS	371200
莱西市	Laixi Shi	山东省	LXE	370285
莱阳市	Laiyang Shi	山东省	LYD	370682
莱州市	Laizhou Shi	山东省	LZG	370683
兰考县	Lankao Xian	河南省	LKA	410225
兰坪白族普米族自治县	Lanping Baizu Pumizu Zizhixian	云南省	LPG	533325
兰山区	Lanshan Qu	山东省临沂市	LLS	371302
兰西县	Lanxi Xian	黑龙江省	LXT	231222
兰溪市	Lanxi Shi	浙江省	LXZ	330781
兰州市	Lanzhou Shi	甘肃省	LHW	620100
岚县	Lan Xian	山西省	LAN	141127
岚皋县	Langao Xian	陕西省	LNG	610925

表 A.1（续）

名　称	罗马字母拼写	所属行政区	字母码	数字码
岚山区	Lanshan Qu	山东省日照市	LAH	371103
蓝山县	Lanshan Xian	湖南省	LNS	431127
蓝田县	Lantian Xian	陕西省	LNT	610122
澜沧拉祜族自治县	Lancang Lahuzu Zizhixian	云南省	LCA	530828
郎溪县	Langxi Xian	安徽省	LGX	341821
廊坊市	Langfang Shi	河北省	LFS	131000
琅琊区	Langya Qu	安徽省滁州市	LYV	341102
朗县	Nang Xian	西藏自治区	NGX	542627
阆中市	Langzhong Shi	四川省	LZJ	511381
浪卡子县	Nagarzê Xian	西藏自治区	NAX	542233
崂山区	Laoshan Qu	山东省青岛市	LQD	370212
老边区	Laobian Qu	辽宁省营口市	LOB	210811
老城区	Laocheng Qu	河南省洛阳市	LLY	410302
老河口市	Laohekou Shi	湖北省	LHK	420682
乐安县	Le'an Xian	江西省	LEA	361025
乐昌市	Lechang Shi	广东省	LEC	440281
乐东黎族自治县	Ledong Lizu Zizhixian	海南省	LED	469027
乐都县	Ledu Xian	青海省	LDU	632123
乐陵市	Leling Shi	山东省	LEL	371481
乐平市	Leping Shi	江西省	LEP	360281
乐山市	Leshan Shi	四川省	LES	511100
乐亭县	Leting Xian	河北省	LTJ	130225
乐业县	Leye Xian	广西壮族自治区	LYE	451028
乐至县	Lezhi Xian	四川省	LZC	512022
雷波县	Leibo Xian	四川省	LBX	513437
雷山县	Leishan Xian	贵州省	LSA	522634
雷州市	Leizhou Shi	广东省	LEZ	440882
耒阳市	Leiyang Shi	湖南省	LEY	430481
类乌齐县	Riwoq Xian	西藏自治区	RIW	542124
冷水江市	Lengshuijiang Shi	湖南省	LSJ	431381
冷水滩区	Lengshuitan Qu	湖南省永州市	LST	431103
梨树区	Lishu Qu	黑龙江省鸡西市	LJX	230305
梨树县	Lishu Xian	吉林省	LSU	220322

表 A.1（续）

名　称	罗马字母拼写	所属行政区	字母码	数字码
离石区	Lishi Qu	山西省吕梁市	LSW	141102
黎城县	Licheng Xian	山西省	LIC	140426
黎川县	Lichuan Xian	江西省	LCP	361022
黎平县	Liping Xian	贵州省	LIP	522631
蠡县	Li Xian	河北省	LXJ	130635
礼县	Li Xian	甘肃省	LXG	621226
礼泉县	Liquan Xian	陕西省	LIQ	610425
李沧区	Licang Qu	山东省青岛市	LCT	370213
理县	Li Xian	四川省	LXC	513222
理塘县	Litang Xian	四川省	LIT	513334
鲤城区	Licheng Qu	福建省泉州市	LCQ	350502
澧县	Li Xian	湖南省	LXX	430723
醴陵市	Liling Shi	湖南省	LIL	430281
历城区	Licheng Qu	山东省济南市	LCZ	370112
历下区	Lixia Qu	山东省济南市	LXQ	370102
立山区	Lishan Qu	辽宁省鞍山市	LAS	210304
丽江市	Lijiang Shi	云南省	LJH	530700
丽水市	Lishui Shi	浙江省	LSS	331100
利川市	Lichuan Shi	湖北省	LCE	422802
利津县	Lijin Xian	山东省	LJN	370522
利通区	Litong Qu	宁夏回族自治区吴忠市	LTW	640302
利辛县	Lixin Xian	安徽省	LIX	341623
荔波县	Libo Xian	贵州省	LBO	522722
荔城区	Licheng Qu	福建省莆田市	LEG	350304
荔浦县	Lipu Xian	广西壮族自治区	LPU	450331
荔湾区	Liwan Qu	广东省广州市	LWQ	440103
溧水县	Lishui Xian	江苏省	LIS	320124
溧阳市	Liyang Shi	江苏省	LYR	320481
连城县	Liancheng Xian	福建省	LCF	350825
连江县	Lianjiang Xian	福建省	LJF	350122
连南瑶族自治县	Liannan Yaozu Zizhixian	广东省	LNN	441826
连平县	Lianping Xian	广东省	LNP	441623
连山区	Lianshan Qu	辽宁省葫芦岛市	LSQ	211402

表 A.1（续）

名　称	罗马字母拼写	所属行政区	字母码	数字码
连山壮族瑶族自治县	Lianshan Zhuangzu Yaozu Zizhixian	广东省	LSZ	441825
连云港市	Lianyungang Shi	江苏省	LYG	320700
连云区	Lianyun Qu	江苏省连云港市	LYB	320703
连州市	Lianzhou Shi	广东省	LZO	441882
涟水县	Lianshui Xian	江苏省	LSI	320826
涟源市	Lianyuan Shi	湖南省	LYU	431382
莲都区	Liandu Qu	浙江省丽水市	LID	331102
莲湖区	Lianhu Qu	陕西省西安市	LHU	610104
莲花县	Lianhua Xian	江西省	LHG	360321
廉江市	Lianjiang Shi	广东省	LJS	440881
良庆区	Liangqing Qu	广西壮族自治区南宁市	LQI	450108
凉城县	Liangcheng Xian	内蒙古自治区	LCM	150925
凉山彝族自治州	Liangshan Yizu Zizhizhou	四川省	LSY	513400
凉州区	Liangzhou Qu	甘肃省武威市	LQZ	620602
梁河县	Lianghe Xian	云南省	LHD	533122
梁平县	Liangping Xian	重庆市	LGP	500228
梁山县	Liangshan Xian	山东省	LSN	370832
梁园区	Liangyuan Qu	河南省商丘市	LYY	411402
梁子湖区	Liangzihu Qu	湖北省鄂州市	LZI	420702
两当县	Liangdang Xian	甘肃省	LDG	621228
辽宁省	Liaoning Sheng		LN	210000
辽阳市	Liaoyang Shi	辽宁省	LYL	211000
辽阳县	Liaoyang Xian	辽宁省	LYX	211021
辽源市	Liaoyuan Shi	吉林省	LYH	220400
辽中县	Liaozhong Xian	辽宁省	LZL	210122
聊城市	Liaocheng Shi	山东省	LCH	371500
烈山区	Lieshan Qu	安徽省淮北市	LHB	340604
邻水县	Linshui Xian	四川省	LSH	511623
林甸县	Lindian Xian	黑龙江省	LDN	230623
林口县	Linkou Xian	黑龙江省	LKO	231025
林西县	Linxi Xian	内蒙古自治区	LXM	150424
林芝地区	Nyingchi Diqu	西藏自治区	NYD	542600

表 A.1（续）

名　称	罗马字母拼写	所属行政区	字母码	数字码
林芝县	Nyingchi Xian	西藏自治区	NYI	542621
林州市	Linzhou Shi	河南省	LZY	410581
林周县	Lhünzhub Xian	西藏自治区	LZB	540121
临县	Lin Xian	山西省	LXN	141124
临安市	Lin'an Shi	浙江省	LNA	330185
临沧市	Lincang Shi	云南省	LIH	530900
临城县	Lincheng Xian	河北省	LNC	130522
临川区	Linchuan Qu	江西省抚州市	LCR	361002
临汾市	Linfen Shi	山西省	LFN	141000
临高县	Lingao Xian	海南省	LGO	469024
临桂县	Lingui Xian	广西壮族自治区	LGI	450322
临海市	Linhai Shi	浙江省	LHI	331082
临河区	Linhe Qu	内蒙古自治区巴彦淖尔市	LNH	150802
临江市	Linjiang Shi	吉林省	LIN	220681
临澧县	Linli Xian	湖南省	LNL	430724
临清市	Linqing Shi	山东省	LQS	371581
临朐县	Linqu Xian	山东省	LNQ	370724
临泉县	Linquan Xian	安徽省	LQN	341221
临沭县	Linshu Xian	山东省	LSP	371329
临潭县	Lintan Xian	甘肃省	LTN	623021
临洮县	Lintao Xian	甘肃省	LTO	621124
临潼区	Lintong Qu	陕西省西安市	LTG	610115
临渭区	Linwei Qu	陕西省渭南市	LWE	610502
临武县	Linwu Xian	湖南省	LWX	431025
临西县	Linxi Xian	河北省	LXI	130535
临夏市	Linxia Shi	甘肃省	LXR	622901
临夏县	Linxia Xian	甘肃省	LXF	622921
临夏回族自治州	Linxia Huizu Zizhizhou	甘肃省	LXH	622900
临湘市	Linxiang Shi	湖南省	LXY	430682
临翔区	Linxiang Qu	云南省临沧市	LXU	530902
临猗县	Linyi Xian	山西省	LYJ	140821
临沂市	Linyi Shi	山东省	LYI	371300

表 A.1（续）

名 称	罗马字母拼写	所属行政区	字母码	数字码
临邑县	Linyi Xian	山东省	LYM	371424
临颍县	Linying Xian	河南省	LNY	411122
临泽县	Linze Xian	甘肃省	LZE	620723
临漳县	Linzhang Xian	河北省	LNZ	130423
临淄区	Linzi Qu	山东省淄博市	LZQ	370305
麟游县	Linyou Xian	陕西省	LYP	610329
灵宝市	Lingbao Shi	河南省	LBS	411282
灵璧县	Lingbi Xian	安徽省	LBI	341323
灵川县	Lingchuan Xian	广西壮族自治区	LCU	450323
灵丘县	Lingqiu Xian	山西省	LQX	140224
灵山县	Lingshan Xian	广西壮族自治区	LSB	450721
灵石县	Lingshi Xian	山西省	LSF	140729
灵寿县	Lingshou Xian	河北省	LSO	130126
灵台县	Lingtai Xian	甘肃省	LGT	620822
灵武市	Lingwu Shi	宁夏回族自治区	LWU	640181
凌海市	Linghai Shi	辽宁省	LHL	210781
凌河区	Linghe Qu	辽宁省锦州市	LHF	210703
凌源市	Lingyuan Shi	辽宁省	LYK	211382
凌云县	Lingyun Xian	广西壮族自治区	LYN	451027
陵县	Ling Xian	山东省	LXL	371421
陵川县	Lingchuan Xian	山西省	LGC	140524
陵水黎族自治县	Lingshui Lizu Zizhixian	海南省	LSL	469028
零陵区	Lingling Qu	湖南省永州市	LIG	431102
岭东区	Lingdong Qu	黑龙江省双鸭山市	LDQ	230503
浏阳市	Liuyang Shi	湖南省	LYS	430181
留坝县	Liuba Xian	陕西省	LBA	610729
柳北区	Liubei Qu	广西壮族自治区柳州市	LBE	450205
柳城县	Liucheng Xian	广西壮族自治区	LCB	450222
柳河县	Liuhe Xian	吉林省	LHC	220524
柳江县	Liujiang Xian	广西壮族自治区	LUJ	450221
柳林县	Liulin Xian	山西省	LUL	141125
柳南区	Liunan Qu	广西壮族自治区柳州市	LNU	450204
柳州市	Liuzhou Shi	广西壮族自治区	LZH	450200

表 A.1（续）

名　称	罗马字母拼写	所属行政区	字母码	数字码
龙安区	Long'an Qu	河南省安阳市	LAQ	410506
龙城区	Longcheng Qu	辽宁省朝阳市	LCL	211303
龙川县	Longchuan Xian	广东省	LCY	441622
龙凤区	Longfeng Qu	黑龙江省大庆市	LFQ	230603
龙岗区	Longgang Qu	广东省深圳市	LGG	440307
龙港区	Longgang Qu	辽宁省葫芦岛市	LGD	211403
龙海市	Longhai Shi	福建省	LHM	350681
龙湖区	Longhu Qu	广东省汕头市	LHH	440507
龙华区	Longhua Qu	海南省海口市	LOH	460106
龙江县	Longjiang Xian	黑龙江省	LGJ	230221
龙井市	Longjing Shi	吉林省	LJJ	222405
龙口市	Longkou Shi	山东省	LKU	370681
龙里县	Longli Xian	贵州省	LLI	522730
龙陵县	Longling Xian	云南省	LGL	530523
龙马潭区	Longmatan Qu	四川省泸州市	LMT	510504
龙门县	Longmen Xian	广东省	LMN	441324
龙南县	Longnan Xian	江西省	LNX	360727
龙泉市	Longquan Shi	浙江省	LGQ	331181
龙泉驿区	Longquanyi Qu	四川省成都市	LQY	510112
龙沙区	Longsha Qu	黑龙江省齐齐哈尔市	LQQ	230202
龙山区	Longshan Qu	吉林省辽源市	LGS	220402
龙山县	Longshan Xian	湖南省	LSR	433130
龙胜各族自治县	Longsheng Gezu Zizhixian	广西壮族自治区	LSG	450328
龙潭区	Longtan Qu	吉林省吉林市	LTQ	220203
龙亭区	Longting Qu	河南省开封市	LTK	410202
龙湾区	Longwan Qu	浙江省温州市	LWW	330303
龙文区	Longwen Qu	福建省漳州市	LWZ	350603
龙岩市	Longyan Shi	福建省	LYF	350800
龙游县	Longyou Xian	浙江省	LGY	330825
龙州县	Longzhou Xian	广西壮族自治区	LZX	451423
龙子湖区	Longzihu Qu	安徽省蚌埠市	LOZ	340302
隆安县	Long'an Xian	广西壮族自治区	LGA	450123
隆昌县	Longchang Xian	四川省	LCC	511028

表 A.1（续）

名　称	罗马字母拼写	所属行政区	字母码	数字码
隆德县	Longde Xian	宁夏回族自治区	LDE	640423
隆化县	Longhua Xian	河北省	LHJ	130825
隆回县	Longhui Xian	湖南省	LGH	430524
隆林各族自治县	Longlin Gezu Zizhixian	广西壮族自治区	LLN	451031
隆阳区	Longyang Qu	云南省保山市	LGU	530502
隆尧县	Longyao Xian	河北省	LYO	130525
隆子县	Lhünzê Xian	西藏自治区	LHZ	542231
陇县	Long Xian	陕西省	LON	610327
陇川县	Longchuan Xian	云南省	LCN	533124
陇南市	Longnan Shi	甘肃省	LGN	621200
陇西县	Longxi Xian	甘肃省	LXK	621122
娄底市	Loudi Shi	湖南省	LDI	431300
娄烦县	Loufan Xian	山西省	LFA	140123
娄星区	Louxing Qu	湖南省娄底市	LOX	431302
卢龙县	Lulong Xian	河北省	LLG	130324
卢氏县	Lushi Xian	河南省	LUU	411224
卢湾区	Luwan Qu	上海市	LWN	310103
庐江县	Lujiang Xian	安徽省	LJG	341421
庐山区	Lushan Qu	江西省九江市	LSV	360402
庐阳区	Luyang Qu	安徽省合肥市	LUG	340103
芦山县	Lushan Xian	四川省	LSC	511826
芦淞区	Lusong Qu	湖南省株洲市	LZZ	430203
芦溪县	Luxi Xian	江西省	LXP	360323
泸县	Lu Xian	四川省	LUX	510521
泸定县	Luding(Jagsamka) Xian	四川省	LUD	513322
泸水县	Lushui Xian	云南省	LSX	533321
泸西县	Luxi Xian	云南省	LXD	532527
泸溪县	Luxi Xian	湖南省	LXW	433122
泸州市	Luzhou Shi	四川省	LUZ	510500
炉霍县	Luhuo(Zhaggo) Xian	四川省	LUH	513327
鲁甸县	Ludian Xian	云南省	LDX	530621
鲁山县	Lushan Xian	河南省	LUS	410423
六安市	Lu'an Shi	安徽省	LAW	341500

表 A.1(续)

名 称	罗马字母拼写	所属行政区	字母码	数字码
六合区	Luhe Qu	江苏省南京市	LHE	320116
六盘水市	Lupanshui Shi	贵州省	LPS	520200
六枝特区	Luzhi Tequ	贵州省六盘水市	LZT	520203
陆川县	Luchuan Xian	广西壮族自治区	LCJ	450922
陆丰市	Lufeng Shi	广东省	LUF	441581
陆河县	Luhe Xian	广东省	LHY	441523
陆良县	Luliang Xian	云南省	LLX	530322
鹿城区	Lucheng Qu	浙江省温州市	LUW	330302
鹿泉市	Luquan Shi	河北省	LUQ	130185
鹿邑县	Luyi Xian	河南省	LUY	411628
鹿寨县	Luzhai Xian	广西壮族自治区	LZA	450223
禄丰县	Lufeng Xian	云南省	LFX	532331
禄劝彝族苗族自治县	Luchuan Yizu Miaozu Zizhixian	云南省	LUC	530128
碌曲县	Luqu Xian	甘肃省	LQU	623026
路北区	Lubei Qu	河北省唐山市	LBQ	130203
路南区	Lunan Qu	河北省唐山市	LNB	130202
路桥区	Luqiao Qu	浙江省台州市	LQT	331004
潞城市	Lucheng Shi	山西省	LCS	140481
潞西市	Luxi Shi	云南省	LXS	533103
栾城县	Luancheng Xian	河北省	LCG	130124
栾川县	Luanchuan Xian	河南省	LCK	410324
滦县	Luan Xian	河北省	LUA	130223
滦南县	Luannan Xian	河北省	LNJ	130224
滦平县	Luanping Xian	河北省	LUP	130824
轮台县	Luntai(Bügür) Xian	新疆维吾尔自治区	LTX	652822
罗城仫佬族自治县	Luocheng Mulaozu Zizhixian	广西壮族自治区	LOC	451225
罗甸县	Luodian Xian	贵州省	LOD	522728
罗定市	Luoding Shi	广东省	LUO	445381
罗湖区	Luohu Qu	广东省深圳市	LHQ	440303
罗江县	Luojiang Xian	四川省	LOJ	510626
罗平县	Luoping Xian	云南省	LPX	530324
罗山县	Luoshan Xian	河南省	LSE	411521
罗田县	Luotian Xian	湖北省	LTE	421123

表 A.1（续）

名　称	罗马字母拼写	所属行政区	字母码	数字码
罗源县	Luoyuan Xian	福建省	LOY	350123
罗庄区	Luozhuang Qu	山东省临沂市	LZU	371311
萝北县	Luobei Xian	黑龙江省	LUB	230421
萝岗区	Logang Qu	广东省广州市	LOG	440116
洛川县	Luochuan Xian	陕西省	LCW	610629
洛江区	Luojiang Qu	福建省泉州市	LJQ	350504
洛龙区	Luolong Qu	河南省洛阳市	LLQ	410311
洛隆县	Lhorong Xian	西藏自治区	LHO	542132
洛南县	Luonan Xian	陕西省	LNK	611021
洛宁县	Luoning Xian	河南省	LNI	410328
洛浦县	Lop Xian	新疆维吾尔自治区	LOP	653224
洛阳市	Luoyang Shi	河南省	LYA	410300
洛扎县	Lhozhag Xian	西藏自治区	LHX	542228
漯河市	Luohe Shi	河南省	LHS	411100
吕梁市	Lüliang Shi	山西省	LLH	141100
旅顺口区	Lüshunkou Qu	辽宁省大连市	LSK	210212
绿春县	Lüchun Xian	云南省	LCX	532531
绿园区	Lüyuan Qu	吉林省长春市	LYQ	220106
略阳县	Lüeyang Xian	陕西省	LYC	610727
		M		
麻城市	Macheng Shi	湖北省	MCS	421181
麻江县	Majiang Xian	贵州省	MAJ	522635
麻栗坡县	Malipo Xian	云南省	MLP	532624
麻山区	Mashan Qu	黑龙江省鸡西市	MSN	230307
麻阳苗族自治县	Mayang Miaozu Zizhixian	湖南省	MYX	431226
麻章区	Mazhang Qu	广东省湛江市	MZQ	440811
马鞍山市	Ma'anshan Shi	安徽省	MAA	340500
马边彝族自治县	Mabian Yizu Zizhixian	四川省	MBN	511133
马村区	Macun Qu	河南省焦作市	MCQ	410804
马尔康县	Barkam Xian	四川省	BAK	513229
马关县	Maguan Xian	云南省	MGN	532625
马龙县	Malong Xian	云南省	MLO	530321
马山县	Mashan Xian	广西壮族自治区	MSH	450124
马尾区	Mawei Qu	福建省福州市	MWQ	350105
玛多县	Madoi Xian	青海省	MAD	632626

表 A.1（续）

名　称	罗马字母拼写	所属行政区	字母码	数字码
玛纳斯县	Manas Xian	新疆维吾尔自治区	MAS	652324
玛沁县	Maqên Xian	青海省	MAQ	632621
玛曲县	Maqu Xian	甘肃省	MQU	623025
麦盖提县	Makit Xian	新疆维吾尔自治区	MAR	653127
麦积区	Maiji Qu	甘肃省天水市	MJI	620503
满城县	Mancheng Xian	河北省	MCE	130621
满洲里市	Manzhouli Shi	内蒙古自治区	MLX	150781
芒康县	Mangkam Xian	西藏自治区	MAN	542129
茅箭区	Maojian Qu	湖北省十堰市	MJN	420302
茂县	Mao Xian	四川省	MAO	513223
茂港区	Maogang Qu	广东省茂名市	MGQ	440903
茂名市	Maoming Shi	广东省	MMI	440900
茂南区	Maonan Qu	广东省茂名市	MNQ	440902
眉县	Mei Xian	陕西省	MEI	610326
眉山市	Meishan Shi	四川省	MSS	511400
梅县	Mei Xian	广东省	MEX	441421
梅河口市	Meihekou Shi	吉林省	MHK	220581
梅江区	Meijiang Qu	广东省梅州市	MJQ	441402
梅里斯达斡尔族区	Meilisi Daurzu Qu	黑龙江省齐齐哈尔市	MLS	230208
梅列区	Meilie Qu	福建省三明市	MLQ	350402
梅州市	Meizhou Shi	广东省	MXZ	441400
湄潭县	Meitan Xian	贵州省	MTN	520328
美姑县	Meigu Xian	四川省	MEG	513436
美兰区	Meilan Qu	海南省海口市	MEL	460108
美溪区	Meixi Qu	黑龙江省伊春市	MXQ	230708
门头沟区	Mentougou Qu	北京市	MTG	110109
门源回族自治县	Menyuan Huizu Zizhixian	青海省	MYU	632221
蒙城县	Mengcheng Xian	安徽省	MCX	341622
蒙山县	Mengshan Xian	广西壮族自治区	MSA	450423
蒙阴县	Mengyin Xian	山东省	MYL	371328
蒙自县	Mengzi Xian	云南省	MZI	532522
勐海县	Menghai Xian	云南省	MHI	532822
勐腊县	Mengla Xian	云南省	MLA	532823
孟村回族自治县	Mengcun Huizu Zizhixian	河北省	MCN	130930
孟津县	Mengjin Xian	河南省	MGJ	410322
孟连傣族拉祜族佤族自治县	Menglian Daizu Lahuzu Vazu Zizhixian	云南省	MLN	530827
孟州市	Mengzhou Shi	河南省	MZO	410883

表 A.1（续）

名　称	罗马字母拼写	所属行政区	字母码	数字码
弥渡县	Midu Xian	云南省	MDU	532925
弥勒县	Mile Xian	云南省	MIL	532526
米东区	Midong Qu	新疆维吾尔自治区乌鲁木齐市	MOQ	650109
米林县	Mainling Xian	西藏自治区	MAX	542623
米易县	Miyi Xian	四川省	MIY	510421
米脂县	Mizhi Xian	陕西省	MZH	610827
汨罗市	Miluo Shi	湖南省	MLU	430681
密山市	Mishan Shi	黑龙江省	MIS	230382
密云县	Miyun Xian	北京市	MYN	110228
绵阳市	Mianyang Shi	四川省	MYG	510700
绵竹市	Mianzhu Shi	四川省	MZU	510683
勉县	Mian Xian	陕西省	MIA	610725
渑池县	Mianchi Xian	河南省	MCI	411221
冕宁县	Mianning Xian	四川省	MNG	513433
民丰县	Minfeng(Niya) Xian	新疆维吾尔自治区	MFG	653227
民和回族土族自治县	Minhe Huizu Tuzu Zizhixian	青海省	MHE	632122
民乐县	Minle Xian	甘肃省	MLE	620722
民勤县	Minqin Xian	甘肃省	MQN	620621
民权县	Minquan Xian	河南省	MQY	411421
岷县	Min Xian	甘肃省	MIN	621126
闵行区	Minhang Qu	上海市	MHQ	310112
闽侯县	Minhou Xian	福建省	MHO	350121
闽清县	Minqing Xian	福建省	MQG	350124
名山县	Mingshan Xian	四川省	MGS	511821
明光市	Mingguang Shi	安徽省	MGG	341182
明山区	Mingshan Qu	辽宁省本溪市	MSB	210504
明水县	Mingshui Xian	黑龙江省	MSU	231225
明溪县	Mingxi Xian	福建省	MXI	350421
莫力达瓦达斡尔族自治旗	Morin Dawa Daurzu Zizhiqi	内蒙古自治区	MDD	150722
漠河县	Mohe Xian	黑龙江省	MOH	232723
墨江哈尼族自治县	Mojiang Hanizu Zizhixian	云南省	MJG	530822
墨脱县	Mêtog Xian	西藏自治区	MET	542624

表 A.1（续）

名　称	罗马字母拼写	所属行政区	字母码	数字码
墨玉县	Moyu(Karakax) Xian	新疆维吾尔自治区	MOY	653222
墨竹工卡县	Maizhokunggar Xian	西藏自治区	MAI	540127
牟定县	Mouding Xian	云南省	MDI	532323
牟平区	Muping Qu	山东省烟台市	MPQ	370612
牡丹江市	Mudanjiang Shi	黑龙江省	MDG	231000
牡丹区	Mudan Qu	山东省菏泽市	MDQ	371702
木兰县	Mulan Xian	黑龙江省	MUL	230127
木垒哈萨克自治县	Mori Kazak Zizhixian	新疆维吾尔自治区	MOR	652328
木里藏族自治县	Muli Zangzu Zizhixian	四川省	MLI	513422
沐川县	Muchuan Xian	四川省	MCH	511129
牧野区	Muye Qu	河南省新乡市	MYQ	410711
穆棱市	Muling Shi	黑龙江省	MLG	231085
N				
那坡县	Napo Xian	广西壮族自治区	NPO	451026
那曲地区	Nagqu Diqu	西藏自治区	NAD	542400
那曲县	Nagqu Xian	西藏自治区	NAG	542421
纳溪区	Naxi Qu	四川省泸州市	NXI	510503
纳雍县	Nayong Xian	贵州省	NYG	522426
乃东县	Nêdong Xian	西藏自治区	NED	542221
奈曼旗	Naiman Qi	内蒙古自治区	NMN	150525
南县	Nan Xian	湖南省	NXN	430921
南安市	Nan’an Shi	福建省	NAS	350583
南岸区	Nan’an Qu	重庆市	NAQ	500108
南澳县	Nan’ao Xian	广东省	NAN	440523
南部县	Nanbu Xian	四川省	NBU	511321
南岔区	Nancha Qu	黑龙江省伊春市	NCQ	230703
南昌市	Nanchang Shi	江西省	KHN	360100
南昌县	Nanchang Xian	江西省	NCA	360121
南长区	Nanchang Qu	江苏省无锡市	NCG	320203
南城县	Nancheng Xian	江西省	NCE	361021
南充市	Nanchong Shi	四川省	NCO	511300
南川区	Nanchuan Qu	重庆市	NCU	500119
南丹县	Nandan Xian	广西壮族自治区	NDN	451221
南芬区	Nanfen Qu	辽宁省本溪市	NFQ	210505
南丰县	Nanfeng Xian	江西省	NFG	361023
南岗区	Nangang Qu	黑龙江省哈尔滨市	NGQ	230103

表 A.1（续）

名　称	罗马字母拼写	所属行政区	字母码	数字码
南宫市	Nangong Shi	河北省	NGO	130581
南关区	Nanguan Qu	吉林省长春市	NGK	220102
南海区	Nanhai Shi	广东省佛山市	NAH	440605
南和县	Nanhe Xian	河北省	NHX	130527
南湖区	Nanhu Qu	浙江省嘉兴市	NHQ	330402
南华县	Nanhua Xian	云南省	NHA	532324
南汇区	Nanhui Qu	上海市	NNH	310119
南涧彝族自治县	Nanjian Yizu Zizhixian	云南省	NNJ	532926
南江县	Nanjiang Xian	四川省	NJC	511922
南郊区	Nanjiao Qu	山西省大同市	NJQ	140211
南京市	Nanjing Shi	江苏省	NKG	320100
南靖县	Nanjing Xian	福建省	NJX	350627
南开区	Nankai Qu	天津市	NKQ	120104
南康市	Nankang Shi	江西省	NNK	360782
南乐县	Nanle Xian	河南省	NLE	410923
南陵县	Nanling Xian	安徽省	NLX	340223
南明区	Nanming Qu	贵州省贵阳市	NMQ	520102
南木林县	Namling Xian	西藏自治区	NAM	542322
南宁市	Nanning Shi	广西壮族自治区	NNG	450100
南皮县	Nanpi Xian	河北省	NPI	130927
南票区	Nanpiao Qu	辽宁省葫芦岛市	NPQ	211404
南平市	Nanping Shi	福建省	NPS	350700
南谯区	Nanqiao Qu	安徽省滁州市	NQQ	341103
南沙区	Nansha Qu	广东省广州市	NSH	440115
南沙群岛	Nansha Qundao	海南省	NSA	469032
南山区	Nanshan Qu	黑龙江省鹤岗市	NSN	230404
南山区	Nanshan Qu	广东省深圳市	NSQ	440305
南市区	Nanshi Qu	河北省保定市	NSB	130604
南通市	Nantong Shi	江苏省	NTG	320600
南溪县	Nanxi Xian	四川省	NNX	511522
南雄市	Nanxiong Shi	广东省	NXS	440282
南浔区	Nanxun Qu	浙江省湖州市	NXQ	330503
南阳市	Nanyang Shi	河南省	NYS	411300
南岳区	Nanyue Qu	湖南省衡阳市	NYQ	430412
南漳县	Nanzhang Xian	湖北省	NZH	420624
南召县	Nanzhao Xian	河南省	NZO	411321
南郑县	Nanzheng Xian	陕西省	NZG	610721
囊谦县	Nangqên Xian	青海省	NQN	632725
讷河市	Nehe Shi	黑龙江省	NEH	230281

表 A.1（续）

名　称	罗马字母拼写	所属行政区	字母码	数字码
内黄县	Neihuang Xian	河南省	NHG	410527
内江市	Neijiang Shi	四川省	NJS	511000
内蒙古自治区	Nei Mongol Zizhiqu		NM	150000
内丘县	Neiqiu Xian	河北省	NQU	130523
内乡县	Neixiang Xian	河南省	NXG	411325
嫩江县	Nenjiang Xian	黑龙江省	NJH	231121
尼勒克县	Nilka Xian	新疆维吾尔自治区	NIL	654028
尼玛县	Nyima Xian	西藏自治区	NYX	542430
尼木县	Nyêmo Xian	西藏自治区	NYE	540123
碾子山区	Nianzishan Qu	黑龙江省齐齐哈尔市	NZS	230207
聂拉木县	Nyalam Xian	西藏自治区	NYA	542336
聂荣县	Nyainrong Xian	西藏自治区	NRO	542424
宁县	Ning Xian	甘肃省	NIG	621026
宁安市	Ning'an Shi	黑龙江省	NAI	231084
宁波市	Ningbo Shi	浙江省	NGB	330200
宁城县	Ningcheng Xian	内蒙古自治区	NCH	150429
宁德市	Ningde Shi	福建省	NDS	350900
宁都县	Ningdu Xian	江西省	NDU	360730
宁洱哈尼族彝族自治县	Ning'er Hanizu Yizu Zizhixian	云南省	NER	530821
宁国市	Ningguo Shi	安徽省	NGU	341881
宁海县	Ninghai Xian	浙江省	NHI	330226
宁河县	Ninghe Xian	天津市	NHE	120221
宁化县	Ninghua Xian	福建省	NGH	350424
宁江区	Ningjiang Qu	吉林省松原市	NJA	220702
宁津县	Ningjin Xian	山东省	NGJ	371422
宁晋县	Ningjin Xian	河北省	NJN	130528
宁蒗彝族自治县	Ninglang Yizu Zizhixian	云南省	NLG	530724
宁陵县	Ningling Xian	河南省	NGL	411423
宁明县	Ningming Xian	广西壮族自治区	NMG	451422
宁南县	Ningnan Xian	四川省	NIN	513427
宁强县	Ningqiang Xian	陕西省	NQG	610726
宁陕县	Ningshan Xian	陕西省	NGS	610923
宁武县	Ningwu Xian	山西省	NWU	140925
宁夏回族自治区	Ningxia Huizu Zizhiqu		NX	640000
宁乡县	Ningxiang Xian	湖南省	NXX	430124

表 A.1（续）

名　称	罗马字母拼写	所属行政区	字母码	数字码
宁阳县	Ningyang Xian	山东省	NGY	370921
宁远县	Ningyuan Xian	湖南省	NYN	431126
农安县	Nong'an Xian	吉林省	NAJ	220122
怒江傈僳族自治州	Nujiang Lisuzu Zizhizhou	云南省	NUJ	533300
		O		
瓯海区	Ouhai Qu	浙江省温州市	OHQ	330304
		P		
番禺区	Panyu Qu	广东省广州市	PNY	440113
潘集区	Panji Qu	安徽省淮南市	PJI	340406
攀枝花市	Panzhihua Shi	四川省	PZH	510400
盘县	Pan Xian	贵州省	PXN	520222
盘锦市	Panjin Shi	辽宁省	PJS	211100
盘龙区	Panlong Qu	云南省昆明市	PLQ	530103
盘山县	Panshan Xian	辽宁省	PNS	211122
磐安县	Pan'an Xian	浙江省	PAX	330727
磐石市	Panshi Shi	吉林省	PSI	220284
沛县	Pei Xian	江苏省	PEI	320322
彭山县	Pengshan Xian	四川省	PGS	511422
彭水苗族土家族自治县	Pengshui Miaozu Tujiazu Zizhixian	重庆市	PSU	500243
彭阳县	Pengyang Xian	宁夏回族自治区	PEY	640425
彭泽县	Pengze Xian	江西省	PZE	360430
彭州市	Pengzhou Shi	四川省	PZS	510182
蓬安县	Peng'an Xian	四川省	PGA	511323
蓬江区	Pengjiang Qu	广东省江门市	PJJ	440703
蓬莱市	Penglai Shi	山东省	PLI	370684
蓬溪县	Pengxi Xian	四川省	PXI	510921
邳州市	Pizhou Shi	江苏省	PZO	320382
皮山县	Pishan(Guma) Xian	新疆维吾尔自治区	PSA	653223
郫县	Pi Xian	四川省	PIX	510124
偏关县	Pianguan Xian	山西省	PGN	140932
平安县	Ping'an Xian	青海省	PAN	632121
平坝县	Pingba Xian	贵州省	PBA	520421
平昌县	Pingchang Xian	四川省	PCG	511923
平川区	Pingchuan Qu	甘肃省白银市	PCQ	620403

表 A.1（续）

名　称	罗马字母拼写	所属行政区	字母码	数字码
平顶山市	Pingdingshan Shi	河南省	PDS	410400
平定县	Pingding Xian	山西省	PDG	140321
平度市	Pingdu Shi	山东省	PDU	370283
平房区	Pingfang Qu	黑龙江省哈尔滨市	PFQ	230108
平谷区	Pinggu Qu	北京市	PGU	110117
平果县	Pingguo Xian	广西壮族自治区	PGX	451023
平和县	Pinghe Xian	福建省	PHE	350628
平湖市	Pinghu Shi	浙江省	PHU	330482
平江区	Pingjiang Qu	江苏省苏州市	PJQ	320503
平江县	Pingjiang Xian	湖南省	PJH	430626
平乐县	Pingle Xian	广西壮族自治区	PLE	450330
平利县	Pingli Xian	陕西省	PLX	610926
平凉市	Pingliang Shi	甘肃省	PLS	620800
平鲁区	Pinglu Qu	山西省朔州市	PLU	140603
平陆县	Pinglu Xian	山西省	PGL	140829
平罗县	Pingluo Xian	宁夏回族自治区	PLO	640221
平南县	Pingnan Xian	广西壮族自治区	PNN	450821
平桥区	Pingqiao Qu	河南省信阳市	PQQ	411503
平泉县	Pingquan Xian	河北省	PQN	130823
平山区	Pingshan Qu	辽宁省本溪市	PSN	210502
平山县	Pingshan Xian	河北省	PSH	130131
平顺县	Pingshun Xian	山西省	PSX	140425
平潭县	Pingtan Xian	福建省	PTN	350128
平塘县	Pingtang Xian	贵州省	PTG	522727
平武县	Pingwu Xian	四川省	PWU	510727
平乡县	Pingxiang Xian	河北省	PXX	130532
平阳县	Pingyang Xian	浙江省	PYG	330326
平遥县	Pingyao Xian	山西省	PGY	140728
平邑县	Pingyi Xian	山东省	PYI	371326
平阴县	Pingyin Xian	山东省	PYL	370124
平舆县	Pingyu Xian	河南省	PYX	411723
平原县	Pingyuan Xian	山东省	PYN	371426
平远县	Pingyuan Xian	广东省	PYY	441426

表 A.1（续）

名　称	罗马字母拼写	所属行政区	字母码	数字码
凭祥市	Pingxiang Shi	广西壮族自治区	PIN	451481
屏边苗族自治县	Pingbian Miaozu Zizhixian	云南省	PBN	532523
屏南县	Pingnan Xian	福建省	PNX	350923
屏山县	Pingshan Xian	四川省	PSC	511529
萍乡市	Pingxiang Shi	江西省	PXS	360300
坡头区	Potou Qu	广东省湛江市	PTU	440804
鄱阳县	Poyang Xian	江西省	POY	361128
莆田市	Putian Shi	福建省	PUT	350300
蒲县	Pu Xian	山西省	PUX	141033
蒲城县	Pucheng Xian	陕西省	PUC	610526
蒲江县	Pujiang Xian	四川省	PJX	510131
濮阳市	Puyang Shi	河南省	PYS	410900
濮阳县	Puyang Xian	河南省	PUY	410928
浦北县	Pubei Xian	广西壮族自治区	PBE	450722
浦城县	Pucheng Xian	福建省	PCX	350722
浦东新区	Pudong Xinqu	上海市	PDX	310115
浦江县	Pujiang Xian	浙江省	PJG	330726
浦口区	Pukou Qu	江苏省南京市	PKO	320111
普安县	Pu'an Xian	贵州省	PUA	522323
普定县	Puding Xian	贵州省	PUD	520422
普洱市	Pu'er Shi	云南省	PRS	530800
普格县	Puge Xian	四川省	PGE	513428
普兰店市	Pulandian Shi	辽宁省	PLD	210282
普兰县	Burang Xian	西藏自治区	BUR	542521
普宁市	Puning Shi	广东省	PNG	445281
普陀区	Putuo Qu	上海市	PTO	310107
普陀区	Putuo Qu	浙江省舟山市	PTQ	330903
		Q		
七里河区	Qilihe Qu	甘肃省兰州市	QLH	620103
七台河市	Qitaihe Shi	黑龙江省	QTH	230900
七星区	Qixing Qu	广西壮族自治区桂林市	QXG	450305
栖霞区	Qixia Qu	江苏省南京市	QXA	320113
栖霞市	Qixia Shi	山东省	QXS	370686
戚墅堰区	Qishuyan Qu	江苏省常州市	QSY	320405

表 A.1（续）

名　称	罗马字母拼写	所属行政区	字母码	数字码
祁县	Qi Xian	山西省	QIJ	140727
祁东县	Qidong Xian	湖南省	QDX	430426
祁连县	Qilian Xian	青海省	QLN	632222
祁门县	Qimen Xian	安徽省	QMN	341024
祁阳县	Qiyang Xian	湖南省	QIY	431121
齐河县	Qihe Xian	山东省	QIH	371425
齐齐哈尔市	Qiqihar Shi	黑龙江省	NDG	230200
岐山县	Qishan Xian	陕西省	QIS	610323
奇台县	Qitai Xian	新疆维吾尔自治区	QTA	652325
淇县	Qi Xian	河南省	QXY	410622
淇滨区	Qibin Qu	河南省鹤壁市	QBN	410611
綦江县	Qijiang Xian	重庆市	QJG	500222
蕲春县	Qichun Xian	湖北省	QCN	421126
麒麟区	Qilin Qu	云南省曲靖市	QLQ	530302
启东市	Qidong Shi	江苏省	QID	320681
杞县	Qi Xian	河南省	QIX	410221
千山区	Qianshan Qu	辽宁省鞍山市	QSQ	210311
千阳县	Qianyang Xian	陕西省	QNY	610328
迁安市	Qian'an Shi	河北省	QAS	130283
迁西县	Qianxi Xian	河北省	QXX	130227
前郭尔罗斯蒙古族自治县	Qian Gorlos Mongolzu Zizhixian	吉林省	QGO	220721
前进区	Qianjin Qu	黑龙江省佳木斯市	QJQ	230804
乾安县	Qian'an Xian	吉林省	QAJ	220723
乾县	Qian Xian	陕西省	QIA	610424
潜江市	Qianjiang Shi	湖北省	QNJ	429005
潜山县	Qianshan Xian	安徽省	QSW	340824
犍为县	Qianwei Xian	四川省	QWE	511123
黔东南苗族侗族自治州	Qiandongnan Miaozu Dongzu Zizhizhou	贵州省	QND	522600
黔江区	Qianjiang Qu	重庆市	QJU	500114
黔南布依族苗族自治州	Qiannan Buyeizu Miaozu Zizhizhou	贵州省	QNZ	522700
黔西南布依族苗族自治州	Qianxinan Buyeizu Miaozu Zizhizhou	贵州省	QXZ	522300
黔西县	Qianxi Xian	贵州省	QNX	522423
桥东区	Qiaodong Qu	河北省石家庄市	QDQ	130103
桥东区	Qiaodong Qu	河北省邢台市	QDZ	130502

表 A.1（续）

名　称	罗马字母拼写	所属行政区	字母码	数字码
桥东区	Qiaodong Qu	河北省张家口市	QDG	130702
桥西区	Qiaoxi Qu	河北省石家庄市	QXI	130104
桥西区	Qiaoxi Qu	河北省邢台市	QXQ	130503
桥西区	Qiaoxi Qu	河北省张家口市	QXT	130703
硚口区	Qiaokou Qu	湖北省武汉市	QKQ	420104
谯城区	Qiaocheng Qu	安徽省亳州市	QCH	341602
巧家县	Qiaojia Xian	云南省	QJA	530622
茄子河区	Qiezihe Qu	黑龙江省七台河市	QZI	230904
且末县	Qiemo(Qarqan) Xian	新疆维吾尔自治区	QMO	652825
钦北区	Qinbei Qu	广西壮族自治区钦州市	QBQ	450703
钦南区	Qinnan Qu	广西壮族自治区钦州市	QNQ	450702
钦州市	Qinzhou Shi	广西壮族自治区	QZH	450700
秦安县	Qin'an Xian	甘肃省	QNA	620522
秦都区	Qindu Qu	陕西省咸阳市	QDU	610402
秦淮区	Qinhuai Qu	江苏省南京市	QHU	320104
秦皇岛市	Qinhuangdao Shi	河北省	SHP	130300
秦州区	Qinzhou Qu	甘肃省天水市	QZQ	620502
覃塘区	Qintang Qu	广西壮族自治区贵港市	QTQ	450804
沁县	Qin Xian	山西省	QIN	140430
沁水县	Qinshui Xian	山西省	QSI	140521
沁阳市	Qinyang Shi	河南省	QYS	410882
沁源县	Qinyuan Xian	山西省	QYU	140431
青县	Qing Xian	河北省	QIG	130922
青白江区	Qingbaijiang Qu	四川省成都市	QBJ	510113
青川县	Qingchuan Xian	四川省	QCX	510822
青岛市	Qingdao Shi	山东省	TAO	370200
青冈县	Qinggang Xian	黑龙江省	QGG	231223
青海省	Qinghai Sheng		QH	630000
青河县	Qinghe(Qinggil) Xian	新疆维吾尔自治区	QHX	654325
青龙满族自治县	Qinglong Manzu Zizhixian	河北省	QLM	130321
青浦区	Qingpu Qu	上海市	QPU	310118
青山湖区	Qingshanhu Qu	江西省南昌市	QSU	360111

表 A.1（续）

名　称	罗马字母拼写	所属行政区	字母码	数字码
青山区	Qingshan Qu	内蒙古自治区包头市	QSN	150204
青山区	Qingshan Qu	湖北省武汉市	QSB	420107
青神县	Qingshen Xian	四川省	QSC	511425
青田县	Qingtian Xian	浙江省	QTN	331121
青铜峡市	Qingtongxia Shi	宁夏回族自治区	QTX	640381
青秀区	Qingxiu Qu	广西壮族自治区南宁市	QNU	450103
青羊区	Qingyang Qu	四川省成都市	QYQ	510105
青阳县	Qingyang Xian	安徽省	QGY	341723
青原区	Qingyuan Qu	江西省吉安市	QUQ	360803
青云谱区	Qingyunpu Qu	江西省南昌市	QYP	360104
青州市	Qingzhou Shi	山东省	QGZ	370781
清城区	Qingcheng Qu	广东省清远市	QCQ	441802
清丰县	Qingfeng Xian	河南省	QFG	410922
清河区	Qinghe Qu	辽宁省铁岭市	QHQ	211204
清河区	Qinghe Qu	江苏省淮安市	QHH	320802
清河县	Qinghe Xian	河北省	QHE	130534
清河门区	Qinghemen Qu	辽宁省阜新市	QHM	210905
清涧县	Qingjian Xian	陕西省	QJN	610830
清流县	Qingliu Xian	福建省	QLX	350423
清浦区	Qingpu Qu	江苏省淮安市	QPQ	320811
清水县	Qingshui Xian	甘肃省	QSG	620521
清水河县	Qingshuihe Xian	内蒙古自治区	QSH	150124
清新县	Qingxin Xian	广东省	QGX	441827
清徐县	Qingxu Xian	山西省	QXU	140121
清原满族自治县	Qingyuan Manzu Zizhixian	辽宁省	QYA	210423
清远市	Qingyuan Shi	广东省	QYN	441800
清苑县	Qingyuan Xian	河北省	QYJ	130622
清镇市	Qingzhen Shi	贵州省	QZN	520181
晴隆县	Qinglong Xian	贵州省	QLG	522324
庆安县	Qing'an Xian	黑龙江省	QAN	231224
庆城县	Qingcheng Xian	甘肃省	QIC	621021
庆阳市	Qingyang Shi	甘肃省	QYI	621000
庆元县	Qingyuan Xian	浙江省	QYX	331126

表 A.1(续)

名　称	罗马字母拼写	所属行政区	字母码	数字码
庆云县	Qingyun Xian	山东省	QYL	371423
邛崃市	Qionglai Shi	四川省	QLA	510183
琼海市	Qionghai Shi	海南省	QHA	469002
琼结县	Qonggyai Xian	西藏自治区	QON	542225
琼山区	Qiongshan Qu	海南省海口市	QOS	460107
琼中黎族苗族自治县	Qiongzhong Lizu Miaozu Zizhixian	海南省	QZG	469030
丘北县	Qiubei Xian	云南省	QBE	532626
邱县	Qiu Xian	河北省	QIU	130430
曲阜市	Qufu Shi	山东省	QFU	370881
曲江区	Qujiang Qu	广东省韶关市	QUJ	440205
曲靖市	Qujing Shi	云南省	QJS	530300
曲麻莱县	Qumarlêb Xian	青海省	QUM	632726
曲水县	Qüxü Xian	西藏自治区	QUX	540124
曲松县	Qusum Xian	西藏自治区	QUS	542226
曲沃县	Quwo Xian	山西省	QWO	141021
曲阳县	Quyang Xian	河北省	QUY	130634
曲周县	Quzhou Xian	河北省	QZX	130435
渠县	Qu Xian	四川省	QXC	511725
衢江区	Qujiang Qu	浙江省衢州市	QJI	330803
衢州市	Quzhou Shi	浙江省	QUZ	330800
全椒县	Quanjiao Xian	安徽省	QJO	341124
全南县	Quannan Xian	江西省	QNN	360729
全州县	Quanzhou Xian	广西壮族自治区	QZO	450324
泉港区	Quangang Qu	福建省泉州市	QGQ	350505
泉山区	Quanshan Qu	江苏省徐州市	QSX	320311
泉州市	Quanzhou Shi	福建省	QZJ	350500
确山县	Queshan Xian	河南省	QSA	411725
		R		
壤塘县	Zamtang Xian	四川省	ZAM	513230
让胡路区	Ranghulu Qu	黑龙江省大庆市	RHL	230604
饶河县	Raohe Xian	黑龙江省	ROH	230524
饶平县	Raoping Xian	广东省	RPG	445122
饶阳县	Raoyang Xian	河北省	RYG	131124
仁布县	Rinbung Xian	西藏自治区	RIN	542330

表 A.1（续）

名　称	罗马字母拼写	所属行政区	字母码	数字码
仁和区	Renhe Qu	四川省攀枝花市	RHQ	510411
仁化县	Renhua Xian	广东省	RHA	440224
仁怀市	Renhuai Shi	贵州省	RHS	520382
仁寿县	Renshou Xian	四川省	RSO	511421
任县	Ren Xian	河北省	REN	130526
任城区	Rencheng Qu	山东省济宁市	RCQ	370811
任丘市	Renqiu Shi	河北省	RQS	130982
日喀则地区	Xigazê Diqu	西藏自治区	XID	542300
日喀则市	Xigazê Shi	西藏自治区	XIG	542301
日土县	Rutog Xian	西藏自治区	RUT	542524
日照市	Rizhao Shi	山东省	RZH	371100
荣县	Rong Xian	四川省	RGX	510321
荣昌县	Rongchang Xian	重庆市	RGC	500226
荣成市	Rongcheng Shi	山东省	RCS	371082
容县	Rong Xian	广西壮族自治区	ROG	450921
容城县	Rongcheng Xian	河北省	RCX	130629
榕城区	Rongcheng Qu	广东省揭阳市	RCH	445202
榕江县	Rongjiang Xian	贵州省	RJG	522632
融安县	Rong'an Xian	广西壮族自治区	RAN	450224
融水苗族自治县	Rongshui Miaozu Zizhixian	广西壮族自治区	RSI	450225
如东县	Rudong Xian	江苏省	RDG	320623
如皋市	Rugao Shi	江苏省	RGO	320682
汝城县	Rucheng Xian	湖南省	RCE	431026
汝南县	Runan Xian	河南省	RNN	411727
汝阳县	Ruyang Xian	河南省	RUY	410326
汝州市	Ruzhou Shi	河南省	RZO	410482
乳山市	Rushan Shi	山东省	RSN	371083
乳源瑶族自治县	Ruyuan Yaozu Zizhixian	广东省	RYN	440232
芮城县	Ruicheng Xian	山西省	RIC	140830
瑞安市	Rui'an Shi	浙江省	RAS	330381
瑞昌市	Ruichang Shi	江西省	RCG	360481
瑞金市	Ruijin Shi	江西省	RJS	360781
瑞丽市	Ruili Shi	云南省	RUI	533102
润州区	Runzhou Qu	江苏省镇江市	RZQ	321111
若尔盖县	Zoigê Xian	四川省	ZOI	513232
若羌县	Ruoqiang(Qakilik) Xian	新疆维吾尔自治区	RQG	652824
S				
萨尔图区	Sairt Qu	黑龙江省大庆市	SAI	230602

表 A.1（续）

名　称	罗马字母拼写	所属行政区	字母码	数字码
萨嘎县	Saga Xian	西藏自治区	SAG	542337
萨迦县	Sa'gya Xian	西藏自治区	SGX	542325
赛罕区	Saihan Qu	内蒙古自治区呼和浩特市	SAQ	150105
三都水族自治县	Sandu Suizu Zizhixian	贵州省	SDU	522732
三河市	Sanhe Shi	河北省	SNH	131082
三江侗族自治县	Sanjiang Dongzu Zizhixian	广西壮族自治区	SJG	450226
三门县	Sanmen Xian	浙江省	SMN	331022
三门峡市	Sanmenxia Shi	河南省	SMX	411200
三明市	Sanming Shi	福建省	SMS	350400
三山区	Sanshan Qu	安徽省芜湖市	SAU	340208
三水区	Sanshui Shi	广东省佛山市	SJQ	440607
三穗县	Sansui Xian	贵州省	SAS	522624
三台县	Santai Xian	四川省	SNT	510722
三亚市	Sanya Shi	海南省	SYX	460200
三元区	Sanyuan Qu	福建省三明市	SYB	350403
三原县	Sanyuan Xian	陕西省	SYN	610422
桑日县	Sangri Xian	西藏自治区	SRI	542224
桑植县	Sangzhi Xian	湖南省	SZT	430822
色达县	Sêrtar Xian	四川省	STX	513333
沙县	Sha Xian	福建省	SAX	350427
沙河市	Shahe Shi	河北省	SHS	130582
沙河口区	Shahekou Qu	辽宁省大连市	SHK	210204
沙坪坝区	Shapingba Qu	重庆市	SPB	500106
沙坡头区	Shapotou Qu	宁夏回族自治区中卫市	SPT	640502
沙市区	Shashi Qu	湖北省荆州市	SSJ	421002
沙湾区	Shawan Qu	四川省乐山市	SWN	511111
沙湾县	Shawan Xian	新疆维吾尔自治区	SWX	654223
沙雅县	Xayar Xian	新疆维吾尔自治区	XYR	652924
沙洋县	Shayang Xian	湖北省	SYF	420822
沙依巴克区	Saybag Qu	新疆维吾尔自治区乌鲁木齐市	SAY	650103
莎车县	Shache(Yarkant) Xian	新疆维吾尔自治区	SHC	653125
山城区	Shancheng Qu	河南省鹤壁市	SCB	410603
山丹县	Shandan Xian	甘肃省	SDN	620725
山东省	Shandong Sheng		SD	370000
山海关区	Shanhaiguan Qu	河北省秦皇岛市	SHG	130303
山南地区	Shannan Diqu	西藏自治区	SND	542200
山亭区	Shanting Qu	山东省枣庄市	STG	370406

表 A.1（续）

名　称	罗马字母拼写	所属行政区	字母码	数字码
山西省	Shanxi Sheng		SX	140000
山阳区	Shanyang Qu	河南省焦作市	SYC	410811
山阳县	Shanyang Xian	陕西省	SNY	611024
山阴县	Shanyin Xian	山西省	SYP	140621
陕县	Shan Xian	河南省	SHX	411222
陕西省	Shaanxi Sheng		SN	610000
汕头市	Shantou Shi	广东省	SWA	440500
汕尾市	Shanwei Shi	广东省	SWE	441500
单县	Shan Xian	山东省	SXN	371722
鄯善县	Shanshan(Piqan) Xian	新疆维吾尔自治区	SSX	652122
商城县	Shangcheng Xian	河南省	SCX	411524
商都县	Shangdu Xian	内蒙古自治区	SDX	150923
商河县	Shanghe Xian	山东省	SGH	370126
商洛市	Shangluo Shi	陕西省	SLH	611000
商南县	Shangnan Xian	陕西省	SNN	611023
商丘市	Shangqiu Shi	河南省	SQS	411400
商水县	Shangshui Xian	河南省	SSU	411623
商州区	Shangzhou Qu	陕西省商洛市	SZO	611002
上蔡县	Shangcai Xian	河南省	SGC	411722
上城区	Shangcheng Qu	浙江省杭州市	SCQ	330102
上甘岭区	Shangganling Qu	黑龙江省伊春市	SGL	230716
上高县	Shanggao Xian	江西省	SGO	360923
上海市	Shanghai Shi		SH	310000
上杭县	Shanghang Xian	福建省	SHF	350823
上街区	Shangjie Qu	河南省郑州市	SJE	410106
上栗县	Shangli Xian	江西省	SLI	360322
上林县	Shanglin Xian	广西壮族自治区	SLX	450125
上饶市	Shangrao Shi	江西省	SRS	361100
上饶县	Shangrao Xian	江西省	SRX	361121
上思县	Shangsi Xian	广西壮族自治区	SGS	450621
上犹县	Shangyou Xian	江西省	SYO	360724
上虞市	Shangyu Shi	浙江省	SYZ	330682
尚义县	Shangyi Xian	河北省	SYK	130725

表 A.1（续）

名　称	罗马字母拼写	所属行政区	字母码	数字码
尚志市	Shangzhi Shi	黑龙江省	SZI	230183
韶关市	Shaoguan Shi	广东省	HSC	440200
韶山市	Shaoshan Shi	湖南省	SSN	430382
召陵区	Shaoling Qu	河南省漯河市	SOL	411104
邵东县	Shaodong Xian	湖南省	SDG	430521
邵武市	Shaowu Shi	福建省	SWU	350781
邵阳市	Shaoyang Shi	湖南省	SYR	430500
邵阳县	Shaoyang Xian	湖南省	SYW	430523
绍兴市	Shaoxing Shi	浙江省	SXG	330600
绍兴县	Shaoxing Xian	浙江省	SXZ	330621
社旗县	Sheqi Xian	河南省	SEQ	411327
射洪县	Shehong Xian	四川省	SEH	510922
射阳县	Sheyang Xian	江苏省	SEY	320924
涉县	She Xian	河北省	SEJ	130426
歙县	She Xian	安徽省	SEX	341021
申扎县	Xainza Xian	西藏自治区	XZX	542426
莘县	Shen Xian	山东省	SHN	371522
深泽县	Shenze Xian	河北省	SZE	130128
深圳市	Shenzhen Shi	广东省	SZX	440300
深州市	Shenzhou Shi	河北省	SNZ	131182
神池县	Shenchi Xian	山西省	SCI	140927
神木县	Shenmu Xian	陕西省	SMU	610821
神农架林区	Shennongjia Linqu	湖北省	SNJ	429021
沈北新区	Shenbei Xinqu	辽宁省沈阳市	SBX	210113
沈河区	Shenhe Qu	辽宁省沈阳市	SHQ	210103
沈丘县	Shenqiu Xian	河南省	SQU	411624
沈阳市	Shenyang Shi	辽宁省	SHE	210100
嵊泗县	Shengsi Xian	浙江省	SSZ	330922
嵊州市	Shengzhou Shi	浙江省	SGZ	330683
师宗县	Shizong Xian	云南省	SZD	530323
施秉县	Shibing Xian	贵州省	SBG	522623
施甸县	Shidian Xian	云南省	SDD	530521
狮子山区	Shizishan Qu	安徽省铜陵市	SZN	340703

表 A.1（续）

名　称	罗马字母拼写	所属行政区	字母码	数字码
浉河区	Shihe Qu	河南省信阳市	SHU	411502
十堰市	Shiyan Shi	湖北省	SYE	420300
什邡市	Shifang Shi	四川省	SFS	510682
石城县	Shicheng Xian	江西省	SIC	360735
石峰区	Shifeng Qu	湖南省株洲市	SFG	430204
石鼓区	Shigu Qu	湖南省衡阳市	SIG	430407
石拐区	Xiguit Qu	内蒙古自治区包头市	XIT	150205
石河子市	Shihezi Shi	新疆维吾尔自治区	SHZ	659001
石家庄市	Shijiazhuang Shi	河北省	SJW	130100
石景山区	Shijingshan Qu	北京市	SJS	110107
石林彝族自治县	Shilin Yizu Zizhixian	云南省	SLY	530126
石龙区	Shilong Qu	河南省平顶山市	SIL	410404
石楼县	Shilou Xian	山西省	SLO	141126
石门县	Shimen Xian	湖南省	SHM	430726
石棉县	Shimian Xian	四川省	SIM	511824
石屏县	Shiping Xian	云南省	SPG	532525
石阡县	Shiqian Xian	贵州省	SQI	522224
石渠县	Sêrxü Xian	四川省	SER	513332
石泉县	Shiquan Xian	陕西省	SQN	610922
石狮市	Shishi Shi	福建省	SHH	350581
石首市	Shishou Shi	湖北省	SSO	421081
石台县	Shitai Xian	安徽省	SHT	341722
石柱土家族自治县	Shizhu Tujiazu Zizhixian	重庆市	SZY	500240
石嘴山市	Shizuishan Shi	宁夏回族自治区	SZS	640200
始兴县	Shixing Xian	广东省	SXX	440222
市北区	Shibei Qu	山东省青岛市	SBQ	370203
市南区	Shinan Qu	山东省青岛市	SNQ	370202
市中区	Shizhong Qu	山东省济南市	SZG	370103
市中区	Shizhong Qu	山东省枣庄市	SZM	370402
市中区	Shizhong Qu	山东省济宁市	SZQ	370802
市中区	Shizhong Qu	四川省广元市	SZU	510802
市中区	Shizhong Qu	四川省内江市	SZB	511002
市中区	Shizhong Qu	四川省乐山市	SZZ	511102

表 A.1（续）

名　称	罗马字母拼写	所属行政区	字母码	数字码
寿县	Shou Xian	安徽省	SHO	341521
寿光市	Shouguang Shi	山东省	SGG	370783
寿宁县	Shouning Xian	福建省	SNF	350924
寿阳县	Shouyang Xian	山西省	SYJ	140725
疏附县	Shufu Xian	新疆维吾尔自治区	SFU	653121
疏勒县	Shule Xian	新疆维吾尔自治区	SHL	653122
舒城县	Shucheng Xian	安徽省	SCW	341523
舒兰市	Shulan Shi	吉林省	SLN	220283
蜀山区	Shushan Qu	安徽省合肥市	SSA	340104
沭阳县	Shuyang Xian	江苏省	SYD	321322
双柏县	Shuangbai Xian	云南省	SBA	532322
双城市	Shuangcheng Shi	黑龙江省	SCS	230182
双峰县	Shuangfeng Xian	湖南省	SFX	431321
双江拉祜族佤族布朗族傣族自治县	Shuangjiang Lahuzu Vazu Blang-zu Daizu Zizhixian	云南省	SGJ	530925
双辽市	Shuangliao Shi	吉林省	SLS	220382
双流县	Shuangliu Xian	四川省	SLU	510122
双滦区	Shuangluan Qu	河北省承德市	SLQ	130803
双牌县	Shuangpai Xian	湖南省	SPA	431123
双桥区	Shuangqiao Qu	河北省承德市	SQQ	130802
双桥区	Shuangqiao Qu	重庆市	SQO	500111
双清区	Shuangqing Qu	湖南省邵阳市	SGQ	430502
双塔区	Shuangta Qu	辽宁省朝阳市	STQ	211302
双台子区	Shuangtaizi Qu	辽宁省盘锦市	STZ	211102
双鸭山市	Shuangyashan Shi	黑龙江省	SYS	230500
双阳区	Shuangyang Qu	吉林省长春市	SYQ	220112
水城县	Shuicheng Xian	贵州省	SUC	520221
水富县	Shuifu Xian	云南省	SFD	530630
水磨沟区	Shuimogou Qu	新疆维吾尔自治区乌鲁木齐市	SMG	650105
顺昌县	Shunchang Xian	福建省	SCG	350721
顺城区	Shuncheng Qu	辽宁省抚顺市	SCF	210411
顺德区	Shunde Shi	广东省佛山市	SUD	440606
顺河回族区	Shunhe Huizu Qu	河南省开封市	SHR	410203

表 A.1（续）

名　称	罗马字母拼写	所属行政区	字母码	数字码
顺平县	Shunping Xian	河北省	SPI	130636
顺庆区	Shunqing Qu	四川省南充市	SQG	511302
顺义区	Shunyi Qu	北京市	SYI	110113
朔城区	Shuocheng Qu	山西省朔州市	SCH	140602
朔州市	Shuozhou Shi	山西省	SZJ	140600
思茅区	Simao Qu	云南省普洱市	SYM	530802
思明区	Siming Qu	福建省厦门市	SMQ	350203
思南县	Sinan Xian	贵州省	SNA	522225
四川省	Sichuan Sheng		SC	510000
四方区	Sifang Qu	山东省青岛市	SFQ	370205
四方台区	Sifangtai Qu	黑龙江省双鸭山市	SFT	230505
四会市	Sihui Shi	广东省	SHI	441284
四平市	Siping Shi	吉林省	SPS	220300
四子王旗	Dorbod Qi	内蒙古自治区	DOR	150929
泗县	Si Xian	安徽省	SIX	341324
泗洪县	Sihong Xian	江苏省	SIH	321324
泗水县	Sishui Xian	山东省	SSH	370831
泗阳县	Siyang Xian	江苏省	SIY	321323
松北区	Songbei Qu	黑龙江省哈尔滨市	SBU	230109
松江区	Songjiang Qu	上海市	SOJ	310117
松潘县	Songpan(Sungqu) Xian	四川省	SOP	513224
松山区	Songshan Qu	内蒙古自治区赤峰市	SSQ	150404
松桃苗族自治县	Songtao Miaozu Zizhixian	贵州省	STM	522229
松溪县	Songxi Xian	福建省	SOX	350724
松阳县	Songyang Xian	浙江省	SGY	331124
松原市	Songyuan Shi	吉林省	SYU	220700
松滋市	Songzi Shi	湖北省	SZF	421087
嵩县	Song Xian	河南省	SON	410325
嵩明县	Songming Xian	云南省	SMI	530127
苏家屯区	Sujiatun Qu	辽宁省沈阳市	SJT	210111
苏尼特右旗	Sonid Youqi	内蒙古自治区	SOY	152524
苏尼特左旗	Sonid Zuoqi	内蒙古自治区	SOZ	152523
苏仙区	Suxian Qu	湖南省郴州市	SUX	431003

表 A.1（续）

名　称	罗马字母拼写	所属行政区	字母码	数字码
苏州市	Suzhou Shi	江苏省	SZH	320500
肃北蒙古族自治县	Subei Mongolzu Zizhixian	甘肃省	SBE	620923
肃南裕固族自治县	Sunan Yugurzu Zizhixian	甘肃省	SUN	620721
肃宁县	Suning Xian	河北省	SNG	130926
肃州区	Suzhou Qu	甘肃省酒泉市	SOU	620902
宿城区	Sucheng Qu	江苏省宿迁市	SCE	321302
宿迁市	Suqian Shi	江苏省	SUQ	321300
宿松县	Susong Xian	安徽省	SUS	340826
宿豫区	Suyu Qu	江苏省宿迁市	SYY	321311
宿州市	Suzhou Shi	安徽省	SUZ	341300
睢县	Sui Xian	河南省	SUI	411422
睢宁县	Suining Xian	江苏省	SNI	320324
睢阳区	Suiyang Qu	河南省商丘市	SYA	411403
濉溪县	Suixi Xian	安徽省	SXW	340621
绥滨县	Suibin Xian	黑龙江省	SBN	230422
绥德县	Suide Xian	陕西省	SDE	610826
绥芬河市	Suifenhe Shi	黑龙江省	SFE	231081
绥化市	Suihua Shi	黑龙江省	SUH	231200
绥江县	Suijiang Xian	云南省	SUJ	530626
绥棱县	Suileng Xian	黑龙江省	SLG	231226
绥宁县	Suining Xian	湖南省	SNX	430527
绥阳县	Suiyang Xian	贵州省	SUY	520323
绥中县	Suizhong Xian	辽宁省	SZL	211421
随州市	Suizhou Shi	湖北省	SZR	421300
遂昌县	Suichang Xian	浙江省	SCZ	331123
遂川县	Suichuan Xian	江西省	SCN	360827
遂宁市	Suining Shi	四川省	SNS	510900
遂平县	Suiping Xian	河南省	SUP	411728
遂溪县	Suixi Xian	广东省	SXI	440823
孙吴县	Sunwu Xian	黑龙江省	SUW	231124
索县	Sog Xian	西藏自治区	SOG	542427
	T			
塔城地区	Tacheng(Qoqek) Diqu	新疆维吾尔自治区	TCD	654200

表 A.1（续）

名　称	罗马字母拼写	所属行政区	字母码	数字码
塔城市	Tacheng(Qoqek) Shi	新疆维吾尔自治区	TCS	654201
塔河县	Tahe Xian	黑龙江省	TAH	232722
塔什库尔干塔吉克自治县	Taxkorgan Tajik Zizhixian	新疆维吾尔自治区	TXK	653131
台安县	Tai'an Xian	辽宁省	TAX	210321
台儿庄区	Tai'erzhuang Qu	山东省枣庄市	TEZ	370405
台江区	Taijiang Qu	福建省福州市	TJQ	350103
台江县	Taijiang Xian	贵州省	TJX	522630
台前县	Taiqian Xian	河南省	TQN	410927
台山市	Taishan Shi	广东省	TSS	440781
台湾省	Taiwan Sheng		TW	710000
台州市	Taizhou Shi	浙江省	TZZ	331000
太白县	Taibai Xian	陕西省	TBA	610331
太仓市	Taicang Shi	江苏省	TAC	320585
太谷县	Taigu Xian	山西省	TIG	140726
太和区	Taihe Qu	辽宁省锦州市	THJ	210711
太和县	Taihe Xian	安徽省	TIH	341222
太湖县	Taihu Xian	安徽省	THU	340825
太康县	Taikang Xian	河南省	TKG	411627
太平区	Taiping Qu	辽宁省阜新市	TPQ	210904
太仆寺旗	Taibus Qi	内蒙古自治区	TAB	152527
太原市	Taiyuan Shi	山西省	TYN	140100
太子河区	Taizihe Qu	辽宁省辽阳市	TZH	211011
泰安市	Tai'an Shi	山东省	TAI	370900
泰和县	Taihe Xian	江西省	THE	360826
泰来县	Tailai Xian	黑龙江省	TLA	230224
泰宁县	Taining Xian	福建省	TNG	350429
泰山区	Taishan Qu	山东省泰安市	TSQ	370902
泰顺县	Taishun Xian	浙江省	TSZ	330329
泰兴市	Taixing Shi	江苏省	TXG	321283
泰州市	Taizhou Shi	江苏省	TZS	321200
宕昌县	Tanchang Xian	甘肃省	TCH	621223
郯城县	Tancheng Xian	山东省	TCE	371322
汤旺河区	Tangwanghe Qu	黑龙江省伊春市	TWH	230712

表 A.1（续）

名　称	罗马字母拼写	所属行政区	字母码	数字码
汤阴县	Tangyin Xian	河南省	TYI	410523
汤原县	Tangyuan Xian	黑龙江省	TYX	230828
唐县	Tang Xian	河北省	TAG	130627
唐海县	Tanghai Xian	河北省	THA	130230
唐河县	Tanghe Xian	河南省	TGH	411328
唐山市	Tangshan Shi	河北省	TGS	130200
塘沽区	Tanggu Qu	天津市	TGA	120107
洮北区	Taobei Qu	吉林省白城市	TBQ	220802
洮南市	Taonan Shi	吉林省	TNS	220881
桃城区	Taocheng Qu	河北省衡水市	TOC	131102
桃江县	Taojiang Xian	湖南省	TJG	430922
桃山区	Taoshan Qu	黑龙江省七台河市	TSC	230903
桃源县	Taoyuan Xian	湖南省	TOY	430725
特克斯县	Tekes Xian	新疆维吾尔自治区	TEK	654027
腾冲县	Tengchong Xian	云南省	TCO	530522
滕州市	Tengzhou Shi	山东省	TZO	370481
藤县	Teng Xian	广西壮族自治区	TEG	450422
天长市	Tianchang Shi	安徽省	TNC	341181
天等县	Tiandeng Xian	广西壮族自治区	TDG	451425
天峨县	Tian'e Xian	广西壮族自治区	TEX	451222
天河区	Tianhe Qu	广东省广州市	THQ	440106
天津市	Tianjin Shi		TJ	120000
天峻县	Tianjun Xian	青海省	TJN	632823
天门市	Tianmen Shi	湖北省	TMS	429006
天宁区	Tianning Qu	江苏省常州市	TNQ	320402
天桥区	Tianqiao Qu	山东省济南市	TQQ	370105
天全县	Tianquan Xian	四川省	TQU	511825
天山区	Tianshan Qu	新疆维吾尔自治区乌鲁木齐市	TSL	650102
天水市	Tianshui Shi	甘肃省	TSU	620500
天台县	Tiantai Xian	浙江省	TTA	331023
天心区	Tianxin Qu	湖南省长沙市	TXQ	430103
天元区	Tianyuan Qu	湖南省株洲市	TYQ	430211

表 A.1(续)

名　称	罗马字母拼写	所属行政区	字母码	数字码
天镇县	Tianzhen Xian	山西省	TZE	140222
天柱县	Tianzhu Xian	贵州省	TZU	522627
天祝藏族自治县	Tianzhu Zangzu Zizhixian	甘肃省	TZG	620623
田东县	Tiandong Xian	广西壮族自治区	TDO	451022
田家庵区	Tianjia'an Qu	安徽省淮南市	TJA	340403
田林县	Tianlin Xian	广西壮族自治区	TLN	451029
田阳县	Tianyang Xian	广西壮族自治区	TYG	451021
铁东区	Tiedong Qu	辽宁省鞍山市	TED	210302
铁东区	Tiedong Qu	吉林省四平市	TDQ	220303
铁锋区	Tiefeng Qu	黑龙江省齐齐哈尔市	TFQ	230204
铁力市	Tieli Shi	黑龙江省	TEL	230781
铁岭市	Tieling Shi	辽宁省	TLS	211200
铁岭县	Tieling Xian	辽宁省	TLG	211221
铁山区	Tieshan Qu	湖北省黄石市	TSH	420205
铁山港区	Tieshangang Qu	广西壮族自治区北海市	TSG	450512
铁西区	Tiexi Qu	辽宁省沈阳市	TXI	210106
铁西区	Tiexi Qu	辽宁省鞍山市	TXS	210303
铁西区	Tiexi Qu	吉林省四平市	TXL	220302
亭湖区	Tinghu Qu	江苏省盐城市	TNH	320902
通城县	Tongcheng Xian	湖北省	TCX	421222
通川区	Tongchuan Qu	四川省达州市	TCQ	511702
通道侗族自治县	Tongdao Dongzu Zizhixian	湖南省	TDD	431230
通海县	Tonghai Xian	云南省	THI	530423
通河县	Tonghe Xian	黑龙江省	TOH	230128
通化市	Tonghua Shi	吉林省	THS	220500
通化县	Tonghua Xian	吉林省	THX	220521
通江县	Tongjiang Xian	四川省	TGJ	511921
通辽市	Tongliao Shi	内蒙古自治区	TLO	150500
通山县	Tongshan Xian	湖北省	TSA	421224
通渭县	Tongwei Xian	甘肃省	TWE	621121
通许县	Tongxu Xian	河南省	TXY	410222
通榆县	Tongyu Xian	吉林省	TGY	220822
通州区	Tongzhou Qu	北京市	TZQ	110112

表 A.1（续）

名　称	罗马字母拼写	所属行政区	字母码	数字码
通州市	Tongzhou Shi	江苏省	TGZ	320683
同安区	Tong'an Qu	福建省厦门市	TAQ	350212
同德县	Tongde Xian	青海省	TDX	632522
同江市	Tongjiang Shi	黑龙江省	TOJ	230881
同仁县	Tongren Xian	青海省	TRN	632321
同心县	Tongxin Xian	宁夏回族自治区	TGX	640324
桐柏县	Tongbai Xian	河南省	TBX	411330
桐城市	Tongcheng Shi	安徽省	TCW	340881
桐庐县	Tonglu Xian	浙江省	TLU	330122
桐乡市	Tongxiang Shi	浙江省	TXZ	330483
桐梓县	Tongzi Xian	贵州省	TZI	520322
铜川市	Tongchuan Shi	陕西省	TCN	610200
铜鼓县	Tonggu Xian	江西省	TGU	360926
铜官山区	Tongguanshan Qu	安徽省铜陵市	TGQ	340702
铜梁县	Tongliang Xian	重庆市	TGL	500224
铜陵市	Tongling Shi	安徽省	TOL	340700
铜陵县	Tongling Xian	安徽省	TLX	340721
铜仁地区	Tongren Diqu	贵州省	TRD	522200
铜仁市	Tongren Shi	贵州省	TRS	522201
铜山县	Tongshan Xian	江苏省	TSX	320323
潼关县	Tongguan Xian	陕西省	TGN	610522
潼南县	Tongnan Xian	重庆市	TNN	500223
头屯河区	Toutunhe Qu	新疆维吾尔自治区乌鲁木齐市	TTH	650106
突泉县	Tuquan Xian	内蒙古自治区	TUQ	152224
图们市	Tumen Shi	吉林省	TME	222402
图木舒克市	Tumxuk Shi	新疆维吾尔自治区	TMK	659003
土默特右旗	Tumd Youqi	内蒙古自治区	TUY	150221
土默特左旗	Tumd Zuoqi	内蒙古自治区	TUZ	150121
吐鲁番地区	Turpan Diqu	新疆维吾尔自治区	TUD	652100
吐鲁番市	Turpan Shi	新疆维吾尔自治区	TUR	652101
团风县	Tuanfeng Xian	湖北省	TFG	421121
屯昌县	Tunchang Xian	海南省	TCG	469022
屯留县	Tunliu Xian	山西省	TNL	140424

表 A.1（续）

名　称	罗马字母拼写	所属行政区	字母码	数字码
屯溪区	Tunxi Qu	安徽省黄山市	TXN	341002
托克托县	Togtoh Xian	内蒙古自治区	TOG	150122
托克逊县	Toksun Xian	新疆维吾尔自治区	TOK	652123
托里县	Toli Xian	新疆维吾尔自治区	TLI	654224
		W		
瓦房店市	Wafangdian Shi	辽宁省	WFD	210281
湾里区	Wanli Qu	江西省南昌市	WLI	360105
宛城区	Wancheng Qu	河南省南阳市	WCN	411302
万安县	Wan'an Xian	江西省	WAX	360828
万柏林区	Wanbailin Qu	山西省太原市	WBL	140109
万年县	Wannian Xian	江西省	WNI	361129
万宁市	Wanning Shi	海南省	WNN	469006
万全县	Wanquan Xian	河北省	WQN	130729
万荣县	Wanrong Xian	山西省	WRG	140822
万山特区	Wanshan Tequ	贵州省	WAS	522230
万盛区	Wansheng Qu	重庆市	WSQ	500110
万秀区	Wanxiu Qu	广西壮族自治区梧州市	WXQ	450403
万源市	Wanyuan Shi	四川省	WYS	511781
万载县	Wanzai Xian	江西省	WZA	360922
万州区	Wanzhou Qu	重庆市	WZO	500101
汪清县	Wangqing Xian	吉林省	WGQ	222424
王益区	Wangyi Qu	陕西省铜川市	WAY	610202
旺苍县	Wangcang Xian	四川省	WGC	510821
望城县	Wangcheng Xian	湖南省	WCH	430122
望都县	Wangdu Xian	河北省	WDU	130631
望花区	Wanghua Qu	辽宁省抚顺市	WHF	210404
望江县	Wangjiang Xian	安徽省	WJX	340827
望奎县	Wangkui Xian	黑龙江省	WKI	231221
望谟县	Wangmo Xian	贵州省	WMO	522326
威县	Wei Xian	河北省	WEX	130533
威海市	Weihai Shi	山东省	WEH	371000
威宁彝族回族苗族自治县	Weining Yizu Huizu Miaozu Zizhixian	贵州省	WNG	522427
威信县	Weixin Xian	云南省	WIX	530629
威远县	Weiyuan Xian	四川省	WYU	511024
微山县	Weishan Xian	山东省	WSA	370826
巍山彝族回族自治县	Weishan Yizu Huizu Zizhixian	云南省	WSY	532927

表 A.1（续）

名　称	罗马字母拼写	所属行政区	字母码	数字码
围场满族蒙古族自治县	Weichang Manzu Mongolzu Zizhixian	河北省	WCJ	130828
维西傈僳族自治县	Weixi Lisuzu Zizhixian	云南省	WXI	533423
维扬区	Weiyang Qu	江苏省扬州市	WEY	321011
潍城区	Weicheng Qu	山东省潍坊市	WCG	370702
潍坊市	Weifang Shi	山东省	WEF	370700
卫滨区	Weibin Qu	河南省新乡市	WEQ	410703
卫东区	Weidong Qu	河南省平顶山市	WDG	410403
卫辉市	Weihui Shi	河南省	WHS	410781
未央区	Weiyang Qu	陕西省西安市	WYA	610112
尉氏县	Weishi Xian	河南省	WSI	410223
渭滨区	Weibin Qu	陕西省宝鸡市	WBQ	610302
渭城区	Weicheng Qu	陕西省咸阳市	WIC	610404
渭南市	Weinan Shi	陕西省	WNA	610500
渭源县	Weiyuan Xian	甘肃省	WIY	621123
魏县	Wei Xian	河北省	WEI	130434
魏都区	Weidu Qu	河南省许昌市	WED	411002
温县	Wen Xian	河南省	WEN	410825
温江区	Wenjiang Qu	四川省成都市	WNJ	510115
温岭市	Wenling Shi	浙江省	WLS	331081
温泉县	Wenquan(Arixang) Xian	新疆维吾尔自治区	WNQ	652723
温宿县	Wensu Xian	新疆维吾尔自治区	WSU	652922
温州市	Wenzhou Shi	浙江省	WNZ	330300
文县	Wen Xian	甘肃省	WEG	621222
文安县	Wen'an Xian	河北省	WEA	131026
文昌市	Wenchang Shi	海南省	WEC	469005
文成县	Wencheng Xian	浙江省	WCZ	330328
文登市	Wendeng Shi	山东省	WDS	371081
文峰区	Wenfeng Qu	河南省安阳市	WFQ	410502
文山县	Wenshan Xian	云南省	WES	532621
文山壮族苗族自治州	Wenshan Zhuangzu Miaozu Zizhizhou	云南省	WSZ	532600
文圣区	Wensheng Qu	辽宁省辽阳市	WSL	211003
文水县	Wenshui Xian	山西省	WSJ	141121
闻喜县	Wenxi Xian	山西省	WNX	140823

表 A.1（续）

名　称	罗马字母拼写	所属行政区	字母码	数字码
汶川县	Wenchuan Xian	四川省	WNC	513221
汶上县	Wenshang Xian	山东省	WNS	370830
翁牛特旗	Ongniud Qi	内蒙古自治区	ONG	150426
翁源县	Wengyuan Xian	广东省	WYN	440229
瓮安县	Weng'an Xian	贵州省	WGA	522725
卧龙区	Wolong Qu	河南省南阳市	WOL	411303
乌达区	Ud Qu	内蒙古自治区乌海市	UDQ	150304
乌当区	Wudang Qu	贵州省贵阳市	WDQ	520112
乌尔禾区	Orku Qu	新疆维吾尔自治区克拉玛依市	ORK	650205
乌海市	Wuhai Shi	内蒙古自治区	WHM	150300
乌拉特后旗	Urad Houqi	内蒙古自治区	URH	150825
乌拉特前旗	Urad Qianqi	内蒙古自治区	URQ	150823
乌拉特中旗	Urad Zhongqi	内蒙古自治区	URZ	150824
乌兰县	Ulan Xian	青海省	ULA	632821
乌兰察布市	Ulanqab Shi	内蒙古自治区	ULS	150900
乌兰浩特市	Ulan Hot Shi	内蒙古自治区	ULO	152201
乌鲁木齐市	Ürümqi Shi	新疆维吾尔自治区	URC	650100
乌鲁木齐县	Ürümqi Xian	新疆维吾尔自治区	URX	650121
乌马河区	Wumahe Qu	黑龙江省伊春市	WMH	230711
乌恰县	Wuqia(Ulugqat) Xian	新疆维吾尔自治区	WQA	653024
乌审旗	Uxin Qi	内蒙古自治区	UXI	150626
乌什县	Wushi(Üqturpan)Xian	新疆维吾尔自治区	WSH	652927
乌苏市	Usu Shi	新疆维吾尔自治区	USU	654202
乌伊岭区	Wuyiling Qu	黑龙江省伊春市	WYL	230714
巫山县	Wushan Xian	重庆市	WSN	500237
巫溪县	Wuxi Xian	重庆市	WXX	500238
无棣县	Wudi Xian	山东省	WDI	371623
无极县	Wuji Xian	河北省	WJI	130130
无为县	Wuwei Xian	安徽省	WWX	341422
无锡市	Wuxi Shi	江苏省	WUX	320200
吴堡县	Wubu Xian	陕西省	WBU	610829
吴川市	Wuchuan Shi	广东省	WCS	440883
吴江市	Wujiang Shi	江苏省	WUJ	320584

表 A.1（续）

名　称	罗马字母拼写	所属行政区	字母码	数字码
吴起县	Wuqi Xian	陕西省	WQI	610626
吴桥县	Wuqiao Xian	河北省	WUQ	130928
吴兴区	Wuxing Qu	浙江省湖州市	WXU	330502
吴中区	Wuzhong Qu	江苏省苏州市	WZQ	320506
吴忠市	Wuzhong Shi	宁夏回族自治区	WZS	640300
芜湖市	Wuhu Shi	安徽省	WHI	340200
芜湖县	Wuhu Xian	安徽省	WHX	340221
梧州市	Wuzhou Shi	广西壮族自治区	WUZ	450400
五常市	Wuchang Shi	黑龙江省	WCA	230184
五大连池市	Wudalianchi Shi	黑龙江省	WDL	231182
五峰土家族自治县	Wufeng Tujiazu Zizhixian	湖北省	WFG	420529
五河县	Wuhe Xian	安徽省	WHE	340322
五华区	Wuhua Qu	云南省昆明市	WHA	530102
五华县	Wuhua Xian	广东省	WHY	441424
五家渠市	Wujiaqu Shi	新疆维吾尔自治区	WJS	659004
五莲县	Wulian Xian	山东省	WLN	371121
五台县	Wutai Xian	山西省	WTA	140922
五通桥区	Wutongqiao Qu	四川省乐山市	WTQ	511112
五营区	Wuying Qu	黑龙江省伊春市	WYQ	230710
五原县	Wuyuan Xian	内蒙古自治区	WYM	150821
五寨县	Wuzhai Xian	山西省	WZH	140928
五指山市	Wuzhishan Shi	海南省	WZN	469001
伍家岗区	Wujiagang Qu	湖北省宜昌市	WJG	420503
武安市	Wu'an Shi	河北省	WUA	130481
武昌区	Wuchang Qu	湖北省武汉市	WCQ	420106
武城县	Wucheng Xian	山东省	WUC	371428
武川县	Wuchuan Xian	内蒙古自治区	WCX	150125
武定县	Wuding Xian	云南省	WDX	532329
武都区	Wudu Qu	甘肃省陇南市	WUD	621202
武冈市	Wugang Shi	湖南省	WGS	430581
武功县	Wugong Xian	陕西省	WGG	610431
武汉市	Wuhan Shi	湖北省	WUH	420100
武侯区	Wuhou Qu	四川省成都市	WHQ	510107
武江区	Wujiang Qu	广东省韶关市	WJQ	440203

表 A.1（续）

名　称	罗马字母拼写	所属行政区	字母码	数字码
武进区	Wujin Qu	江苏省常州市	WJN	320412
武陵区	Wuling Qu	湖南省常德市	WLQ	430702
武陵源区	Wulingyuan Qu	湖南省张家界市	WLY	430811
武隆县	Wulong Xian	重庆市	WLG	500232
武鸣县	Wuming Xian	广西壮族自治区	WMG	450122
武宁县	Wuning Xian	江西省	WUN	360423
武平县	Wuping Xian	福建省	WPG	350824
武强县	Wuqiang Xian	河北省	WQG	131123
武清区	Wuqing Qu	天津市	WQQ	120114
武山县	Wushan Xian	甘肃省	WSX	620524
武胜县	Wusheng Xian	四川省	WSG	511622
武威市	Wuwei Shi	甘肃省	WWS	620600
武乡县	Wuxiang Xian	山西省	WXG	140429
武宣县	Wuxuan Xian	广西壮族自治区	WXN	451323
武穴市	Wuxue Shi	湖北省	WXE	421182
武夷山市	Wuyishan Shi	福建省	WUS	350782
武义县	Wuyi Xian	浙江省	WYX	330723
武邑县	Wuyi Xian	河北省	WYI	131122
武陟县	Wuzhi Xian	河南省	WZI	410823
舞钢市	Wugang Shi	河南省	WGY	410481
舞阳县	Wuyang Xian	河南省	WYG	411121
务川仡佬族苗族自治县	Wuchuan Gelaozu Miaozu Zizhi-xian	贵州省	WCU	520326
婺城区	Wucheng Qu	浙江省金华市	WCF	330702
婺源县	Wuyuan Xian	江西省	WUY	361130
X				
西区	Xi Qu	四川省攀枝花市	XIQ	510403
西安区	Xi'an Qu	吉林省辽源市	XAQ	220403
西安区	Xi'an Qu	黑龙江省牡丹江市	XAA	231005
西安市	Xi'an Shi	陕西省	SIA	610100
西昌市	Xichang Shi	四川省	XCA	513401
西城区	Xicheng Qu	北京市	XCQ	110102
西充县	Xichong Xian	四川省	XCO	511325
西畴县	Xichou Xian	云南省	XIC	532623
西丰县	Xifeng Xian	辽宁省	XIF	211223

表 A.1（续）

名　称	罗马字母拼写	所属行政区	字母码	数字码
西峰区	Xifeng Qu	甘肃省庆阳市	XFE	621002
西岗区	Xigang Qu	辽宁省大连市	XGD	210203
西工区	Xigong Qu	河南省洛阳市	XGL	410303
西固区	Xigu Qu	甘肃省兰州市	XGU	620104
西和县	Xihe Xian	甘肃省	XHE	621225
西湖区	Xihu Qu	浙江省杭州市	XHU	330106
西湖区	Xihu Qu	江西省南昌市	XHQ	360103
西华县	Xihua Xian	河南省	XIH	411622
西吉县	Xiji Xian	宁夏回族自治区	XJI	640422
西林区	Xilin Qu	黑龙江省伊春市	XIL	230705
西林县	Xilin Xian	广西壮族自治区	XLX	451030
西陵区	Xiling Qu	湖北省宜昌市	XLQ	420502
西盟佤族自治县	Ximeng Vazu Zizhixian	云南省	XMG	530829
西宁市	Xining Shi	青海省	XNN	630100
西平县	Xiping Xian	河南省	XIP	411721
西青区	Xiqing Qu	天津市	XQG	120111
西塞山区	Xisaishan Qu	湖北省黄石市	XAI	420203
西沙群岛	Xisha Qundao	海南省	XSD	469031
西山区	Xishan Qu	云南省昆明市	XSN	530112
西市区	Xishi Qu	辽宁省营口市	XBB	210803
西双版纳傣族自治州	Xishuangbanna Daizu Zizhizhou	云南省	XSB	532800
西乌珠穆沁旗	Xi Ujimqin Qi	内蒙古自治区	XUJ	152526
西峡县	Xixia Xian	河南省	XXY	411323
西夏区	Xixia Qu	宁夏回族自治区银川市	XQU	640105
西乡县	Xixiang Xian	陕西省	XXA	610724
西乡塘区	Xixiangtang Qu	广西壮族自治区南宁市	XXT	450107
西秀区	Xixiu Qu	贵州省安顺市	XXU	520402
西藏自治区	Xizang Zizhiqu		XZ	540000
昔阳县	Xiyang Xian	山西省	XIY	140724
息县	Xi Xian	河南省	XIX	411528
息烽县	Xifeng Xian	贵州省	XFX	520122
浠水县	Xishui Xian	湖北省	XSE	421125
淅川县	Xichuan Xian	河南省	XCY	411326
溪湖区	Xihu Qu	辽宁省本溪市	XHB	210503
锡林郭勒盟	Xilin Gol Meng	内蒙古自治区	XGO	152500
锡林浩特市	Xilin Hot Shi	内蒙古自治区	XLI	152502
锡山区	Xishan Qu	江苏省无锡市	XSW	320205
习水县	Xishui Xian	贵州省	XSI	520330
隰县	Xi Xian	山西省	XIJ	141031

表 A.1（续）

名　称	罗马字母拼写	所属行政区	字母码	数字码
喜德县	Xide Xian	四川省	XDE	513432
细河区	Xihe Qu	辽宁省阜新市	XHO	210911
峡江县	Xiajiang Xian	江西省	XJG	360823
霞浦县	Xiapu Xian	福建省	XPU	350921
霞山区	Xiashan Qu	广东省湛江市	XAS	440803
下城区	Xiacheng Qu	浙江省杭州市	XCG	330103
下关区	Xiaguan Qu	江苏省南京市	XGQ	320107
下花园区	Xiahuayuan Qu	河北省张家口市	XHY	130706
下陆区	Xialu Qu	湖北省黄石市	XAL	420204
夏县	Xia Xian	山西省	XIA	140828
夏河县	Xiahe Xian	甘肃省	XHN	623027
夏津县	Xiajin Xian	山东省	XAJ	371427
夏邑县	Xiayi Xian	河南省	XAY	411426
厦门市	Xiamen Shi	福建省	XMN	350200
仙居县	Xianju Xian	浙江省	XJU	331024
仙桃市	Xiantao Shi	湖北省	XNT	429004
仙游县	Xianyou Xian	福建省	XYF	350322
咸安区	Xian'an Qu	湖北省咸宁市	XAN	421202
咸丰县	Xianfeng Xian	湖北省	XFG	422826
咸宁市	Xianning Shi	湖北省	XNS	421200
咸阳市	Xianyang Shi	陕西省	XYS	610400
献县	Xian Xian	河北省	XXN	130929
乡城县	Xiangcheng(Qagchêng) Xian	四川省	XCC	513336
乡宁县	Xiangning Xian	山西省	XGN	141029
芗城区	Xiangcheng Qu	福建省漳州市	XZZ	350602
相城区	Xiangcheng Qu	江苏省苏州市	XAU	320507
相山区	Xiangshan Qu	安徽省淮北市	XSA	340603
香坊区	Xiangfang Qu	黑龙江省哈尔滨市	XFQ	230110
香港特别行政区	Hongkong Tebiexingzhengqu		HK	810000
香格里拉县	Shangêlila Xian	云南省	SGN	533421
香河县	Xianghe Xian	河北省	XGH	131024
香洲区	Xiangzhou Qu	广东省珠海市	XZQ	440402
湘东区	Xiangdong Qu	江西省萍乡市	XDG	360313
湘桥区	Xiangqiao Qu	广东省潮州市	XQO	445102
湘潭市	Xiangtan Shi	湖南省	XGT	430300
湘潭县	Xiangtan Xian	湖南省	XTX	430321
湘西土家族苗族自治州	Xiangxi Tujiazu Miaozu Zizhizhou	湖南省	XXZ	433100

表 A.1（续）

名　称	罗马字母拼写	所属行政区	字母码	数字码
湘乡市	Xiangxiang Shi	湖南省	XXG	430381
湘阴县	Xiangyin Xian	湖南省	XYN	430624
襄城区	Xiangcheng Qu	湖北省襄樊市	XXF	420602
襄城县	Xiangcheng Xian	河南省	XAC	411025
襄樊市	Xiangfan Shi	湖北省	XFN	420600
襄汾县	Xiangfen Xian	山西省	XFJ	141023
襄阳区	Xiangyang Qu	湖北省襄樊市	XYA	420607
襄垣县	Xiangyuan Xian	山西省	XYJ	140423
镶黄旗	Xianghuang(Hobot Xar) Qi	内蒙古自治区	XHG	152528
祥云县	Xiangyun Xian	云南省	XYD	532923
翔安区	Xiang'an Qu	福建省厦门市	XIU	350213
响水县	Xiangshui Xian	江苏省	XSH	320921
向阳区	Xiangyang Qu	黑龙江省鹤岗市	XYQ	230402
向阳区	Xiangyang Qu	黑龙江省佳木斯市	XYZ	230803
项城市	Xiangcheng Shi	河南省	XGC	411681
象山区	Xiangshan Qu	广西壮族自治区桂林市	XSK	450304
象山县	Xiangshan Xian	浙江省	XSZ	330225
象州县	Xiangzhou Xian	广西壮族自治区	XGZ	451322
萧县	Xiao Xian	安徽省	XIO	341322
萧山区	Xiaoshan Qu	浙江省杭州市	XIS	330109
猇亭区	Xiaoting Qu	湖北省宜昌市	XTQ	420505
小店区	Xiaodian Qu	山西省太原市	XDQ	140105
小河区	Xiaohe Qu	贵州省贵阳市	XEQ	520114
小金县	Xiaojin Xian	四川省	XJX	513227
孝昌县	Xiaochang Xian	湖北省	XOC	420921
孝感市	Xiaogan Shi	湖北省	XGE	420900
孝南区	Xiaonan Qu	湖北省孝感市	XNA	420902
孝义市	Xiaoyi Shi	山西省	XOY	141181
谢家集区	Xiejiaji Qu	安徽省淮南市	XJJ	340404
谢通门县	Xaitongmoin Xian	西藏自治区	XTM	542328
忻城县	Xincheng Xian	广西壮族自治区	XCH	451321
忻府区	Xinfu Qu	山西省忻州市	XNU	140902
忻州市	Xinzhou Shi	山西省	XZS	140900

表 A.1（续）

名称	罗马字母拼写	所属行政区	字母码	数字码
辛集市	Xinji Shi	河北省	XJS	130181
新县	Xin Xian	河南省	XXI	411523
新安县	Xin'an Xian	河南省	XAX	410323
新巴尔虎右旗	Xin Barag Youqi	内蒙古自治区	XBY	150727
新巴尔虎左旗	Xin Barag Zuoqi	内蒙古自治区	XBZ	150726
新北区	Xinbei Qu	江苏省常州市	XBQ	320411
新宾满族自治县	Xinbin Manzu Zizhixian	辽宁省	XBN	210422
新蔡县	Xincai Xian	河南省	XNC	411729
新昌县	Xinchang Xian	浙江省	XCX	330624
新城区	Xincheng Qu	内蒙古自治区呼和浩特市	XCE	150102
新城区	Xincheng Qu	陕西省西安市	XCK	610102
新都区	Xindu Qu	四川省成都市	XDU	510114
新丰县	Xinfeng Xian	广东省	XFY	440233
新抚区	Xinfu Qu	辽宁省抚顺市	XFU	210402
新干县	Xingan Xian	江西省	XGA	360824
新和县	Xinhe(Toksu) Xian	新疆维吾尔自治区	XHT	652925
新河县	Xinhe Xian	河北省	XHJ	130530
新华区	Xinhua Qu	河北省石家庄市	XHR	130105
新华区	Xinhua Qu	河北省沧州市	XHK	130902
新华区	Xinhua Qu	河南省平顶山市	XHP	410402
新化县	Xinhua Xian	湖南省	XNH	431322
新晃侗族自治县	Xinhuang Dongzu Zizhixian	湖南省	XHD	431227
新会区	Xinhui Qu	广东省江门市	XIN	440705
新建县	Xinjian Xian	江西省	XJN	360122
新疆维吾尔自治区	Xinjiang Uygur Zizhiqu		XJ	650000
新绛县	Xinjiang Xian	山西省	XNJ	140825
新津县	Xinjin Xian	四川省	XJC	510132
新乐市	Xinle Shi	河北省	XLE	130184
新龙县	Xinlong(Nyagrong) Xian	四川省	XLG	513329
新罗区	Xinluo Qu	福建省龙岩市	XNL	350802
新密市	Xinmi Shi	河南省	XMI	410183
新民市	Xinmin Shi	辽宁省	XMS	210181
新宁县	Xinning Xian	湖南省	XNI	430528

表 A.1（续）

名　称	罗马字母拼写	所属行政区	字母码	数字码
新平彝族傣族自治县	Xinping Yizu Daizu Zizhixian	云南省	XNP	530427
新浦区	Xinpu Qu	江苏省连云港市	XPQ	320705
新青区	Xinqing Qu	黑龙江省伊春市	XQQ	230707
新邱区	Xinqiu Qu	辽宁省阜新市	XQF	210903
新荣区	Xinrong Qu	山西省大同市	XRQ	140212
新邵县	Xinshao Xian	湖南省	XSO	430522
新市区	Xinshi Qu	河北省保定市	XSU	130602
新市区	Xinshi Qu	新疆维吾尔自治区乌鲁木齐市	XBD	650104
新泰市	Xintai Shi	山东省	XTA	370982
新田县	Xintian Xian	湖南省	XTN	431128
新乡市	Xinxiang Shi	河南省	XXS	410700
新乡县	Xinxiang Xian	河南省	XXX	410721
新兴区	Xinxing Qu	黑龙江省七台河市	XXQ	230902
新兴县	Xinxing Xian	广东省	XNX	445321
新野县	Xinye Xian	河南省	XYE	411329
新沂市	Xinyi Shi	江苏省	XYW	320381
新余市	Xinyu Shi	江西省	XYU	360500
新源县	Xinyuan(Künes) Xian	新疆维吾尔自治区	XYT	654025
新郑市	Xinzheng Shi	河南省	XZG	410184
新洲区	Xinzhou Qu	湖北省武汉市	XNZ	420117
信丰县	Xinfeng Xian	江西省	XNF	360722
信阳市	Xinyang Shi	河南省	XYG	411500
信宜市	Xinyi Shi	广东省	XYY	440983
信州区	Xinzhou Qu	江西省上饶市	XZU	361102
兴县	Xing Xian	山西省	XGX	141123
兴安盟	Hinggan Meng	内蒙古自治区	HIN	152200
兴安区	Xing'an Qu	黑龙江省鹤岗市	XAH	230405
兴安县	Xing'an Xian	广西壮族自治区	XAG	450325
兴宾区	Xingbin Qu	广西壮族自治区来宾市	XNB	451302
兴城市	Xingcheng Shi	辽宁省	XCL	211481
兴国县	Xingguo Xian	江西省	XGG	360732
兴海县	Xinghai Xian	青海省	XHA	632524

表 A.1（续）

名　称	罗马字母拼写	所属行政区	字母码	数字码
兴和县	Xinghe Xian	内蒙古自治区	XHM	150924
兴化市	Xinghua Shi	江苏省	XHS	321281
兴隆县	Xinglong Xian	河北省	XLJ	130822
兴隆台区	Xinglongtai Qu	辽宁省盘锦市	XLT	211103
兴宁区	Xingning Qu	广西壮族自治区南宁市	XNE	450102
兴宁市	Xingning Shi	广东省	XNG	441481
兴平市	Xingping Shi	陕西省	XPG	610481
兴庆区	Xingqing Qu	宁夏回族自治区银川市	XQN	640104
兴仁县	Xingren Xian	贵州省	XRN	522322
兴山区	Xingshan Qu	黑龙江省鹤岗市	XSQ	230407
兴山县	Xingshan Xian	湖北省	XSX	420526
兴文县	Xingwen Xian	四川省	XWC	511528
兴业县	Xingye Xian	广西壮族自治区	XGY	450924
兴义市	Xingyi Shi	贵州省	XYI	522301
星子县	Xingzi Xian	江西省	XZI	360427
行唐县	Xingtang Xian	河北省	XTG	130125
邢台市	Xingtai Shi	河北省	XTS	130500
邢台县	Xingtai Xian	河北省	XTJ	130521
荥阳市	Xingyang Shi	河南省	XYK	410182
杏花岭区	Xinghualing Qu	山西省太原市	XHL	140107
雄县	Xiong Xian	河北省	XOX	130638
休宁县	Xiuning Xian	安徽省	XUN	341022
修水县	Xiushui Xian	江西省	XSG	360424
修文县	Xiuwen Xian	贵州省	XWX	520123
修武县	Xiuwu Xian	河南省	XUW	410821
秀峰区	Xiufeng Qu	广西壮族自治区桂林市	XUF	450302
秀山土家族苗族自治县	Xiushan Tujiazu Miaozu Zizhixian	重庆市	XUS	500241
秀英区	Xiuying Qu	海南省海口市	XYH	460105
秀屿区	Xiuyu Qu	福建省莆田市	XUQ	350305
秀洲区	Xiuzhou Qu	浙江省嘉兴市	XZH	330411
岫岩满族自治县	Xiuyan Manzu Zizhixian	辽宁省	XYL	210323
盱眙县	Xuyi Xian	江苏省	XUY	320830
徐汇区	Xuhui Qu	上海市	XHI	310104
徐水县	Xushui Xian	河北省	XSJ	130625

表 A.1（续）

名　称	罗马字母拼写	所属行政区	字母码	数字码
徐闻县	Xuwen Xian	广东省	XWN	440825
徐州市	Xuzhou Shi	江苏省	XUZ	320300
许昌市	Xuchang Shi	河南省	XCS	411000
许昌县	Xuchang Xian	河南省	XUC	411023
叙永县	Xuyong Xian	四川省	XYO	510524
溆浦县	Xupu Xian	湖南省	XUP	431224
宣城市	Xuancheng Shi	安徽省	XCI	341800
宣恩县	Xuan'en Xian	湖北省	XEN	422825
宣汉县	Xuanhan Xian	四川省	XHC	511722
宣化区	Xuanhua Qu	河北省张家口市	XHZ	130705
宣化县	Xuanhua Xian	河北省	XHX	130721
宣威市	Xuanwei Shi	云南省	XWS	530381
宣武区	Xuanwu Qu	北京市	XWQ	110104
宣州区	Xuanzhou Qu	安徽省宣城市	XZO	341802
玄武区	Xuanwu Qu	江苏省南京市	XWU	320102
薛城区	Xuecheng Qu	山东省枣庄市	XEC	370403
寻甸回族彝族自治县	Xundian Huizu Yizu Zizhixian	云南省	XDN	530129
寻乌县	Xunwu Xian	江西省	XNW	360734
旬阳县	Xunyang Xian	陕西省	XYX	610928
旬邑县	Xunyi Xian	陕西省	XNY	610429
浔阳区	Xunyang Qu	江西省九江市	XYC	360403
循化撒拉族自治县	Xunhua Salarzu Zizhixian	青海省	XUH	632128
浚县	Xun Xian	河南省	XUX	410621
逊克县	Xunke Xian	黑龙江省	XUK	231123
		Y		
牙克石市	Yakeshi Shi	内蒙古自治区	YKS	150782
雅安市	Ya'an Shi	四川省	YAS	511800
雅江县	Yajiang(Nyagquka) Xian	四川省	YAJ	513325
亚东县	Yadong(Chomo) Xian	西藏自治区	YDZ	542334
烟台市	Yantai Shi	山东省	YNT	370600
焉耆回族自治县	Yanqi Huizu Zizhixian	新疆维吾尔自治区	YQI	652826
鄢陵县	Yanling Xian	河南省	YLY	411024
延安市	Yan'an Shi	陕西省	YNA	610600
延边朝鲜族自治州	Yanbian Chosenzu Zizhizhou	吉林省	YBZ	222400
延长县	Yanchang Xian	陕西省	YCA	610621

表 A.1（续）

名　称	罗马字母拼写	所属行政区	字母码	数字码
延川县	Yanchuan Xian	陕西省	YCT	610622
延吉市	Yanji Shi	吉林省	YNJ	222401
延津县	Yanjin Xian	河南省	YJN	410726
延平区	Yanping Qu	福建省南平市	YPQ	350702
延庆县	Yanqing Xian	北京市	YQX	110229
延寿县	Yanshou Xian	黑龙江省	YSU	230129
沿河土家族自治县	Yanhe Tujiazu Zizhixian	贵州省	YHE	522228
沿滩区	Yantan Qu	四川省自贡市	YTN	510311
炎陵县	Yanling Xian	湖南省	YLX	430225
盐边县	Yanbian Xian	四川省	YBN	510422
盐城市	Yancheng Shi	江苏省	YCK	320900
盐池县	Yanchi Xian	宁夏回族自治区	YCY	640323
盐都区	Yandu Qu	江苏省盐城市	YDU	320903
盐湖区	Yanhu Qu	山西省运城市	YAH	140802
盐津县	Yanjin Xian	云南省	YJD	530623
盐山县	Yanshan Xian	河北省	YNS	130925
盐田区	Yan Tian Qu	广东省深圳市	YTQ	440308
盐亭县	Yanting Xian	四川省	YTC	510723
盐源县	Yanyuan Xian	四川省	YYU	513423
铅山县	Yanshan Xian	江西省	YSG	361124
阎良区	Yanliang Qu	陕西省西安市	YLQ	610114
兖州市	Yanzhou Shi	山东省	YZL	370882
偃师市	Yanshi Shi	河南省	YST	410381
郾城区	Yancheng Qu	河南省漯河市	YNC	411103
砚山县	Yanshan Xian	云南省	YSD	532622
雁峰区	Yanfeng Qu	湖南省衡阳市	YNQ	430406
雁江区	Yanjiang Qu	四川省资阳市	YIU	512002
雁山区	Yanshan Qu	广西壮族自治区桂林市	YSA	450311
雁塔区	Yanta Qu	陕西省西安市	YTA	610113
扬中市	Yangzhong Shi	江苏省	YZG	321182
扬州市	Yangzhou Shi	江苏省	YZH	321000
阳城县	Yangcheng Xian	山西省	YGC	140522
阳春市	Yangchun Shi	广东省	YCU	441781
阳东县	Yangdong Xian	广东省	YGD	441723
阳高县	Yanggao Xian	山西省	YGO	140221
阳谷县	Yanggu Xian	山东省	YGU	371521
阳江市	Yangjiang Shi	广东省	YJI	441700
阳明区	Yangming Qu	黑龙江省牡丹江市	YMQ	231003
阳曲县	Yangqu Xian	山西省	YGQ	140122

表 A.1（续）

名　称	罗马字母拼写	所属行政区	字母码	数字码
阳泉市	Yangquan Shi	山西省	YQS	140300
阳山县	Yangshan Xian	广东省	YSN	441823
阳朔县	Yangshuo Xian	广西壮族自治区	YSO	450321
阳西县	Yangxi Xian	广东省	YXY	441721
阳新县	Yangxin Xian	湖北省	YXE	420222
阳信县	Yangxin Xian	山东省	YXN	371622
阳原县	Yangyuan Xian	河北省	YYN	130727
杨陵区	Yangling Qu	陕西省咸阳市	YGL	610403
杨浦区	Yangpu Qu	上海市	YPU	310110
洋县	Yang Xian	陕西省	YGX	610723
漾濞彝族自治县	Yangbi Yizu Zizhixian	云南省	YGB	532922
尧都区	Yaodu Qu	山西省临汾市	YDJ	141002
姚安县	Yao'an Xian	云南省	YOA	532325
瑶海区	Yaohai Qu	安徽省合肥市	YAI	340102
耀州区	Yaozhou Qu	陕西省铜川市	YAO	610204
叶县	Ye Xian	河南省	YEX	410422
叶城县	Yecheng(Kargilik) Xian	新疆维吾尔自治区	YEC	653126
伊川县	Yichuan Xian	河南省	YCZ	410329
伊春区	Yichun Qu	黑龙江省伊春市	YYC	230702
伊春市	Yichun Shi	黑龙江省	YCH	230700
伊金霍洛旗	Ejin Horo Qi	内蒙古自治区	EHO	150627
伊犁哈萨克自治州	Ili Kazak Zizhizhou	新疆维吾尔自治区	ILD	654000
伊宁市	Yining(Gulja) Shi	新疆维吾尔自治区	YIN	654002
伊宁县	Yining(Gulja) Xian	新疆维吾尔自治区	YNI	654021
伊通满族自治县	Yitong Manzu Zizhixian	吉林省	YTO	220323
伊吾县	Yiwu(Aratürük) Xian	新疆维吾尔自治区	YWX	652223
依安县	Yi'an Xian	黑龙江省	YAN	230223
依兰县	Yilan Xian	黑龙江省	YLH	230123
黟县	Yi Xian	安徽省	YIW	341023
仪陇县	Yilong Xian	四川省	YLC	511324
仪征市	Yizheng Shi	江苏省	YZE	321081
夷陵区	Yiling Qu	湖北省宜昌市	YIQ	420506
沂南县	Yinan Xian	山东省	YNN	371321
沂水县	Yishui Xian	山东省	YIS	371323
沂源县	Yiyuan Xian	山东省	YIY	370323
宜宾市	Yibin Shi	四川省	YBS	511500
宜宾县	Yibin Xian	四川省	YBX	511521
宜昌市	Yichang Shi	湖北省	YCO	420500
宜城市	Yicheng Shi	湖北省	YCW	420684

表 A.1（续）

名　称	罗马字母拼写	所属行政区	字母码	数字码
宜川县	Yichuan Xian	陕西省	YIC	610630
宜春市	Yichun Shi	江西省	YCN	360900
宜都市	Yidu Shi	湖北省	YID	420581
宜丰县	Yifeng Xian	江西省	YFG	360924
宜黄县	Yihuang Xian	江西省	YHX	361026
宜君县	Yijun Xian	陕西省	YJU	610222
宜良县	Yiliang Xian	云南省	YIL	530125
宜兴市	Yixing Shi	江苏省	YIX	320282
宜秀区	Yixiu Qu	安徽省安庆市	YUU	340811
宜阳县	Yiyang Xian	河南省	YYY	410327
宜章县	Yizhang Xian	湖南省	YZA	431022
宜州市	Yizhou Shi	广西壮族自治区	YIZ	451281
彝良县	Yiliang Xian	云南省	YLG	530628
义县	Yi Xian	辽宁省	YXL	210727
义马市	Yima Shi	河南省	YMA	411281
义乌市	Yiwu Shi	浙江省	YWS	330782
弋江区	Yijiang Qu	安徽省芜湖市	YIJ	340203
弋阳县	Yiyang Xian	江西省	YYB	361126
易县	Yi Xian	河北省	YII	130633
易门县	Yimen Xian	云南省	YMD	530425
峄城区	Yicheng Qu	山东省枣庄市	YZZ	370404
驿城区	Yicheng Qu	河南省驻马店市	YEQ	411702
益阳市	Yiyang Shi	湖南省	YYS	430900
翼城县	Yicheng Xian	山西省	YCB	141022
殷都区	Yindu Qu	河南省安阳市	YND	410505
银川市	Yinchuan Shi	宁夏回族自治区	INC	640100
银海区	Yinhai Qu	广西壮族自治区北海市	YHB	450503
银州区	Yinzhou Qu	辽宁省铁岭市	YZU	211202
鄞州区	Yinzhou Qu	浙江省宁波市	YIZ	330212
印江土家族苗族自治县	Yinjiang Tujiazu Miaozu Zizhixian	贵州省	YJY	522226
印台区	Yintai Qu	陕西省铜川市	YIT	610203
应县	Ying Xian	山西省	YIG	140622
应城市	Yingcheng Shi	湖北省	YCG	420981
英德市	Yingde Shi	广东省	YDS	441881
英吉沙县	Yengisar Xian	新疆维吾尔自治区	YEN	653123
英山县	Yingshan Xian	湖北省	YSE	421124

表 A.1（续）

名　称	罗马字母拼写	所属行政区	字母码	数字码
鹰手营子矿区	Yingshouyingzi Kuangqu	河北省承德市	YSY	130804
鹰潭市	Yingtan Shi	江西省	YTS	360600
迎江区	Yingjiang Qu	安徽省安庆市	YJQ	340802
迎泽区	Yingze Qu	山西省太原市	YZT	140106
盈江县	Yingjiang Xian	云南省	YGJ	533123
荥经县	Yingjing Xian	四川省	YJC	511822
营口市	Yingkou Shi	辽宁省	YIK	210800
营山县	Yingshan Xian	四川省	YGS	511322
颍东区	Yingdong Qu	安徽省阜阳市	YDO	341203
颍泉区	Yingquan Qu	安徽省阜阳市	YQQ	341204
颍上县	Yingshang Xian	安徽省	YSW	341226
颍州区	Yingzhou Qu	安徽省阜阳市	YGZ	341202
邕宁区	Yongning Qu	广西壮族自治区南宁市	YNG	450109
永安市	Yong'an Shi	福建省	YAF	350481
永昌县	Yongchang Xian	甘肃省	YCF	620321
永城市	Yongcheng Shi	河南省	YOC	411481
永川区	Yongchuan Qu	重庆市	YCP	500118
永春县	Yongchun Xian	福建省	YCM	350525
永德县	Yongde Xian	云南省	YDX	530923
永登县	Yongdeng Xian	甘肃省	YDG	620121
永定区	Yongding Qu	湖南省张家界市	YDQ	430802
永定县	Yongding Xian	福建省	YDI	350822
永丰县	Yongfeng Xian	江西省	YFX	360825
永福县	Yongfu Xian	广西壮族自治区	YFU	450326
永和县	Yonghe Xian	山西省	YGH	141032
永吉县	Yongji Xian	吉林省	YOJ	220221
永济市	Yongji Shi	山西省	YJJ	140881
永嘉县	Yongjia Xian	浙江省	YJX	330324
永靖县	Yongjing Xian	甘肃省	YJG	622923
永康市	Yongkang Shi	浙江省	YKG	330784
永年县	Yongnian Xian	河北省	YON	130429
永宁县	Yongning Xian	宁夏回族自治区	YGN	640121
永平县	Yongping Xian	云南省	YPX	532928

表 A.1（续）

名　称	罗马字母拼写	所属行政区	字母码	数字码
永清县	Yongqing Xian	河北省	YQG	131023
永仁县	Yongren Xian	云南省	YRN	532327
永善县	Yongshan Xian	云南省	YSB	530625
永胜县	Yongsheng Xian	云南省	YOS	530722
永寿县	Yongshou Xian	陕西省	YSH	610426
永顺县	Yongshun Xian	湖南省	YSF	433127
永泰县	Yongtai Xian	福建省	YTX	350125
永新县	Yongxin Xian	江西省	YXG	360830
永兴县	Yongxing Xian	湖南省	YXX	431023
永修县	Yongxiu Xian	江西省	YOX	360425
永州市	Yongzhou Shi	湖南省	YZS	431100
埇桥区	Yongqiao Qu	安徽省宿州市	YQO	341302
攸县	You Xian	湖南省	YOU	430223
尤溪县	Youxi Xian	福建省	YXF	350426
游仙区	Youxian Qu	四川省绵阳市	YXM	510704
友好区	Youhao Qu	黑龙江省伊春市	YOH	230704
友谊县	Youyi Xian	黑龙江省	YYI	230522
酉阳土家族苗族自治县	Youyang Tujiazu Miaozu Zizhixian	重庆市	YUY	500242
右江区	Youjiang Qu	广西壮族自治区百色市	YOQ	451002
右玉县	Youyu Xian	山西省	YOY	140623
渝北区	Yubei Qu	重庆市	YBE	500112
渝水区	Yushui Qu	江西省新余市	YSR	360502
渝中区	Yuzhong Qu	重庆市	YZQ	500103
于都县	Yudu Xian	江西省	YUD	360731
于洪区	Yuhong Qu	辽宁省沈阳市	YHQ	210114
于田县	Yutian(Keriya) Xian	新疆维吾尔自治区	YUT	653226
余干县	Yugan Xian	江西省	YUG	361127
余杭区	Yuhang Qu	浙江省杭州市	YHG	330110
余江县	Yujiang Xian	江西省	YUJ	360622
余庆县	Yuqing Xian	贵州省	YUQ	520329
余姚市	Yuyao Shi	浙江省	YYO	330281
盂县	Yu Xian	山西省	YUX	140322

表 A.1（续）

名　称	罗马字母拼写	所属行政区	字母码	数字码
鱼峰区	Yufeng Qu	广西壮族自治区柳州市	YFQ	450203
鱼台县	Yutai Xian	山东省	YTL	370827
榆次区	Yuci Qu	山西省晋中市	YCI	140702
榆林市	Yulin Shi	陕西省	YLN	610800
榆社县	Yushe Xian	山西省	YSJ	140721
榆树市	Yushu Shi	吉林省	YSS	220182
榆阳区	Yuyang Qu	陕西省榆林市	YNU	610802
榆中县	Yuzhong Xian	甘肃省	YZX	620123
虞城县	Yucheng Xian	河南省	YUC	411425
雨城区	Yucheng Qu	四川省雅安市	YEU	511802
雨湖区	Yuhu Qu	湖南省湘潭市	YHU	430302
雨花区	Yuhua Qu	湖南省长沙市	YHA	430111
雨花台区	Yuhuatai Qu	江苏省南京市	YHT	320114
雨山区	Yushan Qu	安徽省马鞍山市	YSQ	340504
禹城市	Yucheng Shi	山东省	YCL	371482
禹会区	Yuhui Qu	安徽省蚌埠市	YUI	340304
禹王台区	Yuwangtai Qu	河南省开封市	YWT	410205
禹州市	Yuzhou Shi	河南省	YUZ	411081
玉环县	Yuhuan Xian	浙江省	YHN	331021
玉林市	Yulin Shi	广西壮族自治区	YUL	450900
玉龙纳西族自治县	Yulong Naxizu Zizhixian	云南省	YLZ	530721
玉门市	Yumen Shi	甘肃省	YMS	620981
玉屏侗族自治县	Yuping Dongzu Zizhixian	贵州省	YPG	522223
玉泉区	Yuquan Qu	内蒙古自治区呼和浩特市	YQN	150104
玉山县	Yushan Xian	江西省	YUS	361123
玉树县	Yushu Xian	青海省	YSK	632721
玉树藏族自治州	Yushu Zangzu Zizhizhou	青海省	YSZ	632700
玉田县	Yutian Xian	河北省	YTJ	130229
玉溪市	Yuxi Shi	云南省	YXS	530400
玉州区	Yuzhou Qu	广西壮族自治区玉林市	YZO	450902
郁南县	Yunan Xian	广东省	YNK	445322
尉犁县	Yuli(Lopnur) Xian	新疆维吾尔自治区	YLI	652823

表 A.1（续）

名　称	罗马字母拼写	所属行政区	字母码	数字码
裕安区	Yu'an Qu	安徽省六安市	YAQ	341503
裕华区	Yuhua Qu	河北省石家庄市	YUH	130108
裕民县	Yumin(Qagantokay) Xian	新疆维吾尔自治区	YMN	654225
蔚县	Yu Xian	河北省	YXJ	130726
元坝区	Yuanba Qu	四川省广元市	YBQ	510811
元宝区	Yuanbao Qu	辽宁省丹东市	YBD	210602
元宝山区	Yuanbaoshan Qu	内蒙古自治区赤峰市	YBO	150403
元江哈尼族彝族傣族自治县	Yuanjiang Hanizu Yizu Daizu Zizhixian	云南省	YJA	530428
元谋县	Yuanmou Xian	云南省	YMO	532328
元氏县	Yuanshi Xian	河北省	YSI	130132
元阳县	Yuanyang Xian	云南省	YYD	532528
沅江市	Yuanjiang Shi	湖南省	YJS	430981
沅陵县	Yuanling Xian	湖南省	YNL	431222
垣曲县	Yuanqu Xian	山西省	YQU	140827
原平市	Yuanping Shi	山西省	YUP	140981
原阳县	Yuanyang Xian	河南省	YYA	410725
原州区	Yuanzhou Qu	宁夏回族自治区固原市	YAZ	640402
袁州区	Yuanzhou Qu	江西省宜春市	YNZ	360902
源城区	Yuancheng Qu	广东省河源市	YCQ	441602
源汇区	Yuanhui Qu	河南省漯河市	YHI	411102
远安县	Yuan'an Xian	湖北省	YAX	420525
月湖区	Yuehu Qu	江西省鹰潭市	YHY	360602
乐清市	Yueqing Shi	浙江省	YQZ	330382
岳池县	Yuechi Xian	四川省	YCC	511621
岳麓区	Yuelu Qu	湖南省长沙市	YLU	430104
岳普湖县	Yopurga Xian	新疆维吾尔自治区	YOP	653128
岳塘区	Yuetang Qu	湖南省湘潭市	YTG	430304
岳西县	Yuexi Xian	安徽省	YXW	340828
岳阳楼区	Yueyanglou Qu	湖南省岳阳市	YYL	430602
岳阳市	Yueyang Shi	湖南省	YYG	430600
岳阳县	Yueyang Xian	湖南省	YYX	430621
越城区	Yuecheng Qu	浙江省绍兴市	YSX	330602

表 A.1(续)

名称	罗马字母拼写	所属行政区	字母码	数字码
越西县	Yuexi Xian	四川省	YXC	513434
越秀区	Yuexiu Qu	广东省广州市	YXU	440104
云县	Yun Xian	云南省	YXP	530922
云安县	Yun'an Xian	广东省	YUA	445323
云城区	Yuncheng Qu	广东省云浮市	YYF	445302
云浮市	Yunfu Shi	广东省	YFS	445300
云和县	Yunhe Xian	浙江省	YNH	331125
云龙区	Yunlong Qu	江苏省徐州市	YLF	320303
云龙县	Yunlong Xian	云南省	YLO	532929
云梦县	Yunmeng Xian	湖北省	YMX	420923
云南省	Yunnan Sheng		YN	530000
云溪区	Yunxi Qu	湖南省岳阳市	YXI	430603
云霄县	Yunxiao Xian	福建省	YXO	350622
云岩区	Yunyan Qu	贵州省贵阳市	YYQ	520103
云阳县	Yunyang Xian	重庆市	YNY	500235
郧县	Yun Xian	湖北省	YUN	420321
郧西县	Yunxi Xian	湖北省	YNX	420322
运城市	Yuncheng Shi	山西省	YCE	140800
运河区	Yunhe Qu	河北省沧州市	YHC	130903
郓城县	Yuncheng Xian	山东省	YCR	371725
		Z		
杂多县	Zadoi Xian	青海省	ZAD	632722
赞皇县	Zanhuang Xian	河北省	ZHG	130129
枣强县	Zaoqiang Xian	河北省	ZQJ	131121
枣阳市	Zaoyang Shi	湖北省	ZOY	420683
枣庄市	Zaozhuang Shi	山东省	ZZG	370400
泽库县	Zêkog Xian	青海省	ZEK	632323
泽普县	Zepu(Poskam) Xian	新疆维吾尔自治区	ZEP	653124
泽州县	Zezhou Xian	山西省	ZEZ	140525
曾都区	Zengdu Qu	湖北省随州市	ZDU	421302
增城市	Zengcheng Shi	广东省	ZEC	440183
扎赉特旗	Jalaid Qi	内蒙古自治区	JAL	152223
扎兰屯市	Zalantun Shi	内蒙古自治区	ZLT	150783
扎鲁特旗	Jarud Qi	内蒙古自治区	JAR	150526
扎囊县	Chanang(Chatang) Xian	西藏自治区	CNG	542222
札达县	Zanda Xian	西藏自治区	ZAN	542522

表 A.1（续）

名称	罗马字母拼写	所属行政区	字母码	数字码
闸北区	Zhabei Qu	上海市	ZBE	310108
柞水县	Zhashui Xian	陕西省	ZSU	611026
沾化县	Zhanhua Xian	山东省	ZHU	371624
沾益县	Zhanyi Xian	云南省	ZYD	530328
站前区	Zhanqian Qu	辽宁省营口市	ZQQ	210802
湛河区	Zhanhe Qu	河南省平顶山市	ZHQ	410411
湛江市	Zhanjiang Shi	广东省	ZHA	440800
张北县	Zhangbei Xian	河北省	ZGB	130722
张店区	Zhangdian Qu	山东省淄博市	ZDQ	370303
张家川回族自治县	Zhangjiachuan Huizu Zizhixian	甘肃省	ZJC	620525
张家港市	Zhangjiagang Shi	江苏省	ZJG	320582
张家界市	Zhangjiajie Shi	湖南省	ZJJ	430800
张家口市	Zhangjiakou Shi	河北省	ZJK	130700
张湾区	Zhangwan Qu	湖北省十堰市	ZWQ	420303
张掖市	Zhangye Shi	甘肃省	ZYE	620700
章贡区	Zhanggong Qu	江西省赣州市	ZGG	360702
章丘市	Zhangqiu Shi	山东省	ZQS	370181
彰武县	Zhangwu Xian	辽宁省	ZWU	210922
漳县	Zhang Xian	甘肃省	ZGX	621125
漳平市	Zhangping Shi	福建省	ZGP	350881
漳浦县	Zhangpu Xian	福建省	ZPU	350623
漳州市	Zhangzhou Shi	福建省	ZZU	350600
樟树市	Zhangshu Shi	江西省	ZSS	360982
长子县	Zhangzi Xian	山西省	ZHZ	140428
招远市	Zhaoyuan Shi	山东省	ZYL	370685
昭觉县	Zhaojue Xian	四川省	ZJE	513431
昭平县	Zhaoping Xian	广西壮族自治区	ZPG	451121
昭苏县	Zhaosu(Mongolküre) Xian	新疆维吾尔自治区	ZSX	654026
昭通市	Zhaotong Shi	云南省	ZTS	530600
昭阳区	Zhaoyang Qu	云南省昭通市	ZGQ	530602
诏安县	Zhao'an Xian	福建省	ZAF	350624
赵县	Zhao Xian	河北省	ZAO	130133
肇东市	Zhaodong Shi	黑龙江省	ZDS	231282
肇庆市	Zhaoqing Shi	广东省	ZQG	441200
肇源县	Zhaoyuan Xian	黑龙江省	ZYH	230622
肇州县	Zhaozhou Xian	黑龙江省	ZAZ	230621
柘城县	Zhecheng Xian	河南省	ZHC	411424
柘荣县	Zherong Xian	福建省	ZRG	350926
浙江省	Zhejiang Sheng		ZJ	330000
贞丰县	Zhenfeng Xian	贵州省	ZFG	522325

表 A.1（续）

名　　称	罗马字母拼写	所属行政区	字母码	数字码
浈江区	Zhenjiang Qu	广东省韶关市	ZJQ	440204
振安区	Zhen'an Qu	辽宁省丹东市	ZAQ	210604
振兴区	Zhenxing Qu	辽宁省丹东市	ZXQ	210603
镇安县	Zhen'an Xian	陕西省	ZNA	611025
镇巴县	Zhenba Xian	陕西省	ZBA	610728
镇海区	Zhenhai Qu	浙江省宁波市	ZHF	330211
镇江市	Zhenjiang Shi	江苏省	ZHE	321100
镇康县	Zhenkang Xian	云南省	ZKG	530924
镇赉县	Zhenlai Xian	吉林省	ZLA	220821
镇宁布依族苗族自治县	Zhenning Buyeizu Miaozu Zizhixian	贵州省	ZNN	520423
镇平县	Zhenping Xian	河南省	ZPX	411324
镇坪县	Zhenping Xian	陕西省	ZNP	610927
镇雄县	Zhenxiong Xian	云南省	ZEX	530627
镇沅彝族哈尼族拉祜族自治县	Zhengyuan Yizu Hanizu Lahuzu Zizhixian	云南省	ZYY	530825
镇原县	Zhenyuan Xian	甘肃省	ZYN	621027
镇远县	Zhenyuan Xian	贵州省	ZYX	522625
蒸湘区	Zhengxiang Qu	湖南省衡阳市	ZXU	430408
正安县	Zheng'an Xian	贵州省	ZAX	520324
正定县	Zhengding Xian	河北省	ZDJ	130123
正蓝旗	Zhenglan(Xulun Hoh) Qi	内蒙古自治区	ZLM	152530
正宁县	Zhengning Xian	甘肃省	ZGN	621025
正镶白旗	Zhengxiangbai (Xulun Hobot Qagan) Qi	内蒙古自治区	ZXB	152529
正阳县	Zhengyang Xian	河南省	ZGY	411724
郑州市	Zhengzhou Shi	河南省	CGO	410100
政和县	Zhenghe Xian	福建省	ZGH	350725
芝罘区	Zhifu Qu	山东省烟台市	ZFQ	370602
枝江市	Zhijiang Shi	湖北省	ZIJ	420583
织金县	Zhijin Xian	贵州省	ZJN	522425
芷江侗族自治县	Zhijiang Dongzu Zizhixian	湖南省	ZJX	431228
志丹县	Zhidan Xian	陕西省	ZDN	610625
治多县	Zhidoi Xian	青海省	ZHI	632724
中方县	Zhongfang Xian	湖南省	ZFX	431221

表 A.1(续)

名　称	罗马字母拼写	所属行政区	字母码	数字码
中江县	Zhongjiang Xian	四川省	ZGJ	510623
中牟县	Zhongmu Xian	河南省	ZMU	410122
中宁县	Zhongning Xian	宁夏回族自治区	ZNG	640521
中沙群岛的岛礁及其海域	Zhongsha Qundao de Daojiao Jiqi Haiyu	海南省	ZSA	469033
中山区	Zhongshan Qu	辽宁省大连市	ZSD	210202
中山市	Zhongshan Shi	广东省	ZSN	442000
中卫市	Zhongwei Shi	宁夏回族自治区	ZWS	640500
中阳县	Zhongyang Xian	山西省	ZHY	141129
中原区	Zhongyuan Qu	河南省郑州市	ZYQ	410102
中站区	Zhongzhan Qu	河南省焦作市	ZZQ	410803
忠县	Zhong Xian	重庆市	ZHX	500233
钟楼区	Zhonglou Qu	江苏省常州市	ZLQ	320404
钟山区	Zhongshan Qu	贵州省六盘水市	ZSQ	520201
钟山县	Zhongshan Xian	广西壮族自治区	ZSG	451122
钟祥市	Zhongxiang Shi	湖北省	ZXS	420881
仲巴县	Zhongba Xian	西藏自治区	ZHB	542333
舟曲县	Zhugqu Xian	甘肃省	ZQU	623023
舟山市	Zhoushan Shi	浙江省	ZOS	330900
周村区	Zhoucun Qu	山东省淄博市	ZCN	370306
周口市	Zhoukou Shi	河南省	ZKS	411600
周宁县	Zhouning Xian	福建省	ZNX	350925
周至县	Zhouzhi Xian	陕西省	ZOZ	610124
株洲市	Zhuzhou Shi	湖南省	ZZS	430200
株洲县	Zhuzhou Xian	湖南省	ZZX	430221
珠海市	Zhuhai Shi	广东省	ZUH	440400
珠晖区	Zhuhui Qu	湖南省衡阳市	ZIQ	430405
珠山区	Zhushan Qu	江西省景德镇市	ZSJ	360203
诸城市	Zhucheng Shi	山东省	ZCL	370782
诸暨市	Zhuji Shi	浙江省	ZHJ	330681
竹山县	Zhushan Xian	湖北省	ZHS	420323
竹溪县	Zhuxi Xian	湖北省	ZXX	420324
驻马店市	Zhumadian Shi	河南省	ZMD	411700
庄河市	Zhuanghe Shi	辽宁省	ZHH	210283

表 A.1（续）

名　称	罗马字母拼写	所属行政区	字母码	数字码
庄浪县	Zhuanglang Xian	甘肃省	ZLG	620825
准格尔旗	Jungar Qi	内蒙古自治区	JUN	150622
卓尼县	Jonê Xian	甘肃省	JON	623022
卓资县	Zhuozi Xian	内蒙古自治区	ZUZ	150921
涿鹿县	Zhuolu Xian	河北省	ZLU	130731
涿州市	Zhuozhou Shi	河北省	ZZO	130681
资溪县	Zixi Xian	江西省	ZXI	361028
资兴市	Zixing Shi	湖南省	ZXG	431081
资阳区	Ziyang Qu	湖南省益阳市	ZYC	430902
资阳市	Ziyang Shi	四川省	ZYS	512000
资源县	Ziyuan Xian	广西壮族自治区	ZYU	450329
资中县	Zizhong Xian	四川省	ZZC	511025
淄博市	Zibo Shi	山东省	ZBO	370300
淄川区	Zichuan Qu	山东省淄博市	ZCQ	370302
子长县	Zichang Xian	陕西省	ZCA	610623
子洲县	Zizhou Xian	陕西省	ZZH	610831
秭归县	Zigui Xian	湖北省	ZGI	420527
梓潼县	Zitong Xian	四川省	ZTG	510725
紫金县	Zijin Xian	广东省	ZJY	441621
紫阳县	Ziyang Xian	陕西省	ZYG	610924
紫云苗族布依族自治县	Ziyun Miaozu Buyeizu Zizhixian	贵州省	ZYF	520425
自贡市	Zigong Shi	四川省	ZGS	510300
自流井区	Ziliujing Qu	四川省自贡市	ZLJ	510302
枞阳县	Zongyang Xian	安徽省	ZYW	340823
邹城市	Zoucheng Shi	山东省	ZCG	370883
邹平县	Zouping Xian	山东省	ZOP	371626
遵化市	Zunhua Shi	河北省	ZNH	130281
遵义市	Zunyi Shi	贵州省	ZNY	520300
遵义县	Zunyi Xian	贵州省	ZYI	520321
左贡县	Zogang Xian	西藏自治区	ZOX	542128
左权县	Zuoquan Xian	山西省	ZQX	140722
左云县	Zuoyun Xian	山西省	ZUY	140226

附　录　B
（资料性附录）
中华人民共和国行政区划代码变更对照表
（按表 4～表 32 的代码顺序排列）

表 B.1　数字码变更对照表

GB 2260—2002				GB 2260—2007	
河北省					
唐山市				唐山市	
丰南市	130282	撤销	设立	丰南区	130207
丰润县	130221	撤销	设立	丰润区	130208
新区	130206	撤销			
山西省					
吕梁地区	142300	撤销	设立	吕梁市（地级）	141100
				市辖区	141101
离石市	142302	撤销	设立	离石区	141102
文水县	142322			文水县	141121
交城县	142323			交城县	141122
兴县	142325			兴县	141123
临县	142326			临县	141124
柳林县	142327			柳林县	141125
石楼县	142328			石楼县	141126
岚县	142329			岚县	141127
方山县	142330			方山县	141128
中阳县	142332			中阳县	141129
交口县	142333			交口县	141130
孝义市	142301			孝义市	141181
汾阳市	142303			汾阳市	141182
内蒙古自治区					
巴彦淖尔盟	152800	撤销	设立	巴彦淖尔市（地级）	150800
				市辖区	150801
临河市	152801	撤销	设立	临河区	150802
五原县	152822			五原县	150821
磴口县	152823			磴口县	150822
乌拉特前旗	152824			乌拉特前旗	150823
乌拉特中旗	152825			乌拉特中旗	150824
乌拉特后旗	152826			乌拉特后旗	150825
杭锦后旗	152827			杭锦后旗	150826
乌兰察布盟	152600	撤销	设立	乌兰察布市（地级）	150900
				市辖区	150901

表 B.1（续）

GB 2260—2002				GB 2260—2007	
集宁市	152601	撤销	设立	集宁区	150902
卓资县	152624			卓资县	150921
化德县	152625			化德县	150922
商都县	152626			商都县	150923
兴和县	152627			兴和县	150924
凉城县	152629			凉城县	150925
察哈尔右翼前旗	152630			察哈尔右翼前旗	150926
察哈尔右翼中旗	152631			察哈尔右翼中旗	150927
察哈尔右翼后旗	152632			察哈尔右翼后旗	150928
四子王旗	152634			四子王旗	150929
丰镇市	152602			丰镇市	150981
辽宁省					
沈阳市				沈阳市	
新城子区	210113		更名	沈北新区	210113
锦州市				锦州市	
北宁市	210782		更名	北镇市	210782
铁岭市				铁岭市	
铁法市	211281		更名	调兵山市	211281
吉林省					
白山市				白山市	
江源县	220625	撤销	设立	江源区	220605
黑龙江省					
哈尔滨市				哈尔滨市	
太平区	230105	撤销	并入	道外区	230104
			设立	松北区	230109
香坊区	230106	撤销	新设	香坊区	230110
动力区	230107	撤销			
呼兰县	230121	撤销	设立	呼兰区	230111
阿城市	230181	撤销	设立	阿城区	230112
佳木斯市				佳木斯市	
永红区	230802	撤销	并入	郊区	230811
江苏省					
南京市				南京市	
浦口区	320111	撤销	新设	浦口区	320111
江浦县	320122	撤销			
大厂区	320112	撤销	设立	六合区	320116
六合县	320123	撤销			

表 B.1（续）

GB 2260—2002			GB 2260—2007		
常州市				常州市	
郊区	320411		更名	新北区	320411
武进市	320483	撤销	设立	武进区	320412
盐城市				盐城市	
城区	320902		更名	亭湖区	320902
盐都县	320928	撤销	设立	盐都区	320903
扬州市				扬州市	
郊区	321011		更名	维扬区	321011
镇江市				镇江市	
丹徒县	321121	撤销	设立	丹徒区	321112
宿迁市				宿迁市	
宿豫县	321321	撤销	设立	宿豫区	321311
浙江省					
宁波市				宁波市	
鄞县	330227	撤销	设立	鄞州区	330212
嘉兴市				嘉兴市	
秀城区	330402		更名	南湖区	330402
湖州市				湖州市	
市辖区	330501		析设	吴兴区	330502
			析设	南浔区	330503
安徽省					
合肥市				合肥市	
东市区	340102		更名	瑶海区	340102
中市区	340103		更名	庐阳区	340103
西市区	340104		更名	蜀山区	340104
郊区	340111		更名	包河区	340111
芜湖市				芜湖市	
镜湖区	340202	撤销	新设	镜湖区	340202
新芜区	340204	撤销			
马塘区	340203		更名	弋江区	340203
			增设	三山区	340208
蚌埠市				蚌埠市	
东市区	340302		更名	龙子湖区	340302
中市区	340303		更名	蚌山区	340303
西市区	340304		更名	禹会区	340304
郊区	340311		更名	淮上区	340311

表 B.1（续）

GB 2260—2002			GB 2260—2007		
安庆市				安庆市	
郊区	340811		更名	宜秀区	340811
福建省					
厦门市				厦门市	
鼓浪屿区	350202	撤销	并入	思明区	350203
开元区	350204	撤销			
杏林区	350205		更名	海沧区	350205
同安区	350212		析设	翔安区	350213
莆田市				莆田市	
莆田县	350321	撤销	设立	荔城区	350304
			设立	秀屿区	350305
江西省					
南昌市				南昌市	
郊区	360111		更名	青山湖区	360111
上饶市				上饶市	
波阳县	361128		复名	鄱阳县	361128
山东省					
				日照市	
			增设	岚山区	371103
河南省					
郑州市				郑州市	
邙山区	410108		更名	惠济区	410108
开封市				开封市	
南关区	410205		更名	禹王台区	410205
郊区	410211		更名	金明区	410211
安阳市				安阳市	
铁西区	410504	撤销			
郊区	410511	撤销			
			设立	殷都区	410505
			设立	龙安区	410506
新乡市				新乡市	
新华区	410703		更名	卫滨区	410703
北站区	410704		更名	凤泉区	410704
郊区	410711		更名	牧野区	410711
濮阳市				濮阳市	
市区	410902		更名	华龙区	410902

表 B.1（续）

GB 2260—2002			GB 2260—2007		
漯河市				漯河市	
郾城县	411123	撤销	设立	郾城区	411103
			设立	召陵区	411104
焦作市				省直辖县级行政区划	
济源市	410881			济源市	419001
		湖南省			
永州市				永州市	
芝山区	431102		更名	零陵区	431102
		广东省			
广州市				广州市	
东山区	440102	撤销			
芳村区	440107	撤销			
			设立	南沙区	440115
			设立	萝岗区	440116
韶关市				韶关市	
北江区	440202	撤销	并入	浈江区	440204
曲江县	440221	撤销	设立	曲江区	440205
汕头市				汕头市	
升平区	440509	撤销			
金园区	440508	撤销			
			设立	金平区	440511
达濠区	440506	撤销			
河浦区	440510	撤销			
			设立	濠江区	440512
潮阳市	440582	撤销	设立	潮阳区	440513
			设立	潮南区	440514
澄海市	440583	撤销	设立	澄海区	440515
佛山市				佛山市	
城区	440602	撤销	设立	禅城区	440604
石湾区	440603	撤销			
南海市	440682	撤销	设立	南海区	440605
顺德市	440681	撤销	设立	顺德区	440606
三水市	440683	撤销	设立	三水区	440607
高明市	440684	撤销	设立	高明区	440608
江门市				江门市	
新会市	440782	撤销	设立	新会区	440705
惠州市				惠州市	

表 B.1（续）

GB 2260—2002			GB 2260—2007		
惠阳市	441381	撤销	设立	惠阳区	441303
广西壮族自治区					
南宁市				南宁市	
新城区	450103		更名	青秀区	450103
城北区	450104	撤销			
永新区	450106	撤销			
			设立	西乡塘区	450107
			设立	良庆区	450108
邕宁县	450121	撤销	设立	邕宁区	450109
南宁地区					
隆安县	452126			隆安县	450123
马山县	452127			马山县	450124
上林县	452124			上林县	450125
宾阳县	452123			宾阳县	450126
横县	452122			横县	450127
柳州市				柳州市	
市郊区	450211	撤销	并入	其他市辖区	
柳州地区				柳州市	
鹿寨县	452223			鹿寨县	450223
融安县	452227			融安县	450224
融水苗族自治县	452229			融水苗族自治县	450225
三江侗族自治县	452228			三江侗族自治县	450226
梧州市				梧州市	
市郊区	450411	撤销			
			设立	长洲区	450405
				贵港市	
			增设	覃塘区	450804
百色地区	452600	撤销	设立	百色市(地级)	451000
				市辖区	451001
百色市(县级)	452601	撤销	设立	右江区	451002
田阳县	452622			田阳县	451021
田东县	452623			田东县	451022
平果县	452624			平果县	451023
德保县	452625			德保县	451024
靖西县	452626			靖西县	451025
那坡县	452627			那坡县	451026
凌云县	452628			凌云县	451027
乐业县	452629			乐业县	451028

表 B.1（续）

GB 2260—2002				GB 2260—2007	
田林县	452630			田林县	451029
西林县	452632			西林县	451030
隆林各族自治县	452631			隆林各族自治县	451031
贺州地区	452400	撤销	设立	贺州市(地级)	451100
				市辖区	451101
贺州市(县级)	452402	撤销	设立	八步区	451102
昭平县	452424			昭平县	451121
钟山县	452427			钟山县	451122
富川瑶族自治县	452428			富川瑶族自治县	451123
河池地区	452700	撤销	设立	河池市(地级)	451200
				市辖区	451201
河池市(县级)	452701	撤销	设立	金城江区	451202
南丹县	452725			南丹县	451221
天峨县	452726			天峨县	451222
凤山县	452727			凤山县	451223
东兰县	452728			东兰县	451224
罗城仫佬族自治县	452723			罗城仫佬族自治县	451225
环江毛南族自治县	452724			环江毛南族自治县	451226
巴马瑶族自治县	452729			巴马瑶族自治县	451227
都安瑶族自治县	452730			都安瑶族自治县	451228
大化瑶族自治县	452731			大化瑶族自治县	451229
宜州市	452702			宜州市	451281
柳州地区	452200	撤销	设立	来宾市(地级)	451300
				市辖区	451301
来宾县	452226	撤销	设立	兴宾区	451302
忻城县	452231			忻城县	451321
象州县	452224			象州县	451322
武宣县	452225			武宣县	451323
金秀瑶族自治县	452230			金秀瑶族自治县	451324
合山市	452201			合山市	451381
南宁地区	452100	撤销	设立	崇左市(地级)	451400
				市辖区	451401
崇左县	452129	撤销	设立	江洲区	451402
扶绥县	452128			扶绥县	451421
宁明县	452132			宁明县	451422
龙州县	452133			龙州县	451423
大新县	452130			大新县	451424
天等县	452131			天等县	451425
凭祥市	452101			凭祥市	451481

表 B.1（续）

GB 2260—2002			GB 2260—2007		
海南省					
海口市				海口市	
振东区	460102	撤销			
新华区	460103	撤销			
秀英区	460104	撤销			
省直辖县级行政单位					
琼山市	469004	撤销			
			设立	秀英区	460105
			设立	龙华区	460106
			设立	琼山区	460107
			设立	美兰区	460108
重庆市					
江津市	500381	撤销	设立	江津区	500116
合川市	500382	撤销	设立	合川区	500117
永川市	500383	撤销	设立	永川区	500118
南川市	500384	撤销	设立	南川区	500119
四川省					
成都市				成都市	
温江县	510123	撤销	设立	温江区	510115
绵阳市				绵阳市	
北川县	510726	撤销	设立	北川羌族自治县	510726
遂宁市				遂宁市	
市中区	510902	撤销	设立	船山区	510903
			设立	安居区	510904
贵州省					
				遵义市	
			增设	汇川区	520303
云南省					
丽江地区	533200	撤销	设立	丽江市（地级）	530700
				市辖区	530701
丽江纳西族自治县	533221	撤销	设立	古城区	530702
			设立	玉龙纳西族自治县	530721
永胜县	533222			永胜县	530722
华坪县	533323			华坪县	530723
宁蒗彝族自治县	533224			宁蒗彝族自治县	530724
思茅地区	532700	撤销	设立	普洱市（地级）	530800
				市辖区	530801

表 B.1（续）

GB 2260—2002				GB 2260—2007	
思茅市（县级）	532701	撤销	设立	思茅区	530802
普洱哈尼族彝族自治县	532722		更名	宁洱哈尼族彝族自治县	530821
墨江哈尼族自治县	532723			墨江哈尼族自治县	530822
景东彝族自治县	532724			景东彝族自治县	530823
景谷傣族彝族自治县	532725			景谷傣族彝族自治县	530824
镇沅彝族哈尼族拉祜族自治县	532726			镇沅彝族哈尼族拉祜族自治县	530825
江城哈尼族彝族自治县	532727			江城哈尼族彝族自治县	530826
孟连傣族拉祜族佤族自治县	532728			孟连傣族拉祜族佤族自治县	530827
澜沧拉祜族自治县	532729			澜沧拉祜族自治县	530828
西盟佤族自治县	532730			西盟佤族自治县	530829
临沧地区	533500	撤销	设立	临沧市（地级）	530900
				市辖区	530901
临沧县	533521	撤销	设立	临翔区	530902
凤庆县	533522			凤庆县	530921
云县	533523			云县	530922
永德县	533524			永德县	530923
镇康县	533525			镇康县	530924
双江拉祜族佤族布朗族傣族自治县	533526			双江拉祜族佤族布朗族傣族自治县	530925
耿马傣族佤族自治县	533527			耿马傣族佤族自治县	530926
沧源佤族自治县	533528			沧源佤族自治县	530927
陕西省					
西安市				西安市	
长安县	610121	撤销	设立	长安区	610116
铜川市				铜川市	
耀县	610221	撤销	设立	耀州区	610204
宝鸡市				宝鸡市	
宝鸡县	610321	撤销	设立	陈仓区	610304
咸阳市				咸阳市	
杨凌区	610403		更正	杨陵区	610403
延安市				延安市	
吴旗县	610626		更名	吴起县	610626

表 B.1(续)

GB 2260—2002					
甘肃省					
天水市				天水市	
秦城区	620502		更名	秦州区	620502
北道区	620503		更名	麦积区	620503
张掖地区	622200	撤销	设立	张掖市(地级)	620700
				市辖区	620701
张掖市(县级)	622201	撤销	设立	甘州区	620702
肃南裕固族自治县	622222			肃南裕固族自治县	620721
民乐县	622223			民乐县	620722
临泽县	622224			临泽县	620723
高台县	622225			高台县	620724
山丹县	622226			山丹县	620725
平凉地区	622700	撤销	设立	平凉市(地级)	620800
				市辖区	620801
平凉市(县级)	622701	撤销	设立	崆峒区	620802
泾川县	622722			泾川县	620821
灵台县	622723			灵台县	620822
崇信县	622724			崇信县	620823
华亭县	622725			华亭县	620824
庄浪县	622726			庄浪县	620825
静宁县	622727			静宁县	620826
酒泉地区	622100	撤销	设立	酒泉市(地级)	620900
				市辖区	620901
酒泉市(县级)	622102	撤销	设立	肃州区	620902
金塔县	622123			金塔县	620921
安西县	622126		更名	瓜州县	620922
肃北蒙古族自治县	622124			肃北蒙古族自治县	620923
阿克塞哈萨克族自治县	622125			阿克塞哈萨克族自治县	620924
玉门市	622101			玉门市	620981
敦煌市	622103			敦煌市	620982
庆阳地区	622800	撤销	设立	庆阳市(地级)	621000
				市辖区	621001
西峰市(县级)	622801	撤销	设立	西峰区	621002
庆阳县	622821		更名	庆城县	621021
环县	622822			环县	621022
华池县	622823			华池县	621023
合水县	622824			合水县	621024
正宁县	622825			正宁县	621025

表 B.1（续）

GB 2260—2002				GB 2260—2007	
宁县	622826			宁县	621026
镇原县	622827			镇原县	621027
定西地区	622400	撤销	设立	定西市（地级）	621100
				市辖区	621101
定西县	622421	撤销	设立	安定区	621102
通渭县	622424			通渭县	621121
陇西县	622425			陇西县	621122
渭源县	622426			渭源县	621123
临洮县	622427			临洮县	621124
漳县	622428			漳县	621125
岷县	622429			岷县	621126
陇南地区	622600	撤销	设立	陇南市（地级）	621200
				市辖区	621201
武都县	622621	撤销	设立	武都区	621202
成县	622624			成县	621221
文县	622626			文县	621222
宕昌县	622623			宕昌县	621223
康县	622625			康县	621224
西和县	622627			西和县	621225
礼县	622628			礼县	621226
徽县	622630			徽县	621227
两当县	622629			两当县	621228
宁夏回族自治区					
银川市				银川市	
城区	640102	撤销			
新城区	640103	撤销			
郊区	640111	撤销			
			设立	兴庆区	640104
			设立	西夏区	640105
			设立	金凤区	640106
吴忠市					
灵武市	640382			灵武市	640181
石嘴山市				石嘴山市	
石炭井区	640204	撤销	并入	大武口区	640202
石嘴山区	640203	撤销	设立	惠农区	640205
惠农县	640223	撤销			
陶乐县	640222	撤销	并入	平罗县、银川市兴庆区	

表 B.1（续）

GB 2260—2002			GB 2260—2007		
			设立	中卫市（地级）	640500
				市辖区	640501
吴忠市					
中卫县	640321	撤销	设立	沙坡头区	640502
中宁县	640322			中宁县	640521
海原县	640421			海原县	640522
新疆维吾尔自治区					
乌鲁木齐市				乌鲁木齐市	
南泉区	650107		更名	达坂城区	650107
东山区	650108	撤销			
			设立	米东区	650109
昌吉回族自治州					
米泉市	652303	撤销			
				自治区直辖县级行政区划	
			设立	阿拉尔市	659002
			设立	图木舒克市	659003
			设立	五家渠市	659004

表 B.2 字母码变更对照表

GB 2260—2002			GB 2260—2007		
河北省					
唐山市			唐山市		
丰南市	Fengnan Shi	FNN	丰南区	Fengnan Qu	FNQ
			丰润区	Fengrun Qu	FRN
丰润县	Fengrun Xian	FRN 撤销	（与唐山市新区合并为丰润区）		
新区	Xin Qu	XNQ 撤销	（与丰润县合并为丰润区）		
山西省					
吕梁地区	Lüliang Diqu	LLD	吕梁市	Lüliang Shi	LLH
离石市	Lishi Shi	LSW	离石区	Lishi Qu	LSW
内蒙古自治区					
包头市			包头市		
石拐区	Shiguai Qu	SGU	石拐区	Xiguit Qu	XIT
巴彦淖尔盟	Bayannur Meng	BAM	巴彦淖尔市	Bayannur Shi	BYR
临河市	Linhe Shi	LNH	临河区	Linhe Qu	LNH
乌兰察布盟	Ulanqab Meng	ULM	乌兰察布市	Ulanqab Shi	ULS
集宁市	Jining Shi	JIN	集宁区	Jining Qu	JIN
辽宁省					
沈阳市			沈阳市		
新城子区	Xinchengzi Qu	XCZ	沈北新区	Shenbei Xinqu	SBX
锦州市			锦州市		
北宁市	Beining Shi	BNG	北镇市	Beizhen Shi	BZN
铁岭市			铁岭市		
铁法市	Tiefa Shi	TFA	调兵山市	Diaobingshan Shi	DBS
吉林省					
白山市			白山市		
江源县	Jiangyuan Xian	JYT	江源区	Jiangyuan Qu	JYT
黑龙江省					
哈尔滨市			哈尔滨市		
			松北区	Songbei Qu	SBU
太平区	Taiping Qu	TPG 撤销	（并入道外区）		
动力区	Dongli Qu	DGL 撤销	（并入香坊区）		
呼兰县	Hulan Xian	HLH	呼兰区	Hulan Qu	HLH
阿城市	Acheng Shi	ACG	阿城区	Acheng Qu	ACQ
佳木斯市			佳木斯市		
永红区	Yonghong Qu	YHJ 撤销	（并入郊区）		
江苏省					
南京市			南京市		
			六合区	Luhe Qu	LHE

表 B.2（续）

GB 2260—2002			GB 2260—2007		
大厂区	Dachang Qu	DCH 撤销	（与六合县合并为六合区）		
六合县	Luhe Xian	LHE 撤销	（与南京市大厂区合并为六合区）		
江浦县	Jiangpu Xian	JPU 撤销	（并入浦口区）		
常州市			常州市		
郊区	Jiaoqu	JQJ	新北区	Xinbei Qu	XBQ
武进市	Wujin Shi	WJN	武进区	Wujin Qu	WJN
盐城市			盐城市		
城区	Chengqu	CQH	亭湖区	Tinghu Qu	TNH
盐都县	Yandu Xian	YDU	盐都区	Yandu Qu	YDU
扬州市			扬州市		
郊区	Jiaoqu	JYZ	维扬区	Weiyang Qu	WEY
镇江市			镇江市		
丹徒县	Dantu Xian	DNT	丹徒区	Dantu Qu	DNT
宿迁市			宿迁市		
宿豫县	Suyu Xian	SYY	宿豫区	Suyu Qu	SYY
浙江省					
宁波市			宁波市		
鄞县	Yin Xian	YXZ	鄞州区	Yinzhou Qu	YIZ
嘉兴市			嘉兴市		
秀城区	Xiucheng Qu	XCJ	南湖区	Nanhu Qu	NHQ
			湖州市		
			吴兴区	Wuxing Qu	WXU
			南浔区	Nanxun Qu	NXQ
安徽省					
合肥市			合肥市		
东市区	Dongshi Qu	DSB	瑶海区	Yaohai Qu	YAI
中市区	Zhongshi Qu	ZSH	庐阳区	Luyang Qu	LUG
西市区	Xishi Qu	XII	蜀山区	Shushan Qu	SSA
郊区	Jiaoqu	JHF	包河区	Baohe Qu	BAH
芜湖市			芜湖市		
			三山区	Sanshan Qu	SAU
新芜区	Xinwu Qu	XWW 撤销	（并入镜湖区）		
马塘区	Matang Qu	MTQ	弋江区	Yijiang Qu	YIJ
蚌埠市			蚌埠市		
东市区	Dongshi Qu	DSI	龙子湖区	Longzihu Qu	LOZ
中市区	Zhongshi Qu	ZSI	蚌山区	Bengshan Qu	BES
西市区	Xishi Qu	XSF	禹会区	Yuhui Qu	YUI
郊区	Jiaoqu	JBB	淮上区	Huaishang Qu	HIQ

表 B.2（续）

GB 2260—2002			GB 2260—2007		
安庆市			安庆市		
郊区	Jiaoqu	JQA	宜秀区	Yixiu Qu	YUU
福建省					
厦门市			厦门市		
杏林区	Xinglin Qu	XLN	海沧区	Haicang Qu	HCA
鼓浪屿区	Gulangyu Qu	GLY 撤销	（并入思明区）		
开元区	Kaiyuan Qu	KYQ 撤销	（并入思明区）		
			翔安区	Xiang'an Qu	XIU
莆田市			莆田市		
莆田县	Putian Xian	PTX 撤销	荔城区	Licheng Qu	LEG
			秀屿区	Xiuyu Qu	XUQ
江西省					
南昌市			南昌市		
郊区	Jiaoqu	JQN	青山湖区	Qingshanhu Qu	QSU
上饶市			上饶市		
波阳县	Boyang Xian	BYG	鄱阳县	Poyang Xian	POY
山东省					
			日照市		
			岚山区	Lanshan Qu	LAH
河南省					
郑州市			郑州市		
邙山区	Mangshan Qu	MSQ	惠济区	Huiji Qu	HJU
开封市			开封市		
南关区	Nanguan Qu	NGN	禹王台区	Yuwangtai Qu	YWT
郊区	Jiaoqu	JQK	金明区	Jinming Qu	JMG
安阳市			安阳市		
			殷都区	Yindu Qu	YND
			龙安区	Long'an Qu	LAQ
铁西区	Tiexi Qu	TXA 撤销			
郊区	Jiaoqu	JQU 撤销			
新乡市			新乡市		
新华区	Xinhua Qu	XHF	卫滨区	Weibin Qu	WEQ
北站区	Beizhan Qu	BZQ	凤泉区	Fengquan Qu	FQQ
郊区	Jiaoqu	JQX	牧野区	Muye Qu	MYQ
濮阳市			濮阳市		
市区	Shiqu	SIQ	华龙区	Hualong Qu	HAL
漯河市			漯河市		
郾城县	Yancheng Xian	YNC 撤销	郾城区	Yancheng Qu	YNC
			召陵区	Shaoling Qu	SOL

表 B.2（续）

GB 2260—2002			GB 2260—2007		
湖南省					
永州市			永州市		
芝山区	Zhishan Qu	ZSY	零陵区	Lingling Qu	LIG
广东省					
广州市			广州市		
			南沙区	Nansha Qu	NSH
			萝岗区	Logang Qu	LOG
东山区	Dongshan Qu	DSU 撤销			
芳村区	Fangcun Qu	FCN 撤销			
韶关市			韶关市		
北江区	Beijiang Qu	BJA 撤销	（并入浈江区）		
曲江县	Qujiang Xian	QUJ	曲江区	Qujiang Qu	QUJ
汕头市			汕头市		
			金平区	Jinping Qu	JPQ
			濠江区	Haojiang Qu	HJI
升平区	Shengping Qu	SPQ 撤销	（与金园区合并为金平区）		
金园区	Jinyuan Qu	JYI 撤销	（与升平区合并为金平区）		
达濠区	Dahao Qu	DHO 撤销	（与达濠区合并为濠江区）		
河浦区	Hepu Qu	HPQ 撤销	（与河浦区合并为濠江区）		
潮阳市	Chaoyang Shi	CHY 撤销	潮阳区	Chaoyang Qu	CHY
			潮南区	Chaonan Qu	CHN
澄海市	Chenghai Shi	CHS	澄海区	Chenghai Qu	CGH
佛山市			佛山市		
			禅城区	Chancheng Qu	CHC
城区	Chengqu	CQY 撤销	（与石湾区合并为禅城区）		
石湾区	Shiwan Qu	SWQ 撤销	（与佛山市城区合并为禅城区）		
南海市	Nanhai Shi	NAH	南海区	Nanhai Qu	NAH
顺德市	Shunde Shi	SUD	顺德区	Shunde Qu	SUD
三水市	Sanshui Shi	SJQ	三水区	Sanshui Qu	SJQ
高明市	Gaoming Shi	GOM	高明区	Gaoming Qu	GOM
江门市			江门市		
新会市	Xinhui Shi	XIN	新会区	Xinhui Qu	XIN
惠州市			惠州市		
惠阳市	Huiyang Shi	HUY	惠阳区	Huiyang Qu	HUY
广西壮族自治区					
南宁市			南宁市		

表 B.2（续）

GB 2260—2002			GB 2260—2007		
新城区	Xincheng Qu	XCN	青秀区	Qingxiu Qu	QNU
			西乡塘区	Xixiangtang Qu	XXT
			良庆区	Liangqing Qu	LQI
城北区	Chengbei Qu	CBN 撤销			
永新区	Yongxin Qu	YXQ 撤销			
邕宁县	Yongning Xian	YNG	邕宁区	Yongning Qu	YNG
柳州市			柳州市		
市郊区	Shijiao Qu	SWZ 撤销	（并入其他市辖区）		
梧州市			梧州市		
			长洲区	Changzhou Qu	CHO
市郊区	Shijiao Qu	SJO 撤销			
			贵港市		
			覃塘区	Qintang Qu	QTQ
百色地区	Bose Diqu	BSE	百色市	Bose Shi	BSS
百色市	Bose Shi	BSS	右江区	Youjiang Qu	YOQ
贺州地区	Hezhou Diqu	HZD	贺州市	Hezhou Shi	HZO
贺州市	Hezhou Shi	HZB	八步区	Babu Qu	BBQ
河池地区	Hechi Diqu	HCD	河池市	Hechi Shi	HCS
河池市	Hechi Shi	HCS	金城江区	Jinchengjiang Qu	JCI
柳州地区	Liuzhou Diqu	LZD	来宾市	Laibin Shi	LIB
来宾县	Laibin Xian	LBN	兴宾区	Xingbin Qu	XNB
南宁地区	Nanning Diqu	NND	崇左市	Chongzuo Shi	COZ
崇左县	Chongzuo Xian	CZU	江洲区	Jiangzhou Qu	JOQ
海南省					
海口市			海口市		
			龙华区	Longhua Qu	LOH
			琼山区	Qiongshan Qu	QOS
			美兰区	Meilan Qu	MEL
振东区	Zhendong Qu	ZDG 撤销			
新华区	Xinhua Qu	XHH 撤销			
省直辖县级行政单位					
琼山市	Qiongshan Shi	QSS 撤销			
重庆市					
江津市	Jiangjin Shi	JJY	江津区	Jiangjin Qu	JJY
合川市	Hechuan Shi	HEC	合川区	Hechuan Qu	HEC
永川市	Yongchuan Shi	YCP	永川区	Yongchuan Qu	YCP
南川市	Nanchuan Shi	NCU	南川区	Nanchuan Qu	NCU

表 B.2（续）

GB 2260—2002			GB 2260—2007		
四川省					
成都市			成都市		
温江县	Wenjiang Xian	WNJ	温江区	Wenjiang Qu	WNJ
绵阳市			绵阳市		
北川县	Beichuan Xian	BCN	北川羌族自治县	Beichuan Qiangzu Zizhixian	BCN
遂宁市			遂宁市		
市中区	Shizhong Qu	SZP 撤销	船山区	Chuanshan Qu	CUS
			安居区	Anju Qu	AJQ
贵州省					
			遵义市		
			汇川区	Huichuan Qu	HHQ
云南省					
丽江地区	Lijiang Diqu	LJD	丽江市	Lijiang Shi	LJH
丽江纳西族自治县	Lijiang Naxizu Zizhixian	LIJ 撤销	古城区	Gucheng Qu	GUQ
			玉龙纳西族自治县	Yulong Naxizu Zizhixian	YLZ
思茅地区	Simao Diqu	SMD	普洱市	Pu'er Shi	PRS
思茅市	Simao Shi	SYM	思茅区	Simao Qu	SYM
普洱哈尼族彝族自治县	Pu'er Hanizu Yizu Zizhixian	PER	宁洱哈尼族彝族自治县	Ning'er Hanizu Yizu Zizhixian	NER
临沧地区	Lincang Diqu	LCD	临沧市	Lincang Shi	LIH
临沧县	Lincang Xian	LCI	临翔区	Linxiang Qu	LXU
陕西省					
西安市			西安市		
长安县	Chang'an Xian	CAX	长安区	Chang'an Qu	CAU
铜川市			铜川市		
耀县	Yao Xian	YAO	耀州区	Yaozhou Qu	YAO
宝鸡市			宝鸡市		
宝鸡县	Baoji Xian	BJX	陈仓区	Chencang Qu	CCU
咸阳市			咸阳市		
杨凌区	Yangling Qu	YGL	杨陵区	Yangling Qu	YGL
延安市			延安市		
吴旗县	Wuqi Xian	WQI	吴起县	Wuqi Xian	WQI
甘肃省					
天水市			天水市		
秦城区	Qincheng Qu	QCG	秦州区	Qinzhou Qu	QZQ

表 B.2（续）

GB 2260—2002			GB 2260—2007		
北道区	Beidao Qu	BDQ	麦积区	Maiji Qu	MJI
张掖地区	Zhangye Diqu	ZYJ	张掖市	Zhangye Shi	ZYE
张掖市	Zhangye Shi	ZYE	甘州区	Ganzhou Qu	GOU
平凉地区	Pingliang Diqu	PLG	平凉市	Pingliang Shi	PLS
平凉市	Pingliang Shi	PLS	崆峒区	Kongtong Qu	KTQ
酒泉地区	Jiuquan Diqu	JQD	酒泉市	Jiuquan Shi	JQG
酒泉市	Jiuquan Shi	JQG	肃州区	Suzhou Qu	SOU
安西县	Anxi Xian	AXI	瓜州县	Guazhou Xian	GUZ
庆阳地区	Qingyang Diqu	QYD	庆阳市	Qingyang Shi	QYI
西峰市	Xifeng Shi	XFS	西峰区	Xifeng Qu	XFE
庆阳县	Qingyang Xian	QYG	庆城县	Qingcheng Xian	QIC
定西地区	Dingxi Diqu	DXD	定西市	Dingxi Shi	DNX
定西县	Dingxi Xian	DXI	安定区	Anding Qu	ADQ
陇南地区	Longnan Diqu	LND	陇南市	Longnan Shi	LGN
武都县	Wudu Xian	WUD	武都区	Wudu Qu	WUD
宁夏回族自治区					
银川市			银川市		
			兴庆区	Xingqing Qu	XQN
			西夏区	Xixia Qu	XQU
			金凤区	Jinfeng Qu	JFU
城区	Chengqu	CQY 撤销			
新城区	Xincheng Qu	XCU 撤销			
郊区	Jiaoqu	JQC 撤销			
石嘴山市			石嘴山市		
			惠农区	Huinong Qu	HNO
石嘴山区	Shizuishan Qu	SZA 撤销	（与惠农县合并为惠农区）		
惠农县	Huinong Xian	HNO 撤销	（与石嘴山区合并为惠农区）		
石炭井区	Shitanjing Qu	STJ 撤销	（并入大武口区）		
陶乐县	Taole Xian	TLE 撤销	（并入平罗县及银川市兴庆区）		
吴忠市			中卫市	Zhongwei Shi	ZWS
中卫县	Zhongwei Xian	ZWE	沙坡头区	Shapotou Qu	SPT
新疆维吾尔自治区					
乌鲁木齐市			乌鲁木齐市		
南泉区	Nanquan Qu	NNQ	达坂城区	Dabancheng Qu	DBC
			米东区	Midong Qu	MOQ
东山区	Dongshan Qu	DSG 撤销	（与米泉市合并为米东区）		
昌吉回族自治州					

表 B.2（续）

GB 2260—2002			GB 2260—2007		
米泉市	Miquan Shi	MQS 撤销	（与乌鲁木齐市东山区合并为米东区）自治区直辖县级行政区划		
			阿拉尔市	Aral Shi	ALS
			图木舒克市	Tumxuk Shi	TMK
			五家渠市	Wujiaqu Shi	WJS

ICS 81.080
Q 43

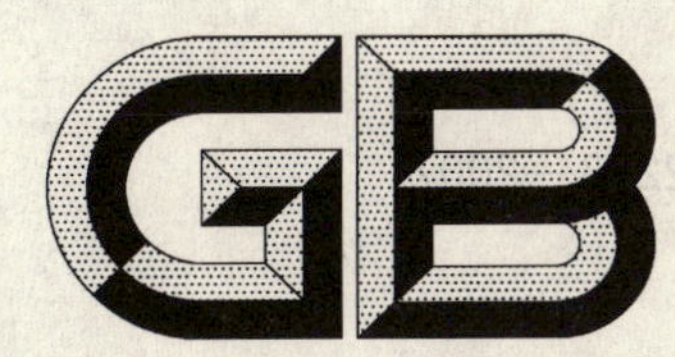

中华人民共和国国家标准

GB/T 2273—2007
代替 GB/T 2273—1998

烧结镁砂

Sintered magnesia

2007-12-29 发布　　2008-06-01 实施

中华人民共和国国家质量监督检验检疫总局
中国国家标准化管理委员会　发布

前 言

本标准代替 GB/T 2273—1998《烧结镁砂》。

本标准与 GB/T 2273—1998 相比变化如下：

——MS97 牌号重新划分等级：取消了原标准的 A 级，将 B 和 C 级调整为 A 和 B 级，其颗粒体积密度 3.35 g/cm^3 和 3.30 g/cm^3 相应调整为 3.33 g/cm^3 和 3.28 g/cm^3；

——MS96、MS95 和 MS90 牌号不再分 A 和 B 等级；

——增加了 MS94 和 MS92 牌号，取消了 MS93 牌号；

——中低档烧结镁砂 CaO 含量界限值由≤1.6%和≤2.0%分别调整为≤1.8%和≤2.5%。

本标准由全国耐火材料标准化技术委员会提出并归口。

本标准主要起草单位：辽宁省人民政府镁资源保护办公室、冶金工业信息标准研究院。

本标准参加起草单位：嘉晨集团、海城后英集团、海城华宇集团、西洋集团、营口青花集团。

本标准主要起草人：王珏、王兆敏、高建平、全跃、魏同、陈树江。

本标准所代替标准的历次版本发布情况为：

GB/T 2273—1988、GB/T 2273—1998。

烧结镁砂

1 范围

本标准规定了烧结镁砂的牌号、技术要求、试验方法、质量评定程序和包装、标志、运输、储存及质量证明书。

本标准适用于生产耐火材料用的烧结镁砂。

2 规范性引用文件

下列文件中的条款通过本标准的引用而成为本标准的条款。凡是注日期的引用文件，其随后所有的修改单(不包括勘误的内容)或修订版均不适用于本标准，然而，鼓励根据本标准达成协议的各方研究是否可使用这些文件的最新版本。凡是不注日期的引用文件，其最新版本适用于本标准。

GB/T 2007.7 散装矿产品取样、制样通则 粒度测定方法 手工筛分法

GB/T 2999 耐火材料颗粒体积密度试验方法

GB/T 5069 镁铝系耐火材料化学分析方法

GB/T 17617 耐火原料和不定形耐火材料 取样

GB/T 18930 耐火材料术语

YB/T 5142 冶金矿产品包装、标志和质量证明书的一般规定

3 术语和定义

GB/T 18930 中确立的以及下列术语和定义适用于本标准：

3.1

欠烧 underburnt

烧结程度不够，结构疏松。

3.2

杂质 impurity

非镁石煅烧形成的产物，如黑块、熔瘤以及残存焦粒等。

4 牌号

烧结镁砂按理化指标分为 14 个牌号，见表 1。牌号中的 MS 为镁砂的汉语拼音字首，其后的数字代表氧化镁质量百分数，数字后的字母表示同一牌号的不同等级。

5 技术要求

5.1 烧结镁砂的理化指标应符合表 1 的规定。

5.2 烧结镁砂的颗粒组成由供需双方商定。

5.3 烧结镁砂的外观应符合以下规定：

——MS98、MS97 和 MS96 等牌号，不得混入欠烧品和杂质；

——MS95、MS94、MS92 和 MS90 等牌号，粒度大于 30 mm 的块，欠烧品及杂质的表面积不得超过该镁砂块表面积的 1/4；粒度 5 mm～30 mm 的块，欠烧品及杂质的表面积不得超过该镁砂块表面积的 1/2；

——MS88、MS87、MS84 和 MS83 等牌号，粒度大于 30 mm 的块，欠烧品及杂质的表面积不得超过

该镁砂块表面积的1/2;粒度5 mm～30 mm的块,不应出现整块欠烧品。

5.4 欠烧品和杂质含量应符合以下规定:

——MS98、MS97和MS96等牌号,不准有欠烧品和杂质;

——MS95和MS94等牌号,欠烧品和杂质含量不应大于批量的1%;

——MS92和MS90等牌号,欠烧品和杂质含量不应大于批量的2%;

——其他牌号,欠烧品和杂质含量不应大于批量的3%;

——杂质中焦炭含量(以大于5 mm者计):MS95、MS94、MS92和MS90等牌号的焦炭含量不应大于批量的0.03%;MS88、MS87、MS84和MS83等牌号的焦炭含量不应大于批量的0.04%。

表1 烧结镁砂理化指标

牌号	指标					
	MgO/% ≥	SiO_2/% ≤	CaO/% ≤	灼烧减量/% ≤	CaO/SiO_2(质量比) ≥	颗粒体积密度/(g/cm^3) ≥
MS98A	98.0	0.3	—	0.30	3	3.40
MS98B	97.7	0.4	—	0.30	2	3.35
MS98C	97.5	0.4	—	0.30	2	3.30
MS97A	97.0	0.6	—	0.30	2	3.33
MS97B	97.0	0.8	—	0.30	—	3.28
MS96	96.0	1.5	—	0.30	—	3.25
MS95	95.0	2.2	1.8	0.30	—	3.20
MS94	94.0	3.0	1.8	0.30	—	3.20
MS92	92.0	4.0	1.8	0.30	—	3.18
MS90	90.0	4.8	2.5	0.30	—	3.18
MS88	88.0	4.0	5.0	0.50	—	—
MS87	87.0	7.0	2.0	0.50	—	3.20
MS84	84.0	9.0	2.0	0.50	—	3.20
MS83	83.0	5.0	5.0	0.80	—	—

6 试验方法

6.1 烧结镁砂的化学成分分析按GB/T 5069进行。

6.2 烧结镁砂颗粒体积密度的测定按GB/T 2999进行。

6.3 烧结镁砂粒度的测定按GB/T 2007.7进行。

6.4 烧结镁砂外观质量以目测的方法进行检测。

6.5 烧结镁砂欠烧品和杂质含量按下式计算,以质量分数计,用%表示:

$$\text{欠烧品和杂质含量}(\%) = \frac{\text{烧结镁砂外观检测中欠烧品和杂质超限的块质量}}{\text{试样总质量}} \times 100$$

7 质量评定程序

7.1 组批与抽样

7.1.1 同一牌号组成一个检验批,每批不大于300 t。

7.1.2 按GB/T 17617进行抽样。

7.2 **判定与复验**

7.2.1 检验结果按技术要求进行判定。

7.2.2 烧结镁砂检验结果中，如有一项指标不合格时，需在同批产品中重新抽取双倍数量的试样或用该批产品缩分后的保留试样对不合格项进行复验，以复验结果作为该批最终检验结果。

7.2.3 需方对产品质量有异议时，应在收货之日起10日内提出；由供需双方(或委托第三方)共同重新取样复验，以复验结果为准。

8 包装、标志、运输、储存及质量证明书

8.1 包装袋上应注明产品名称、数量、生产厂家和商标。

8.2 包装袋材料要坚韧、防潮、不破裂；包装袋要封口严密。

8.3 烧结镁砂的运输工具应保持清洁并有防雨雪设施；运输过程中应严防潮湿和污染。

8.4 烧结镁砂应储存在不受潮湿和无污染的库房内。

8.5 质量证明书按YB/T 5142的规定进行。

ICS 81.080
Q 43

中华人民共和国国家标准

GB/T 2275—2007
代替 GB/T 2275—2001

镁砖和镁铝砖

Magnesia and magnesia-alumina refractory bricks

2007-10-25 发布　　2008-04-01 实施

中华人民共和国国家质量监督检验检疫总局
中国国家标准化管理委员会　发布

前　言

本标准代替 GB/T 2275—2001《镁砖》。

本标准与 GB/T 2275—2001 相比有如下不同：

——改变了标准的名称；

——增加了镁砖 M-98 牌号的技术要求；

——增加了镁铝砖的牌号及技术要求；

——调整了砖的尺寸允许偏差及外观要求。

本标准由全国耐火材料标准化技术委员会提出并归口。

本标准负责起草单位：中钢集团洛阳耐火材料研究院、中钢集团耐火材料有限责任公司。

本标准主要起草人：杜文忠、王玉霞、李宏伟、师素环、王玲娜、李原。

本标准所代替标准的历次版本发布情况为：

——GB/T 2275—1987、GB/T 2275—2001。

镁砖和镁铝砖

1 范围

本标准规定了镁砖和镁铝砖的分类、技术要求、试验方法、质量评定程序、标志、包装、运输和储存及质量证明书等。

本标准适用于钢铁、有色金属及建材等工业窑炉用的烧成镁砖和镁铝砖。

2 规范性引用文件

下列文件中的条款通过本标准的引用而成为本标准的条款。凡是注日期的引用文件，其随后所有的修改单(不包括勘误的内容)或修订版均不适用于本标准，然而，鼓励根据本标准达成协议的各方研究是否可使用这些文件的最新版本。凡是不注日期的引用文件，其最新版本适用于本标准。

GB/T 2992 通用耐火砖形状尺寸(GB/T 2992—1998,neq ISO 5019-1:1984& ISO 5019-2:1984 & ISO 5019-5:1984)

GB/T 2997 致密定形耐火制品 体积密度、显气孔率和真气孔率试验方法(GB/T 2997—2000,eqv ISO 5017:1998)

GB/T 5069 镁铝系耐火材料化学分析方法

GB/T 5072.2 致密定形耐火制品 常温耐压强度试验方法 第2部分:衬垫试验法

GB/T 5988 致密定形耐火制品 加热永久线变化试验方法(GB/T 5988—2004,ISO 2478:1987,MOD)

GB/T 7320(所有部分) 耐火材料热膨胀试验方法

GB/T 7321 定形耐火制品试样制备方法

GB/T 10325 定形耐火制品抽样验收规则

GB/T 10326 定形耐火制品尺寸、外观及断面的检查方法(GB/T 10326—2001,eqv ISO 12678:1996)

GB/T 16546 耐火制品包装、标志、运输和储存

YB/T 370 耐火制品荷重软化温度试验方法(非示差-升温法)

YB/T 376.1 耐火制品抗热震性试验方法(水急冷法)

3 分类、形状和尺寸

3.1 按理化指标镁砖分为9个牌号，镁铝砖分为5个牌号，见表1。牌号中M、L、J、Z分别为镁、铝、尖、砖的汉语拼音首字母，阿拉伯数字为氧化镁的质量分数。

表1 砖的分类和牌号

分类	牌号								
镁砖[a]	M-98	M-97A	M-97B	M-95A	M-95B	M-93	M-91	M-89	M-87
镁铝砖[b]	MLJ-80	MLJ-75	MLJ-70	MLZ-80A	MLZ-80B	—	—	—	—

a 镁砖包括用电熔镁砂和烧结镁砂在高温下烧制成的镁砖。

b 镁铝砖包括镁砂和铝矾土为原料生产的普通镁铝砖，也包括镁砂与尖晶石为原料生产的镁铝尖晶石砖。

3.2 砖的形状尺寸应符合GB/T 2992，也可按用户的要求进行。

4 技术要求

4.1 镁砖的理化指标应符合表 2 的规定。

表 2 镁砖的理化指标

项目		指标								
		M-98	M-97A	M-97B	M-95A	M-95B	M-93	M-91	M-89	M-87
w(MgO)/%	≥	97.5	97	96.5	95	94.5	93	91	89	87
$w(SiO_2)$/%	≤	1.0	1.2	1.5	2.0	2.5	3.5	—	—	—
w(CaO)/%	≤	—	—	—	2.0	2.0	2.0	3.0	3.0	3.0
显气孔率/%	≤	16	16	18	16	18	18	18	20	20
体积密度/(g/cm³)		3.00～3.20	3.00～3.20		2.95～3.15		2.90～3.10		2.85～3.05	
常温耐压强度/MPa	≥	60	60		60		60	60	50	50
0.2 MPa 荷重软化开始温度/℃	≥	1 700	1 700		1 650		1 620	1 560	1 550	1 540
加热永久线变化(1 650℃×2 h)/%		−0.2～0	−0.2～0		−0.3～0		−0.4～0	−0.5～0	−0.6～0	—

4.2 镁铝砖的理化指标应符合表 3 的规定。

表 3 镁铝砖的理化指标

项目		指标				
		镁铝尖晶石砖			普通镁铝砖	
		MLJ-80	MLJ-75	MLJ-70	MLZ-80A	MLZ-80B
w(MgO)/%	≥	80	75	70	80	80
$w(Al_2O_3)$/%		8～20	8～20	8～20	5～10	5～10
显气孔率/%	≤	17	19	20	18	19
体积密度/(g/cm³)		2.85～3.15	2.85～3.15	2.85～3.10	2.85～3.10	2.85～3.10
常温耐压强度/MPa	≥	40	40	40	35	30
0.2 MPa 荷重软化开始温度/℃	≥	1 700	1 650	1 600	1 600	1 580
抗热震性(1 100℃,水冷)/次	≥	10	10	8	4	4

4.3 单重≥35 kg 或厚度≥100 mm 砖的技术要求由供需双方协商。

4.4 根据需方要求,应提供砖的热膨胀数据。

4.5 镁砖和镁铝砖的尺寸允许偏差及外观应符合表 4 的规定。

表 4 砖的尺寸允许偏差及外观

单位为毫米

项目			指标
尺寸允许偏差	尺寸≤150		±2
	150<尺寸≤300		±3
	尺寸>300		±4
扭曲	长度≤300	不大于	1.0
	长度>300		2.0
缺角长度($a+b+c$)			40
缺棱长度($e+f+g$)			60
裂纹长度	宽度<0.10		不限制
	宽度 0.10～0.25		60
	宽度>0.25		不准有
相对边差	厚度		1
注:可根据用户要求对砖的一个主要尺寸进行尺寸分档。			

4.6 砖的断面不准有宽度＞0.5 mm 的裂纹。

5 试验方法

5.1 砖的检验制样按 GB/T 7321 进行。

5.2 MgO、Al_2O_3、SiO_2、CaO 的含量测定按 GB/T 5069 进行。

5.3 显气孔率和体积密度的检验按 GB/T 2997 进行。

5.4 常温耐压强度的检验按 GB/T 5072.2 进行。

5.5 荷重软化温度的检验按 YB/T 370 进行。

5.6 加热永久线变化的检验按 GB/T 5988 进行。

5.7 抗热震性的检验按 YB/T 376.1 进行。

5.8 热膨胀的检验按 GB/T 7320 进行。

5.9 砖的尺寸、外观及断面检查按 GB/T 10326 进行。

6 质量评定程序

6.1 组批

砖以 120 t 为一批，不足 120 t 时仍按一批进行。

6.2 抽样及合格判定规则

抽样、验收按 GB/T 10325 进行。显气孔率、常温耐压强度、荷重软化温度为验收检验项目。需要复验时，单值允许偏差应符合表 5 的规定。

表 5 复验单值允许偏差

项　目	允许偏差
显气孔率	＋1％
常温耐压强度	－5 MPa
0.2 MPa 荷重软化开始温度	－10℃

6.3 合格评定形式

合格评定可采用供货方声明、使用方认定或第三方认证的形式进行。

7 标志、包装、运输和储存及质量证明书

7.1 标志、包装、运输和储存按 GB/T 16546 进行。

7.2 砖发出时，应附有供方质量监督部门签发的质量证明书，载明：供方名称、需方名称、生产日期、合同号、产品名称、标准编号、牌号、砖号、批号、尺寸、外观及理化指标等内容。

ICS 71.100.01;87.060.10
G 55

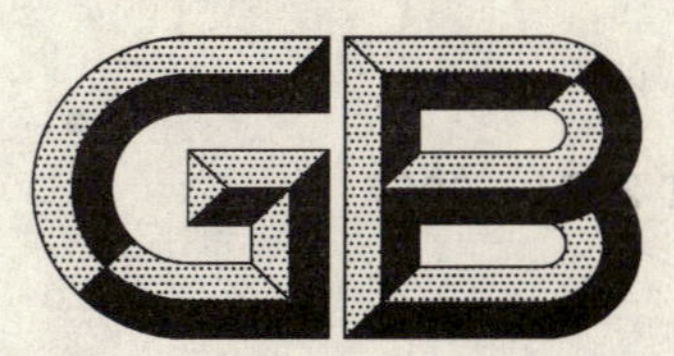

中华人民共和国国家标准

GB/T 2374—2007
代替 GB/T 2374—1994

染料 染色测定的一般条件规定

Dyestuffs—General rules for dyeing test

2007-11-28 发布　　2008-06-01 实施

中华人民共和国国家质量监督检验检疫总局
中国国家标准化管理委员会　发布

前　言

本标准代替 GB/T 2374—1994《染料染色测定的一般条件规定》。

本标准与 GB/T 2374—1994 的主要变化如下：

——标准名称改为《染料　染色测定的一般条件规定》；

——增加了测定用其他织物的质量要求（本版的 3.3）；

——增加了小浴比染色时浴比的要求（本版的 5.4）；

——仪器设备单列 1 章（1994 年版的 5.1；本版的第 4 章）；

——删除了测定用纱线或织物如有必要改变规格，须经染料标准化技术归口单位认可的内容（1994 年版的 3.1）。

本标准由中国石油和化学工业协会提出。

本标准由全国染料标准化技术委员会（SAC/TC 134）归口。

本标准起草单位：沈阳化工研究院。

本标准主要起草人：姬兰琴、王勇、沈日炯。

本标准 1966 年首次发布为化工部颁标准 HG 2-356—1966，1980 年第一次修订并调整为国家标准 GB 2374—1980，1994 年第二次修订为 GB/T 2374—1994。

染料　染色测定的一般条件规定

1　范围

本标准规定了染色(或印花)测定中所用的材料和试剂的要求、仪器设备的要求、染色测定的基本要求、染色过程控制和染色结果的评定。

本标准适用于各类染料产品的染色(或印花)检验测定。

2　规范性引用文件

下列文件中的条款通过本标准的引用而成为本标准的条款。凡是注日期的引用文件,其随后所有的修改单(不包括勘误的内容)或修订版均不适用于本标准,然而,鼓励根据本标准达成协议的各方研究是否可使用这些文件的最新版本。凡是不注日期的引用文件,其最新版本适用于本标准。

GB/T 4841.1—2006　染料染色标准深度色卡　1/1

GB/T 4841.2—2006　染料染色标准深度色卡　藏青和黑色

GB/T 4841.3—2006　染料染色标准深度色卡　2/1、1/3、1/6、1/12、1/25

GB/T 6682　分析实验室用水规格和试验方法(GB/T 6682—1992,neq ISO 3696:1987)

GB/T 6688—1986　染料相对强度的测定(仪器法)

GB/T 6689—1986　染料色差的测定(仪器法)

GB/T 8170　数值修约规则

HG/T 2607　染料试验用标准漂白棉线

HG/T 2608　染料试验用标准漂白涤纶布

HG/T 2609　染料试验用标准漂白棉布

3　材料和试剂的要求

3.1　试剂

染色测定中所用的化学试剂和染色助剂应为工厂的正式产品且符合相应的标准要求,化学试剂至少应为化学纯。对于目前尚无国家或行业标准规定的化学试剂或其他助剂,应在各类染料的方法标准或产品标准中对其规格予以详细规定。

3.2　测定用水

染色测定过程中的用水,包括织物的前、后处理(漂洗用水除外),染料及染色用试剂配制溶液用水等均应符合 GB/T 6682 规定的三级水要求。

3.3　测定用纤维或织物

染色测定中,可根据待测染料的性质及测定目的等要求,选用不同纤维类别的纱线或织物。染色测定所用的纱线或织物,必须符合相应的标准或质量规格。具体品种的要求如下:

a)　棉纱:14 tex/2($42^S/2$)精练漂白 42 支双股纱,且符合 HG/T 2607 的要求;

b)　棉布:25 tex/28 tex($23^S \times 21^S$)精练漂白平纹细布,且符合 HG/T 2609 的要求;

c)　纯棉针织布;

d)　羊毛凡力丁;

e)　羊毛线:219 毛线;

f)　涤纶布:13 tex/13 tex($45^S \times 45^S$)纯涤纶平纹织物,且符合 HG/T 2608 要求;

g)　涤纶纱:50 支三股短纤维纱;

h) 纯涤针织布;

i) 腈纶膨体纱:26 支双股纱;

j) 腈纶凡力丁;

k) 锦纶织物:平纹织物或锦纶针织布;

l) 丝:桑蚕丝平纹织物;

m) 其他:如需要,根据具体情况在产品标准另行详细规定。

4 仪器和设备的要求

染色测定过程使用的各类仪器和设备,包括染色设备、天平、玻璃量具等均应定期进行计量检定,检定合格后方可使用。

5 染色测定的基本要求

5.1 染色深度

5.1.1 染色深度的选择

测定染料色光和强度时,染色深度既要满足分档清晰宜于目测评定色光和强度,又要考虑适当降低称样误差,因此,染色深度一般在 GB/T 4841.1—2006 和 GB/T 4841.3—2006 规定的 1/3～1/1 染色标准深度之间为宜。对于藏青色和黑色染料,选择染色深度时还应考虑到保证能反映出染料的真实颜色。

5.1.2 染色深度的表示

测定色光和强度或色牢度或其他应用性能时,均应标明染色深度。染色深度的表示方法如下:

a) 浸染:用染料相对于织物的质量分数[%(owf)]表示;

b) 轧染:用染液中染料质量与染液体积的比值(g/L)表示;

c) 印花:用印花色浆中染料与印花色浆的质量分数(%)表示。

5.1.3 测定色牢度的染色深度

测定色牢度时,可根据各染料的具体应用需要,选择一档或几档深度进行测定。选用的每档染色深度均应符合 GB 4841.1—2006 或 GB/T 4841.2—2006 或 GB/T 4841.3—2006 的规定。一般可选择 1/1或 1/3 染色标准深度,藏青色和黑色染料可选择浅藏青或浅黑染色标准深度。

5.1.4 测定其他染色性能的染色深度

测定染料其他染色性能时的染色深度,须在标准或测定方法中规定。无特别申明,一般采用 GB 4841.1—2006规定的 1/1 染色标准深度。

5.2 染色纤维或织物

5.2.1 纤维或织物的选用

根据染料的应用性能及检验测定目的等要求,以适用为原则选用纤维的种类和类别,所选用的纱线或织物必须符合相应的质量规格标准或要求。一般情况下在各类染料的方法标准或产品中作出详细规定。

5.2.2 纤维的称量

染色测定用纤维或织物的称量,均应精确至 0.01 g。

5.2.3 纤维的前处理

各种纤维在染色测定前一般应先进行处理,处理方法和条件在各类染料的检验方法中应另行作出详细的规定。

经处理后并洗净的纤维或用蒸馏水浸透的纤维,须甩出过多水分后待用。随同纤维或织物带入染缸的水分,不计在染液体积之内。

5.3 染料

5.3.1 称量

浸染的染料的称量须精确至 0.000 2 g,轧染和印花的称量须精确至 0.001 g。染料轧染和印花时,染料标样和试样应逐份称取。浸染时,为降低称量误差对染色结果的影响,除特殊规定外,一般应预先配制浓度较高的溶液,然后按规定的染色深度要求,从充分摇匀的染料溶液中逐份移取一定的体积用于配制染浴。移取的染料溶液应精确到 0.1 mL。

5.3.2 染料试液的配制

染料试液的配制以染料充分溶解或充分均匀分散为原则,具体配制方法应在各类染料的检验方法中另行作出详细规定。染料试液一般应现配现用。

5.3.3 标准梯度

测定染料的色光和强度时,标准样品应染三个不同深度的染样,即分档染色,三档的染色深度间隔一般为 5 分(5%)。试样染两个或多个深度的染样,其染色深度间隔亦为 5 分(5%)。试样染色深度的选择,应使其染样的颜色深度介于标准样品染样的深度范围内,以便目测评定。

5.4 染色浴比

染色测定时各种纤维的用量和染色浴比应符合表 1 的规定。

表 1 各种纤维用量与染色浴比对应关系

纤维种类	织物类别	纤维或织物质量/g	染色浴比
棉	棉布	5	1∶40
	棉纱	5	1∶40
	棉纱	10	1∶20
羊毛	毛线	4	1∶50
	羊毛凡力丁	4	1∶50
涤纶	涤纶布	2	1∶100
	涤纶纱	5	1∶40
腈纶	腈纶膨体纱	2	1∶100
	腈纶凡力丁	4	1∶50
锦纶(尼龙)	平纹织物	2	1∶100
	弹力尼龙	4	1∶50
丝	平纹织物	2	1∶100

小浴比染色或对于某些在具体应用和染色效果有一定特殊要求的染色测定项目,可适当变动浴比或纤维(织物)的用量,一般浴比控制在 1∶20～1∶100,但必须在具体标准中予以详细规定。

5.5 化学试剂和助剂

5.5.1 试剂和助剂的用量计算

染色过程中加入的各种试剂和助剂的用量,在浸染时,按被染织物的质量分数[%(owf)]计算;在轧染液和印花浆中各种试剂、助剂的用量,与轧染和印花中染料的用量的计算相同,分别按"g/L"或质量分数(%)计算。使用时除另行规定外,均应配成溶液使用。

5.5.2 化学试剂和助剂溶液的配制及使用用量允许差

化学试剂和助剂配成溶液时,应充分溶解,各种试剂和助剂均按"g/L"配制。其用量允许差为:固体的称量误差不大于 1%,液体的吸量误差不大于 1%,以此为原则选择适宜的(称)吸量器具。

配制染浴时,各种试剂和助剂的加入,移液均应精确到 0.1 mL(个别浓度较低,用量较大溶液的加入,可适当降低其精度)。

6 染色过程的控制

6.1 同一次染色测定必须使用同一批次的纱线或织物，所用的染缸的形状、材料及厚度也必须一致，温度控制误差不得超过±2℃，各染缸间的温度差不得超过±1℃。

6.2 装有标样和试样的染缸，必须放在同一加热浴中染色，加热浴可采用水、甘油或其他适宜的传热介质。

6.3 手工染色时，各染缸的搅拌程度应保持一致，一般在入染开始的15 min内需不断翻动，以后每隔5 min翻动一次，每次翻动的时间应尽量一致。翻动时应避免染液溅出染缸，翻动后，纱线或织物不应露出液面。

6.4 染色前，各纤维应作标记，然后顺序入染，染毕亦应按相同的顺序和时间间隔取出染样，以保证各染样有相同的染色时间。此外，各染缸的其他控制因素亦应保持一致。

6.5 染色过程中(尤其是长时间手工沸染)，应注意染液的体积，必要时可补加与染液同温度的水，以保持一定的浴比。

6.6 轧染时，各染样的轧液率应保持一致，预烘和焙烘的温度控制偏差不得超过2℃。

6.7 印花时，应保持印花设备左右前后压力一致，刮刀运行速度均匀一致。

6.8 染色结束后，染样按规定的后处理方法处理，然后将染样悬挂在无有害气体的空气流通处晾干。应避免阳光直接照射。亦可悬挂于温度不超过60℃的电热烘箱中烘干。

6.9 干燥后染样应放置一段时间，待色光稳定后再进行评定。用于评定色光、强度的染色样品，须染色均匀，且标样和试样的深度符合染色时所规定的深度间隔。

7 染色结果的评定

7.1 色光和强度的评定

评定色光和强度时，既可采用目视观测，也可使用仪器测量。

7.1.1 目视观测

7.1.1.1 观测条件

目测评定染样的色光强度时，染样应置于同一平面，织物正反面相同，且织物纹路应一致(纱样应理齐)。照明光线应来自样品的上方。以朝北蓝天光或光照度不低于600 lx的等效标准光源照射，入射光与染样表面成45°角，观测方向大约垂直于染样表面，观测距离在30 cm～50 cm。根据染样表面光泽度的大小和光源的性质，亦可使光源大约垂直染样表面，观测方向与染样表面约成45°角。目测评定时，染样应左右交替观测，以抵消因观测角度不同而可能对观测结果产生的影响。

目测评定时，应避免外界环境物体反射光的影响。周围环境色调以中等明度的中性灰色为佳。

7.1.1.2 色光评定

目测评定色光时，必须在颜色深度相近的标准染样和试样的染样间进行。色光差异实际上表示了色相差和饱和度差的综合结果，按其总体差异程度，规定为近似、微、稍、较、显较五级。定义如下：

近似：两块染样左右交替目测似无色差；

微：两块染样左右交替目测微有色差；

稍：两块染样左右交替目测易于区别色差；

较：两块染样目测评比有明显色差；

显较：两块染样目测评比已基本呈两种色相。

当试样与标样在饱和度上有差异时，在结果中加“艳”或“暗”表示。根据色相和饱和度的差异情况，表达方式如下例所示：

近似：表示色相和饱和度均无差异；

微红：表示色相微红，饱和度无差异；

稍黄:表示色相稍黄,饱和度无差异;

微艳:表示色相一致,饱和度偏高为微级;

微暗:表示色相一致,饱和度偏低为微级;

微绿艳:表示色相偏绿,饱和度偏高,总体效果为微级;

稍黄暗:表示色相偏黄,饱和度偏低,总体效果为稍级。

7.1.1.3 强度评定

目测评定强度时,试样色光在“近似”、“微”、“稍”级时才做强度评定,色光为“较”或“显较”时,不评定强度,强度表示为不可比。

染料的相对强度以染得相等深度颜色时,染料标准样品和试样用量的百分数表示。其计算结果按 GB/T 8170 的规定修约到个位。但如试样的强度介于 95%～105%范围内时,可不需计算,直接目测得出试样的强度。

7.1.2 仪器测量

测量仪器的要求、染样的准备等事项按 GB/T 6688—1986 和 GB/T 6689—1986 的规定。强度按 GB/T 6688—1986 的方法二计算。对于具体品种,应规定可用于判定色光是否合格的色差界限值,如 ΔE、ΔC、ΔH。

7.2 其他染色性能的测定结果评定

其他染色性能的测定结果,按相应标准或方法中的规定评定。

7.3 结果的判定

除有特殊约定外,生产厂检验,色光差异不超过微级(含微级)且不暗,强度为 100%～103%时判定为合格;商业和使用单位验收及产品质量监督检验,色光差异不超过微级(含微级)且不暗,强度为 100%±5%(不含 5%)时判定为合格。

ICS 71.100.01;87.060.10
G 55

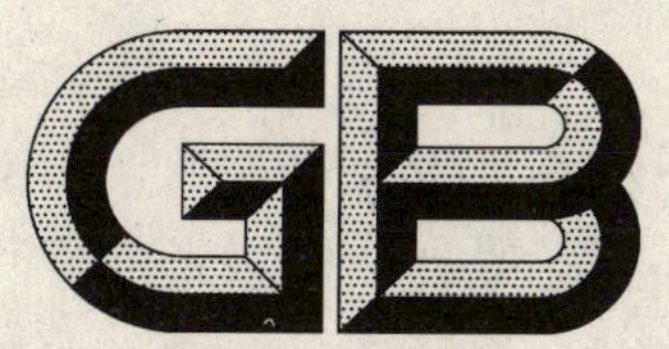

中华人民共和国国家标准

GB/T 2382—2007
代替 GB/T 2382—1995

硫化染料　游离硫磺含量的测定

Sulphur dyes—Determination of content of free sulphur

2007-11-28 发布　　　　2008-06-01 实施

中华人民共和国国家质量监督检验检疫总局
中国国家标准化管理委员会　发布

前　言

本标准代替 GB/T 2382—1995《硫化染料中游离硫磺含量的测定》。

本标准与 GB/T 2382—1995 的主要变化如下：

——标准名称改为《硫化染料　游离硫磺含量的测定》；

——增加了试验报告内容(本版的第 7 章)。

本标准由中国石油和化学工业协会提出。

本标准由全国染料标准化技术委员会(SAC/TC 134)归口。

本标准起草单位:沈阳化工研究院。

本标准主要起草人:姬兰琴、沈日炯。

本标准于 1966 年首次发布为化工部颁标准 HG 2-365—1966,1980 年修订并调整为国家标准 GB 2382—1980,1995 年第二次修订为 GB/T 2382—1995。

硫化染料　游离硫磺含量的测定

1　范围

本标准规定了硫化染料中游离硫磺含量的测定方法。

本标准适用于硫化染料中游离硫磺含量的测定。

2　规范性引用文件

下列文件中的条款通过本标准的引用而成为本标准的条款。凡是注日期的引用文件，其随后所有的修改单(不包括勘误的内容)或修订版均不适用于本标准，然而，鼓励根据本标准达成协议的各方研究是否可使用这些文件的最新版本。凡是不注日期的引用文件，其最新版本适用于本标准。

GB/T 601　化学试剂　标准滴定溶液的制备

GB/T 603　化学试剂　试验方法中所用制剂及制品的制备(GB/T 603—2002,ISO 6353-1:1982,NEQ)

GB/T 1250—1989　极限数值的表示方法和判定方法

GB/T 6682　分析实验室用水规格和试验方法(GB/T 6682—1992,neq ISO 3696:1987)

3　原理

用有机溶剂从硫化染料中萃取游离的硫磺，然后蒸馏除去有机溶剂，剩余物再与亚硫酸钠反应，用碘标准滴定溶液滴定。根据所消耗碘标准滴定溶液的量计算游离硫磺含量。

4　试剂和材料

除非另有规定，仅使用确认为分析纯的试剂和GB/T 6682中规定的三级水。试验中所用标准滴定溶液，在没有注明其他要求时，均按GB/T 601、GB/T 603的规定制备与标定。检验结果的判定按GB/T 1250—1989中的5.2修约值比较法进行。

4.1　滤纸：定性快速滤纸。

4.2　甲苯。

4.3　无水亚硫酸钠。

4.4　乙酸溶液：质量分数为36%。

4.5　甲醛溶液：质量分数为36%。

4.6　碘标准滴定溶液：$c(1/2I_2)=0.1$ mol/L。

4.7　可溶性淀粉溶液：5 g/L。

5　仪器和设备

5.1　蒸馏设备。

5.2　电热套或其他加热设备。

5.3　索氏脂肪抽出器：250 mL。

6　试验方法

6.1　样品准备

称取约10 g染料样品(精确至0.001 g)，平铺于200 mm×200 mm滤纸的1/2面积上，将滤纸对叠并卷成圆筒状，操作时勿使染料漏出，并应使染料全部在抽取液面下。

6.2 萃取蒸馏

将按6.1准备的样品放入索氏脂肪抽出器中，在抽出器的烧瓶中加入100 mL～150 mL甲苯，连好装置，置于电热套或其他加热装置上加热回流，控制回流速度约15 min循环一次，回流4 h后，停止加热，冷却后换上蒸馏装置进行蒸馏，直至甲苯全部蒸干。

6.3 反应

在蒸干甲苯后的烧瓶中加入40 mL水和2 g无水亚硫酸钠，装上回流冷凝器，加热沸腾1 h～2 h，直至硫磺全部反应溶解。冷却后把反应液过滤，滤去不溶解杂质，并用50 mL左右水分3次洗涤烧瓶及漏斗。

6.4 滴定

于滤液中加入甲醛溶液(4.5)3 mL～4 mL，乙酸溶液(4.4)10 mL～20 mL及可溶性淀粉溶液(4.6)10 mL，用碘标准滴定溶液滴定溶液呈蓝色即为终点。

6.5 结果计算

硫化染料中游离硫磺含量，以质量分数w(%)计，按式(1)计算：

$$w=\frac{VcM}{1\,000\,m}\times 100 \qquad (1)$$

式中：

V——滴定消耗的碘标准滴定溶液的体积数值，单位为毫升(mL)；

c——碘标准滴定溶液的浓度的数值，单位为摩尔每升(mol/L)；

m——染料样品的质量数值，单位为克(g)；

M——硫的摩尔质量数值，单位为克每摩尔(g/mol)(M=32)。

结果保留到小数点后两位。

7 试验报告

试验报告包括以下内容：

a) 被测染料的名称；

b) 本标准编号；

c) 试验条件；

d) 使用仪器的名称、型号；

e) 测试结果；

f) 在测试过程中的特殊情况；

g) 与本方法的差异；

h) 试验日期。

ICS 71.100.01;87.060.10
G 55

中华人民共和国国家标准

GB/T 2384—2007
代替 GB/T 2384—1992

染料中间体 熔点范围测定通用方法

Dyes intermediates—General method for the determination of melting range

2007-11-28 发布 2008-06-01 实施

中华人民共和国国家质量监督检验检疫总局
中国国家标准化管理委员会 发布

前言

本标准代替 GB/T 2384—1992《染料中间体熔点范围测定通用方法》。

本标准与 GB/T 2384—1992 相比主要变化如下：

——将标准名称更改为《染料中间体　熔点范围测定通用方法》；

——增加了“初熔点”和“终熔点”术语(本版的第 2 章)；

——增加了用局浸式温度计测定熔点时的计算公式(本版的第 7 章)；

——增加了试验报告的内容(本版的第 9 章)。

本标准由中国石油和化学工业协会提出。

本标准由全国染料标准化技术委员会(SAC/TC 134)归口。

本标准起草单位：沈阳化工研究院。

本标准主要起草人：姬兰琴、沈日炯。

本标准于 1966 年首次发布为化工部标准 HG 2-367—1966，1980 年进行修订并调整为国家标准 GB 2384—1980；1992 年修订为 GB/T 2384—1992。

染料中间体　熔点范围测定通用方法

1　主要内容与适应范围

本标准规定了用毛细管法测定染料中间体熔点的通用方法。

本标准适用于结晶或粉末状染料中间体熔点的测定。

2　术语与定义

下列术语和定义适用于本标准。

2.1

熔点范围　melting range

物质的熔点范围系指用毛细管法所测定的从该物质开始熔化至全部熔化时的温度范围。

2.2

初熔点　initial melting point

物质的初熔点范围系指用毛细管法所测定的物质开始熔化的温度。

2.3

终熔点　final melting point

物质的终熔点系指用毛细管法所测定的物质全部熔化的温度。

3　方法提要

以加热的方式，使毛细管中的试样从低于其初熔时温度逐渐升至高于其终熔时温度，通过目视观察初熔及终熔的温度，以确定试样的熔点范围。

4　试剂和材料

应选择沸点高于被测物质终熔温度，而且性能稳定、清澈透明、使用安全的液体作为传热介质。以下为常用传热液体。

4.1　浓硫酸：化学纯；适用于熔点为 200℃以下的物质。

4.2　浓硫酸和硫酸钾混合物：浓硫酸与硫酸钾的体积比为 7∶3，适用于熔点为 200℃～300℃的物质。浓硫酸与硫酸钾的体积比为 6∶4，适用于熔点为 300℃以上的物质。

4.3　丙三醇：适用于熔点为 150℃以下的物质。

4.4　液体石蜡(300℃以上馏分)：适用于熔点为 150℃以下的物质。

4.5　二甲基硅油：具体型号可根据产品熔点自行选择。

5　仪器和装置

5.1　毛细管

用硬质 11 号玻璃制成的毛细管，内径 0.9 mm～1.1 mm，壁厚 0.15 mm～0.2 mm，长度以安装后上端高于传热液体液面为准。

5.2　温度计

5.2.1　测量温度计(适合于测定熔点的范围)

单球或双球温度计，分度值为 0.1℃，长为 250 mm～300 mm，全浸或局浸式并经过校正，具有适当的量程。

5.2.2　**辅助温度计**(用于全浸温度计的校正)

分度值为1℃,并具有适当量程。

5.3　**加热装置**

5.3.1　**加热器**

用带电子控制器的加热器或其他加热均匀、安全、容易控制温度的加热装置。

5.3.2　**圆底烧瓶**

容积250 mL,内径80 mm,颈长20 mm～30 mm,口径约为30 mm,试管长为100 mm～110 mm,直径为20 mm,软木塞或胶塞外侧应有出气槽,装置见图1。

单位为毫米

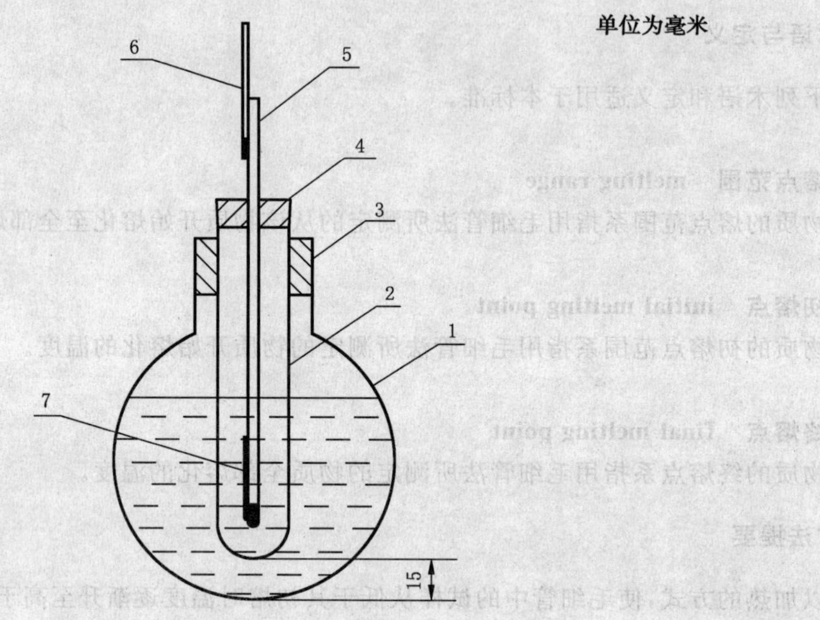

1——圆底烧瓶;
2——试管;
3,4——胶塞(或软木塞);
5——温度计;
6——辅助温度计;
7——毛细管。

图1　熔点测定装置图

6　测定步骤

6.1.1　**试样的制备**

将少量干燥的试样(干燥方法视产品性质而定,在产品标准中具体规定),研磨成尽可能细密的粉末,装入清洁、干燥的毛细管中,取一长约800 mm的干燥玻璃管,立于玻璃板上,将装有试样的毛细管在其中投掷10～15次,使毛细管内试样紧缩至3 mm～4 mm高,再将开口一端封闭。

6.1.2　**试验过程**

在圆底烧瓶中加入200 mL传热介质,熔点在200℃以下者试管中可加入液体石蜡,200℃以上者试管中加入与烧瓶中相同的传热介质。试管中传热介质的高度,应与烧瓶中传热介质的高度一致,温度计的中间泡应浸没于传热介质中。将传热介质加热至离试样熔点20℃左右时,把装有试样的毛细管系附于温度计上,使试样位于水银球的中部,温度计位于试管中央,不可与试管壁或底部接触,继续加热至距熔点10℃前调节加热速度,保持升温速度在0.8℃/min～1℃/min左右。

6.1.3　**熔点观测**

观察毛细管内试样熔化情况,记录下试样开始出现局部液化现象时的温度即为初熔点,然后记下试样全部熔化时的温度即为终熔点。

7 结果计算

如测定中使用的是全浸式温度计，熔点 t 按式(1)、式(2)、式(3)计算：

$$t=t_1+\Delta t_1+\Delta t_2 \quad \cdots\cdots (1)$$

$$\Delta t_1=0.000\ 16h_1(t_1-t_2) \quad \cdots\cdots (2)$$

$$\Delta t_2=0.000\ 16h_2(t_1-t_3) \quad \cdots\cdots (3)$$

式中：

t——熔点，单位为摄氏度(℃)；

t_1——观测温度，单位为摄氏度(℃)；

Δt_1——温度计露出液面至塞内水银柱校正值，单位为摄氏度(℃)；

Δt_2——温度计露出塞外的水银柱校正值，单位为摄氏度(℃)；

t_2[1]——试管内液面至塞内中间处温度，单位为摄氏度(℃)；

t_3——塞外水银柱中部周围空气温度(用辅助温度计测定)，单位为摄氏度(℃)；

h_1——温度计露出液面至塞内水银柱高度(以温度计的度数表示)；

h_2——塞外水银柱高度(以温度计的度数表示)；

0.000 16——水银在玻璃中的膨胀系数。

如测定中使用的是局浸式温度计，熔点 t 按式(4)计算：

$$t=t_4+\Delta t_3 \quad \cdots\cdots (4)$$

式中：

t——熔点，单位为摄氏度(℃)；

t_4——观测温度，单位为摄氏度(℃)；

Δt_3——测量温度计的校正值，单位为摄氏度(℃)。

8 允许差

两次平行测定结果之差：熔点在 200℃以下时不应大于 0.2℃，熔点在 200℃以上时不应大于 0.3℃，取平行测定结果的算术平均值作为测定结果。

9 试验报告

试验报告包括以下内容：

a) 被测染料中间体的名称；

b) 本标准编号；

c) 使用精密温度计的名称和型号；

d) 测试结果；

e) 在测试过程中的特殊情况；

f) 与本方法的差异；

g) 试验日期。

1) 试管内液面至塞外中间处温度用辅助温度计测定。试样熔点测定完毕，立即将温度计插入试管内液面至塞内之间的中间位置，测定这一温度场的平均温度。对同一产品使用同一只温度计，测定结果可作为常数使用。

ICS 71.100.01;87.060.10
G 55

中华人民共和国国家标准

GB/T 2385—2007
代替 GB/T 2385—1992

染料中间体 结晶点的测定通用方法

Dyes intermediates—General method for the determination of crystallizing point

(ISO 1392:1977,Determination of crystallizing point—General method,MOD)

2007-11-28 发布 2008-06-01 实施

中华人民共和国国家质量监督检验检疫总局
中国国家标准化管理委员会 发布

前　言

本标准修改采用ISO 1392:1977《结晶点的测定——通用方法》。

本标准与ISO 1392:1977的差异如下：

——标准格式编辑性修改；

——本标准适用于－10℃～150℃范围内染料中间体结晶点的测定，ISO 1392的适用范围为－50℃～250℃物质结晶点的测定（本标准的第1章；ISO 1392:1977的第1章）；

——本标准规定用杜瓦瓶、烧杯作冷却浴和热浴，ISO 1392:1977采用杜瓦瓶和热浴器（本标准的6.1.7和6.1.8、6.1.9；ISO 1392:1977的4.5、4.6、4.7）；

——本标准规定的冷却液为冰水、冰盐水、甘油、水和空气或其他介质，ISO 1392采用干冰-丙酮、冰水或水（本标准5.2；ISO 1392:1977的4.5）；

——本标准简化了ISO 1392:1977中样品干燥处理的有关具体规定（ISO 1392:1977的5.2.1和5.2.2.1和5.2.2.2；本标准的7.1）；

——本标准规定冷却样品时搅拌，出现结晶时停止搅拌；ISO 1392:1977中规定，从开始冷却样品之时进行搅拌，不使液体极度过冷，如果结晶出现后温度的上升超过1℃～2℃，应重新测定（本标准的7.3；ISO 1392:1977的5.4）。

本标准代替GB/T 2385—1992《染料中间体结晶点测定通用方法》。

本标准与GB/T 2385—1992相比主要变化如下：

——将标准名称更改为《染料中间体　结晶点的测定通用方法》；

——增加了“规范性引用文件”一章（本版的第2章）；

——增加了“术语与定义”一章（本版的第3章）；

——修改了全浸式温度计测定的计算公式，增加了局浸式温度计测定的计算公式（1992年版的第7章；本版的第8章）；

——增加了试验报告的内容（本版的第10章）。

本标准由中国石油和化学工业协会提出。

本标准由全国染料标准化技术委员会（SAC/TC 134）归口。

本标准起草单位：沈阳化工研究院。

本标准主要起草人：姬兰琴、沈日炯。

本标准于1966年首次发布为化工部标准HG 2-368—1966，1980年修订并调整为国家标准GB 2385—1980，1992年第二次修订为GB/T 2385—1992。

染料中间体　结晶点的测定通用方法

1　范围

本标准规定了用双套管法测定染料中间体结晶点的通用方法。

本标准适用于结晶温度在－10℃～150℃范围内染料中间体产品结晶点的测定。

本标准适用于直接测定试样的结晶点，也适用于测定经干燥后的试样的结晶点。试样是否需要干燥及干燥方法在产品标准中另行规定。

2　规范性引用文件

下列文件中的条款通过本标准的引用而成为本标准的条款。凡是注日期的引用文件，其随后所有的修改单（不包括勘误的内容）或修订版均不适用于本标准，然而，鼓励根据本标准达成协议的各方研究是否可使用这些文件的最新版本。凡是不注日期的引用文件，其最新版本适用于本标准。

GB/T 629　化学试剂　氢氧化钠

3　术语和定义

下列术语和定义适用于本标准。

3.1

结晶点　crystallizing point

物质的结晶点系指液体在冷却过程中由液态转变为固态时的相变温度。

4　原理

液体或融化的物质在常压下降温，当控制温度时，从液相到固相的相变过程中，释放出潜热，观察到的最高温度所保持一定阶段的温度为结晶点。

5　试剂和材料

5.1　干燥剂

5.1.1　无水氯化钙：分析纯。

5.1.2　氢氧化钠：应符合 GB/T 629 的规定。

5.1.3　分子筛：规格和型号在产品标准中具体规定。使用时，需经 550℃焙烧 3 h 进行活化，置于干燥器中备用。

5.2　冷却剂

5.2.1　碎冰和食盐混合物：适用于－10℃～0℃范围内冷却介质。

5.2.2　碎冰和水的混合物：适用于 0℃～25℃范围内冷却介质。

5.2.3　甘油：适用于 25℃～150℃范围内冷却或热化介质。

5.2.4　水和空气或满足要求的其他介质。

6　仪器和装置

6.1　仪器

6.1.1　结晶管：外径约 25 mm，长 150 mm±5 mm。

6.1.2　套管：内径约 28 mm，长约 120 mm±5 mm，壁厚 2 mm。

6.1.3 测量温度计(用于测定结晶点):单球或双球温度计,分度值为 0.1℃,长为 250 mm～300 mm,全浸或局浸式并经过校正,具有适当的量程。

6.1.4 辅助温度计(用于校正):分度值为 1℃,并具有适当的量程。

6.1.5 浴温度计:热化(或冷却)温度计,分度值为 1℃,并具有适当的量程。

6.1.6 搅拌器:用玻璃或不锈钢绕成直径 20 mm 的环。

6.1.7 热化浴:500 mL～600 mL 烧杯。

6.1.8 冷却浴:400 mL～500 mL 烧杯或相应装置。

6.1.9 杜瓦瓶:玻璃制,内壁镀银,容积 500 mL～600 mL。

6.1.10 石棉盖:硬质石棉板,厚 5 mm～7 mm。

6.2 装置

热化(或冷却)浴如图 1 所示,杜瓦瓶如图 2 所示。

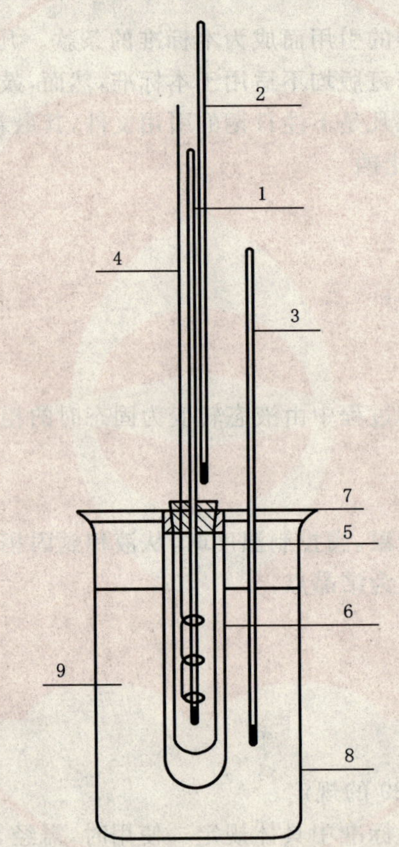

1——测量温度计;
2——辅助温度计;
3——浴温度计;
4——搅拌器;
5——结晶管;
6——套管;
7——石棉盖;
8——热化(或冷却)浴;
9——热化(或冷却)剂。

图 1 热化(或冷却)浴

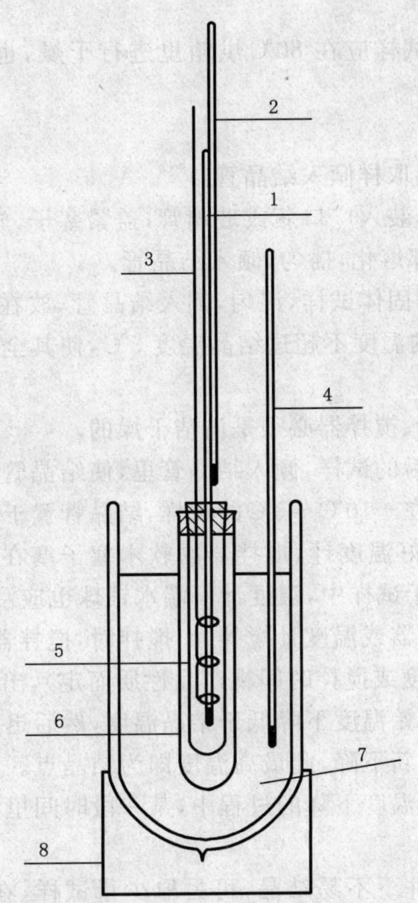

1——测量温度计；

2——辅助温度计；

3——搅拌器；

4——浴温度计；

5——结晶管；

6——套管；

7——冷却剂；

8——杜瓦瓶座。

图 2 杜瓦瓶

7 试样的制备

7.1 试样干燥

测定前需要干燥的试样，根据试样的性质和含水量多少，分别采用不同的干燥剂(在产品标准中另行规定)。

将适量的干燥剂加入已经熔化的试样里(一般情况下,干燥剂的量约为试样的 1/2),在与熔化试样相同的温度下干燥 15 min~20 min,同时应振摇或搅拌。将干燥后的上部液体试样倾入结晶管里,注意不要带入干燥剂。

熔化温度大于 110℃的固体试样应在 80℃烘箱里进行干燥,也可以视产品性质采用其他的干燥方法。

7.2 试样准备

在室温下是液体的试样,直接取样倾入结晶管。

在室温下是整体的固体试样,装入广口瓶或玻璃管,盖紧塞子,放入烘箱或热化浴中,控制温度不高于结晶温度 10℃~15℃,使其全部熔化,摇匀,倾入结晶管。

在室温下是小块、片或粉末等固体试样,混匀,倒入结晶管,放在热化浴中的套管里,控制温度不超过结晶温度 10℃~15℃,结晶管内温度不超过结晶温度 5℃,使其全部溶化。

7.3 测定步骤

测定时使用的结晶管、温度计、搅拌器必须是清洁干燥的。

将制备好的液体试样或熔化后的试样,倾入结晶管里,使结晶管中的试样高度约为 60 mm,然后置于冷却浴中的套管里。结晶温度在－10℃~0℃的试样,结晶管置于杜瓦瓶的套管里。控制冷却浴温度低于结晶温度 5℃~7℃。将已配好温度计、搅拌器的软木塞子塞在结晶管口处,使温度计水银球底部距结晶管底部 15 mm 处,并垂直于试样中,温度计下端水银球也应浸没于试样中。如图 1 所示。

搅拌试样(视产品性质用搅拌器或温度计搅拌)。搅拌时,搅拌器或温度计不得接触结晶管底或壁。搅拌速度约为 60 次/min(搅拌速度或搅拌时间视产品性质而定),出现结晶时停止搅拌。

测定有过冷现象的试样时,开始温度下降低于结晶温度,然后迅速自然回升,达到一定最高温度,并在此温度停留一段时间,温度又重新下降,此最高温度即为结晶点。

测定无过冷现象的试样时,在温度下降的过程中,某一段时间里温度处于恒定,继而重新下降,此恒定温度为结晶点。

如果某些试样在一般冷却条件下不易结晶,可另取少量试样,在较低温度下使之结晶,作为晶种。取少许晶种加入试样中,即可测出结晶点。

8 结果计算

如果测定中使用的是全浸式温度计,结晶点 t 按式(1)计算:

$$t=t_1+\Delta t_1+0.000\,16\,h(t_1-t_2) \qquad (1)$$

式中:

t_1——测量温度计的读数,视结晶点,单位为摄氏度(℃);

Δt_1——测量温度计的校正值,单位为摄氏度(℃);

t_2——辅助温度计观测到的塞外水银柱中部周围空气温度,单位为摄氏度(℃);

h——测量温度计露出试样液面的温度读数与视结晶点的温度读数差;

0.000 16——水银在玻璃中的膨胀系数。

如果测定中使用的是局浸式温度计,结晶点 t 按式(2)计算:

$$t=t_1+\Delta t_1 \qquad (2)$$

式中:

t_1——测量温度计的读数,视结晶点,单位为摄氏度(℃);

Δt_1——测量温度计的校正值,单位为摄氏度(℃)。

计算结果保留到小数点后两位。

9 允许差

两次平行测定结果之差不大于0.1℃，取其算术平均值作为测定结果。

10 试验报告

试验报告包括以下内容：

a) 被测染料中间体的名称；

b) 本标准编号；

c) 使用精密温度计的名称和编号；

d) 测试结果；

e) 在测试过程中的特殊情况；

f) 与本方法的差异；

g) 试验日期。

ICS 25.100.70
J 43

中华人民共和国国家标准

GB/T 2490—2007
代替 GB/T 2490—2003,GB/T 2491—2003

固结磨具　硬度检验

Bonded abrasive products—Hardness grade measurement

2007-06-25 发布　　2007-11-01 实施

中华人民共和国国家质量监督检验检疫总局
中国国家标准化管理委员会　发布

前　言

本标准代替 GB/T 2490—2003《普通磨具　喷砂硬度机检验磨具硬度的方法》和GB/T 2491—2003《普通磨具　洛氏硬度计检验硬度的方法》。主要修订的内容如下：

——将 GB/T 2490—2003 和 GB/T 2491—2003 两个标准的内容整合到本标准中，对标准内容进行了文字方面的修改，按照 GB 1.1—2000 重新编排了标准内容；

——为了与国际上该类产品名称一致，标准名称中的"普通磨具"修改为"固结磨具"；

——修改了压力表精度等级和石英砂化学成分含量（GB/T 2490—2003 的 2.1.6 和 2.2.1，本标准的 2.1.1.6 和 2.1.2.1）；

——修改了喷砂硬度机检验磨具硬度的测定操作（GB/T 2490—2003 的 4.2，本标准的 2.3.2）；

——加严了硬度等级 P 及以软的磨具喷砂硬度检验的均匀性允差值（GB/T 2490—2003 的 5.1，本标准的 2.4.1）；

——增加了"均匀性允差"的解释说明（本标准的 2.4.2）；

——对洛氏硬度计检验磨料粒度为 F100～F150 的磨具适用范围进行了限制（本标准的 3.3.1）。

本标准由中国机械工业联合会提出。

本标准由全国磨料磨具标准化技术委员会（SAC/TC 139）归口。

本标准起草单位：郑州磨料磨具磨削研究所。

本标准主要起草人：张长伍、李宁、刘勇。

本标准所代替标准的历次版本发布情况为：

——GB 2490—1981、GB 2490—1984、GB/T 2490—2003；

——GB 2491—1981、GB 2491—1984、GB/T 2491—2003。

固结磨具　硬度检验

1　范围

本标准规定了喷砂硬度机和洛氏硬度计检验磨具硬度的方法。

本标准适用于磨料粒度为 F36～F1200 的陶瓷结合剂和树脂结合剂固结磨具。

2　喷砂硬度机检验磨具硬度的方法

2.1　喷砂硬度机及附件技术要求

2.1.1　喷砂硬度机主要部件

2.1.1.1　喷嘴孔径应为 5.5 mm～6.0 mm；内壁接缝处不得有明显台阶。

2.1.1.2　锥形喷嘴的锥底孔径应为 5.5 mm～6.0 mm。

2.1.1.3　接口嘴孔径应为 4.5 mm～5.0 mm。

2.1.1.4　测杆外径应为(4.2±0.1)mm。

2.1.1.5　喷嘴至磨具表面距离应为(9±1)mm。

2.1.1.6　压力表精度应不低于 1.6 级。

2.1.1.7　28 cm^3 砂室：石英砂容积应为(28±1)cm^3；5 cm^3 砂室：石英砂容积应为(5±0.5)cm^3。

2.1.2　石英砂

2.1.2.1　化学成分：SiO_2≥95%，灼减≤0.30%，杂质≤3%。

2.1.2.2　密度：(2.64±0.02)g/cm^3。

2.1.2.3　粒度：试验筛 0.85/0.5 筛上余量不大于 3%；

试验筛 0.5/0.315 筛通过量不大于 8%。

2.1.3　校正用玻璃

2.1.3.1　钠平板玻璃厚度为 5 mm。

2.1.3.2　每次校正时，在玻璃上测定点应不少于 5 点，且每点的喷砂坑深值应符合下列规定：28 cm^3 砂室为(2.13±0.05)mm；5 cm^3 砂室为(0.53±0.03)mm。

2.2　喷砂硬度机工作条件

2.2.1　气室空气压力：p=0.15 MPa。

2.2.2　硬度等级为 F～L 的磨具采用 5 cm^3 砂室测定。

硬度等级为 M～Y 的磨具采用 28 cm^3 砂室测定。

2.3　磨具喷砂硬度检验方法

2.3.1　磨具喷砂硬度测定部位见表 1。

表 1

磨具类型	被测磨具最小尺寸	测定部位
1 型、3 型、4 型、5 型、23 型、38 型	P 及更硬的磨具，厚度≥6 mm； N 及更软的磨具，厚度≥8 mm； 被测部位有效面积≥30 mm×30 mm	外圆至孔径 1/2 处，对称测两点
7 型、8 型、26 型		外圆至槽径 1/2 处，对称测两点
31 型、54 型、90 型		宽面沿长度方向中心线距边缘 1/5 处，对称测两点

表 1(续)

磨具类型	被测磨具最小尺寸	测定部位
36 型	各种尺寸	外圆至孔径 1/2 处,对称测两点
2 型	被测部位有效面积≥30 mm×30 mm	环端面 1/2 处,对称测两点,有效面积不够时,可对外圆中部对称测两点
6 型、11 型	各种尺寸	外圆柱面(外锥面)沿高距上口 1/3 处,对称测两点
12a 型、12b 型	各种尺寸	内锥面距边缘 1/2 处,对称测两点

2.3.2 测定操作应符合下列要求:

2.3.2.1 测量前,用玻璃校正喷砂硬度机量值的稳定性。

2.3.2.2 测定时调整套支持头的三角端面应完全与磨具接触,被测磨具表面应平整,不得有粗糙的加工痕迹。

2.3.2.3 调节机头气室压力为 0.15 MPa。石英砂完全从砂室中喷出后,机头应保持压住磨具表面,测定坑深值。

2.3.2.4 如果某点测量值不在标准规定的允许范围内,应校验设备,重新测定。

2.4 磨具喷砂硬度的判定

2.4.1 根据测定的坑深值,按照表 2 的规定确定磨具的硬度等级。

2.4.2 磨具硬度均匀性为磨具表面上所测两点数值之差的绝对值,其差值应不大于表 2 均匀性允差值,否则判为不合格。

2.4.3 当磨具硬度均匀性符合规定后,则取各测量点的算术平均值,精确到小数点后两位;平均值在标准规定的允许范围内,则判为合格。

表 2

单位为毫米

硬度等级	硬度值及允许范围	磨具粒度			
		F36～F40	F46～F54	F60～F90	F100～F150
F	硬度值	4.20～3.56	4.84～4.16	5.24～4.51	5.30～4.61
	允许范围	4.80～3.26	5.24～3.83	5.54～4.18	5.60～4.28
	级差值	0.64	0.68	0.73	0.69
	均匀性允差	0.77	0.82	0.88	0.83
G	硬度值	3.55～2.96	4.15～3.50	4.50～3.85	4.60～3.96
	允许范围	3.88～2.68	4.50～3.20	4.88～3.54	4.96～3.66
	级差值	0.59	0.65	0.65	0.64
	均匀性允差	0.71	0.78	0.78	0.77
H	硬度值	2.95～2.41	3.49～2.90	3.84～3.23	3.95～3.36
	允许范围	3.25～2.14	3.82～2.62	4.17～2.94	4.27～3.08
	级差值	0.54	0.59	0.61	0.59
	均匀性允差	0.65	0.71	0.73	0.71

表 2(续)

单位为毫米

硬度等级	硬度值及允许范围	磨具粒度			
		F36～F40	F46～F54	F60～F90	F100～F150
J	硬度值	2.40～1.87	2.89～2.35	3.22～2.66	3.35～2.80
	允许范围	2.67～1.61	3.19～2.07	3.53～2.41	3.65～2.55
	级差值	0.53	0.54	0.56	0.55
	均匀性允差	0.64	0.65	0.67	0.66
K	硬度值	1.86～1.36	2.34～1.80	2.65～2.16	2.79～2.30
	允许范围	2.13～1.14	2.61～1.57	2.93～1.93	3.07～2.07
	级差值	0.50	0.54	0.49	0.49
	均匀性允差	0.60	0.65	0.59	0.59
L	硬度值	1.35～0.92	1.79～1.35	2.15～1.70	2.29～1.85
	允许范围	1.60～0.73	2.06～1.14	2.40～1.50	2.54～1.66
	级差值	0.43	0.44	0.45	0.44
	均匀性允差	0.52	0.53	0.54	0.53
M	硬度值	3.21～2.63	4.00～3.32	4.74～4.01	5.00～4.56
	允许范围	3.55～2.39	4.43～3.03	5.08～3.68	5.23～4.36
	级差值	0.58	0.68	0.73	0.44
	均匀性允差	0.70	0.82	0.88	0.53
N	硬度值	2.62～2.15	3.31～2.74	4.00～3.36	4.55～4.16
	允许范围	2.92～1.95	3.66～2.50	4.38～3.10	4.78～3.96
	级差值	0.47	0.57	0.64	0.39
	均匀性允差	0.56	0.68	0.77	0.47
P	硬度值	2.14～1.76	2.73～2.27	3.35～2.84	4.15～3.76
	允许范围	2.38～1.61	3.02～2.10	3.67～2.64	4.35～3.58
	级差值	0.38	0.46	0.51	0.39
	均匀性允差	0.46	0.55	0.61	0.47
Q	硬度值	1.75～1.46	2.26～1.94	2.83～2.44	3.75～3.41
	允许范围	1.94～1.35	2.49～1.80	3.09～2.28	3.95～3.26
	级差值	0.29	0.32	0.39	0.34
	均匀性允差	0.43	0.48	0.58	0.51
R	硬度值	1.45～1.24	1.93～1.66	2.43～2.13	3.40～3.11
	允许范围	1.60～1.14	2.09～1.54	2.63～2.00	3.57～3.00
	级差值	0.21	0.27	0.30	0.29
	均匀性允差	0.32	0.40	0.45	0.43
S	硬度值	1.23～1.05	1.65～1.43	2.12～1.88	3.10～2.90
	允许范围	1.34～0.98	1.79～1.34	2.27～1.77	3.25～2.80
	级差值	0.18	0.22	0.24	0.20
	均匀性允差	0.27	0.33	0.36	0.30

表 2(续)

单位为毫米

硬度等级	硬度值及允许范围	磨具粒度			
		F36～F40	F46～F54	F60～F90	F100～F150
T	硬度值	1.04～0.92	1.42～1.26	1.87～1.67	2.89～2.70
	允许范围	1.13～0.86	1.53～1.20	1.99～1.61	2.99～2.62
	级差值	0.12	0.16	0.20	0.19
	均匀性允差	0.18	0.24	0.30	0.28
Y	硬度值	0.91～0.82	1.25～1.16	1.66～1.56	2.69～2.55
	允许范围	≤0.97	≤1.33	≤1.76	≤2.79
	级差值	0.09	0.09	0.10	0.14
	均匀性允差	0.14	0.14	0.15	0.21

3 洛氏硬度计检验磨具硬度的方法

3.1 磨具洛氏硬度计工作条件

按表 3 的规定。

表 3

磨具硬度	磨料粒度					
	F100～F150		F180～F500		F600～F1200	
	工作条件					
	负荷/N	钢球直径/mm	负荷/N	钢球直径/mm	负荷/N	钢球直径/mm
A～E	—	—	306	3.175	300	3.175
F～J	980	10	588		588	
K～Y	1 470				980	

3.2 磨具洛氏硬度检验方法

3.2.1 磨具洛氏硬度测定部位

3.2.1.1 磨石、砂瓦:在宽面上沿中心线在长度方向上均匀分布测取 3 处。

3.2.1.2 杯、碗形砂轮:在外圆柱面(或外锥面)距环端面 1/3 处对称测 4 处。

3.2.1.3 蝶形砂轮:在内锥面 1/2 处或环端面上相互垂直测 4 处。

3.2.1.4 其他砂轮:在周边距孔(或距槽)1/2 处对称测 4 处。

3.2.1.5 以上每处测 3 点,取数值相近两点的算术平均值为该处硬度值。

3.2.2 测定操作应符合下列规定

3.2.2.1 缓冲器空载下降速度的时间应调整在 5 s～6 s 内。

3.2.2.2 将表面平整无粗糙加工痕迹的磨具,放在洛氏硬度计的检验台上,上升工作台,缓缓地加上 98 N预负荷,调好零点和指示仪的指针相重合,然后加上主荷重,待总荷重完全加上后,不维持时间,卸去主荷重,按刻度表上的 B 标尺读数。

3.3 磨具洛氏硬度的判定

3.3.1 硬度等级为 A～E 的磨具洛氏硬度值、硬度允许范围、级差值和均匀性允差值按表 4 规定,硬度等级为 F～Y 的磨具洛氏硬度值、硬度允许范围、级差值及均匀性允差按表 5 规定。

3.3.2 磨具硬度均匀性为磨具表面上所测各处数值中最大值与最小值之差,其差值应不大于表 4、表 5 均匀性允差值,否则判为不合格。

3.3.3　当磨具硬度均匀性符合标准规定后，则取各处硬度值的算术平均值，精确到个位。算术平均值在标准规定的允许范围内，则判为合格。

表 4

单位为 HRB

硬度等级	硬度值	允许范围	级差值	均匀性允差
A	～42	～50	—	20
B	43～55	37～61	12	18
C	56～67	51～72	11	16
D	68～78	63～83	10	15
E	79～88	76～92	9	14
注：该表仅适用于珩磨磨石和超精磨石。				

表 5

单位为 HRB

硬度等级	硬度值及允差范围	磨料粒度			
		F100～F150	F180～F240	F280～F500	F600～F1200
F	硬度值	−18～−4	−11～3	18～29	33～45
	允许范围	−23～8	−25～17	7～38	23～53
	级差值	14	14	11	12
	均匀性允差	25	35	24	26
G	硬度值	−3～21	4～17	30～40	46～55
	允许范围	−18～33	0～29	20～48	36～62
	级差值	24	13	10	9
	均匀性允差	43	32	22	20
H	硬度值	22～43	18～29	41～50	56～64
	允许范围	8～52	4～40	32～58	48～71
	级差值	21	11	9	8
	均匀性允差	38	28	20	18
J	硬度值	44～60	30～40	51～60	65～73
	允许范围	33～66	18～50	43～67	58～80
	级差值	16	10	9	8
	均匀性允差	29	25	20	18
K	硬度值	22～34	41～50	61～68	39～51
	允许范围	16～41	30～59	53～74	29～59
	级差值	12	9	7	12
	均匀性允差	22	22	15	26
L	硬度值	35～46	51～59	69～76	52～62
	允许范围	28～52	41～68	63～82	42～68
	级差值	11	8	7	10
	均匀性允差	20	20	15	22

表 5(续)

单位为 HRB

硬度等级	硬度值及允差范围	磨料粒度			
		F100～F150	F180～F240	F280～F500	F600～F1200
M	硬度值	47～56	60～68	77～83	63～70
	允许范围	41～61	51～76	71～87	55～76
	级差值	9	8	6	7
	均匀性允差	16	20	13	15
N	硬度值	57～65	69～76	84～88	71～78
	允许范围	52～69	60～83	78～92	65～83
	级差值	8	7	4	7
	均匀性允差	14	18	9	15
P	硬度值	66～72	77～83	89～93	79～85
	允许范围	61～76	69～89	85～97	73～90
	级差值	6	6	4	6
	均匀性允差	11	15	9	13
Q	硬度值	73～79	84～89	94～98	86～92
	允许范围	69～83	77～94	90～102	80～97
	级差值	6	5	4	6
	均匀性允差	11	12	9	13
R	硬度值	80～85	90～94	99～103	93～98
	允许范围	76～88	84～99	95～106	88～102
	级差值	5	4	4	5
	均匀性允差	9	10	9	11
S	硬度值	86～90	95～99	104～106	99～103
	允许范围	83～93	90～104	100～109	95～107
	级差值	4	4	2	4
	均匀性允差	7	10	4	9
T	硬度值	91～95	100～104	107～109	104～107
	允许范围	88～98	95～108	104～112	100～111
	级差值	4	4	2	3
	均匀性允差	7	10	4	7
Y	硬度值	96～99	105～108	110～112	108～110
	允许范围	93～101	≥100	≥107	≥104
	级差值	3	3	2	2
	均匀性允差	5	8	4	4

注：磨料粒度 F100～F150 仅适用于陶瓷结合剂强力珩磨油石。

ICS 77.040.99
H 21

中华人民共和国国家标准

GB/T 2522—2007
部分代替 GB/T 2522—1988

电工钢片(带)表面绝缘电阻、涂层附着性测试方法

Methods of test for the determination of surface insulation resistance and lamination factor of electric sheet and strip

(IEC 60404-11:1999 Method of test for the determination of surface insulation resistance of magnetic sheet and strip, MOD)

2007-01-11 发布 2007-06-01 实施

中华人民共和国国家质量监督检验检疫总局
中国国家标准化管理委员会 发布

前　言

本标准包括“表面绝缘电阻测试”和“涂层附着性测试”两个测试方法。

本标准中的“表面绝缘电阻测试”修改采用国际电工委员会标准 IEC 60404-11:1999《磁性钢板带表面绝缘电阻测试方法》。

本标准代替 GB/T 2522—1988《电工钢片(带)层间电阻、涂层附着性、叠装系数测试方法》中的相应部分。

本标准中“涂层附着性测试”是对原 GB/T 2522—1988 中相应部分进行的修订。

本标准在采用国际标准时进行了修改。这些技术性差异用垂直单线标识在它们所涉及的条款的页边空白处。并在附录 B 中给出了技术性差异及其原因的一览表以供参考。

为了便于使用,本标准还作了下列编辑性修改:

——删除国际标准的前言。

本标准与 GB/T 2522—1988 相比主要变化如下:

1) 表面绝缘电阻测试:

——取消原标准的定义、测试范围和条件;增加了测试原理、设备校准等;

——设备电路图和电路图采用 IEC 60404-11 的图。

2) 涂层附着性测试:

——表述方法和结构进行了变动;

——增加了装置、报告两章。

本标准的附录 A、附录 B 是资料性附录。

本标准由中国钢铁工业协会提出。

本标准由全国电工合金标准化技术委员会归口。

本标准起草单位:武汉钢铁(集团)公司、冶金工业信息标准研究院。

本标准主要起草人:杨春甫、吴新春、亓福荣、柳泽燕、刘宝石、冯超。

本标准于 1981 年首次发布,1988 年第一次修订。

电工钢片(带)表面绝缘电阻、涂层附着性测试方法

1 范围

本标准规定了电工钢片(带)表面绝缘电阻、涂层附着性的测试方法。

本标准适用于单面或双面绝缘电工钢片(带)表面绝缘电阻、涂层附着性的测试。

2 表面绝缘电阻的测试

2.1 测试原理

设备电路图如图1所示。在规定的电压和压力下,将10个固定面积的金属触头压在钢板的一个涂层表面上。通过测试流过10个触头的电流来评定表面绝缘涂层的效能。

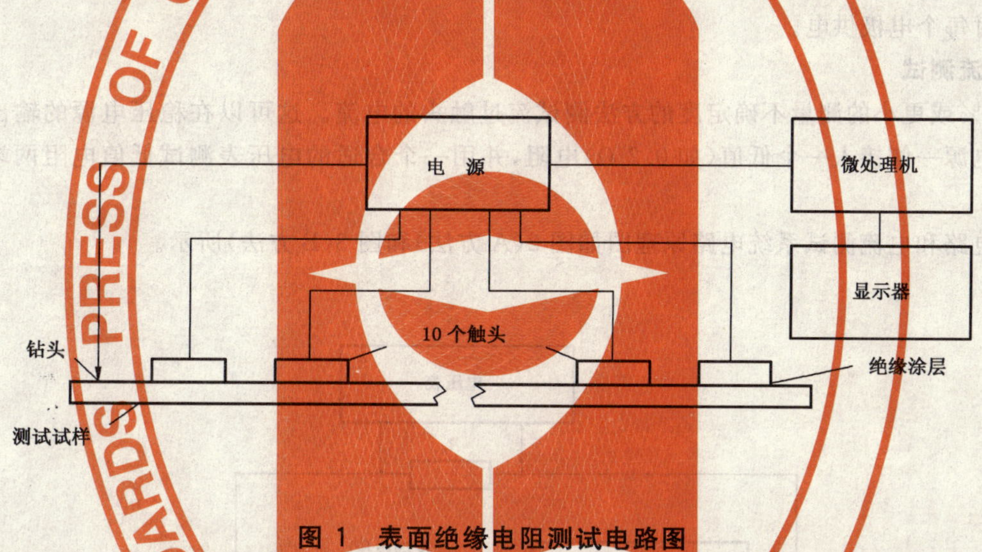

图1　表面绝缘电阻测试电路图

使用本标准可以有如下两种测试方法。每一种方法的每一个触头都由直流独立供电,即:

2.1.1 A方法

连接5×(1±1%)Ω电阻的电源一侧(图2)和钻头间的电压稳定在500×(1±0.5%)mV,电流在0A～1A的范围内。两个螺旋钻头起到与试样金属基板接触构成电流回路的作用。

2.1.2 B方法

每个触头和钻头间的电压稳定在250×(1±0.5%)mV,单个电极的分流电流在0～2.5 A范围内。两个螺旋钻头所起的作用是不同的,一个钻头与试样金属基板接触构成电流回路,另一个钻头用于电压反馈控制的电位监测。这种方式消除了因电流回路中钻头与试样金属基板接触电阻的变化对测试结果的影响。

电路中的电流值由与每个电极串联的低值电阻(R_s)和其两端的电压给出,该电压不包括在稳压电源内,如图2和图3所示。

因为电流路径是在各触头与试样金属基板之间,所以不是层间电阻的真实测量,但是本标准的试验方法提供了表示绝缘质量的有用指标。

2.2 试样

2.2.1　每个试样应由一个样片或一段样带构成。试样的长度和宽度应分别大于2.3叙述的触头部件

的长度和宽度。测试是破坏性的，试样只能使用一次。

2.2.2 为了得到具有代表性的结果，试样应从钢板的整个宽度上剪取，试样表面应清洁、平整、无斑痕、划痕。

2.3 测试装置

2.3.1 触头部件

待测试样被压在平板底座和触头部件之间，触头部件由10根垂直安装的金属杆组成，这些金属杆相对于弹簧可在固定的单元内轴向移动。这10个触头通常排成两行，为方便使用也可排成一行。每根杆的触头用青铜或其他合适的材料(如不锈钢)做成。并和安装框架绝缘。10个触头中的每一个触头的面积为64.5×(1±1%) mm^2。10个触头的总面积为645×(1±1%) mm^2。

通过两个弹簧加载的直径大约为3 mm的钻头钻穿试样的绝缘涂层，使钻头与试样金属基板形成电接触。

2.3.2 电源

应使用当每个电极电流为2.5 A时，能使各电极上电压稳定在500 mV的电源。可以采用一个单独的电源和一个电流测量电阻，通过开关依次接到每个触头上，或者采用一只具有10个输出口的系统，同时分别对每个电极供电。

2.3.3 电流测试

以±2%或更小的测量不确定度的方法测试流过触头的电流。这可以在稳压电源的输出端与触头之间靠近电源一侧接入一个低值(如0.2 Ω)电阻，并用一个合适的电压表测试低值电阻两端的电压降来完成。

稳压电路和电流测试系统电路原理图如图2(A方法)和图3(B方法)所示。

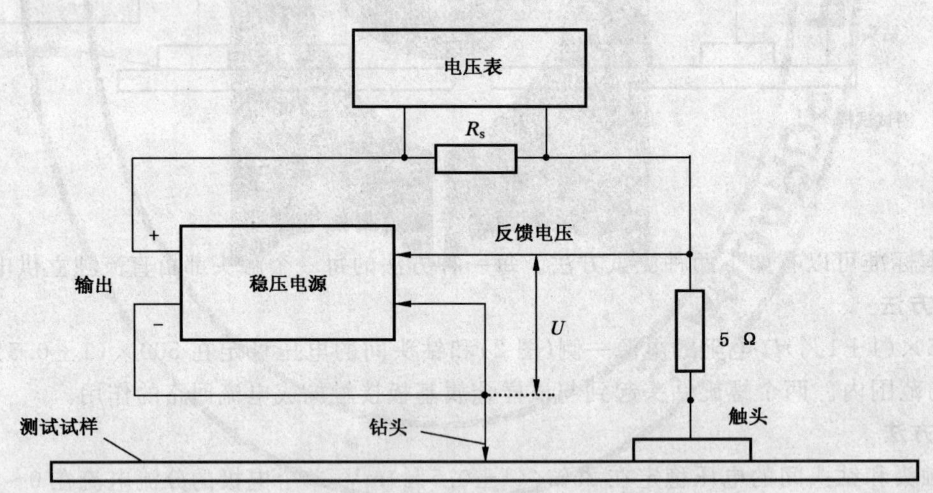

R_s——低值电阻(0.2 Ω)；

U——稳压电源，A方法为0.5 V。

图2 A方法 电路原理图

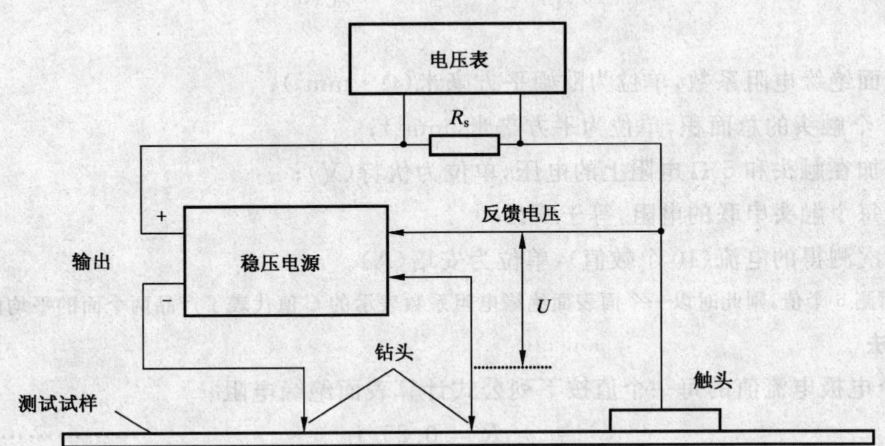

R_s——低值电阻(0.2 Ω)；

U——稳压电源，B方法为0.25 V。

图3　B方法　电路原理图

2.3.4　外加力的测定

应以±5%或更小的测量不确定度的合适的方法测试所有触头施加在待测试样上的合力。

2.4　设备校准

系统的校准应按下述三种方式检验：

a)　在规定压力下，把触头和钻头施加到洁净的铜板上。断开反馈电路。对于A方法，流过10个触头的总电流应是1.0×(1±1%)A；对于B方法，当流过的电流为2.5 A时，触头到钻头上的电压应低于25 mV，否则检查触头清洁度、钻头的锐度和接触电阻；

b)　在规定压力下，通过触头把复写纸压在白纸上，这时应出现均匀的斑点，而没有力集中的痕迹；

c)　依次把0.1 Ω、1 Ω、10 Ω和100 Ω的标准电阻连接到钻头与触头之间，显示稳定，并达到所要求的电流水平。

2.5　测试步骤

把试样放在试样台和10个触头之间并施加1 290×(1±5%)N的力(对于645 mm^2的总面积而言相当于2 N/mm^2压力)。

以稳压电源对电极供电，对于A方法和B方法分别读取电流(或由计算机读取)。

如果测试是评价单面的涂层绝缘质量，应使用10个触头在钢板的10个具有代表性的不同区域或者10个测试试样上测取10个数据。

如果测试是综合评价双面涂层的绝缘质量，则应使用5个触头在钢板的每一面5个具有代表性的不同区域或者5个测试试样上进行测试，在测试试样的同一个区域不应进行两面的测试。

2.6　表面绝缘电阻评价

以记录的电流值并按下述方法计算出绝缘电阻的报告值。

2.6.1　A方法

通过代入流过10个并联触头的10个电流值，用下列公式计算表面绝缘电阻系数(单面的所有值或者双涂层面每面的5个值)。

$$C = A\left[\frac{U}{\frac{1}{10}\sum_{1}^{10} I_{A}} - \frac{R}{10}\right] = 645\left[\frac{0.5}{\frac{1}{10}\sum_{1}^{10} I_{A}} - 0.5\right] \quad \cdots\cdots(1)$$

式中：

C——表面绝缘电阻系数，单位为欧姆平方毫米（$\Omega \cdot mm^2$）；

A——10 个触头的总面积，单位为平方毫米（mm^2）；

U——施加在触头和 5 Ω 电阻上的电压，单位为伏特（V）；

R——与每个触头串联的电阻，等于 5 Ω；

I_A——每次测得的电流（10 个数值），单位为安培（A）。

注：如每面测 5 个值，则此时以一个面表面绝缘电阻系数表示的 C 值代表了产品两个面的平均值。

2.6.2 **B 方法**

用 100 个电极电流值的每一个值按下列公式计算表面绝缘电阻。

$$R = 0.25/I_B \quad \cdots\cdots(2)$$

式中：

R——表面绝缘电阻，单位为欧姆（Ω）；

I_B——单个电极电流，单位为安培（A）。

把 100 个电阻值按升序排列，用标记 R_{16} 和 R_{50} 表示结果。R_{16} 是第 16 个值，R_{50} 是第 50 个值。

注：为了考察结果适用性，$\sum_{1}^{10} I_A$ 和 $\sum_{1}^{100} I_B$ 的值可以给出并包含在报告中。

该微机也可用来测试两个钻透绝缘层的钻头间的电阻，以确定钻头与试样金属基板的良好接触。方法 B 中采用的反馈系统允许电流回路中钻头与试样金属极板之间有一个不大于 1.5 Ω 的接触电阻。此时反馈系统应能够保持电极与试样金属基板之间的输出电压为 250 mV。

2.7 测试报告

测试报告应包括：

a) 涂层的性质，是单面涂层钢板还是双面涂层钢板；

b) 对于 A 方法，表面绝缘电阻值是单面的绝缘电阻值还是双面的绝缘电阻值；

c) 对于 B 方法，表面绝缘电阻的两个指标值 R_{16} 和 R_{50}；

d) 本标准号。

测试报告也可包括：

a) $\sum_{1}^{10} I_A$ 值；

b) $\sum_{1}^{100} I_B$ 值。

3 涂层附着性的测试

3.1 装置

装置是直径分别为 10 mm、20 mm、30 mm，公差为±0.1 mm 的黄铜圆柱塔形体。

3.2 试样

在离钢板或钢带边部 40 mm 的地方，沿平行于轧制方向剪切具有代表性的试样。不得损伤试样涂层。试样的尺寸为宽度不小于 30 mm，长度为 280 mm～320 mm，厚度为公称厚度。

3.3 测试

将试样紧紧围绕黄铜圆柱塔形体逐级弯曲 180°，然后检查钢片内表面涂层开裂和剥落情况。

3.4 评级

钢板表面绝缘涂层附着性按表1评级。

表 1

<table>
<tr><th rowspan="2">性能级别</th><th colspan="3">弯曲直径</th></tr>
<tr><th>10 mm</th><th>20 mm</th><th>30 mm</th></tr>
<tr><td>A</td><td>无脱落</td><td rowspan="2">无脱落</td><td rowspan="3">无脱落</td></tr>
<tr><td>B</td><td>稍有脱落</td></tr>
<tr><td>C</td><td rowspan="2">脱落</td><td>稍有脱落</td></tr>
<tr><td>D</td><td>脱落</td><td>稍有脱落</td></tr>
<tr><td colspan="4">注：稍有脱落是指试样弯曲后再将其扳直，目视可见的少量剥落。</td></tr>
</table>

3.5 试验报告

试验报告应给出如下内容：

a) 本标准号；

b) 涂层级别。

附　录　A
（资料性附录）
本标准章条编号与 IEC 60404-11:1999 章条编号对照

表 A.1 给出了本标准章条编号与 IEC 60404-11:1999 章条编号对照一览表。

表 A.1　本标准与 IEC 60404-11:1999 章条编号对照

本标准章条编号	对应的国际标准章条编号
1	1
2.1	2
2.2	3
2.3	4
2.3.1	4.1
2.3.2	4.2
2.3.3	4.3
2.3.4	4.4
2.4	5
2.5	6
2.6	7
2.7	8
3	—

附 录 B
(资料性附录)
本标准与 IEC 60404-11:1999 的技术性差异及原因

本部分章条编号	技术性差异	原 因
3	IEC 60404-11:1999 没有这一章	涂层附着性是电工钢绝缘涂层的重要特性,因此,修订并保留了原 GB/T 2522—1988 中的涂层附着性的测试方法

ICS 25.160.30;83.140.40
G 42

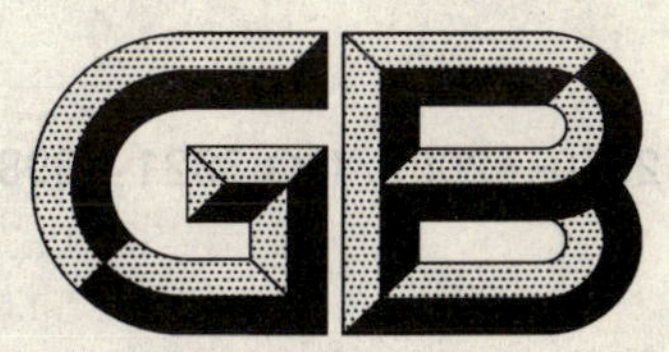

中华人民共和国国家标准

GB/T 2550—2007/ISO 3821:1998
代替 GB/T 2550—1992 和 GB/T 2551—1992

气体焊接设备　焊接、切割和类似作业用橡胶软管

Gas welding equipment—Rubber hose for welding, cutting and allied processes

(ISO 3821:1998, IDT)

2007-11-28 发布　　2008-06-01 实施

中华人民共和国国家质量监督检验检疫总局
中国国家标准化管理委员会　发布

前言

本标准等同采用 ISO 3821:1998《气体焊接设备　焊接、切割和类似作业用橡胶软管》(英文版)。

本标准代替 GB/T 2550—1992《焊接及切割用橡胶软管　氧气橡胶软管》和 GB/T 2551—1992《焊接及切割用橡胶软管　乙炔橡胶软管》。

本标准等同翻译 ISO 3821:1998。

本标准第 2 章引用的 GB/T 528 是等效采用国际标准 ISO 37:1994,本标准所引用的拉伸强度、拉断伸长率试验方法与国际标准一致;GB/T 18422 是等效采用国际标准 ISO 4080:1991,在技术内容上与国际标准完全一致。

为便于使用,本标准还做了下列编辑性修改:

a) “本国际标准”一词改为“本标准”;

b) 用小数点“.”代替作为小数点的逗号“,”;

c) 删除国际标准前言。

本标准与 GB/T 2550—1992 和 GB/T 2551—1992 的主要变化如下:

——操作温度由－20℃～＋45℃改为－20℃～＋60℃(见第 1 章);

——公称内径增加了 4、5、16、20、25、32、40、50(本版 4.1);

——增加了“氧气软管的不燃性要求”(本版 5.3);

——增加了“耐液体性能”(本版 5.4);

——增加了“粘合强度性能”(本版 6.2);

——增加了“屈挠性性能”(本版 6.3);

——增加了“低温屈挠性”(本版 6.4);

——增加了“耐炽热颗粒和热表面性能”(本版 6.5);

——增加了“耐臭氧性能”(本版 6.6);

——增加了“气体渗透性”(本版 6.7)。

本标准的附录 A、附录 B 和附录 C 均为规范性附录。

本标准由中国石油和化学工业协会提出。

本标准由全国橡胶与橡胶制品标准化技术委员会软管分技术委员会(SAC/TC 35/SC 1)归口。

本标准起草单位:青岛橡六胶管有限公司、莱州市橡塑厂。

本标准起草人:刘刚、徐锦诚、姜接军。

本标准所代替标准的历次版本发布情况为:

——GB/T 2550—1981、GB/T 2550—1992;

——GB/T 2551—1981、GB/T 2551—1992。

气体焊接设备　焊接、切割和类似作业用橡胶软管

1　范围

本标准规定了焊接、切割和类似作业用橡胶软管(包括并联管)的要求。

“类似作业”这一术语专指加热、铜焊和金属喷镀。

本标准规定了正常负荷直到2 MPa(20 bar)和轻负荷[限于最大工作压力最高为1 MPa(10 bar),公称内径小于或等于6.3 mm]的橡胶软管的要求。

本标准适用于－20℃～＋60℃温度下使用的软管。

塑料软管不包括在本标准之内。

规定了不同的颜色和标志,用于标识气体。

注1:如果使用不带调节器的液化石油气软管,不允许使用轻负荷软管。

注2:如果软管用于装配有液体流量分配器的燃气供应管路上,对软管此用途的适用性应与制造厂协商。

本标准适用于下列用途的软管:

——气体焊接和切割;

——在惰性或活性气体保护下的电弧焊接;

——类似焊接和切割的作业。

本标准不适用于高压[高于1.5 MPa(15 bar)]乙炔软管。

2　规范性引用文件

下列文件中的条款通过本标准的引用而成为本标准的条款。凡是注日期的引用文件,其随后所有的修改单(不包括勘误的内容)或修订版均不适用于本标准,然而,鼓励根据本标准达成协议的各方研究是否可使用这些文件的最新版本。凡是不注日期的引用文件,其最新版本适用于本标准。

GB/T 528　硫化橡胶或热塑性橡胶　拉伸应力应变性能的测定(GB/T 528—1998,eqv ISO 37:1994)

GB/T 2941　橡胶物理试验方法试样制备和调节通用程序(GB/T 2941—2006,ISO 23529:2004,IDT)

GB/T 5563　橡胶和塑料软管及软管组合件　静液压试验方法(GB/T 5563—2006,ISO 1402:1994,IDT)

GB/T 5564—2006　橡胶和塑料软管　低温曲挠试验(ISO 4672:1997,IDT)

GB/T 5565　橡胶或塑料增强软管和非增强软管　弯曲试验(GB/T 5565—2006,ISO 1746:1998,IDT)

GB/T 9573　橡胶、塑料软管及软管组合件尺寸测量方法(GB/T 9573—2003,ISO 4671:1999,IDT)

GB/T 9575—2003　工业通用橡胶和塑料软管内径尺寸及公差和长度公差(ISO 1307:1992,IDT)

GB/T 18422　橡胶和塑料软管及其组合件　透气性的测定(GB/T 18422—2001,eqv ISO 4080:1991)

HG/T 2869—1997　橡胶和塑料软管　静态条件下耐臭氧性能的评价(idt ISO 7326:1991)

ISO 188　硫化橡胶或热塑性橡胶　加速老化或耐热试验

ISO 1817　硫化橡胶　液体影响的测定

ISO 8033:1991 橡胶和塑料软管 层间粘合强度的测定

ISO 11114-3:1997 可运输的气瓶 气瓶和阀材料与盛装气体的相容性 第3部分:氧气环境中的自燃试验

3 材料

3.1 结构

软管构成如下:

——最小厚度为1.5 mm的橡胶内衬层;

——采用适当方法铺放的增强层;

——最小厚度为1.0 mm的橡胶外覆层。

3.2 制造

内衬层和外覆层应厚度均匀,无气孔、砂眼和其他缺陷。

4 尺寸和公差

4.1 内径

软管的内径应符合表1所示的尺寸。

4.2 同心度(总指示读数)

按照GB/T 9573测量的软管同心度,应符合表1给出的值。

表1 公称内径、内径、公差和同心度

单位为毫米

公称内径	内径	公差	同心度(最大)
4	4	±0.55	1
5	5	±0.55	1
6.3	6.3	±0.55	1
8	8	±0.65	1.25
10	10	±0.65	1.25
12.5	12.5	±0.7	1.25
16	16	±0.7	1.25
20	20	±0.75	1.5
25	25	±0.75	1.5
32	32	±0.1	1.5
40	40	±1.25	1.5
50	50	±1.25	1.5

注1:公差和内径不执行GB/T 9575—2003表1的规定(除公称内径20 mm外)。

注2:对于中间的尺寸,数字应从R20优先数系中选取,公差按表1所示的相邻较大内径规格的公差计。

4.3 切割长度公差

切割长度公差应符合GB/T 9575—2003的规定。

5 内衬层和外覆层的物理性能

5.1 拉伸强度和拉断伸长率

当按照GB/T 528试验时,内衬层和外覆层所用橡胶拉伸强度和拉断伸长率应不小于表2给出的值。

表 2 拉伸强度和拉断伸长率

胶　　层	拉伸强度/MPa	拉断伸长率/%
内衬层	5.0	200
外覆层	7.0	250

5.2 加速老化

按照 ISO 188(空气烘箱)的规定在 70℃温度下老化 7 d 之后,内衬层和外覆层的拉伸强度和拉断伸长率降低分别不应大于表 2 给出值的 25%和 50%。

5.3 氧气软管的不燃性要求

不燃性试验按 ISO 11114-3:1997 或本标准附录 A 进行。当按 ISO 11114-3:1997 进行试验,初始条件应设定在 2 MPa(20 bar)(环境温度),并且自燃温度应高于 150℃。

当按照本标准附录 A 规定的方法试验时,内衬层的三个试样应在 360℃～365℃恒定温度下在恒温装置中保持 2 min 而不燃烧。

如果不到 2 min 有一个以上的试样有燃烧的迹象,软管应被认为不合格。如果不到 2 min 只有一个试样有燃烧的迹象,应再制备三个试样进行试验。如果这第二批的三个试样中任意一个不到 2 min 有燃烧的迹象,软管应被认为不合格。

5.4 耐液体性能

5.4.1 乙炔软管和所有燃气软管的耐丙酮和二甲基甲酰胺(DMF)性能

内衬层试样在 GB/T 2941 所规定的标准实验室温度下在试验溶剂中浸泡 70 h,当按照 ISO 1817 中规定的方法计算时,质量增加不应超过 8%。

5.4.2 液化石油气(LPG)软管、甲基乙炔-丙二烯混合物(MPS)软管和所有燃气软管的耐正戊烷性能

对于软管内衬层试样,当按照本标准附录 B 规定试验时,吸收的正戊烷量不应超过 15%,正戊烷萃取物的量不应超过 10%。

6 性能要求

6.1 静液压要求

当按照 GB/T 5563 试验时,软管应满足表 3 的要求。

表 3 静液压要求

性　　能	轻　负　荷	正　常　负　荷
公称内径	≤6.3	所有规格
最大工作压力	1 MPa(10 bar)	2 MPa(20 bar)
验证压力	2 MPa(20 bar)	4 MPa(40 bar)
最小爆破压力	3 MPa(30 bar)	6 MPa(60 bar)
在最大工作压力下长度变化	±5%	
在最大工作压力下直径变化	±10%	

6.2 粘合强度

当按照 ISO 8033:1991 使用 2 型或 4 型试片试验时,相邻层间的最小粘合强度应为 1.5 kN/m。

6.3 屈挠性

当在 GB/T 2941 规定的标准实验室温度下,用 10 倍于公称内径的弯曲直径(最小 80 mm)和不小于 0.8 的变形系数 K 按 GB/T 5565 进行试验时,软管的弯曲部位应没有弯折。

6.4 低温屈挠性

当在－25℃±2℃下用 10 倍于公称内径的弯曲直径(最小 80 mm)按 GB/T 5564—2006 方法 B 进

行试验时，当承受表3所列的验证压力(在环境温度下)时，软管不应出现泄漏迹象。

6.5 耐炽热颗粒和热表面性能

软管的外覆层应具有足够的抗耐与炽热颗粒和热表面相接触的性能。为满足此要求，试样应承受本标准附录C所给出的60 s试验条件而不泄漏。

6.6 耐臭氧性能

当按HG/T 2869—1997方法1试验时，在放大二倍的情况下外覆层应没有龟裂的迹象。

6.7 气体渗透性(适于LPG、MPS软管和所有燃气管)

当使用95%丙烯的试验气体在气缸压力[大约0.6 MPa(6 bar)]下，在GB/T 2941规定的23℃标准实验室温度下，按GB/T 18422进行试验时，不管内径规格大小，气体渗透量不应超过25 $cm^3/(m \cdot h)$。

6.8 并联管的要求

当使用并联管时，分离之后，每根软管或两根软管都应符合本标准的要求。

软管的分离应使用刀分割开始，软管应人工分离(以5 daN～10 daN的力)撕开约1 000 mm以上长度。丢弃开始撕裂部分，这样获得的每根软管应适合本标准规定的相关试验，并满足性能要求。

7 颜色标识和标志

7.1 通则

软管外覆层材料应全部着色并按下列规定标志。

7.2 颜色标识

为了标识软管所适用的气体，软管外覆层应按表4所示进行着色。

符合5.4.1、5.4.2和6.7要求的软管颜色应一半着红色一半着橙色(一侧红色和一侧橙色)，并可用于表4给出的所有燃气。

如果是并联管，每根单独软管应按本标准进行着色和标志。

表4 颜色和标识

气　　体	外覆层颜色
乙炔和其他可燃性气体[a](除LPG、MPS、天然气、甲烷外)	红色
氧气	蓝色
空气、氮气、氩气、二氧化碳	黑色
液化石油气(LPG)和甲基乙炔-丙二烯混合物(MPS)、天然气、甲烷	橙色
所有燃气(本表中包括的)	红色-橙色

[a] 对此软管用于氢气的适用性，应与制造厂协商。

7.3 文字标志

软管外覆层应至少每隔1 000 mm连续、牢固地标志出下列内容：

a) 本标准编号：GB/T 2550—2007；

b) 最大工作压力[MPa(bar)]；

c) 公称内径；

d) 制造厂或供应商的标志(如：XYZ)；

e) 制造年度。

示例：GB/T 2550—2007-2.0 MPa(20 bar)-10-XYZ-2008

附 录 A
（规范性附录）
不燃性试验方法

A.1 装置

要求使用图 A.1 所示的装置以及下列装置：

A.1.1 电热炉：350 W，内部尺寸：深 150 mm，直径 50 mm。

A.1.2 管状滑线电阻：190 Ω～200 Ω，带有螺旋移动或具有连续可变输出电压的自耦变压器。

A.1.3 校准过的氧气流量计：在大气压和 15℃下流量为 0～5 L/min。

A.1.4 充氮汞柱玻璃温度计：适用于浸没 150 mm，刻度从约 300℃到 400℃，刻度间隔不大于 5℃，起始刻度在水银球上方 200 mm 以上。

单位为毫米

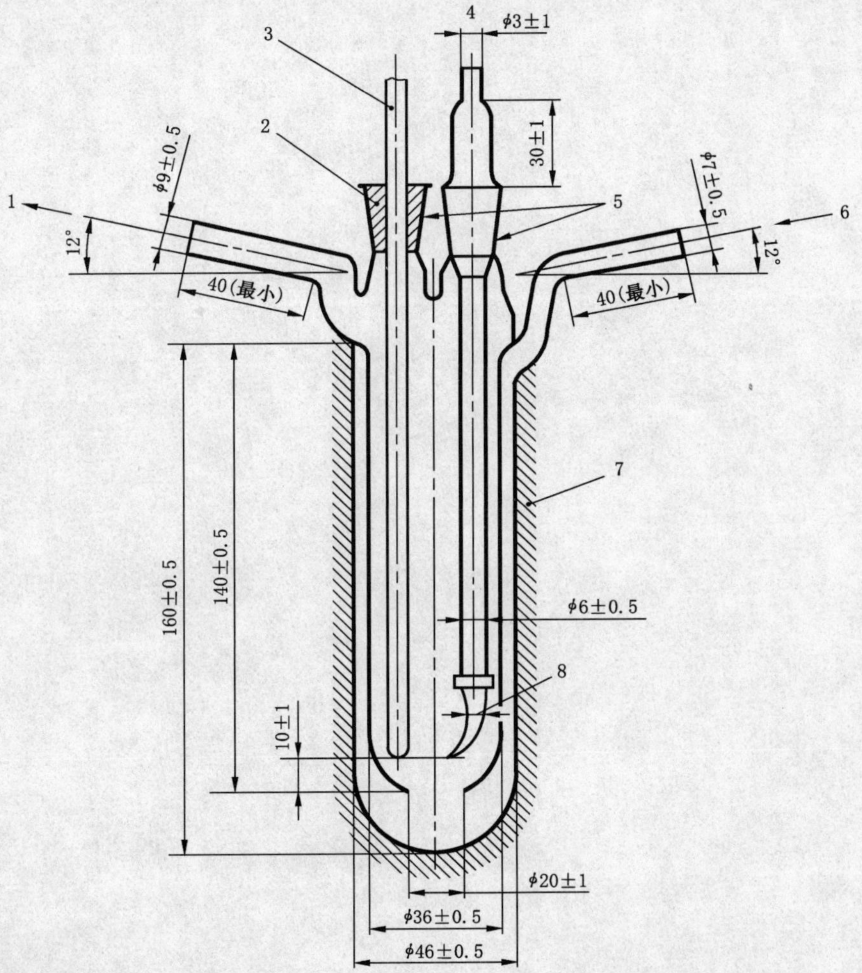

硼硅酸盐玻璃管制造：直径 6 mm～9 mm 的壁厚 0.75 mm～1.25 mm；直径 36 mm～46 mm 的壁厚 1 mm～2 mm。

1——氧气出口；
2——耐热密封件；
3——温度计；
4——管口；
5——14/23 接合部；
6——氧气入口；
7——铝箔；
8——钨丝，直径 0.7 mm，渐细成尖头，(20±0.5) mm 长。

图 A.1 内衬层样品燃烧试验用装置

A.2 程序

将燃烧试验装置，包封在铝箔中，插入电热炉中(A.1.1)。铝箔的作用是使辐射热减少到最小，获得更均匀的温度分布。用可变电阻或自耦变压器调节电热炉的能量供应，使温度保持在 360℃～365℃，氧气流量为 2 L/min±0.1 L/min。

用于试验的橡胶内衬层试样擦净之后，切成 8 mm^3～10 mm^3 的块，其边长应不小于 1.3 mm 且不大于 2.5 mm。

当炉温处于恒定温度时，取出样品夹具，将试验的橡胶内衬层样品块穿在钨丝尖头上，将夹具重新放置在装置中。此操作必须快速进行，从而使冷却程度减到最小，钨丝尖端应保持清洁和锐利。

试样在装置中至少保持 2 min，在此期间仔细观察它有无燃烧的迹象。可能会观察到烟雾，但这不能构成燃烧的证据，燃烧一般伴有火花，有时伴有小的爆炸。当试样发生燃烧时，装置的温度会升高，这时必须允许有一段时间使温度回到适合的试验温度。

依次连续试验三个试样。

附 录 B
（规范性附录）
耐正戊烷性能试验方法

B.1 称量一份软管内衬层，然后在标准实验室温度下将其浸在正戊烷中 72 h，正戊烷的体积应至少是试片体积的 50 倍。

B.2 浸泡之后，试片在室温下在空气中调节 5 min 之后重新称量，并在同样条件下再放置 24 h 之后再重新称量。

B.3 按式(B.1)、(B.2)计算吸收的正戊烷的量和正戊烷萃取物的量：

$$吸收的正戊烷百分比=\frac{m_1-m_2}{m_0}\times 100\% \quad \cdots\cdots (B.1)$$

$$萃取物质百分比=\frac{m_0-m_2}{m_0}\times 100\% \quad \cdots\cdots (B.2)$$

式中：

m_0——试样初始质量，单位为克(g)；

m_1——浸泡和 5 min 调节后试样质量，单位为克(g)；

m_2——24 h 再次调节后试样质量，单位为克(g)。

附　录　C
（规范性附录）
耐炽热颗粒和热表面性能试验方法

将大约 500 mm 长的软管样品固定在试验装置中(见图 C.1,其中电路图见图 C.2)。将 CrNi 钢加热丝(直径 2.5 mm)固定在电连接点之间,间隔 100 mm。在试验期间,与软管轴线垂直的炽热金属丝的向下的力应是 1 N(见图 C.1 和图 C.3)。在试验期间,软管应充有 0.1 MPa(1 bar)压力的惰性气体,例如氮气。在并联管的情况下,力应垂直加在分离线上。

金属丝应用 50 A 电流、最大 2 V 电压加热,以获得约 800℃的温度。

如果第一次试验失败,其后的两次试验应合格。

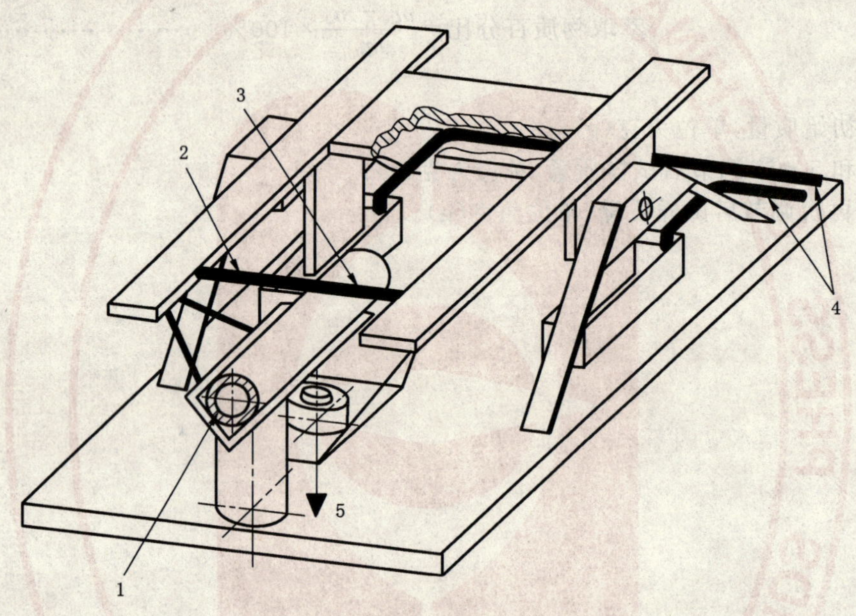

气体＝N_2

1——加压到 0.1 MPa(1 bar)过压的软管;
2——CrNi 丝,ϕ=2.5 mm;
3——能检验 800℃试验温度的热电偶;
4——电导体;
5——力:1 N。

图 C.1　试验装置图

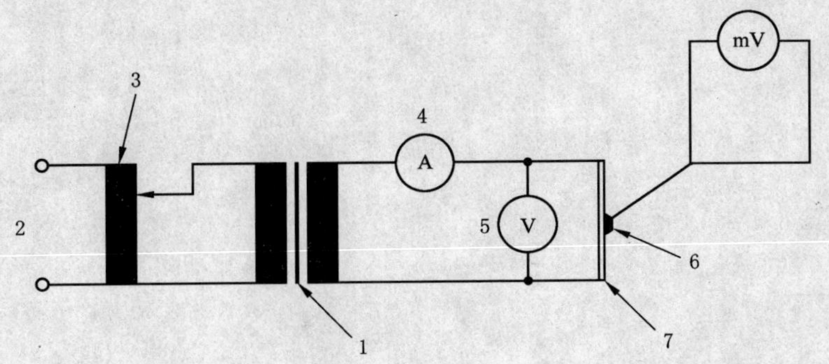

I=50 A

U_{max}=2 V

1——隔离变压器；

2——电源；

3——可变电输出变压器；

4——电流；

5——电压；

6——热电偶；

7——CrNi 丝，ϕ=2.5 mm。

图 C.2 试验装置电路示意图

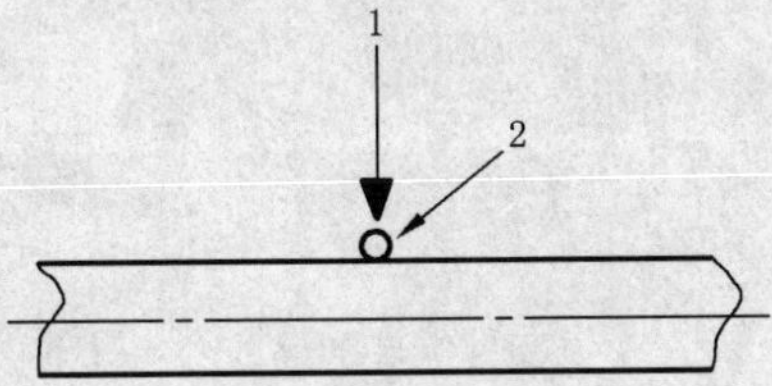

1——力：1 N；

2——CrNi 丝 18 8。

图 C.3 对软管的垂直力示意图

ICS 77.140.60;45.080
H 52

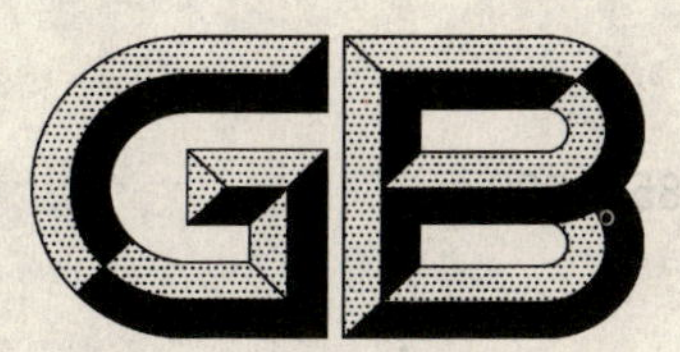

中华人民共和国国家标准

GB 2585—2007
代替 GB 181—1963、GB 182—1963、GB 183—1963、GB 2585—1981

铁路用热轧钢轨

Hot-rolled steel rails for railway

2007-07-12 发布　　2008-02-01 实施

中华人民共和国国家质量监督检验检疫总局
中国国家标准化管理委员会　发布

前　言

本标准与 EN 13674-1:2003《铁路用重轨　第 1 部分　46 kg/m 及以上 T 型钢轨》的一致性程度为非等效。

本标准在 GB 2585—1981《铁路用每米 38～50 公斤钢轨技术条件》的基础上，合并了 GB 181—1963《每米 50 公斤钢轨型式尺寸》、GB 182—1963《每米 43 公斤钢轨型式尺寸》、GB 183—1963《每米 30 公斤钢轨型式尺寸》的内容。

自本标准实施之日起，GB 181—1963、GB 182—1963、GB 183—1963、GB 2585—1981 同时废止。

与 GB 2585—1981 相比，主要修改的技术指标如下：

——取消了模铸坯制造钢轨；

——增加了使用连铸坯生产钢轨的要求；

——增加了 60 kg/m、75 kg/m 钢轨的技术要求；

——增加了术语和定义内容；

——增加了订货内容；

——增加了钢轨断面图；

——增加了尺寸检查用样板；

——将型式尺寸、外形允许偏差按轨型进行分级；

——增加了 U75V、U76NbRE、U70Mn 牌号；

——增加了成品化学成分偏差要求；

——增加了超声波检验的要求；

——增加了残余应力、疲劳、断裂韧性、显微组织、脱碳层、非金属夹杂物的要求；

——增加了质量保证要求等。

本标准第 5 章(5.3.1.3、5.3.1.4、5.3.1.5、5.4 除外)、第 6 章(6.1.5、6.2.2 除外)、9.1(9.1.6 除外)、10.2.1、附录 A、附录 B 的 B.1～B.4、附录 F 为强制性条款。

本标准的附录 A、附录 B、附录 C、附录 D、附录 E、附录 F 是规范性附录。

本标准由中国钢铁工业协会提出。

本标准由全国钢标准化技术委员会归口。

本标准起草单位：冶金工业信息标准研究院、铁道科学研究院、攀枝花钢铁集团公司、鞍山钢铁集团公司、包头钢铁集团公司、武汉钢铁集团公司。

本标准主要起草人：王丽敏、周清跃、唐岚、吴细水、朱梅、冯超、张银花、聂才功、何清志、朴志民、赤荣、刘宏、武金华、吕学斌。

本标准所废止标准的历次版本发布情况为：

——GB 181—1963；

——GB 182—1963；

——GB 183—1963；

——GB 2585—1981。

铁 路 用 热 轧 钢 轨

1 范围

本标准规定了铁路用热轧钢轨的术语和定义、订货内容、尺寸、外形、质量及允许偏差、技术要求、试验方法、检验规则、标志及质量证明书、质量保证等内容。

本标准适用于连铸坯生产的时速160 km及以下热轧钢轨，不适用于全长热处理钢轨。

2 规范性引用文件

下列文件中的条款通过在本标准中的引用而构成为本标准的条款。凡是注日期的引用文件，其随后所有的修改单(不包括勘误的内容)或修订版均不适用于本标准，然而，鼓励根据本标准达成协议的各方研究是否可使用这些文件的最新版本。凡是不注日期的引用文件，其最新版本适用于本标准。

GB/T 222 钢的成品化学成分允许偏差

GB/T 223.14 钢铁及合金化学分析方法 钽试剂萃取光度法测定钒含量

GB/T 223.35 钢铁及合金化学分析方法 脉冲加热惰气熔融库仑滴定法测定氧量

GB/T 223.40 钢铁及合金 铌含量的测定 氯磺酚S分光光度法

GB/T 223.49 钢铁及合金化学分析方法 萃取分离-偶氮氯膦mA分光光度法测定稀土总量

GB/T 223.53 钢铁及合金化学分析方法 火焰原子吸收分光光度法测定铜量

GB/T 223.60 钢铁及合金化学分析方法 高氯酸脱水重量法测定硅含量

GB/T 223.62 钢铁及合金化学分析方法 乙酸丁酯萃取光度法测定磷量

GB/T 223.63 钢铁及合金化学分析方法 高碘酸钠(钾)光度法测定锰量

GB/T 223.68 钢铁及合金化学分析方法 管式炉内燃烧后碘酸钾滴定法测定硫含量

GB/T 223.71 钢铁及合金化学分析方法 管式炉内燃烧后重量法测定碳含量

GB/T 224 钢的脱碳层深度测定法(GB/T 224—1987,eqv ISO 3887—1976)

GB/T 226 钢的低倍组织及缺陷酸蚀试验法(GB/T 226—1991,neq ISO 4969:1980)

GB/T 228 金属材料 室温拉伸试验方法(GB/T 228—2002,eqv ISO 6892:1998)

GB/T 230.1 金属洛氏硬度试验 第1部分:试验方法(A、B、C、D、E、F、G、H、K、N、T标尺)(GB/T 230.1—2004,ISO 6508-1:1999,MOD)

GB/T 231.1 金属布氏硬度试验 第一部分:试验方法(GB/T 231.1—2002,eqv ISO 6506-1:1999)

GB/T 2101 型钢验收、包装、标志及质量证明书的一般规定

GB/T 3075 金属轴向疲劳试验

GB/T 4161 金属材料平面应变断裂韧性K_{1C}试验方法

GB/T 4336 碳素钢和中低合金钢火花源原子光谱分析方法(常规法)

GB/T 10561 钢中非金属夹杂物显微评定方法

GB/T 13298 金属显微组织检验方法

GB/T 17505 钢及钢产品交货一般技术要求(GB/T 17505—1998,eqv ISO 404:1992)

GB/T 19001 质量管理体系 要求(GB/T 19001—2000,idt ISO 9001:2000)

GB/T 20066 钢和铁 化学成分测定用试样的取样和制样方法(GB/T 20066—2006,ISO 14284:1998,IDT)

YB/T 951 钢轨超声波探伤试验方法

3 术语和定义

下列术语和定义适用于本标准。

3.1

炉号 heat

一炉钢水浇铸的所有铸坯，直至某一钢坯完全由下一炉钢液浇注而成(不包括该钢坯)。

3.2

连浇 sequence

在中间包中连续浇铸同一牌号的不同炉号的钢水。

3.3

过渡区 transition area

由两炉钢水混合浇铸的部分。

4 订货内容

订货时，需方应向供方提供如下资料：

a) 标准号；

b) 轨型并注明是钻孔轨或焊接轨；

c) 牌号；

d) 轨端淬火；

e) 数量、长度(定尺、非定尺)；

f) 其他特殊要求。

5 尺寸、外形、重量及允许偏差

5.1 尺寸及允许偏差

5.1.1 钢轨型号及对应的断面尺寸及螺栓孔尺寸按照附录A的规定。经供需双方协商，并在合同中注明，亦可供应其他型号的钢轨。

5.1.2 钢轨的尺寸允许偏差应符合表1的规定。

表1 尺寸、外形允许偏差

单位为毫米

项　目		轨型/(kg/m)		
		38、43	50、60、75	样板图
钢轨断面	轨头宽度(*WH*)	±0.5	±0.5	图C.3
	轨腰厚度[a](*WT*)	+1.0 −0.5	+1.0 −0.5	图C.6
	接头夹板高度(*HF*)	±0.6	+0.6 −0.5	图C.5
	钢轨高度(*H*)	±0.8	±0.6	图C.8
	轨底宽度(*WF*)	+1.0 −2.0	+1.0 −1.5	图C.9
	轨底边缘厚度[b]	—	+0.75 −0.5	图C.7

表 1(续)

单位为毫米

<table>
<tr><td colspan="3" rowspan="2">项　　目</td><td colspan="3">轨型/(kg/m)</td></tr>
<tr><td>38、43</td><td>50、60、75</td><td>样板图</td></tr>
<tr><td rowspan="10">外
形</td><td colspan="2">断面不对称</td><td>±1.5</td><td>±1.2</td><td>图 C.4-1
图 C.4-2</td></tr>
<tr><td rowspan="2">端面斜度</td><td>垂直方向</td><td rowspan="2">≤1.0</td><td rowspan="2">≤0.8</td><td rowspan="2"></td></tr>
<tr><td>水平方向</td></tr>
<tr><td rowspan="3">端部弯曲
（距轨端 1 m 内）</td><td>向上弯</td><td>≤0.8</td><td>≤0.5</td><td rowspan="7">测量方法
按图 C.11</td></tr>
<tr><td>向下弯</td><td>≤0.2</td><td>≤0.2</td></tr>
<tr><td>左右弯</td><td>≤0.5</td><td>≤0.5</td></tr>
<tr><td rowspan="2">轨身
（除两轨端各 1 m 外）</td><td>垂直方向</td><td>—</td><td>≤0.5 mm/3 m,
≤0.4 mm/1 m</td></tr>
<tr><td>水平方向</td><td>—</td><td>≤0.7 mm/1.5 m</td></tr>
<tr><td>全长扭转</td><td colspan="3">≤全长的 1/10 000</td></tr>
<tr><td>全长均匀弯曲</td><td colspan="3">≤全长的 0.5/1 000</td></tr>
<tr><td colspan="3">接头夹板安装斜度（以平行于接头夹板理论斜面的 14 mm 一段的倾斜为基准）</td><td>+1.0
−0.5</td><td>+1.0
−0.5</td><td>图 C.5</td></tr>
<tr><td colspan="2" rowspan="2">螺栓孔</td><td>直径</td><td>±0.8</td><td>±0.8</td><td rowspan="2">图 C.10</td></tr>
<tr><td>位置</td><td>±0.8</td><td>±0.8</td></tr>
<tr><td colspan="6">a　钢轨腰厚在最小厚度点测量。
b　孔型设计时保证。如有争议时，用图 C.7 样板检查。</td></tr>
</table>

5.2　外形允许偏差

5.2.1　钢轨的外形允许偏差应符合表 1 的规定。

5.2.2　轨底中间较两边凸出或凹入均不得超过 0.4 mm。

5.2.3　钢轨经矫直后不得有波浪弯、硬弯。

5.2.4　应对钢轨的螺栓孔进行 45°倒棱，倒棱深度为 0.8 mm～2.0 mm。

5.3　钢轨长度及允许偏差

5.3.1　钢轨长度

5.3.1.1　标准钢轨的定尺长度为 12.5 m、25 m、50 m 和 100 m。

5.3.1.2　曲线缩短钢轨的长度

12.5 m 钢轨：12.46 m、12.42 m、12.38 m。

25 m 钢轨：　24.96 m、24.92 m、24.84 m。

5.3.1.3　短尺钢轨长度

12.5 m 钢轨：9 m、9.5 m、11 m、11.5 m、12 m。

25 m 钢轨：　21 m、22 m、23 m、24 m、24.5 m。

短尺钢轨的数量由供需双方协商并在合同中注明，但不得大于订货总量（包括焊接轨和钻孔轨）的 10%。50 kg/m 及以上钢轨的钻孔轨不得搭配短尺轨。

5.3.1.4　定尺长度为 50 m 和 100 m 钢轨的曲线缩短轨长度和短尺轨长度由供需双方协商，并在合同中注明短尺轨的搭配数量。

5.3.1.5　经供需双方协商，亦可供应其他长度的钢轨。

5.3.2 长度允许偏差

钢轨的长度允许偏差应符合表2规定。

表2 长度允许偏差(环境温度20℃)

长度 L/m		允许偏差/mm
钻孔轨	≤25	±6
焊接轨	≤25	±10
	>25	由供需双方协商

5.4 重量

钢轨按理论重量交货,计算数据见附录A。

6 技术要求

6.1 制造方法

6.1.1 用以制造钢轨的连铸坯应采用氧气转炉、电炉冶炼的镇静钢。

6.1.2 在轧制过程中应采用高压喷射方法去除氧化铁皮。

6.1.3 连铸坯横断面与钢轨横断面的面积比不得小于9∶1。

6.1.4 为保证钢轨不产生白点,应进行钢水真空脱气或钢坯、钢轨缓冷等处理。

6.1.5 焊接轨不进行轨端热处理;U74、U71Mn、U70Mn 钻孔轨不进行轨端热处理时,应在合同中注明。

6.2 牌号和化学成分

6.2.1 钢的牌号和化学成分及残留元素(熔炼分析)应符合表3、表4和6.2.1.1和6.2.1.2的规定。对残留元素,若供方保证,可不做检验。

表3 牌号及化学成分

牌号	化学成分(质量分数)/%							
	C	Si	Mn	S	P	V[a]	Nb[a]	RE(加入量)
U74	0.68~0.79	0.13~0.28	0.70~1.00	≤0.030	≤0.030	≤0.030	≤0.010	—
U71Mn	0.65~0.76	0.15~0.35	1.10~1.40	≤0.030	≤0.030			—
U70MnSi	0.66~0.74	0.85~1.15	0.85~1.15	≤0.030	≤0.030			—
U71MnSiCu	0.64~0.76	0.70~1.10	0.80~1.20	≤0.030	≤0.030			—
U75V	0.71~0.80	0.50~0.80	0.70~1.05	≤0.030	≤0.030	0.04~0.12		—
U76NbRE	0.72~0.80	0.60~0.90	1.00~1.30	≤0.030	≤0.030	≤0.030	0.02~0.05	0.02~0.05
U70Mn	0.61~0.79	0.10~0.50	0.85~1.25	≤0.030	≤0.030		≤0.010	—

a 除U75V牌号中的V,U76NbRe牌号中的Nb为加入元素外,其他牌号中的Nb、V为残留元素。

表4 残留元素上限(质量分数) %

Cr	Mo	Ni	Cu[a]	Sn	Sb	Ti	Cu+10Sn	Cr+Mo+Ni+Cu
0.15	0.02	0.10	0.15	0.040	0.020	0.025	0.35	0.35

a U71MnSiCu 中 Cu 的加入量为0.10%~0.40%。

6.2.1.1 钢水氢含量应不大于2.5×10^{-6}。钢水氢含量大于2.5×10^{-6}时应对钢坯或钢轨进行缓冷处理。若采用钢轨的缓冷工艺,可不做钢水氢含量检验。成品钢轨的氢含量不得大于2.0×10^{-6}。

6.2.1.2　钢水或成品钢轨总氧含量不得大于 30×10^{-6}。若供方能保证钢轨中非金属夹杂物符合要求,可不做氧含量检验。

6.2.2　成品化学成分

如果需方要求对成品化学成分进行验证分析时,与表 3 规定的成分范围允许偏差值应符合 GB/T 222中相应的规定。

6.3　交货状态

钢轨以热轧状态交货。

6.4　力学性能

钢轨的力学性能应符合表 5 的规定。

表 5　力学性能

牌号	力 学 性 能	
	抗拉强度 R_m/(N/mm²) (不小于)	断后伸长率 A/% (不小于)
U74	780	10
U71Mn	880	9
U70MnSi		
U71MnSiCu		
U75V	980	9
U76NbRE		
U70Mn	880	
若在热锯样轨上取样检验力学性能时,断后伸长率 A 的试验结果允许比规定值降低 1%(绝对值)。		

6.5　轨端热处理

需进行轨端热处理的钢轨,淬火层形状应呈帽形,无淬火裂纹。其技术要求应符合附录 B 的规定。

6.6　低倍

6.6.1　钢轨横向酸浸试片的低倍组织应符合附录 F 的规定。

6.6.2　钢轨不得有白点。

6.7　显微组织

钢轨的显微组织应为珠光体,允许有少量沿晶界分布的铁素体,不得有马氏体、贝氏体及沿晶界分布的网状渗碳体。

6.8　脱碳层

钢轨的脱碳层深度不大于 0.5 mm。

6.9　非金属夹杂物

钢轨的非金属夹杂物级别应符合:A 类夹杂不超过 2.5 级,B 类夹杂物(氧化铝)、C 类夹杂物(硅酸盐)、D 类夹杂物(球状氧化物)均不得超过 2.0 级。

6.10　落锤试验

钢轨应进行落锤试验,试样经落锤打击一次后不得有断裂现象。应在质量证明书中记录挠度值供参考。

6.11　超声波探伤

6.11.1　钢轨应逐支进行全长超声波探伤检查。

6.11.2　被检验的钢轨的最小截面面积为:

轨头部分不小于 70%;

轨腰部分不小于60%；

轨底部分见图1。

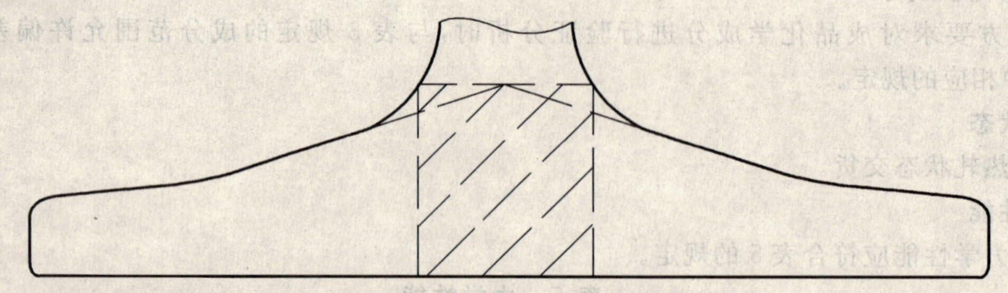

图1 钢轨轨底超声波探伤区域(阴影部分)

6.12 表面质量

6.12.1 钢轨表面不得有裂纹、折迭和横向划伤。但在冷、热状态下形成的某些缺陷允许符合以下规定：

6.12.1.1 热状态形成的钢轨纵向磨痕、热刮伤、纵裂、氧化皮压入等的缺陷深度不得大于0.5 mm。

6.12.1.2 冷状态下形成的钢轨纵向或横向划痕、碰伤的深度：轨头踏面及轨底下表面不得大于0.4 mm(轨底下表面不应有横向划痕)；钢轨其他部位不得大于0.5 mm。

6.12.2 钢轨端面和螺栓孔表面不得有分层、裂纹，其边缘上的毛刺应予清除。

6.12.3 钢轨踏面、轨底下表面及距钢轨端部1 m内影响接头夹板装配的所有凸出部分应予清除。

6.12.4 钢轨表面缺陷允许用打磨方法清理，清理应沿纵向进行，清理宽度不得小于深度的5倍，清理后应保证钢轨的尺寸符合表1的规定。钢轨修磨处应圆滑过渡，并且不影响显微组织。

6.13 残余应力

钢轨的轨底最大纵向残余拉应力应不大于250 MPa。

6.14 疲劳性能

总应变幅为1 350 $\mu\varepsilon$ 时，每个试样的疲劳寿命(即试样完全断裂时的循环次数)应大于5×10^6 次。

6.15 断裂韧性

钢轨在试验温度－20℃下测得的断裂韧性 K_{1C} 的最小值及平均值分别不小于26 $MPa\cdot m^{1/2}$ 和29 $MPa\cdot m^{1/2}$。

7 试验方法

7.1 钢轨的检验项目、取样部位、取样数量和试验方法应符合表6的规定。

表6 检验项目、取样部位、取样数量和试验方法

序号	检验项目	取样部位	取样数量	试验方法
1	断面尺寸	距轨端300 mm之内	逐支	附录C样板、卡尺
2	外形	端部	逐支	图C.11、图C.4-1、图C.4-2样板
3	化学成分	见图2	每炉1个	GB/T 223、GB/T 4336
4	氧含量	真空处理后或成品钢轨(见图4)	每批1个	GB/T 223.35
5	氢含量	7.2.2或供需双方协商	每炉1个或2个	供需双方协商
6	低倍	除过渡区域外任何部位	每炉1个	GB/T 226

表 6(续)

序号	检验项目	取样部位	取样数量	试验方法
7	拉伸	除过渡区域外任何钢轨上(见图 2),试样直径 10 mm	每炉 1 个	GB/T 228
8	显微组织	见图 2	见 7.3	GB/T 13298
9	脱碳层	见图 3	每批 1 个	7.4 GB/T 224
10	非金属夹杂物	钢轨头部	每批 1 个	7.5
11	落锤试验	除过渡区域外任何部位	每批 1 个	7.6
12	超声波探伤	全长	逐支	YB/T 951
13	表面质量	全长	逐支	目视
14	残余应力	距轨端至少 3 000 mm 处	见 7.8	按附录 D
15	疲劳	距轨端 3 000 mm 处(见图 5)	见 7.9	GB/T 3075
16	断裂韧性	距轨端 3 000 mm 处	见 7.10	GB/T 4161 和附录 E
轨型 50 kg/m 以下钢轨可不做 8、9、10、14、15、16 项检验。				

7.2 化学成分试验

7.2.1 根据需方要求,可进行成品化学分析。每批取一个试样,应在任一支钢轨上切取。试样应从钢轨的整个断面上制取或在图 2 的位置上钻取。当采用 GB/T 4336 规定的光谱法分析时,其试验部位如图 2 所示。

7.2.2 当取消钢轨缓冷时,每炉钢水都应进行氢含量测定。在使用新中间包时,第一炉钢水中至少取两个样,剩余的每炉取一个样进行氢含量分析。成品轨氢含量检验应在轨头中心取样。连铸坯第一炉在任一铸流第 1 支钢坯最后部分轧制的钢轨上切取。在定氢仪上测定。

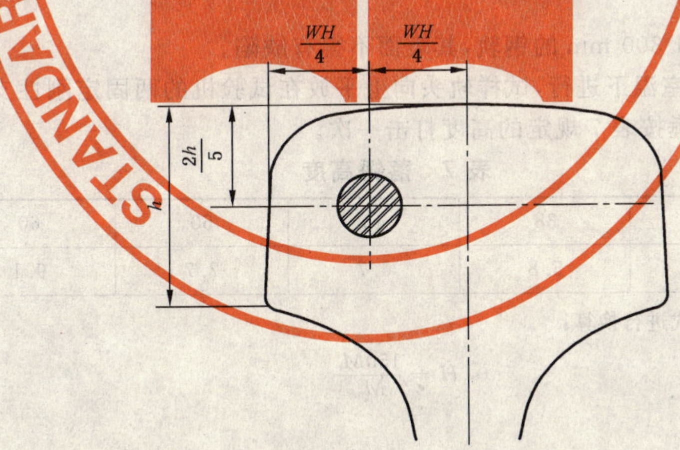

图 2 拉伸、显微组织、成品化学成分分析取样位置

7.3 显微组织检验

显微组织检验在轨头取样,取样位置如图 2。每 1 000 t 或不足 1 000 t 做一次,试验按 GB/T 13298 的规定进行。

7.4 脱碳层检验

在图 3 所规定的轨头表层任何部位,测量连续封闭铁素体网深度,试验按 GB/T 224 的方法进行。

图 3　轨头表面脱碳层检验范围

7.5　氧含量检验

氧含量检验试样的取样位置见图 4。

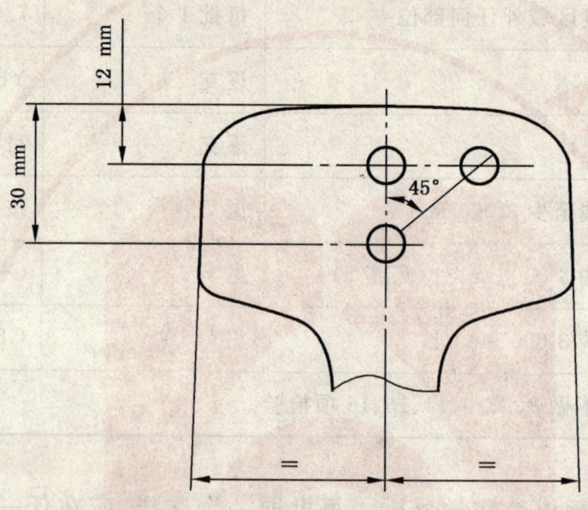

图 4　氧含量试样的取样位置

7.6　非金属夹杂物评定

每批钢轨应取 1 个试样进行非金属夹杂物评定，其试样应从钢轨头部纵向切取，检查面应在距踏面 10 mm～15 mm 的平面上且面积不小于 200 mm^2，试验按 GB/T 10561 附录 A 中的评级图Ⅱ-ASTM 评级图的方法 A 评定。

7.7　落锤试验

7.7.1　试样为长度不小于 1 300 mm 的钢轨，其表面不得有缺陷。

7.7.2　试验在 10℃以上的室温下进行，试样轨头向上平放在试验机的两固定刚性支点上（支点间距为 1 000 mm），用 1 000 kg 重锤按表 7 规定的高度打击一次。

表 7　落锤高度

轨型/(kg/m)	37	38	43	50	60	75
高度/m	5.55	5.8	6.7	7.7	9.1	11.2

注：落锤高度也可通过下式进行换算：

$$H = \frac{150M_r}{M_m}$$

H——落锤高度，m；

M_r——钢轨单位长度重量，kg；

M_m——落锤重量，kg。

7.8　轨底残余应力试验

轨底残余应力试验的 3 个试样应从经过矫直的 3 根成品钢轨上截取，且取样部位应距轨端至少 3 000 mm处，试样长度为 1 000 mm 的全截面钢轨，残余应力试验按附录 D 的规定进行。试验应在每 2 年或生产工艺发生重大改变时进行。

7.9 疲劳试验

从经过矫直的成品钢轨中取 3 根样轨，样轨应分别取自不同的炉号和不同的连铸流号。在每根样轨至少距轨端 3 000 mm 处取 2 个试样。试样尺寸及取样部位见图 5。试验应在新牌号转产前或生产设备或工艺发生重大变化时，以及正常生产每 5 年时进行。

单位：mm

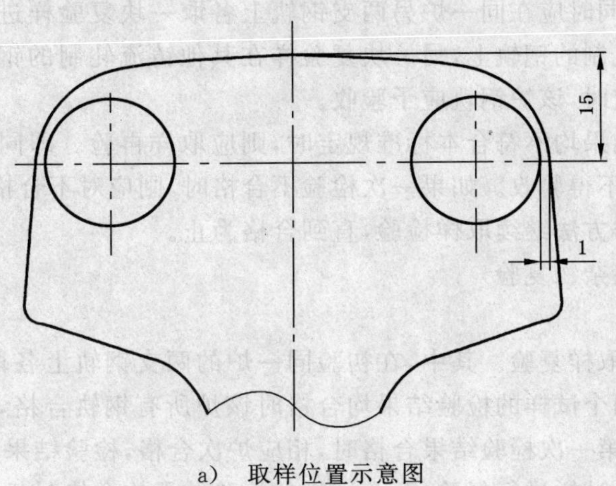

a) 取样位置示意图

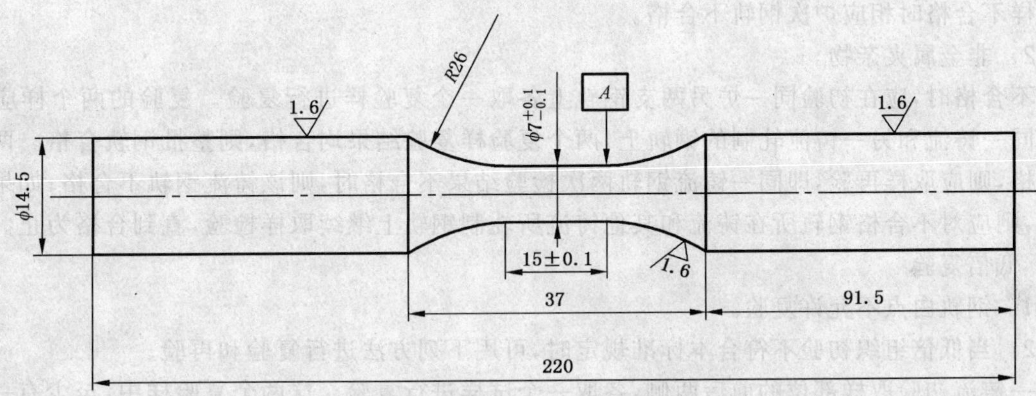

注 1：半径 $R26$ 应与标准尺寸直径相切（基准直径“A”）而不能有沟槽或台阶；

注 2：除非另有说明，所有公差为±0.2 mm；

注 3：在试样两端作识别标志。

b) 试样尺寸

图 5 疲劳试样取样位置及尺寸

7.10 断裂韧性

从经过矫直的成品钢轨中取 3 根样轨，样轨应分别取自不同的炉号和不同的连铸流号。在每根样轨至少距轨端 3 000 mm 处取 5 个试样。试验应在新牌号转产前或生产设备或工艺发生重大变化时，以及正常生产每 5 年时进行。试验方法应符合 GB/T 4161 和附录 E 的规定。

8 检验规则

8.1 检查和验收

钢轨的检查和验收由供方质量检验部门负责，并应符合 GB/T 17505 的有关规定。必要时需方有权按本标准规定进行抽查。

8.2 组批规则

钢轨应成批验收。每批由同一牌号、同一型号、同一连浇的连铸坯轧制的钢轨组成。

8.3 复验与判定

8.3.1 钢轨初验不合格时，不合格样轨应改判，并按以下规定进行复验与判定。

8.3.1.1 化学成分复验

化学成分不合格时不允许复验。

8.3.1.2 拉伸试验复验

当初验结果不合格时，同时应在同一炉另两支钢轨上各取一块复验样进行复验。其中一块复验样应取在与初验样同一铸流轧制的钢轨上，另一块复验样在其他铸流轧制的钢轨上取样。两块复验样的检验结果均符合本标准规定时，该炉钢轨应予验收。

如两块复验样的检验结果均不符合本标准规定时，则应取样再验。即同一铸流钢轨两次检验结果均不合格时，则该铸流钢轨不得验收。如果一次检验不合格时，则应对不合格钢轨所在铸流和其他流所轧制的钢轨上按照上述取样方法继续取样检验，直到合格为止。

8.3.1.3 脱碳层、非金属夹杂物复验

8.3.1.3.1 脱碳层

初验不合格时，则按炉取样复验。其中，在初验同一炉的两支钢轨上各取一个试样，其余炉次每炉取一个试样。初验炉次的两个试样的检验结果均合格时该炉所有钢轨合格，其中有一个试样不合格时该炉钢轨不合格；其余炉次第一次检验结果合格时，相应炉次合格，检验结果不合格时，则对不合格炉次的任两支钢轨上再各取一个试样进行复验，两个试样的检验结果均合格时相应炉次所有钢轨合格，其中有一个试样不合格时相应炉次钢轨不合格。

8.3.1.3.2 非金属夹杂物

初验不合格时，应在初验同一炉另两支钢轨上各取一个复验样进行复验。复验的两个样应分别取自初验样同一铸流和另一铸流轧制的钢轨上，两个复验样复验结果均合格，则整批钢轨合格。两个复验样均不合格，则应取样再验，即同一铸流钢轨两次检验结果不合格时，则该铸流钢轨不合格；如果一次检验不合格，则应对不合格钢轨所在铸流和其他铸流所轧制钢轨上继续取样检验，直到合格为止。

8.3.1.4 低倍复验

8.3.1.4.1 钢轨白点不允许复验。

8.3.1.4.2 当低倍组织初验不符合本标准规定时，可用下列方法进行复验和再验。

在同一铸流初验取样部位的前后两侧，各取一个试样进行复验。这两个复验样中，至少有一个取自与初验样同一铸坯的钢轨上，两个复验位置之间钢轨不得验收。如果两个复验样的复验结果都符合要求，则该批其余的钢轨可以验收。如果有一个复验样不合格，可继续取样再验，直至合格为止。

8.3.1.4.3 当低倍组织缺陷难以辨认时，可在更高的放大倍率下作进一步检查。

8.3.1.5 落锤复验

当落锤检验结果不符合规定时，可用下述方法进行复验和检验。

应对同一连浇周期的其他所有炉次的钢轨取一个试样进行检验。对于初验不合格，应在同一铸流初验取样部位的前后两侧，各取一个试样进行复验。这两个复验试样中，至少有一个取自与初验试样同一铸坯的钢轨上，两个复验样之间的钢轨不得验收。如果两个复验样结果都符合要求，则该炉其余的钢轨可以验收。如果仍有一个复验样不合格，可继续取样再验，直到合格为止。

9 标志及质量证明书

9.1 标志

9.1.1 在每根钢轨一侧的轨腰上至少每 4 m 间隔应轧制出下列清晰、凸起的标志，字符高 20 mm～28 mm，凸起 0.5 mm～1.5 mm。

a) 生产厂标志；

b) 轨型；

c) 牌号；

d) 制造年(轧制年度末两位)、月。

9.1.2 在每根钢轨的轨腰上，距轨端头不小于 2 m 处开始每 25 m 至少有两地方，采用热压印机(不允许冷压印)压上下列清晰的标志，压印的字符应具有平直或圆弧形表面，字符高 10 mm～16 mm。深 0.5 mm～1.5 mm，宽 1 mm～1.5 mm。

a) 炉号；

b) 连铸流号；

c) 连铸坯号；

d) 钢轨顺序号(A、B、C……)。

9.1.3 若热打印的标记漏打或有变动，则在轨腰上重新热打印或喷标。

9.1.4 钢轨精整后，在钢轨一个端面头部贴上标签或打钢印，标签及钢印的内容应包括轨型、牌号、炉号、长度等。

9.1.5 无标志或标志不清无法辨认时，不得交货。

9.1.6 钢轨的涂色要求由供需双方协商。

9.2 质量证明书

交货钢轨应附有供方质量检验部门开具的质量证明书，内容包括：

a) 制造厂名称；

b) 需方名称；

c) 轨型(钻孔轨或焊接轨)；

d) 合同号；

e) 标准号；

f) 牌号；

g) 数量、长度(定尺、短尺)；

h) 炉号；

i) 本标准规定的各项检验结果；

j) 出厂日期。

10 质量保证

10.1 质量体系

供方应采用经国家质量认证机构认证和审核并符合 GB/T 19001 规定的质量管理体系。

10.2 质量保证期限

10.2.1 钢轨从制造年度 N 生效起至 $N+5$ 年度的 12 月 31 日，供方应保证钢轨没有制造上的任何有害缺陷。若在此期间钢轨由于断裂或其他缺陷不能使用时，供需双方人员应在现场进行实物的抽查，必要时进行实验室检验或只进行实验室检验。

10.2.2 如供需双方不能达成一致意见，可由双方公认的仲裁机构裁决。

附 录 A
（规范性附录）
钢轨断面图

A.1 38 kg/m～75 kg/m 的钢轨断面尺寸分别见图 A.1～图 A.5。钢轨的理论重量及金属分配见表 A.1、表 A.2。

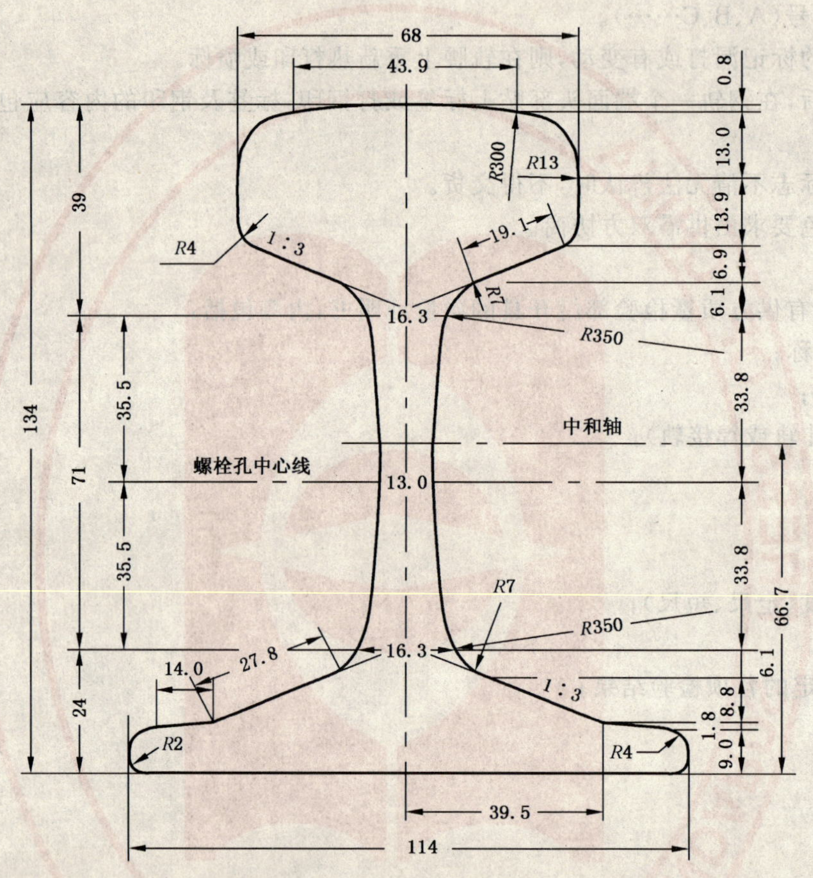

钢轨侧面图
尺寸（mm）

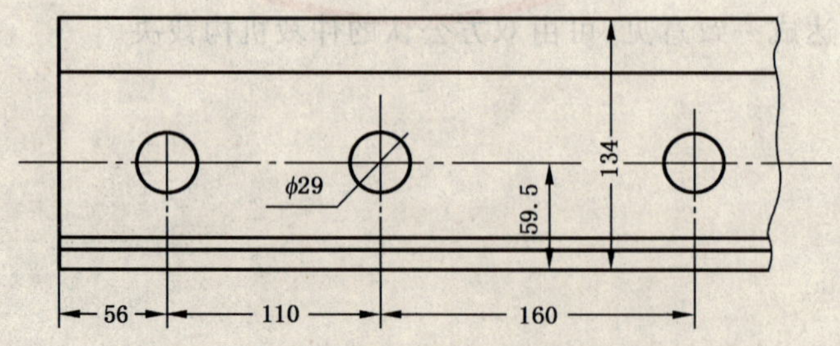

图 A.1 38 kg/m 钢轨断面图

单位:mm

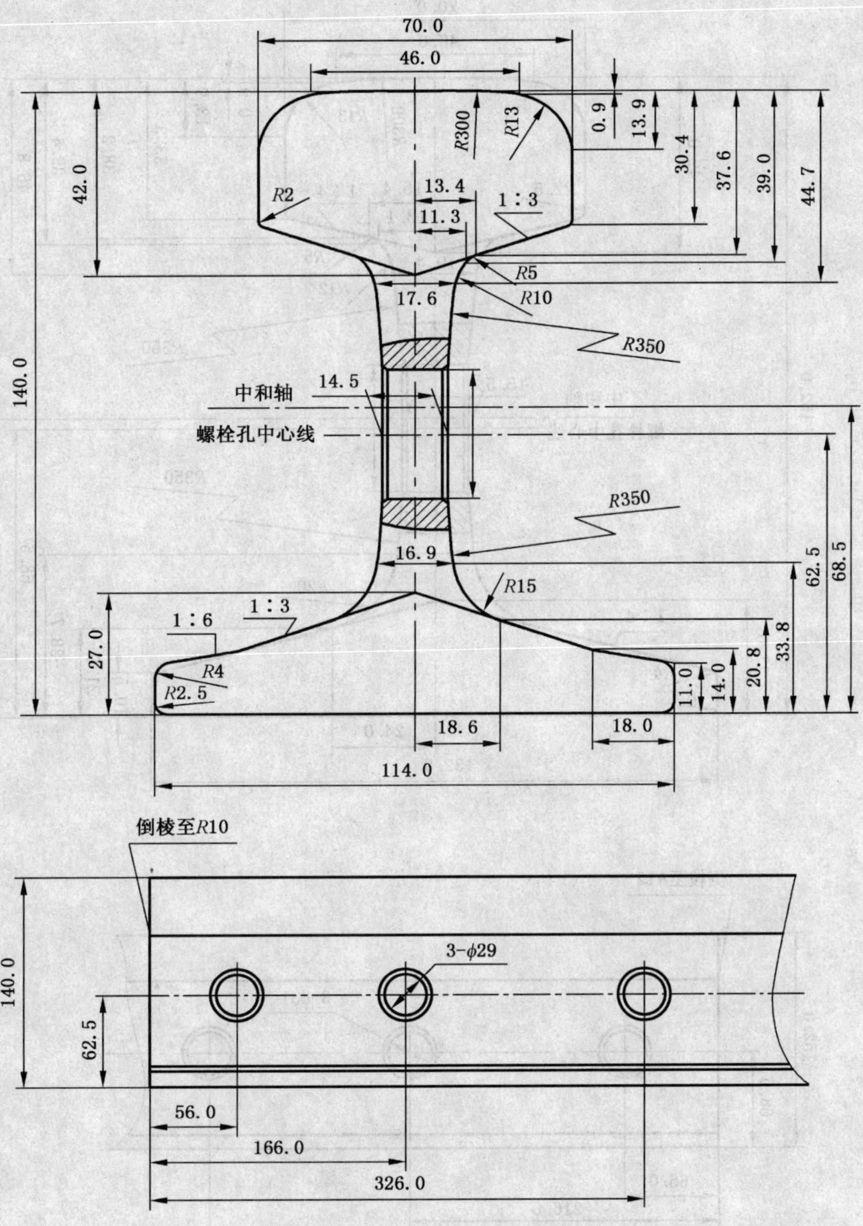

图 A.2 43 kg/m 钢轨断面图

单位：mm

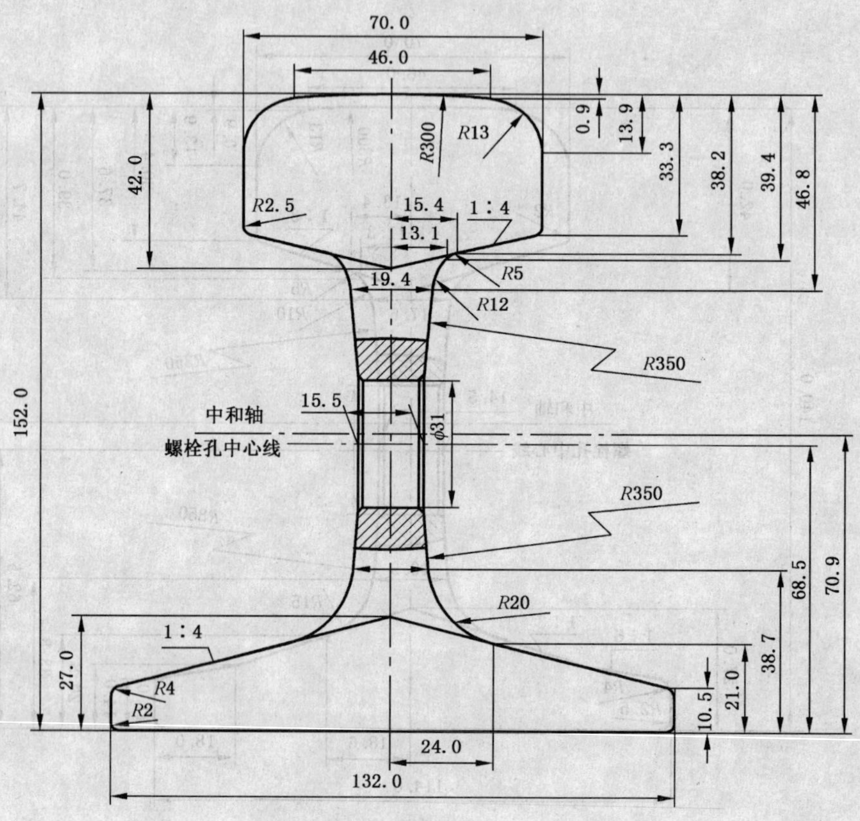

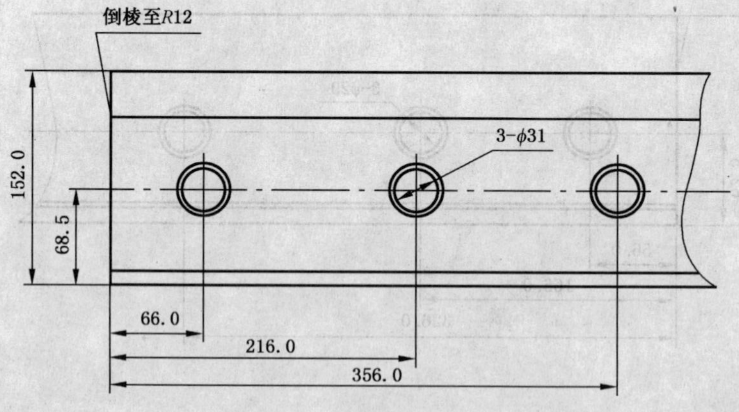

图 A.3　50 kg/m 钢轨断面图

单位：mm

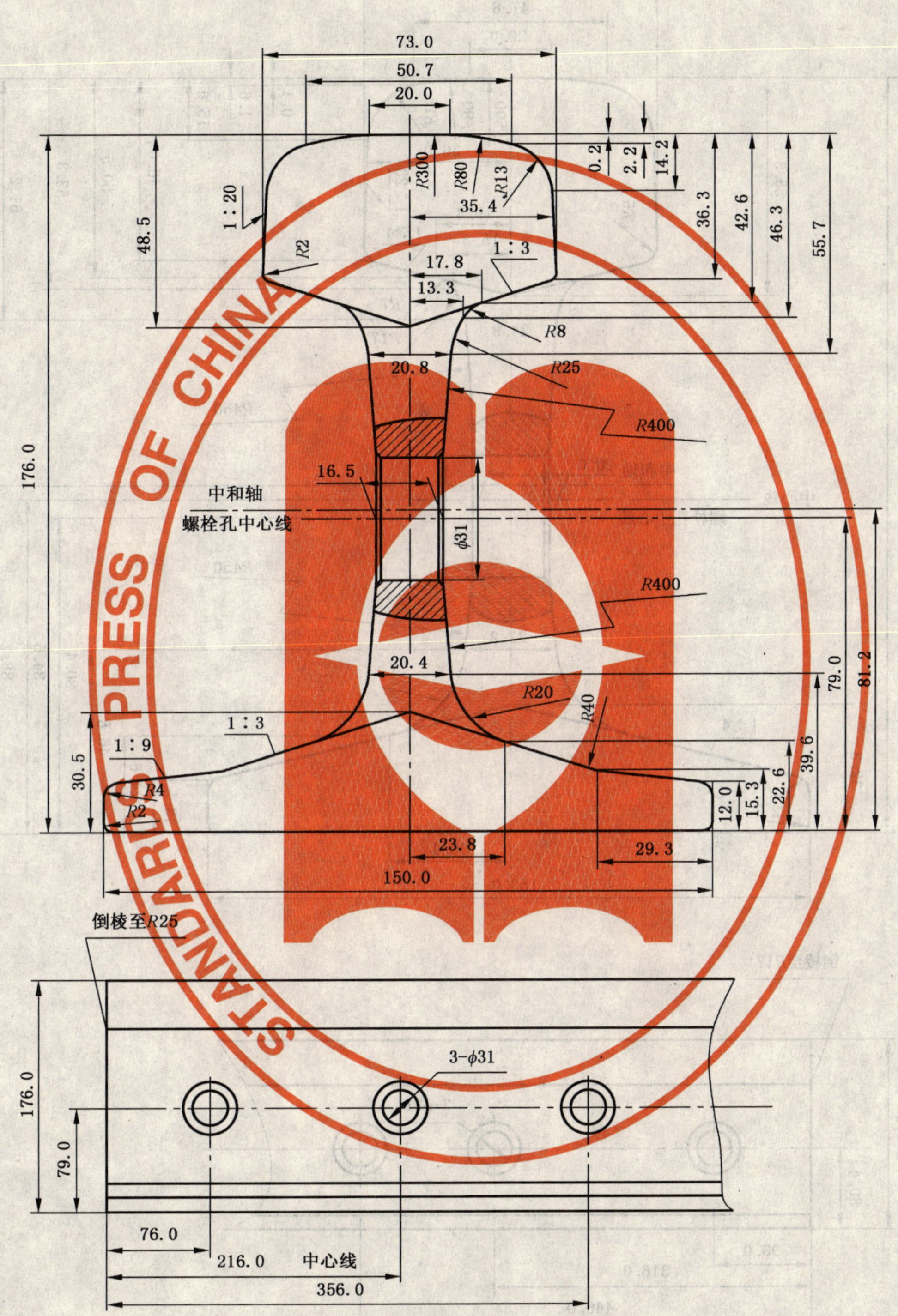

图 A.4　60 kg/m 钢轨断面图

单位:mm

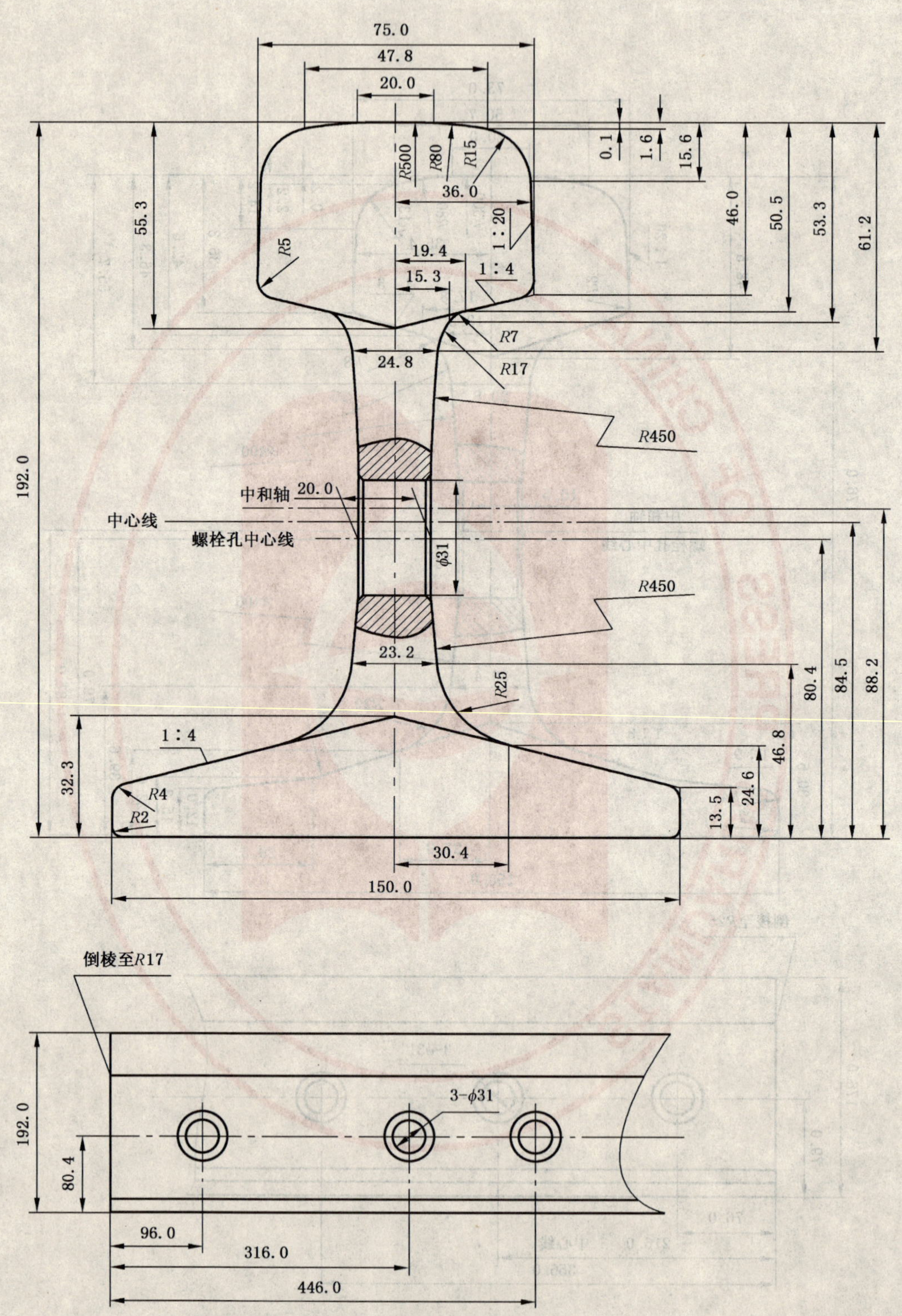

图 A.5　75 kg/m 钢轨断面图

表 A.1 钢轨计算数据

轨型/(kg/m)	横断面积/cm^2	重心距轨底距离/cm	重心距轨头距离/cm	对水平轴线的惯性力距/cm^4	对垂直轴线的惯性力距/cm^4	下部断面系数/cm^3	上部断面系数/cm^3	底侧边断面系数/cm^3
38	49.5	6.67	6.73	1 204.4	209.3	180.6	178.9	36.7
43	57.0	6.90	7.10	1 489.0	260.0	217.3	208.3	45.0
50	65.8	7.10	8.10	2 037.0	377.0	287.2	251.3	57.1
60	77.45	8.12	9.48	3 217	524	369.0	339.4	69.9
75	95.037	8.82	10.38	4 489	665	509	432	89

表 A.2 钢轨的金属分配

钢轨类型/(kg/m)		38	43	50	60	75
钢轨的金属分配(各部分占总面积的百分比)	轨头	43.68	42.68	38.68	37.47	37.42
	轨腰	21.63	21.31	23.77	25.29	26.54
	轨底	34.69	35.86	37.55	37.24	36.04

附 录 B
（规范性附录）
轨端热处理技术要求

B.1 硬化层形状和尺寸

钢轨横断面及纵断面的硬化层形状、尺寸如图 B.1 所示。

单位为毫米

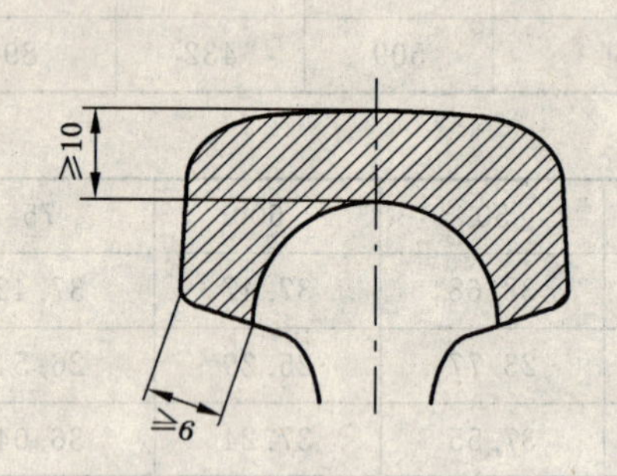

a) 横断面硬化层

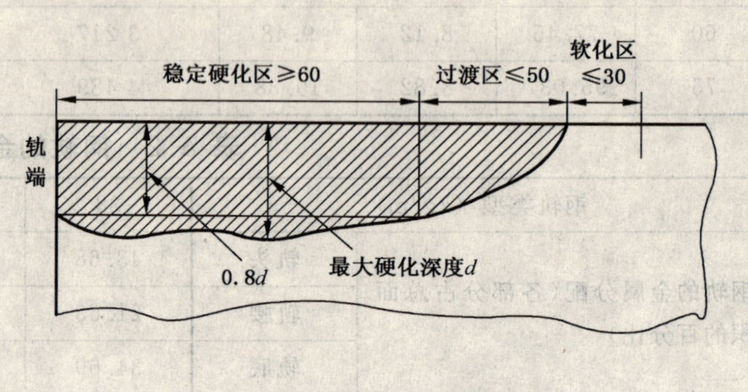

b) 纵断面硬化层

图 B.1 硬化层形状及尺寸

B.2 硬化层硬度

B.2.1 踏面硬度

U74、U71Mn 钢轨踏面稳定硬化区（即硬化层深度大致相同的部分）的表面硬度为 HBW302～388（HRC32.5～42.0）。

B.2.2 硬化层深硬度

钢轨稳定硬化区内层深硬度，在距踏面中心深 7 mm 处，其硬度值应≥HB280（HRC28.0）。

B.2.3 钢轨横断面及纵断面硬化层硬度分布

a) 稳定硬化区的硬度应由钢轨表面向内部缓慢降低，不应有急剧的变化；

b) 过渡区（硬化深度及硬度递减部分）的硬度应随硬化层深度的减小缓慢降低。

B.3 硬化层金相组织

硬化层金相组织应为细片状珠光体，允许有少量的铁素体，不得有马氏体、贝氏体等组织。

B.4 外观

钢轨不得有淬火裂纹、过烧等。

B.5 试验

B.5.1 踏面硬度试验

在距轨端约 50 mm 处，磨去钢轨顶面脱碳层，按 GB/T 231.1 规定进行布氏硬度试验。或按 GB/T 230 进行洛氏硬度试验。

B.5.2 淬火装置

钢轨淬火前应保证淬火装置工作正常，硬化层形状正确，无淬火裂纹。生产过程中如发现淬火装置出现异常现象，应立即调整淬火装置，同时取纵横断面试样进行检查，直至检验结果合格为止。

B.5.3 硬化层形状试验

B.5.3.1 试验用轨

从同一型号、同一牌号、同一热处理批次的钢轨中，取一根长度为500 mm的钢轨，在同一条件下进行轨端热处理，作为试验用轨。

B.5.3.2 试样

按下列规定制作：

a) 横断面试样　在试验用轨上，距轨端部20 mm处锯切横断面试样并将锯切面研磨制成；

b) 纵断面试样　将切取横断面试样后的剩余试验用轨头部沿中心线纵向剖开，取其中任一块的纵断面研磨后制成。

B.5.3.3 试验方法

经研磨的试样用5%硝酸酒精溶液浸蚀，显示硬化层形状。

B.5.4 硬化层的硬度分布试验

B.5.4.1 试验用轨及试样

按B.5.3.1和B.5.3.2的规定。

B.5.4.2 试验方法

按GB/T 230的规定进行。

B.5.4.3 试验位置

如图B.2中"X"标记的位置。

B.5.5 显微组织检验　在纵断面试样上的稳定硬化区及过渡区部分分别取样进行显微组织检验。

单位为毫米

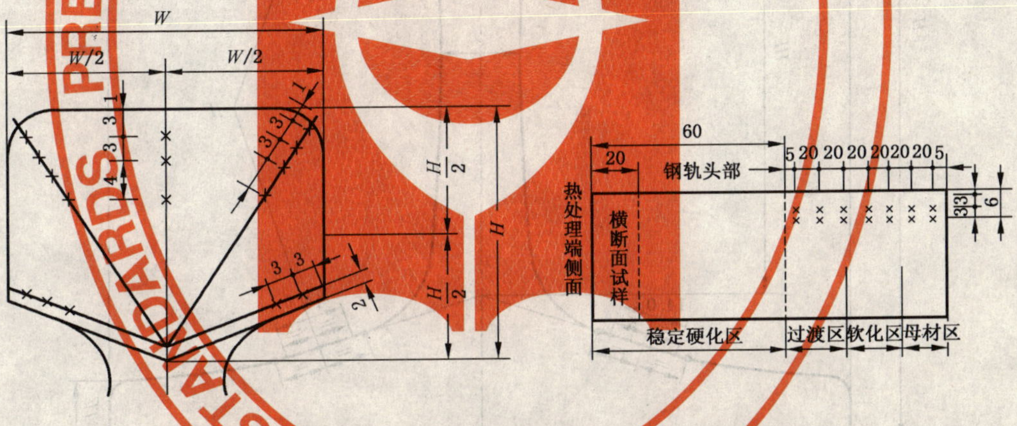

图B.2　钢轨横断面及纵断面硬化层硬度分布测定位置

B.6 记录

生产厂应按B.5规定进行试验并将结果提供给需方。

B.7 重新热处理

生产厂有权对轨端热处理不合格的任何钢轨进行重新热处理，但不得超过两次。出现淬火裂纹的钢轨不允许重新热处理。

附　录　C
（规范性附录）
尺寸检查样板图

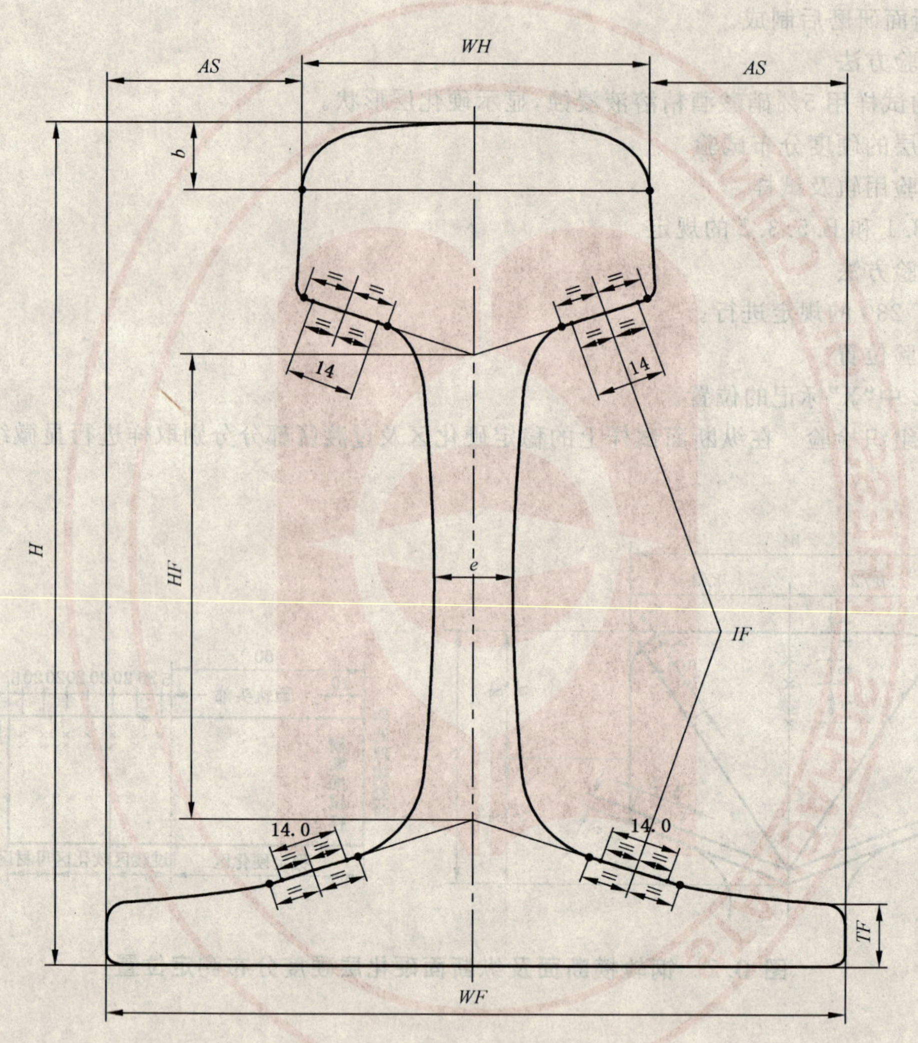

图 C.1　公差数据基准

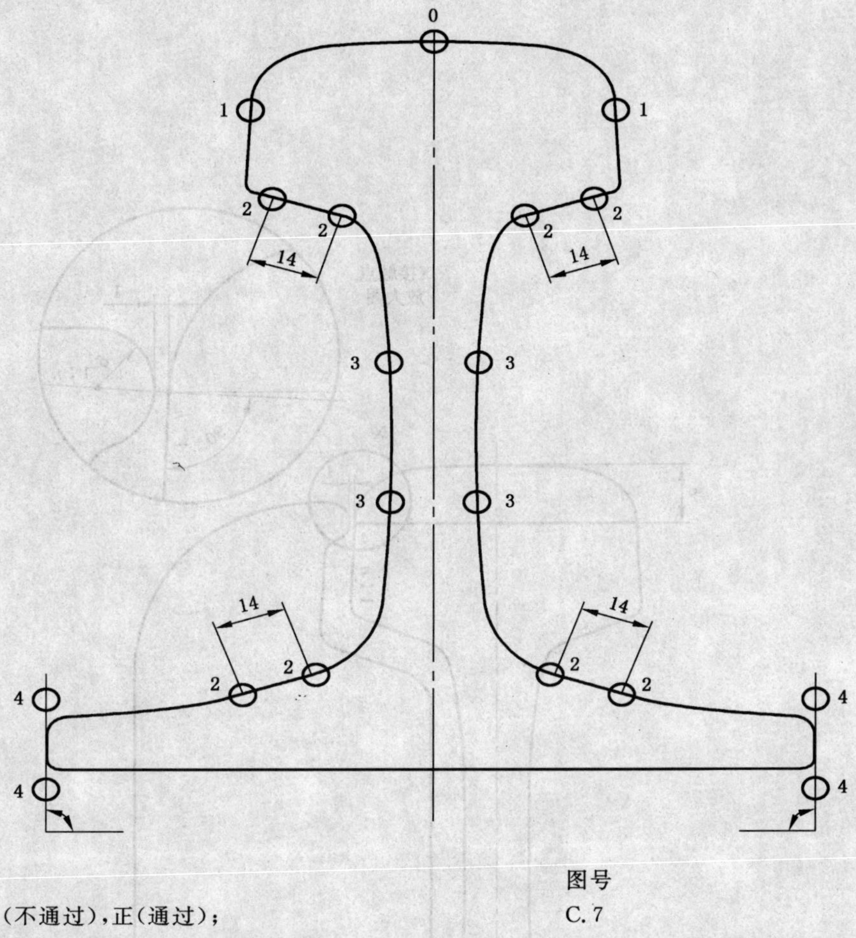

	图号
0——高度,负(不通过),正(通过);	C.7
1——轨头宽度,负(不通过),正(必须触及);	C.2
1——钢轨不对称,负(不通过),正(必须触及);	C.3
2——接头夹板安装斜度;	C.4
3——接头夹板安装高度,负(不通过),正(必须触及);	C.4
3——轨腰厚度,负(不通过),正(必须触及);	C.5
4——轨底宽度,负(不通过),正(必须触及)。	C.8

图 C.2 样板—判定数据基准

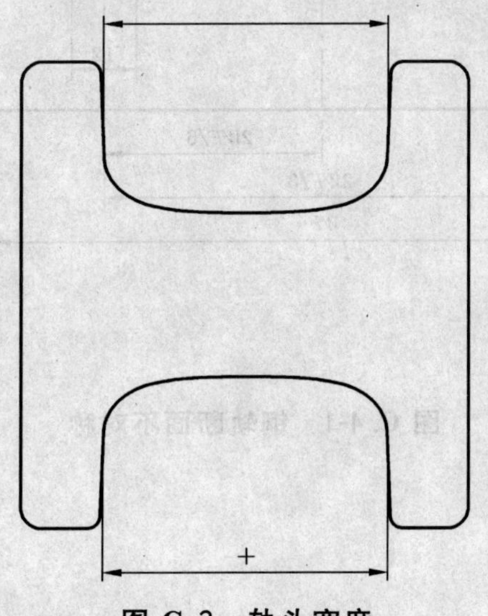

图 C.3 轨头宽度

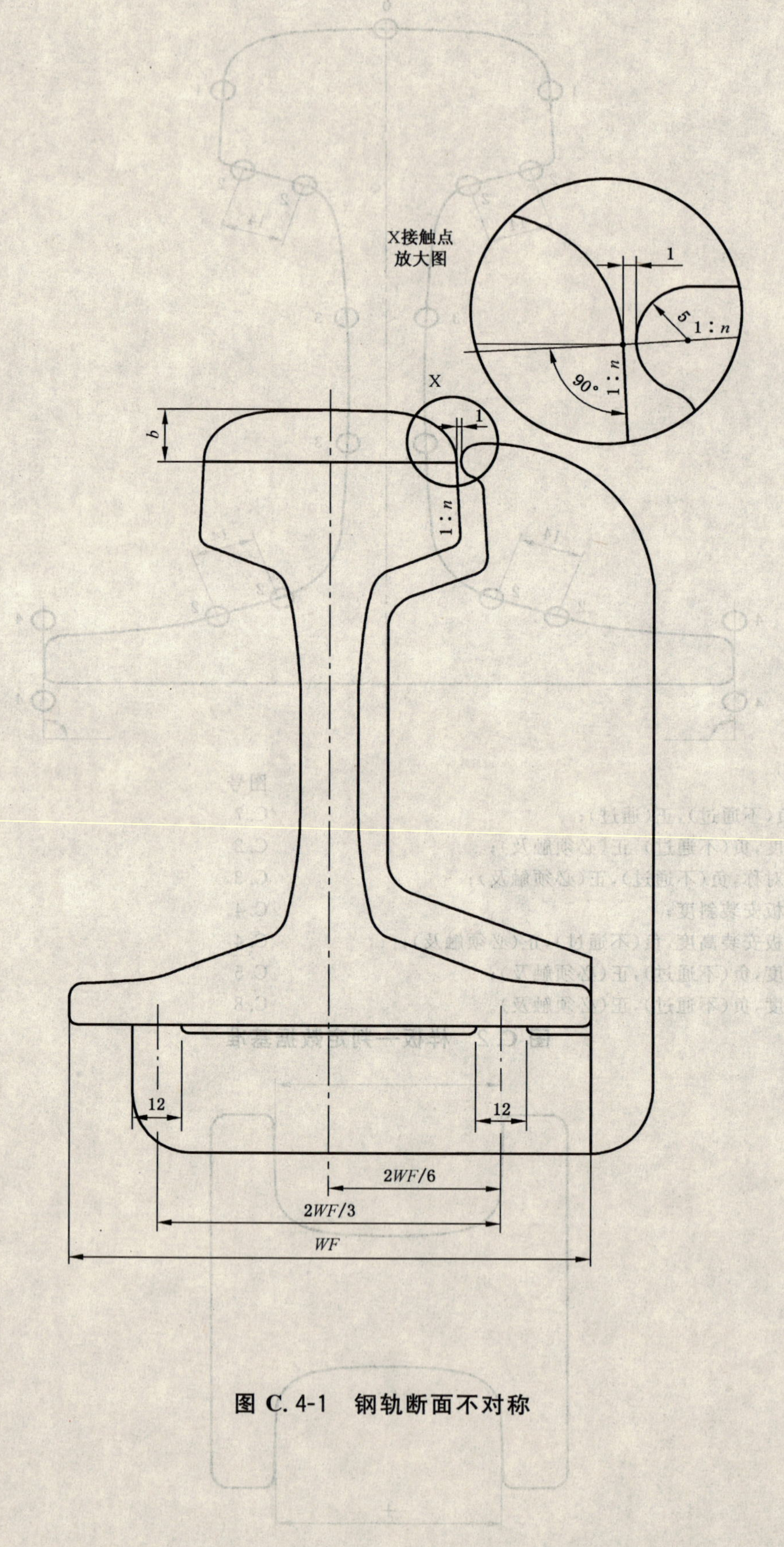

图 C.4-1 钢轨断面不对称

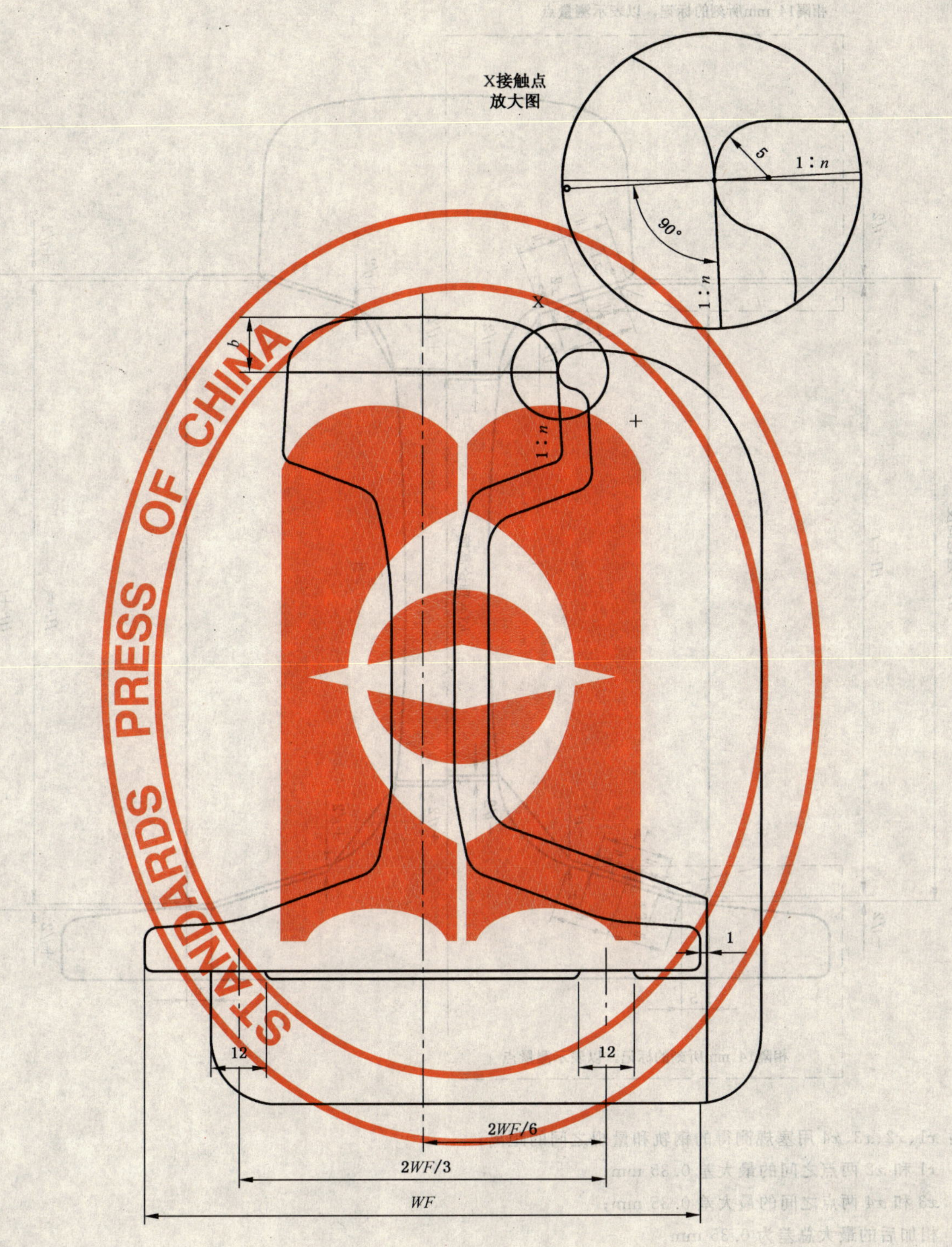

图 C.4-2　钢轨断面不对称

单位:mm

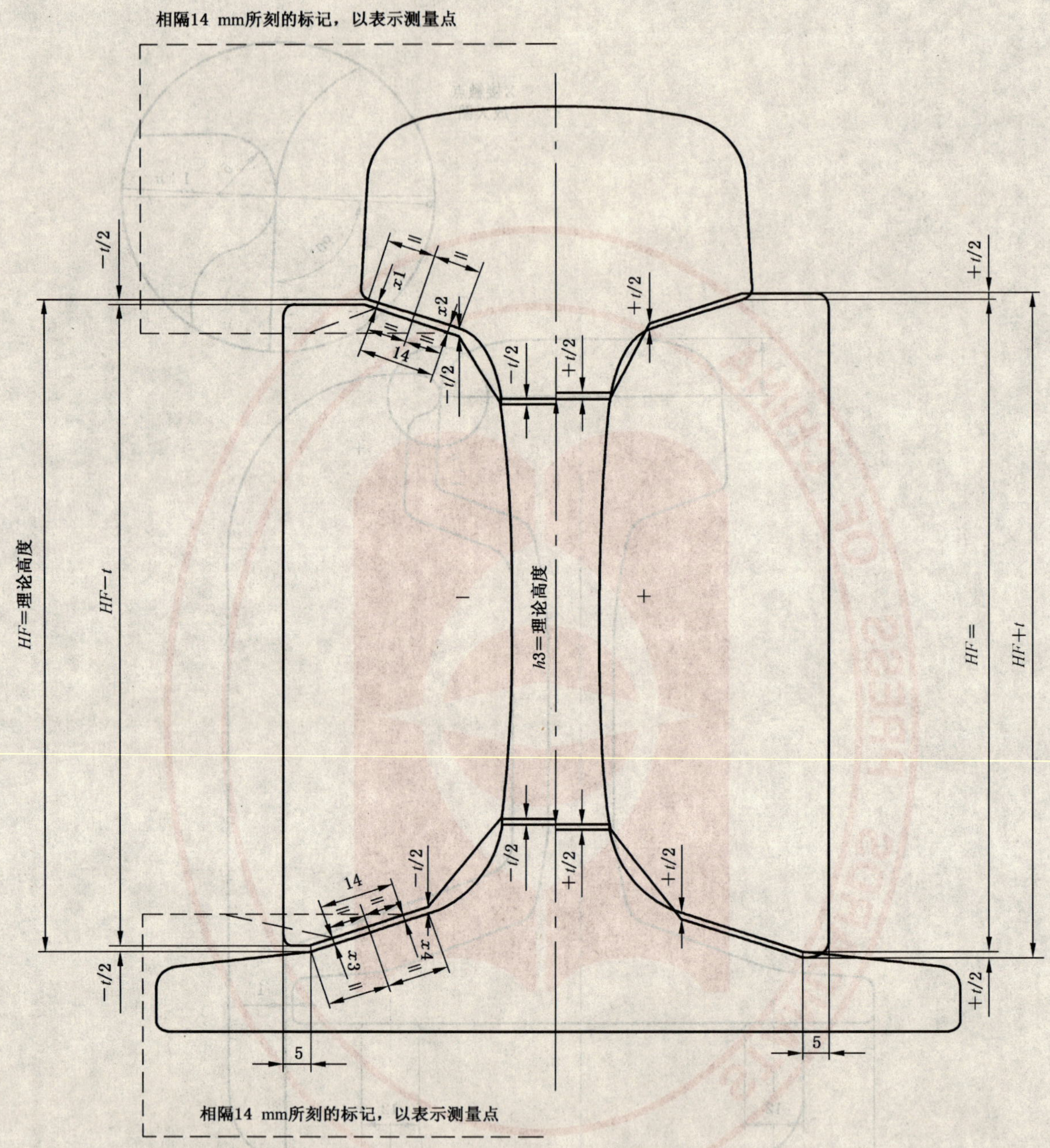

注：$x1$、$x2$、$x3$、$x4$ 用塞规测得的钢轨和量规之间的距离；

$x1$ 和 $x2$ 两点之间的最大差 0.35 mm；

$x3$ 和 $x4$ 两点之间的最大差 0.35 mm；

相加后的最大总差为 0.35 mm。

图 C.5　接头夹板安装高度和安装面斜度

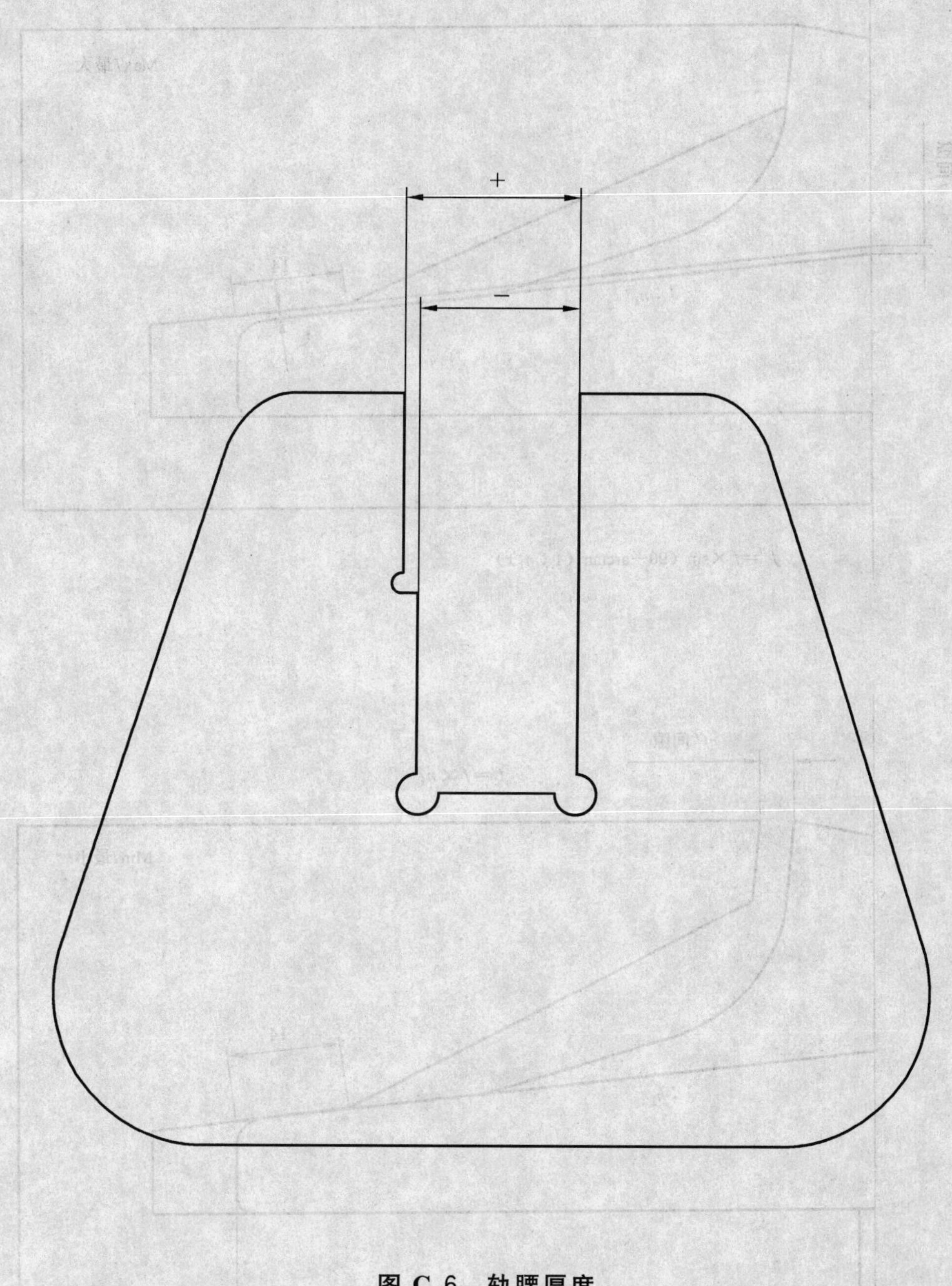

图 C.6　轨腰厚度

Max l 最大
f 间隙
14
$1:n_1$
f''
$f''=f\times\sin(90-\arctan(1:n_1))$
f' 间隙
$f'=f\times n_1$
Min l 最小
14
$1:n_1$
轨底宽度/2

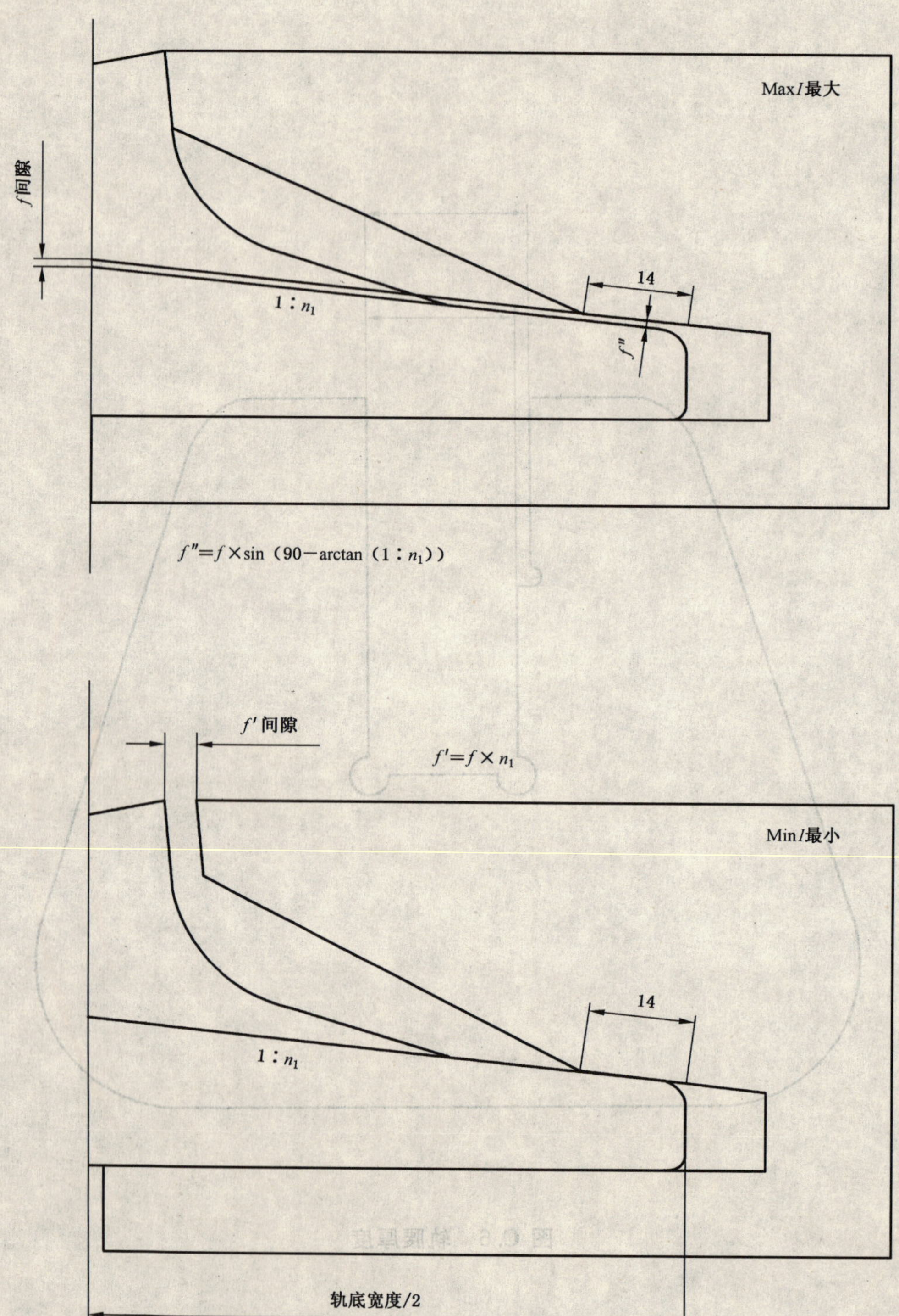

图 C.7　轨底边缘厚度

图 C.8 钢轨高度

图 C.9 轨底宽度

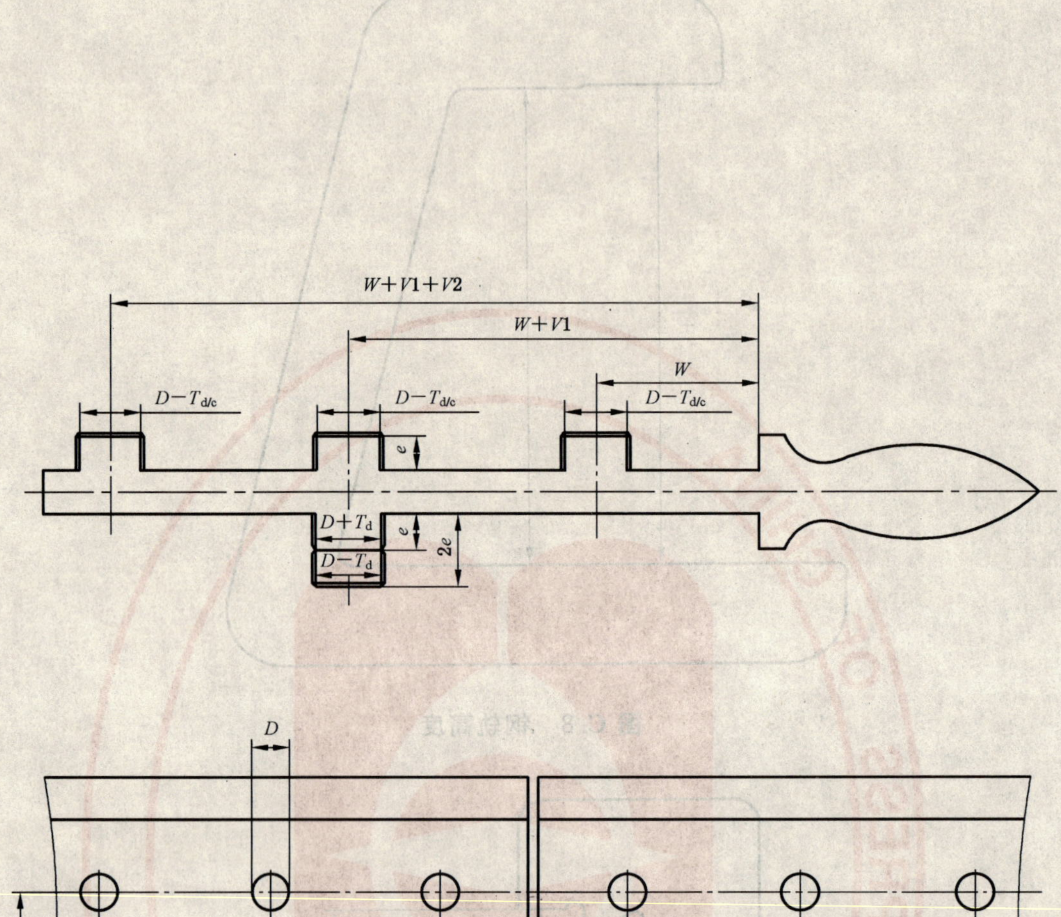

e——轨腰厚度；

T_d——螺栓孔直径允许的偏差；

T_c——螺栓孔位置允许的偏差；

$T_{d/c}$——螺栓孔的直径和位置的综合允许偏差；

$$T_{d/c} = 2 \times (T_c + T_d/2)$$

图 C.10 螺栓孔的直径和螺栓孔到轨端间的距离

(1) 钢轨断面

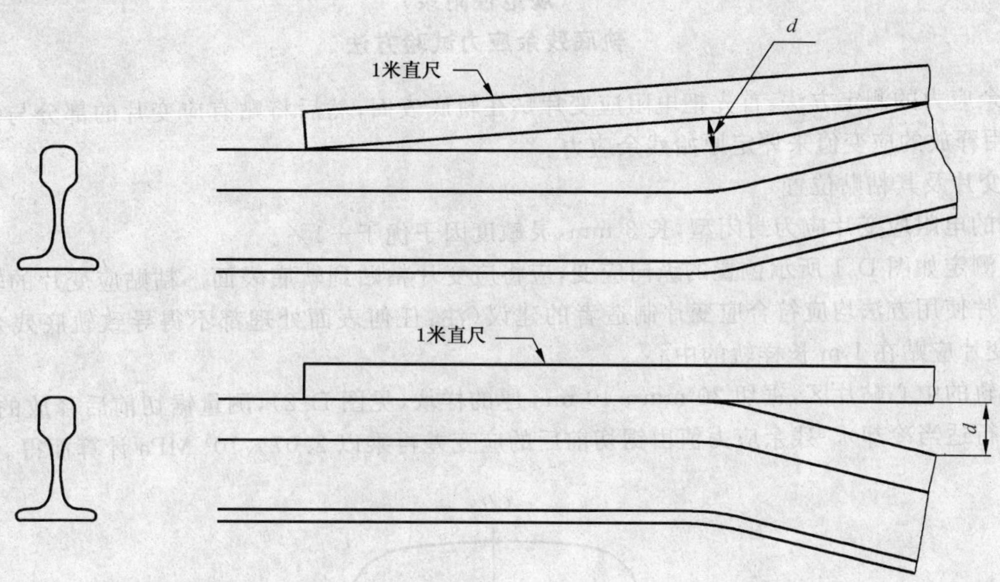

(2) 钢轨端部水平弯曲测量方法

钢轨侧向视图

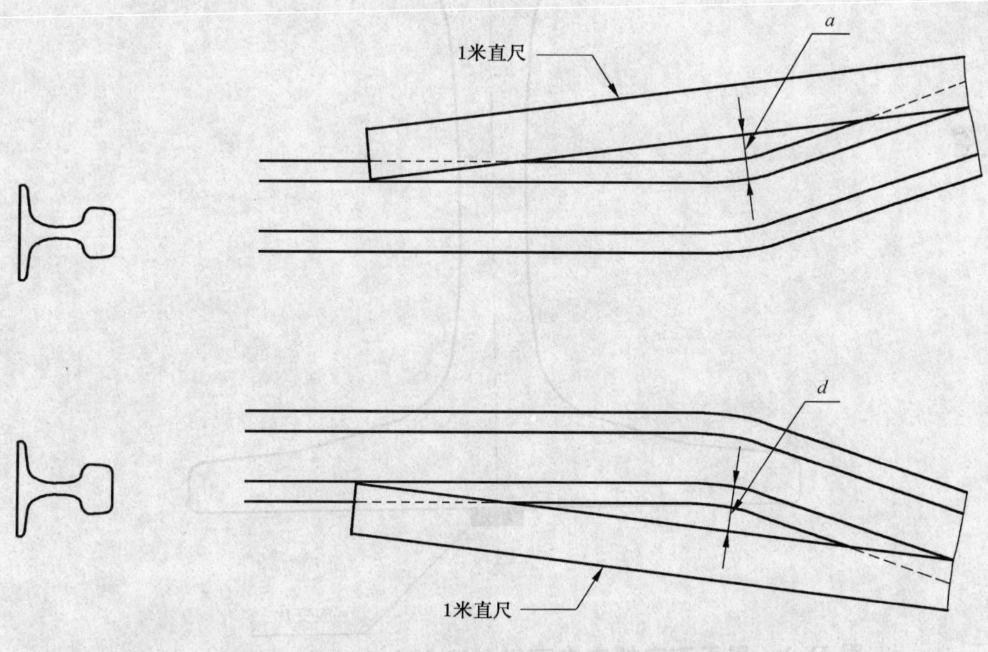

图 C.11 钢轨端部弯曲测量方法示意图

附 录 D
（规范性附录）
轨底残余应力试验方法

D.1 残余应力的测定方法：首先把电阻应变片贴在轨底表面，然后将贴有应变片的部分与钢轨逐渐切割分离，用释放的应变值来评定原始残余应力。

D.2 应变片及其粘贴位置

所用的电阻应变片应为封闭型，长 3 mm，灵敏度因子优于±1%。

为了测定如图 D.1 所示位置的纵向应变，应将应变片粘贴到轨底表面。粘贴应变片的轨底表面处理和应变片使用方法均应符合应变片制造者的建议（注：任何表面处理都不得导致轨底残余应力的变化）。应变片应贴在 1 m 长样轨的中心。

在样轨的中心贴片区，锯切 20 mm～40 mm 厚的样块（见图 D.2），测量锯切前后释放的应变值（锯切时应进行适当冷却）。残余应力值由锯切前后的应变差再乘以 2.07×10^{5} MPa 计算而得。

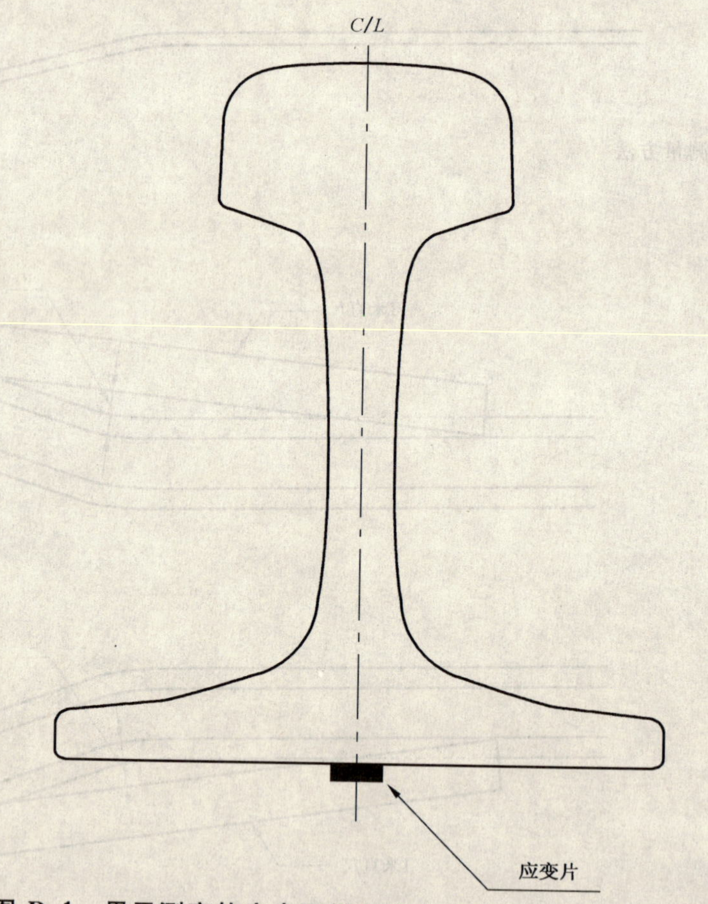

图 D.1 用于测定轨底表面纵向残余应力的应变片粘贴位置

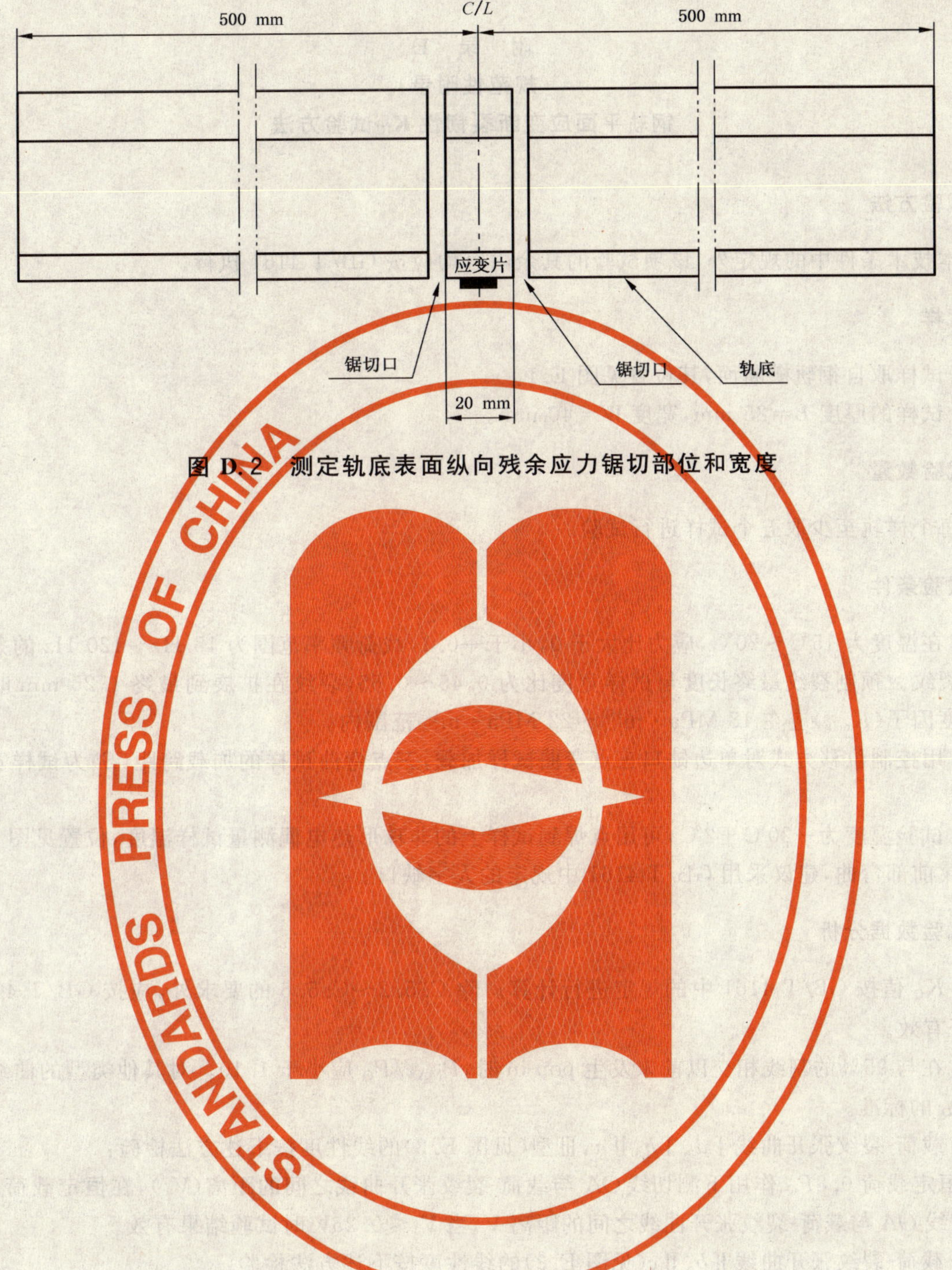

图 D.2 测定轨底表面纵向残余应力锯切部位和宽度

附 录 E
（规范性附录）
钢轨平面应变断裂韧性 K_{1C} 试验方法

E.1 试验方法

除本技术条件中的规定外，该项试验的其余内容均应按 GB/T 4161 执行。

E.2 试样

E.2.1 试样取自钢轨横断面，其位置见图 E.1。

E.2.2 试样的厚度 $B=25$ mm，宽度 $W=40$ mm。

E.3 试验数量

对每个样轨至少取五个试样进行试验。

E.4 试验条件

E.4.1 在温度为 15℃～20℃，应力比大于 0，小于 +0.1，载荷频率范围为 15 Hz～120 Hz 的条件下预制疲劳裂纹。预制裂纹最终长度与试样宽度比为 0.45～0.55，裂纹在扩展到最终 1.25 mm 时的最大应力强度因子（K_{max}）应在 18 MPa・$m^{1/2}$～22 MPa・$m^{1/2}$ 范围内。

E.4.2 用控制位移方式对单边缺口三点弯曲试样加载，三点弯曲试样的加载跨距（S）为试样宽度（W）的 4 倍。

E.4.3 试验温度为 −20℃±2℃，可用点焊到试样上的非珠形热电偶测量试样温度，位置见图 E.2。为避免裂纹前部弯曲，建议采用 GB/T 4161 中规定的人字缺口。

E.5 试验数据分析

E.5.1 K_Q 值按 GB/T 4161 中的规定进行计算。除 C.5.2～C.5.6 的要求外，应按 GB/T 4161 确定 K_{1C} 是否有效。

E.5.2 在与 95% 的割线相交以前未发生 pop-in 时，P_{MAX}/P_Q 应小于 1.10。对其他类型的曲线不规定 P_{MAX}/P_Q 的标准。

E.5.3 载荷-裂纹张开曲线Ⅰa、Ⅰb、Ⅱa、Ⅲ型（见图 E.3）的线性度按下述方法检验：

在恒定载荷 $0.8P_Q$ 作用下测切线 OA 与载荷-裂纹张开曲线之间的距离（V_1），在恒定载荷 P_Q 作用下，测切线 OA 与载荷-裂纹张开曲线之间的距离 V，当 $V_1 \leqslant 0.25V$ 时试验结果有效。

E.5.4 载荷-裂纹张开曲线Ⅱb、Ⅱc（见图 E.3）的线性度按下述方法检验：

在恒定载荷 $0.8P_Q$ 和 P_Q 的作用下，分别测切线 OA 与荷载-裂纹张开曲线之间的距离，并分别记作 V_1^* 和 V^*。

测量由载荷达到 P_Q 时出现的各次 pop-in 引起的裂纹张开值，通过测量每次 pop-in 开始与结束之间沿裂纹张开轴扩展的水平距离获得。将 $0.8P_Q$ 以下曲线发生 pop-in 的值和 $0.8P_Q$ 与 P_Q 之间曲线发生 pop-in 的值累加起来，并分别记为 $\sum V_{1pi}$ 和 $\sum V_{pi}$ 。

当 $[V_1^* - \sum V_{1pi}] \leqslant 0.25[V^* - (\sum V_{pi} + \sum V_{1pi})]$ 时，试验结果有效。

E.5.5 线性度判据不适用于Ⅳ型载荷—裂纹张开曲线。

E.5.6 对所有载荷—裂纹张开曲线都应进行 K_Q 值的有效验证，即试样厚度（B）和裂纹长度（a）应等于或大于 2.5$(K_Q/\sigma_y)^2$，这里的 σ_y 是在断裂试验温度为－20℃时的屈服强度 $\sigma_{0.2}$。

E.6 试验报告

计算试验结果和说明试验过程中规定的条件时所需要的所有测量值都应加以记录。

应报告所有试验结果，包括 K_{1C}或者 $K_Q{}^*$ 或者 K_Q。这里 $K_Q{}^*$ 是那些仅仅不能满足下列条件之一或以上的 K_Q 值：

1） $P_{MAX}/P_Q>1.1$；

2） 超过 2.5$(K_Q/\sigma_y)^2$ 的判据；

3） 不符合裂纹张开位移与载荷的关系。

K_{1C}及 $K_Q{}^*$ 的平均值和标准偏差均应按表 E.1 规定的内容进行记录。

表 E.1 K_{1C}及 $K_Q{}^*$ 的平均值和标准偏差记录表

钢号	$\sigma_{0.2}$(－20℃)/MPa	K_{1C}平均值/(MPa·$m^{1/2}$)	K_{1C}测量次数	试样标准偏差/(MPa·$m^{1/2}$)	K_Q 平均值/(MPa·$m^{1/2}$)	K_Q测量次数	试样标准偏差/(MPa·$m^{1/2}$)

用于验收的应是最少 5 个 K_{1C}的平均值。当不能获得 5 个 K_{1C}值时，作为验收用的 K_{1C}平均值应包括 $K_Q{}^*$，在这些结果中试验数量应不少于 10 个。

所有 K_{1C}或 $K_Q{}^*$ 值应满足 6.15 条的规定。

单位为毫米

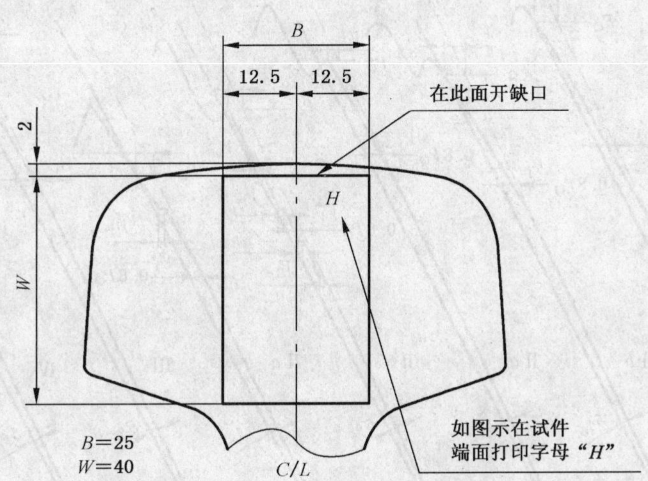

试样所有其他尺寸见 GB/T 4161

图 E.1 断裂韧性试样的取样部位

单位为毫米

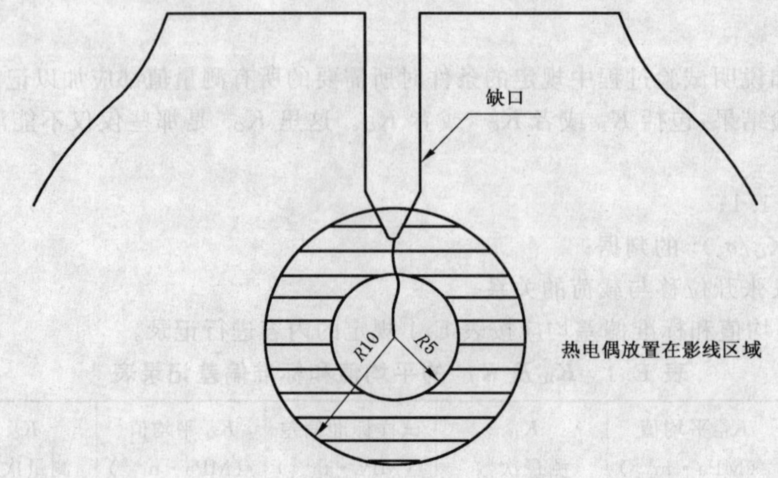

图 E.2 热电偶在断裂韧性样上的放置位置

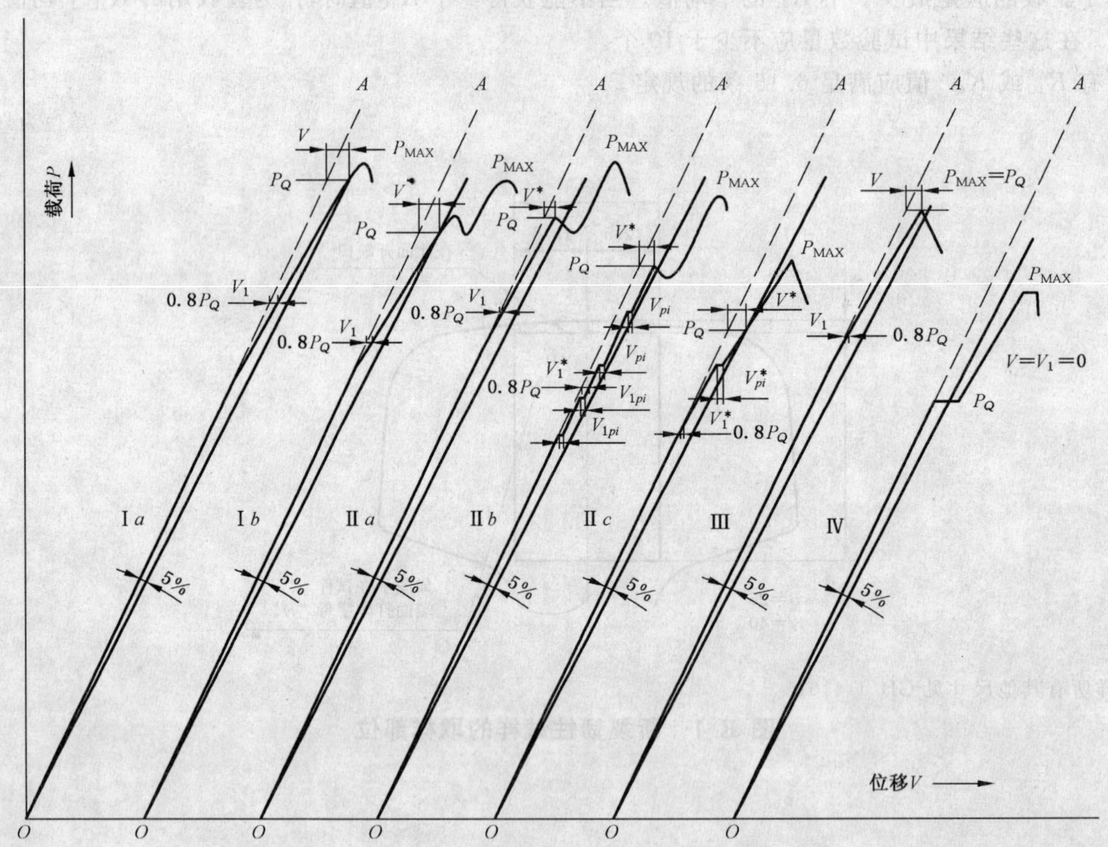

图 E.3 载荷-裂纹张开曲线

附 录 F
（规范性附录）
钢轨低倍组织评级图

F.1 钢轨断面分成轨头、轨腰、轨底三部分，见图 F.1。

F.2 低倍组织不合格条件见表 F.1。

表 F.1 低倍组织不合格条件

图号	不合格条件
图 F.2、F.3	白点
图 F.4、F.5	缩孔
图 F.6、F.7	延长至轨头或轨底的轨腰中心条纹
图 F.8、F.9	长度超过 64 mm 的条纹
图 F.10	从轨腰延伸到轨头或轨底的分散分布的轨腰中心条纹
图 F.11	延伸至轨头或轨底的分散分布的偏析
图 F.12	皮下气泡
图 F.13	宽度大于 6 mm 并延伸至轨头或轨底内 13 mm 以上的正或负偏析
图 F.14	由放射状条纹、裂纹、中间裂纹以及转折裂纹发展的在轨头大于 3 mm 的条纹
图 F.15	引起钢轨早期失效的其他缺陷（如炉渣、耐火材料等）

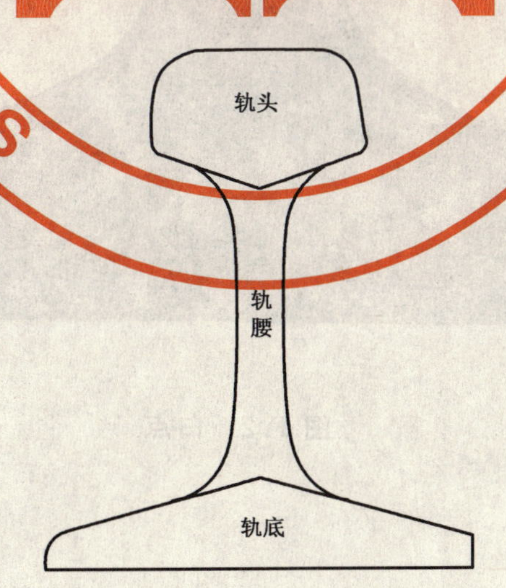

图 F.1 钢轨横断面分区图

图 F.2 白点

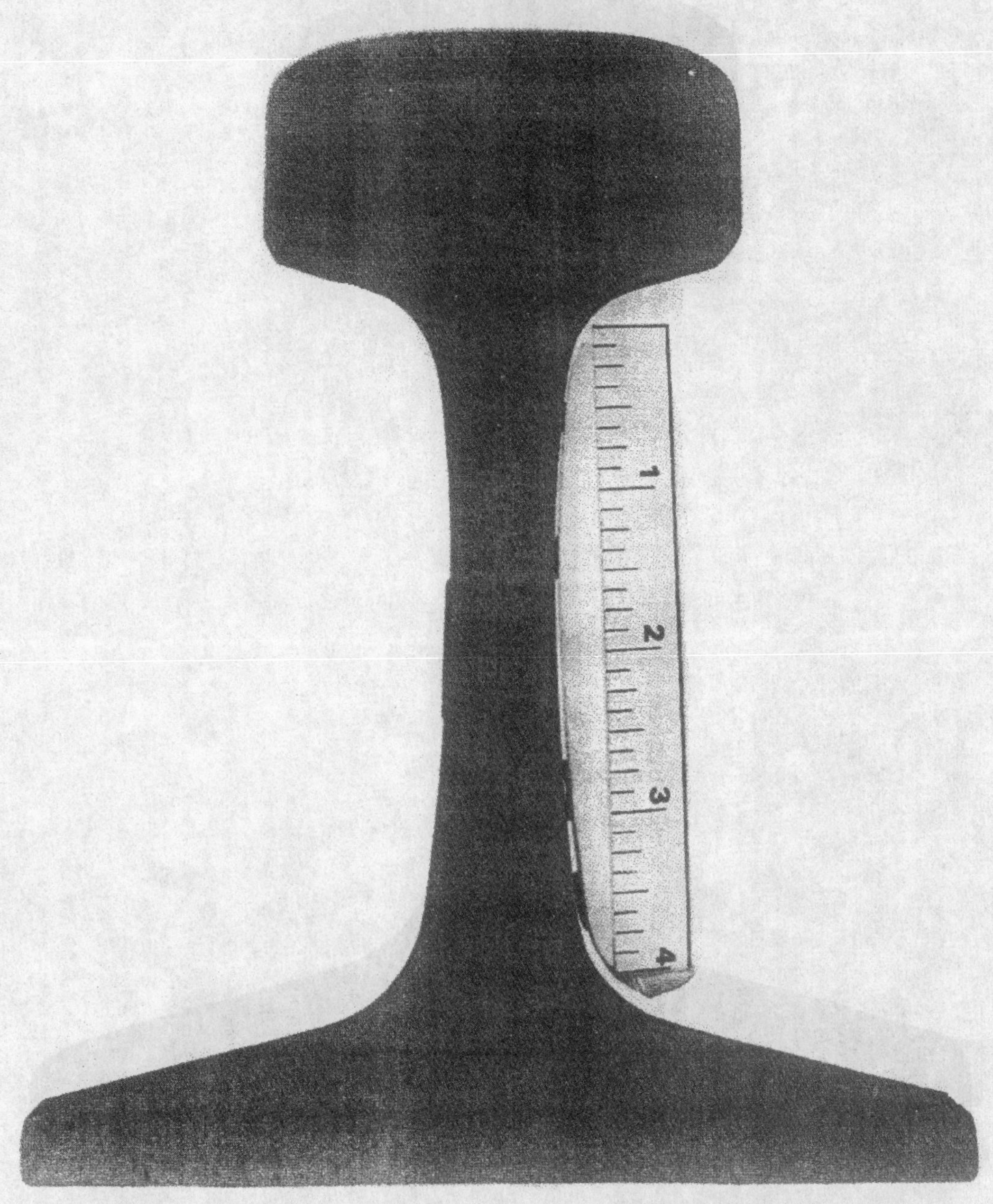

图 F.3　白点

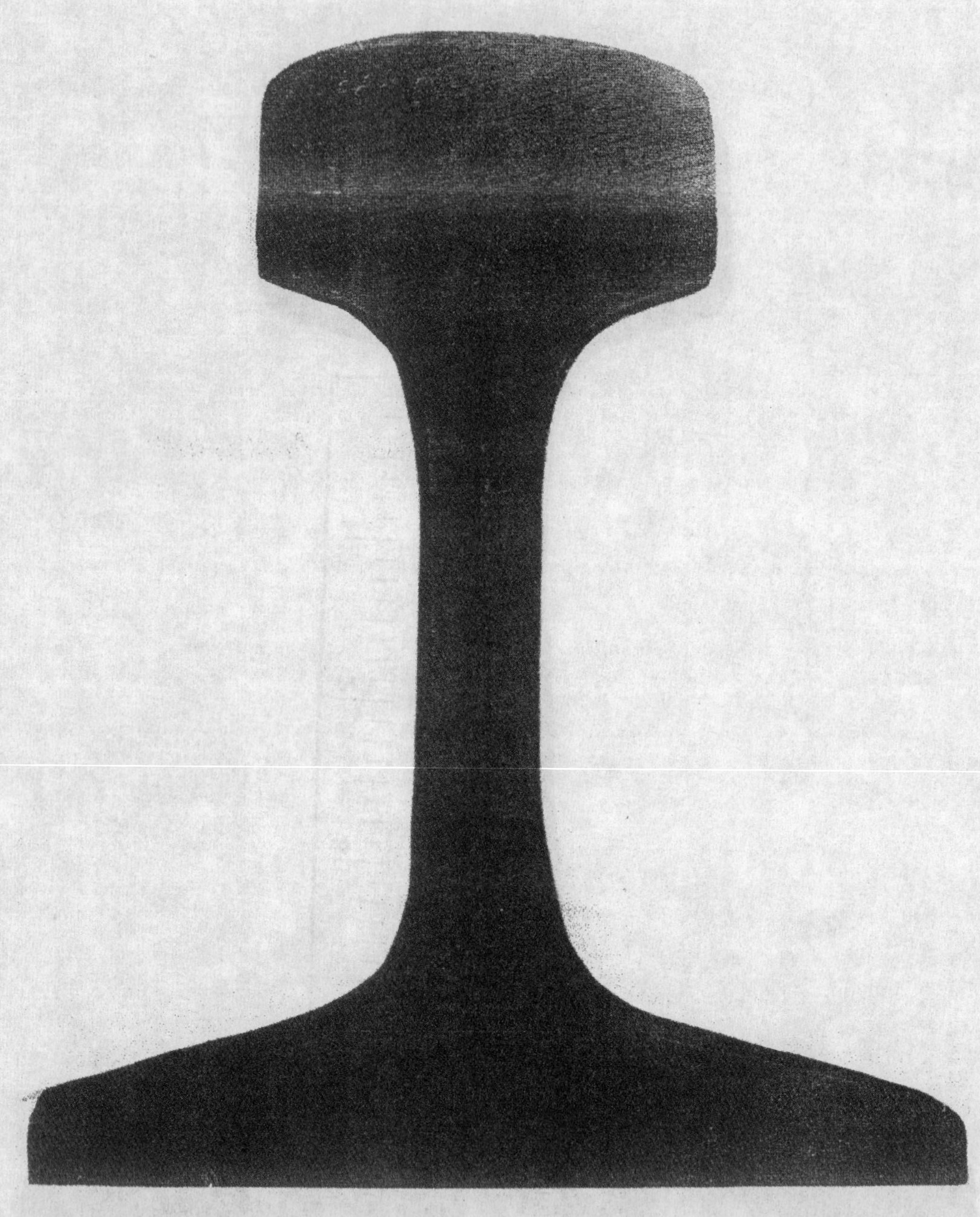

图 F.4　缩孔

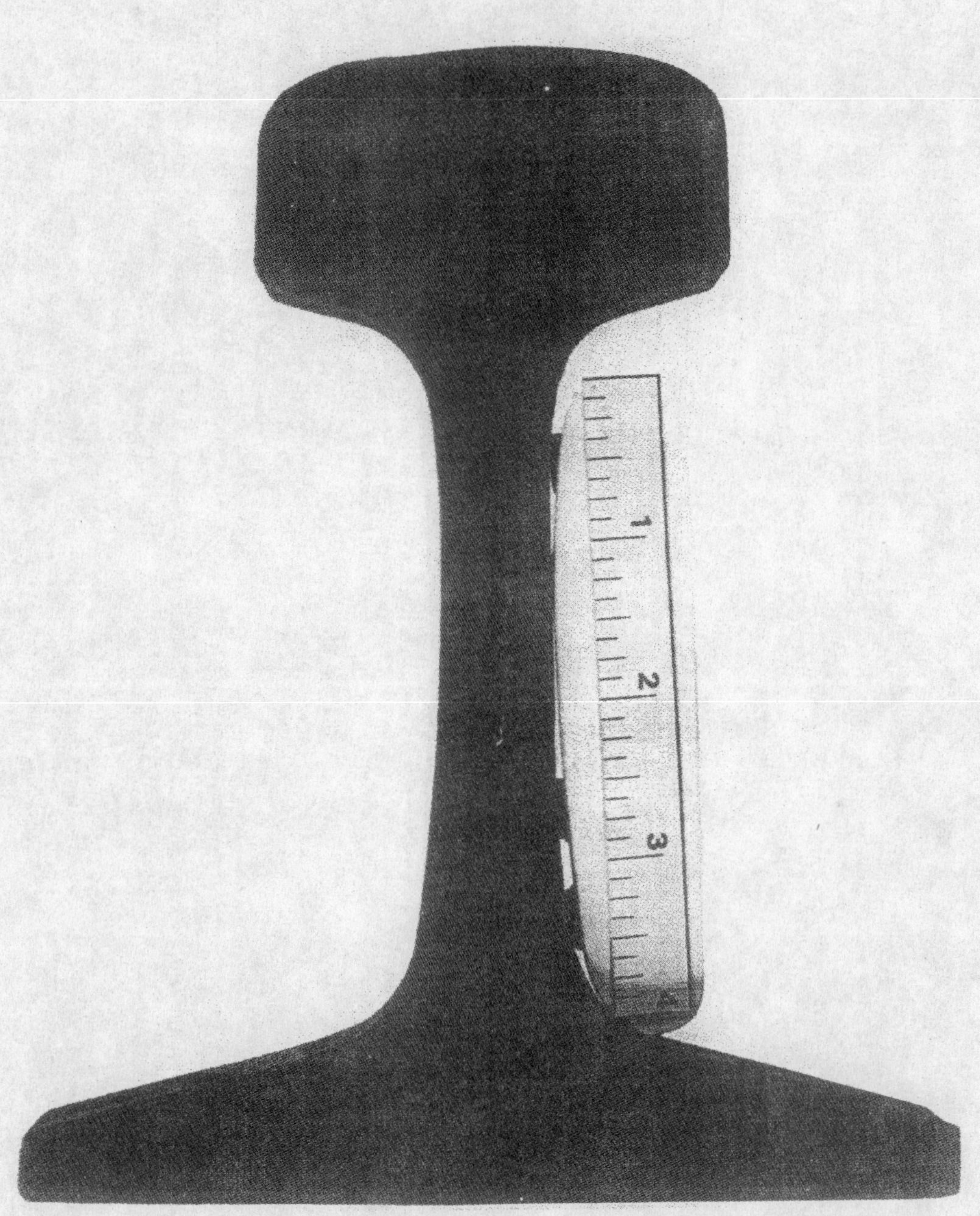

图 F.5 缩孔

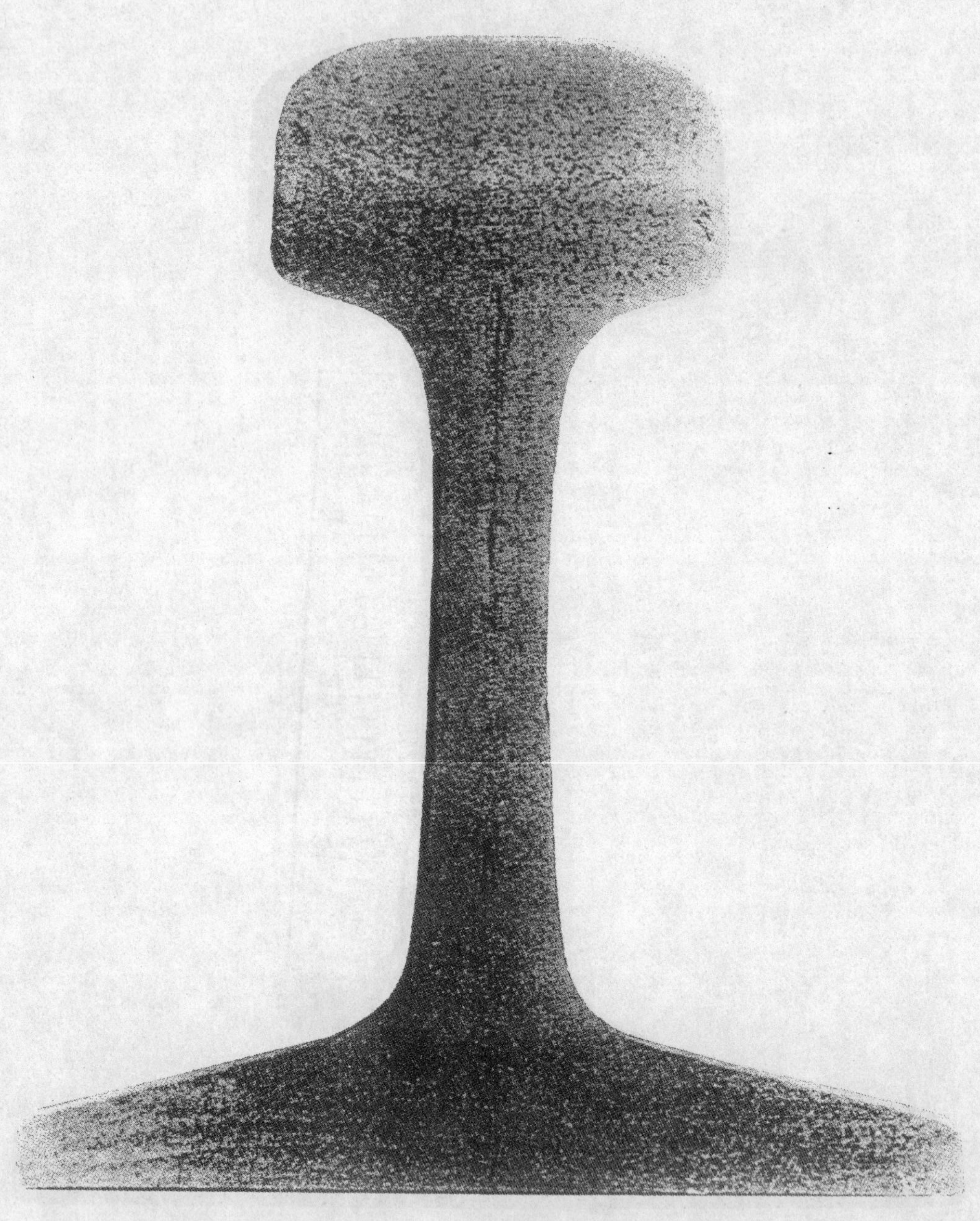

图 F.6 延长至轨头或轨底的轨腰中心条纹

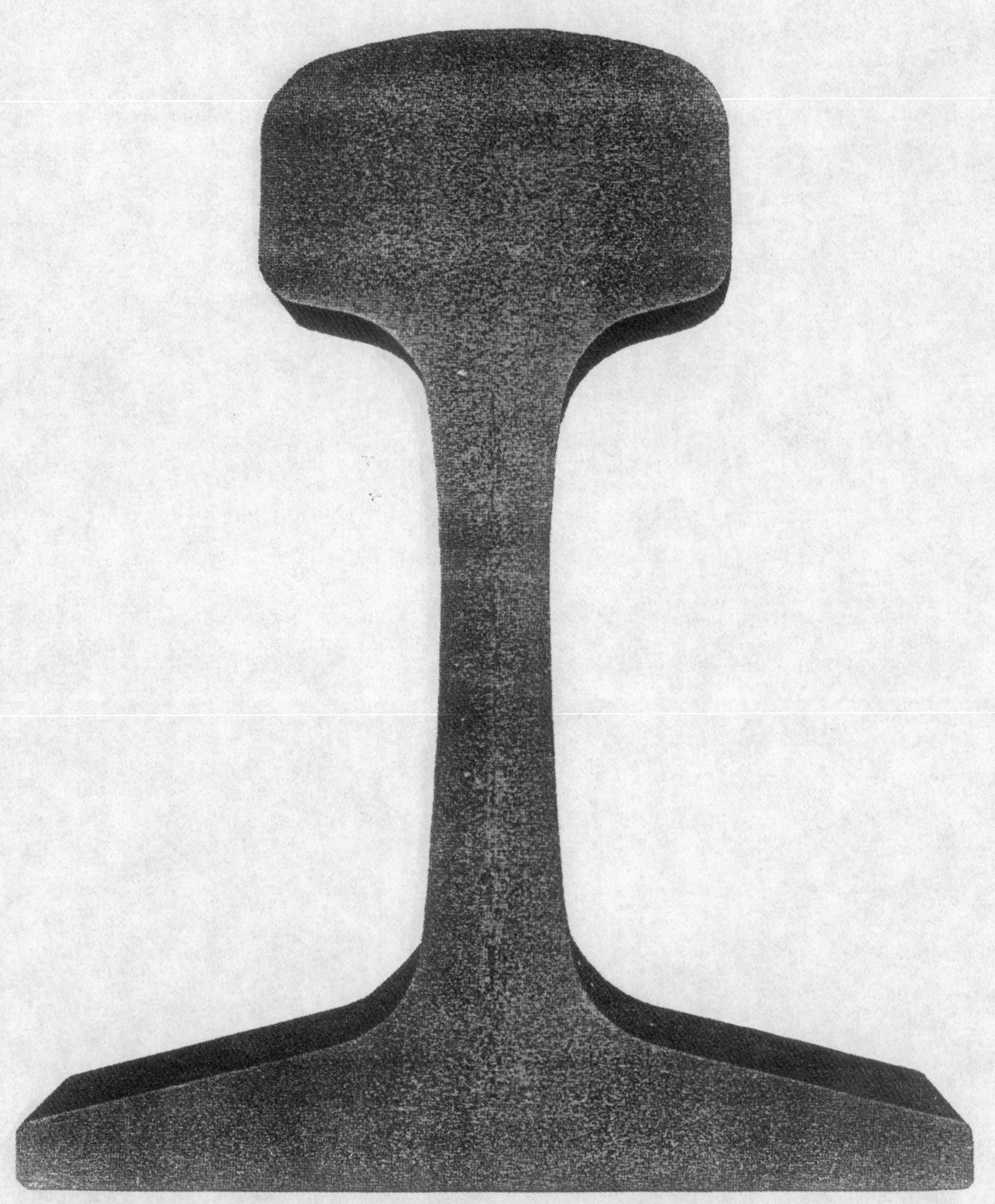

图 F.7　延长至轨头或轨底的轨腰中心条纹

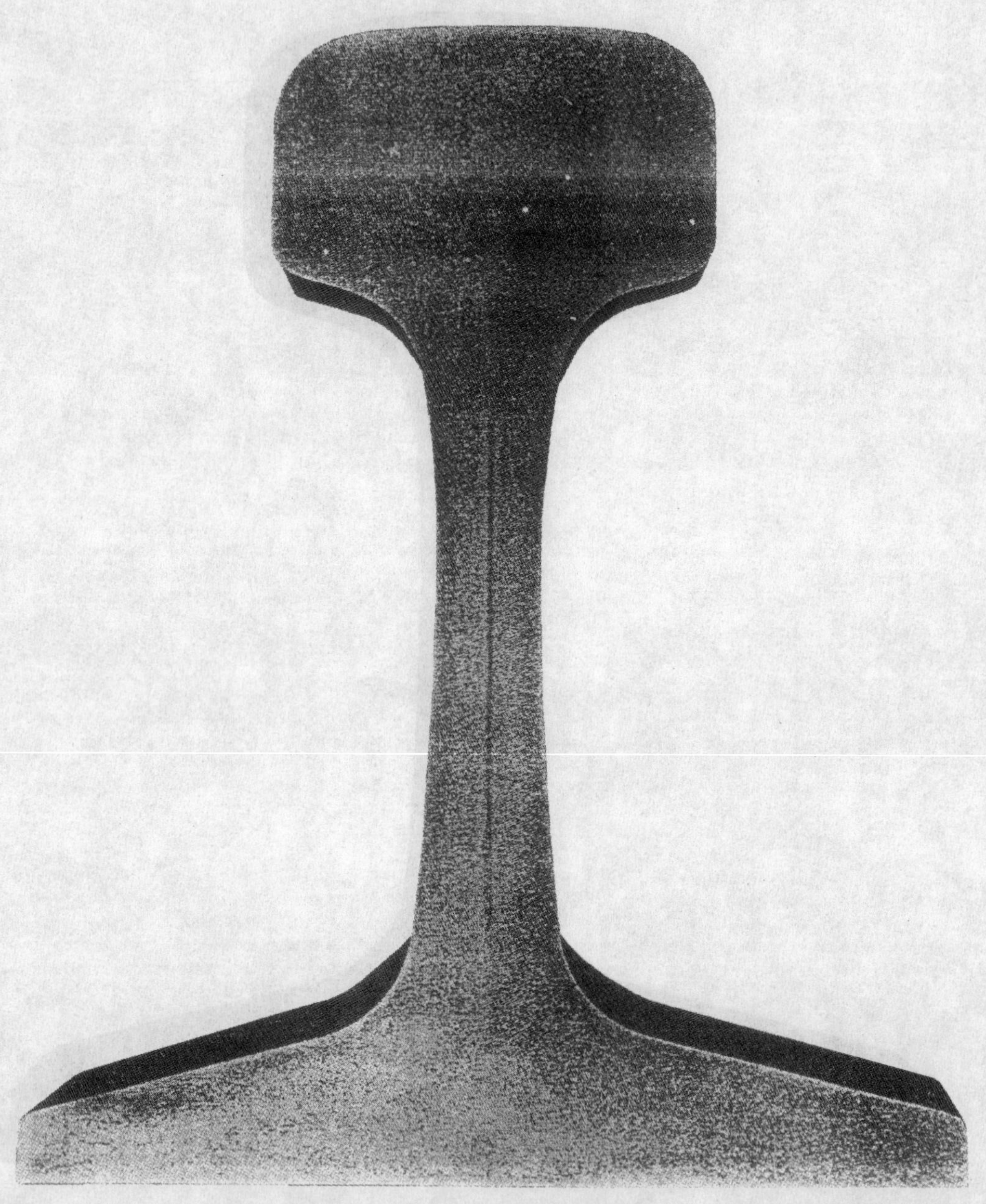

图 F.8　长度超过 64 mm 的条纹

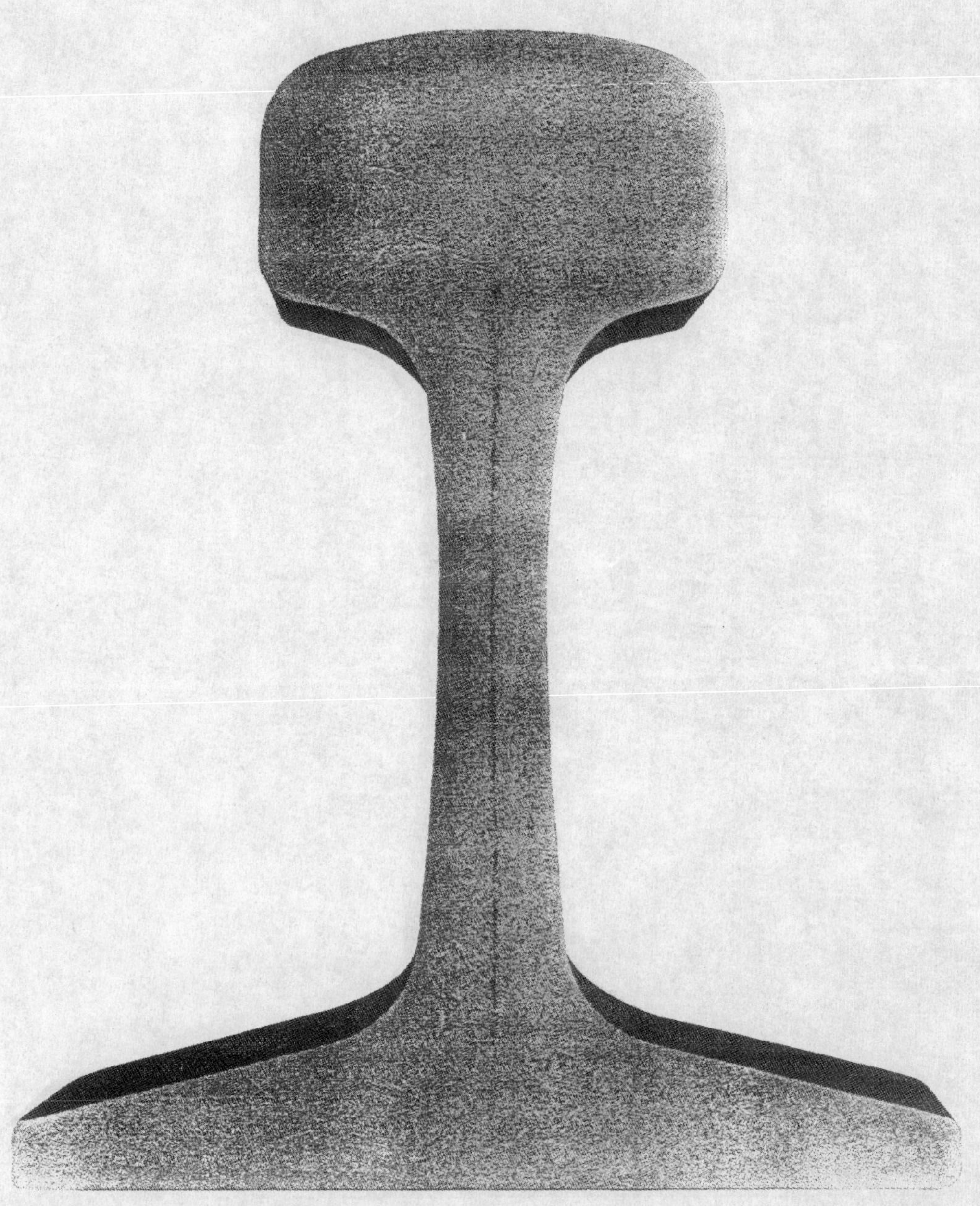

图 F.9　长度超过 64 mm 的条纹

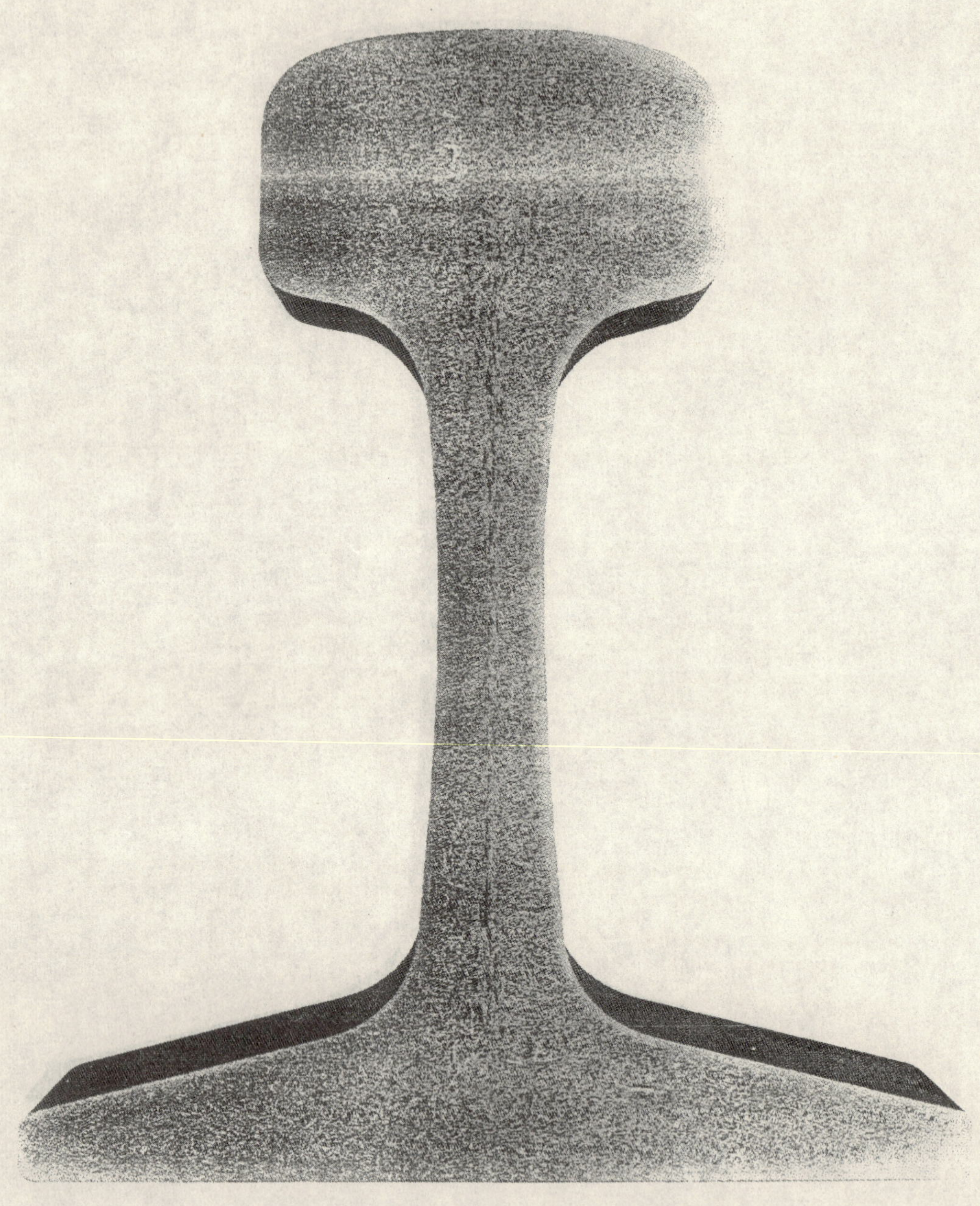

图 F.10 从轨腰延伸到轨头或轨底的分散分布的轨腰中心条纹

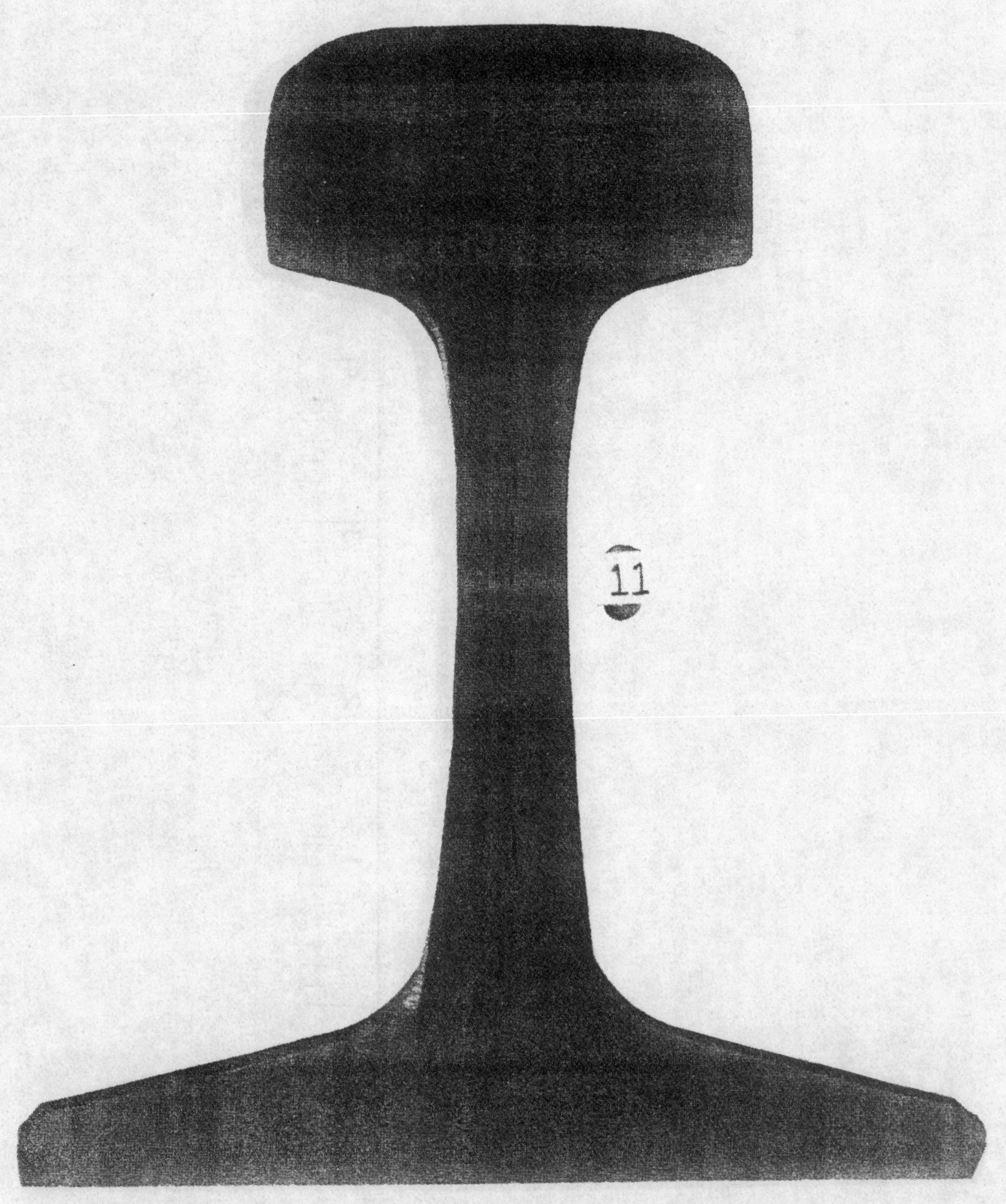

图 F.11 延伸至轨头或轨底的分散分布的偏析

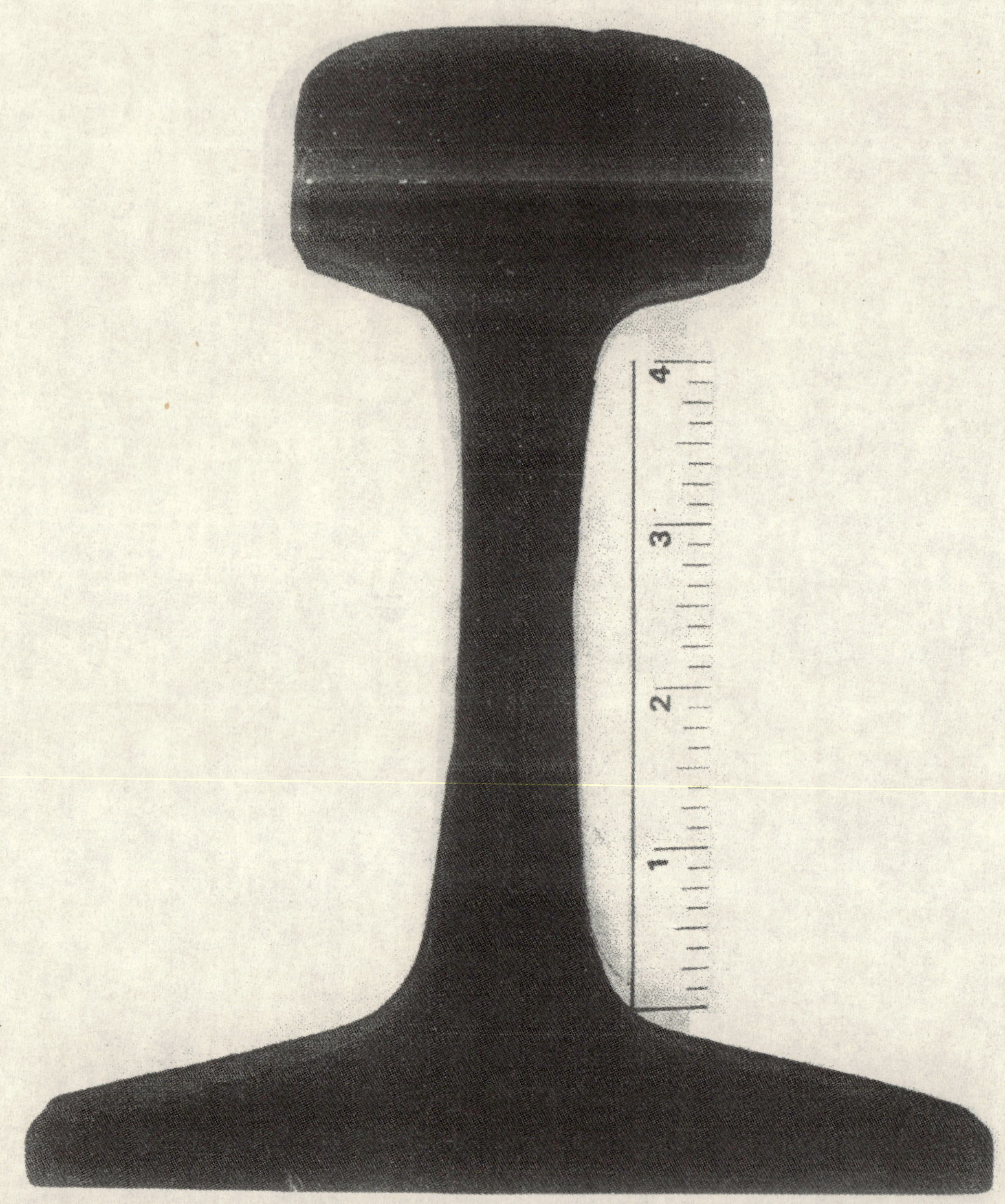

图 F.12　皮下气泡

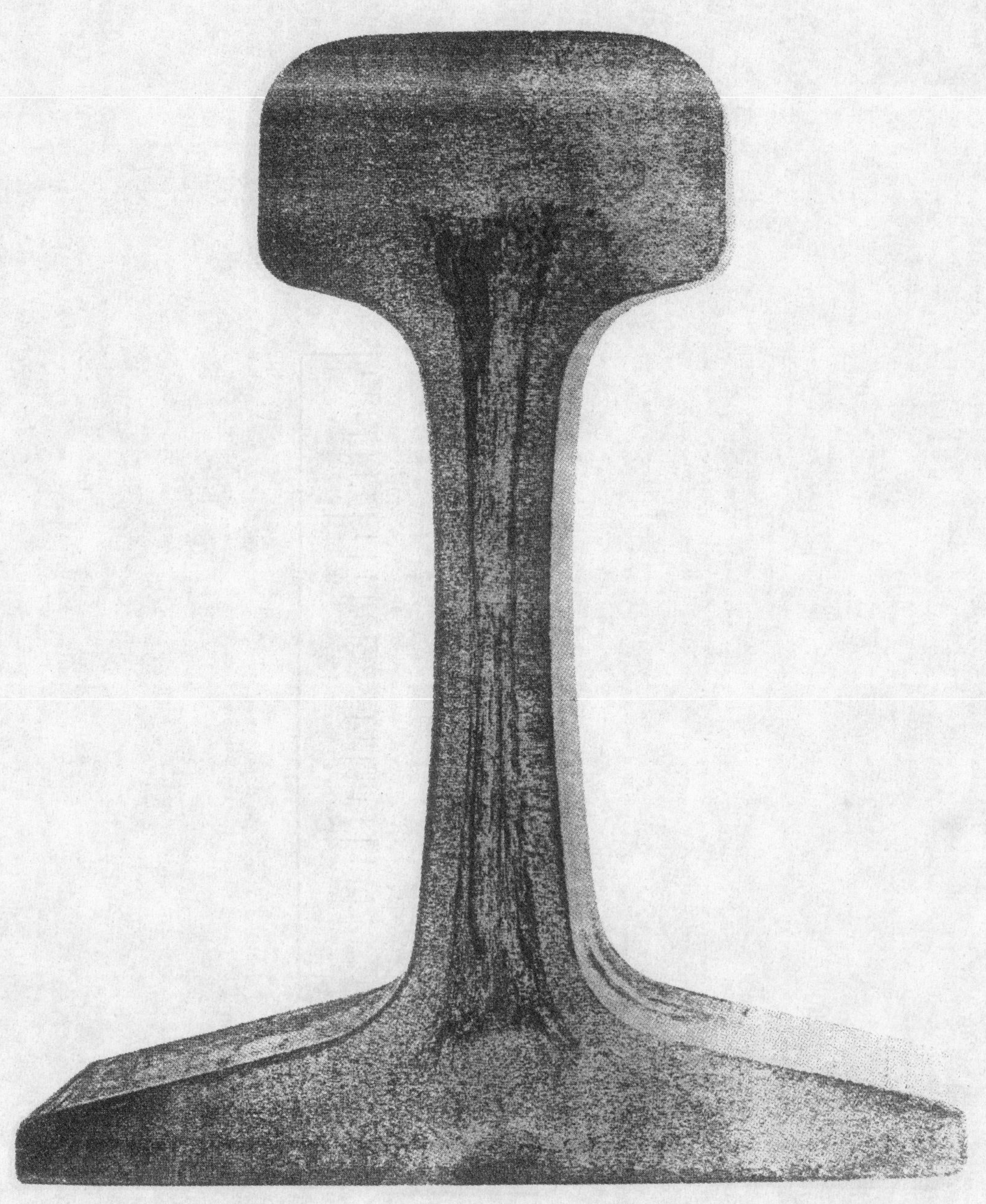

图 F.13　宽度大于 6 mm 并延伸至轨头或轨底内 13 mm 以上的正或负偏析

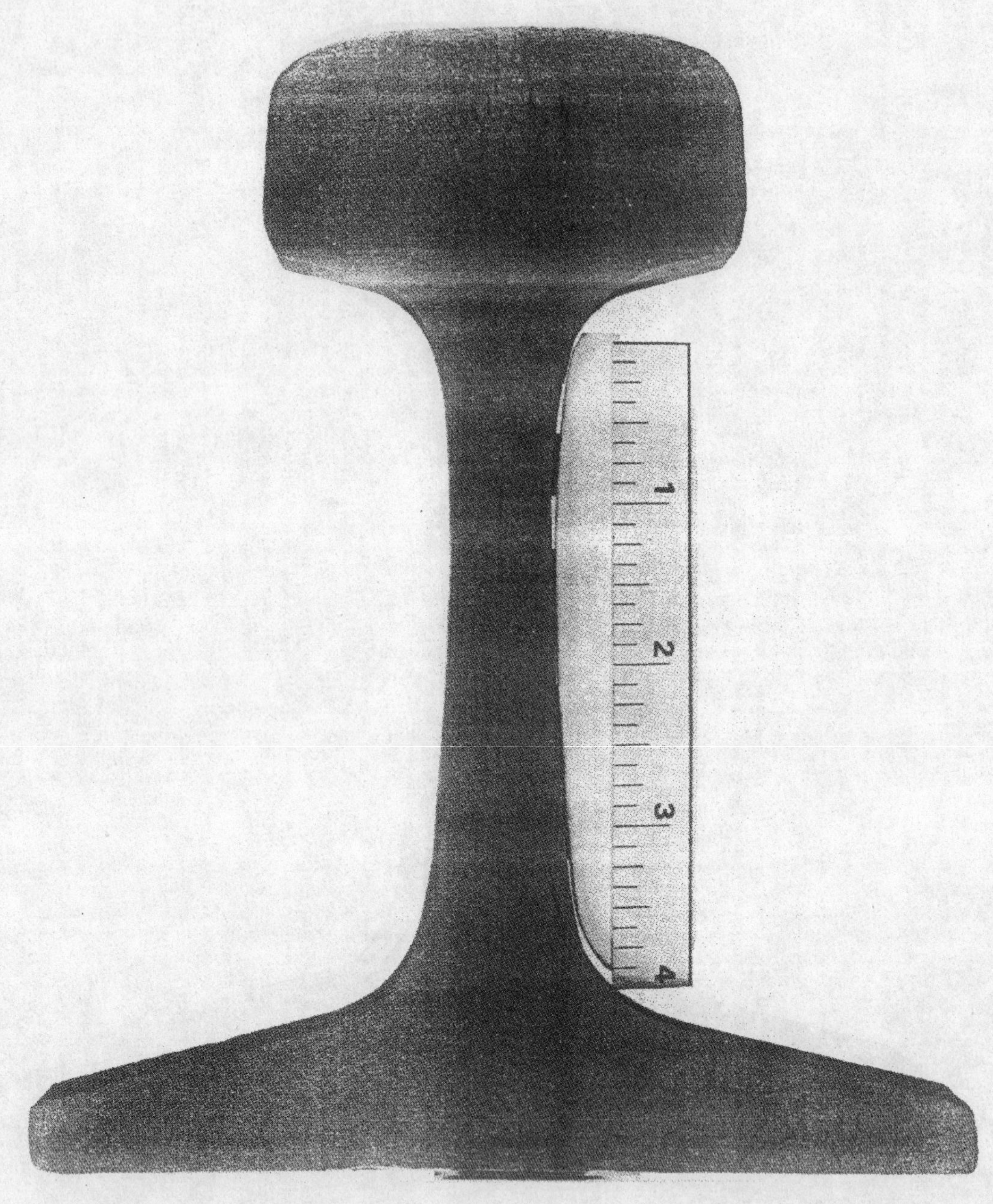

图 F.14　由放射状条纹、裂纹、中间裂纹以及转折裂纹发展的在轨头大于 3 mm 的条纹

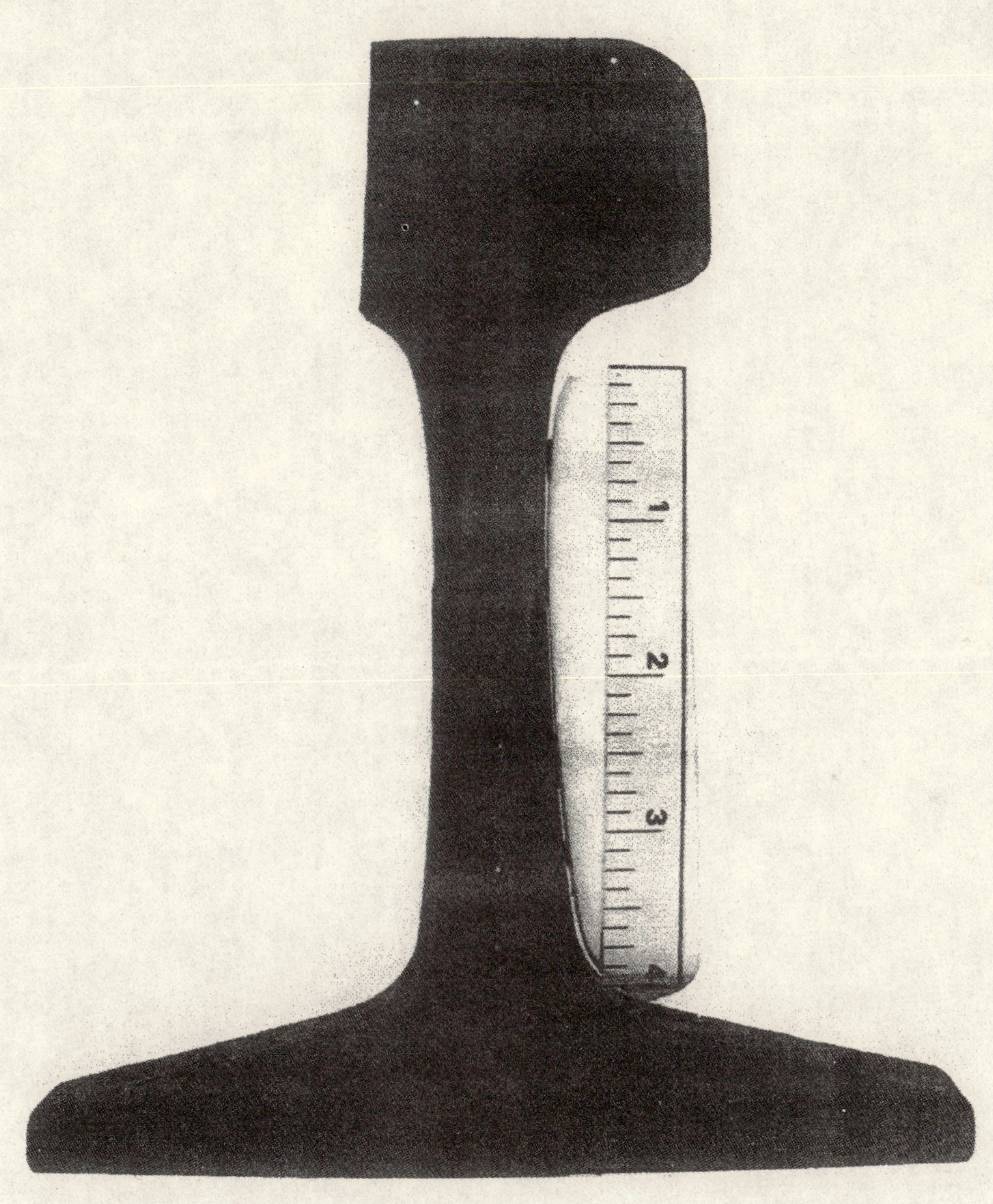

图 F.15　引起钢轨早期失效的其他缺陷(如炉渣、耐火材料等)

ICS 19.060
N 70

中华人民共和国国家标准

GB/T 2611—2007
代替 GB/T 2611—1992

试验机 通用技术要求

General requirements for testing machines

2007-11-14 发布 2008-05-01 实施

中华人民共和国国家质量监督检验检疫总局
中国国家标准化管理委员会 发布

前　言

本标准代替 GB/T 2611—1992《试验机　通用技术要求》。

本标准与 GB/T 2611—1992 的主要差异如下：

——标准的结构和格式按 GB/T 1.1—2000《标准化工作导则　第1部分：标准的结构和编写规则》的要求进行编写；

——增加了前言；

——修改了规范性引用文件一览表(1992 年版的第 2 章，本版的第 2 章)；

——删除了对试验机型号的要求(1992 年版的 3.2.1)；

——删除了质量保证期要求(1992 年版的 3.2.4)；

——增加了符合人类工效学原理的要求(本版的 3.3.1)；

——增加了低能耗、高效率、环境保护的要求(本版的 3.3.2)；

——增加了电测量和自动控制系统及其软件的要求(本版的 3.3.3)；

——增加了对机械零部件有关机械安全的要求(本版的 4.2.4)；

——增加了焊接件的要求(本版的 6.2)；

——修改了装有电气器件的外壳上警告标志的要求(1992 年版的 6.1.2，本版的 7.1.2)；

——增加了电气设备保护接地电路连续性的要求(本版的 7.2.1)；

——修改了绝缘电阻和绝缘强度的要求(1992 年版的 6.2，本版的 7.2.2 和 7.2.3)；

——增加了插头和插座组合配套标志、唯一对应性的要求(本版的 7.4.2)；

——增加了电气设备离地高度的要求(本版的 7.4.3)；

——增加了电磁兼容性的要求(本版的 7.5)；

——增加了液压系统防水防尘要求(本版的 8.5)；

——增加了对气动设备的要求(本版的第 9 章)；

——修改了随行技术文件的内容(1992 年版的 9.1，本版的 11.1)。

请注意本标准的某些内容有可能涉及专利。本标准的发布机构不应承担识别这些专利的责任。

本标准由中国机械工业联合会提出。

本标准由全国试验机标准化技术委员会(SAC/TC 122)归口。

本标准起草单位：长春试验机研究所、济南试金集团有限公司、上海华龙测试仪器有限公司、长春中联试验仪器有限公司。

本标准主要起草人：郭永祥、耿秀英、夏仁华、邵春平。

本标准所代替标准的历次版本发布情况为：

——GB 2611—1981；

——GB/T 2611—1992。

试验机 通用技术要求

1 范围

本标准规定了试验机的基本要求，并规定了装配及机械安全、机械加工件、铸件和焊接件、电气设备、液压设备、外观质量、随机技术文件等要求。

本标准适用于金属材料试验机、非金属材料试验机、平衡机、振动台、冲击台与碰撞试验台、力与变形检测仪器、工艺试验机、包装试验机及无损检测仪器（以下统称试验机）。

2 规范性引用文件

下列文件中的条款通过本标准的引用而成为本标准的条款。凡是注日期的引用文件，其随后所有的修改单（不包括勘误的内容）或修订版均不适用于本标准，然而，鼓励根据本标准达成协议的各方研究是否可使用这些文件的最新版本。凡是不注日期的引用文件，其最新版本适用于本标准。

GB 5226.1—2002 机械安全 机械电气设备 第1部分：通用技术条件（IEC 60204-1:2000，IDT）

GB/T 5465.2 电气设备用图形符号（GB/T 5465.2—1996，idt IEC 417:1994）

GB/T 6444 机械振动 平衡术语（GB/T 6444—1995，eqv ISO 1925:1990）

JB/T 7406（所有部分） 试验机术语

3 基本要求

3.1 术语、计量单位

3.1.1 试验机所使用的术语应符合 GB/T 6444 和 JB/T 7406 的规定。

3.1.2 试验机所使用的计量单位应采用中华人民共和国法定计量单位。

3.2 标识和检验分类

3.2.1 试验机上应有铭牌和必要的润滑、操纵、安全等指示标牌或标志，并能长期保持清晰。

3.2.2 试验机上的各种标牌应固定在合适的明显位置，并且平整牢固、不歪斜。可以采用艺术形式的专用标志或在试验机上铸出清晰的汉字识别标志。

3.2.3 试验机的检验可分为出厂检验（或交收检验）和型式检验。

有下列情况之一时，一般应进行型式检验：

a) 新产品试制或老产品转厂生产的定型鉴定；

b) 产品正式生产后，其结构设计、材料、包装、工艺以及关键配套元器件有较大改变能够影响产品性能时；

c) 正常生产的产品，定期或积累一定产量时；

d) 产品长期停产后，恢复生产时；

e) 国家质量监督机构提出进行型式检验的要求时。

3.3 设计、安装

3.3.1 试验机的设计除了应结构合理、性能良好、符合人类工效学原理以外，还应操作简单，便于维修、组装和分解。

3.3.2 试验机的设计应考虑低能耗、高效率和环境保护。

3.3.3 试验机的电测量和自动控制系统及其软件应保证整机正常工作，保证试验数据的准确性和一致性。

3.3.4 试验机及其辅助装置(携带式除外)安装或安放的环境既不应妨碍操作又不应影响其性能。

3.3.5 安装的试验机应保证检验人员能够用方便的、常规的方法进行操作,且安装场地应留有足够的操作所需的活动空间和通道。

3.3.6 各种类型的试验机应在其产品标准中规定的工作环境条件下正常工作。

3.4 随机提供附件和工具

3.4.1 保证试验机使用性能的附件和工具应随机提供。附件和工具一般应标有相应的标记和规格,如夹头所能夹持试样的直径范围等。附件和工具应装在附件箱(袋)内。

3.4.2 扩大试验机使用性能的附件和工具,应根据用户要求按协议提供。

4 装配及机械安全

4.1 装配

4.1.1 试验机及其部件应按装配工艺规程进行装配,不应放入图样及工艺规程未规定的垫片和套等。

4.1.2 外购件应有合格证或入厂检验合格后方可使用。

4.1.3 传动机构应运行平稳、动作灵活,并能正确定位。

4.1.4 所有紧固零件(如螺钉、销、键等)应紧固,不应有松动脱落现象。

4.2 机械安全防护

4.2.1 质量较大的试验机或零部件应便于吊运和安装,并应设有起吊孔、起吊环或采用其他便于搬运的措施。

4.2.2 试验机在运输和运行中有可能松脱的零件、部件,应有防松措施。

4.2.3 试验机外露的皮带轮、轴等传动件应有防护装置。

4.2.4 设计和加工试验机的各零部件时,在考虑不影响使用功能的情况下,不应留有可能导致对人产生伤害的锐边、尖角、毛刺、凸出部分、粗糙的表面和可能造成刮伤危险的各种开口等。

5 机械加工件

5.1 加工件应符合有关图样要求。

5.2 钢制零件经常扭动和易磨损的部位应进行热处理,热处理后的零件不应有裂纹和其他缺陷。

5.3 热处理后的零件不应有退火和过烧的现象。

5.4 用磁性工作台等进行磨削加工的零件不应留有明显的剩磁。

5.5 加工件的配合面、摩擦表面不应打印记。

5.6 试验机分度部分的标度标记(刻线、文字、数字等)应准确、均匀、清晰、耐久,数字要对应于相应的刻线。

5.7 手轮轮缘和操纵手柄应光滑。

5.8 主要加工件应进行去应力处理。

6 铸件和焊接件

6.1 铸件

6.1.1 试验机上各种铸件的材料和力学性能应符合相应材料标准的规定。

6.1.2 铸件表面应平整,非机械加工表面应符合相应图样的要求。

6.1.3 铸件上的型砂和粘结物应仔细清除,飞边、毛刺、浇口、冒口等应铲平。

6.1.4 铸件不应有裂纹,铸件的重要结合面和外露的加工面不应有超过有关规定的砂眼、气孔、缩孔等缺陷。对不影响产品使用性能的铸件缺陷,允许进行修补。

6.1.5 泵体、阀体、缸筒等铸件不应有气孔、缩孔、砂眼等降低耐压强度的铸件缺陷。在规定压力下,不应有渗液(油、水)现象。

6.1.6 试验机的重要铸件均应进行时效处理。

6.2 焊接件

6.2.1 试验机上焊接件的力学性能、焊缝的尺寸和形状应符合有关图样和工艺文件的要求。

6.2.2 焊接件的焊缝不允许出现裂纹,连续焊缝不允许出现间断。

6.2.3 焊接件的外观表面不应有锤痕、焊瘤、熔渣、金属飞溅物及引弧痕迹。边棱尖角处应光滑,外观焊缝应呈光滑的或均匀的鳞片状波纹表面并打磨平整。

6.2.4 重要的焊接件应进行消除应力处理。

7 电气设备

7.1 电气设备标志及项目代号

7.1.1 电气设备所使用的各种标志应置在容易观察的位置,并应清晰醒目。

7.1.2 装有电气器件的外壳应有警告标志,并应符合 GB 5226.1—2002 中 17.2 的规定。

7.1.3 电气设备控制装置应在其门或适当位置标有铭牌,其内容一般包括:

a) 制造者名称或标志、产品编号(用于分体控制装置);

b) 电源额定电压、相数和频率;

c) 整机耗电总容量或满载电流总和;

d) 总电源短路保护器件的断流能力或熔断器的额定电流。

7.1.4 电气设备的手控操作件如按钮、选择开关等均应有清楚、耐久的功能标志。该标志可以是形象化的符号,也可以是文字说明。若为形象化符号,则应符合 GB/T 5465.2 的规定。

7.1.5 电气设备使用熔断器时,其电流数值应在熔断器架上或近旁予以标注,如果限于位置无法标出时,应在产品说明书中说明。

7.1.6 电气设备的按钮、指示灯、光标按钮的颜色应分别符合 GB 5226.1—2002 中 10.2.1、10.3.2、10.4 的规定。

7.1.7 电气设备中每一个元器件,应有与技术文件相一致的项目代号。其代号应使用耐久的方法在元器件附近或其上面标出。所有的接线端子、电缆和导线均应有耐久的、与技术文件上相应接点一致的线路标记(线号)。

7.2 保护接地电路的连续性、绝缘电阻和耐压

7.2.1 电气设备保护接地电路的连续性检验应符合 GB 5226.1—2002 中 19.2 的规定。

7.2.2 电气设备的绝缘电阻检验应符合 GB 5226.1—2002 中 19.3 的规定。

7.2.3 电气设备的耐压试验应符合 GB 5226.1—2002 中 19.4 的规定。

7.3 电击的防护

7.3.1 电气设备应具备保护人身安全、防止电击的能力。

7.3.2 在正常工作情况下电击的防护,应采用 7.3.3 和 7.3.4 规定的二种防护措施之一。

7.3.3 用电柜作防护应符合下列要求之一:

a) 打开电柜应使用钥匙或工具,且打开门后,电柜内所有高于 50 V 的带电部分应加以保护,预防意外触电。

b) 打开电柜前,应先断开电源。此项要求应由门与电源开关的联锁机构来实现,使切断开关时才能打开门,关闭门后才能接通开关。

c) 如果不需使用钥匙或工具开门,或者不用断开带电部分就能进行工作(如换灯泡或换熔断丝)时,应在电柜内设置挡板,预防接触带电部分。当采用 50 V 以下电压时,可不设挡板。

7.3.4 通过隔绝带电部分进行防护,应采用不能拆除的绝缘物包覆带电部分的方法。此种绝缘应能经受住工作时出现的机械、电气或热的应力作用。油漆、清漆、漆膜不得单独用作正常工作条件下的电击防护。

7.3.5　在漏电情况下电击的防护，应采用如下二种防护措施之一：

a)　把裸露导电零件接到保护电路上；

b)　采用漏电保护开关自动切断电源。

7.3.6　试验机及其电气设备的所有裸露导电零件(包括机座)应连接到保护接地专用接地端子上。

7.3.7　金属软管不得用作接地导线。金属软管和所有电缆的金属护套(钢管、铝套等)应与保护接地电路良好接触。

7.3.8　在取出电气设备进行带电调整和维修的情况下，则应使用保护导线将裸露的导电零件连接到保护接地电路上。

7.3.9　保护接地电路中禁止使用开关或断路器。

7.3.10　由连接器或插销中断时，保护接地电路应在送电导线断开后才断开；重新连接时，保护接地电路应在送电导线接通前先接通。

7.4　元件、导线及端子基本要求

7.4.1　电气设备中设有几个电源开关时，必须有一个总开关，并应有足够的切断能力，但不应切断安全接地。电源开关不应使用金属柄开关。

7.4.2　为防止相互插错，电气设备上使用几个插头和插座组合时，应对它们做出清楚配套标记，建议插头和插座具有唯一对应性。

7.4.3　为了方便维修、调整和安全防水，电气设备中的元器件、导线及接线端子等应距地面 0.2 m～2 m。

7.4.4　在试验中突然停电后，再恢复供电时，应能防止电力驱动等装置自动接通。

7.4.5　电气设备电路的外接端和插头，应尽可能加罩或采用凹槽形式。

7.4.6　单方向旋转的电动机，应在适当的部位标出电动机的旋转方向。

7.4.7　所有导线的连接，特别是保护接地电路的连接，应牢靠，不得松动。

7.4.8　导线的接头除必须采用焊接情况外，所有导线应采用冷压接线头。如果电气设备在正常运行期间承受很大振动，则不应使用焊接的接头。

7.4.9　电气设备的保护导线和中线必须分色，其他不同电路的导线应尽可能分色，导线颜色应符合下列要求：

a)　保护导线为黄绿双色；

b)　动力电路的中线为浅蓝色；

c)　交流或直流动力电路导线为黑色；

d)　交流控制电路导线为红色；

e)　直流控制电路导线为蓝色；

f)　用作控制电路联锁的导线，如果是与外置控制电路连接而且当电源开关断开仍带电时，其联锁控制电路导线为桔黄色；

g)　与保护导线连接的电路导线为白色；

h)　电缆中芯线颜色不受上述规定的约束。

7.4.10　在导线管内或电气箱配电板上以及二个端子之间的连线必须是连续的，中间不应有接头。

7.4.11　保护接地端应有符号“⏚”或字母“PE”标记。

7.5　电磁兼容

电气设备产生的电磁干扰不应超过其预期使用场合允许的水平，应具有足够的抗电磁干扰能力，以保证电气设备在预期使用环境中可以正确运行。

8　液压设备

8.1　液压系统的活塞、油缸、阀门等零件的工作表面不得有裂纹和划伤。

8.2 液压传动部分在工作速度范围内不应发生超过规定范围的振动、冲击和停滞现象。

8.3 液压系统应有排气装置和可靠的密封，且不应有漏油现象。

8.4 油箱结构和形状应满足下列要求：

a) 在正常工作情况下，应能容纳从系统中流来的全部液压油；

b) 防止溢出或漏出的污染液压油直接回到油箱中去；

c) 油箱底部的形状应能将液压油排放干净；

d) 油箱应便于清洗，并设有加油和放油口；

e) 油箱应有油面指示器。

8.5 液压系统应采取防水防尘措施。为消除液压油中的有害杂质，应装有滤油装置，使液压油达到规定的清洁要求。含有伺服阀、比例阀的系统应在压力油口处设置无旁通的滤油器。

8.6 滤油装置的安装处应留有足够的空间，以便更换。

8.7 所有回油管和泄油管的出口应深入油面以下，以免产生泡沫和进入空气。

8.8 当液压系统回路中工作压力或流量超出规定而可能引起危险或事故时，则应有保护装置。

8.9 液压传动部分必要时应设有工作行程限位开关。

8.10 当液压系统中有一个以上相互联系的自动或人工控制装置时，如任何一个出故障会引起人身安全和设备损坏时，应装有联锁保护装置。

8.11 当液压系统处于停车位置，液压油从阀、管路和执行元件泄回油箱会引起设备损坏或造成危险时，应有防止液压油泄回油箱的措施。

8.12 液压系统应有紧急制动或紧急返回控制的人工控制装置，且应符合下列要求：

a) 容易识别；

b) 设置在操作人员工作位置处，并便于操作；

c) 立即动作；

d) 只能用一个控制装置去完成全部紧急操纵。

8.13 必要时，液压系统应装有温度控制装置。

9 气动设备

9.1 气动系统的活塞、气缸、阀门等零件的工作表面不得有裂纹和划伤。

9.2 气动传动部分在工作速度范围内不应发生超过规定范围的振动、冲击和停滞现象。

9.3 气动系统应可靠密封，不应有漏气现象。

9.4 气源进口应有气水分离装置，并且压力可控，必要时还应设置气体过滤和(或)干燥装置。

9.5 当气动系统中工作压力超过规定而可能引起危险或事故时，则应有保护装置。

9.6 必要时，气动系统应设有工作行程限位开关。

10 外观质量

10.1 试验机外观表面不应有图样未规定的凸起、凹陷、粗糙不平和其他损伤。

10.2 试验机零部件结合面的边沿应整齐匀称，不应有明显的错位。门、盖装卸应方便，其结合面的缝隙不应超过表1的规定。

表1 门、盖结合面缝隙的最大允许值

单位为毫米

结合面尺寸	结合面缝隙
＞0～500	1
＞500～1 000	2
＞1 000	3

10.3 试验机零件的已加工面，不应有锈蚀、毛刺、碰伤、划伤和其他缺陷。

10.4 试验机的外观颜色应色调柔和，套色协调，不同颜色的界限应分明，不得互相污染。

10.5 试验机的油漆和腻子应有足够的强度，能起抗油和耐蚀作用，不应有起皮脱落现象。

10.6 试验机所有喷涂件的表面应平整、均匀和色调一致，不应有斑点、气泡和粘附物等。

10.7 电镀件的表面应无斑点，镀层应均匀，无脱皮现象。

10.8 氧化件的表面色泽应均匀，无斑点、锈蚀等现象。

11 随行技术文件

11.1 应随试验机提供下列技术文件：

a) 使用说明书；

b) 合格证；

c) 装箱单；

d) 随行备附件清单。

11.2 使用说明书应能正确指导安装、使用和维修试验机。装箱单应便于清点。

ICS 21.060.10
J 13

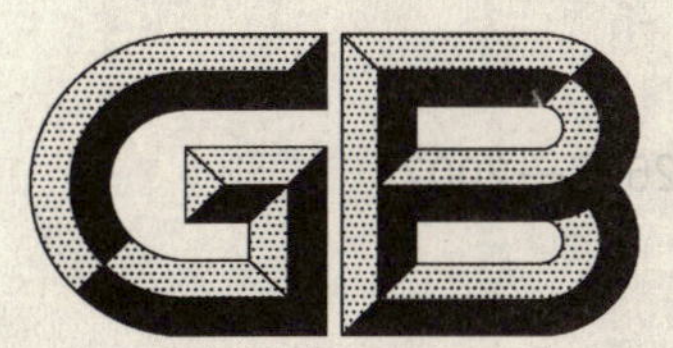

中华人民共和国国家标准

GB/T 2673—2007
代替 GB/T 2673—1986

内六角花形沉头螺钉

Hexagon lobular socket countersunk head screws

2007-07-02 发布　　　　2007-12-01 实施

中华人民共和国国家质量监督检验检疫总局
中国国家标准化管理委员会　发布

前　言

本标准是国家标准“内六角花形螺钉”产品系列标准之一。该系列包括：

a） GB/T 2670.1—2004　内六角花形盘头自攻螺钉；

b） GB/T 2670.2—2004　内六角花形沉头自攻螺钉；

c） GB/T 2670.3—2004　内六角花形半沉头自攻螺钉；

d） GB/T 2671.1—2004　内六角花形低圆柱头螺钉；

e） GB/T 2671.2—2004　内六角花形圆柱头螺钉；

f） GB/T 2672—2004　内六角花形盘头螺钉；

g） GB/T 2673—2007　内六角花形沉头螺钉；

h） GB/T 2674—2004　内六角花形半沉头螺钉。

本标准代替 GB/T 2673—1986《内六角花形沉头螺钉》。

本标准与 GB/T 2673—1986 相比主要变化如下：

——增加不锈钢、有色金属材料及其相应的性能等级(见表 2)；

——表面处理增加“非电解锌片涂层”(见表 2)。

本标准由中国机械工业联合会提出。

本标准由全国紧固件标准化技术委员会(SAC/TC 85)归口。

本标准起草单位:中机生产力促进中心。

本标准所代替标准的历次版本发布情况为：

——GB 2673—81、GB/T 2673—1986。

内六角花形沉头螺钉

1 范围

本标准规定了螺纹规格为M6～M20的，性能等级为4.8、A2-70、A3-70、CU2和CU3，产品等级为A级的内六角花形沉头螺钉。

如需其他技术要求，应从现行标准(如GB/T 193、GB/T 9145、GB/T 3106、GB/T 3098.1、GB/T 3098.6、GB/T 3098.10和GB/T 3103.1)中选择。

2 规范性引用文件

下列文件中的条款通过本标准的引用而成为本标准的条款。凡是注日期的引用文件，其随后所有的修改单(不包括勘误的内容)或修订版均不适用于本标准，然而，鼓励根据本标准达成协议的各方研究是否可使用这些文件的最新版本。凡是不注日期的引用文件，其最新版本适用于本标准。

GB/T 2 紧固件 外螺纹零件的末端(GB/T 2—2001,idt ISO 4753:1999)

GB/T 90.1 紧固件 验收检查(GB/T 90.1—2002,idt ISO 3269:2000)

GB/T 90.2 紧固件 标志与包装

GB/T 193 普通螺纹 直径与螺距系列(GB/T 193—2003,ISO 261:1998,ISO general purpose metric screw threads—General plan,MOD)

GB/T 1237 紧固件标记方法(GB/T 1237—2000,eqv ISO 8991:1986)

GB/T 3098.1 紧固件机械性能 螺栓、螺钉和螺柱(GB/T 3098.1—2000,idt ISO 898-1:1999)

GB/T 3098.6 紧固件机械性能 不锈钢螺栓、螺钉和螺柱(GB/T 3098.6—2000,idt ISO 3506-1:1997)

GB/T 3098.10 紧固件机械性能 有色金属制造的螺栓、螺钉、螺柱和螺母(GB/T 3098.10—1993,eqv ISO 8839:1986)

GB/T 3103.1 紧固件公差 螺栓、螺钉、螺柱和螺母(GB/T 3103.1—2002,idt ISO 4759-1:2000)

GB/T 3106 螺栓、螺钉和螺柱的公称长度和普通螺栓的螺纹长度(GB/T 3106—1982,eqv ISO 888:1976)

GB/T 5267.1 紧固件 电镀层(GB/T 5267.1—2002,ISO 4042:1999,IDT)

GB/T 5267.2 紧固件 非电解锌片涂层(GB/T 5267.2—2002,ISO 10683:2000,IDT)

GB/T 5276 紧固件 螺栓、螺钉、螺柱及螺母 尺寸代号和标注(GB/T 5276—1985,eqv ISO 225:1983)

GB/T 5779.1 紧固件表面缺陷 螺栓、螺钉和螺柱 一般要求(GB/T 5779.1—2000,idt ISO 6157-1:1988)

GB/T 9145 普通螺纹 中等精度、优选系列的极限尺寸(GB/T 9145—2003,ISO 965-2:1998,ISO general purpose metric screw threads—Tolerances—Part 2:Limits of sizes for general purpose external and internal screw threads—Medium quality,MOD)

ISO 8992:1986 紧固件 螺栓、螺钉、螺柱和螺母 通用技术条件

ISO 10664:2005 螺栓和螺钉用内六角花形

3 尺寸

尺寸代号和标注(A 除外)均符合 GB/T 5276。

螺钉的型式与尺寸见图 1 和表 1。

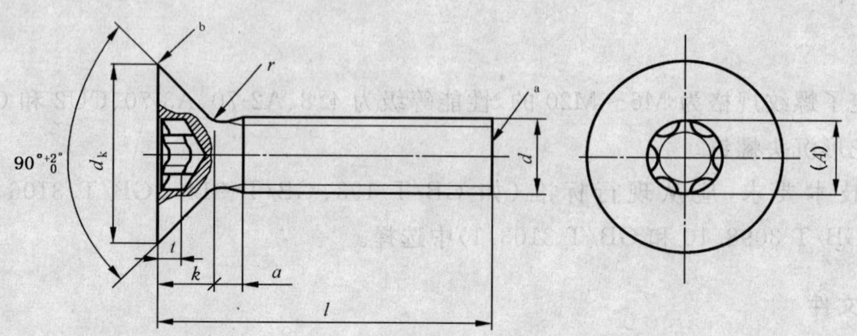

注：无螺纹杆径 d_s 约等于螺纹中径或螺纹大径。

a 辗制末端见 GB/T 2。

b 棱边可以是圆的或直的，由制造者任选。

图 1

表 1 尺寸

单位为毫米

螺纹规格 d			M6	M8	M10	M12	(M14)[a]	M16	M20
P[b]			1	1.25	1.5	1.75	2	2	2.5
a		max	2	2.5	3	3.5	4	4	5
b		min	38	38	38	48	48	48	48
d_k[c]	理论	max	12.6	17.3	20	24	28	32	70
	公称		11.3	15.8	18.3	22	25.5	29	36
	实际	min	10.9	15.4	17.8	21.5	25	28.5	35.4
k		max	3.3	4.65	5	6	7	8	10
r		max	1.5	2	2.5	2.5	2.5	3	3
x		max	2.5	3.2	3.8	4.3	5	5	6.3

表 1（续） 单位为毫米

螺纹规格 d			M6	M8	M10	M12	(M14)[a]	M16	M20
内六角花形	槽号 No.		30	40	50	55	55	60	80
	A 参考		5.6	6.75	8.95	11.35	11.35	13.45	17.75
	t	max	1.8	2.5	2.7	3.5	3.7	4.1	6
		min	1.4	2.1	2.3	3.02	3.22	3.62	5.42
l[d]			每 1 000 件钢螺钉的质量（ρ=7.85 kg/dm³） ≈kg						
公称	max	min							
8	7.7	8.3	1.75						
10	9.7	10.3	2.1	4.57					
12	11.6	12.4	2.44	5.19	7.47				
(14)[a]	13.6	14.4	2.78	5.81	8.45				
16	15.6	16.4	3.12	6.43	9.44				
20	19.6	20.4	3.18	7.68	11.4	16.89			
25	24.6	25.4	4.67	9.23	13.86	20.45	29.68	39.72	
30	29.6	30.4	5.52	10.79	16.31	24.01	34.56	46.26	
35	34.5	35.5	6.38	12.34	18.77	27.57	39.43	52.8	81.98
40	39.5	40.5	7.24	13.9	21.22	31.14	44.31	59.34	92.22
45	44.5	45.5	8.1	15.45	23.68	34.7	49.18	65.89	102.5
50	49.5	50.5	8.95	17.01	26.13	38.26	54.06	72.43	112.7
(55)[a]	54.4	55.6	9.81	18.56	28.59	41.82	58.93	78.97	122.9
60	59.4	60.6	10.67	20.12	31.05	45.38	63.8	85.51	133.2
70	69.4	70.6		23.23	35.96	52.51	73.55	98.6	153.7
80	79.4	80.6		26.34	40.87	59.63	83.3	111.7	174.1

注：阶梯实线间为商品长度规格范围。

a 尽可能不采用括号内的规格。

b P——螺距。

c 头部尺寸的测量按 GB/T 5279 规定。

d 虚线以上的长度，螺纹制到头部[$b=l-(k+a)$]；见 GB/T 3106。

4 技术条件和引用标准

技术条件和引用标准见表2。

表2 技术条件和引用标准

材料		钢	不锈钢	有色金属
通用技术条件		ISO 8992		
螺纹	公差	6 g		
	标准	GB/T 193、GB/T 9145		
机械性能	等级	4.8	A2-70、A3-70	CU2、CU3
	标准	GB/T 3098.1	GB/T 3098.6	GB/T 3098.10
公差	产品等级	A		
	标准	GB/T 3103.1		
内六角花形	标准	ISO 10664		
表面缺陷	标准	GB/T 5779.1	—	
表面处理		不经表面处理； 电镀，技术要求按GB/T 5267.1； 非电解锌片涂层，技术要求按GB/T 5267.2	简单处理	简单处理； 电镀，技术要求按GB/T 5267.1
		如需其他表面处理，应由供需双方协议		
验收及包装		GB/T 90.1、GB/T 90.2		

5 标记

5.1 标记方法按GB/T 1237规定。

5.2 标记示例

螺纹规格为d=M8、公称长度l=30 mm、性能等级为4.8级、不经表面处理的A级内六角花形沉头螺钉的标记：

螺钉 GB/T 2673 M8×30

ICS 67.040
C 54

中华人民共和国国家标准

GB 2760—2007
代替 GB 2760—1996,GB/T 12493—1990

食品添加剂使用卫生标准

Hygienic standards for uses of food additives

2007-08-22 发布　　2008-06-01 实施

中华人民共和国卫生部
中国国家标准化管理委员会　发布

前　言

本标准参考了国际食品法典委员会(CAC)CODEX STAN 192—1995 (Rev. 6—2005)《食品添加剂通用标准》(General standard for food additives)。

本标准代替 GB 2760—1996《食品添加剂使用卫生标准》和 GB/T 12493—1990《食品添加剂分类和代码》。

本标准与 GB 2760—1996、GB/T 12493—1990 相比，主要变化如下：

——增加了术语和定义；

——增加了食品添加剂的使用原则；

——增加了食品分类系统；

——在危险性评估的基础上，结合食品分类系统，调整了部分食品添加剂的品种、使用范围和最大使用量；

——调整了食品添加剂品种、使用范围、使用量的检索方式，分为以食品添加剂名称汉语拼音排序和以食品分类号排序两种形式；

——增加了可在各类食品中按生产需要适量使用的添加剂名单，以及按生产需要适量使用的添加剂所例外的食品类别名单；

——整合修订了 GB/T 12493—1990；

——对 GB 2760—1996 的附录进行了调整。

本标准的附录 A、附录 B、附录 C、附录 D 为规范性附录，附录 E、附录 F 为资料性附录。

本标准由中华人民共和国卫生部提出并归口。

本标准由中华人民共和国卫生部负责解释。

本标准由中国疾病预防控制中心营养与食品安全所负责起草。

本标准主要起草人：王茂起、王竹天、陈君石、张俭波、李晓瑜、陈瑶君、罗雪云、樊永祥、王君、赵丹宇、金其璋、田静、毛雪丹、杨大进。

本标准所代替标准的历次版本发布情况为：

——GB 2760—1981、GB 2760—1986、GB 2760—1996；

——GB/T 12493—1990。

食品添加剂使用卫生标准

1 范围

本标准规定了食品添加剂的使用原则、允许使用的食品添加剂品种、使用范围及最大使用量或残留量。

本标准适用于所有的食品添加剂生产、经营和使用者。

2 规范性引用文件

下列文件中的条款通过本标准的引用而成为本标准的条款。凡是注日期的引用文件,其随后所有的修改单(不包括勘误的内容)或修订版均不适用于本标准,然而,鼓励根据本标准达成协议的各方研究是否可使用这些文件的最新版本。凡是不注日期的引用文件,其最新版本适用于本标准。

GB 14880 食品营养强化剂使用卫生标准

3 术语和定义

下列术语和定义适用于本标准。

3.1

食品添加剂 food additive

为改善食品品质和色、香、味,以及为防腐和加工工艺的需要而加入食品中的化学合成或者天然物质。营养强化剂、食品用香料、胶基糖果中基础剂物质、食品工业用加工助剂也包括在内。

3.2

最大使用量 maximum level

食品添加剂使用时所允许的最大添加量。

3.3

残留量 residue level

食品添加剂或其分解产物在最终食品中的允许残留水平。

3.4

食品工业用加工助剂 processing aid

保证食品加工能顺利进行的各种物质,与食品本身无关。如助滤、澄清、吸附、润滑、脱模、脱色、脱皮、提取溶剂、发酵用营养物质等。

3.5

国际编码系统 international number system;INS

食品添加剂的国际编码,用于代替复杂的化学结构名称表述。

3.6

中国编码系统 Chinese number system;CNS

食品添加剂的中国编码,由食品添加剂的主要功能类别(参见附录 E)代码和在本功能类别中的顺序号组成。

4 食品添加剂的使用原则

4.1 食品添加剂使用时应符合以下基本要求:

a) 不应对人体产生任何健康危害;

b） 不应掩盖食品腐败变质；

c） 不应掩盖食品本身或加工过程中的质量缺陷或以掺杂、掺假、伪造为目的而使用食品添加剂；

d） 不应降低食品本身的营养价值；

e） 在达到预期的效果下尽可能降低在食品中的用量；

f） 食品工业用加工助剂一般应在制成最后成品之前除去，有规定食品中残留量的除外。

4.2 在下列情况下可使用食品添加剂：

a） 保持或提高食品本身的营养价值；

b） 作为某些特殊膳食用食品的必要配料或成分；

c） 提高食品的质量和稳定性，改进其感官特性；

d） 便于食品的生产、加工、包装、运输或者贮藏。

4.3 食品添加剂质量标准

按照本标准使用的食品添加剂应当符合相应的质量标准。

4.4 带入原则

在下列情况下食品添加剂可以通过食品配料（含食品添加剂）带入食品中：

a） 根据本标准，食品配料中允许使用该食品添加剂；

b） 食品配料中该添加剂的用量不应超过允许的最大使用量；

c） 应在正常生产工艺条件下使用这些配料，并且食品中该添加剂的含量不应超过由配料带入的水平；

d） 由配料带入食品中的该添加剂的含量应明显低于直接将其添加到该食品中通常所需要的水平。

5 食品分类系统

食品分类系统用于界定食品添加剂的使用范围，只适用于本标准，参见附录F。如允许某一食品添加剂应用于某一食品类别时，则允许其应用于该类别下的所有类别食品，另有规定的除外。

6 食品添加剂的使用规定

食品添加剂的使用应符合附录A的规定。

7 营养强化剂

营养强化剂的使用应符合GB 14880和相关规定。

8 食品用香料

用于生产食品用香精的食品用香料的使用应符合附录B的规定。

9 食品工业用加工助剂

食品工业用加工助剂的使用应符合附录C的规定。

10 胶基糖果中基础剂物质及其配料

胶基糖果中基础剂物质及其配料的使用应符合附录D的规定。

附　录　A
（规范性附录）
食品添加剂的使用规定

A.1　表A.1以食品添加剂名称汉语拼音排序规定了食品添加剂的允许使用品种、允许使用的食品名称(种类)以及最大使用量(或残留量)。

A.2　表A.2以食品分类号排序规定食品中允许使用的添加剂品种和最大使用量(或残留量)，与表A.1的指标相同。

A.3　表A.1、表A.2列出的同一功能的食品添加剂(相同色泽着色剂、防腐剂、抗氧化剂)在混合使用时，各自用量占其最大使用量的比例之和不应超过1。

A.4　表A.3规定了可在各类食品中按生产需要适量使用原则使用的添加剂。

A.5　表A.4规定了不得按生产需要适量使用原则使用表A.3中添加剂的食品类别和品种，如果这些食物类别和品种使用添加剂应符合表A.1和表A.2的规定，同时这些食品类别和品种不得使用表A.1和表A.2中规定的其上级食品类别中允许使用的食品添加剂。

A.6　表A.1、表A.2和表A.3未包括对食品用香料、胶基糖果中基础剂物质和用作食品工业用加工助剂的食品添加剂的有关规定。

A.7　上述各表中的“功能”栏为该添加剂的主要功能，供使用时参考。

表 A.1 食品添加剂的使用范围和使用量

氨基乙酸(又名甘氨酸) **glycine**

CNS 号 12.007 INS 号 640

功能 增味剂

食品分类号	食品名称/分类	最大使用量/(g/kg)	备 注
12.0	调味品	1.0	
14.03.02	植物蛋白饮料	1.0	

铵磷脂 **ammonium phosphatide**

CNS 号 10.033 INS 号 442

功能 乳化剂

食品分类号	食品名称/分类	最大使用量/(g/kg)	备 注
05.01.02	巧克力和巧克力制品、除 05.01.01 以外的可可制品	10.0	

巴西棕榈蜡 **carnauba wax**

CNS 号 14.008 INS 号 903

功能 被膜剂、抗结剂

食品分类号	食品名称/分类	最大使用量/(g/kg)	备 注
05.0	可可制品、巧克力和巧克力制品(包括类巧克力和代巧克力)以及糖果	0.6	

白油(又名液体石蜡) **mineral oil,white(liquid paraffin)**

CNS 号 14.003 INS 号 905a

功能 被膜剂

食品分类号	食品名称/分类	最大使用量/(g/kg)	备 注
05.02.05	凝胶糖果	5.0	
10.01	鲜蛋	5.0	

L-半胱氨酸盐酸盐 **L-cysteine and its hydrochloridessodium and potassium salts**

CNS 号 13.003 INS 号 920

功能 面粉处理剂

食品分类号	食品名称/分类	最大使用量/(g/kg)	备 注
06.03.02.03	发酵面制品	0.06	

表 A.1（续）

苯甲酸及其钠盐 **benzoic acid，sodium benzoate**

CNS 号 17.001，17.002 INS 号 210，211

功能 防腐剂

食品分类号	食品名称/分类	最大使用量/(g/kg)	备 注
03.03	风味冰、冰棍类	1.0	以苯甲酸计
04.01.02.05	果酱(罐头除外)	1.0	以苯甲酸计
04.01.02.08	蜜饯凉果	0.5	以苯甲酸计
04.02.02.03	腌制的蔬菜	0.5	以苯甲酸计
05.02.03	乳脂糖果	0.8	以苯甲酸计
05.02.05	凝胶糖果	0.8	以苯甲酸计
05.02.08	胶基糖果	1.5	以苯甲酸计
11.05	调味糖浆	1.0	以苯甲酸计
12.03	醋	1.0	以苯甲酸计
12.04	酱油	1.0	以苯甲酸计
12.05	酱及酱制品	1.0	以苯甲酸计
12.10	复合调味料	0.6	以苯甲酸计
12.10.02	半固体复合调味料	1.0	以苯甲酸计
12.10.03	液体复合调味料(不包括12.03，12.04)	1.0	以苯甲酸计
12.10.03.04	蚝油、虾油、鱼露等	1.0	以苯甲酸计
14.02.02	浓缩果蔬汁(浆)(仅限食品工业用)	2.0	以苯甲酸计
14.02.03	果蔬汁(肉)饮料	1.0	以苯甲酸计
14.04.01	碳酸饮料	0.2	以苯甲酸计
14.04.02.02	风味饮料(包括果味饮料、乳味、茶味及其他味饮料)(仅限果味饮料)	1.0	以苯甲酸计
15.02	配制酒	0.2	以苯甲酸计
15.03.01	葡萄酒	0.8	以苯甲酸计
15.03.03	果酒	0.8	以苯甲酸计

4-苯基苯酚 **4-phenylphenol**

CNS 号 17.024 INS 号 —

功能 防腐剂

食品分类号	食品名称/分类	最大使用量/(g/kg)	备 注
04.01.01.02	经表面处理的鲜水果(仅限柑橘类)	1.0	残留量≤12 mg/kg

表 A.1（续）

2-苯基苯酚钠盐 **sodium 2-phenylphenol**
CNS 号 17.023 INS 号 —
功能 防腐剂

食品分类号	食品名称/分类	最大使用量/(g/kg)	备 注
04.01.01.02	经表面处理的鲜水果(仅限柑橘类)	0.95	残留量≤12 mg/kg

冰结构蛋白 **ice structuring protein**
CNS 号 00.020 INS 号 —
功能 其他

食品分类号	食品名称/分类	最大使用量	备 注
03.0	冷冻饮品(03.04 食用冰除外)	按生产需要适量使用	

L-丙氨酸 **L-alanine**
CNS 号 12.006 INS 号 —
功能 增味剂

食品分类号	食品名称/分类	最大使用量	备 注
12.0	调味品	按生产需要适量使用	

丙二醇 **propylene glycol**
CNS 号 18.004 INS 号 1520
功能 稳定剂和凝固剂、抗结剂、消泡剂、乳化剂、水分保持剂、增稠剂

食品分类号	食品名称/分类	最大使用量/(g/kg)	备 注
07.02	糕点	3.0	

丙二醇脂肪酸酯 **propylene glycol esters of fatty acid**
CNS 号 10.020 INS 号 477
功能 乳化剂

食品分类号	食品名称/分类	最大使用量/(g/kg)	备 注
01.0	乳及乳制品(01.01.01、13.0 涉及品种除外)	5.0	
02.0	脂肪，油和乳化脂肪制品	10.0	
03.0	冷冻饮品(03.04 食用冰除外)	5.0	
07.02	糕点	2.0	
12.10	复合调味料	20.0	
16.05.01	油炸小食品	2.0	

表 A.1（续）

丙酸及其钠盐、钙盐 **propionic acid, sodium propionate, calcium propionate**

CNS 号 17.029,17.006,17.005 INS 号 280,281,282

功能 防腐剂

食品分类号	食品名称/分类	最大使用量/(g/kg)	备 注
04.04	豆类制品	2.5	以丙酸计
06.01	原粮	1.8	以丙酸计
06.03.02.01	生湿面制品（如面条、饺子皮、馄饨皮、烧麦皮）	0.25	以丙酸计
07.01	面包	2.5	以丙酸计
07.02	糕点	2.5	以丙酸计
12.03	醋	2.5	以丙酸计
12.04	酱油	2.5	以丙酸计
16.07	其他（杨梅罐头加工工艺用）	50.0	以丙酸计

不饱和脂肪酸单甘脂 **unsaturated fatty acid of monoglycerides**

CNS 号 10.036 INS 号 —

功能 乳化剂

食品分类号	食品名称/分类	最大使用量/(g/kg)	备 注
02.02	水油状脂肪乳化制品	10.0	

茶多酚（又名维多酚） **tea polyphenol(TP)**

CNS 号 04.005 INS 号 —

功能 抗氧化剂

食品分类号	食品名称/分类	最大使用量/(g/kg)	备 注
02.01	基本不含水的脂肪和油	0.4	以油脂中儿茶素计
06.07	方便米面制品	0.2	以油脂中儿茶素计
07.02	糕点	0.4	以油脂中儿茶素计
07.04	焙烤食品馅料（仅限含油脂馅料）	0.4	以油脂中儿茶素计
08.02.02	腌腊肉制品类（如咸肉、腊肉、板鸭、中式火腿、腊肠等）	0.4	以油脂中儿茶素计
08.03.01	酱卤肉制品类	0.3	以油脂中儿茶素计
08.03.02	熏、烧、烤肉类	0.3	以油脂中儿茶素计
08.03.03	油炸肉类	0.3	以油脂中儿茶素计
08.03.04	西式火腿（熏烤、烟熏、蒸煮火腿）类	0.3	以油脂中儿茶素计
08.03.05	肉灌肠类	0.3	以油脂中儿茶素计

表 A.1（续）

食品分类号	食品名称/分类	最大使用量/(g/kg)	备 注
08.03.06	发酵肉制品类	0.3	以油脂中儿茶素计
09.03	预制水产品(半成品)	0.3	以油脂中儿茶素计
09.04	熟制水产品(可直接食用)	0.3	以油脂中儿茶素计
09.05	水产品罐头	0.3	以油脂中儿茶素计
12.10	复合调味料	0.1	以油脂中儿茶素计
16.05	油炸食品	0.2	以油脂中儿茶素计

茶黄色素，茶绿色素 **tea yellow pigment，tea green pigment**

CNS 号 08.141，08.142 INS 号 —

功能 着色剂

食品分类号	食品名称/分类	最大使用量	备 注
04.01.02.09	装饰性果蔬	按生产需要适量使用	
05.02	糖果	按生产需要适量使用	
07.02.04	糕点上彩装	按生产需要适量使用	
14.02.03	果蔬汁(肉)饮料	按生产需要适量使用	
14.04.02.02	风味饮料(包括果味饮料、乳味、茶味及其他味饮料)(仅限果味饮料)	按生产需要适量使用	
14.05.01	茶饮料类	按生产需要适量使用	
15.02	配制酒	按生产需要适量使用	

赤藓红及其铝色淀 **erythrosine，erythrosine aluminum lake**

CNS 号 08.003 INS 号 127

功能 着色剂

食品分类号	食品名称/分类	最大使用量/(g/kg)	备 注
04.01.02.08.02	凉果类	0.05	
04.01.02.09	装饰性果蔬	0.1	
05.0	可可制品、巧克力和巧克力制品(包括类巧克力和代巧克力)以及糖果(05.01.01 可可制品除外)	0.05	
07.02.04	糕点上彩装	0.05	
12.05	酱及酱制品	0.05	
12.10	复合调味料	0.05	
14.02.03	果蔬汁(肉)饮料	0.05	
14.04.01	碳酸饮料	0.05	
14.04.02.02	风味饮料(包括果味饮料、乳味、茶味及其他味饮料)(仅限果味饮料)	0.05	

表 A.1 (续)

食品分类号	食品名称/分类	最大使用量/(g/kg)	备 注
15.02	配制酒	0.05	
16.05.01	油炸小食品	0.025	
16.06	膨化食品	0.025	

赤藓糖醇[1)] **erythritol**

CNS 号 19.018 INS 号 968

功能 甜味剂

食品分类号	食品名称/分类	最大使用量	备 注
05.0	可可制品、巧克力和巧克力制品(包括类巧克力和代巧克力)以及糖果	按生产需要适量使用	
07.02	糕点	按生产需要适量使用	
14.0	饮料类(14.01 包装饮用水类除外)	按生产需要适量使用	

刺云实胶 **tara gum**

CNS 号 20.041 INS 号 417

功能 增稠剂

食品分类号	食品名称/分类	最大使用量/(g/kg)	备 注
01.06	干酪	8.0	
03.0	冷冻饮品(03.04 食用冰除外)	5.0	
04.01.02.05	果酱	5.0	
07.0	焙烤食品	1.5	
08.02	预制肉制品	10.0	
08.03	熟肉制品	10.0	
14.0	饮料类(14.01 包装饮用水类除外)	2.5	
16.01	果冻	5.0	

单,双,三甘油脂肪酸酯(油酸、亚油酸、柠檬酸、亚麻酸、棕榈酸、山嵛酸、硬脂酸) **mono(di,tri) glycerides of fatty acids**

CNS 号 10.006 INS 号 471

功能 乳化剂

食品分类号	食品名称/分类	最大使用量/(g/kg)	备 注
01.02.01	原味发酵乳(全脂、部分脱脂、脱脂)	5.0	

1) 生产用菌株:解脂假丝酵母(*Candida lipolytica*)。

表 A.1 （续）

食品分类号	食品名称/分类	最大使用量/(g/kg)	备　注
01.05.01	稀奶油	按生产需要适量使用	
02.02.01.01	黄油和浓缩黄油	20.0	
06.03.02.01	生湿面制品（如面条、饺子皮、馄饨皮、烧麦皮）	按生产需要适量使用	
06.03.02.02	生干面制品	30.0	
11.01.02	其他糖和糖浆（如红糖、赤砂糖、槭树糖浆）	6.0	
12.09	香辛料类	5.0	
13.01	婴儿配方食品、较大婴儿和幼儿配方食品	按生产需要适量使用	
13.02	婴幼儿断奶期食品	按生产需要适量使用	
14.05.02	咖啡饮料类	按生产需要适量使用	
15.03.01	葡萄酒	0.018	

单辛酸甘油酯　　**capryl monoglyceride**

CNS 号　17.031　　INS 号　—

功能　防腐剂

食品分类号	食品名称/分类	最大使用量/(g/kg)	备　注
06.03.02.01	生湿面制品（如面条、饺子皮、馄饨皮、烧麦皮）	1.0	
07.02	糕点	1.0	
07.04	焙烤食品馅料（仅限豆馅）	1.0	
08.03.05	肉灌肠类	0.5	

淀粉磷酸酯钠　　**sodium starch phosphate**

CNS 号　20.013　　INS 号　—

功能　增稠剂

食品分类号	食品名称/分类	最大使用量	备　注
02.02.01	脂肪含量 80%以上的乳化制品	按生产需要适量使用	
03.0	冷冻饮品（03.04 食用冰除外）	按生产需要适量使用	
04.01.02.05	果酱	按生产需要适量使用	
06.0	粮食和粮食制品，包括大米、面粉、杂粮、块根植物、豆类和玉米提取的淀粉等（不包括 06.01 原粮及 07.0 类焙烤制品）	按生产需要适量使用	
12.0	调味品	按生产需要适量使用	
14.0	饮料类（14.01 包装饮用水类除外）	按生产需要适量使用	

表 A.1（续）

靛蓝及其铝色淀 **indigotine，indigotine aluminum lake**
CNS号 08.008 INS号 132
功能 着色剂

食品分类号	食品名称/分类	最大使用量/(g/kg)	备 注
04.01.02.08.01	蜜饯类	0.1	以靛蓝计
04.01.02.08.02	凉果类	0.1	以靛蓝计
04.01.02.09	装饰性果蔬	0.2	以靛蓝计
04.02.02.03.02	盐渍的蔬菜	0.01	以靛蓝计
05.0	可可制品、巧克力和巧克力制品(包括类巧克力和代巧克力)以及糖果(05.01.01可可制品除外)	0.1	以靛蓝计
05.02.06	抛光糖果	0.3	以靛蓝计
07.02.04	糕点上彩装	0.1	以靛蓝计
07.04	焙烤食品馅料(仅限饼干夹心)	0.1	以靛蓝计
14.02.03	果蔬汁(肉)饮料	0.1	以靛蓝计
14.04.01	碳酸饮料	0.1	以靛蓝计
14.04.02.02	风味饮料(包括果味饮料、乳味、茶味及其他味饮料)(仅限果味饮料)	0.1	以靛蓝计
15.02	配制酒	0.1	以靛蓝计
16.05.01	油炸小食品	0.05	以靛蓝计
16.06	膨化食品	0.05	以靛蓝计

丁基羟基茴香醚 **butylated hydroxyanisole(BHA)**
CNS号 04.001 INS号 320
功能 抗氧化剂

食品分类号	食品名称/分类	最大使用量/(g/kg)	备 注
02.0	脂肪，油和乳化脂肪制品	0.2	
04.05.02.03	坚果与籽类罐头	0.2	
05.02.08	胶基糖果	0.4	
06.04.01	杂粮粉	0.2	
06.06	即食谷物，包括碾轧燕麦(片)	0.2	
06.07	方便米面制品	0.2	
07.03	饼干	0.2	

表 A.1 （续）

食品分类号	食品名称/分类	最大使用量/(g/kg)	备 注
08.02.02	腌腊肉制品类（如咸肉、腊肉、板鸭、中式火腿、腊肠等）	0.2	
09.03.04	风干、烘干、压干等水产品	0.2	
16.05	油炸食品	0.2	

对羟基苯甲酸酯类及其钠盐（对羟基苯甲酸甲酯钠，对羟基苯甲酸乙酯及其钠盐，对羟基苯甲酸丙酯及其钠盐）

methyl *p*-hydroxy benzoate and its salts（sodium methyl *p*-hydroxy benzoate，ethyl *p*-hydroxy benzoate，sodium ethyl *p*-hydroxy benzoate propyl *p*-hydroxy benzoate，sodium propyl *p*-hydroxy benzoate）

CNS 号　17.032，17.007，17.008　　INS 号　219，214，215，216，217

功能　防腐剂

食品分类号	食品名称/分类	最大使用量/(g/kg)	备 注
04.01.01.02	经表面处理的鲜水果	0.012	以对羟基苯甲酸计
04.01.02.05	果酱（罐头除外）	0.25	以对羟基苯甲酸计
04.02.01.02	经表面处理的新鲜蔬菜	0.012	以对羟基苯甲酸计
07.04	焙烤食品馅料（仅限糕点馅）	0.5	以对羟基苯甲酸计
10.03.02	热凝固蛋制品（如蛋黄酪、松花蛋肠）	0.2	以对羟基苯甲酸计
12.03	醋	0.1	以对羟基苯甲酸计
12.04	酱油	0.25	以对羟基苯甲酸计
12.05	酱及酱制品	0.25	以对羟基苯甲酸计
14.02.03	果蔬汁（肉）饮料	0.25	以对羟基苯甲酸计
14.04.01	碳酸饮料	0.2	以对羟基苯甲酸计
14.04.02.02	风味饮料（包括果味饮料、乳味、茶味及其他味饮料）（仅限果味饮料）	0.25	以对羟基苯甲酸计

表 A.1 (续)

多穗柯棕 **tanoak brown**

CNS 号 08.128 INS 号 —

功能 着色剂

食品分类号	食品名称/分类	最大使用量/(g/kg)	备 注
03.0	冷冻饮品(03.04 食用冰除外)	0.4	
05.02	糖果	0.4	
14.04.01.01	可乐型碳酸饮料	1.0	
15.02	配制酒	0.4	

二丁基羟基甲苯 **butylated hydroxytoluene (BHT)**

CNS 号 04.002 INS 号 321

功能 抗氧化剂

食品分类号	食品名称/分类	最大使用量/(g/kg)	备 注
02.0	脂肪,油和乳化脂肪制品	0.2	
04.05.02.03	坚果与籽类罐头	0.2	
05.02.08	胶基糖果	0.4	
06.06	即食谷物,包括碾轧燕麦(片)	0.2	
06.07	方便米面制品	0.2	
07.03	饼干	0.2	
08.02.02	腌腊肉制品类(如咸肉、腊肉、板鸭、中式火腿、腊肠等)	0.2	
09.03.04	风干、烘干、压干等水产品	0.2	
16.05	油炸食品	0.2	

二甲基二碳酸盐 **dimethyl dicarbonate**

CNS 号 17.033 INS 号 242

功能 防腐剂

食品分类号	食品名称/分类	最大使用量/(g/kg)	备 注
14.02.03	果蔬汁(肉)饮料	0.25	
14.04.01	碳酸饮料	0.25	
14.04.02.02	风味饮料(包括果味饮料、乳味、茶味及其他味饮料)(仅限果味饮料)	0.25	
14.05.01	茶饮料类	0.25	

表 A.1（续）

2,4-二氯苯氧乙酸 **2,4-dichlorophenoxy acetic acid**

CNS号 17.027 INS号 —

功能 防腐剂

食品分类号	食品名称/分类	最大使用量/(g/kg)	备 注
04.01.01.02	经表面处理的鲜水果	0.01	残留量≤2.0 mg/kg
04.02.01.02	经表面处理的新鲜蔬菜	0.01	残留量≤2.0 mg/kg

二氧化硅 **silicon dioxide**

CNS号 02.004 INS号 551

功能 抗结剂

食品分类号	食品名称/分类	最大使用量/(g/kg)	备 注
01.03	乳粉(包括加糖乳粉)和奶油粉及其调制产品	15.0	
02.05	其他油脂或油脂制品(仅限植脂末)	15.0	
05.01.01	可可制品(以可可为主要原料的脂、粉、浆、酱、馅)	15.0	
10.03.01	脱水蛋制品(如蛋白粉、蛋黄粉、蛋白片)	15.0	
11.06	其他甜味料(仅限糖粉)	15.0	
12.09	香辛料类	20.0	
12.10.01	固体复合调味料	20.0	
13.05.01	孕产妇(乳母)配方食品	15.0	
14.06	固体饮料类	15.0	
16.07	其他(豆制品工艺用)	0.025	复配消泡剂用，以每千克黄豆的使用量计

二氧化硫，焦亚硫酸钾，焦亚硫酸钠，亚硫酸钠，亚硫酸氢钠，低亚硫酸钠

sulfur dioxide, potassium metabisulphite, sodium metabisulphite, sodium sulfite, sodium hydrogen sulfite, sodium hyposulfite

CNS号 05.001，05.002，05.003，05.004，05.005，05.006

INS号 220，224，223，221，222

功能 漂白剂、防腐剂、抗氧化剂

食品分类号	食品名称/分类	最大使用量/(g/kg)	备 注
04.01.01.02	经表面处理的鲜水果	0.05	最大使用量以二氧化硫残留量计

表 A.1（续）

食品分类号	食品名称/分类	最大使用量/(g/kg)	备 注
04.01.02.02	水果干类	0.1	最大使用量以二氧化硫残留量计
04.01.02.08	蜜饯凉果	0.35	最大使用量以二氧化硫残留量计
04.02.02.02	干制蔬菜(仅限脱水马铃薯)	0.4	最大使用量以二氧化硫残留量计
04.02.02.02	干制蔬菜	0.2	最大使用量以二氧化硫残留量计
04.02.02.03.02	盐渍的蔬菜	0.05	最大使用量以二氧化硫残留量计
04.02.02.04	蔬菜罐头(仅限竹笋、酸菜)	0.05	最大使用量以二氧化硫残留量计
04.03.02.04	食用菌和藻类罐头(仅限蘑菇罐头)	0.05	最大使用量以二氧化硫残留量计
04.04.01.04	腐竹类(包括腐竹、油皮)	0.2	最大使用量以二氧化硫残留量计
05.0	可可制品、巧克力和巧克力制品(包括类巧克力和代巧克力)以及糖果	0.1	最大使用量以二氧化硫残留量计
06.05.01	食用淀粉	0.03	最大使用量以二氧化硫残留量计
06.05.02.01	粉丝、粉条	0.1	最大使用量以二氧化硫残留量计
07.03	饼干	0.1	最大使用量以二氧化硫残留量计
11.01	食糖	0.1	最大使用量以二氧化硫残留量计
11.02	淀粉糖(果糖,葡萄糖,饴糖;部分转化糖,包括糖蜜等)	0.2	最大使用量以二氧化硫残留量计
12.10.02	半固体复合调味料	0.05	最大使用量以二氧化硫残留量计
14.02.01	果蔬汁(浆)	0.05	最大使用量以二氧化硫残留量计,浓缩果蔬汁(浆)按浓缩倍数折算

表 A.1（续）

食品分类号	食品名称/分类	最大使用量/(g/kg)	备 注
15.03.01	葡萄酒	0.05	最大使用量以二氧化硫残留量计
15.03.03	果酒	0.05	最大使用量以二氧化硫残留量计
15.03.05	啤酒和麦芽饮料	0.01	最大使用量以二氧化硫残留量计

二氧化钛 **titanium dioxide**

CNS 号 08.011 INS 号 171

功能 着色剂

食品分类号	食品名称/分类	最大使用量	备 注
04.01.02.08.02	凉果类	10.0 g/kg	
05.0	可可制品、巧克力和巧克力制品(包括类巧克力和代巧克力)以及糖果	2.0 g/kg	
05.02.01	硬质糖果	10.0 g/kg	
05.02.06	抛光糖果	按生产需要适量使用	
05.02.08	胶基糖果	5.0 g/kg	
05.03	糖果、巧克力制品包衣	按生产需要适量使用	
05.04	装饰糖果(如工艺造型,或用于蛋糕装饰)、顶饰(非水果材料)和甜汁	5.0 g/kg	
12.10.02.01	蛋黄酱、沙拉酱	0.5 g/kg	
14.06	固体饮料类	按生产需要适量使用	
16.01	果冻	10.0 g/kg	如用于果冻粉,按冲调倍数增加使用量
16.05.01	油炸小食品	10.0 g/kg	
16.06	膨化食品	10.0 g/kg	
16.07	其他(饮料混浊剂)	10.0 g/L	

二氧化碳 **carbon dioxide**

CNS 号 17.014 INS 号 290

功能 防腐剂

食品分类号	食品名称/分类	最大使用量	备 注
14.0	饮料类(14.01 包装饮用水类除外)	按生产需要适量使用	
15.03.06	其他发酵酒类(充气型)	按生产需要适量使用	

表 A.1（续）

富马酸 **fumaric acid**

CNS 号 01.110 INS 号 297

功能 酸度调节剂

食品分类号	食品名称/分类	最大使用量/(g/kg)	备 注
05.02.08	胶基糖果	8.0	
06.03.02.01	生湿面制品（如面条、饺子皮、馄饨皮、烧麦皮）	0.6	
14.02.03	果蔬汁(肉)饮料	0.6	
14.04.01	碳酸饮料	0.3	

甘草,甘草酸铵,甘草酸一钾及三钾 **glycyrrhiza, ammonium glycyrrhizinate, monopotassium and tripotassium glycyrrhizinate**

CNS 号 19.009,19.012,19.010 INS 号 958

功能 甜味剂

食品分类号	食品名称/分类	最大使用量	备 注
04.01.02.08	蜜饯凉果	按生产需要适量使用	
05.02	糖果	按生产需要适量使用	
07.03	饼干	按生产需要适量使用	
08.03.08	肉罐头类	按生产需要适量使用	
12.0	调味品	按生产需要适量使用	
14.0	饮料类(14.01 包装饮用水类除外)	按生产需要适量使用	

甘草抗氧物 **antioxidant of glycyrrhiza**

CNS 号 04.008 INS 号 —

功能 抗氧化剂

食品分类号	食品名称/分类	最大使用量/(g/kg)	备 注
02.01	基本不含水的脂肪和油	0.2	以甘草酸计
06.07	方便米面制品	0.2	以甘草酸计
07.03	饼干	0.2	以甘草酸计
08.02.02	腌腊肉制品类（如咸肉、腊肉、板鸭、中式火腿、腊肠等）	0.2	以甘草酸计
08.03.01	酱卤肉制品类	0.2	以甘草酸计
08.03.02	熏、烧、烤肉类	0.2	以甘草酸计
08.03.03	油炸肉类	0.2	以甘草酸计

表 A.1（续）

食品分类号	食品名称/分类	最大使用量/(g/kg)	备　注
08.03.04	西式火腿(熏烤、烟熏、蒸煮火腿)类	0.2	以甘草酸计
08.03.05	肉灌肠类	0.2	以甘草酸计
08.03.06	发酵肉制品类	0.2	以甘草酸计
09.03.02	腌制水产品	0.2	以甘草酸计
16.05	油炸食品	0.2	以甘草酸计

D-甘露糖醇 **D-mannitol**

CNS号　19.017　INS号　421

功能　甜味剂、乳化剂、膨松剂、稳定剂、增稠剂

食品分类号	食品名称/分类	最大使用量	备　注
05.02	糖果	按生产需要适量使用	

柑橘黄 **orange yellow**

CNS号　08.143　INS号　—

功能　着色剂

食品分类号	食品名称/分类	最大使用量	备　注
06.03.02.02	生干面制品	按生产需要适量使用	

高锰酸钾 **potassium permanganate**

CNS号　00.001　INS号　—

功能　其他

食品分类号	食品名称/分类	最大使用量/(g/kg)	备　注
06.05.01	食用淀粉	0.5	
15.0	酒类	0.5	酒中残留量以锰计:≤2 mg/kg

谷氨酰胺转氨酶 **glutamine transaminase**

CNS号　—　INS号　—

功能　稳定剂和凝固剂

食品分类号	食品名称/分类	最大使用量/(g/kg)	备　注
04.04	豆制品	0.25	

表 A.1（续）

硅铝酸钠 **sodium aluminosilicate**

CNS 号 02.002 INS 号 554

功能 抗结剂

食品分类号	食品名称/分类	最大使用量/(g/kg)	备 注
02.05	其他油脂或油脂制品(仅限植脂末)	5.0	

桂醛 **cinnamaldehyde**

CNS 号 17.012 INS 号 —

功能 防腐剂

食品分类号	食品名称/分类	最大使用量	备 注
04.01.01.02	经表面处理的鲜水果	按生产需要适量使用	残留量≤0.3 mg/kg

果胶 **pectins**

CNS 号 20.006 INS 号 440

功能 乳化剂、稳定剂、增稠剂

食品分类号	食品名称/分类	最大使用量/(g/kg)	备 注
01.02.01	原味发酵乳(全脂、部分脱脂、脱脂)	按生产需要适量使用	
01.05.01	稀奶油	按生产需要适量使用	
02.02.01.01	黄油和浓缩黄油	按生产需要适量使用	
06.03.02.01	生湿面制品(如面条、饺子皮、馄饨皮、烧麦皮)	按生产需要适量使用	
06.03.02.02	生干面制品	按生产需要适量使用	
11.01.02	其他糖和糖浆(如红糖、赤砂糖、槭树糖浆)	按生产需要适量使用	
12.09	香辛料类	按生产需要适量使用	
14.02.01	果蔬汁(浆)	3.0	
15.03.01	葡萄酒	按生产需要适量使用	

过氧化苯甲酰 **benzoyl peroxide**

CNS 号 13.001 INS 号 928

功能 面粉处理剂、漂白剂

食品分类号	食品名称/分类	最大使用量/(g/kg)	备 注
06.03.01	小麦粉	0.06	磷酸钙可作为过氧化苯甲酰稀释剂

表 A.1（续）

过氧化钙 **calcium peroxide**

CNS号 13.007 INS号 930

功能 面粉处理剂、漂白剂

食品分类号	食品名称/分类	最大使用量/(g/kg)	备 注
06.03.01	小麦粉	0.5	

海萝胶 **funoran（gloiopeltis furcata）**

CNS号 20.040 INS号 —

功能 增稠剂

食品分类号	食品名称/分类	最大使用量/(g/kg)	备 注
05.02.08	胶基糖果	10.0	

海藻酸丙二醇脂 **propylene glycol alginate**

CNS号 20.010 INS号 405

功能 增稠剂、乳化剂、稳定剂

食品分类号	食品名称/分类	最大使用量/(g/kg)	备 注
01.0	乳及乳制品(01.01.01、01.04.01、13.0涉及品种除外)	3.0	
01.04.01	淡炼乳(原味)	5.0	
02.01.01.02	氢化植物油	5.0	
03.01	冰淇淋类	1.0	
05.01	可可制品、巧克力和巧克力制品,包括类巧克力和代巧克力	5.0	
05.02.08	胶基糖果	5.0	
05.04	装饰糖果(如工艺造型,或用于蛋糕装饰)、顶饰(非水果材料)和甜汁	5.0	
12.10.02	半固体复合调味料	8.0	
12.10.02.03	以蔬菜为基料的调味酱	5.0	
14.0	饮料类[14.01包装饮用水类、14.03.02植物蛋白饮料、14.02.03果蔬汁(肉)饮料除外]	0.3	固体饮料按冲调倍数增加使用量
14.02.03	果蔬汁(肉)饮料	3.0	
14.03.02	植物蛋白饮料	5.0	
15.03.05	啤酒和麦芽饮料	0.3	

表 A.1（续）

海藻酸钠 **sodium alginate**
CNS 号 20.004 INS 号 401
功能 增稠剂

食品分类号	食品名称/分类	最大使用量/(g/kg)	备 注
01.02.01	原味发酵乳（全脂、部分脱脂、脱脂）	按生产需要适量使用	
01.05.01	稀奶油	按生产需要适量使用	
02.02.01.01	黄油和浓缩黄油	按生产需要适量使用	
06.03.02.01	生湿面制品（如面条、饺子皮、馄饨皮、烧麦皮）	按生产需要适量使用	
06.03.02.02	生干面制品	按生产需要适量使用	
11.01.02	其他糖和糖浆（如红糖、赤砂糖、槭树糖浆）	10.0	
12.09	香辛料类	按生产需要适量使用	
14.02.01	果蔬汁（浆）	按生产需要适量使用	
14.05.02	咖啡饮料类	按生产需要适量使用	

黑豆红 **black bean red**
CNS 号 08.114 INS 号 —
功能 着色剂

食品分类号	食品名称/分类	最大使用量/(g/kg)	备 注
05.02	糖果	0.8	
07.02.04	糕点上彩装	0.8	
14.02.03	果蔬汁（肉）饮料	0.8	
14.04.02.02	风味饮料（包括果味饮料、乳味、茶味及其他味饮料）（仅限果味饮料）	0.8	
15.02	配制酒	0.8	

黑加仑红 **black currant red**
CNS 号 08.122 INS 号 —
功能 着色剂

食品分类号	食品名称/分类	最大使用量	备 注
07.02.04	糕点上彩装	按生产需要适量使用	
14.04.01	碳酸饮料	按生产需要适量使用	

表 A.1（续）

食品分类号	食品名称/分类	最大使用量	备 注
15.03.01.02	起泡葡萄酒	按生产需要适量使用	
15.03.03	果酒	按生产需要适量使用	

红花黄 **carthamins yellow**
CNS 号 08.103 INS 号 —
功能 着色剂

食品分类号	食品名称/分类	最大使用量/(g/kg)	备 注
03.0	冷冻饮品(03.04 食用冰除外)	0.2	
04.01.02.04	水果罐头	0.2	
04.01.02.08	蜜饯凉果	0.2	
04.01.02.09	装饰性果蔬	0.2	
04.02.02.04	蔬菜罐头	0.2	
05.02	糖果	0.2	
06.04.02.01	八宝粥罐头	0.2	
06.07	方便米面制品	0.5	
07.02.04	糕点上彩装	0.2	
14.02.03	果蔬汁(肉)饮料	0.2	
14.04.01	碳酸饮料	0.2	
14.04.02.02	风味饮料(包括果味饮料、乳味、茶味及其他味饮料)(仅限果味饮料)	0.2	
15.02	配制酒	0.2	
16.01	果冻	0.2	如用于果冻粉，按冲调倍数增加使用量

红米红 **red rice red**
CNS 号 08.111 INS 号 —
功能 着色剂

食品分类号	食品名称/分类	最大使用量	备 注
01.01.02	调制乳	按生产需要适量使用	
03.0	冷冻饮品(03.04 食用冰除外)	按生产需要适量使用	
05.02	糖果	按生产需要适量使用	

表 A.1（续）

食品分类号	食品名称/分类	最大使用量	备 注
14.03.01	含乳饮料	按生产需要适量使用	
15.02	配制酒	按生产需要适量使用	

红曲米，红曲红 **red kojic rice，monascus red**

CNS号 08.119，08.120 INS号 —

功能 着色剂

食品分类号	食品名称/分类	最大使用量/(g/kg)	备 注
01.01.02	调制乳	按生产需要适量使用	
01.02.02	调味和果料发酵乳	0.8	
01.04.02	调制炼乳(包括甜炼乳、调味甜炼乳及其他使用了非乳原料的调制炼乳)	按生产需要适量使用	
03.0	冷冻饮品(03.04 食用冰除外)	按生产需要适量使用	
04.01.02.05	果酱	按生产需要适量使用	
04.02.02.05	蔬菜泥(酱)(番茄沙司除外)	按生产需要适量使用	
04.04.02.01	腐乳类	按生产需要适量使用	
05.02	糖果	按生产需要适量使用	
06.07	方便米面制品	按生产需要适量使用	
07.03	饼干	按生产需要适量使用	
08.02.02	腌腊肉制品类(如咸肉、腊肉、板鸭、中式火腿、腊肠等)	按生产需要适量使用	
08.03	熟肉制品	按生产需要适量使用	
12.03	醋	按生产需要适量使用	
12.04	酱油	按生产需要适量使用	
12.05	酱及酱制品	按生产需要适量使用	
12.10	复合调味料	按生产需要适量使用	
14.02.03	果蔬汁(肉)饮料	按生产需要适量使用	
14.03.01	含乳饮料	按生产需要适量使用	
14.04.01	碳酸饮料	按生产需要适量使用	
14.04.02.02	风味饮料(包括果味饮料、乳味、茶味及其他味饮料)(仅限果味饮料)	按生产需要适量使用	
15.02	配制酒	按生产需要适量使用	

表 A.1 (续)

食品分类号	食品名称/分类	最大使用量/(g/kg)	备 注
16.01	果冻	按生产需要适量使用	
16.06	膨化食品	按生产需要适量使用	

葫芦巴胶　　fenugreek gum

CNS号　20.035　　INS号　—

功能　增调剂

食品分类号	食品名称/分类	最大使用量/(g/kg)	备 注
03.0	冷冻饮品(03.04食用冰除外)	0.1	
05.0	可可制品、巧克力和巧克力制品(包括类巧克力和代巧克力)以及糖果	0.2	
06.03.01	小麦粉	0.3	
07.0	焙烤食品	0.15	

琥珀酸单甘油酯　　succinylated monoglycerides

CNS号　10.038　　INS号　472g

功能　乳化剂

食品分类号	食品名称/分类	最大使用量/(g/kg)	备 注
14.02.03	果蔬汁(肉)饮料	2.0	
14.03	蛋白饮料类	2.0	
14.05	茶、咖啡、植物饮料类	2.0	
14.06	固体饮料类	20.0	按稀释10倍计算
14.07	乳酸菌饮料	2.0	

琥珀酸二钠　　disodium succinate

CNS号　12.005　　INS号　—

功能　增味剂

食品分类号	食品名称/分类	最大使用量/(g/kg)	备 注
12.0	调味品	20.0	

花生衣红　　peanut skin red

CNS号　08.134　　INS号　—

功能　着色剂

食品分类号	食品名称/分类	最大使用量/(g/kg)	备 注
05.02	糖果	0.4	

表 A.1（续）

食品分类号	食品名称/分类	最大使用量/(g/kg)	备　注
07.03	饼干	0.4	
08.03.05	肉灌肠类	0.4	
14.04.01	碳酸饮料	0.1	

滑石粉 **talc**

CNS 号　02.007　　INS 号　553iii

功能　抗结剂

食品分类号	食品名称/分类	最大使用量/(g/kg)	备　注
04.01.02.08.02	凉果类	20.0	
04.01.02.08.04	话化类(甘草制品)	20.0	

环己基氨基磺酸钠,环己基氨基磺酸钙(又名甜蜜素) **sodium cyclamate, calcium cycalmate**

CNS 号　19.002　　INS 号　952

功能　甜味剂

食品分类号	食品名称/分类	最大使用量/(g/kg)	备　注
03.0	冷冻饮品(03.04 食用冰除外)	0.65	以环己基氨基磺酸计
04.01.02.08	蜜饯凉果	1.0	以环己基氨基磺酸计
04.01.02.08.02	凉果类	8.0	以环己基氨基磺酸计
04.01.02.08.04	话化类(甘草制品)	8.0	以环己基氨基磺酸计
04.01.02.08.05	果丹(饼)类	8.0	以环己基氨基磺酸计
04.02.02.03.01	酱渍的蔬菜	0.65	以环己基氨基磺酸计
04.02.02.03.02	盐渍的蔬菜	0.65	以环己基氨基磺酸计
04.04.02.01	腐乳类	0.65	以环己基氨基磺酸计
04.05.02.01	烘焙/炒制坚果与籽类(仅限瓜子)	2.0	以环己基氨基磺酸计
04.05.02.01.01	带壳烘焙/炒制坚果与籽类	6.0	以环己基氨基磺酸计
04.05.02.01.02	脱壳烘焙/炒制坚果与籽类	1.2	以环己基氨基磺酸计
07.01	面包	0.65	以环己基氨基磺酸计
07.02	糕点	0.65	以环己基氨基磺酸计
07.03	饼干	0.65	以环己基氨基磺酸计
12.10	复合调味料	0.65	以环己基氨基磺酸计
14.0	饮料类(14.01 包装饮用水类除外)	0.65	以环己基氨基磺酸计,固体饮料按冲调倍数增加使用量

表 A.1（续）

食品分类号	食品名称/分类	最大使用量/(g/kg)	备　注
15.02	配制酒	0.65	以环己基氨基磺酸计
16.01	果冻	0.65	以环己基氨基磺酸计，果冻粉按冲调倍数增加使用量

黄蜀葵胶　**ablmoschus manihot gum**

CNS号　20.019　INS号　—

功能　增稠剂

食品分类号	食品名称/分类	最大使用量/(g/kg)	备　注
03.0	冷冻饮品(03.04食用冰除外)	5.0	
04.01.02.05	果酱	10.0	
07.01	面包	10.0	
07.02	糕点	10.0	
07.03	饼干	10.0	

黄原胶(又名汉生胶)　**xanthan gum**

CNS号　20.009　INS号　415

功能　稳定剂、增稠剂

食品分类号	食品名称/分类	最大使用量/(g/kg)	备　注
01.05.01	稀奶油	按生产需要适量使用	
02.02.01.01	黄油和浓缩黄油	5.0	
06.03.02.01	生湿面制品(如面条、饺子皮、馄饨皮、烧麦皮)	10.0	
06.03.02.02	生干面制品	4.0	
11.01.02	其他糖和糖浆(如红糖、赤砂糖、槭树糖浆)	5.0	
12.09	香辛料类	按生产需要适量使用	
14.02.01	果蔬汁(浆)	按生产需要适量使用	

己二酸　**adipic acid**

CNS号　01.109　INS号　355

功能　酸度调节剂

食品分类号	食品名称/分类	最大使用量/(g/kg)	备　注
05.02.08	胶基糖果	4.0	
14.06	固体饮料类	0.01	
16.01	果冻	0.1	如用于果冻粉，按冲调倍数增加使用量

表 A.1 (续)

4-己基间苯二酚 **4-hexylresorcinol**

CNS号 04.013 INS号 586

功能 抗氧化剂

食品分类号	食品名称/分类	最大使用量	备 注
09.01	鲜水产品(仅限虾类)	按生产需要适量使用	残留量≤1 mg/kg

甲壳素(又名几丁质) **chitin**

CNS号 20.018 INS号 —

功能 增稠剂、稳定剂

食品分类号	食品名称/分类	最大使用量/(g/kg)	备 注
02.01.01.02	氢化植物油	2.0	
02.05	其他油脂或油脂制品(仅限植脂末)	2.0	
0.3	冷冻饮品(03.04 食用冰除外)	2.0	
0.4.01.02.05	果酱	5.0	
04.05.02.04	坚果与籽类的泥(酱),包括花生酱等	2.0	
12.03	醋	1.0	
12.10.02.01	蛋黄酱、沙拉酱	2.0	
14.07	乳酸菌饮料	2.5	
15.03.05	啤酒和麦芽饮料	0.4	

姜黄 **turmeric**

CNS号 08.102 INS号 100ii

功能 着色剂

食品分类号	食品名称/分类	最大使用量/(g/kg)	备 注
01.03.02	调制乳粉和调制奶油粉(包括调味乳粉和调味奶油粉)	0.4	以姜黄素计
0.30	冷冻饮品(03.04 食用冰除外)	按生产需要适量使用	
04.01.02.08.02	凉果类	按生产需要适量使用	
04.01.02.09	装饰性果蔬	按生产需要适量使用	
04.02.02.03.01	酱渍的蔬菜	0.01	以姜黄素计
04.02.02.03.02	盐渍的蔬菜	0.01	以姜黄素计

表 A.1 （续）

食品分类号	食品名称/分类	最大使用量/(g/kg)	备 注
05.0	可可制品、巧克力和巧克力制品(包括类巧克力和代巧克力)以及糖果	按生产需要适量使用	
06.06	即食谷物，包括碾轧燕麦(片)	0.03	以姜黄素计
06.07	方便米面制品	按生产需要适量使用	
07.01	面包	0.01	以姜黄素计
07.02	糕点	0.01	以姜黄素计
07.02.04	糕点上彩装	按生产需要适量使用	
07.04	焙烤食品馅料(仅限饼干夹心)	0.05	以姜黄素计
12.0	调味品	按生产需要适量使用	
14.02.03	果蔬汁(肉)饮料	按生产需要适量使用	
14.04.01	碳酸饮料	按生产需要适量使用	
14.04.02.02	风味饮料(包括果味饮料、乳味、茶味及其他味饮料)(仅限果味饮料)	按生产需要适量使用	
15.02	配制酒	按生产需要适量使用	
16.05.01	油炸小食品	按生产需要适量使用	
16.06	膨化食品	0.2	以姜黄素计

姜黄素 **curcumin**

CNS号 08.132 INS号 100i

功能 着色剂

食品分类号	食品名称/分类	最大使用量/(g/kg)	备 注
02.02.01.02	人造黄油及其类似制品(如黄油和人造黄油混合品)	按生产需要适量使用	
03.0	冷冻饮品(03.04 食用冰除外)	0.15	
05.0	可可制品、巧克力和巧克力制品(包括类巧克力和代巧克力)以及糖果	0.01	
05.02.08	胶基糖果	0.7	
06.03.02.04	面糊(如用于鱼和禽肉的拖面糊)、裹粉、煎炸粉	0.3	
14.04.01	碳酸饮料	0.01	

表 A.1（续）

食品分类号	食品名称/分类	最大使用量/(g/kg)	备　注
16.01	果冻	0.01	如用于果冻粉，按冲调倍数增加使用量

焦磷酸二氢二钠 disodium dihydrogen pyrophosphate

CNS 号　15.008　INS 号　450i

功能　水分保持剂、膨松剂、酸度调节剂

食品分类号	食品名称/分类	最大使用量/(g/kg)	备　注
05.04	装饰糖果（如工艺造型，或用于蛋糕装饰）、顶饰（非水果材料）和甜汁	5.0	
06.03.02.04	面糊（如用于鱼和禽肉的拖面糊）、裹粉、煎炸粉	5.0	
06.04.01	杂粮粉	5.0	
06.04.02.02	其他杂粮制品（仅限冷冻薯条、冷冻薯饼）	1.5	
07.01	面包	3.0	
07.03	饼干	3.0	

焦磷酸钠 tetrasodium pyrophosphate

CNS 号　15.004　INS 号　450iii

功能　水分保持剂、膨松剂、酸度调节剂

食品分类号	食品名称/分类	最大使用量/(g/kg)	备　注
01.0	乳及乳制品（01.01.01、13.0 涉及品种除外）	5.0	
03.01	冰淇淋类	5.0	
06.04.02.01	八宝粥罐头	1.0	
06.05.01	食用淀粉	0.025	
06.07	方便米面制品	5.0	
08.02	预制肉制品	5.0	
08.03	熟肉制品	5.0	
09.03	预制水产品（半成品）	1.0	
09.05	水产品罐头	1.0	
14.02.03	果蔬汁（肉）饮料	1.0	
14.03.02	植物蛋白饮料	1.0	
14.04.02.02	风味饮料（包括果味饮料、乳味、茶味及其他味饮料）（仅限果味饮料）	1.0	

表 A.1 （续）

焦糖色(加氨生产) **caramel colour class Ⅲ-ammonia process**

CNS号 08.110 INS号 150c

功能 着色剂

食品分类号	食品名称/分类	最大使用量	备 注
01.04.02	调制炼乳(包括甜炼乳、调味甜炼乳及其他使用了非乳原料的调制炼乳)	按生产需要适量使用	
03.0	冷冻饮品(03.04 食用冰除外)	按生产需要适量使用	
04.01.02.05	果酱	1.5 g/kg	
05.0	可可制品、巧克力和巧克力制品(包括类巧克力和代巧克力)以及糖果	按生产需要适量使用	
06.03.02.04	面糊(如用于鱼和禽肉的拖面糊)、裹粉、煎炸粉	按生产需要适量使用	
06.06	即食谷物,包括碾轧燕麦(片)	按生产需要适量使用	
07.03	饼干	按生产需要适量使用	
11.05	调味糖浆	按生产需要适量使用	
12.03	醋	按生产需要适量使用	
12.04	酱油	按生产需要适量使用	
12.05	酱及酱制品	按生产需要适量使用	
12.10	复合调味料	按生产需要适量使用	
14.02.03	果蔬汁(肉)饮料	按生产需要适量使用	
14.03.01	含乳饮料	按生产需要适量使用	
14.04.02.02	风味饮料(包括果味饮料、乳味、茶味及其他味饮料)(仅限果味饮料)	按生产需要适量使用	
15.01.03	白兰地	按生产需要适量使用	
15.01.04	威士忌	6.0 g/L	
15.01.06	朗姆酒	6.0 g/L	
15.02	配制酒	按生产需要适量使用	
15.03.01	葡萄酒	按生产需要适量使用	
15.03.02	黄酒	按生产需要适量使用	
15.03.05	啤酒和麦芽饮料	按生产需要适量使用	
16.01	果冻	按生产需要适量使用	

表 A.1 (续)

焦糖色(普通法) **caramel colour class Ⅰ-plain**

CNS 号 08.108 INS 号 150a

功能 着色剂

食品分类号	食品名称/分类	最大使用量	备 注
01.04.02	调制炼乳(包括甜炼乳、调味甜炼乳及其他使用了非乳原料的调制炼乳)	按生产需要适量使用	
03.0	冷冻饮品(03.04 食用冰除外)	按生产需要适量使用	
04.01.02.05	果酱	1.5 g/kg	
05.0	可可制品、巧克力和巧克力制品(包括类巧克力和代巧克力)以及糖果	按生产需要适量使用	
06.03.02.04	面糊(如用于鱼和禽肉的拖面糊)、裹粉、煎炸粉	按生产需要适量使用	
06.06	即食谷物,包括碾轧燕麦(片)	按生产需要适量使用	
07.03	饼干	按生产需要适量使用	
08.02.01	调理肉制品(生肉添加调理料)	按生产需要适量使用	
11.05	调味糖浆	按生产需要适量使用	
12.03	醋	按生产需要适量使用	
12.04	酱油	按生产需要适量使用	
12.05	酱及酱制品	按生产需要适量使用	
12.10	复合调味料	按生产需要适量使用	
14.02.03	果蔬汁(肉)饮料	按生产需要适量使用	
14.03.01	含乳饮料	按生产需要适量使用	
14.04.02.02	风味饮料(包括果味饮料、乳味、茶味及其他味饮料)(仅限果味饮料)	按生产需要适量使用	
15.01.03	白兰地	按生产需要适量使用	
15.01.04	威士忌	6.0 g/L	
15.01.06	朗姆酒	6.0 g/L	
15.02	配制酒	按生产需要适量使用	
15.03.01	葡萄酒	按生产需要适量使用	
15.03.02	黄酒	按生产需要适量使用	
15.03.05	啤酒和麦芽饮料	按生产需要适量使用	
16.01	果冻	按生产需要适量使用	

表 A.1（续）

焦糖色（亚硫酸铵法） caramel colour class Ⅳ-ammonia sulphite process

CNS 号 08.109 INS 号 150d

功能 着色剂

食品分类号	食品名称/分类	最大使用量	备注
01.04.02	调制炼乳（包括甜炼乳、调味甜炼乳及其他使用了非乳原料的调制炼乳）	按生产需要适量使用	
03.0	冷冻饮品（03.04 食用冰除外）	2.0 g/kg	
05.0	可可制品、巧克力和巧克力制品（包括类巧克力和代巧克力）以及糖果	按生产需要适量使用	
06.03.02.04	面糊（如用于鱼和禽肉的拖面糊）、裹粉、煎炸粉	按生产需要适量使用	
06.06	即食谷物，包括碾轧燕麦（片）	按生产需要适量使用	
07.03	饼干	按生产需要适量使用	
12.04	酱油	按生产需要适量使用	
12.05	酱及酱制品	按生产需要适量使用	
12.10	复合调味料	按生产需要适量使用	
14.02.03	果蔬汁（肉）饮料	按生产需要适量使用	
14.03.01	含乳饮料	按生产需要适量使用	
14.04.01	碳酸饮料	按生产需要适量使用	
14.04.02.02	风味饮料（包括果味饮料、乳味、茶味及其他味饮料）（仅限果味饮料）	按生产需要适量使用	
14.05.01	茶饮料类	按生产需要适量使用	
15.01.03	白兰地	按生产需要适量使用	
15.01.04	威士忌	6.0 g/L	
15.01.06	朗姆酒	6.0 g/L	
15.02	配制酒	按生产需要适量使用	
15.03.01	葡萄酒	按生产需要适量使用	
15.03.02	黄酒	按生产需要适量使用	
15.03.05	啤酒和麦芽饮料	按生产需要适量使用	

表 A.1（续）

金樱子棕 **rose laevigata michx brown**
CNS 号 08.131 INS 号 —
功能 着色剂

食品分类号	食品名称/分类	最大使用量/(g/kg)	备 注
14.04.01	碳酸饮料	1.0	
15.02	配制酒	0.2	

酒石酸氢钾 **potassium bitartarate**
CNS 号 06.007 INS 号 336
功能 膨松剂

食品分类号	食品名称/分类	最大使用量/(g/kg)	备 注
06.03	小麦粉及其制品	250	
07.0	焙烤食品	250	

菊花黄浸膏 **coreopsis yellow**
CNS 号 08.113 INS 号 —
功能 着色剂

食品分类号	食品名称/分类	最大使用量/(g/kg)	备 注
05.0	可可制品、巧克力和巧克力制品(包括类巧克力和代巧克力)以及糖果	0.3	
07.02.04	糕点上彩装	0.3	
14.02.03	果蔬汁(肉)饮料	0.3	
14.04.02.02	风味饮料(包括果味饮料、乳味、茶味及其他味饮料)(仅限果味饮料)	0.3	

聚二甲基硅氧烷 **polydimethyl siloxane**
CNS 号 03.007 INS 号 900a
功能 消泡剂、被膜剂

食品分类号	食品名称/分类	最大使用量/(g/kg)	备 注
04.01.01.02	经表面处理的鲜水果	0.000 9	
04.02.01.02	经表面处理的新鲜蔬菜	0.000 9	
16.07	其他(啤酒工艺用)	0.2	
16.07	其他(肉制品工艺用)	0.2	
16.07	其他(豆制品工艺用)	0.3	以每千克黄豆的使用量计

表 A.1 (续)

聚二甲基硅氧烷(乳液) **polydimethyl siloxane**

CNS号 03.007 INS号 900a

功能 消泡剂

食品分类号	食品名称/分类	最大使用量/(g/kg)	备 注
16.07	其他(发酵工艺用)	0.1	
16.07	其他(焦糖色工艺用)	0.1	
16.07	其他(果汁、浓缩果汁粉、饮料、速溶食品、冰淇淋、果酱、调味品和蔬菜加工工艺用)	0.05	

聚甘油蓖麻醇酯 **polyglycerol polyricinoleate(PGPR)(polyglycerol esters of interesterified ricinoleic acid)**

CNS号 10.029 INS号 476

功能 乳化剂、稳定剂

食品分类号	食品名称/分类	最大使用量/(g/kg)	备 注
05.01	可可制品、巧克力和巧克力制品,包括类巧克力和代巧克力	5.0	
05.03	糖果、巧克力制品包衣	5.0	

聚甘油脂肪酸酯(聚甘油单硬脂酸酯,聚甘油单油酸酯) **polyglycerol esters of fatty acid(polyglycerol monostearate,polyglycerol monooleate)**

CNS号 10.022,10.023 INS号 475

功能 乳化剂、稳定剂、增稠剂、抗结剂

食品分类号	食品名称/分类	最大使用量/(g/kg)	备 注
01.01.02	调制乳	10.0	
01.03.02	调制乳粉和调制奶油粉(包括调味乳粉和调味奶油粉)	10.0	
01.05	稀奶油(又名淡奶油)及其类似品	10.0	
02.0	脂肪,油和乳化脂肪制品(02.01.01.01 植物油除外)	20.0	
02.02	水油状脂肪乳化制品	10.0	
03.0	冷冻饮品(03.04 食用冰除外)	10.0	

表 A.1 （续）

食品分类号	食品名称/分类	最大使用量/(g/kg)	备 注
05.01	可可制品、巧克力和巧克力制品，包括类巧克力和代巧克力	10.0	
05.02	糖果	5.0	
06.03.02.04	面糊（如用于鱼和禽肉的拖面糊）、裹粉、煎炸粉	10.0	
06.06	即食谷物，包括碾轧燕麦（片）	10.0	
06.07	方便米面制品	10.0	
07.0	焙烤食品	10.0	
12.10.01	固体复合调味料	10.0	
14.03.01	含乳饮料	10.0	
14.03.02	植物蛋白饮料	10.0	
14.04.02.02	风味饮料（包括果味饮料、乳味、茶味及其他味饮料）	10.0	
14.05	茶、咖啡、植物饮料类	5.0	
14.07	乳酸菌饮料	10.0	
16.01	果冻	10.0	
16.05.01	油炸小食品	10.0	

聚葡萄糖 **polydextrose**

CNS 号 20.022 INS 号 1200

功能 增稠剂、膨松剂、水分保持剂、稳定剂

食品分类号	食品名称/分类	最大使用量	备 注
03.0	冷冻饮品（03.04 食用冰除外）	按生产需要适量使用	
05.0	可可制品、巧克力和巧克力制品（包括类巧克力和代巧克力）以及糖果	按生产需要适量使用	
07.0	焙烤食品	按生产需要适量使用	
12.10.02.01	蛋黄酱、沙拉酱	按生产需要适量使用	
14.0	饮料类（14.01 包装饮用水类除外）	按生产需要适量使用	
16.01	果冻	按生产需要适量使用	

表 A.1 （续）

聚氧丙烯甘油醚 **polyoxypropylene glycerol ether(GP)**

CNS 号　03.005　INS 号　—

功能　消泡剂

食品分类号	食品名称/分类	最大使用量	备　注
16.07	其他(发酵工艺用)	按生产需要适量使用	

聚氧丙烯氧化乙烯甘油醚 **polyoxypropylene oxyethylene glycol ether(GPE)**

CNS 号　03.006　INS 号　—

功能　消泡剂

食品分类号	食品名称/分类	最大使用量	备　注
16.07	其他(发酵工艺用)	按生产需要适量使用	

聚氧乙烯聚氧丙烯胺醚 **polyoxyethylene polyoxypropylene amine ether(BAPE)**

CNS 号　03.004　INS 号　—

功能　消泡剂

食品分类号	食品名称/分类	最大使用量	备　注
16.07	其他(发酵工艺用)	按生产需要适量使用	

聚氧乙烯聚氧丙烯季戊四醇醚 **polyoxyethylene polyoxypropylene pentaerythritol ether(PPE)**

CNS 号　03.003　INS 号　—

功能　消泡剂

食品分类号	食品名称/分类	最大使用量	备　注
16.07	其他(发酵工艺用)	按生产需要适量使用	

聚氧乙烯木糖醇酐单硬脂酸酯 **polyoxyethylene xylitan monostearate**

CNS 号　10.017　INS 号　—

功能　乳化剂

食品分类号	食品名称/分类	最大使用量/(g/kg)	备　注
02.01.01.02	氢化植物油	5.0	
16.07	其他(发酵工艺用)	5.0	

聚氧乙烯山梨醇酐单月桂酸酯(又名吐温 20),聚氧乙烯山梨醇酐单棕榈酸酯(又名吐温 40),聚氧乙烯山梨醇酐单硬脂酸酯(又名吐温 60),聚氧乙烯山梨醇酐单油酸酯(又名吐温 80) **polyoxyethylene (20) sorbitan monolaurate, polyoxyethylene (20) sorbitan monopalmitate, polyoxyethylene (20) sorbitan monostearate, polyoxyethylene (20) sorbitan monooleate**

CNS 号　10.025,10.026,10.015,10.016　INS 号 432,434,435,433

功能　乳化剂、消泡剂、稳定剂

食品分类号	食品名称/分类	最大使用量/(g/kg)	备　注
01.01.02	调制乳	1.5	
01.05.01	稀奶油	1.0	
03.0	冷冻饮品(03.04 食用冰除外)	1.5	

表 A.1（续）

食品分类号	食品名称/分类	最大使用量/(g/kg)	备 注
04.04	豆类制品	0.05	以每千克黄豆的使用量计
07.01	面包	2.5	
07.02.03	月饼	0.5	
12.10.01	固体复合调味料	4.5	
12.10.02	半固体复合调味料	5.0	
12.10.03	液体复合调味料(不包括12.03,12.04)	1.0	
14.02.03	果蔬汁(肉)饮料	0.75	
14.03.02	植物蛋白饮料	2.0	
16.07	其他(乳化天然色素)	10.0	

聚乙二醇 **polyethylene glycol**

CNS 号 14.012 INS 号 1521

功能 被膜剂

食品分类号	食品名称/分类	最大使用量	备 注
05.03	糖果、巧克力制品包衣	按生产需要适量使用	

聚乙烯醇 **polyvinyl alcohol**

CNS 号 14.010 INS 号 —

功能 被膜剂

食品分类号	食品名称/分类	最大使用量/(g/kg)	备 注
05.03	糖果、巧克力制品包衣	18.0	

咖啡因 **caffeine**

CNS 号 00.007 INS 号 —

功能 其他

食品分类号	食品名称/分类	最大使用量/(g/kg)	备 注
14.04.01.01	可乐型碳酸饮料	0.15	

卡拉胶 **carrageenan**

CNS 号 20.007 INS 号 407

功能 乳化剂、稳定剂、增稠剂

食品分类号	食品名称/分类	最大使用量/(g/kg)	备 注
01.05.01	稀奶油	按生产需要适量使用	
02.02.01.01	黄油和浓缩黄油	按生产需要适量使用	
06.03.02.01	生湿面制品(如面条、饺子皮、馄饨皮、烧麦皮)	按生产需要适量使用	
06.03.02.02	生干面制品	8.0	
11.01.02	其他糖和糖浆(如红糖、赤砂糖、槭树糖浆)	5.0	
12.09	香辛料类	按生产需要适量使用	
14.02.01	果蔬汁(浆)	按生产需要适量使用	

表 A.1 （续）

抗坏血酸(又名维生素 C) **ascorbic acid**

CNS 号 04.014 INS 号 300

功能 抗氧化剂

食品分类号	食品名称/分类	最大使用量/(g/kg)	备 注
05.0	可可制品、巧克力和巧克力制品(包括类巧克力和代巧克力)以及糖果	1.5	
06.03.02.03	发酵面制品	0.2	
14.02.03	果蔬汁(肉)饮料	0.5	
14.03.02	植物蛋白饮料	0.5	
14.04.01	碳酸饮料	0.5	
14.05.01	茶饮料类	0.5	
15.03.05	啤酒和麦芽饮料	0.04	

抗坏血酸棕榈酸酯 **ascorbyl palmitate**

CNS 号 04.011 INS 号 304

功能 抗氧化剂

食品分类号	食品名称/分类	最大使用量/(g/kg)	备 注
01.03	乳粉(包括加糖乳粉)和奶油粉及其调制产品	0.05	以脂肪中抗坏血酸计
02.0	脂肪,油和乳化脂肪制品	0.2	
06.07	方便米面制品	0.2	
07.01	面包	0.2	
13.01	婴儿配方食品、较大婴儿和幼儿配方食品	0.05	以脂肪中抗坏血酸计
13.02	婴幼儿断奶期食品	0.05	以脂肪中抗坏血酸计
13.05.01	孕产妇(乳母)配方食品	0.2	

可得然胶 **curdlan**

CNS 号 20.042 INS 号 424

功能 稳定剂和凝固剂、增稠剂

食品分类号	食品名称/分类	最大使用量	备 注
04.04.01.01	豆腐类(北豆腐、南豆腐、内酯豆腐、冻豆腐)	按生产需要适量使用	
06.03.02.01	生湿面制品(如面条、饺子皮、馄饨皮、烧麦皮)	按生产需要适量使用	
06.03.02.02	生干面制品	按生产需要适量使用	
06.07	方便米面制品	按生产需要适量使用	
08.03	熟肉制品	按生产需要适量使用	

表 A.1 （续）

可可壳色 **cocao husk pigment**

CNS 号 08.118 INS 号 —

功能 着色剂

食品分类号	食品名称/分类	最大使用量/(g/kg)	备 注
03.0	冷冻饮品(03.04 食用冰除外)	0.04	
05.0	可可制品、巧克力和巧克力制品(包括类巧克力和代巧克力)以及糖果	3.0	
07.02.04	糕点上彩装	3.0	
07.03	饼干	0.04	
14.03.02	植物蛋白饮料	0.25	
14.04.01	碳酸饮料	2.0	
15.02	配制酒	1.0	

喹啉黄 **quinoline yellow**

CNS 号 08.016 INS 号 104

功能 着色剂

食品分类号	食品名称/分类	最大使用量/(g/L)	备 注
15.02	配制酒(仅限预调酒)	0.1	

辣椒橙 **paprika orange**

CNS 号 08.107 INS 号 —

功能 着色剂

食品分类号	食品名称/分类	最大使用量	备 注
03.0	冷冻饮品(03.04 食用冰除外)	按生产需要适量使用	
05.02	糖果	按生产需要适量使用	
07.02.04	糕点上彩装	按生产需要适量使用	
07.03	饼干	按生产需要适量使用	
08.03	熟肉制品	按生产需要适量使用	
09.02.03	冷冻鱼糜制品(包括鱼丸等)	按生产需要适量使用	
12.05	酱及酱制品	按生产需要适量使用	
12.10.02	半固体复合调味料	按生产需要适量使用	

辣椒红 **paprika red**

CNS 号 08.106 INS 号 —

功能 着色剂

食品分类号	食品名称/分类	最大使用量/(g/kg)	备 注
03.0	冷冻饮品(03.04 食用冰除外)	按生产需要适量使用	

表 A.1（续）

食品分类号	食品名称/分类	最大使用量/(g/kg)	备 注
05.01	可可制品、巧克力和巧克力制品，包括类巧克力和代巧克力	按生产需要适量使用	
05.02	糖果	按生产需要适量使用	
06.03.02.04	面糊（如用于鱼和禽肉的拖面糊）、裹粉、煎炸粉	按生产需要适量使用	
06.07	方便米面制品	按生产需要适量使用	
07.02.04	糕点上彩装	按生产需要适量使用	
07.03	饼干	按生产需要适量使用	
08.02.01	调理肉制品（生肉添加调理料）	0.1	
08.03	熟肉制品	按生产需要适量使用	
09.02.03	冷冻鱼糜制品（包括鱼丸等）	按生产需要适量使用	
12.05	酱及酱制品	按生产需要适量使用	
12.10	复合调味料	按生产需要适量使用	
14.02.03	果蔬汁（肉）饮料	按生产需要适量使用	
14.03	蛋白饮料类	按生产需要适量使用	
14.07	乳酸菌饮料	按生产需要适量使用	
16.01	果冻	按生产需要适量使用	
16.05.01	油炸小食品	按生产需要适量使用	
16.06	膨化食品	按生产需要适量使用	

辣椒油树脂 **paprika oleoresin**

CNS 号 00.012 INS 号 160c

功能 增味剂

食品分类号	食品名称/分类	最大使用量/(g/kg)	备 注
12.10	复合调味料	10.0	
16.05.01	油炸小食品（仅限油炸薯片）	1.0	

蓝锭果红 **uguisukagura red**

CNS 号 08.136 INS 号 —

功能 着色剂

食品分类号	食品名称/分类	最大使用量/(g/kg)	备 注
03.0	冷冻饮品（03.04 食用冰除外）	1.0	
05.02	糖果	2.0	
07.02	糕点（07.02.04 糕点上彩装除外）	2.0	

表 A.1（续）

食品分类号	食品名称/分类	最大使用量/(g/kg)	备 注
07.02.04	糕点上彩装	3.0	
14.02.03	果蔬汁(肉)饮料	1.0	
14.04.02.02	风味饮料(包括果味饮料、乳味、茶味及其他味饮料)(仅限果味饮料)	1.0	
15.03.01.02	起泡葡萄酒	1.0	

酪蛋白钙肽 **casein calcium peptide(CCP)**

CNS 号 00.015 INS 号 —

功能 其他(钙吸收促进剂)

食品分类号	食品名称/分类	最大使用量/(g/kg)	备 注
06.0	粮食和粮食制品,包括大米、面粉、杂粮、块根植物、豆类和玉米提取的淀粉等(不包括06.01原粮及07.0类焙烤制品)	1.6	
13.01	婴儿配方食品、较大婴儿和幼儿配方食品	3.0	
13.02	婴幼儿断奶期食品	3.0	
14.0	饮料类(14.01包装饮用水类除外)	1.6	固体饮料按冲调倍数增加使用量

酪蛋白磷酸肽 **casein phosphopeptides(CPP)**

CNS 号 00.016 INS 号 —

功能 其他(钙吸收促进剂)

食品分类号	食品名称/分类	最大使用量/(g/kg)	备 注
06.0	粮食和粮食制品,包括大米、面粉、杂粮、块根植物、豆类和玉米提取的淀粉等(不包括06.01原粮及07.0类焙烤制品)	1.6	
13.01	婴儿配方食品、较大婴儿和幼儿配方食品	3.0	
13.02	婴幼儿断奶期食品	3.0	
14.0	饮料类(14.01包装饮用水类除外)	1.6	固体饮料按冲调倍数增加使用量

联苯醚(又名二苯醚) **diphenyl ether (diphenyl oxide)**

CNS 号 17.022 INS 号 —

功能 防腐剂

食品分类号	食品名称/分类	最大使用量/(g/kg)	备 注
04.01.01.02	经表面处理的鲜水果(仅限柑橘类)	3.0	残留量≤12 mg/kg

表 A.1 （续）

亮蓝及其铝色淀 **brilliant blue，brilliant blue aluminum lake**

CNS 号 08.007 INS 号 133

功能 着色剂

食品分类号	食品名称/分类	最大使用量/(g/kg)	备 注
01.02.02	调味和果料发酵乳	0.025	以亮蓝计
01.04.02	调制炼乳(包括甜炼乳、调味甜炼乳及其他使用了非乳原料的调制炼乳)	0.025	以亮蓝计
03.0	冷冻饮品(03.04 食用冰除外)	0.025	以亮蓝计
04.01.02.05	果酱	0.5	以亮蓝计
04.01.02.08.02	凉果类	0.025	以亮蓝计
04.01.02.09	装饰性果蔬	0.1	以亮蓝计
04.04.01.06	熟制豆类	0.025	以亮蓝计
04.05.02	加工坚果与籽类	0.025	以亮蓝计
05.0	可可制品、巧克力和巧克力制品(包括类巧克力和代巧克力)以及糖果	0.3	以亮蓝计
06.05.02.02	虾味片	0.025	以亮蓝计
06.06	即食谷物，包括碾轧燕麦(片)(仅限可可玉米片)	0.015	以亮蓝计
07.02.04	糕点上彩装	0.025	以亮蓝计
07.04	焙烤食品馅料(仅限饼干夹心)	0.025	以亮蓝计
11.05	调味糖浆	0.025	以亮蓝计
11.05.01	水果调味糖浆	0.5	以亮蓝计
12.09.03	香辛料酱(如芥末酱、青芥酱)	0.01	以亮蓝计
12.10.02	半固体复合调味料	0.5	以亮蓝计
14.02.03	果蔬汁(肉)饮料	0.025	以亮蓝计
14.03.01	含乳饮料	0.025	以亮蓝计
14.04.01	碳酸饮料	0.025	以亮蓝计
14.04.02.02	风味饮料(包括果味饮料、乳味、茶味及其他味饮料)(仅限果味饮料)	0.025	以亮蓝计
14.06	固体饮料类	0.2	以亮蓝计
15.02	配制酒	0.025	以亮蓝计
16.01	果冻	0.025	以亮蓝计，如用于果冻粉，按冲调倍数增加使用量
16.05.01	油炸小食品	0.05	以亮蓝计
16.06	膨化食品	0.05	以亮蓝计

表 A.1（续）

磷酸 **phosphoric acid**

CNS 号 01.106 INS 号 338

功能 酸度调节剂、稳定剂、水分保持剂

食品分类号	食品名称/分类	最大使用量	备 注
01.06	干酪	按生产需要适量使用	
04.02.02.04	蔬菜罐头	按生产需要适量使用	
06.04.02.01	八宝粥罐头	按生产需要适量使用	
08.03.08	肉罐头类	按生产需要适量使用	
12.10	复合调味料	按生产需要适量使用	
14.0	饮料类(14.01 包装饮用水类除外)	按生产需要适量使用	
16.01	果冻	按生产需要适量使用	

磷酸二氢钙 **calcium dihydrogen phosphate**

CNS 号 15.007 INS 号 341i

功能 水分保持剂、酸度调节剂

食品分类号	食品名称/分类	最大使用量/(g/kg)	备 注
01.06	干酪	按生产需要适量使用	
06.03	小麦粉及其制品	4.0	以磷酸计
07.0	焙烤食品	4.0	以磷酸计
14.04.02	非碳酸饮料	2.0	以磷酸计
14.06	固体饮料类	8.0	以磷酸计

磷酸二氢钾 **potassium dihydrogen phosphate**

CNS 号 15.010 INS 号 340i

功能 水分保持剂、酸度调节剂

食品分类号	食品名称/分类	最大使用量/(g/kg)	备 注
06.03.01	小麦粉	5.0	以磷酸计
14.0	饮料类(14.01 包装饮用水类除外)	2.0	以磷酸计，固体饮料按冲调倍数增加使用量

磷酸二氢钠 **sodium dihydrogen phosphate**

CNS 号 15.005 INS 号 339i

功能 水分保持剂

食品分类号	食品名称/分类	最大使用量	备 注
13.01	婴儿配方食品、较大婴儿和幼儿配方食品	按生产需要适量使用	
13.02	婴幼儿断奶期食品	按生产需要适量使用	

表 A.1（续）

磷酸化二淀粉磷酸酯　　phosphated distarch phosphate
CNS号　20.017　　INS号　1413
功能　增稠剂

食品分类号	食品名称/分类	最大使用量/(g/kg)	备　注
04.01.02.05	果酱	1.0	
06.03.02.01	生湿面制品（如面条、饺子皮、馄饨皮、烧麦皮）	0.2	
06.07	方便米面制品	0.2	
14.06	固体饮料类	0.5	

磷酸氢二钾　　dipotassium hydrogen phosphate
CNS号　15.009　　INS号　340ii
功能　水分保持剂、酸度调节剂

食品分类号	食品名称/分类	最大使用量/(g/kg)	备　注
02.05	其他油脂或油脂制品（仅限植脂末）	19.9	

磷酸氢钙　　calcium hydrogen phosphate(dicalcium orthophosphate)
CNS号　06.006　　INS号　341ii
功能　膨松剂、水分保持剂、酸度调节剂

食品分类号	食品名称/分类	最大使用量/(g/kg)	备　注
06.03.02.03	发酵面制品	按生产需要适量使用	
07.03	饼干	1.0	
13.01	婴儿配方食品、较大婴儿和幼儿配方食品	1.0	
13.02	婴幼儿断奶期食品	1.0	
14.0	饮料类（14.01 包装饮用水类除外）	按生产需要适量使用	

磷酸三钙　　tricalcium orthphosphate
CNS号　02.003　　INS号　341iii
功能　抗结剂、酸度调节剂

食品分类号	食品名称/分类	最大使用量/(g/kg)	备　注
01.03.01	乳粉（全脂乳粉、脱脂乳粉和部分脱脂乳粉）和奶油粉	10.0	
06.03.01	小麦粉	0.03	
12.10	复合调味料	20.0	
14.06	固体饮料类	8.0	
16.05.01	油炸小食品	2.0	

表 A.1 （续）

磷酸三钾 **tripotassium orthphosphate**

CNS 号 01.308 INS 号 340iii

功能 酸度调节剂

食品分类号	食品名称/分类	最大使用量/(g/kg)	备 注
14.04.02	非碳酸饮料	1.5	

磷酸三钠 **trisodium orthophosphate**

CNS 号 15.001 INS 号 339iii

功能 水分保持剂、稳定剂、酸度调节剂

食品分类号	食品名称/分类	最大使用量/(g/kg)	备 注
01.0	乳及乳制品(01.01.01、13.0 涉及品种除外)	0.5	
01.06	干酪	5.0	
02.05	其他油脂或油脂制品(仅限植脂末)	4.0	
06.04.02.01	八宝粥罐头	0.5	
06.06	即食谷物，包括碾轧燕麦(片)	5.0	
08.02	预制肉制品	3.0	
08.03	熟肉制品(08.03.08 肉罐头类除外)	3.0	
08.03.08	肉罐头类	0.5	
14.0	饮料类(14.01 包装饮用水类除外)	1.5	固体饮料按冲调倍数增加使用量

磷脂 **lecithin (phospholipid)**

CNS 号 04.010 INS 号 322

功能 抗氧化剂、乳化剂

食品分类号	食品名称/分类	最大使用量	备 注
02.01.01.02	氢化植物油	按生产需要适量使用	
05.01.01	可可制品(以可可为主要原料的脂、粉、浆、酱、馅)	按生产需要适量使用	
12.10.01	固体复合调味料	按生产需要适量使用	
13.01	婴儿配方食品、较大婴儿和幼儿配方食品	按生产需要适量使用	
13.02	婴幼儿断奶期食品	按生产需要适量使用	

表 A.1（续）

硫代二丙酸二月桂酯 **dilauryl thiodipropionate**

CNS 号 04.012 INS 号 389

功能 抗氧化剂

食品分类号	食品名称/分类	最大使用量/(g/kg)	备 注
02.0	脂肪，油和乳化脂肪制品	0.2	
04.01.01.02	经表面处理的鲜水果	0.2	
04.02.01.02	经表面处理的新鲜蔬菜	0.2	
16.05	油炸食品	0.2	

硫磺 **sulfur (sulphur)**

CNS 号 05.007 INS 号 —

功能 漂白剂、防腐剂

食品分类号	食品名称/分类	最大使用量/(g/kg)	备 注
04.01.02.02	水果干类	0.1	只限用于熏蒸，最大使用量以二氧化硫残留量计
04.01.02.08	蜜饯凉果	0.35	只限用于熏蒸，最大使用量以二氧化硫残留量计
04.02.02.02	干制蔬菜	0.2	只限用于熏蒸，最大使用量以二氧化硫残留量计
04.03.01.02	经表面处理的鲜食用菌和藻类	0.4	只限用于熏蒸，最大使用量以二氧化硫残留量计
06.05.02.01	粉丝、粉条	0.1	只限用于熏蒸，最大使用量以二氧化硫残留量计
11.01	食糖	0.1	只限用于熏蒸，最大使用量以二氧化硫残留量计

硫酸钙（又名石膏） **calcium sulfate**

CNS 号 18.001 INS 号 516

功能 稳定剂和凝固剂、增稠剂、酸度调节剂

食品分类号	食品名称/分类	最大使用量/(g/kg)	备 注
04.04	豆类制品	按生产需要适量使用	
06.03.02	小麦粉制品	1.5	作为过氧化苯甲酰稀释剂

表 A.1 (续)

硫酸铝钾(又名钾明矾),硫酸铝铵(又名铵明矾) **aluminium potassium sulfate, aluminium ammonium sulfate**

CNS 号 06.004,06.005 INS 号 522,523

功能 膨松剂、稳定剂

食品分类号	食品名称/分类	最大使用量	备 注
04.04	豆类制品	按生产需要适量使用	铝的残留量(干样品,以Al计)≤100 mg/kg
06.03	小麦粉及其制品	按生产需要适量使用	铝的残留量(干样品,以Al计)≤100 mg/kg
06.05.02.02	虾味片	按生产需要适量使用	铝的残留量(干样品,以Al计)≤100 mg/kg
07.0	焙烤食品	按生产需要适量使用	铝的残留量(干样品,以Al计)≤100 mg/kg
09.0	水产品及其制品(包括鱼类、甲壳类、贝类、软体类、棘皮类等水产品及其加工制品)	按生产需要适量使用	铝的残留量(干样品,以Al计)≤100 mg/kg
16.05	油炸食品	按生产需要适量使用	铝的残留量(干样品,以Al计)≤100 mg/kg
16.06	膨化食品	按生产需要适量使用	铝的残留量(干样品,以Al计)≤100 mg/kg

硫酸锌 **zinc sulfate**

CNS 号 00.018 INS 号 —

功能 其他

食品分类号	食品名称/分类	最大使用量/(g/L)	备 注
14.01.05	其他饮用水(调制水)	0.006	以 Zn 计为 2.4 mg/L

六偏磷酸钠 **sodium polyphosphate**

CNS 号 15.002 INS 号 452i

功能 水分保持剂、乳化剂、酸度调节剂

食品分类号	食品名称/分类	最大使用量/(g/kg)	备 注
01.0	乳及乳制品(01.01.01、13.0 涉及品种除外)	5.0	
02.05	其他油脂或油脂制品(仅限植脂末)	5.0	
03.01	冰淇淋类	5.0	
06.04.02.01	八宝粥罐头	1.0	
06.07	方便米面制品	5.0	

表 A.1（续）

食品分类号	食品名称/分类	最大使用量/(g/kg)	备　注
08.02	预制肉制品	5.0	
08.03	熟肉制品(08.03.08 肉罐头类除外)	5.0	
08.03.08	肉罐头类	1.0	
09.05	水产品罐头	1.0	
14.02.03	果蔬汁(肉)饮料	1.0	
14.03.01	含乳饮料	1.0	
14.03.02	植物蛋白饮料	1.0	
14.04.02.02	风味饮料(包括果味饮料、乳味、茶味及其他味饮料)(仅限果味饮料)	1.0	
14.05.01	茶饮料类	0.5	

氯化钙　　**calcium chloride**

CNS 号　18.002　　INS 号　509

功能　稳定剂和凝固剂、增稠剂

食品分类号	食品名称/分类	最大使用量	备　注
01.05.01	稀奶油	按生产需要适量使用	
04.01.02.05	果酱	1.0 g/kg	
04.04	豆类制品	按生产需要适量使用	
05.04	装饰糖果(如工艺造型,或用于蛋糕装饰)、顶饰(非水果材料)和甜汁	0.4 g/kg	
14.01.05	其他饮用水(调制水)	0.1 g/L	以钙计为 36 mg/L

氯化钾　　**potassium chloride**

CNS 号　00.008　　INS 号　508

功能　其他

食品分类号	食品名称/分类	最大使用量/(g/kg)	备　注
12.01	盐及代盐制品	350	
12.04	酱油	60	
14.01.04	饮用矿物质水	0.052	
14.04.02.01	特殊用途饮料(包括“运动饮料”、“营养素饮料”等)	0.2	

氯化镁　　**magnesium chloride**

CNS 号　18.003　　INS 号　511

功能　稳定剂和凝固剂

食品分类号	食品名称/分类	最大使用量	备　注
04.04	豆类制品	按生产需要适量使用	

表 A.1（续）

罗望子多糖胶 **tamarind polysaccharide gum**

CNS 号 20.011 INS 号 —

功能 增稠剂

食品分类号	食品名称/分类	最大使用量/(g/kg)	备 注
03.0	冷冻饮品(03.04 食用冰除外)	2.0	
05.0	可可制品、巧克力和巧克力制品(包括类巧克力和代巧克力)以及糖果	2.0	
16.01	果冻	2.0	如用于果冻粉，按冲调倍数增加使用量

萝卜红 **radish red**

CNS 号 08.117 INS 号 —

功能 着色剂

食品分类号	食品名称/分类	最大使用量	备 注
03.0	冷冻饮品(03.04 食用冰除外)	按生产需要适量使用	
04.01.02.05	果酱	按生产需要适量使用	
04.01.02.08.01	蜜饯类	按生产需要适量使用	
05.02	糖果	按生产需要适量使用	
07.02	糕点	按生产需要适量使用	
12.05	酱及酱制品	按生产需要适量使用	
12.10.02	半固体复合调味料	按生产需要适量使用	
14.02.03	果蔬汁(肉)饮料	按生产需要适量使用	
14.04.02.02	风味饮料(包括果味饮料、乳味、茶味及其他味饮料)(仅限果味饮料)	按生产需要适量使用	
15.02	配制酒	按生产需要适量使用	
16.01	果冻	按生产需要适量使用	

落葵红 **basella rubra red**

CNS 号 08.121 INS 号 —

功能 着色剂

食品分类号	食品名称/分类	最大使用量/(g/kg)	备 注
05.02	糖果	0.1	
07.02.04	糕点上彩装	0.2	
14.04.01	碳酸饮料	0.13	
16.01	果冻	0.25	如用于果冻粉，按冲调倍数增加使用量

表 A.1（续）

吗啉脂肪酸盐（果蜡） **morpholine fatty acid salt（fruit wax）**

CNS 号 14.004 INS 号 —

功能 被膜剂

食品分类号	食品名称/分类	最大使用量	备 注
04.01.01.02	经表面处理的鲜水果	按生产需要适量使用	

麦芽糖醇 **maltitol**

CNS 号 19.005 INS 号 965

功能 甜味剂、稳定剂、水分保持剂、乳化剂、膨松剂、增稠剂

食品分类号	食品名称/分类	最大使用量/(g/kg)	备 注
01.01.02.01	调味乳	按生产需要适量使用	
01.05.04	稀奶油类似品	按生产需要适量使用	
03.0	冷冻饮品（03.04 食用冰除外）	按生产需要适量使用	
04.02.02.03.01	酱渍的蔬菜	按生产需要适量使用	
04.02.02.03.02	盐渍的蔬菜	按生产需要适量使用	
05.02	糖果	按生产需要适量使用	
07.01	面包	按生产需要适量使用	
07.02	糕点	按生产需要适量使用	
07.03	饼干	按生产需要适量使用	
09.02.03	冷冻鱼糜制品（包括鱼丸等）	0.5	
14.0	饮料类（14 .01 包装饮用水类除外）	按生产需要适量使用	
16.01	果冻	按生产需要适量使用	
16.07	其他（豆制品工艺用）	按生产需要适量使用	
16.07	其他（制糖工艺用）	按生产需要适量使用	
16.07	其他（酿造工艺用）	按生产需要适量使用	

没食子酸丙酯 **propyl gallate（PG）**

CNS 号 04.003 INS 号 310

功能 抗氧化剂

食品分类号	食品名称/分类	最大使用量/(g/kg)	备 注
02.0	脂肪，油和乳化脂肪制品	0.1	
04.05.02.03	坚果与籽类罐头	0.1	
05.02.08	胶基糖果	0.4	
06.07	方便米面制品	0.1	
07.03	饼干	0.1	
08.02.02	腌腊肉制品类（如咸肉、腊肉、板鸭、中式火腿、腊肠等）	0.1	
09.03.04	风干、烘干、压干等水产品	0.1	
16.05	油炸食品	0.1	

表 A.1（续）

玫瑰茄红 **roselle red**

CNS 号 08.125 INS 号 —

功能 着色剂

食品分类号	食品名称/分类	最大使用量	备 注
05.02	糖果	按生产需要适量使用	
14.02.03	果蔬汁(肉)饮料	按生产需要适量使用	
14.04.02.02	风味饮料(包括果味饮料、乳味、茶味及其他味饮料)(仅限果味饮料)	按生产需要适量使用	
15.02	配制酒	按生产需要适量使用	

迷迭香提取物 **rosemary extract**

CNS 号 04.017 INS 号 —

功能 抗氧化剂

食品分类号	食品名称/分类	最大使用量/(g/kg)	备 注
02.01.01	植物油脂	0.7	
02.01.02	动物油脂(猪油、牛油、鱼油和其他动物脂肪)	0.3	
08.02	预制肉制品	0.3	
08.03.01	酱卤肉制品类	0.3	
08.03.02	熏、烧、烤肉类	0.3	
08.03.03	油炸肉类	0.3	
08.03.04	西式火腿(熏烤、烟熏、蒸煮火腿)类	0.3	
08.03.05	肉灌肠类	0.3	
08.03.06	发酵肉制品类	0.3	
16.05	油炸食品	0.3	

密蒙黄 **buddleia yellow**

CNS 号 08.139 INS 号 —

功能 着色剂

食品分类号	食品名称/分类	最大使用量	备 注
05.02	糖果	按生产需要适量使用	
07.01	面包	按生产需要适量使用	
07.02	糕点	按生产需要适量使用	
14.02.03	果蔬汁(肉)饮料	按生产需要适量使用	
14.04.02.02	风味饮料(包括果味饮料、乳味、茶味及其他味饮料)(仅限果味饮料)	按生产需要适量使用	
15.02	配制酒	按生产需要适量使用	

表 A.1（续）

木糖醇酐单硬脂酸酯 **xylitan monostearate**

CNS 号 10.007 INS 号 —

功能 乳化剂

食品分类号	食品名称/分类	最大使用量/(g/kg)	备 注
02.01.01.02	氢化植物油	5.0	
05.02	糖果	5.0	
07.01	面包	3.0	
07.02	糕点	3.0	

那他霉素 **natamycin**

CNS 号 17.030 INS 号 235

功能 防腐剂

食品分类号	食品名称/分类	最大使用量	备 注
01.06	干酪	0.3 g/kg	表面使用，混悬液喷雾或浸泡，残留量小于10 mg/kg
07.02	糕点	0.3 g/kg	表面使用，混悬液喷雾或浸泡，残留量小于10 mg/kg
08.03.01	酱卤肉制品类	0.3 g/kg	表面使用，混悬液喷雾或浸泡，残留量小于10 mg/kg
08.03.02	熏、烧、烤肉类	0.3 g/kg	表面使用，混悬液喷雾或浸泡，残留量小于10 mg/kg
08.03.03	油炸肉类	0.3 g/kg	表面使用，混悬液喷雾或浸泡，残留量小于10 mg/kg
08.03.04	西式火腿（熏烤、烟熏、蒸煮火腿）类	0.3 g/kg	表面使用，混悬液喷雾或浸泡，残留量小于10 mg/kg
08.03.05	肉灌肠类	0.3 g/kg	表面使用，混悬液喷雾或浸泡，残留量小于10 mg/kg
08.03.06	发酵肉制品类	0.3 g/kg	表面使用，混悬液喷雾或浸泡，残留量小于10 mg/kg
12.10.02.01	蛋黄酱、沙拉酱	0.02 g/kg	残留量≤10 mg/kg
14.02.01	果蔬汁（浆）	0.3 g/kg	表面使用，混悬液喷雾或浸泡，残留量小于10 mg/kg
15.03	发酵酒	0.01 g/L	

表 A.1（续）

柠檬黄及其铝色淀 **tartrazine，tartrazine aluminum lake**

CNS 号　08.005　INS 号　102

功能　着色剂

食品分类号	食品名称/分类	最大使用量/(g/kg)	备　注
01.02.02	调味和果料发酵乳	0.05	以柠檬黄计
01.04.02	调制炼乳(包括甜炼乳、调味甜炼乳及其他使用了非乳原料的调制炼乳)	0.05	以柠檬黄计
03.0	冷冻饮品(03.04 食用冰除外)	0.05	以柠檬黄计
04.01.02.05	果酱	0.5	以柠檬黄计
04.01.02.08	蜜饯凉果	0.1	以柠檬黄计
04.01.02.09	装饰性果蔬	0.1	以柠檬黄计
04.02.02.03.02	盐渍的蔬菜	0.1	以柠檬黄计
04.04.01.06	熟制豆类	0.1	以柠檬黄计
04.05.02	加工坚果与籽类	0.1	以柠檬黄计
05.0	可可制品、巧克力和巧克力制品(包括类巧克力和代巧克力)以及糖果(05.01.01 可可制品除外)	0.1	以柠檬黄计
05.02.06	抛光糖果	0.3	以柠檬黄计
06.03.02.04	面糊(如用于鱼和禽肉的拖面糊)、裹粉、煎炸粉	0.3	以柠檬黄计
06.05.02.02	虾味片	0.1	以柠檬黄计
06.06	即食谷物，包括碾轧燕麦(片)	0.08	以柠檬黄计
07.02.04	糕点上彩装	0.1	以柠檬黄计
07.04	焙烤食品馅料(仅限饼干夹心和蛋糕夹心)	0.05	以柠檬黄计
07.04	焙烤食品馅料(仅限布丁、糕点)	0.3	以柠檬黄计
11.05.01	水果调味糖浆	0.5	以柠檬黄计
11.05.02	其他调味糖浆	0.3	以柠檬黄计
12.09.03	香辛料酱(如芥末酱、青芥酱)	0.1	以柠檬黄计
12.10.01	固体复合调味料	0.2	以柠檬黄计，按稀释倍数减少使用量
12.10.02	半固体复合调味料	0.5	以柠檬黄计
14.0	饮料类(14.01 包装饮用水类除外)	0.1	以柠檬黄计，固体饮料按冲调倍数增加使用量
15.02	配制酒	0.1	以柠檬黄计
16.01	果冻	0.05	以柠檬黄计，如用于果冻粉，按冲调倍数增加使用量
16.05.01	油炸小食品	0.1	以柠檬黄计
16.06	膨化食品	0.1	以柠檬黄计

表 A.1（续）

柠檬酸及其钠盐、钾盐 **citric acid，trisodium citrate，tripotassium citrate**

CNS 号　01.101,01.303,01.304　INS 号　330,331iii,332ii

功能　酸度调节剂

食品分类号	食品名称/分类	最大使用量	备　注
13.01	婴儿配方食品、较大婴儿和幼儿配方食品	按生产需要适量使用	
13.02	婴幼儿断奶期食品	按生产需要适量使用	

柠檬酸亚锡二钠 **disodium stannous citrate**

CNS 号　18.006　INS 号　—

功能　稳定剂和凝固剂

食品分类号	食品名称/分类	最大使用量/(g/kg)	备　注
04.01.02.04	水果罐头	0.3	
04.02.02.04	蔬菜罐头	0.3	
04.03.02.04	食用菌和藻类罐头	0.3	

偶氮甲酰胺 **azodicarbonamide**

CNS 号　13.004　INS 号　927a

功能　面粉处理剂

食品分类号	食品名称/分类	最大使用量/(g/kg)	备　注
06.03.01	小麦粉	0.045	

偏酒石酸 **metatartaric acid**

CNS 号　01.105　INS 号　353

功能　酸度调节剂

食品分类号	食品名称/分类	最大使用量	备　注
04.01.02.04	水果罐头	按生产需要适量使用	

葡萄皮红 **grape skin extract**

CNS 号　08.135　INS 号　163ii

功能　着色剂

食品分类号	食品名称/分类	最大使用量/(g/kg)	备　注
03.0	冷冻饮品（03.04 食用冰除外）	1.0	
04.01.02.05	果酱	1.5	
05.02	糖果	2.0	
07.02	糕点	2.0	
14.02.03	果蔬汁(肉)饮料	1.0	
14.04.01	碳酸饮料	1.0	
14.04.02.02	风味饮料(包括果味饮料、乳味、茶味及其他味饮料)(仅限果味饮料)	1.0	
15.02	配制酒	1.0	

表 A.1（续）

普鲁兰多糖 **pullulan**

CNS 号 14.011 INS 号 1204

功能 被膜剂、增稠剂

食品分类号	食品名称/分类	最大使用量/(g/kg)	备 注
05.03	糖果、巧克力制品包衣	50.0	
12.10	复合调味料	50.0	
14.02.03	果蔬汁(肉)饮料	3.0	
16.07	其他(仅限膜片)	按生产需要适量使用	

羟丙基淀粉 **hydroxypropyl starch**

CNS 号 20.014 INS 号 1440

功能 增稠剂、膨松剂、乳化剂、稳定剂

食品分类号	食品名称/分类	最大使用量/(g/kg)	备 注
03.01	冰淇淋类	12.0	
04.01.02.05	果酱	30.0	
08.03.08	肉罐头类	30.0	
12.10	复合调味料	30.0	
16.01	果冻	30.0	如用于果冻粉，按冲调倍数增加使用量

羟基硬脂精(又名氧化硬脂精) **oxystearin**

CNS 号 00.017 INS 号 387

功能 抗氧化剂

食品分类号	食品名称/分类	最大使用量/(g/kg)	备 注
02.01	基本不含水的脂肪和油	0.5	

氢化松香甘油酯 **glycerol ester of hydrogenated rosin**

CNS 号 10.013 INS 号 —

功能 乳化剂

食品分类号	食品名称/分类	最大使用量/(g/kg)	备 注
04.01.01.02	经表面处理的鲜水果	0.5	
14.02.03	果蔬汁(肉)饮料	0.1	
14.04.02.02	风味饮料(包括果味饮料、乳味、茶味及其他味饮料)(仅限果味饮料)	0.1	

氢氧化钙 **calcium hydroxide**

CNS 号 01.202 INS 号 526

功能 酸度调节剂

食品分类号	食品名称/分类	最大使用量	备 注
01.03	乳粉(包括加糖乳粉)和奶油粉及其调制产品	按生产需要适量使用	
13.01	婴儿配方食品、较大婴儿和幼儿配方食品	按生产需要适量使用	
13.05.01	孕产妇(乳母)配方食品	按生产需要适量使用	

表 A.1 (续)

氢氧化钾 **potassium hydroxide**

CNS 号 01.203 INS 号 525

功能 酸度调节剂

食品分类号	食品名称/分类	最大使用量	备 注
13.01	婴儿配方食品、较大婴儿和幼儿配方食品	按生产需要适量使用	
13.05.01	孕产妇(乳母)配方食品	按生产需要适量使用	

日落黄及其铝色淀 **sunset yellow, sunset yellow aluminum lake**

CNS 号 08.006 INS 号 110

功能 着色剂

食品分类号	食品名称/分类	最大使用量/(g/kg)	备 注
01.01.02	调制乳	0.05	以日落黄计
01.02.02	调味和果料发酵乳	0.05	以日落黄计
01.04.02	调制炼乳(包括甜炼乳、调味甜炼乳及其他使用了非乳原料的调制炼乳)	0.05	以日落黄计
03.0	冷冻饮品(03.04 食用冰除外)	0.09	以日落黄计
04.01.02.04	水果罐头(仅限西瓜酱罐头)	0.1	以日落黄计
04.01.02.05	果酱	0.5	以日落黄计
04.01.02.08	蜜饯凉果	0.1	以日落黄计
04.01.02.09	装饰性果蔬	0.2	以日落黄计
04.04.01.06	熟制豆类	0.1	以日落黄计
04.05.02	加工坚果与籽类	0.1	以日落黄计
05.0	可可制品、巧克力和巧克力制品(包括类巧克力和代巧克力)以及糖果(05.01.01 可可制品、05.04 装饰糖果、顶饰和甜汁除外)	0.1	以日落黄计
05.02.06	抛光糖果	0.3	以日落黄计
05.03	糖果、巧克力制品包衣	0.2	以日落黄计
06.03.02.04	面糊(如用于鱼和禽肉的拖面糊)、裹粉、煎炸粉	0.3	以日落黄计
06.05.02.02	虾味片	0.1	以日落黄计
07.02.04	糕点上彩装	0.1	以日落黄计
07.04	焙烤食品馅料(仅限饼干夹心)	0.1	以日落黄计

表 A.1（续）

食品分类号	食品名称/分类	最大使用量/(g/kg)	备 注
07.04	焙烤食品馅料（仅限布丁、糕点）	0.3	以日落黄计
11.05.01	水果调味糖浆	0.5	以日落黄计
11.05.02	其他调味糖浆	0.3	以日落黄计
12.10	复合调味料	0.2	以日落黄计
12.10.02	半固体复合调味料	0.5	以日落黄计
14.02.03	果蔬汁(肉)饮料	0.1	以日落黄计
14.03.01	含乳饮料	0.05	以日落黄计
14.03.02	植物蛋白饮料	0.1	以日落黄计
14.04.01	碳酸饮料	0.1	以日落黄计
14.04.02.02	风味饮料（包括果味饮料、乳味、茶味及其他味饮料）（仅限果味饮料）	0.1	以日落黄计
14.06	固体饮料类	0.6	以日落黄计
14.07	乳酸菌饮料	0.1	以日落黄计
15.02	配制酒	0.1	以日落黄计
16.01	果冻	0.025	以日落黄计，如用于果冻粉，按冲调倍数增加使用量
16.05.01	油炸小食品	0.1	以日落黄计
16.06	膨化食品	0.1	以日落黄计

乳化硅油 **emulsifying silicon oil**

CNS 号 03.001 INS 号 —

功能 消泡剂

食品分类号	食品名称/分类	最大使用量/(g/kg)	备 注
14.0	饮料类（14.01 包装饮用水类除外）	0.01	以聚二甲基硅氧烷计，固体饮料按冲调倍数增加使用量
16.07	其他（发酵工艺用）	0.20	

乳酸钙 **calcium lactate**

CNS 号 01.310 INS 号 327

功能 酸度调节剂、抗氧化剂、乳化剂、稳定剂和凝固剂、增稠剂

食品分类号	食品名称/分类	最大使用量/(g/kg)	备 注
05.02	糖果	按生产需要适量使用	
12.10	复合调味料（仅限油炸薯片调味料）	10.0	
16.05.01	油炸小食品（仅限油炸薯片）	1.0	

表 A.1（续）

乳酸链球菌素 **nisin**

CNS号 17.019 INS号 234

功能 防腐剂

食品分类号	食品名称/分类	最大使用量/(g/kg)	备 注
01.0	乳及乳制品(01.01.01、13.0涉及品种除外)	5.0	
04.03.02.04	食用菌和藻类罐头	0.2	
06.04.02.01	八宝粥罐头	0.2	
08.02	预制肉制品	0.5	
08.03	熟肉制品	0.5	
14.0	饮料类(14.01包装饮用水类除外)	0.2	固体饮料按冲调倍数增加使用量

乳酸钠 **sodium lactate**

CNS号 15.012 INS号 325

功能 水分保持剂、酸度调节剂、抗氧化剂、膨松剂、增稠剂、稳定剂

食品分类号	食品名称/分类	最大使用量/(g/kg)	备 注
06.03.02.01	生湿面制品(如面条、饺子皮、馄饨皮、烧麦皮)	2.4	

乳糖醇 **lactitol**

CNS号 19.014 INS号 966

功能 乳化剂、稳定剂、甜味剂、增稠剂

食品分类号	食品名称/分类	最大使用量/(g/kg)	备 注
01.02.01	原味发酵乳(全脂、部分脱脂、脱脂)	30.0	
01.05.01	稀奶油	按生产需要适量使用	
12.09	香辛料类	按生产需要适量使用	

乳铁蛋白 **lactoferrin**

CNS号 00.019 INS号 —

功能 其他(铁吸收促进剂)

食品分类号	食品名称/分类	最大使用量/(g/kg)	备 注
13.01	婴儿配方食品、较大婴儿和幼儿配方食品	1.0	

表 A.1 （续）

噻苯咪唑 **thiabendazole(TBZ)**

CNS 号 17.018 INS 号 233

功能 防腐剂

食品分类号	食品名称/分类	最大使用量/(g/kg)	备 注
04.01.01.02	经表面处理的鲜水果	0.02	
04.02.01	新鲜蔬菜(仅限蒜苔和青椒)	0.01	残留量≤2.0 mg/kg

三聚甘油单硬脂酸酯 **tripolyglyceryl monostearate**

CNS 号 10.021 INS 号 —

功能 乳化剂、消泡剂

食品分类号	食品名称/分类	最大使用量/(g/kg)	备 注
03.01	冰淇淋类	3.0	
07.01	面包	0.1	
07.02	糕点	0.1	

三聚磷酸钠 **sodium tripolyphosphate**

CNS 号 15.003 INS 号 451i

功能 水分保持剂

食品分类号	食品名称/分类	最大使用量/(g/kg)	备 注
01.0	乳及乳制品(01.01.01、13.0 涉及品种除外)	5.0	
03.01	冰淇淋类	5.0	
06.04.02.01	八宝粥罐头	1.0	
06.07	方便米面制品	5.0	
08.02	预制肉制品	5.0	
08.03	熟肉制品(08.03.08 肉罐头类除外)	5.0	
08.03.08	肉罐头类	1.0	
14.02.03	果蔬汁(肉)饮料	1.0	
14.03	蛋白饮料类	1.0	
14.05.01	茶饮料类	1.0	

三氯蔗糖(又名蔗糖素) **sucralose**

CNS 号 19.016 INS 号 955

功能 甜味剂

食品分类号	食品名称/分类	最大使用量	备 注
01.01.02.01	调味乳	0.3 g/kg	
01.02.02	调味和果料发酵乳	0.3 g/kg	

表 A.1 （续）

食品分类号	食品名称/分类	最大使用量	备　注
01.03.02	调制乳粉和调制奶油粉（包括调味乳粉和调味奶油粉）	1.0 g/kg	
03.0	冷冻饮品（03.04 食用冰除外）	0.25 g/kg	
04.01.02.02	水果干类	0.15 g/kg	
04.01.02.04	水果罐头	0.25 g/kg	
04.01.02.05	果酱	0.45 g/kg	
04.01.02.08	蜜饯凉果	1.5 g/kg	
04.01.02.12	煮熟的或油炸的水果	0.15 g/kg	
04.02.02.03.01	酱渍的蔬菜	0.25 g/kg	
04.02.02.03.02	盐渍的蔬菜	0.25 g/kg	
05.02	糖果	1.5 g/kg	
06.06	即食谷物，包括碾轧燕麦（片）	1.0 g/kg	
07.0	焙烤食品	0.25 g/kg	
11.04	餐桌甜味料	0.05 g/份	
12.03	醋	0.25 g/kg	
12.04	酱油	0.25 g/kg	
12.05	酱及酱制品	0.25 g/kg	
12.09.03	香辛料酱（如芥末酱、青芥酱）	0.4 g/kg	
12.10	复合调味料	0.25 g/kg	
12.10.02.01	蛋黄酱、沙拉酱	1.25 g/kg	
14.0	饮料类（14.01 包装饮用水类除外）	0.25 g/kg	固体饮料按冲调倍数增加使用量
14.02.02	浓缩果蔬汁（浆）	1.25 g/kg	
14.06	固体饮料类	1.25 g/kg	
15.02	配制酒	0.25 g/kg	
15.03	发酵酒	0.65 g/kg	
16.01	果冻	0.45 g/kg	

桑椹红 **mulberry red**

CNS 号　08.129　　INS 号　—

功能　着色剂

食品分类号	食品名称/分类	最大使用量/(g/kg)	备　注
04.01.02.08.06	果糕类	5.0	
05.02	糖果	2.0	

表 A.1（续）

食品分类号	食品名称/分类	最大使用量/(g/kg)	备　注
14.02.03	果蔬汁(肉)饮料	1.5	
14.04.02.02	风味饮料(包括果味饮料、乳味、茶味及其他味饮料)(仅限果味饮料)	1.5	
15.03.03	果酒	1.5	
16.01	果冻	5.0	如用于果冻粉，按冲调倍数增加使用量

沙蒿胶 **artemisia gum(sa-hao seed gum)**

CNS 号　20.037　INS 号　—

功能　增稠剂

食品分类号	食品名称/分类	最大使用量/(g/kg)	备　注
06.03.01.02	饺子粉	0.3	
06.03.02.02	生干面制品(仅限挂面)	0.3	
06.04.02	杂粮制品	0.3	
06.07	方便米面制品(仅限方便面)	0.3	
08.02	预制肉制品	0.5	
08.03.04	西式火腿(熏烤、烟熏、蒸煮火腿)类	0.5	
08.03.05	肉灌肠类	0.5	
09.02.03	冷冻鱼糜制品(包括鱼丸等)	0.5	

沙棘黄 **hippophae rhamnoides yellow**

CNS 号　08.124　INS 号　—

功能　着色剂

食品分类号	食品名称/分类	最大使用量/(g/kg)	备　注
02.01.01.02	氢化植物油	1.0	
07.02.04	糕点上彩装	1.5	

山梨醇酐单月桂酸酯(又名司盘20)，山梨醇酐单棕榈酸酯(又名司盘40)，山梨醇酐单硬脂酸酯(又名司盘60)，山梨醇酐三硬脂酸酯(又名司盘65)，山梨醇酐单油酸酯(又名司盘80)

sorbitan monolaurate, sorbitan monopalmitate, sorbitan monostearate, sorbitan tristearate, sorbitan monooleate

CNS 号　10.024,10.008,10.003,10.004,10.005

INS 号　493,495,491,492,494

功能　乳化剂

食品分类号	食品名称/分类	最大使用量/(g/kg)	备　注
01.01.02	调制乳	3.0	

表 A.1 （续）

食品分类号	食品名称/分类	最大使用量/(g/kg)	备 注
01.05	稀奶油(又名淡奶油)及其类似品	10.0	
02.0	脂肪，油和乳化脂肪制品(02.01.01.01 植物油除外)	15.0	
02.01.01.02	氢化植物油	10.0	
02.02	水油状脂肪乳化制品	10.0	
03.01	冰淇淋类	3.0	
04.01.01.02	经表面处理的鲜水果	按生产需要适量使用	
04.02.01.02	经表面处理的新鲜蔬菜	按生产需要适量使用	
04.04	豆类制品	1.6	以每千克黄豆的使用量计
05.01	可可制品、巧克力和巧克力制品，包括类巧克力和代巧克力	10.0	
05.02.03	乳脂糖果	3.0	
07.01	面包	3.0	
07.02	糕点	3.0	
07.02.03	月饼	1.5	
07.03	饼干	3.0	
14.02.03	果蔬汁(肉)饮料	3.0	
14.03.02	植物蛋白饮料	6.0	
14.04.02.02	风味饮料(包括果味饮料、乳味、茶味及其他味饮料)(仅限果味饮料)	0.5	
14.06	固体饮料类	3.0	
14.06.03	速溶咖啡	10.0	
16.04.01	干酵母	10.0	
16.07	其他(饮料混浊剂)	0.05	

山梨酸及其钾盐 **sorbic acid，potassium sorbate**

CNS 号 17.003，17.004 INS 号 200，202

功能 防腐剂、抗氧化剂、稳定剂

食品分类号	食品名称/分类	最大使用量/(g/kg)	备 注
01.06	干酪	1.0	以山梨酸计
02.01.01.02	氢化植物油	1.0	以山梨酸计
03.03	风味冰、冰棍类	0.5	以山梨酸计
04.01.01.02	经表面处理的鲜水果	0.5	以山梨酸计

表 A.1 （续）

食品分类号	食品名称/分类	最大使用量/(g/kg)	备 注
04.01.02.05	果酱	1.0	以山梨酸计
04.01.02.08	蜜饯凉果	0.5	以山梨酸计
04.02.01.02	经表面处理的新鲜蔬菜	0.5	以山梨酸计
04.02.02.03.01	酱渍的蔬菜	0.5	以山梨酸计
04.02.02.03.02	盐渍的蔬菜(仅限即食笋干)	1.0	以山梨酸计
04.02.02.03.02	盐渍的蔬菜	0.5	以山梨酸计
04.03.02	加工食用菌和藻类	0.5	以山梨酸计
04.04.01.03	豆干再制品	1.0	以山梨酸计
05.02.03	乳脂糖果	1.0	以山梨酸计
05.02.05	凝胶糖果	1.0	以山梨酸计
05.02.08	胶基糖果	1.5	以山梨酸计
07.01	面包	1.0	以山梨酸计
07.02	糕点	1.0	以山梨酸计
07.04	焙烤食品馅料	1.0	以山梨酸计
08.03	熟肉制品	0.075	以山梨酸计
08.03.05	肉灌肠类	1.5	以山梨酸计
09.03	预制水产品(半成品)	0.075	以山梨酸计
09.03.04	风干、烘干、压干等水产品	1.0	以山梨酸计
09.06	其他水产品及其制品(仅限即食海蜇)	1.0	以山梨酸计
10.03	蛋制品(改变其物理性状)	0.075	以山梨酸计
11.05	调味糖浆	1.0	以山梨酸计
12.03	醋	1.0	以山梨酸计
12.04	酱油	1.0	以山梨酸计
12.05	酱及酱制品	0.5	以山梨酸计
12.10	复合调味料	1.0	以山梨酸计
14.0	饮料类(14.01包装饮用水类除外)	0.5	以山梨酸计,固体饮料按冲调倍数增加使用量
14.02.02	浓缩果蔬汁(浆)(仅限食品工业用)	2.0	以山梨酸计
14.07	乳酸菌饮料	1.0	以山梨酸计
15.02	配制酒	0.2	以山梨酸计
15.03.01	葡萄酒	0.6	以山梨酸计
15.03.03	果酒	0.6	以山梨酸计
16.01	果冻	0.5	以山梨酸计,如用于果冻粉,按冲调倍数增加使用量
16.03	胶原蛋白肠衣(肠衣)	0.5	以山梨酸计

表 A.1（续）

山梨糖醇(液) **sorbitol and sorbitol syrup**

CNS 号 19.006 INS 号 420

功能 甜味剂、膨松剂、乳化剂、水分保持剂、稳定剂、增稠剂

食品分类号	食品名称/分类	最大使用量/(g/kg)	备 注
02.03	02.02类以外的脂肪乳化制品,包括混合的和(或)调味的脂肪乳化制品	按生产需要适量使用	
03.0	冷冻饮品(03.04 食用冰除外)	按生产需要适量使用	
04.02.02.03.01	酱渍的蔬菜	按生产需要适量使用	
04.02.02.03.02	盐渍的蔬菜	按生产需要适量使用	
05.02	糖果	按生产需要适量使用	
07.01	面包	按生产需要适量使用	
07.02	糕点	按生产需要适量使用	
07.03	饼干	按生产需要适量使用	
09.02.03	冷冻鱼糜制品(包括鱼丸等)	0.5	
12.0	调味品	按生产需要适量使用	
14.0	饮料类(14.01 包装饮用水类除外)	按生产需要适量使用	
16.05.01	油炸小食品	按生产需要适量使用	
16.07	其他(豆制品工艺用)	按生产需要适量使用	
16.07	其他(制糖工艺用)	按生产需要适量使用	
16.07	其他(酿造工艺用)	按生产需要适量使用	

双乙酸钠 **sodium diacetate**

CNS 号 17.013 INS 号 262ii

功能 防腐剂

食品分类号	食品名称/分类	最大使用量/(g/kg)	备 注
02.01	基本不含水的脂肪和油	1.0	
04.04.01.02	豆干类	1.0	
04.04.01.03	豆干再制品	1.0	
06.01	原粮	1.0	
06.02.01	大米	0.2	残留量≤30 mg/kg
07.02	糕点	4.0	
08.02	预制肉制品	3.0	
08.03	熟肉制品	3.0	

表 A.1（续）

食品分类号	食品名称/分类	最大使用量/(g/kg)	备　注
12.0	调味品	2.5	
12.10	复合调味料	10.0	
16.05.01	油炸小食品(仅限油炸薯片)	1.0	

双乙酰酒石酸单双甘油脂　**diacetyl tartaric acid ester of mono(di)glycerides(DATAE)**

CNS 号　10.010　INS 号　472e

功能　乳化剂、增稠剂

食品分类号	食品名称/分类	最大使用量/(g/kg)	备　注
01.02.01	原味发酵乳(全脂、部分脱脂、脱脂)	按生产需要适量使用	
01.05.01	稀奶油	按生产需要适量使用	
02.02.01.01	黄油和浓缩黄油	10.0	
06.03.02.01	生湿面制品(如面条、饺子皮、馄饨皮、烧麦皮)	10.0	
06.03.02.02	生干面制品	10.0	
11.01.02	其他糖和糖浆(如红糖、赤砂糖、槭树糖浆)	按生产需要适量使用	
12.09	香辛料类	0.001	

松香季戊四醇酯　**pentaerythritol ester of wood rosin**

CNS 号　14.005　INS 号　—

功能　被膜剂、胶姆糖基础剂

食品分类号	食品名称/分类	最大使用量/(g/kg)	备　注
04.01.01.02	经表面处理的鲜水果	0.09	
04.02.01.02	经表面处理的新鲜蔬菜	0.09	

酸性红(又名偶氮玉红)　**carmoisine(azorubine)**

CNS 号　08.013　INS 号　122

功能　着色剂

食品分类号	食品名称/分类	最大使用量/(g/kg)	备　注
03.0	冷冻饮品(03.04 食用冰除外)	0.05	
05.0	可可制品、巧克力和巧克力制品(包括类巧克力和代巧克力)以及糖果	0.05	
07.04	焙烤食品馅料(仅限饼干夹心)	0.05	

表 A.1（续）

酸枣色 **jujube pigment**
CNS 号　08.133　INS 号　—
功能　着色剂

食品分类号	食品名称/分类	最大使用量/(g/kg)	备　注
04.02.02.03.01	酱渍的蔬菜	1.0	
04.02.02.03.02	盐渍的蔬菜	1.0	
05.02	糖果	0.2	
07.02	糕点	0.2	
12.04	酱油	1.0	
14.02.03	果蔬汁(肉)饮料	1.0	
14.04.02.02	风味饮料(包括果味饮料、乳味、茶味及其他味饮料)(仅限果味饮料)	1.0	

羧甲基淀粉钠 **sodium carboxy methyl starch**
CNS 号　20.012　INS 号　—
功能　增稠剂

食品分类号	食品名称/分类	最大使用量/(g/kg)	备　注
03.01	冰淇淋类	0.06	
04.01.02.05	果酱	0.1	
07.01	面包	0.02	
12.05	酱及酱制品	0.1	

碳酸钙[2] **calcium carbonate**
CNS 号　13.006　INS 号　170i
功能　面粉处理剂、膨松剂、稳定剂

食品分类号	食品名称/分类	最大使用量/(g/kg)	备　注
06.03.01	小麦粉	0.03	作为过氧化苯甲酰稀释剂

碳酸钾 **potassium carbonate**
CNS 号　01.301　INS 号　501i
功能　酸度调节剂

食品分类号	食品名称/分类	最大使用量	备　注
06.03.02	小麦粉制品	按生产需要适量使用	
13.01	婴儿配方食品、较大婴儿和幼儿配方食品	按生产需要适量使用	

2）包括轻质和重质碳酸钙。

表 A.1（续）

碳酸镁 **magnesium carbonate**
CNS号 13.005 INS号 504i
功能 面粉处理剂

食品分类号	食品名称/分类	最大使用量/(g/kg)	备 注
06.03.01	小麦粉	1.5	
14.06.02	蛋白型固体饮料(可可粉固体饮料)	10.0	

碳酸钠 **sodium carbonate**
CNS号 01.302 INS号 500i
功能 酸度调节剂

食品分类号	食品名称/分类	最大使用量	备 注
06.03.02	小麦粉制品	按生产需要适量使用	
07.02	糕点	按生产需要适量使用	

碳酸氢钾 **potassium hydrogen carbonate**
CNS号 01.307 INS号 501ii
功能 酸度调节剂

食品分类号	食品名称/分类	最大使用量	备 注
13.01	婴儿配方食品、较大婴儿和幼儿配方食品	按生产需要适量使用	
13.03	病人用特殊食品	按生产需要适量使用	

碳酸氢三钠(又名倍半碳酸钠) **sodium sesquicarbonate**
CNS号 01.305 INS号 500iii
功能 酸度调节剂

食品分类号	食品名称/分类	最大使用量	备 注
01.0	乳及乳制品(01.01.01、13.0涉及品种除外)	按生产需要适量使用	01.01.01纯乳仅限羊奶
07.02	糕点	按生产需要适量使用	
07.03	饼干	按生产需要适量使用	

糖精钠 **sodium saccharin**
CNS号 19.001 INS号 954
功能 甜味剂、增味剂

食品分类号	食品名称/分类	最大使用量/(g/kg)	备 注
03.0	冷冻饮品(03.04食用冰除外)	0.15	以糖精计

表 A.1 （续）

食品分类号	食品名称/分类	最大使用量/(g/kg)	备　注
04.01.02.02	水果干类(仅限芒果干、无花果干)	5.0	以糖精计
04.01.02.08	蜜饯凉果	1.0	以糖精计
04.01.02.08.02	凉果类	5.0	以糖精计
04.01.02.08.04	话化类(甘草制品)	5.0	以糖精计
04.01.02.08.05	果丹(饼)类	5.0	以糖精计
04.02.02.03.01	酱渍的蔬菜	0.15	以糖精计
04.02.02.03.02	盐渍的蔬菜	0.15	以糖精计
04.04.01.06	熟制豆类(五香豆、炒豆)	1.0	以糖精计
04.05.02.01.01	带壳烘焙/炒制坚果与籽类	1.2	以糖精计
04.05.02.01.02	脱壳烘焙/炒制坚果与籽类	1.0	以糖精计
07.01	面包	0.15	以糖精计
07.02	糕点	0.15	以糖精计
07.03	饼干	0.15	以糖精计
12.10	复合调味料	0.15	以糖精计
14.0	饮料类(14.01 包装饮用水类除外)	0.15	以糖精计,固体饮料按冲调倍数增加使用量
15.02	配制酒	0.15	以糖精计

特丁基对苯二酚　　**tertiary butylhydroquinone(TBHQ)**

CNS 号　04.007　　INS 号　319

功能　抗氧化剂

食品分类号	食品名称/分类	最大使用量/(g/kg)	备　注
02.0	脂肪,油和乳化脂肪制品	0.2	
04.05.02.03	坚果与籽类罐头	0.2	
06.07	方便米面制品	0.2	
07.03	饼干	0.2	
08.02.02	腌腊肉制品类(如咸肉、腊肉、板鸭、中式火腿、腊肠等)	0.2	
09.03.04	风干、烘干、压干等水产品	0.2	
16.05	油炸食品	0.2	

L-α-天冬氨酰-*N*-(2,2,4,4-四甲基-3-硫化三亚甲基)-D-丙氨酰胺(又名阿力甜)　　**alitame**

CNS 号　19.013　　INS 号　956

功能　甜味剂

食品分类号	食品名称/分类	最大使用量	备　注
03.0	冷冻饮品(03.04 食用冰除外)	0.1 g/kg	

表 A.1（续）

食品分类号	食品名称/分类	最大使用量	备 注
04.01.02.08.04	话化类(甘草制品)	0.3 g/kg	
05.02.08	胶基糖果	0.3 g/kg	
11.04	餐桌甜味料	0.15 g/份	
14.0	饮料类(14.01 包装饮用水类除外)	0.1 g/kg	固体饮料按冲调倍数增加使用量
16.01	果冻	0.1 g/kg	如用于果冻粉，按冲调倍数增加使用量

天然苋菜红 natural amaranthus red

CNS号 08.130 INS号 —

功能 着色剂

食品分类号	食品名称/分类	最大使用量/(g/kg)	备 注
04.01.02.08	蜜饯凉果	0.25	
04.01.02.09	装饰性果蔬	0.25	
05.02	糖果	0.25	
07.02.04	糕点上彩装	0.25	
14.02.03	果蔬汁(肉)饮料	0.25	
14.04.01	碳酸饮料	0.25	
14.04.02.02	风味饮料(包括果味饮料、乳味、茶味及其他味饮料)(仅限果味饮料)	0.25	
15.02	配制酒	0.25	
16.01	果冻	0.25	如用于果冻粉，按冲调倍数增加使用量

田菁胶 sesbania gum

CNS号 20.021 INS号 —

功能 增稠剂

食品分类号	食品名称/分类	最大使用量/(g/kg)	备 注
03.01	冰淇淋类	5.0	
06.03.02.02	生干面制品	2.0	
06.07	方便米面制品	2.0	
07.01	面包	2.0	
14.03.02	植物蛋白饮料	1.0	

表 A.1 （续）

甜菊糖苷 **stevioside**

CNS 号 19.008 INS 号 960

功能 甜味剂

食品分类号	食品名称/分类	最大使用量	备 注
04.01.02.08	蜜饯凉果	按生产需要适量使用	
04.05.02.01	烘焙/炒制坚果与籽类	按生产需要适量使用	
05.02	糖果	按生产需要适量使用	
07.02	糕点	按生产需要适量使用	
12.0	调味品	按生产需要适量使用	
14.0	饮料类(14.01 包装饮用水类除外)	按生产需要适量使用	
16.05.01	油炸小食品	按生产需要适量使用	

脱氢乙酸及其钠盐 **dehydroacetic acid, sodium dehydroacetate**

CNS 号 17.009(i),17.009 (ii) INS 号 265,266

功能 防腐剂

食品分类号	食品名称/分类	最大使用量/(g/kg)	备 注
02.02.01.01	黄油和浓缩黄油	0.3	
04.02.02.03.01	酱渍的蔬菜	0.3	
04.02.02.03.02	盐渍的蔬菜	0.3	
04.04.02	发酵豆制品	0.3	
07.01	面包	0.5	
07.02	糕点	0.5	
07.04	焙烤食品馅料	0.5	
12.10	复合调味料	0.5	
14.02.01	果蔬汁(浆)	0.3	

脱乙酰甲壳素(又名壳聚糖) **deacetylated chitin(chitosan)**

CNS 号 20.026 INS 号 —

功能 增稠剂、被膜剂

食品分类号	食品名称/分类	最大使用量/(g/kg)	备 注
06.02.01	大米	0.1	
08.03.04	西式火腿(熏烤、烟熏、蒸煮火腿)类	6.0	
08.03.05	肉灌肠类	6.0	

表 A.1（续）

维生素 E(*dl*-*α*-生育酚) **vitamine E(*dl*-*α*-tocopherol)**

CNS 号 04.016 INS 号 307

功能 抗氧化剂

食品分类号	食品名称/分类	最大使用量/(g/kg)	备 注
02.01	基本不含水的脂肪和油	按生产需要适量使用	
06.06	即食谷物，包括碾轧燕麦(片)	0.085	
12.10.01.01	固体汤料	按生产需要适量使用	
16.05.01	油炸小食品	0.2	以油脂计

稳定态二氧化氯 **stabilized chlorine dioxide**

CNS 号 17.028 INS 号 926

功能 防腐剂

食品分类号	食品名称/分类	最大使用量/(g/kg)	备 注
04.01.01.02	经表面处理的鲜水果	0.01	
04.02.01.02	经表面处理的新鲜蔬菜	0.01	
09.0	水产品及其制品(包括鱼类、甲壳类、贝类、软体类、棘皮类等水产品及其加工制品)(仅限鱼类加工)	0.05	

苋菜红及其铝色淀 **amaranth,amaranth aluminum lake**

CNS 号 08.001 INS 号 123

功能 着色剂

食品分类号	食品名称/分类	最大使用量/(g/kg)	备 注
03.0	冷冻饮品(03.04 食用冰除外)	0.025	以苋菜红计
04.01.02.05	果酱	0.3	以苋菜红计
04.01.02.08	蜜饯凉果	0.05	以苋菜红计
04.01.02.09	装饰性果蔬	0.1	以苋菜红计
04.02.02.03.02	盐渍的蔬菜	0.05	以苋菜红计
05.0	可可制品、巧克力和巧克力制品(包括类巧克力和代巧克力)以及糖果	0.05	以苋菜红计
07.02.04	糕点上彩装	0.05	以苋菜红计
07.04	焙烤食品馅料(仅限饼干夹心)	0.05	以苋菜红计

表 A.1（续）

食品分类号	食品名称/分类	最大使用量/(g/kg)	备　注
11.05.01	水果调味糖浆	0.3	以苋菜红计
12.10.01.01	固体汤料	0.2	以苋菜红计
14.02.03	果蔬汁(肉)饮料	0.05	以苋菜红计，高糖果蔬汁(肉)饮料按照稀释倍数加入
14.04.01	碳酸饮料	0.05	以苋菜红计
14.04.02.02	风味饮料(包括果味饮料、乳味、茶味及其他味饮料)(仅限果味饮料)	0.05	以苋菜红计，高糖果味饮料按照稀释倍数加入
15.02	配制酒	0.05	以苋菜红计
16.01	果冻	0.05	以苋菜红计，如用于果冻粉，按冲调倍数增加使用量

橡子壳棕　**acorn shell brown**

CNS 号　08.126　INS 号　—

功能　着色剂

食品分类号	食品名称/分类	最大使用量/(g/kg)	备　注
14.04.01.01	可乐型碳酸饮料	1.0	
15.02	配制酒	0.3	

硝酸钠，硝酸钾　**sodium nitrate，potassium nitrate**

CNS 号　09.001，09.003　INS 号　251，252

功能　护色剂、防腐剂

食品分类号	食品名称/分类	最大使用量/(g/kg)	备　注
08.02.02	腌腊肉制品类(如咸肉、腊肉、板鸭、中式火腿、腊肠等)	0.5	以亚硝酸钠(钾)计，残留量≤30 mg/kg
08.03.01	酱卤肉制品类	0.5	以亚硝酸钠(钾)计，残留量≤30 mg/kg
08.03.02	熏、烧、烤肉类	0.5	以亚硝酸钠(钾)计，残留量≤30 mg/kg
08.03.03	油炸肉类	0.5	以亚硝酸钠(钾)计，残留量≤30 mg/kg
08.03.04	西式火腿(熏烤、烟熏、蒸煮火腿)类	0.5	以亚硝酸钠(钾)计，残留量≤30 mg/kg
08.03.05	肉灌肠类	0.5	以亚硝酸钠(钾)计，残留量≤30 mg/kg
08.03.06	发酵肉制品类	0.5	以亚硝酸钠(钾)计，残留量≤30 mg/kg

表 A.1 （续）

辛,癸酸甘油酯 **octyl and decyl glycerate**

CNS 号 10.018 INS 号 —

功能 乳化剂

食品分类号	食品名称/分类	最大使用量	备 注
01.03	乳粉(包括加糖乳粉)和奶油粉及其调制产品(纯乳粉除外)	按生产需要适量使用	
02.01.01.02	氢化植物油	按生产需要适量使用	
03.01	冰淇淋类	按生产需要适量使用	
05.0	可可制品、巧克力和巧克力制品(包括类巧克力和代巧克力)以及糖果	按生产需要适量使用	
14.0	饮料类(14.01 包装饮用水类除外)	按生产需要适量使用	

辛基苯氧聚乙烯氧基 **octylphenol polyoxyethylene**

CNS 号 14.006 INS 号 —

功能 被膜剂

食品分类号	食品名称/分类	最大使用量/(g/kg)	备 注
04.01.01.02	经表面处理的鲜水果	0.075	
04.02.01.02	经表面处理的新鲜蔬菜	0.075	

辛烯基琥珀酸铝淀粉 **starch aluminum octenylsuccinate**

CNS 号 20.038 INS 号 —

功能 增稠剂、抗结剂、乳化剂

食品分类号	食品名称/分类	最大使用量	备 注
05.0	可可制品、巧克力和巧克力制品(包括类巧克力和代巧克力)以及糖果	按生产需要适量使用	
06.03.02.04	面糊(如用于鱼和禽肉的拖面糊)、裹粉、煎炸粉	按生产需要适量使用	
06.07	方便米面制品	按生产需要适量使用	
12.10.01	固体复合调味料	按生产需要适量使用	
12.10.02	半固体复合调味料	按生产需要适量使用	
14.06	固体饮料类	按生产需要适量使用	

新红及其铝色淀 **new red,new red aluminum lake**

CNS 号 08.004 INS 号 —

功能 着色剂

食品分类号	食品名称/分类	最大使用量/(g/kg)	备 注
04.01.02.08.02	凉果类	0.05	以新红计

表 A.1（续）

食品分类号	食品名称/分类	最大使用量/(g/kg)	备　注
04.01.02.09	装饰性果蔬	0.1	以新红计
05.0	可可制品、巧克力和巧克力制品（包括类巧克力和代巧克力）以及糖果（05.01.01 可可制品除外）	0.05	以新红计
07.02.04	糕点上彩装	0.05	以新红计
14.02.03	果蔬汁（肉）饮料	0.05	以新红计
14.04.01	碳酸饮料	0.05	以新红计
14.04.02.02	风味饮料（包括果味饮料、乳味、茶味及其他味饮料）（仅限果味饮料）	0.05	以新红计
15.02	配制酒	0.05	以新红计

薪草提取物　　**mesona chinensis benth extract**

CNS 号　18.009　　INS 号　—

功能　稳定剂和凝固剂

食品分类号	食品名称/分类	最大使用量	备　注
04.04.01.01	豆腐类（北豆腐、南豆腐、内酯豆腐、冻豆腐）	按生产需要适量使用	

亚麻籽胶（又名富兰克胶）　　**linseed gum**

CNS 号　20.020　　INS 号　—

功能　增稠剂

食品分类号	食品名称/分类	最大使用量/(g/kg)	备　注
03.01	冰淇淋类	0.3	
06.03.02.02	生干面制品	1.5	
08.03	熟肉制品	5.0	
08.03.04	西式火腿（熏烤、烟熏、蒸煮火腿）类	3.0	
08.03.05	肉灌肠类	3.0	
14.0	饮料类（14.01 包装饮用水类除外）	5.0	固体饮料按冲调倍数增加使用量

亚铁氰化钾，亚铁氰化钠　　**potassium ferrocyanide，sodium ferrocyanide**

CNS 号　02.001,02.008　　INS 号　536,535

功能　抗结剂

食品分类号	食品名称/分类	最大使用量/(g/kg)	备　注
12.01	盐及代盐制品	0.01	以亚铁氰根计

表 A.1 (续)

亚硝酸钠,亚硝酸钾 **sodium nitrite, potassium nitrite**

CNS号 09.002,09.004 INS号 250, 249

功能 护色剂、防腐剂

食品分类号	食品名称/分类	最大使用量/(g/kg)	备 注
08.02.02	腌腊肉制品类(如咸肉、腊肉、板鸭、中式火腿、腊肠等)	0.15	以亚硝酸钠计,残留量≤30 mg/kg
08.03.01	酱卤肉制品类	0.15	以亚硝酸钠计,残留量≤30 mg/kg
08.03.02	熏、烧、烤肉类	0.15	以亚硝酸钠计,残留量≤30 mg/kg
08.03.03	油炸肉类	0.15	以亚硝酸钠计,残留量≤30 mg/kg
08.03.04	西式火腿(熏烤、烟熏、蒸煮火腿)类	0.15	以亚硝酸钠计,残留量≤70 mg/kg
08.03.05	肉灌肠类	0.15	以亚硝酸钠计,残留量≤30 mg/kg
08.03.06	发酵肉制品类	0.15	以亚硝酸钠计,残留量≤30 mg/kg
08.03.08	肉罐头类	0.15	以亚硝酸钠计,残留量≤50 mg/kg

胭脂虫红 **carmine cochineal**

CNS号 08.145 INS号 120

功能 着色剂

食品分类号	食品名称/分类	最大使用量/(g/kg)	备 注
01.02.02	调味和果料发酵乳	0.05	以胭脂红酸计
01.03.02	调制乳粉和调制奶油粉(包括调味乳粉和调味奶油粉)	0.6	以胭脂红酸计
01.04.02	调制炼乳(包括甜炼乳、调味甜炼乳及其他使用了非乳原料的调制炼乳)	0.05	以胭脂红酸计
03.0	冷冻饮品(03.04 食用冰除外)	0.15	以胭脂红酸计
05.02	糖果	0.05	以胭脂红酸计
06.03.02.04	面糊(如用于鱼和禽肉的拖面糊)、裹粉、煎炸粉	按生产需要适量使用	以胭脂红酸计
06.06	即食谷物,包括碾轧燕麦(片)	0.2	以胭脂红酸计
07.02.02	西式糕点	0.05	以胭脂红酸计

表 A.1（续）

食品分类号	食品名称/分类	最大使用量/(g/kg)	备　注
08.03.04	西式火腿（熏烤、烟熏、蒸煮火腿）类	0.025	以胭脂红酸计
08.03.05	肉灌肠类	0.025	以胭脂红酸计
12.10	复合调味料（12.10.02 半固体复合调味料除外）	1.0	以胭脂红酸计
12.10.02	半固体复合调味料	0.05	以胭脂红酸计
14.02.03	果蔬汁（肉）饮料	0.1	以胭脂红酸计
14.03	蛋白饮料类	0.15	以胭脂红酸计
14.04.01	碳酸饮料	0.02	以胭脂红酸计
14.04.02.02	风味饮料（包括果味饮料、乳味、茶味及其他味饮料）（仅限果味饮料）	0.1	以胭脂红酸计
15.02	配制酒	0.2	以胭脂红酸计
16.05.01	油炸小食品	0.1	以胭脂红酸计

胭脂红及其铝色淀　　**ponceau 4R，ponceau 4R aluminum lake**

CNS 号　08.002　　INS 号　124

功能　着色剂

食品分类号	食品名称/分类	最大使用量/(g/kg)	备　注
01.01.02	调制乳	0.05	以胭脂红计
01.02.02	调味和果料发酵乳	0.05	以胭脂红计
01.03.02	调制乳粉和调制奶油粉（包括调味乳粉和调味奶油粉）	0.15	以胭脂红计
01.04.02	调制炼乳（包括甜炼乳、调味甜炼乳及其他使用了非乳原料的调制炼乳）	0.05	以胭脂红计
03.0	冷冻饮品（03.04 食用冰除外）	0.05	以胭脂红计
04.01.02.05	果酱	0.5	以胭脂红计
04.01.02.08	蜜饯凉果	0.05	以胭脂红计
04.01.02.09	装饰性果蔬	0.1	以胭脂红计
04.02.02.03.02	盐渍的蔬菜	0.05	以胭脂红计
05.0	可可制品、巧克力和巧克力制品（包括类巧克力和代巧克力）以及糖果（05.04 装饰糖果、顶饰和甜汁除外）	0.05	以胭脂红计
06.05.02.02	虾味片	0.05	以胭脂红计

表 A.1（续）

食品分类号	食品名称/分类	最大使用量/(g/kg)	备 注
07.02.04	糕点上彩装	0.05	以胭脂红计
07.04	焙烤食品馅料(仅限饼干夹心和蛋糕夹心)	0.05	以胭脂红计
08.03.09	可食用动物肠衣类	0.025	以胭脂红计
11.05	调味糖浆	0.2	以胭脂红计
11.05.01	水果调味糖浆	0.5	以胭脂红计
12.10.02	半固体复合调味料(12.10.02.01 蛋黄酱、沙拉酱除外)	0.5	以胭脂红计
12.10.02.01	蛋黄酱、沙拉酱	0.2	以胭脂红计
14.02.03	果蔬汁(肉)饮料	0.05	以胭脂红计
14.03.01	含乳饮料	0.05	以胭脂红计
14.03.02	植物蛋白饮料	0.025	以胭脂红计
14.04.01	碳酸饮料	0.05	以胭脂红计
14.04.02.02	风味饮料(包括果味饮料、乳味、茶味及其他味饮料)(仅限果味饮料)	0.05	以胭脂红计
15.02	配制酒	0.05	以胭脂红计
16.01	果冻	0.05	以胭脂红计，如用于果冻粉，按冲调倍数增加使用量
16.03	胶原蛋白肠衣(肠衣)	0.025	以胭脂红计
16.06	膨化食品	0.05	以胭脂红计

胭脂树橙(红木素，降红木素)　　annatto extract

CNS 号　08.144　　INS 号　160b

功能　着色剂

食品分类号	食品名称/分类	最大使用量/(g/kg)	备 注
01.06.04	再制干酪	0.6	
02.02.01.02	人造黄油及其类似制品(如黄油和人造黄油混合品)	0.05	
02.05	其他油脂或油脂制品(仅限植脂末)	0.02	
05.01.02	巧克力和巧克力制品、除05.01.01以外的可可制品	0.025	
06.03.02.04	面糊(如用于鱼和禽肉的拖面糊)、裹粉、煎炸粉	0.01	
06.06	即食谷物，包括碾轧燕麦(片)	0.07	

表 A.1 （续）

食品分类号	食品名称/分类	最大使用量/(g/kg)	备　注
06.07	方便米面制品	0.012	
07.02	糕点	0.015	
08.03.04	西式火腿（熏烤、烟熏、蒸煮火腿）类	0.025	
08.03.05	肉灌肠类	0.025	
12.10	复合调味料	0.1	
14.0	饮料类（14.01 包装饮用水类除外）	0.02	固体饮料按冲调倍数增加使用量
16.05.01	油炸小食品（仅限油炸薯片）	0.01	

盐酸 **hydrochloric acid**

CNS 号　01.108　INS 号　507

功能　酸度调节剂

食品分类号	食品名称/分类	最大使用量	备　注
12.10.02.01	蛋黄酱、沙拉酱	按生产需要适量使用	

氧化铁黑，氧化铁红 **iron oxide black，iron oxide red**

CNS 号　08.014，08.015　INS 号　172i，172ii

功能　着色剂

食品分类号	食品名称/分类	最大使用量/(g/kg)	备　注
05.03	糖果、巧克力制品包衣	0.02	

叶绿素铜钠盐，叶绿素铜钾盐 **chlorophyllin copper complex，sodium and potassium salts**

CNS 号　08.009　INS 号　141ii

功能　着色剂

食品分类号	食品名称/分类	最大使用量/(g/kg)	备　注
03.0	冷冻饮品（03.04 食用冰除外）	0.5	
04.02.02.04	蔬菜罐头	0.5	
05.02	糖果	0.5	
07.02.04	糕点上彩装	0.5	
07.03	饼干	0.5	
14.02.03	果蔬汁（肉）饮料	按生产需要适量使用	
14.04.01	碳酸饮料	0.3	

表 A.1 (续)

食品分类号	食品名称/分类	最大使用量/(g/kg)	备 注
14.04.02.02	风味饮料(包括果味饮料、乳味、茶味及其他味饮料)(仅限果味饮料)	0.3	
15.02	配制酒	0.5	
16.01	果冻	0.5	如用于果冻粉,按冲调倍数增加使用量

乙二胺四乙酸二钠 **disodium ethylene-diamine-tetra-acetate**

CNS 号 18.005 INS 号 386

功能 稳定剂、凝固剂、抗氧化剂、防腐剂

食品分类号	食品名称/分类	最大使用量/(g/kg)	备 注
04.01.02.05	果酱	0.07	
04.02.02.03.01	酱渍的蔬菜	0.25	
04.02.02.03.02	盐渍的蔬菜	0.25	
04.02.02.04	蔬菜罐头	0.25	
04.02.02.05	蔬菜泥(酱)(番茄沙司除外)	0.07	
04.05.02.03	坚果与籽类罐头	0.25	
06.04.02.01	八宝粥罐头	0.25	
12.10	复合调味料	0.075	
12.10.02.01	蛋黄酱、沙拉酱	0.075	

乙萘酚 **β-naphthol**

CNS 号 17.021 INS 号 —

功能 防腐剂

食品分类号	食品名称/分类	最大使用量/(g/kg)	备 注
04.01.01.02	经表面处理的鲜水果(仅限柑橘类)	0.1	残留量≤70 mg/kg

乙酸钠 **sodium acetate**

CNS 号 00.013 INS 号 262i

功能 酸度调节剂、防腐剂

食品分类号	食品名称/分类	最大使用量/(g/kg)	备 注
12.10	复合调味料	10.0	
16.05.01	油炸小食品(仅限油炸薯片)	1.0	

表 A.1 （续）

乙酰磺胺酸钾（又名安赛蜜） acesulfame potassium

CNS号 19.011 INS号 950

功能 甜味剂

食品分类号	食品名称/分类	最大使用量	备 注
01.02.02	调味和果料发酵乳	0.35 g/kg	
03.0	冷冻饮品（03.04 食用冰除外）	0.3 g/kg	
04.01.02.04	水果罐头	0.3 g/kg	
04.01.02.05	果酱	0.3 g/kg	
04.01.02.08.01	蜜饯类	0.3 g/kg	
04.02.02.03.01	酱渍的蔬菜	0.3 g/kg	
04.02.02.03.02	盐渍的蔬菜	0.3 g/kg	
04.03.02	加工食用菌和藻类	0.3 g/kg	
04.05.02.01	烘焙/炒制坚果与籽类	3.0 g/kg	
05.02	糖果	2.0 g/kg	
05.02.08.01	无糖胶基糖果	4.0 g/kg	
06.04.02.01	八宝粥罐头	0.3 g/kg	
07.01	面包	0.3 g/kg	
07.02	糕点	0.3 g/kg	
11.04	餐桌甜味料	0.04 g/份	
12.0	调味品	0.5 g/kg	
12.04	酱油	1.0 g/kg	
14.0	饮料类（14.01 包装饮用水类除外）	0.3 g/kg	固体饮料按冲调倍数增加使用量
16.01	果冻	0.3 g/kg	如用于果冻粉，按冲调倍数增加使用量

乙氧基喹 ethoxy quin

CNS号 17.010 INS号 —

功能 防腐剂

食品分类号	食品名称/分类	最大使用量	备 注
04.01.01.02	经表面处理的鲜水果	按生产需要适量使用	残留量≤1 mg/kg

表 A.1（续）

异构化乳糖液 isomerized lactose syrup

CNS 号　00.003　INS 号　—

功能　其他

食品分类号	食品名称/分类	最大使用量/(g/kg)	备　注
01.01.01	纯乳（全脂、部分脱脂、脱脂），包括复原乳	1.5	
01.03	乳粉（包括加糖乳粉）和奶油粉及其调制产品	15.0	
07.03	饼干	2.0	
13.01	婴儿配方食品、较大婴儿和幼儿配方食品	15.0	
13.05.01	孕产妇（乳母）配方食品	15.0	
14.0	饮料类（14.01 包装饮用水类除外）	1.5	固体饮料按冲调倍数增加使用量

异抗坏血酸及其钠盐 isoascorbic acid (erythorbic acid), sodium isoascorbate

CNS 号　04.004，04.018　INS 号　315，316

功能　抗氧化剂、护色剂

食品分类号	食品名称/分类	最大使用量/(g/kg)	备　注
04.01.02.04	水果罐头	1.0	以抗坏血酸计
04.01.02.05	果酱	1.0	以抗坏血酸计
04.02.02.04	蔬菜罐头	1.0	以抗坏血酸计
05.04	装饰糖果（如工艺造型，或用于蛋糕装饰）、顶饰（非水果材料）和甜汁	1.0	以抗坏血酸计
06.04.02.01	八宝粥罐头	1.0	以抗坏血酸计
08.02	预制肉制品	0.5	以抗坏血酸计
08.03	熟肉制品	0.5	以抗坏血酸计
08.03.08	肉罐头类	1.0	以抗坏血酸计
09.02	冷冻水产品及其制品	1.0	以抗坏血酸计
12.10.02	半固体复合调味料	1.0	以抗坏血酸计
14.02.03	果蔬汁（肉）饮料	0.15	以抗坏血酸计
15.03.01	葡萄酒	0.15	以抗坏血酸计
15.03.05	啤酒和麦芽饮料	0.04	以抗坏血酸计

表 A.1（续）

异麦芽酮糖 **isomaltulose(palatinose)**

CNS号 19.003 INS号 —

功能 甜味剂

食品分类号	食品名称/分类	最大使用量	备注
03.0	冷冻饮品(03.04 食用冰除外)	按生产需要适量使用	
04.01.02.05	果酱	按生产需要适量使用	
05.02	糖果	按生产需要适量使用	
07.01	面包	按生产需要适量使用	
07.02	糕点	按生产需要适量使用	
07.03	饼干	按生产需要适量使用	
14.0	饮料类(14.01 包装饮用水类除外)	按生产需要适量使用	
15.02	配制酒	按生产需要适量使用	

硬脂酸(又名十八烷酸) **stearic acid(octadecanoic acid)**

CNS号 14.009 INS号 570

功能 被膜剂、胶姆糖基础剂

食品分类号	食品名称/分类	最大使用量/(g/kg)	备注
05.0	可可制品、巧克力和巧克力制品(包括类巧克力和代巧克力)以及糖果	1.2	

硬脂酸钙 **calcium stearate**

CNS号 10.039 INS号 470

功能 乳化剂、抗结剂

食品分类号	食品名称/分类	最大使用量/(g/kg)	备注
12.10.01	固体复合调味料	20.0	

硬脂酸钾 **potassium stearate**

CNS号 10.028 INS号 470

功能 乳化剂、抗结剂

食品分类号	食品名称/分类	最大使用量/(g/kg)	备注
07.02	糕点	0.18	
12.09.01	香辛料及粉	20.0	

表 A.1（续）

硬脂酸镁 **magnesium stearate**

CNS号 02.006 INS号 470

功能 乳化剂、抗结剂

食品分类号	食品名称/分类	最大使用量/(g/kg)	备 注
04.01.02.08	蜜饯凉果	0.8	
05.0	可可制品、巧克力和巧克力制品(包括类巧克力和代巧克力)以及糖果	按生产需要适量使用	

硬脂酰乳酸钠,硬脂酰乳酸钙 **sodium stearoyl lactylate, calcium stearoyl lactylate**

CNS号 10.011,10.009 INS号 481i,482i

功能 乳化剂、稳定剂

食品分类号	食品名称/分类	最大使用量/(g/kg)	备 注
02.02	水油状脂肪乳化制品	5.0	
05.04	装饰糖果(如工艺造型,或用于蛋糕装饰)、顶饰(非水果材料)和甜汁	2.0	
07.01	面包	2.0	
07.02	糕点	2.0	
07.03	饼干	2.0	
08.03.05	肉灌肠类	2.0	
14.03.01	含乳饮料	2.0	

诱惑红及其铝色淀 **allura red, allura aluminum lake**

CNS号 08.012 INS号 129

功能 着色剂

食品分类号	食品名称/分类	最大使用量/(g/kg)	备 注
03.0	冷冻饮品(03.04 食用冰除外)	0.07	以诱惑红计
04.01.02.02	水果干类(仅限苹果干)	0.07	以诱惑红计,用于燕麦片调色调香载体
04.01.02.09	装饰性果蔬	0.05	以诱惑红计
04.04.01.06	熟制豆类	0.1	以诱惑红计
04.05.02	加工坚果与籽类	0.1	以诱惑红计
05.0	可可制品、巧克力和巧克力制品(包括类巧克力和代巧克力)以及糖果	0.3	以诱惑红计

表 A.1（续）

食品分类号	食品名称/分类	最大使用量/(g/kg)	备 注
06.06	即食谷物，包括碾轧燕麦（片）（仅限可可玉米片）	0.07	以诱惑红计
07.02.04	糕点上彩装	0.05	以诱惑红计
07.04	焙烤食品馅料（仅限饼干夹心）	0.1	以诱惑红计
08.03.04	西式火腿（熏烤、烟熏、蒸煮火腿）类	0.025	以诱惑红计
08.03.05	肉灌肠类	0.015	以诱惑红计
08.03.09	可食用动物肠衣类	0.05	以诱惑红计
11.05	调味糖浆	0.3	以诱惑红计
12.10.01	固体复合调味料	0.04	以诱惑红计
12.10.02	半固体复合调味料（12.10.02.01 蛋黄酱、沙拉酱除外）	0.5	以诱惑红计
14.0	饮料类（14.01 包装饮用水类除外）	0.1	以诱惑红计，固体饮料按冲调倍数增加使用量
14.06	固体饮料类	0.6	以诱惑红计
15.02	配制酒	0.05	铝色淀除外
16.01	果冻	0.025	以诱惑红计，如用于果冻粉，按冲调倍数增加使用量
16.03	胶原蛋白肠衣（肠衣）	0.05	以诱惑红计
16.05.01	油炸小食品	0.1	以诱惑红计
16.06	膨化食品	0.1	以诱惑红计

玉米黄 **corn yellow**

CNS 号　08.116　　INS 号　—

功能　着色剂

食品分类号	食品名称/分类	最大使用量/(g/kg)	备 注
02.01.01.02	氢化植物油	5.0	
05.02	糖果	5.0	

月桂酸 **lauric acid**

CNS 号　00.011　　INS 号　—

功能　其他

食品分类号	食品名称/分类	最大使用量/(g/kg)	备 注
04.01.02	加工水果	3.0	用于果蔬脱皮
04.02.02	加工蔬菜	3.0	用于果蔬脱皮

表 A.1（续）

越橘红 **cowberry red**

CNS 号 08.105 INS 号 —

功能 着色剂

食品分类号	食品名称/分类	最大使用量	备 注
03.0	冷冻饮品(03.04 食用冰除外)	按生产需要适量使用	
14.02.03	果蔬汁(肉)饮料	按生产需要适量使用	
14.04.02.02	风味饮料(包括果味饮料、乳味、茶味及其他味饮料)(仅限果味饮料)	按生产需要适量使用	

藻蓝(淡、海水) **spirulina blue(algae blue, lina blue)**

CNS 号 08.137 INS 号 —

功能 着色剂

食品分类号	食品名称/分类	最大使用量/(g/kg)	备 注
01.06	干酪	0.8	
03.0	冷冻饮品(03.04 食用冰除外)	0.8	
05.02	糖果	0.8	
14.02.03	果蔬汁(肉)饮料	0.8	
14.04.02.02	风味饮料(包括果味饮料、乳味、茶味及其他味饮料)(仅限果味饮料)	0.8	
16.01	果冻	0.8	如用于果冻粉，按冲调倍数增加使用量

皂荚糖胶 **gleditsia sinenis lam gum**

CNS 号 20.029 INS 号 —

功能 增稠剂

食品分类号	食品名称/分类	最大使用量/(g/kg)	备 注
03.01	冰淇淋类	4.0	
06.03.01.02	饺子粉	4.0	
12.0	调味品	4.0	
14.0	饮料类(14.01 包装饮用水类除外)	4.0	固体饮料按冲调倍数增加使用量

蔗糖脂肪酸酯 **sucrose esters of fatty acid**

CNS 号 10.001 INS 号 473

功能 乳化剂

食品分类号	食品名称/分类	最大使用量/(g/kg)	备 注
01.01.02	调制乳	3.0	
01.05	稀奶油(又名淡奶油)及其类似品	10.0	

表 A.1（续）

食品分类号	食品名称/分类	最大使用量/(g/kg)	备　注
02.01	基本不含水的脂肪和油	10.0	
02.02	水油状脂肪乳化制品	10.0	
03.0	冷冻饮品(03.04 食用冰除外)	1.5	
04.01.01.02	经表面处理的鲜水果	1.5	
05.0	可可制品、巧克力和巧克力制品(包括类巧克力和代巧克力)以及糖果	10.0	
06.03.02.01	生湿面制品(如面条、饺子皮、馄饨皮、烧麦皮)	4.0	
06.03.02.02	生干面制品	4.0	
06.04.02.01	八宝粥罐头	1.5	
06.07	方便米面制品	4.0	
07.0	焙烤食品	3.0	
08.0	肉及肉制品	1.5	
10.01	鲜蛋	1.5	用于鸡蛋保鲜
12.0	调味品	5.0	
14.0	饮料类(14.01 包装饮用水类除外)	1.5	固体饮料按冲调倍数增加使用量
16.07	其他(乳化天然色素)	10.0	
16.07	其他(仅限即食菜肴)	5.0	

栀子黄　　**gardenia yellow**

CNS 号　08.112　　INS 号　—

功能　着色剂

食品分类号	食品名称/分类	最大使用量/(g/kg)	备　注
03.0	冷冻饮品(03.04 食用冰除外)	0.3	
04.01.02.08.01	蜜饯类	0.3	
04.05.02.03	坚果与籽类罐头	0.3	
05.0	可可制品、巧克力和巧克力制品(包括类巧克力和代巧克力)以及糖果	0.3	
06.03.02.01	生湿面制品(如面条、饺子皮、馄饨皮、烧麦皮)	1.0	
06.03.02.02	生干面制品	0.3	
06.07	方便米面制品	1.5	
06.10	粮食制品馅料(仅限奶黄包)	0.2	
07.02	糕点	0.3	
14.02.03	果蔬汁(肉)饮料	0.3	

表 A.1（续）

食品分类号	食品名称/分类	最大使用量/(g/kg)	备 注
14.04.02.02	风味饮料(包括果味饮料、乳味、茶味及其他味饮料)(仅限果味饮料)	0.3	
15.02	配制酒	0.3	
16.01	果冻	0.3	如用于果冻粉，按冲调倍数增加使用量
16.06	膨化食品	0.3	

栀子蓝 **gardenia blue**

CNS号 08.123 INS号 —

功能 着色剂

食品分类号	食品名称/分类	最大使用量/(g/kg)	备 注
04.01.02.05	果酱	0.3	
05.02	糖果	0.3	
06.07	方便米面制品	0.5	
07.02.04	糕点上彩装	0.2	
14.02.03	果蔬汁(肉)饮料	0.2	
14.04.02.02	风味饮料(包括果味饮料、乳味、茶味及其他味饮料)(仅限果味饮料)	0.2	
15.02	配制酒	0.2	

植酸(又名肌醇六磷酸)，植酸钠 **phytic acid(inositol hexaphosphoric acid), sodium phytate**

CNS号 04.006 INS号 —

功能 抗氧化剂

食品分类号	食品名称/分类	最大使用量/(g/kg)	备 注
02.01	基本不含水的脂肪和油	0.2	
04.01.02	加工水果	0.2	
04.02.02	加工蔬菜	0.2	
05.04	装饰糖果(如工艺造型，或用于蛋糕装饰)、顶饰(非水果材料)和甜汁	0.2	
08.02.02	腌腊肉制品类(如咸肉、腊肉、板鸭、中式火腿、腊肠等)	0.2	
08.03.01	酱卤肉制品类	0.2	
08.03.02	熏、烧、烤肉类	0.2	

表 A.1（续）

食品分类号	食品名称/分类	最大使用量/(g/kg)	备　注
08.03.03	油炸肉类	0.2	
08.03.04	西式火腿(熏烤、烟熏、蒸煮火腿)类	0.2	
08.03.05	肉灌肠类	0.2	
08.03.06	发酵肉制品类	0.2	
09.01	鲜水产品(仅限虾类)	按生产需要适量使用	残留量≤20 mg/kg
14.02.03	果蔬汁(肉)饮料	0.2	

植物炭黑　　**vegetable carbon, carbon black**

CNS号　08.138　　INS号　153

功能　着色剂

食品分类号	食品名称/分类	最大使用量/(g/kg)	备　注
05.02	糖果	5.0	
06.02.02	大米制品	5.0	
06.03.02	小麦粉制品	5.0	
07.02	糕点	5.0	
07.03	饼干	5.0	

仲丁胺　　**secondary butyamine**

CNS号　17.011　　INS号　—

功能　防腐剂

食品分类号	食品名称/分类	最大使用量	备　注
04.01.01.02	经表面处理的鲜水果	按生产需要适量使用	残留量： 柑橘(果肉)≤0.005 mg/kg, 荔枝(果肉)≤0.009 mg/kg, 苹果(果肉)≤0.001 mg/kg
04.02.01	新鲜蔬菜(仅限蒜苔和青椒)	按生产需要适量使用	残留量≤3 mg/kg

竹叶抗氧化物　　**antioxidant of bamboo leaves**

CNS号　04.019　　INS号　—

功能　抗氧化剂

食品分类号	食品名称/分类	最大使用量/(g/kg)	备　注
02.01	基本不含水的脂肪和油	0.5	
06.06	即食谷物，包括碾轧燕麦(片)	0.5	
07.0	焙烤食品	0.5	

表 A.1 （续）

食品分类号	食品名称/分类	最大使用量/(g/kg)	备　注
08.02.02	腌腊肉制品类（如咸肉、腊肉、板鸭、中式火腿、腊肠等）	0.5	
08.03.01	酱卤肉制品类	0.5	
08.03.02	熏、烧、烤肉类	0.5	
08.03.03	油炸肉类	0.5	
08.03.04	西式火腿（熏烤、烟熏、蒸煮火腿）类	0.5	
08.03.05	肉灌肠类	0.5	
08.03.06	发酵肉制品类	0.5	
09.0	水产品及其制品（包括鱼类、甲壳类、贝类、软体类、棘皮类等水产品及其加工制品）	0.5	
14.02.03	果蔬汁（肉）饮料	0.5	
14.05.01	茶饮料类	0.5	
16.05	油炸食品	0.5	
16.06	膨化食品	0.5	

紫草红 **gromwell red**

CNS 号　08.140　INS 号　—

功能　着色剂

食品分类号	食品名称/分类	最大使用量/(g/kg)	备　注
03.0	冷冻饮品(03.04 食用冰除外)	0.1	
07.02	糕点	0.1	
07.03	饼干	0.1	
07.04	焙烤食品馅料(仅限饼干夹心)	0.1	
14.02.03	果蔬汁(肉)饮料	0.1	
14.04.02.02	风味饮料(包括果味饮料、乳味、茶味及其他味饮料)(仅限果味饮料)	0.1	
15.03.03	果酒	0.1	

紫胶(又名虫胶) **shellac**

CNS 号　14.001　INS 号　904

功能　被膜剂、胶姆糖基础剂

食品分类号	食品名称/分类	最大使用量/(g/kg)	备　注
04.01.01.02	经表面处理的鲜水果(仅限柑橘类)	0.5	

表 A.1 (续)

食品分类号	食品名称/分类	最大使用量/(g/kg)	备 注
04.01.01.02	经表面处理的鲜水果(仅限苹果)	0.4	
05.01	可可制品、巧克力和巧克力制品,包括类巧克力和代巧克力	0.2	
05.02.08	胶基糖果	3.0	
07.03.02	威化饼干	0.2	

紫胶红(又名虫胶红) **lac dye red(lac red)**

CNS号 08.104 INS号 —

功能 着色剂

食品分类号	食品名称/分类	最大使用量/(g/kg)	备 注
04.01.02.05	果酱	0.5	
05.0	可可制品、巧克力和巧克力制品(包括类巧克力和代巧克力)以及糖果	0.5	
12.10	复合调味料	0.5	
14.02.03	果蔬汁(肉)饮料	0.5	
14.04.01	碳酸饮料	0.5	
14.04.02.02	风味饮料(包括果味饮料、乳味、茶味及其他味饮料)(仅限果味饮料)	0.5	
15.02	配制酒	0.5	

表 A.2 食品中允许使用的添加剂及使用量

食品分类号 01.0

食品名称/分类 乳及乳制品(01.01.01、01.04.01、13.0 涉及品种除外)

添加剂名称	功 能	最大使用量/(g/kg)	备 注
海藻酸丙二醇酯	增稠剂、乳化剂、稳定剂	3.0	

食品名称/分类 乳及乳制品(01.01.01、13.0 涉及品种除外)

添加剂名称	功 能	最大使用量/(g/kg)	备 注
丙二醇脂肪酸酯	乳化剂	5.0	
焦磷酸钠	水分保持剂、膨松剂、酸度调节剂	5.0	

表 A.2 （续）

添加剂名称	功　能	最大使用量/(g/kg)	备　注
磷酸三钠	水分保持剂、稳定剂、酸度调节剂	0.5	
六偏磷酸钠	水分保持剂、乳化剂、酸度调节剂	5.0	
乳酸链球菌素	防腐剂	0.5	
三聚磷酸钠	水分保持剂	5.0	
碳酸氢三钠(又名倍半碳酸钠)	酸度调节剂	按生产需要适量使用	01.01.01 纯乳仅限羊奶

食品分类号　01.01.01

食品名称/分类　纯乳(全脂、部分脱脂、脱脂)，包括复原乳

添加剂名称	功　能	最大使用量/(g/kg)	备　注
异构化乳糖液	其他	1.5	

食品分类号　01.01.02

食品名称/分类　调制乳

添加剂名称	功　能	最大使用量/(g/kg)	备　注
红米红	着色剂	按生产需要适量使用	
红曲米，红曲红	着色剂	按生产需要适量使用	
聚甘油脂肪酸酯(聚甘油单硬脂酸酯，聚甘油单油酸酯)	乳化剂、稳定剂、增稠剂、抗结剂	10.0	
聚氧乙烯山梨醇酐单月桂酸酯(又名吐温20)，聚氧乙烯山梨醇酐单棕榈酸酯(又名吐温40)，聚氧乙烯山梨醇酐单硬脂酸酯(又名吐温60)，聚氧乙烯山梨醇酐单油酸酯(又名吐温80)	乳化剂、消泡剂、稳定剂	1.5	
日落黄及其铝色淀	着色剂	0.05	以日落黄计
山梨醇酐单月桂酸酯(又名司盘20)，山梨醇酐单棕榈酸酯(又名司盘40)，山梨醇酐单硬脂酸酯(又名司盘60)，山梨醇酐三硬脂酸酯(又名司盘65)，山梨醇酐单油酸酯(又名司盘80)	乳化剂	3.0	
胭脂红及其铝色淀	着色剂	0.05	以胭脂红计
蔗糖脂肪酸酯	乳化剂	3.0	

表 A.2（续）

食品分类号 01.01.02.01

食品名称/分类 调味乳

添加剂名称	功 能	最大使用量/(g/kg)	备 注
麦芽糖醇	甜味剂、稳定剂、水分保持剂、乳化剂、膨松剂、增稠剂	按生产需要适量使用	
三氯蔗糖(又名蔗糖素)	甜味剂	0.3	

食品分类号 01.02.01

食品名称/分类 原味发酵乳(全脂、部分脱脂、脱脂)

添加剂名称	功 能	最大使用量/(g/kg)	备 注
单,双,三甘油脂肪酸酯(油酸、亚油酸、柠檬酸、亚麻酸、棕榈酸、山嵛酸、硬脂酸)	乳化剂	5.0	
果胶	乳化剂、稳定剂、增稠剂	按生产需要适量使用	
海藻酸钠	增稠剂	按生产需要适量使用	
乳糖醇	乳化剂、稳定剂、甜味剂、增稠剂	30.0	
双乙酰酒石酸单双甘油脂	乳化剂、增稠剂	按生产需要适量使用	

食品分类号 01.02.02

食品名称/分类 调味和果料发酵乳

添加剂名称	功 能	最大使用量/(g/kg)	备 注
红曲米,红曲红	着色剂	0.8	
亮蓝及其铝色淀	着色剂	0.025	以亮蓝计
柠檬黄及其铝色淀	着色剂	0.05	以柠檬黄计
日落黄及其铝色淀	着色剂	0.05	以日落黄计
三氯蔗糖(又名蔗糖素)	甜味剂	0.3	
胭脂虫红	着色剂	0.05	以胭脂红酸计
胭脂红及其铝色淀	着色剂	0.05	以胭脂红计
乙酰磺胺酸钾(又名安赛蜜)	甜味剂	0.35	

食品分类号 01.03

食品名称/分类 乳粉(包括加糖乳粉)和奶油粉及其调制产品

添加剂名称	功 能	最大使用量/(g/kg)	备 注
二氧化硅	抗结剂	15.0	
抗坏血酸棕榈酸酯	抗氧化剂	0.05	以脂肪中抗坏血酸计
氢氧化钙	酸度调节剂	按生产需要适量使用	
异构化乳糖液	其他	15.0	

表 A.2（续）

食品名称/分类　乳粉（包括加糖乳粉）和奶油粉及其调制产品（纯乳粉除外）

添加剂名称	功　能	最大使用量	备　注
辛，癸酸甘油酯	乳化剂	按生产需要适量使用	

食品分类号　01.03.01
食品名称/分类　乳粉（全脂乳粉、脱脂乳粉和部分脱脂乳粉）和奶油粉

添加剂名称	功　能	最大使用量/(g/kg)	备　注
磷酸三钙	抗结剂、酸度调节剂	10.0	

食品分类号　01.03.02
食品名称/分类　调制乳粉和调制奶油粉（包括调味乳粉和调味奶油粉）

添加剂名称	功　能	最大使用量/(g/kg)	备　注
姜黄	着色剂	0.4	以姜黄素计
聚甘油脂肪酸酯（聚甘油单硬脂酸酯，聚甘油单油酸酯）	乳化剂、稳定剂、增稠剂、抗结剂	10.0	
三氯蔗糖（又名蔗糖素）	甜味剂	1.0	
胭脂虫红	着色剂	0.6	以胭脂红酸计
胭脂红及其铝色淀	着色剂	0.15	以胭脂红计

食品分类号　01.04.01
食品名称/分类　淡炼乳（原味）

添加剂名称	功　能	最大使用量/(g/kg)	备　注
海藻酸丙二醇酯	增稠剂、乳化剂、稳定剂	5.0	

食品分类号　01.04.02
食品名称/分类　调制炼乳（包括甜炼乳、调味甜炼乳及其他使用了非乳原料的调制炼乳）

添加剂名称	功　能	最大使用量/(g/kg)	备　注
红曲米，红曲红	着色剂	按生产需要适量使用	
焦糖色（加氨生产）	着色剂	按生产需要适量使用	
焦糖色（普通法）	着色剂	按生产需要适量使用	
焦糖色（亚硫酸铵法）	着色剂	按生产需要适量使用	
亮蓝及其铝色淀	着色剂	0.025	以亮蓝计
柠檬黄及其铝色淀	着色剂	0.05	以柠檬黄计
日落黄及其铝色淀	着色剂	0.05	以日落黄计
胭脂虫红	着色剂	0.05	以胭脂红酸计
胭脂红及其铝色淀	着色剂	0.05	以胭脂红计

表 A.2 （续）

食品分类号 01.05

食品名称/分类 稀奶油(又名淡奶油)及其类似品

添加剂名称	功 能	最大使用量/(g/kg)	备 注
聚甘油脂肪酸酯(聚甘油单硬脂酸酯,聚甘油单油酸酯)	乳化剂、稳定剂、增稠剂、抗结剂	10.0	
山梨醇酐单月桂酸酯(又名司盘20),山梨醇酐单棕榈酸酯(又名司盘40),山梨醇酐单硬脂酸酯(又名司盘60),山梨醇酐三硬脂酸酯(又名司盘65),山梨醇酐单油酸酯(又名司盘80)	乳化剂	10.0	
蔗糖脂肪酸酯	乳化剂	10.0	

食品分类号 01.05.01

食品名称/分类 稀奶油

添加剂名称	功 能	最大使用量/(g/kg)	备 注
单,双,三甘油脂肪酸酯(油酸、亚油酸、柠檬酸、亚麻酸、棕榈酸、山嵛酸、硬脂酸)	乳化剂	按生产需要适量使用	
果胶	乳化剂、稳定剂、增稠剂	按生产需要适量使用	
海藻酸钠	增稠剂	按生产需要适量使用	
黄原胶(又名汉生胶)	稳定剂、增稠剂	按生产需要适量使用	
聚氧乙烯山梨醇酐单月桂酸酯(又名吐温20),聚氧乙烯山梨醇酐单棕榈酸酯(又名吐温40),聚氧乙烯山梨醇酐单硬脂酸酯(又名吐温60),聚氧乙烯山梨醇酐单油酸酯(又名吐温80)	乳化剂、消泡剂、稳定剂	1.0	
卡拉胶	乳化剂、稳定剂、增稠剂	按生产需要适量使用	
氯化钙	稳定剂和凝固剂、增稠剂	按生产需要适量使用	
乳糖醇	乳化剂、稳定剂、甜味剂、增稠剂	按生产需要适量使用	
双乙酰酒石酸单双甘油脂	乳化剂、增稠剂	按生产需要适量使用	

表 A.2（续）

食品分类号　01.05.04

食品名称/分类　稀奶油类似品

添加剂名称	功　能	最大使用量	备　注
麦芽糖醇	甜味剂、稳定剂、水分保持剂、乳化剂、膨松剂、增稠剂	按生产需要适量使用	

食品分类号　01.06

食品名称/分类　干酪

添加剂名称	功　能	最大使用量/(g/kg)	备　注
刺云实胶	增稠剂	8.0	
磷酸	酸度调节剂、稳定剂、水分保持剂	按生产需要适量使用	
磷酸二氢钙	水分保持剂、酸度调节剂	按生产需要适量使用	
磷酸三钠	水分保持剂、稳定剂、酸度调节剂	5.0	
那他霉素	防腐剂	0.3	表面使用，混悬液喷雾或浸泡，残留量小于10 mg/kg
山梨酸及其钾盐	防腐剂、抗氧化剂、稳定剂	1.0	以山梨酸计
藻蓝(淡、海水)	着色剂	0.8	

食品分类号　01.06.04

食品名称/分类　再制干酪

添加剂名称	功　能	最大使用量/(g/kg)	备　注
胭脂树橙(红木素，降红木素)	着色剂	0.6	

食品分类号　02.0

食品名称/分类　脂肪，油和乳化脂肪制品

添加剂名称	功　能	最大使用量/(g/kg)	备　注
丙二醇脂肪酸酯	乳化剂	10.0	
丁基羟基茴香醚	抗氧化剂	0.2	
二丁基羟基甲苯	抗氧化剂	0.2	
抗坏血酸棕榈酸酯	抗氧化剂	0.2	
硫代二丙酸二月桂酯	抗氧化剂	0.2	
没食子酸丙酯	抗氧化剂	0.1	
特丁基对苯二酚	抗氧化剂	0.2	

表 A.2 (续)

食品名称/分类　脂肪，油和乳化脂肪制品(02.01.01.01 植物油除外)

添加剂名称	功　能	最大使用量/(g/kg)	备　注
聚甘油脂肪酸酯(聚甘油单硬脂酸酯，聚甘油单油酸酯)	乳化剂、稳定剂、增稠剂、抗结剂	20.0	
山梨醇酐单月桂酸酯(又名司盘 20)，山梨醇酐单棕榈酸酯(又名司盘 40)，山梨醇酐单硬脂酸酯(又名司盘 60)，山梨醇酐三硬脂酸酯(又名司盘 65)，山梨醇酐单油酸酯(又名司盘 80)	乳化剂	15.0	

食品分类号　02.01

食品名称/分类　基本不含水的脂肪和油

添加剂名称	功　能	最大使用量/(g/kg)	备　注
茶多酚(又名维多酚)	抗氧化剂	0.4	以油脂中儿茶素计
甘草抗氧物	抗氧化剂	0.2	以甘草酸计
羟基硬脂精(又名氧化硬脂精)	抗氧化剂	0.5	
双乙酸钠	防腐剂	1.0	
维生素 E(*dl*-α-生育酚)	抗氧化剂	按生产需要适量使用	
蔗糖脂肪酸酯	乳化剂	10.0	
植酸(又名肌醇六磷酸)，植酸钠	抗氧化剂	0.2	
竹叶抗氧化物	抗氧化剂	0.5	

食品分类号　02.01.01

食品名称/分类　植物油脂

添加剂名称	功　能	最大使用量/(g/kg)	备　注
迷迭香提取物	抗氧化剂	0.7	

食品分类号　02.01.01.02

食品名称/分类　氢化植物油

添加剂名称	功　能	最大使用量/(g/kg)	备　注
海藻酸丙二醇酯	增稠剂、乳化剂、稳定剂	5.0	
甲壳素(又名几丁质)	增稠剂、稳定剂	2.0	

表 A.2（续）

添加剂名称	功　能	最大使用量/(g/kg)	备　注
聚氧乙烯木糖醇酐单硬脂酸酯	乳化剂	5.0	
磷脂	抗氧化剂、乳化剂	按生产需要适量使用	
木糖醇酐单硬脂酸酯	乳化剂	5.0	
沙棘黄	着色剂	1.0	
山梨醇酐单月桂酸酯(又名司盘20)，山梨醇酐单棕榈酸酯(又名司盘40)，山梨醇酐单硬脂酸酯(又名司盘60)，山梨醇酐三硬脂酸酯(又名司盘65)，山梨醇酐单油酸酯(又名司盘80)	乳化剂	10.0	
山梨酸及其钾盐	防腐剂、抗氧化剂、稳定剂	1.0	以山梨酸计
辛，癸酸甘油酯	乳化剂	按生产需要适量使用	
玉米黄	着色剂	5.0	

食品分类号　02.01.02

食品名称/分类　动物油脂(猪油、牛油、鱼油和其他动物脂肪)

添加剂名称	功　能	最大使用量/(g/kg)	备　注
迷迭香提取物	抗氧化剂	0.3	

食品分类号　02.02

食品名称/分类　水油状脂肪乳化制品

添加剂名称	功　能	最大使用量/(g/kg)	备　注
不饱和脂肪酸单甘脂	乳化剂	10.0	
聚甘油脂肪酸酯(聚甘油单硬脂酸酯，聚甘油单油酸酯)	乳化剂、稳定剂、增稠剂、抗结剂	10.0	
山梨醇酐单月桂酸酯(又名司盘20)，山梨醇酐单棕榈酸酯(又名司盘40)，山梨醇酐单硬脂酸酯(又名司盘60)，山梨醇酐三硬脂酸酯(又名司盘65)，山梨醇酐单油酸酯(又名司盘80)	乳化剂	10.0	
硬脂酰乳酸钠，硬脂酰乳酸钙	乳化剂、稳定剂	5.0	
蔗糖脂肪酸酯	乳化剂	10.0	

表 A.2 (续)

食品分类号　02.02.01

食品名称/分类　脂肪含量80%以上的乳化制品

添加剂名称	功　能	最大使用量	备　注
淀粉磷酸酯钠	增稠剂	按生产需要适量使用	

食品分类号　02.02.01.01

食品名称/分类　黄油和浓缩黄油

添加剂名称	功　能	最大使用量/(g/kg)	备　注
单,双,三甘油脂肪酸酯(油酸、亚油酸、柠檬酸、亚麻酸、棕榈酸、山嵛酸、硬脂酸)	乳化剂	20.0	
果胶	乳化剂、稳定剂、增稠剂	按生产需要适量使用	
海藻酸钠	乳化剂、稳定剂、增稠剂	按生产需要适量使用	
黄原胶(又名汉生胶)	稳定剂、增稠剂	5.0	
卡拉胶	乳化剂、稳定剂、增稠剂	按生产需要适量使用	
双乙酰酒石酸单双甘油脂	乳化剂、增稠剂	10.0	
脱氢乙酸及其钠盐	防腐剂	0.3	

食品分类号　02.02.01.02

食品名称/分类　人造黄油及其类似制品(如黄油和人造黄油混合品)

添加剂名称	功　能	最大使用量/(g/kg)	备　注
姜黄素	着色剂	按生产需要适量使用	
胭脂树橙(红木素,降红木素)	着色剂	0.05	

食品分类号　02.03

食品名称/分类　02.02类以外的脂肪乳化制品,包括混合的和(或)调味的脂肪乳化制品

添加剂名称	功　能	最大使用量	备　注
山梨糖醇(液)	甜味剂、膨松剂、乳化剂、水分保持剂、稳定剂、增稠剂	按生产需要适量使用	

食品分类号　02.05

食品名称/分类　其他油脂或油脂制品(仅限植脂末)

添加剂名称	功　能	最大使用量/(g/kg)	备　注
二氧化硅	抗结剂	15.0	
硅铝酸钠	抗结剂	5.0	

表 A.2（续）

添加剂名称	功 能	最大使用量/(g/kg)	备 注
甲壳素(又名几丁质)	增稠剂、稳定剂	2.0	
磷酸氢二钾	水分保持剂、酸度调节剂	19.9	
磷酸三钠	水分保持剂、稳定剂、酸度调节剂	4.0	
六偏磷酸钠	水分保持剂、乳化剂、酸度调节剂	5.0	
胭脂树橙(红木素,降红木素)	着色剂	0.02	

食品分类号　　03.0

食品名称/分类　冷冻饮品(03.04 食用冰除外)

添加剂名称	功 能	最大使用量/(g/kg)	备 注
L-α-天冬氨酰-*N*-(2,2,4,4-四甲基-3-硫化三亚甲基)-D-丙氨酰胺(又名阿力甜)	甜味剂	0.1	
冰结构蛋白	其他	按生产需要适量使用	
丙二醇脂肪酸酯	乳化剂	5.0	
刺云实胶	增稠剂	5.0	
淀粉磷酸酯钠	增稠剂	按生产需要适量使用	
多穗柯棕	着色剂	0.4	
红花黄	着色剂	0.2	
红米红	着色剂	按生产需要适量使用	
红曲米,红曲红	着色剂	按生产需要适量使用	
葫芦巴胶	增稠剂	0.1	
环己基氨基磺酸钠,环己基氨基磺酸钙(又名甜蜜素)	甜味剂	0.65	以环己基氨基磺酸计
黄蜀葵胶	增稠剂	5.0	
甲壳素(又名几丁质)	增稠剂、稳定剂	2.0	
姜黄	着色剂	按生产需要适量使用	
姜黄素	着色剂	0.15	
焦糖色(加氨生产)	着色剂	按生产需要适量使用	
焦糖色(普通法)	着色剂	按生产需要适量使用	
焦糖色(亚硫酸铵法)	着色剂	2.0	
聚甘油脂肪酸酯(聚甘油单硬脂酸酯,聚甘油单油酸酯)	乳化剂、稳定剂、增稠剂、抗结剂	10.0	

表 A.2 (续)

添加剂名称	功 能	最大使用量/(g/kg)	备 注
聚葡萄糖	增稠剂、膨松剂、水分保持剂、稳定剂	按生产需要适量使用	
聚氧乙烯山梨醇酐单月桂酸酯(又名吐温20),聚氧乙烯山梨醇酐单棕榈酸酯(又名吐温40),聚氧乙烯山梨醇酐单硬脂酸酯(又名吐温60),聚氧乙烯山梨醇酐单油酸酯(又名吐温80)	乳化剂、消泡剂、稳定剂	1.5	
可可壳色	着色剂	0.04	
辣椒橙	着色剂	按生产需要适量使用	
辣椒红	着色剂	按生产需要适量使用	
蓝锭果红	着色剂	1.0	
亮蓝及其铝色淀	着色剂	0.025	以亮蓝计
罗望子多糖胶	增稠剂	2.0	
萝卜红	着色剂	按生产需要适量使用	
麦芽糖醇	甜味剂、稳定剂、水分保持剂、乳化剂、膨松剂、增稠剂	按生产需要适量使用	
柠檬黄及其铝色淀	着色剂	0.05	以柠檬黄计
葡萄皮红	着色剂	1.0	
日落黄及其铝色淀	着色剂	0.09	以日落黄计
三氯蔗糖(又名蔗糖素)	甜味剂	0.25	
山梨糖醇(液)	甜味剂、膨松剂、乳化剂、水分保持剂、稳定剂、增稠剂	按生产需要适量使用	
酸性红(又名偶氮玉红)	着色剂	0.05	
糖精钠	甜味剂、增味剂	0.15	以糖精计
苋菜红及其铝色淀	着色剂	0.025	以苋菜红计
胭脂虫红	着色剂	0.15	以胭脂红酸计
胭脂红及其铝色淀	着色剂	0.05	以胭脂红计
叶绿素铜钠盐,叶绿素铜钾盐	着色剂	0.5	
乙酰磺胺酸钾(又名安赛蜜)	甜味剂	0.3	
异麦芽酮糖	甜味剂	按生产需要适量使用	
诱惑红及其铝色淀	着色剂	0.07	以诱惑红计
越橘红	着色剂	按生产需要适量使用	
藻蓝(淡、海水)	着色剂	0.8	
蔗糖脂肪酸酯	乳化剂	1.5	
栀子黄	着色剂	0.3	
紫草红	着色剂	0.1	

表 A.2（续）

食品分类号 03.01

食品名称/分类 冰淇淋类

添加剂名称	功 能	最大使用量/(g/kg)	备 注
海藻酸丙二醇酯	增稠剂、乳化剂、稳定剂	1.0	
焦磷酸钠	水分保持剂、膨松剂、酸度调节剂	5.0	
六偏磷酸钠	水分保持剂、乳化剂、酸度调节剂	5.0	
羟丙基淀粉	增稠剂、膨松剂、乳化剂、稳定剂	12.0	
三聚甘油单硬脂酸酯	乳化剂、消泡剂	3.0	
三聚磷酸钠	水分保持剂	5.0	
山梨醇酐单月桂酸酯（又名司盘20），山梨醇酐单棕榈酸酯（又名司盘40），山梨醇酐单硬脂酸酯（又名司盘60），山梨醇酐三硬脂酸酯（又名司盘65），山梨醇酐单油酸酯（又名司盘80）	乳化剂	3.0	
羧甲基淀粉钠	增稠剂	0.06	
田菁胶	增稠剂	5.0	
辛，癸酸甘油酯	乳化剂	按生产需要适量使用	
亚麻籽胶（又名富兰克胶）	增稠剂	0.3	
皂荚糖胶	增稠剂	4.0	

食品分类号 03.03

食品名称/分类 风味冰、冰棍类

添加剂名称	功 能	最大使用量/(g/kg)	备 注
山梨酸及其钾盐	防腐剂、抗氧化剂、稳定剂	0.5	以山梨酸计
苯甲酸及其钠盐	防腐剂	1.0	以苯甲酸计

食品分类号 04.01.01.02

食品名称/分类 经表面处理的鲜水果

添加剂名称	功 能	最大使用量/(g/kg)	备 注
2,4-二氯苯氧乙酸	防腐剂	0.01	残留量≤2.0 mg/kg
对羟基苯甲酸酯类及其钠盐（对羟基苯甲酸甲酯钠，对羟基苯甲酸乙酯及其钠盐，对羟基苯甲酸丙酯及其钠盐）	防腐剂	0.012	以对羟基苯甲酸计

表 A.2（续）

添加剂名称	功　能	最大使用量/(g/kg)	备　注
二氧化硫，焦亚硫酸钾，焦亚硫酸钠，亚硫酸钠，亚硫酸氢钠，低亚硫酸钠	漂白剂、防腐剂、抗氧化剂	0.05	最大使用量以二氧化硫残留量计
桂醛	防腐剂	按生产需要适量使用	残留量≤0.3 mg/kg
聚二甲基硅氧烷	消泡剂、被膜剂	0.000 9	
硫代二丙酸二月桂酯	抗氧化剂	0.2	
吗啉脂肪酸盐(果蜡)	被膜剂	按生产需要适量使用	
氢化松香甘油酯	乳化剂	0.5	
噻苯咪唑	防腐剂	0.02	
山梨醇酐单月桂酸酯(又名司盘 20)，山梨醇酐单棕榈酸酯(又名司盘 40)，山梨醇酐单硬脂酸酯(又名司盘 60)，山梨醇酐三硬脂酸酯(又名司盘 65)，山梨醇酐单油酸酯(又名司盘 80)	乳化剂	按生产需要适量使用	
山梨酸及其钾盐	防腐剂、抗氧化剂、稳定剂	0.5	以山梨酸计
松香季戊四醇酯	被膜剂、胶姆糖基础剂	0.09	
稳定态二氧化氯	防腐剂	0.01	
辛基苯氧聚乙烯氧基	被膜剂	0.075	
乙氧基喹	防腐剂	按生产需要适量使用	残留量≤1mg/kg
蔗糖脂肪酸酯	乳化剂	1.5	
仲丁胺	防腐剂	按生产需要适量使用	残留量： 柑橘(果肉)≤0.005 mg/kg， 荔枝(果肉)≤0.009 mg/kg， 苹果(果肉)≤0.001 mg/kg

食品名称/分类　经表面处理的鲜水果(仅限柑橘类)

添加剂名称	功　能	最大使用量/(g/kg)	备　注
2-苯基苯酚钠盐	防腐剂	0.95	残留量≤12 mg/kg
4-苯基苯酚	防腐剂	1.0	残留量≤12 mg/kg
联苯醚(又名二苯醚)	防腐剂	3.0	残留量≤12 mg/kg
乙萘酚	防腐剂	0.1	残留量≤70 mg/kg
紫胶(又名虫胶)	被膜剂、胶姆糖基础剂	0.5	

食品名称/分类　经表面处理的鲜水果(仅限苹果)

添加剂名称	功　能	最大使用量/(g/kg)	备　注
紫胶(又名虫胶)	被膜剂、胶姆糖基础剂	0.4	

表 A.2（续）

食品分类号　04.01.02

食品名称/分类　加工水果

添加剂名称	功　能	最大使用量/(g/kg)	备　注
月桂酸	其他	3.0	用于果蔬脱皮
植酸(又名肌醇六磷酸),植酸钠	抗氧化剂	0.2	

食品分类号　04.01.02.02

食品名称/分类　水果干类

添加剂名称	功　能	最大使用量/(g/kg)	备　注
二氧化硫,焦亚硫酸钾,焦亚硫酸钠,亚硫酸钠,亚硫酸氢钠,低亚硫酸钠	漂白剂、防腐剂、抗氧化剂	0.1	最大使用量以二氧化硫残留量计
硫磺	漂白剂、防腐剂	0.1	只限用于熏蒸,最大使用量以二氧化硫残留量计
三氯蔗糖(又名蔗糖素)	甜味剂	0.15	

食品名称/分类　水果干类(仅限芒果干、无花果干)

添加剂名称	功　能	最大使用量/(g/kg)	备　注
糖精钠	甜味剂、增味剂	5.0	以糖精计

食品名称/分类　水果干类(仅限苹果干)

添加剂名称	功　能	最大使用量/(g/kg)	备　注
诱惑红及其铝色淀	着色剂	0.07	以诱惑红计,用于燕麦片调色调香载体

食品分类号　04.01.02.04

食品名称/分类　水果罐头

添加剂名称	功　能	最大使用量/(g/kg)	备　注
红花黄	着色剂	0.2	
柠檬酸亚锡二钠	稳定剂和凝固剂	0.3	
偏酒石酸	酸度调节剂	按生产需要适量使用	
三氯蔗糖(又名蔗糖素)	甜味剂	0.25	
乙酰磺胺酸钾(又名安赛蜜)	甜味剂	0.3	
异抗坏血酸及其钠盐	抗氧化剂、护色剂	1.0	以抗坏血酸计

表 A.2 (续)

食品名称/分类　水果罐头(仅限西瓜酱罐头)

添加剂名称	功　能	最大使用量/(g/kg)	备　注
日落黄及其铝色淀	着色剂	0.1	以日落黄计

食品分类号　04.01.02.05

食品名称/分类　果酱

添加剂名称	功　能	最大使用量/(g/kg)	备　注
刺云实胶	增稠剂	5.0	
淀粉磷酸酯钠	增稠剂	按生产需要适量使用	
红曲米,红曲红	着色剂	按生产需要适量使用	
黄蜀葵胶	增稠剂	10.0	
甲壳素(又名几丁质)	增稠剂、稳定剂	5.0	
焦糖色(加氨生产)	着色剂	1.5	
焦糖色(普通法)	着色剂	1.5	
亮蓝及其铝色淀	着色剂	0.5	以亮蓝计
磷酸化二淀粉磷酸酯	增稠剂	1.0	
氯化钙	稳定剂和凝固剂、增稠剂	1.0	
萝卜红	着色剂	按生产需要适量使用	
柠檬黄及其铝色淀	着色剂	0.5	以柠檬黄计
葡萄皮红	着色剂	1.5	
羟丙基淀粉	增稠剂、膨松剂、乳化剂、稳定剂	30.0	
日落黄及其铝色淀	着色剂	0.5	以日落黄计
三氯蔗糖(又名蔗糖素)	甜味剂	0.45	
山梨酸及其钾盐	防腐剂、抗氧化剂、稳定剂	1.0	以山梨酸计
羧甲基淀粉钠	增稠剂	0.1	
苋菜红及其铝色淀	着色剂	0.3	以苋菜红计
胭脂红及其铝色淀	着色剂	0.5	以胭脂红计
乙二胺四乙酸二钠	稳定剂、凝固剂、抗氧化剂、防腐剂	0.07	
乙酰磺胺酸钾(又名安赛蜜)	甜味剂	0.3	
异抗坏血酸及其钠盐	抗氧化剂、护色剂	1.0	以抗坏血酸计
异麦芽酮糖	甜味剂	按生产需要适量使用	
栀子蓝	着色剂	0.3	
紫胶红(又名虫胶红)	着色剂	0.5	

食品名称/分类　果酱(罐头除外)

添加剂名称	功　能	最大使用量/(g/kg)	备　注
苯甲酸及其钠盐	防腐剂	1.0	以苯甲酸计
对羟基苯甲酸酯类及其钠盐(对羟基苯甲酸甲酯钠,对羟基苯甲酸乙酯及其钠盐,对羟基苯甲酸丙酯及其钠盐)	防腐剂	0.25	以对羟基苯甲酸计

表 A.2 (续)

食品分类号　04.01.02.08

食品名称/分类　蜜饯凉果

添加剂名称	功　能	最大使用量/(g/kg)	备　注
苯甲酸及其钠盐	防腐剂	0.5	以苯甲酸计
二氧化硫,焦亚硫酸钾,焦亚硫酸钠,亚硫酸钠,亚硫酸氢钠,低亚硫酸钠	漂白剂、防腐剂、抗氧化剂	0.35	最大使用量以二氧化硫残留量计
甘草,甘草酸铵,甘草酸一钾及三钾	甜味剂	按生产需要适量使用	
红花黄	着色剂	0.2	
环己基氨基磺酸钠,环己基氨基磺酸钙(又名甜蜜素)	甜味剂	1.0	以环己基氨基磺酸计
硫磺	漂白剂、防腐剂	0.35	只限用于熏蒸,最大使用量以二氧化硫残留量计
柠檬黄及其铝色淀	着色剂	0.1	以柠檬黄计
日落黄及其铝色淀	着色剂	0.1	以日落黄计
三氯蔗糖(又名蔗糖素)	甜味剂	1.5	
山梨酸及其钾盐	防腐剂、抗氧化剂、稳定剂	0.5	以山梨酸计
糖精钠	甜味剂、增味剂	1.0	以糖精计
天然苋菜红	着色剂	0.25	
甜菊糖苷	甜味剂	按生产需要适量使用	
苋菜红及其铝色淀	着色剂	0.05	以苋菜红计
胭脂红及其铝色淀	着色剂	0.05	以胭脂红计
硬脂酸镁	乳化剂、抗结剂	0.8	

食品分类号　04.01.02.08.01

食品名称/分类　蜜饯类

添加剂名称	功　能	最大使用量/(g/kg)	备　注
靛蓝及其铝色淀	着色剂	0.1	以靛蓝计
萝卜红	着色剂	按生产需要适量使用	
乙酰磺胺酸钾(又名安赛蜜)	甜味剂	0.3	
栀子黄	着色剂	0.3	

表 A.2（续）

食品分类号 04.01.02.08.02

食品名称/分类 凉果类

添加剂名称	功能	最大使用量/(g/kg)	备注
赤藓红及其铝色淀	着色剂	0.05	
靛蓝及其铝色淀	着色剂	0.1	以靛蓝计
二氧化钛	着色剂	10.0	
滑石粉	抗结剂	20.0	
环己基氨基磺酸钠，环己基氨基磺酸钙（又名甜蜜素）	甜味剂	8.0	以环己基氨基磺酸计
姜黄	着色剂	按生产需要适量使用	
亮蓝及其铝色淀	着色剂	0.025	以亮蓝计
糖精钠	甜味剂、增味剂	5.0	以糖精计
新红及其铝色淀	着色剂	0.05	以新红计

食品分类号 04.01.02.08.04

食品名称/分类 话化类（甘草制品）

添加剂名称	功能	最大使用量/(g/kg)	备注
L-α-天冬氨酰-*N*-(2,2,4,4-四甲基-3-硫化三亚甲基)-D-丙氨酰胺（又名阿力甜）	甜味剂	0.3	
滑石粉	抗结剂	20.0	
环己基氨基磺酸钠，环己基氨基磺酸钙（又名甜蜜素）	甜味剂	8.0	以环己基氨基磺酸计
糖精钠	甜味剂、增味剂	5.0	以糖精计

食品分类号 04.01.02.08.05

食品名称/分类 果丹（饼）类

添加剂名称	功能	最大使用量/(g/kg)	备注
环己基氨基磺酸钠，环己基氨基磺酸钙（又名甜蜜素）	甜味剂	8.0	以环己基氨基磺酸计
糖精钠	甜味剂、增味剂	5.0	以糖精计

表 A.2（续）

食品分类号　04.01.02.08.06
食品名称/分类　果糕类

添加剂名称	功　能	最大使用量/(g/kg)	备　注
桑椹红	着色剂	5.0	

食品分类号　04.01.02.09
食品名称/分类　装饰性果蔬

添加剂名称	功　能	最大使用量/(g/kg)	备　注
茶黄色素，茶绿色素	着色剂	按生产需要适量使用	
赤藓红及其铝色淀	着色剂	0.1	
靛蓝及其铝色淀	着色剂	0.2	以靛蓝计
红花黄	着色剂	0.2	
姜黄	着色剂	按生产需要适量使用	
亮蓝及其铝色淀	着色剂	0.1	以亮蓝计
柠檬黄及其铝色淀	着色剂	0.1	以柠檬黄计
日落黄及其铝色淀	着色剂	0.2	以日落黄计
天然苋菜红	着色剂	0.25	
苋菜红及其铝色淀	着色剂	0.1	以苋菜红计
新红及其铝色淀	着色剂	0.1	以新红计
胭脂红及其铝色淀	着色剂	0.1	以胭脂红计
诱惑红及其铝色淀	着色剂	0.05	以诱惑红计

食品分类号　04.01.02.12
食品名称/分类　煮熟的或油炸的水果

添加剂名称	功　能	最大使用量/(g/kg)	备　注
三氯蔗糖(又名蔗糖素)	甜味剂	0.15	

食品分类号　04.02.01
食品名称/分类　新鲜蔬菜(仅限蒜苔和青椒)

添加剂名称	功　能	最大使用量/(g/kg)	备　注
噻苯咪唑	防腐剂	0.01	残留量≤2.0mg/kg
仲丁胺	防腐剂	按生产需要适量使用	残留量≤3mg/kg

表 A.2（续）

食品分类号　04.02.01.02
食品名称/分类　经表面处理的新鲜蔬菜

添加剂名称	功　能	最大使用量/(g/kg)	备　注
2,4-二氯苯氧乙酸	防腐剂	0.01	残留量≤2.0mg/kg
对羟基苯甲酸酯类及其钠盐(对羟基苯甲酸甲酯钠,对羟基苯甲酸乙酯及其钠盐,对羟基苯甲酸丙酯及其钠盐)	防腐剂	0.012	以对羟基苯甲酸计
聚二甲基硅氧烷	消泡剂、被膜剂	0.000 9	
硫代二丙酸二月桂酯	抗氧化剂	0.2	
山梨醇酐单月桂酸酯(又名司盘 20),山梨醇酐单棕榈酸酯(又名司盘 40),山梨醇酐单硬脂酸酯(又名司盘 60),山梨醇酐三硬脂酸酯(又名司盘 65),山梨醇酐单油酸酯(又名司盘 80)	乳化剂	按生产需要适量使用	
山梨酸及其钾盐	防腐剂、抗氧化剂、稳定剂	0.5	以山梨酸计
松香季戊四醇酯	被膜剂、胶姆糖基础剂	0.09	
稳定态二氧化氯	防腐剂	0.01	
辛基苯氧聚乙烯氧基	被膜剂	0.075	

食品分类号　04.02.02
食品名称/分类　加工蔬菜

添加剂名称	功　能	最大使用量/(g/kg)	备　注
月桂酸	其他	3.0	用于果蔬脱皮
植酸(又名肌醇六磷酸),植酸钠	抗氧化剂	0.2	

食品分类号　04.02.02.02
食品名称/分类　干制蔬菜

添加剂名称	功　能	最大使用量/(g/kg)	备　注
二氧化硫,焦亚硫酸钾,焦亚硫酸钠,亚硫酸钠,亚硫酸氢钠,低亚硫酸钠	漂白剂、防腐剂、抗氧化剂	0.2	最大使用量以二氧化硫残留量计
硫磺	漂白剂、防腐剂	0.2	只限用于熏蒸,最大使用量以二氧化硫残留量计

表 A.2 (续)

食品名称/分类　干制蔬菜(仅限脱水马铃薯)

添加剂名称	功　能	最大使用量/(g/kg)	备　注
二氧化硫,焦亚硫酸钾,焦亚硫酸钠,亚硫酸钠,亚硫酸氢钠,低亚硫酸钠	漂白剂、防腐剂、抗氧化剂	0.4	最大使用量以二氧化硫残留量计

食品分类号　04.02.02.03

食品名称/分类　腌制的蔬菜

添加剂名称	功　能	最大使用量/(g/kg)	备　注
苯甲酸及其钠盐	防腐剂	0.5	以苯甲酸计

食品分类号　04.02.02.03.01

食品名称/分类　酱渍的蔬菜

添加剂名称	功　能	最大使用量/(g/kg)	备　注
环己基氨基磺酸钠,环己基氨基磺酸钙(又名甜蜜素)	甜味剂	0.65	以环己基氨基磺酸计
姜黄	着色剂	0.01	以姜黄素计
麦芽糖醇	甜味剂、稳定剂、水分保持剂、乳化剂、膨松剂、增稠剂	按生产需要适量使用	
三氯蔗糖(又名蔗糖素)	甜味剂	0.25	
山梨酸及其钾盐	防腐剂、抗氧化剂、稳定剂	0.5	以山梨酸计
山梨糖醇(液)	甜味剂、膨松剂、乳化剂、水分保持剂、稳定剂、增稠剂	按生产需要适量使用	
酸枣色	着色剂	1.0	
糖精钠	甜味剂、增味剂	0.15	以糖精计
脱氢乙酸及其钠盐	防腐剂	0.3	
乙二胺四乙酸二钠	稳定剂、凝固剂、抗氧化剂、防腐剂	0.25	
乙酰磺胺酸钾(又名安赛蜜)	甜味剂	0.3	

表 A.2 （续）

食品分类号 04.02.02.03.02

食品名称/分类 盐渍的蔬菜

添加剂名称	功 能	最大使用量/(g/kg)	备 注
靛蓝及其铝色淀	着色剂	0.01	以靛蓝计
二氧化硫，焦亚硫酸钾，焦亚硫酸钠，亚硫酸钠，亚硫酸氢钠，低亚硫酸钠	漂白剂、防腐剂、抗氧化剂	0.05	最大使用量以二氧化硫残留量计
环己基氨基磺酸钠，环己基氨基磺酸钙（又名甜蜜素）	甜味剂	0.65	以环己基氨基磺酸计
姜黄	着色剂	0.01	以姜黄素计
麦芽糖醇	甜味剂、稳定剂、水分保持剂、乳化剂、膨松剂、增稠剂	按生产需要适量使用	
柠檬黄及其铝色淀	着色剂	0.1	以柠檬黄计
三氯蔗糖（又名蔗糖素）	甜味剂	0.25	
山梨酸及其钾盐	防腐剂、抗氧化剂、稳定剂	0.5	以山梨酸计
山梨糖醇(液)	甜味剂、膨松剂、乳化剂、水分保持剂、稳定剂、增稠剂	按生产需要适量使用	
酸枣色	着色剂	1.0	
糖精钠	甜味剂、增味剂	0.15	以糖精计
脱氢乙酸及其钠盐	防腐剂	0.3	
苋菜红及其铝色淀	着色剂	0.05	以苋菜红计
胭脂红及其铝色淀	着色剂	0.05	以胭脂红计
乙二胺四乙酸二钠	稳定剂、凝固剂、抗氧化剂、防腐剂	0.25	
乙酰磺胺酸钾（又名安赛蜜）	甜味剂	0.3	

食品名称/分类 盐渍的蔬菜（仅限即食笋干）

添加剂名称	功 能	最大使用量/(g/kg)	备 注
山梨酸及其钾盐	防腐剂、抗氧化剂、稳定剂	1.0	以山梨酸计

表 A.2（续）

食品分类号　04.02.02.04
食品名称/分类　蔬菜罐头

添加剂名称	功　能	最大使用量/(g/kg)	备　注
红花黄	着色剂	0.2	
磷酸	酸度调节剂、稳定剂、水分保持剂	按生产需要适量使用	
柠檬酸亚锡二钠	稳定剂和凝固剂	0.3	
叶绿素铜钠盐，叶绿素铜钾盐	着色剂	0.5	
乙二胺四乙酸二钠	稳定剂、凝固剂、抗氧化剂、防腐剂	0.25	
异抗坏血酸及其钠盐	抗氧化剂、护色剂	1.0	以抗坏血酸计

食品名称/分类　蔬菜罐头（仅限竹笋、酸菜）

添加剂名称	功　能	最大使用量/(g/kg)	备　注
二氧化硫，焦亚硫酸钾，焦亚硫酸钠，亚硫酸钠，亚硫酸氢钠，低亚硫酸钠	漂白剂、防腐剂、抗氧化剂	0.05	最大使用量以二氧化硫残留量计

食品分类号　04.02.02.05
食品名称/分类　蔬菜泥(酱)(番茄沙司除外)

添加剂名称	功　能	最大使用量/(g/kg)	备　注
红曲米，红曲红	着色剂	按生产需要适量使用	
乙二胺四乙酸二钠	稳定剂、凝固剂、抗氧化剂、防腐剂	0.07	

食品分类号　04.03.01.02
食品名称/分类　经表面处理的鲜食用菌和藻类

添加剂名称	功　能	最大使用量/(g/kg)	备　注
硫磺	漂白剂、防腐剂	0.4	只限用于熏蒸，最大使用量以二氧化硫残留量计

表 A.2（续）

食品分类号 04.03.02

食品名称/分类 加工食用菌和藻类

添加剂名称	功 能	最大使用量/(g/kg)	备 注
山梨酸及其钾盐	防腐剂、抗氧化剂、稳定剂	0.5	以山梨酸计
乙酰磺胺酸钾(又名安赛蜜)	甜味剂	0.3	

食品分类号 04.03.02.04

食品名称/分类 食用菌和藻类罐头

添加剂名称	功 能	最大使用量/(g/kg)	备 注
柠檬酸亚锡二钠	稳定剂和凝固剂	0.3	
乳酸链球菌素	防腐剂	0.2	

食品名称/分类 食用菌和藻类罐头(仅限蘑菇罐头)

添加剂名称	功 能	最大使用量/(g/kg)	备 注
二氧化硫,焦亚硫酸钾,焦亚硫酸钠,亚硫酸钠,亚硫酸氢钠,低亚硫酸钠	漂白剂、防腐剂、抗氧化剂	0.05	最大使用量以二氧化硫残留量计

食品分类号 04.04

食品名称/分类 豆类制品

添加剂名称	功 能	最大使用量/(g/kg)	备 注
丙酸及其钠盐、钙盐	防腐剂	2.5	以丙酸计
聚氧乙烯山梨醇酐单月桂酸酯(又名吐温20),聚氧乙烯山梨醇酐单棕榈酸酯(又名吐温40),聚氧乙烯山梨醇酐单硬脂酸酯(又名吐温60),聚氧乙烯山梨醇酐单油酸酯(又名吐温80)	乳化剂、消泡剂、稳定剂	0.05	以每千克黄豆的使用量计
硫酸钙(又名石膏)	稳定剂和凝固剂、增稠剂、酸度调节剂	按生产需要适量使用	
硫酸铝钾(又名钾明矾),硫酸铝铵(又名铵明矾)	膨松剂、稳定剂	按生产需要适量使用	铝的残留量(干样品,以Al计)≤100 mg/kg
氯化钙	稳定剂和凝固剂、增稠剂	按生产需要适量使用	
氯化镁	稳定剂和凝固剂	按生产需要适量使用	
山梨醇酐单月桂酸酯(又名司盘20),山梨醇酐单棕榈酸酯(又名司盘40),山梨醇酐单硬脂酸酯(又名司盘60),山梨醇酐三硬脂酸酯(又名司盘65),山梨醇酐单油酸酯(又名司盘80)	乳化剂	1.6	以每千克黄豆的使用量计

表 A.2 （续）

食品名称/分类　豆制品

添加剂名称	功　能	最大使用量/(g/kg)	备　注
谷氨酰胺转氨酶	稳定剂和凝固剂	0.25	

食品分类号　　04.04.01.01

食品名称/分类　豆腐类(北豆腐、南豆腐、内酯豆腐、冻豆腐)

添加剂名称	功　能	最大使用量	备　注
可得然胶	稳定剂和凝固剂、增稠剂	按生产需要适量使用	
薪草提取物	稳定剂和凝固剂	按生产需要适量使用	

食品分类号　　04.04.01.02

食品名称/分类　豆干类

添加剂名称	功　能	最大使用量/(g/kg)	备　注
双乙酸钠	防腐剂	1.0	

食品分类号　　04.04.01.03

食品名称/分类　豆干再制品

添加剂名称	功　能	最大使用量/(g/kg)	备　注
山梨酸及其钾盐	防腐剂、抗氧化剂、稳定剂	1.0	以山梨酸计
双乙酸钠	防腐剂	1.0	

食品分类号　　04.04.01.04

食品名称/分类　腐竹类(包括腐竹、油皮)

添加剂名称	功　能	最大使用量/(g/kg)	备　注
二氧化硫，焦亚硫酸钾，焦亚硫酸钠，亚硫酸钠，亚硫酸氢钠，低亚硫酸钠	漂白剂、防腐剂、抗氧化剂	0.2	最大使用量以二氧化硫残留量计

食品分类号　　04.04.01.06

食品名称/分类　熟制豆类

添加剂名称	功　能	最大使用量/(g/kg)	备　注
亮蓝及其铝色淀	着色剂	0.025	以亮蓝计
柠檬黄及其铝色淀	着色剂	0.1	以柠檬黄计
日落黄及其铝色淀	着色剂	0.1	以日落黄计
诱惑红及其铝色淀	着色剂	0.1	以诱惑红计

表 A.2 (续)

食品名称/分类 熟制豆类(五香豆、炒豆)

添加剂名称	功 能	最大使用量/(g/kg)	备 注
糖精钠	甜味剂、增味剂	1.0	以糖精计

食品分类号 04.04.02

食品名称/分类 发酵豆制品

添加剂名称	功 能	最大使用量/(g/kg)	备 注
脱氢乙酸及其钠盐	防腐剂	0.3	

食品分类号 04.04.02.01

食品名称/分类 腐乳类

添加剂名称	功 能	最大使用量/(g/kg)	备 注
红曲米，红曲红	着色剂	按生产需要适量使用	
环已基氨基磺酸钠，环已基氨基磺酸钙(又名甜蜜素)	甜味剂	0.65	以环已基氨基磺酸计

食品分类号 04.05.02

食品名称/分类 加工坚果与籽类

添加剂名称	功 能	最大使用量/(g/kg)	备 注
亮蓝及其铝色淀	着色剂	0.025	以亮蓝计
柠檬黄及其铝色淀	着色剂	0.1	以柠檬黄计
日落黄及其铝色淀	着色剂	0.1	以日落黄计
诱惑红及其铝色淀	着色剂	0.1	以诱惑红计

食品分类号 04.05.02.01

食品名称/分类 烘焙/炒制坚果与籽类

添加剂名称	功 能	最大使用量/(g/kg)	备 注
甜菊糖苷	甜味剂	按生产需要适量使用	
乙酰磺胺酸钾(又名安赛蜜)	甜味剂	3.0	

食品名称/分类 烘焙/炒制坚果与籽类(仅限瓜子)

添加剂名称	功 能	最大使用量/(g/kg)	备 注
环已基氨基磺酸钠，环已基氨基磺酸钙(又名甜蜜素)	甜味剂	2.0	以环已基氨基磺酸计

表 A.2（续）

食品分类号　04.05.02.01.01

食品名称/分类　带壳烘焙/炒制坚果与籽类

添加剂名称	功　能	最大使用量/(g/kg)	备　注
环己基氨基磺酸钠，环己基氨基磺酸钙（又名甜蜜素）	甜味剂	6.0	以环己基氨基磺酸计
糖精钠	甜味剂、增味剂	1.2	以糖精计

食品分类号　04.05.02.01.02

食品名称/分类　脱壳烘焙/炒制坚果与籽类

添加剂名称	功　能	最大使用量/(g/kg)	备　注
环己基氨基磺酸钠，环己基氨基磺酸钙（又名甜蜜素）	甜味剂	1.2	以环己基氨基磺酸计
糖精钠	甜味剂、增味剂	1.0	以糖精计

食品分类号　04.05.02.03

食品名称/分类　坚果与籽类罐头

添加剂名称	功　能	最大使用量/(g/kg)	备　注
丁基羟基茴香醚	抗氧化剂	0.2	
二丁基羟基甲苯	抗氧化剂	0.2	
没食子酸丙酯	抗氧化剂	0.1	
特丁基对苯二酚	抗氧化剂	0.2	
乙二胺四乙酸二钠	稳定剂、凝固剂、抗氧化剂、防腐剂	0.25	
栀子黄	着色剂	0.3	

食品分类号　04.05.02.04

食品名称/分类　坚果与籽类的泥（酱），包括花生酱等

添加剂名称	功　能	最大使用量/(g/kg)	备　注
甲壳素（又名几丁质）	增稠剂、稳定剂	2.0	

表 A.2 (续)

食品分类号 05.0

食品名称/分类 可可制品、巧克力和巧克力制品(包括类巧克力和代巧克力)以及糖果

添加剂名称	功 能	最大使用量/(g/kg)	备 注
巴西棕榈蜡	被膜剂、抗结剂	0.6	
赤藓糖醇	甜味剂	按生产需要适量使用	
二氧化硫,焦亚硫酸钾,焦亚硫酸钠,亚硫酸钠,亚硫酸氢钠,低亚硫酸钠	漂白剂、防腐剂、抗氧化剂	0.1	最大使用量以二氧化硫残留量计
二氧化钛	着色剂	2.0	
葫芦巴胶	增稠剂	0.2	
姜黄	着色剂	按生产需要适量使用	
姜黄素	着色剂	0.01	
焦糖色(加氨生产)	着色剂	按生产需要适量使用	
焦糖色(普通法)	着色剂	按生产需要适量使用	
焦糖色(亚硫酸铵法)	着色剂	按生产需要适量使用	
菊花黄浸膏	着色剂	0.3	
聚葡萄糖	增稠剂、膨松剂、水分保持剂、稳定剂	按生产需要适量使用	
抗坏血酸(又名维生素C)	抗氧化剂	1.5	
可可壳色	着色剂	3.0	
亮蓝及其铝色淀	着色剂	0.3	以亮蓝计
罗望子多糖胶	增稠剂	2.0	
酸性红(又名偶氮玉红)	着色剂	0.05	
苋菜红及其铝色淀	着色剂	0.05	以苋菜红计
辛,癸酸甘油酯	乳化剂	按生产需要适量使用	
辛烯基琥珀酸铝淀粉	增稠剂、抗结剂、乳化剂	按生产需要适量使用	
硬脂酸(又名十八烷酸)	被膜剂、胶姆糖基础剂	1.2	
硬脂酸镁	乳化剂、抗结剂	按生产需要适量使用	
诱惑红及其铝色淀	着色剂	0.3	以诱惑红计
蔗糖脂肪酸酯	乳化剂	10.0	
栀子黄	着色剂	0.3	
紫胶红(又名虫胶红)	着色剂	0.5	

表 A.2 (续)

食品名称/分类　可可制品、巧克力和巧克力制品(包括类巧克力和代巧克力)以及糖果(05.01.01 可可制品除外)

添加剂名称	功　能	最大使用量/(g/kg)	备　注
赤藓红及其铝色淀	着色剂	0.05	
靛蓝及其铝色淀	着色剂	0.1	以靛蓝计
柠檬黄及其铝色淀	着色剂	0.1	以柠檬黄计
新红及其铝色淀	着色剂	0.05	以新红计

食品名称/分类　可可制品、巧克力和巧克力制品(包括类巧克力和代巧克力)以及糖果(05.01.01 可可制品、05.04 装饰糖果、顶饰和甜汁除外)

添加剂名称	功　能	最大使用量/(g/kg)	备　注
日落黄及其铝色淀	着色剂	0.1	以日落黄计

食品名称/分类　可可制品、巧克力和巧克力制品(包括类巧克力和代巧克力)以及糖果(05.04 装饰糖果、顶饰和甜汁除外)

添加剂名称	功　能	最大使用量/(g/kg)	备　注
胭脂红及其铝色淀	着色剂	0.05	以胭脂红计

食品分类号　05.01

食品名称/分类　可可制品、巧克力和巧克力制品,包括类巧克力和代巧克力

添加剂名称	功　能	最大使用量/(g/kg)	备　注
海藻酸丙二醇酯	增稠剂、乳化剂、稳定剂	5.0	
聚甘油蓖麻醇酯	乳化剂、稳定剂	5.0	
聚甘油脂肪酸酯(聚甘油单硬脂酸酯,聚甘油单油酸酯)	乳化剂、稳定剂、增稠剂、抗结剂	10.0	
辣椒红	着色剂	按生产需要适量使用	
山梨醇酐单月桂酸酯(又名司盘 20),山梨醇酐单棕榈酸酯(又名司盘 40),山梨醇酐单硬脂酸酯(又名司盘 60),山梨醇酐三硬脂酸酯(又名司盘 65),山梨醇酐单油酸 酯(又名司盘 80)	乳化剂	10.0	
紫胶(又名虫胶)	被膜剂、胶姆糖基础剂	0.2	

表 A.2 （续）

食品分类号　05.01.01
食品名称/分类　可可制品(以可可为主要原料的脂、粉、浆、酱、馅)

添加剂名称	功　能	最大使用量/(g/kg)	备　注
二氧化硅	抗结剂	15.0	
磷脂	抗氧化剂、乳化剂	按生产需要适量使用	

食品分类号　05.01.02
食品名称/分类　巧克力和巧克力制品、除05.01.01以外的可可制品

添加剂名称	功　能	最大使用量/(g/kg)	备　注
铵磷脂	乳化剂	10.0	
胭脂树橙(红木素,降红木素)	着色剂	0.025	

食品分类号　05.02
食品名称/分类　糖果

添加剂名称	功　能	最大使用量/(g/kg)	备　注
D-甘露糖醇	甜味剂、乳化剂、膨松剂、稳定剂、增稠剂	按生产需要适量使用	
茶黄色素,茶绿色素	着色剂	按生产需要适量使用	
多穗柯棕	着色剂	0.4	
甘草,甘草酸铵,甘草酸一钾及三钾	甜味剂	按生产需要适量使用	
黑豆红	着色剂	0.8	
红花黄	着色剂	0.2	
红米红	着色剂	按生产需要适量使用	
红曲米,红曲红	着色剂	按生产需要适量使用	
花生衣红	着色剂	0.4	
聚甘油脂肪酸酯(聚甘油单硬脂酸酯,聚甘油单油酸酯)	乳化剂、稳定剂、增稠剂、抗结剂	5.0	
辣椒橙	着色剂	按生产需要适量使用	
辣椒红	着色剂	按生产需要适量使用	
蓝锭果红	着色剂	2.0	
萝卜红	着色剂	按生产需要适量使用	
落葵红	着色剂	0.1	

表 A.2 (续)

添加剂名称	功　能	最大使用量/(g/kg)	备　注
麦芽糖醇	甜味剂、稳定剂、水分保持剂、乳化剂、膨松剂、增稠剂	按生产需要适量使用	
玫瑰茄红	着色剂	按生产需要适量使用	
密蒙黄	着色剂	按生产需要适量使用	
木糖醇酐单硬脂酸酯	乳化剂	5.0	
葡萄皮红	着色剂	2.0	
乳酸钙	酸度调节剂、抗氧化剂、乳化剂、稳定剂和凝固剂、增稠剂	按生产需要适量使用	
三氯蔗糖(又名蔗糖素)	甜味剂	1.5	
桑椹红	着色剂	2.0	
山梨糖醇(液)	甜味剂、膨松剂、乳化剂、水分保持剂、稳定剂、增稠剂	按生产需要适量使用	
酸枣色	着色剂	0.2	
天然苋菜红	着色剂	0.25	
甜菊糖苷	甜味剂	按生产需要适量使用	
胭脂虫红	着色剂	0.05	以胭脂红酸计
叶绿素铜钠盐,叶绿素铜钾盐	着色剂	0.5	
乙酰磺胺酸钾(又名安赛蜜)	甜味剂	2.0	
异麦芽酮糖	甜味剂	按生产需要适量使用	
玉米黄	着色剂	5.0	
藻蓝(淡、海水)	着色剂	0.8	
栀子蓝	着色剂	0.3	
植物炭黑	着色剂	5.0	

食品分类号　05.02.01

食品名称/分类　硬质糖果

添加剂名称	功　能	最大使用量/(g/kg)	备　注
二氧化钛	着色剂	10.0	

表 A.2（续）

食品分类号 05.02.03

食品名称/分类 乳脂糖果

添加剂名称	功　能	最大使用量/(g/kg)	备　注
苯甲酸及其钠盐	防腐剂	0.8	以苯甲酸计
山梨醇酐单月桂酸酯(又名司盘20),山梨醇酐单棕榈酸酯(又名司盘40),山梨醇酐单硬脂酸酯(又名司盘60),山梨醇酐三硬脂酸酯(又名司盘65),山梨醇酐单油酸酯(又名司盘80)	乳化剂	3.0	
山梨酸及其钾盐	防腐剂、抗氧化剂、稳定剂	1.0	以山梨酸计

食品分类号 05.02.05

食品名称/分类 凝胶糖果

添加剂名称	功　能	最大使用量/(g/kg)	备　注
白油(又名液体石蜡)	被膜剂	5.0	
苯甲酸及其钠盐	防腐剂	0.8	以苯甲酸计
山梨酸及其钾盐	防腐剂、抗氧化剂、稳定剂	1.0	以山梨酸计

食品分类号 05.02.06

食品名称/分类 抛光糖果

添加剂名称	功　能	最大使用量/(g/kg)	备　注
靛蓝及其铝色淀	着色剂	0.3	以靛蓝计
二氧化钛	着色剂	按生产需要适量使用	
柠檬黄及其铝色淀	着色剂	0.3	以柠檬黄计
日落黄及其铝色淀	着色剂	0.3	以日落黄计

食品分类号 05.02.08

食品名称/分类 胶基糖果

添加剂名称	功　能	最大使用量/(g/kg)	备　注
L-α-天冬氨酰-*N*-(2,2,4,4-四甲基-3-硫化三亚甲基)-D-丙氨酰胺(又名阿力甜)	甜味剂	0.3	
苯甲酸及其钠盐	防腐剂	1.5	以苯甲酸计

表 A.2 （续）

添加剂名称	功 能	最大使用量/(g/kg)	备 注
丁基羟基茴香醚	抗氧化剂	0.4	
二丁基羟基甲苯	抗氧化剂	0.4	
二氧化钛	着色剂	5.0	
富马酸	酸度调节剂	8.0	
海萝胶	增稠剂	10.0	
海藻酸丙二醇酯	增稠剂、乳化剂、稳定剂	5.0	
己二酸	酸度调节剂	4.0	
姜黄素	着色剂	0.7	
没食子酸丙酯	抗氧化剂	0.4	
山梨酸及其钾盐	防腐剂、抗氧化剂、稳定剂	1.5	以山梨酸计
紫胶(又名虫胶)	被膜剂、胶姆糖基础剂	3.0	

食品分类号 05.02.08.01
食品名称/分类 无糖胶基糖果

添加剂名称	功 能	最大使用量/(g/kg)	备 注
乙酰磺胺酸钾(又名安赛蜜)	甜味剂	4.0	

食品分类号 05.03
食品名称/分类 糖果、巧克力制品包衣

添加剂名称	功 能	最大使用量/(g/kg)	备 注
二氧化钛	着色剂	按生产需要适量使用	
聚甘油蓖麻醇酯	乳化剂、稳定剂	5.0	
聚乙二醇	被膜剂	按生产需要适量使用	
聚乙烯醇	被膜剂	18.0	
普鲁兰多糖	被膜剂、增稠剂	50.0	
日落黄及其铝色淀	着色剂	0.2	以日落黄计
氧化铁黑，氧化铁红	着色剂	0.02	

食品分类号 05.04
食品名称/分类 装饰糖果(如工艺造型，或用于蛋糕装饰)、顶饰(非水果材料)和甜汁

添加剂名称	功 能	最大使用量/(g/kg)	备 注
二氧化钛	着色剂	5.0	
海藻酸丙二醇酯	增稠剂、乳化剂、稳定剂	5.0	
焦磷酸二氢二钠	水分保持剂、膨松剂、酸度调节剂	5.0	

表 A.2 (续)

添加剂名称	功 能	最大使用量/(g/kg)	备 注
氯化钙	稳定剂和凝固剂、增稠剂	0.4	
异抗坏血酸及其钠盐	抗氧化剂、护色剂	1.0	以抗坏血酸计
硬脂酰乳酸钠,硬脂酰乳酸钙	乳化剂、稳定剂	2.0	
植酸(又名肌醇六磷酸),植酸钠	抗氧化剂	0.2	

食品分类号 06.0

食品名称/分类 粮食和粮食制品,包括大米、面粉、杂粮、块根植物、豆类和玉米提取的淀粉等(不包括06.01原粮及07.0类焙烤制品)

添加剂名称	功 能	最大使用量/(g/kg)	备 注
淀粉磷酸酯钠	增稠剂	按生产需要适量使用	
酪蛋白钙肽	其他(钙吸收促进剂)	1.6	
酪蛋白磷酸肽	其他(钙吸收促进剂)	1.6	

食品分类号 06.01

食品名称/分类 原粮

添加剂名称	功 能	最大使用量/(g/kg)	备 注
丙酸及其钠盐、钙盐	防腐剂	1.8	以丙酸计
双乙酸钠	防腐剂	1.0	

食品分类号 06.02.01

食品名称/分类 大米

添加剂名称	功 能	最大使用量/(g/kg)	备 注
双乙酸钠	防腐剂	0.2	残留量≤30mg/kg
脱乙酰甲壳素(又名壳聚糖)	增稠剂、被膜剂	0.1	

食品分类号 06.02.02

食品名称/分类 大米制品

添加剂名称	功 能	最大使用量/(g/kg)	备 注
植物炭黑	着色剂	5.0	

表 A.2（续）

食品分类号 06.03
食品名称/分类 小麦粉及其制品

添加剂名称	功　能	最大使用量/(g/kg)	备　注
酒石酸氢钾	膨松剂	250	
磷酸二氢钙	水分保持剂、酸度调节剂	4.0	以磷酸计
硫酸铝钾（又名钾明矾），硫酸铝铵（又名铵明矾）	膨松剂、稳定剂	按生产需要适量使用	铝的残留量（干样品，以Al计）≤100 mg/kg

食品分类号 06.03.01
食品名称/分类 小麦粉

添加剂名称	功　能	最大使用量/(g/kg)	备　注
过氧化苯甲酰	面粉处理剂、漂白剂	0.06	磷酸钙可作为过氧化苯甲酰稀释剂
过氧化钙	面粉处理剂、漂白剂	0.5	
葫芦巴胶	增稠剂	0.3	
磷酸二氢钾	水分保持剂、酸度调节剂	5.0	以磷酸计
磷酸三钙	抗结剂、酸度调节剂	0.03	
偶氮甲酰胺	面粉处理剂	0.045	
碳酸钙（包括轻质和重质碳酸钙）	面粉处理剂、膨松剂、稳定剂	0.03	作为过氧化苯甲酰稀释剂
碳酸镁	面粉处理剂	1.5	

食品分类号 06.03.01.02
食品名称/分类 饺子粉

添加剂名称	功　能	最大使用量/(g/kg)	备　注
沙蒿胶	增稠剂	0.3	
皂荚糖胶	增稠剂	4.0	

食品分类号 06.03.02
食品名称/分类 小麦粉制品

添加剂名称	功　能	最大使用量/(g/kg)	备　注
硫酸钙（又名石膏）	稳定剂和凝固剂、增稠剂、酸度调节剂	1.5	作为过氧化苯甲酰稀释剂
碳酸钾	酸度调节剂	按生产需要适量使用	
碳酸钠	酸度调节剂	按生产需要适量使用	
植物炭黑	着色剂	5.0	

表 A.2（续）

食品分类号 06.03.02.01

食品名称/分类 生湿面制品(如面条、饺子皮、馄饨皮、烧麦皮)

添加剂名称	功 能	最大使用量/(g/kg)	备 注
丙酸及其钠盐、钙盐	防腐剂	0.25	以丙酸计
单,双,三甘油脂肪酸酯(油酸、亚油酸、柠檬酸、亚麻酸、棕榈酸、山嵛酸、硬脂酸)	乳化剂	按生产需要适量使用	
单辛酸甘油酯	防腐剂	1.0	
富马酸	酸度调节剂	0.6	
果胶	乳化剂、稳定剂、增稠剂	按生产需要适量使用	
海藻酸钠	增稠剂	按生产需要适量使用	
黄原胶(又名汉生胶)	稳定剂、增稠剂	10.0	
卡拉胶	乳化剂、稳定剂、增稠剂	按生产需要适量使用	
可得然胶	稳定剂和凝固剂、增稠剂	按生产需要适量使用	
磷酸化二淀粉磷酸酯	增稠剂	0.2	
乳酸钠	水分保持剂、酸度调节剂、抗氧化剂、膨松剂、增稠剂、稳定剂	2.4	
双乙酰酒石酸单双甘油脂	乳化剂、增稠剂	10.0	
蔗糖脂肪酸酯	乳化剂	4.0	
栀子黄	着色剂	1.0	

食品分类号 06.03.02.02

食品名称/分类 生干面制品

添加剂名称	功 能	最大使用量/(g/kg)	备 注
单,双,三甘油脂肪酸酯(油酸、亚油酸、柠檬酸、亚麻酸、棕榈酸、山嵛酸、硬脂酸)	乳化剂	30.0	
柑橘黄	着色剂	按生产需要适量使用	
果胶	乳化剂、稳定剂、增稠剂	按生产需要适量使用	
海藻酸钠	增稠剂	按生产需要适量使用	
黄原胶(又名汉生胶)	稳定剂、增稠剂	4.0	
卡拉胶	乳化剂、稳定剂、增稠剂	8.0	

表 A.2（续）

添加剂名称	功 能	最大使用量/(g/kg)	备 注
可得然胶	稳定剂和凝固剂、增稠剂	按生产需要适量使用	
双乙酰酒石酸单双甘油脂	乳化剂、增稠剂	10.0	
田菁胶	增稠剂	2.0	
亚麻籽胶（又名富兰克胶）	增稠剂	1.5	
蔗糖脂肪酸酯	乳化剂	4.0	
栀子黄	着色剂	0.3	

食品名称/分类　生干面制品（仅限挂面）

添加剂名称	功 能	最大使用量/(g/kg)	备 注
沙蒿胶	增稠剂	0.3	

食品分类号　06.03.02.03
食品名称/分类　发酵面制品

添加剂名称	功 能	最大使用量/(g/kg)	备 注
L-半胱氨酸盐酸盐	面粉处理剂	0.06	
抗坏血酸（又名维生素C）	抗氧化剂	0.2	
磷酸氢钙	膨松剂、水分保持剂、酸度调节剂	按生产需要适量使用	

食品分类号　06.03.02.04
食品名称/分类　面糊（如用于鱼和禽肉的拖面糊）、裹粉、煎炸粉

添加剂名称	功 能	最大使用量/(g/kg)	备 注
姜黄素	着色剂	0.3	
焦磷酸二氢二钠	水分保持剂、膨松剂、酸度调节剂	5.0	
焦糖色（加氨生产）	着色剂	按生产需要适量使用	
焦糖色（普通法）	着色剂	按生产需要适量使用	
焦糖色（亚硫酸铵法）	着色剂	按生产需要适量使用	
聚甘油脂肪酸酯（聚甘油单硬脂酸酯，聚甘油单油酸酯）	乳化剂、稳定剂、增稠剂、抗结剂	10.0	
辣椒红	着色剂	按生产需要适量使用	

表 A.2（续）

添加剂名称	功 能	最大使用量/(g/kg)	备 注
柠檬黄及其铝色淀	着色剂	0.3	以柠檬黄计
日落黄及其铝色淀	着色剂	0.3	以日落黄计
辛烯基琥珀酸铝淀粉	增稠剂、抗结剂、乳化剂	按生产需要适量使用	
胭脂虫红	着色剂	按生产需要适量使用	以胭脂红酸计
胭脂树橙（红木素，降红木素）	着色剂	0.01	

食品分类号　06.04.01

食品名称/分类　杂粮粉

添加剂名称	功 能	最大使用量/(g/kg)	备 注
丁基羟基茴香醚	抗氧化剂	0.2	
焦磷酸二氢二钠	水分保持剂、膨松剂、酸度调节剂	5.0	

食品分类号　06.04.02

食品名称/分类　杂粮制品

添加剂名称	功 能	最大使用量/(g/kg)	备 注
沙蒿胶	增稠剂	0.3	

食品分类号　06.04.02.01

食品名称/分类　八宝粥罐头

添加剂名称	功 能	最大使用量/(g/kg)	备 注
红花黄	着色剂	0.2	
焦磷酸钠	水分保持剂、膨松剂、酸度调节剂	1.0	
磷酸	酸度调节剂、稳定剂、水分保持剂	按生产需要适量使用	
磷酸三钠	水分保持剂、稳定剂、酸度调节剂	0.5	
六偏磷酸钠	水分保持剂、乳化剂、酸度调节剂	1.0	
乳酸链球菌素	防腐剂	0.2	
三聚磷酸钠	水分保持剂	1.0	
乙二胺四乙酸二钠	稳定剂、凝固剂、抗氧化剂、防腐剂	0.25	
乙酰磺胺酸钾（又名安赛蜜）	甜味剂	0.3	
异抗坏血酸及其钠盐	抗氧化剂、护色剂	1.0	以抗坏血酸计
蔗糖脂肪酸酯	乳化剂	1.5	

表 A.2（续）

食品分类号　　06.04.02.02
食品名称/分类　其他杂粮制品(仅限冷冻薯条、冷冻薯饼)

添加剂名称	功　能	最大使用量/(g/kg)	备　注
焦磷酸二氢二钠	水分保持剂、膨松剂、酸度调节剂	1.5	

食品分类号　　06.05.01
食品名称/分类　食用淀粉

添加剂名称	功　能	最大使用量/(g/kg)	备　注
二氧化硫，焦亚硫酸钾，焦亚硫酸钠，亚硫酸钠，亚硫酸氢钠，低亚硫酸钠	漂白剂、防腐剂、抗氧化剂	0.03	最大使用量以二氧化硫残留量计
高锰酸钾	其他	0.5	
焦磷酸钠	水分保持剂、膨松剂、酸度调节剂	0.025	

食品分类号　　06.05.02.01
食品名称/分类　粉丝、粉条

添加剂名称	功　能	最大使用量/(g/kg)	备　注
二氧化硫，焦亚硫酸钾，焦亚硫酸钠，亚硫酸钠，亚硫酸氢钠，低亚硫酸钠	漂白剂、防腐剂、抗氧化剂	0.1	最大使用量以二氧化硫残留量计
硫磺	漂白剂、防腐剂	0.1	只限用于熏蒸，最大使用量以二氧化硫残留量计

食品分类号　　06.05.02.02
食品名称/分类　虾味片

添加剂名称	功　能	最大使用量/(g/kg)	备　注
亮蓝及其铝色淀	着色剂	0.025	以亮蓝计
硫酸铝钾(又名钾明矾)，硫酸铝铵(又名铵明矾)	膨松剂、稳定剂	按生产需要适量使用	铝的残留量(干样品，以Al计)≤100 mg/kg
柠檬黄及其铝色淀	着色剂	0.1	以柠檬黄计
日落黄及其铝色淀	着色剂	0.1	以日落黄计
胭脂红及其铝色淀	着色剂	0.05	以胭脂红计

表 A.2 （续）

食品分类号　06.06

食品名称/分类　即食谷物,包括碾轧燕麦(片)

添加剂名称	功　能	最大使用量/(g/kg)	备　注
丁基羟基茴香醚	抗氧化剂	0.2	
二丁基羟基甲苯	抗氧化剂	0.2	
姜黄	着色剂	0.03	以姜黄素计
焦糖色(加氨生产)	着色剂	按生产需要适量使用	
焦糖色(普通法)	着色剂	按生产需要适量使用	
焦糖色(亚硫酸铵法)	着色剂	按生产需要适量使用	
聚甘油脂肪酸酯(聚甘油单硬脂酸酯,聚甘油单油酸酯)	乳化剂、稳定剂、增稠剂、抗结剂	10.0	
磷酸三钠	水分保持剂、稳定剂、酸度调节剂	5.0	
柠檬黄及其铝色淀	着色剂	0.08	以柠檬黄计
三氯蔗糖(又名蔗糖素)	甜味剂	1.0	
维生素 E(*dl-α*-生育酚)	抗氧化剂	0.085	
胭脂虫红	着色剂	0.2	以胭脂红酸计
胭脂树橙(红木素,降红木素)	着色剂	0.07	
竹叶抗氧化物	抗氧化剂	0.5	

食品名称/分类　即食谷物,包括碾轧燕麦(片)(仅限可可玉米片)

添加剂名称	功　能	最大使用量/(g/kg)	备　注
亮蓝及其铝色淀	着色剂	0.015	以亮蓝计
诱惑红及其铝色淀	着色剂	0.07	以诱惑红计

食品分类号　06.07

食品名称/分类　方便米面制品

添加剂名称	功　能	最大使用量/(g/kg)	备　注
茶多酚(又名维多酚)	抗氧化剂	0.2	以油脂中儿茶素计
丁基羟基茴香醚	抗氧化剂	0.2	
二丁基羟基甲苯	抗氧化剂	0.2	

表 A.2（续）

添加剂名称	功　能	最大使用量/(g/kg)	备　注
甘草抗氧物	抗氧化剂	0.2	以甘草酸计
红花黄	着色剂	0.5	
红曲米，红曲红	着色剂	按生产需要适量使用	
姜黄	着色剂	按生产需要适量使用	
焦磷酸钠	水分保持剂、膨松剂、酸度调节剂	5.0	
聚甘油脂肪酸酯（聚甘油单硬脂酸酯，聚甘油单油酸酯）	乳化剂、稳定剂、增稠剂、抗结剂	10.0	
抗坏血酸棕榈酸酯	抗氧化剂	0.2	
可得然胶	稳定剂和凝固剂、增稠剂	按生产需要适量使用	
辣椒红	着色剂	按生产需要适量使用	
磷酸化二淀粉磷酸酯	增稠剂	0.2	
六偏磷酸钠	水分保持剂、乳化剂、酸度调节剂	5.0	
没食子酸丙酯	抗氧化剂	0.1	
三聚磷酸钠	水分保持剂	5.0	
特丁基对苯二酚	抗氧化剂	0.2	
田菁胶	增稠剂	2.0	
辛烯基琥珀酸铝淀粉	增稠剂、抗结剂、乳化剂	按生产需要适量使用	
胭脂树橙（红木素，降红木素）	着色剂	0.012	
蔗糖脂肪酸酯	乳化剂	4.0	
栀子黄	着色剂	1.5	
栀子蓝	着色剂	0.5	

表 A.2 （续）

食品名称/分类　方便米面制品(仅限方便面)

添加剂名称	功　能	最大使用量/(g/kg)	备　注
沙蒿胶	增稠剂	0.3	

食品分类号　　06.10

食品名称/分类　粮食制品馅料(仅限奶黄包)

添加剂名称	功　能	最大使用量/(g/kg)	备　注
栀子黄	着色剂	0.2	

食品分类号　　07.0

食品名称/分类　焙烤食品

添加剂名称	功　能	最大使用量/(g/kg)	备　注
刺云实胶	增稠剂	1.5	
葫芦巴胶	增稠剂	0.15	
酒石酸氢钾	膨松剂	250	
聚甘油脂肪酸酯(聚甘油单硬脂酸酯,聚甘油单油酸酯)	乳化剂、稳定剂、增稠剂、抗结剂	10.0	
聚葡萄糖	增稠剂、膨松剂、水分保持剂、稳定剂	按生产需要适量使用	
磷酸二氢钙	水分保持剂、酸度调节剂	4.0	以磷酸计
硫酸铝钾(又名钾明矾),硫酸铝铵(又名铵明矾)	膨松剂、稳定剂	按生产需要适量使用	铝的残留量(干样品,以Al计)≤100 mg/kg
三氯蔗糖(又名蔗糖素)	甜味剂	0.25	
蔗糖脂肪酸酯	乳化剂	3.0	
竹叶抗氧化物	抗氧化剂	0.5	

表 A.2（续）

食品分类号 07.01

食品名称/分类 面包

添加剂名称	功 能	最大使用量/(g/kg)	备 注
丙酸及其钠盐、钙盐	防腐剂	2.5	以丙酸计
环己基氨基磺酸钠，环己基氨基磺酸钙(又名甜蜜素)	甜味剂	0.65	以环己基氨基磺酸计
黄蜀葵胶	增稠剂	10.0	
姜黄	着色剂	0.01	以姜黄素计
焦磷酸二氢二钠	水分保持剂、膨松剂、酸度调节剂	3.0	
聚氧乙烯山梨醇酐单月桂酸酯(又名吐温20)，聚氧乙烯山梨醇酐单棕榈酸酯(又名吐温40)，聚氧乙烯山梨醇酐单硬脂酸酯(又名吐温60)，聚氧乙烯山梨醇酐单油酸酯(又名吐温80)	乳化剂、消泡剂、稳定剂	2.5	
抗坏血酸棕榈酸酯	抗氧化剂	0.2	
麦芽糖醇	甜味剂、稳定剂、水分保持剂、乳化剂、膨松剂、增稠剂	按生产需要适量使用	
密蒙黄	着色剂	按生产需要适量使用	
木糖醇酐单硬脂酸酯	乳化剂	3.0	
三聚甘油单硬脂酸酯	乳化剂、消泡剂	0.1	
山梨醇酐单月桂酸酯(又名司盘20)，山梨醇酐单棕榈酸酯(又名司盘40)，山梨醇酐单硬脂酸酯(又名司盘60)，山梨醇酐三硬脂酸酯(又名司盘65)，山梨醇酐单油酸酯(又名司盘80)	乳化剂	3.0	
山梨酸及其钾盐	防腐剂、抗氧化剂、稳定剂	1.0	以山梨酸计
山梨糖醇(液)	甜味剂、膨松剂、乳化剂、水分保持剂、稳定剂、增稠剂	按生产需要适量使用	
羧甲基淀粉钠	增稠剂	0.02	
糖精钠	甜味剂、增味剂	0.15	以糖精计
田菁胶	增稠剂	2.0	
脱氢乙酸及其钠盐	防腐剂	0.5	
乙酰磺胺酸钾(又名安赛蜜)	甜味剂	0.3	
异麦芽酮糖	甜味剂	按生产需要适量使用	
硬脂酰乳酸钠，硬脂酰乳酸钙	乳化剂、稳定剂	2.0	

表 A.2 （续）

食品分类号　07.02

食品名称/分类　糕点

添加剂名称	功　能	最大使用量/(g/kg)	备　注
丙二醇	稳定剂和凝固剂、抗结剂、消泡剂、乳化剂、水分保持剂、增稠剂	3.0	
丙二醇脂肪酸酯	乳化剂、稳定剂	2.0	
丙酸及其钠盐、钙盐	防腐剂	2.5	以丙酸计
茶多酚(又名维多酚)	抗氧化剂	0.4	以油脂中儿茶素计
赤藓糖醇	甜味剂	按生产需要适量使用	
单辛酸甘油酯	防腐剂	1.0	
环已基氨基磺酸钠，环已基氨基磺酸钙(又名甜蜜素)	甜味剂	0.65	以环已基氨基磺酸计
黄蜀葵胶	增稠剂	10.0	
姜黄	着色剂	0.01	以姜黄素计
萝卜红	着色剂	按生产需要适量使用	
麦芽糖醇	甜味剂、稳定剂、水分保持剂、乳化剂、膨松剂、增稠剂	按生产需要适量使用	
密蒙黄	着色剂	按生产需要适量使用	
木糖醇酐单硬脂酸酯	乳化剂	3.0	
那他霉素	防腐剂	0.3	表面使用，混悬液喷雾或浸泡，残留量小于10 mg/kg
葡萄皮红	着色剂	2.0	
三聚甘油单硬脂酸酯	乳化剂、消泡剂	0.1	
山梨醇酐单月桂酸酯(又名司盘20)，山梨醇酐单棕榈酸酯(又名司盘40)，山梨醇酐单硬脂酸酯(又名司盘60)，山梨醇酐三硬脂酸酯(又名司盘65)，山梨醇酐单油酸酯(又名司盘80)	乳化剂	3.0	
山梨酸及其钾盐	防腐剂、抗氧化剂、稳定剂	1.0	以山梨酸计
山梨糖醇(液)	甜味剂、膨松剂、乳化剂、水分保持剂、稳定剂、增稠剂	按生产需要适量使用	
双乙酸钠	防腐剂	4.0	
酸枣色	着色剂	0.2	

表 A.2 （续）

添加剂名称	功 能	最大使用量/(g/kg)	备 注
碳酸钠	酸度调节剂	按生产需要适量使用	
碳酸氢三钠(又名倍半碳酸钠)	酸度调节剂	按生产需要适量使用	
糖精钠	甜味剂、增味剂	0.15	以糖精计
甜菊糖苷	甜味剂	按生产需要适量使用	
脱氢乙酸及其钠盐	防腐剂	0.5	
胭脂树橙(红木素,降红木素)	着色剂	0.015	
乙酰磺胺酸钾(又名安赛蜜)	甜味剂	0.3	
异麦芽酮糖	甜味剂	按生产需要适量使用	
硬脂酸钾	乳化剂、抗结剂	0.18	
硬脂酰乳酸钠,硬脂酰乳酸钙	乳化剂、稳定剂	2.0	
栀子黄	着色剂	0.3	
植物炭黑	着色剂	5.0	
紫草红	着色剂	0.1	

食品名称/分类　糕点(07.02.04 糕点上彩装除外)

添加剂名称	功 能	最大使用量/(g/kg)	备 注
蓝锭果红	着色剂	2.0	

食品分类号　07.02.02

食品名称/分类　西式糕点

添加剂名称	功 能	最大使用量/(g/kg)	备 注
胭脂虫红	着色剂	0.05	以胭脂红酸计

食品分类号　07.02.03

食品名称/分类　月饼

添加剂名称	功 能	最大使用量/(g/kg)	备 注
聚氧乙烯山梨醇酐单月桂酸酯(又名吐温20),聚氧乙烯山梨醇酐单棕榈酸酯(又名吐温40),聚氧乙烯山梨醇酐单硬脂酸酯(又名吐温60),聚氧乙烯山梨醇酐单油酸酯(又名吐温80)	乳化剂、消泡剂、稳定剂	0.5	

表 A.2 （续）

添加剂名称	功 能	最大使用量/(g/kg)	备 注
山梨醇酐单月桂酸酯（又名司盘20），山梨醇酐单棕榈酸酯（又名司盘40），山梨醇酐单硬脂酸酯（又名司盘60），山梨醇酐三硬脂酸酯（又名司盘65），山梨醇酐单油酸酯（又名司盘80）	乳化剂	1.5	

食品分类号 07.02.04

食品名称/分类 糕点上彩装

添加剂名称	功 能	最大使用量/(g/kg)	备 注
茶黄色素，茶绿色素	着色剂	按生产需要适量使用	
赤藓红及其铝色淀	着色剂	0.05	
靛蓝及其铝色淀	着色剂	0.1	以靛蓝计
黑豆红	着色剂	0.8	
黑加仑红	着色剂	按生产需要适量使用	
红花黄	着色剂	0.2	
姜黄	着色剂	按生产需要适量使用	
菊花黄浸膏	着色剂	0.3	
可可壳色	着色剂	3.0	
辣椒橙	着色剂	按生产需要适量使用	
辣椒红	着色剂	按生产需要适量使用	
蓝锭果红	着色剂	3.0	
亮蓝及其铝色淀	着色剂	0.025	以亮蓝计
落葵红	着色剂	0.2	
柠檬黄及其铝色淀	着色剂	0.1	以柠檬黄计
日落黄及其铝色淀	着色剂	0.1	以日落黄计
沙棘黄	着色剂	1.5	
天然苋菜红	着色剂	0.25	
苋菜红及其铝色淀	着色剂	0.05	以苋菜红计
新红及其铝色淀	着色剂	0.05	以新红计
胭脂红及其铝色淀	着色剂	0.05	以胭脂红计
叶绿素铜钠盐，叶绿素铜钾盐	着色剂	0.5	
诱惑红及其铝色淀	着色剂	0.05	以诱惑红计
栀子蓝	着色剂	0.2	

表 A.2（续）

食品分类号 07.03

食品名称/分类 饼干

添加剂名称	功　能	最大使用量/(g/kg)	备　注
丁基羟基茴香醚	抗氧化剂	0.2	
二丁基羟基甲苯	抗氧化剂	0.2	
二氧化硫，焦亚硫酸钾，焦亚硫酸钠，亚硫酸钠，亚硫酸氢钠，低亚硫酸钠	漂白剂、防腐剂、抗氧化剂	0.1	最大使用量以二氧化硫残留量计
甘草，甘草酸铵，甘草酸一钾及三钾	甜味剂	按生产需要适量使用	
甘草抗氧物	抗氧化剂	0.2	以甘草酸计
红曲米，红曲红	着色剂	按生产需要适量使用	
花生衣红	着色剂	0.4	
环己基氨基磺酸钠，环己基氨基磺酸钙（又名甜蜜素）	甜味剂	0.65	以环己基氨基磺酸计
黄蜀葵胶	增稠剂	10.0	
焦磷酸二氢二钠	水分保持剂、膨松剂、酸度调节剂	3.0	
焦糖色（加氨生产）	着色剂	按生产需要适量使用	
焦糖色（普通法）	着色剂	按生产需要适量使用	
焦糖色（亚硫酸铵法）	着色剂	按生产需要适量使用	
可可壳色	着色剂	0.04	
辣椒橙	着色剂	按生产需要适量使用	
辣椒红	着色剂	按生产需要适量使用	
磷酸氢钙	膨松剂、水分保持剂、酸度调节剂	1.0	
麦芽糖醇	甜味剂、稳定剂、水分保持剂、乳化剂、膨松剂、增稠剂	按生产需要适量使用	
没食子酸丙酯	抗氧化剂	0.1	
山梨醇酐单月桂酸酯（又名司盘20），山梨醇酐单棕榈酸酯（又名司盘40），山梨醇酐单硬脂酸酯（又名司盘60），山梨醇酐三硬脂酸酯（又名司盘65），山梨醇酐单油酸酯（又名司盘80）	乳化剂	3.0	

表 A.2 (续)

添加剂名称	功　能	最大使用量/(g/kg)	备　注
山梨糖醇(液)	甜味剂、膨松剂、乳化剂、水分保持剂、稳定剂、增稠剂	按生产需要适量使用	
碳酸氢三钠(又名倍半碳酸钠)	酸度调节剂	按生产需要适量使用	
糖精钠	甜味剂、增味剂	0.15	以糖精计
特丁基对苯二酚	抗氧化剂	0.2	
叶绿素铜钠盐,叶绿素铜钾盐	着色剂	0.5	
异构化乳糖液	其他	2.0	
异麦芽酮糖	甜味剂	按生产需要适量使用	
硬脂酰乳酸钠,硬脂酰乳酸钙	乳化剂、稳定剂	2.0	
植物炭黑	着色剂	5.0	
紫草红	着色剂	0.1	

食品分类号　07.03.02

食品名称/分类　威化饼干

添加剂名称	功　能	最大使用量/(g/kg)	备　注
紫胶(又名虫胶)	被膜剂、胶姆糖基础剂	0.2	

食品分类号　07.04

食品名称/分类　焙烤食品馅料

添加剂名称	功　能	最大使用量/(g/kg)	备　注
山梨酸及其钾盐	防腐剂、抗氧化剂、稳定剂	1.0	以山梨酸计
脱氢乙酸及其钠盐	防腐剂	0.5	

食品名称/分类　焙烤食品馅料(仅限饼干夹心)

添加剂名称	功　能	最大使用量/(g/kg)	备　注
靛蓝及其铝色淀	着色剂	0.1	以靛蓝计
姜黄	着色剂	0.05	以姜黄素计
亮蓝及其铝色淀	着色剂	0.025	以亮蓝计
日落黄及其铝色淀	着色剂	0.1	以日落黄计
酸性红(又名偶氮玉红)	着色剂	0.05	
苋菜红及其铝色淀	着色剂	0.05	以苋菜红计
诱惑红及其铝色淀	着色剂	0.1	以诱惑红计
紫草红	着色剂	0.1	

表 A.2（续）

食品名称/分类　焙烤食品馅料（仅限饼干夹心和蛋糕夹心）

添加剂名称	功　能	最大使用量/(g/kg)	备　注
柠檬黄及其铝色淀	着色剂	0.05	以柠檬黄计
胭脂红及其铝色淀	着色剂	0.05	以胭脂红计

食品名称/分类　焙烤食品馅料（仅限布丁、糕点）

添加剂名称	功　能	最大使用量/(g/kg)	备　注
柠檬黄及其铝色淀	着色剂	0.3	以柠檬黄计
日落黄及其铝色淀	着色剂	0.3	以日落黄计

食品名称/分类　焙烤食品馅料（仅限豆馅）

添加剂名称	功　能	最大使用量/(g/kg)	备　注
单辛酸甘油酯	防腐剂	1.0	

食品名称/分类　焙烤食品馅料（仅限糕点馅）

添加剂名称	功　能	最大使用量/(g/kg)	备　注
对羟基苯甲酸酯类及其钠盐（对羟基苯甲酸甲酯钠，对羟基苯甲酸乙酯及其钠盐，对羟基苯甲酸丙酯及其钠盐）	防腐剂	0.5	以对羟基苯甲酸计

食品名称/分类　焙烤食品馅料（仅限含油脂馅料）

添加剂名称	功　能	最大使用量/(g/kg)	备　注
茶多酚（又名维多酚）	抗氧化剂	0.4	以油脂中儿茶素计

食品分类号　08.0

食品名称/分类　肉及肉制品

添加剂名称	功　能	最大使用量/(g/kg)	备　注
蔗糖脂肪酸酯	乳化剂	1.5	

食品分类号　08.02

食品名称/分类　预制肉制品

添加剂名称	功　能	最大使用量/(g/kg)	备　注
刺云实胶	增稠剂	10.0	
焦磷酸钠	水分保持剂、膨松剂、酸度调节剂	5.0	

表 A.2 （续）

添加剂名称	功　能	最大使用量/(g/kg)	备　注
磷酸三钠	水分保持剂、稳定剂、酸度调节剂	3.0	
六偏磷酸钠	水分保持剂、乳化剂、酸度调节剂	5.0	
迷迭香提取物	抗氧化剂	0.3	
乳酸链球菌素	防腐剂	0.5	
三聚磷酸钠	水分保持剂	5.0	
沙蒿胶	增稠剂	0.5	
双乙酸钠	防腐剂	3.0	
异抗坏血酸及其钠盐	抗氧化剂、护色剂	0.5	以抗坏血酸计

食品分类号　　08.02.01

食品名称/分类　调理肉制品(生肉添加调理料)

添加剂名称	功　能	最大使用量/(g/kg)	备　注
焦糖色(普通法)	着色剂	按生产需要适量使用	
辣椒红	着色剂	0.1	

食品分类号　　08.02.02

食品名称/分类　腌腊肉制品类(如咸肉、腊肉、板鸭、中式火腿、腊肠等)

添加剂名称	功　能	最大使用量/(g/kg)	备　注
茶多酚(又名维多酚)	抗氧化剂	0.4	以油脂中儿茶素计
丁基羟基茴香醚	抗氧化剂	0.2	
二丁基羟基甲苯	抗氧化剂	0.2	
甘草抗氧物	抗氧化剂	0.2	以甘草酸计
红曲米，红曲红	着色剂	按生产需要适量使用	
没食子酸丙酯	抗氧化剂	0.1	
特丁基对苯二酚	抗氧化剂	0.2	
硝酸钠，硝酸钾	护色剂、防腐剂	0.5	以亚硝酸钠(钾)计，残留量≤30 mg/kg
亚硝酸钠，亚硝酸钾	护色剂、防腐剂	0.15	以亚硝酸钠计，残留量≤30 mg/kg
植酸(又名肌醇六磷酸)，植酸钠	抗氧化剂	0.2	
竹叶抗氧化物	抗氧化剂	0.5	

表 A.2 （续）

食品分类号　08.03

食品名称/分类　熟肉制品

添加剂名称	功能	最大使用量/(g/kg)	备注
刺云实胶	增稠剂	10.0	
红曲米，红曲红	着色剂	按生产需要适量使用	
焦磷酸钠	水分保持剂、膨松剂、酸度调节剂	5.0	
可得然胶	稳定剂和凝固剂、增稠剂	按生产需要适量使用	
辣椒橙	着色剂	按生产需要适量使用	
辣椒红	着色剂	按生产需要适量使用	
乳酸链球菌素	防腐剂	0.5	
山梨酸及其钾盐	防腐剂、抗氧化剂、稳定剂	0.075	以山梨酸计
双乙酸钠	防腐剂	3.0	
亚麻籽胶（又名富兰克胶）	增稠剂	5.0	
异抗坏血酸及其钠盐	抗氧化剂、护色剂	0.5	以抗坏血酸计

食品名称/分类　熟肉制品(08.03.08 肉罐头类除外)

添加剂名称	功能	最大使用量/(g/kg)	备注
磷酸三钠	水分保持剂、稳定剂、酸度调节剂	3.0	
六偏磷酸钠	水分保持剂、乳化剂、酸度调节剂	5.0	
三聚磷酸钠	水分保持剂	5.0	

食品分类号　08.03.01

食品名称/分类　酱卤肉制品类

添加剂名称	功能	最大使用量/(g/kg)	备注
茶多酚(维多酚)	抗氧化剂	0.3	以油脂中儿茶素计
甘草抗氧物	抗氧化剂	0.2	以甘草酸计
迷迭香提取物	抗氧化剂	0.3	
那他霉素	防腐剂	0.3	表面使用，混悬液喷雾或浸泡，残留量小于10 mg/kg
硝酸钠，硝酸钾	护色剂、防腐剂	0.5	以亚硝酸钠（钾）计，残留量≤30 mg/kg
亚硝酸钠，亚硝酸钾	护色剂、防腐剂	0.15	以亚硝酸钠计，残留量≤30 mg/kg

表 A.2（续）

添加剂名称	功 能	最大使用量/(g/kg)	备 注
植酸（又名肌醇六磷酸），植酸钠	抗氧化剂	0.2	
竹叶抗氧化物	抗氧化剂	0.5	

食品分类号 08.03.02
食品名称/分类 熏、烧、烤肉类

添加剂名称	功 能	最大使用量/(g/kg)	备 注
茶多酚（又名维多酚）	抗氧化剂	0.3	以油脂中儿茶素计
甘草抗氧物	抗氧化剂	0.2	以甘草酸计
迷迭香提取物	抗氧化剂	0.3	
那他霉素	防腐剂	0.3	表面使用，混悬液喷雾或浸泡，残留量小于10 mg/kg
硝酸钠，硝酸钾	护色剂、防腐剂	0.5	以亚硝酸钠（钾）计，残留量≤30 mg/kg
亚硝酸钠，亚硝酸钾	护色剂、防腐剂	0.15	以亚硝酸钠计，残留量≤30 mg/kg
植酸（又名肌醇六磷酸），植酸钠	抗氧化剂	0.2	
竹叶抗氧化物	抗氧化剂	0.5	

食品分类号 08.03.03
食品名称/分类 油炸肉类

添加剂名称	功 能	最大使用量/(g/kg)	备 注
茶多酚（又名维多酚）	抗氧化剂	0.3	以油脂中儿茶素计
甘草抗氧物	抗氧化剂	0.2	以甘草酸计
迷迭香提取物	抗氧化剂	0.3	
那他霉素	防腐剂	0.3	表面使用，混悬液喷雾或浸泡，残留量小于10 mg/kg
硝酸钠，硝酸钾	护色剂、防腐剂	0.5	以亚硝酸钠（钾）计，残留量≤30 mg/kg
亚硝酸钠，亚硝酸钾	护色剂、防腐剂	0.15	以亚硝酸钠计，残留量≤30 mg/kg
植酸（又名肌醇六磷酸），植酸钠	抗氧化剂	0.2	
竹叶抗氧化物	抗氧化剂	0.5	

表 A.2 (续)

食品分类号 08.03.04

食品名称/分类 西式火腿(熏烤、烟熏、蒸煮火腿)类

添加剂名称	功 能	最大使用量/(g/kg)	备 注
茶多酚(又名维多酚)	抗氧化剂	0.3	以油脂中儿茶素计
甘草抗氧物	抗氧化剂	0.2	以甘草酸计
迷迭香提取物	抗氧化剂	0.3	
那他霉素	防腐剂	0.3	表面使用,混悬液喷雾或浸泡,残留量小于10 mg/kg
沙蒿胶	增稠剂	0.5	
脱乙酰甲壳素(又名壳聚糖)	增稠剂、被膜剂	6.0	
硝酸钠,硝酸钾	护色剂、防腐剂	0.5	以亚硝酸钠(钾)计,残留量≤30 mg/kg
亚麻籽胶(又名富兰克胶)	增稠剂	3.0	
亚硝酸钠,亚硝酸钾	护色剂、防腐剂	0.15	以亚硝酸钠计,残留量≤70 mg/kg
胭脂虫红	着色剂	0.025	以胭脂红酸计
胭脂树橙(红木素、降红木素)	着色剂	0.025	
诱惑红及其铝色淀	着色剂	0.025	以诱惑红计
植酸(又名肌醇六磷酸),植酸钠	抗氧化剂	0.2	
竹叶抗氧化物	抗氧化剂	0.5	

食品分类号 08.03.05

食品名称/分类 肉灌肠类

添加剂名称	功 能	最大使用量/(g/kg)	备 注
茶多酚(又名维多酚)	抗氧化剂	0.3	以油脂中儿茶素计
单辛酸甘油酯	防腐剂	0.5	
甘草抗氧物	抗氧化剂	0.2	以甘草酸计
花生衣红	着色剂	0.4	
迷迭香提取物	抗氧化剂	0.3	
那他霉素	防腐剂	0.3	表面使用,混悬液喷雾或浸泡,残留量小于10 mg/kg
沙蒿胶	增稠剂	0.5	

表 A.2 （续）

添加剂名称	功　能	最大使用量/(g/kg)	备　注
山梨酸及其钾盐	防腐剂、抗氧化剂、稳定剂	1.5	以山梨酸计
脱乙酰甲壳素（又名壳聚糖）	增稠剂、被膜剂	6.0	
硝酸钠，硝酸钾	护色剂、防腐剂	0.5	以亚硝酸钠（钾）计，残留量≤30 mg/kg
亚麻籽胶（又名富兰克胶）	增稠剂	3.0	
亚硝酸钠，亚硝酸钾	护色剂、防腐剂	0.15	以亚硝酸钠计，残留量≤30 mg/kg
胭脂虫红	着色剂	0.025	以胭脂红酸计
胭脂树橙（红木素，降红木素）	着色剂	0.025	
硬脂酰乳酸钠，硬脂酰乳酸钙	乳化剂、稳定剂	2.0	
诱惑红及其铝色淀	着色剂	0.015	以诱惑红计
植酸（又名肌醇六磷酸），植酸钠	抗氧化剂	0.2	
竹叶抗氧化物	抗氧化剂	0.5	

食品分类号　08.03.06

食品名称/分类　发酵肉制品类

添加剂名称	功　能	最大使用量/(g/kg)	备　注
茶多酚（又名维多酚）	抗氧化剂	0.3	以油脂中儿茶素计
甘草抗氧物	抗氧化剂	0.2	以甘草酸计
迷迭香提取物	抗氧化剂	0.3	
那他霉素	防腐剂	0.3	表面使用，混悬液喷雾或浸泡，残留量小于10 mg/kg
硝酸钠，硝酸钾	护色剂、防腐剂	0.5	以亚硝酸钠（钾）计，残留量≤30 mg/kg
亚硝酸钠，亚硝酸钾	护色剂、防腐剂	0.15	以亚硝酸钠计，残留量≤30 mg/kg
植酸（又名肌醇六磷酸），植酸钠	抗氧化剂	0.2	
竹叶抗氧化物	抗氧化剂	0.5	

表 A.2 (续)

食品分类号　08.03.08

食品名称/分类　肉罐头类

添加剂名称	功　能	最大使用量/(g/kg)	备　注
甘草,甘草酸铵,甘草酸一钾及三钾	甜味剂	按生产需要适量使用	
磷酸	酸度调节剂、稳定剂、水分保持剂	按生产需要适量使用	
磷酸三钠	水分保持剂、稳定剂、酸度调节剂	0.5	
六偏磷酸钠	水分保持剂、乳化剂、酸度调节剂	1.0	
羟丙基淀粉	增稠剂、膨松剂、乳化剂、稳定剂	30.0	
三聚磷酸钠	水分保持剂	1.0	
亚硝酸钠,亚硝酸钾	护色剂、防腐剂	0.15	以亚硝酸钠计,残留量≤50 mg/kg
异抗坏血酸及其钠盐	抗氧化剂、护色剂	1.0	以抗坏血酸计

食品分类号　08.03.09

食品名称/分类　可食用动物肠衣类

添加剂名称	功　能	最大使用量/(g/kg)	备　注
胭脂红及其铝色淀	着色剂	0.025	以胭脂红计
诱惑红及其铝色淀	着色剂	0.05	以诱惑红计

食品分类号　09.0

食品名称/分类　水产品及其制品(包括鱼类、甲壳类、贝类、软体类、棘皮类等水产品及其加工制品)

添加剂名称	功　能	最大使用量/(g/kg)	备　注
硫酸铝钾(又名钾明矾),硫酸铝铵(又名铵明矾)	膨松剂、稳定剂	按生产需要适量使用	铝的残留量(干样品,以Al计)≤100 mg/kg
竹叶抗氧化物	抗氧化剂	0.5	

食品名称/分类　水产品及其制品(包括鱼类、甲壳类、贝类、软体类、棘皮类等水产品及其加工制品)(仅限鱼类加工)

添加剂名称	功　能	最大使用量/(g/kg)	备　注
稳定态二氧化氯	防腐剂	0.05	

食品分类号　09.01

食品名称/分类　鲜水产品(仅限虾类)

添加剂名称	功　能	最大使用量/(g/kg)	备　注
4-己基间苯二酚	抗氧化剂	按生产需要适量使用	残留量≤1 mg/kg
植酸(又名肌醇六磷酸),植酸钠	抗氧化剂	按生产需要适量使用	残留量≤20 mg/kg

表 A.2（续）

食品分类号　09.02
食品名称/分类　冷冻水产品及其制品

添加剂名称	功　能	最大使用量/(g/kg)	备　注
异抗坏血酸及其钠盐	抗氧化剂、护色剂	1.0	以抗坏血酸计

食品分类号　09.02.03
食品名称/分类　冷冻鱼糜制品(包括鱼丸等)

添加剂名称	功　能	最大使用量/(g/kg)	备　注
辣椒橙	着色剂	按生产需要适量使用	
辣椒红	着色剂	按生产需要适量使用	
麦芽糖醇	甜味剂、稳定剂、水分保持剂、乳化剂、膨松剂、增稠剂	0.5	
沙蒿胶	增稠剂	0.5	
山梨糖醇(液)	甜味剂、膨松剂、乳化剂、水分保持剂、稳定剂、增稠剂	0.5	

食品分类号　09.03
食品名称/分类　预制水产品(半成品)

添加剂名称	功　能	最大使用量/(g/kg)	备　注
茶多酚(又名维多酚)	抗氧化剂	0.3	以油脂中儿茶素计
焦磷酸钠	水分保持剂、膨松剂、酸度调节剂	1.0	
山梨酸及其钾盐	防腐剂、抗氧化剂、稳定剂	0.075	以山梨酸计

食品分类号　09.03.02
食品名称/分类　腌制水产品

添加剂名称	功　能	最大使用量/(g/kg)	备　注
甘草抗氧物	抗氧化剂	0.2	以甘草酸计

食品分类号　09.03.04
食品名称/分类　风干、烘干、压干等水产品

添加剂名称	功　能	最大使用量/(g/kg)	备　注
丁基羟基茴香醚	抗氧化剂	0.2	
二丁基羟基甲苯	抗氧化剂	0.2	
没食子酸丙酯	抗氧化剂	0.1	
山梨酸及其钾盐	防腐剂、抗氧化剂、稳定剂	1.0	以山梨酸计
特丁基对苯二酚	抗氧化剂	0.2	

表 A.2 (续)

食品分类号 09.04

食品名称/分类 熟制水产品(可直接食用)

添加剂名称	功 能	最大使用量/(g/kg)	备 注
茶多酚(又名维多酚)	抗氧化剂	0.3	以油脂中儿茶素计

食品分类号 09.05

食品名称/分类 水产品罐头

添加剂名称	功 能	最大使用量/(g/kg)	备 注
茶多酚(又名维多酚)	抗氧化剂	0.3	以油脂中儿茶素计
焦磷酸钠	水分保持剂、膨松剂、酸度调节剂	1.0	
六偏磷酸钠	水分保持剂、乳化剂、酸度调节剂	1.0	

食品分类号 09.06

食品名称/分类 其他水产品及其制品(仅限即食海蜇)

添加剂名称	功 能	最大使用量/(g/kg)	备 注
山梨酸及其钾盐	防腐剂、抗氧化剂、稳定剂	1.0	以山梨酸计

食品分类号 10.01

食品名称/分类 鲜蛋

添加剂名称	功 能	最大使用量/(g/kg)	备 注
白油(又名液体石蜡)	被膜剂	5.0	
蔗糖脂肪酸酯	乳化剂	1.5	用于鸡蛋保鲜

食品分类号 10.03

食品名称/分类 蛋制品(改变其物理性状)

添加剂名称	功 能	最大使用量/(g/kg)	备 注
山梨酸及其钾盐	防腐剂、抗氧化剂、稳定剂	0.075	以山梨酸计

食品分类号 10.03.01

食品名称/分类 脱水蛋制品(如蛋白粉、蛋黄粉、蛋白片)

添加剂名称	功 能	最大使用量/(g/kg)	备 注
二氧化硅	抗结剂	15.0	

表 A.2（续）

食品分类号 10.03.02

食品名称/分类 热凝固蛋制品(如蛋黄酪、松花蛋肠)

添加剂名称	功 能	最大使用量/(g/kg)	备 注
对羟基苯甲酸酯类及其钠盐(对羟基苯甲酸甲酯钠,对羟基苯甲酸乙酯及其钠盐,对羟基苯甲酸丙酯及其钠盐)	防腐剂	0.2	以对羟基苯甲酸计

食品分类号 11.01

食品名称/分类 食糖

添加剂名称	功 能	最大使用量/(g/kg)	备 注
二氧化硫,焦亚硫酸钾,焦亚硫酸钠,亚硫酸钠,亚硫酸氢钠,低亚硫酸钠	漂白剂、防腐剂、抗氧化剂	0.1	最大使用量以二氧化硫残留量计
硫磺	漂白剂、防腐剂	0.1	只限用于熏蒸,最大使用量以二氧化硫残留量计

食品分类号 11.01.02

食品名称/分类 其他糖和糖浆(如红糖、赤砂糖、槭树糖浆)

添加剂名称	功 能	最大使用量/(g/kg)	备 注
单,双,三甘油脂肪酸酯(油酸、亚油酸、柠檬酸、亚麻酸、棕榈酸、山嵛酸、硬脂酸)	乳化剂	6.0	
果胶	乳化剂、稳定剂、增稠剂	按生产需要适量使用	
海藻酸钠	乳化剂、稳定剂、增稠剂	10.0	
黄原胶(又名汉生胶)	稳定剂、增稠剂	5.0	
卡拉胶	乳化剂、稳定剂、增稠剂	5.0	
双乙酰酒石酸单双甘油脂	乳化剂、增稠剂	按生产需要适量使用	

食品分类号 11.02

食品名称/分类 淀粉糖(果糖,葡萄糖、饴糖;部分转化糖,包括糖蜜等)

添加剂名称	功 能	最大使用量/(g/kg)	备 注
二氧化硫,焦亚硫酸钾,焦亚硫酸钠,亚硫酸钠,亚硫酸氢钠,低亚硫酸钠	漂白剂、防腐剂、抗氧化剂	0.2	最大使用量以二氧化硫残留量计

表 A.2（续）

食品分类号　　11.04

食品名称/分类　餐桌甜味料

添加剂名称	功　能	最大使用量/(g/份)	备　注
L-α-天冬氨酰-N-(2,2,4,4-四甲基-3-硫化三亚甲基)-D-丙氨酰胺(又名阿力甜)	甜味剂	0.15	
三氯蔗糖(又名蔗糖素)	甜味剂	0.05	
乙酰磺胺酸钾(又名安赛蜜)	甜味剂	0.04	

食品分类号　　11.05

食品名称/分类　调味糖浆

添加剂名称	功　能	最大使用量/(g/kg)	备　注
苯甲酸及其钠盐	防腐剂	1.0	以苯甲酸计
焦糖色(加氨生产)	着色剂	按生产需要适量使用	
焦糖色(普通法)	着色剂	按生产需要适量使用	
亮蓝及其铝色淀	着色剂	0.025	以亮蓝计
山梨酸及其钾盐	防腐剂、抗氧化剂、稳定剂	1.0	以山梨酸计
胭脂红及其铝色淀	着色剂	0.2	以胭脂红计
诱惑红及其铝色淀	着色剂	0.3	以诱惑红计

食品分类号　　11.05.01

食品名称/分类　水果调味糖浆

添加剂名称	功　能	最大使用量/(g/kg)	备　注
亮蓝及其铝色淀	着色剂	0.5	以亮蓝计
柠檬黄及其铝色淀	着色剂	0.5	以柠檬黄计
日落黄及其铝色淀	着色剂	0.5	以日落黄计
苋菜红及其铝色淀	着色剂	0.3	以苋菜红计
胭脂红及其铝色淀	着色剂	0.5	以胭脂红计

食品分类号　　11.05.02

食品名称/分类　其他调味糖浆

添加剂名称	功　能	最大使用量/(g/kg)	备　注
柠檬黄及其铝色淀	着色剂	0.3	以柠檬黄计
日落黄及其铝色淀	着色剂	0.3	以日落黄计

表 A.2 (续)

食品分类号 11.06

食品名称/分类 其他甜味料(仅限糖粉)

添加剂名称	功 能	最大使用量/(g/kg)	备 注
二氧化硅	抗结剂	15.0	

食品分类号 12.0

食品名称/分类 调味品

添加剂名称	功 能	最大使用量/(g/kg)	备 注
L-丙氨酸	增味剂	按生产需要适量使用	
氨基乙酸(又名甘氨酸)	增味剂	1.0	
淀粉磷酸酯钠	增稠剂	按生产需要适量使用	
甘草，甘草酸铵，甘草酸一钾及三钾	甜味剂	按生产需要适量使用	
琥珀酸二钠	增味剂	20.0	
姜黄	着色剂	按生产需要适量使用	
山梨糖醇(液)	甜味剂、膨松剂、乳化剂、水分保持剂、稳定剂、增稠剂	按生产需要适量使用	
双乙酸钠	防腐剂	2.5	
甜菊糖苷	甜味剂	按生产需要适量使用	
乙酰磺胺酸钾(又名安赛蜜)	甜味剂	0.5	
皂荚糖胶	增稠剂	4.0	
蔗糖脂肪酸酯	乳化剂	5.0	

食品分类号 12.01

食品名称/分类 盐及代盐制品

添加剂名称	功 能	最大使用量/(g/kg)	备 注
氯化钾	其他	350	
亚铁氰化钾，亚铁氰化钠	抗结剂	0.01	以亚铁氰根计

食品分类号 12.03

食品名称/分类 醋

添加剂名称	功 能	最大使用量/(g/kg)	备 注
苯甲酸及其钠盐	防腐剂	1.0	以苯甲酸计
丙酸及其钠盐、钙盐	防腐剂	2.5	以丙酸计

表 A.2（续）

添加剂名称	功　能	最大使用量/(g/kg)	备　注
对羟基苯甲酸酯类及其钠盐(对羟基苯甲酸甲酯钠，对羟基苯甲酸乙酯及其钠盐，对羟基苯甲酸丙酯及其钠盐)	防腐剂	0.1	以对羟基苯甲酸计
红曲米，红曲红	着色剂	按生产需要适量使用	
甲壳素(又名几丁质)	增稠剂、稳定剂	1.0	
焦糖色(加氨生产)	着色剂	按生产需要适量使用	
焦糖色(普通法)	着色剂	按生产需要适量使用	
三氯蔗糖(又名蔗糖素)	甜味剂	0.25	
山梨酸及其钾盐	防腐剂、抗氧化剂、稳定剂	1.0	以山梨酸计

食品分类号　　12.04

食品名称/分类　酱油

添加剂名称	功　能	最大使用量/(g/kg)	备　注
苯甲酸及其钠盐	防腐剂	1.0	以苯甲酸计
丙酸及其钠盐、钙盐	防腐剂	2.5	以丙酸计
对羟基苯甲酸酯类及其钠盐(对羟基苯甲酸甲酯钠，对羟基苯甲酸乙酯及其钠盐，对羟基苯甲酸丙酯及其钠盐)	防腐剂	0.25	以对羟基苯甲酸计
红曲米，红曲红	着色剂	按生产需要适量使用	
焦糖色(加氨生产)	着色剂	按生产需要适量使用	
焦糖色(普通法)	着色剂	按生产需要适量使用	
焦糖色(亚硫酸铵法)	着色剂	按生产需要适量使用	
氯化钾	其他	60	
三氯蔗糖(又名蔗糖素)	甜味剂	0.25	
山梨酸及其钾盐	防腐剂、抗氧化剂、稳定剂	1.0	以山梨酸计
酸枣色	着色剂	1.0	
乙酰磺胺酸钾(又名安赛蜜)	甜味剂	1.0	

表 A.2 （续）

食品分类号 12.05

食品名称/分类 酱及酱制品

添加剂名称	功 能	最大使用量/(g/kg)	备 注
苯甲酸及其钠盐	防腐剂	1.0	以苯甲酸计
赤藓红及其铝色淀	着色剂	0.05	
对羟基苯甲酸酯类及其钠盐(对羟基苯甲酸甲酯钠,对羟基苯甲酸乙酯及其钠盐,对羟基苯甲酸丙酯及其钠盐)	防腐剂	0.25	以对羟基苯甲酸计
红曲米，红曲红	着色剂	按生产需要适量使用	
焦糖色(加氨生产)	着色剂	按生产需要适量使用	
焦糖色(普通法)	着色剂	按生产需要适量使用	
焦糖色(亚硫酸铵法)	着色剂	按生产需要适量使用	
辣椒橙	着色剂	按生产需要适量使用	
辣椒红	着色剂	按生产需要适量使用	
萝卜红	着色剂	按生产需要适量使用	
三氯蔗糖(又名蔗糖素)	甜味剂	0.25	
山梨酸及其钾盐	防腐剂、抗氧化剂、稳定剂	0.5	以山梨酸计
羧甲基淀粉钠	增稠剂	0.1	

食品分类号 12.09

食品名称/分类 香辛料类

添加剂名称	功 能	最大使用量/(g/kg)	备 注
单,双,三甘油脂肪酸酯(油酸、亚油酸、柠檬酸、亚麻酸、棕榈酸、山嵛酸、硬脂酸)	乳化剂	5.0	
二氧化硅	抗结剂	20.0	
果胶	乳化剂、稳定剂、增稠剂	按生产需要适量使用	
海藻酸钠	乳化剂、稳定剂、增稠剂	按生产需要适量使用	
黄原胶(又名汉生胶)	稳定剂、增稠剂	按生产需要适量使用	
卡拉胶	乳化剂、稳定剂、增稠剂	按生产需要适量使用	
乳糖醇	乳化剂、稳定剂、甜味剂、增稠剂	按生产需要适量使用	
双乙酰酒石酸单双甘油脂	乳化剂、增稠剂	0.001	

表 A.2（续）

食品分类号 12.09.01

食品名称/分类 香辛料及粉

添加剂名称	功 能	最大使用量/(g/kg)	备 注
硬脂酸钾	乳化剂、抗结剂	20.0	

食品分类号 12.09.03

食品名称/分类 香辛料酱(如芥末酱、青芥酱)

添加剂名称	功 能	最大使用量/(g/kg)	备 注
亮蓝及其铝色淀	着色剂	0.01	以亮蓝计
柠檬黄及其铝色淀	着色剂	0.1	以柠檬黄计
三氯蔗糖(又名蔗糖素)	甜味剂	0.4	

食品分类号 12.10

食品名称/分类 复合调味料

添加剂名称	功 能	最大使用量/(g/kg)	备 注
苯甲酸及其钠盐	防腐剂	0.6	以苯甲酸计
丙二醇脂肪酸酯	乳化剂、稳定剂	20.0	
茶多酚(又名维多酚)	抗氧化剂	0.1	以油脂中儿茶素计
赤藓红及其铝色淀	着色剂	0.05	
红曲米，红曲红	着色剂	按生产需要适量使用	
环己基氨基磺酸钠，环己基氨基磺酸钙(又名甜蜜素)	甜味剂	0.65	以环己基氨基磺酸计
焦糖色(加氨生产)	着色剂	按生产需要适量使用	
焦糖色(普通法)	着色剂	按生产需要适量使用	
焦糖色(亚硫酸铵法)	着色剂	按生产需要适量使用	
辣椒红	着色剂	按生产需要适量使用	
辣椒油树脂	增味剂	10.0	
磷酸	酸度调节剂、稳定剂、水分保持剂	按生产需要适量使用	
磷酸三钙	抗结剂、酸度调节剂	20.0	
普鲁兰多糖	被膜剂、增稠剂	50.0	
羟丙基淀粉	增稠剂、膨松剂、乳化剂、稳定剂	30.0	
日落黄及其铝色淀	着色剂	0.2	以日落黄计
三氯蔗糖(又名蔗糖素)	甜味剂	0.25	

表 A.2 （续）

添加剂名称	功 能	最大使用量/(g/kg)	备 注
山梨酸及其钾盐	防腐剂、抗氧化剂、稳定剂	1.0	以山梨酸计
双乙酸钠	防腐剂	10.0	
糖精钠	甜味剂、增味剂	0.15	以糖精计
脱氢乙酸及其钠盐	防腐剂	0.5	
胭脂树橙(红木素，降红木素)	着色剂	0.1	
乙二胺四乙酸二钠	稳定剂、凝固剂、抗氧化剂、防腐剂	0.075	
乙酸钠	酸度调节剂、防腐剂	10.0	
紫胶红(又名虫胶红)	着色剂	0.5	

食品名称/分类　复合调味料(12.10.02 半固体复合调味料除外)

添加剂名称	功 能	最大使用量/(g/kg)	备 注
胭脂虫红	着色剂	1.0	以胭脂红酸计

食品名称/分类　复合调味料(仅限油炸薯片调味料)

添加剂名称	功 能	最大使用量/(g/kg)	备 注
乳酸钙	酸度调节剂、抗氧化剂、乳化剂、稳定剂和凝固剂、增稠剂	10.0	

食品分类号　　12.10.01

食品名称/分类　固体复合调味料

添加剂名称	功 能	最大使用量/(g/kg)	备 注
二氧化硅	抗结剂	20.0	
聚甘油脂肪酸酯(聚甘油单硬脂酸酯，聚甘油单油酸酯)	乳化剂、稳定剂、增稠剂、抗结剂	10.0	
聚氧乙烯山梨醇酐单月桂酸酯(又名吐温 20)，聚氧乙烯山梨醇酐单棕榈酸酯(又名吐温 40)，聚氧乙烯山梨醇酐单硬脂酸酯(又名吐温 60)，聚氧乙烯山梨醇酐单油酸酯(又名吐温 80)	乳化剂、消泡剂、稳定剂	4.5	
磷脂	抗氧化剂、乳化剂	按生产需要适量使用	
柠檬黄及其铝色淀	着色剂	0.2	以柠檬黄计，按稀释倍数减少使用量

表 A.2（续）

添加剂名称	功 能	最大使用量/(g/kg)	备 注
辛烯基琥珀酸铝淀粉	增稠剂、抗结剂、乳化剂	按生产需要适量使用	
硬脂酸钙	乳化剂、抗结剂	20.0	
诱惑红及其铝色淀	着色剂	0.04	以诱惑红计

食品分类号 12.10.01.01

食品名称/分类 固体汤料

添加剂名称	功 能	最大使用量/(g/kg)	备 注
维生素 E(*dl*-*α*-生育酚)	抗氧化剂	按生产需要适量使用	
苋菜红及其铝色淀	着色剂	0.2	以苋菜红计

食品分类号 12.10.02

食品名称/分类 半固体复合调味料

添加剂名称	功 能	最大使用量/(g/kg)	备 注
苯甲酸及其钠盐	防腐剂	1.0	以苯甲酸计
二氧化硫，焦亚硫酸钾，焦亚硫酸钠，亚硫酸钠，亚硫酸氢钠，低亚硫酸钠	漂白剂、防腐剂、抗氧化剂	0.05	最大使用量以二氧化硫残留量计
海藻酸丙二醇酯	增稠剂、乳化剂、稳定剂	8.0	
聚氧乙烯山梨醇酐单月桂酸酯（又名吐温20），聚氧乙烯山梨醇酐单棕榈酸酯（又名吐温40），聚氧乙烯山梨醇酐单硬脂酸酯（又名吐温60），聚氧乙烯山梨醇酐单油酸酯（又名吐温80）	乳化剂、消泡剂、稳定剂	5.0	
辣椒橙	着色剂	按生产需要适量使用	
亮蓝及其铝色淀	着色剂	0.5	以亮蓝计
萝卜红	着色剂	按生产需要适量使用	
柠檬黄及其铝色淀	着色剂	0.5	以柠檬黄计
日落黄及其铝色淀	着色剂	0.5	以日落黄计
辛烯基琥珀酸铝淀粉	增稠剂、抗结剂、乳化剂	按生产需要适量使用	
胭脂虫红	着色剂	0.05	以胭脂红酸计
异抗坏血酸及其钠盐	抗氧化剂、护色剂	1.0	以抗坏血酸计

表 A.2 (续)

食品名称/分类　半固体复合调味料(12.10.02.01 蛋黄酱、沙拉酱除外)

添加剂名称	功　能	最大使用量/(g/kg)	备　注
胭脂红及其铝色淀	着色剂	0.5	以胭脂红计
诱惑红及其铝色淀	着色剂	0.5	以诱惑红计

食品分类号　12.10.02.01
食品名称/分类　蛋黄酱、沙拉酱

添加剂名称	功　能	最大使用量/(g/kg)	备　注
二氧化钛	着色剂	0.5	
甲壳素(又名几丁质)	增稠剂、稳定剂	2.0	
聚葡萄糖	增稠剂、膨松剂、水分保持剂、稳定剂	按生产需要适量使用	
那他霉素	防腐剂	0.02	残留量≤10 mg/kg
三氯蔗糖(又名蔗糖素)	甜味剂	1.25	
胭脂红及其铝色淀	着色剂	0.2	以胭脂红计
盐酸	酸度调节剂	按生产需要适量使用	
乙二胺四乙酸二钠	稳定剂、凝固剂、抗氧化剂、防腐剂	0.075	

食品分类号　12.10.02.03
食品名称/分类　以蔬菜为基料的调味酱

添加剂名称	功　能	最大使用量/(g/kg)	备　注
海藻酸丙二醇酯	增稠剂、乳化剂、稳定剂	5.0	

食品分类号　12.10.03
食品名称/分类　液体复合调味料(不包括 12.03,12.04)

添加剂名称	功　能	最大使用量/(g/kg)	备　注
苯甲酸及其钠盐	防腐剂	1.0	以苯甲酸计
聚氧乙烯山梨醇酐单月桂酸酯(又名吐温20),聚氧乙烯山梨醇酐单棕榈酸酯(又名吐温40),聚氧乙烯山梨醇酐单硬脂酸酯(又名吐温60),聚氧乙烯山梨醇酐单油酸酯(又名吐温80)	乳化剂、消泡剂、稳定剂	1.0	

表 A.2（续）

食品分类号 12.10.03.04

食品名称/分类 蚝油、虾油、鱼露等

添加剂名称	功能	最大使用量/(g/kg)	备注
苯甲酸及其钠盐	防腐剂	1.0	以苯甲酸计

食品分类号 13.01

食品名称/分类 婴儿配方食品、较大婴儿和幼儿配方食品

添加剂名称	功能	最大使用量/(g/kg)	备注
单，双，三甘油脂肪酸酯（油酸、亚油酸、柠檬酸、亚麻酸、棕榈酸、山嵛酸、硬脂酸）	乳化剂	按生产需要适量使用	
抗坏血酸棕榈酸酯	抗氧化剂	0.05	以脂肪中抗坏血酸计
酪蛋白钙肽	其他（钙吸收促进剂）	3.0	
酪蛋白磷酸肽	其他（钙吸收促进剂）	3.0	
磷酸二氢钠	水分保持剂	按生产需要适量使用	
磷酸氢钙	膨松剂、水分保持剂、酸度调节剂	1.0	
磷脂	抗氧化剂、乳化剂	按生产需要适量使用	
柠檬酸及其钠盐、钾盐	酸度调节剂	按生产需要适量使用	
氢氧化钙	酸度调节剂	按生产需要适量使用	
氢氧化钾	酸度调节剂	按生产需要适量使用	
乳铁蛋白	其他（铁吸收促进剂）	1.0	
碳酸钾	酸度调节剂	按生产需要适量使用	
碳酸氢钾	酸度调节剂	按生产需要适量使用	
异构化乳糖液	其他	15.0	

食品分类号 13.02

食品名称/分类 婴幼儿断奶期食品

添加剂名称	功能	最大使用量/(g/kg)	备注
单，双，三甘油脂肪酸酯（油酸、亚油酸、柠檬酸、亚麻酸、棕榈酸、山嵛酸、硬脂酸）	乳化剂	按生产需要适量使用	
抗坏血酸棕榈酸酯	抗氧化剂	0.05	以脂肪中抗坏血酸计
酪蛋白钙肽	其他（钙吸收促进剂）	3.0	

表 A.2（续）

添加剂名称	功　能	最大使用量/(g/kg)	备　注
酪蛋白磷酸肽	其他(钙吸收促进剂)	3.0	
磷酸二氢钠	水分保持剂	按生产需要适量使用	
磷酸氢钙	膨松剂、水分保持剂、酸度调节剂	1.0	
磷脂	抗氧化剂、乳化剂	按生产需要适量使用	
柠檬酸及其钠盐、钾盐	酸度调节剂	按生产需要适量使用	

食品分类号　13.03

食品名称/分类　病人用特殊食品

添加剂名称	功　能	最大使用量	备　注
碳酸氢钾	酸度调节剂	按生产需要适量使用	

食品分类号　13.05.01

食品名称/分类　孕产妇(乳母)配方食品

添加剂名称	功　能	最大使用量/(g/kg)	备　注
二氧化硅	抗结剂	15.0	
抗坏血酸棕榈酸酯	抗氧化剂	0.2	
氢氧化钙	酸度调节剂	按生产需要适量使用	
氢氧化钾	酸度调节剂	按生产需要适量使用	
异构化乳糖液	其他	15.0	

食品分类号　14.0

食品名称/分类　饮料类(14.01 包装饮用水类除外)

添加剂名称	功　能	最大使用量/(g/kg)	备　注
L-α-天冬氨酰-*N*-(2,2,4,4-四甲基-3-硫化三亚甲基)-D-丙氨酰胺(又名阿力甜)	甜味剂	0.1	固体饮料按冲调倍数增加使用量
赤藓糖醇	甜味剂	按生产需要适量使用	
刺云实胶	增稠剂	2.5	
淀粉磷酸酯钠	增稠剂	按生产需要适量使用	
二氧化碳	防腐剂	按生产需要适量使用	
甘草,甘草酸铵,甘草酸一钾及三钾	甜味剂	按生产需要适量使用	

表 A.2（续）

添加剂名称	功 能	最大使用量/(g/kg)	备 注
环己基氨基磺酸钠，环己基氨基磺酸钙(又名甜蜜素)	甜味剂	0.65	以环己基氨基磺酸计，固体饮料按冲调倍数增加使用量
聚葡萄糖	增稠剂、膨松剂、水分保持剂、稳定剂	按生产需要适量使用	
酪蛋白钙肽	其他(钙吸收促进剂)	1.6	固体饮料按冲调倍数增加使用量
酪蛋白磷酸肽	其他(钙吸收促进剂)	1.6	固体饮料按冲调倍数增加使用量
磷酸	酸度调节剂、稳定剂、水分保持剂	按生产需要适量使用	
磷酸二氢钾	水分保持剂、酸度调节剂	2.0	以磷酸计，固体饮料按冲调倍数增加使用量
磷酸氢钙	膨松剂、水分保持剂、酸度调节剂	按生产需要适量使用	
磷酸三钠	水分保持剂、稳定剂、酸度调节剂	1.5	固体饮料按冲调倍数增加使用量
麦芽糖醇	甜味剂、稳定剂、水分保持剂、乳化剂、膨松剂、增稠剂	按生产需要适量使用	
柠檬黄及其铝色淀	着色剂	0.1	以柠檬黄计，固体饮料按冲调倍数增加使用量
乳化硅油	消泡剂	0.01	以聚二甲基硅氧烷计，固体饮料按冲调倍数增加使用量
乳酸链球菌素	防腐剂	0.2	固体饮料按冲调倍数增加使用量
三氯蔗糖(又名蔗糖素)	甜味剂	0.25	固体饮料按冲调倍数增加使用量
山梨酸及其钾盐	防腐剂、抗氧化剂、稳定剂	0.5	以山梨酸计，固体饮料按冲调倍数增加使用量
山梨糖醇(液)	甜味剂、膨松剂、乳化剂、水分保持剂、稳定剂、增稠剂	按生产需要适量使用	
糖精钠	甜味剂、增味剂	0.15	以糖精计，固体饮料按冲调倍数增加使用量
甜菊糖苷	甜味剂	按生产需要适量使用	
辛，癸酸甘油酯	乳化剂	按生产需要适量使用	

表 A.2 (续)

添加剂名称	功　能	最大使用量/(g/kg)	备　注
亚麻籽胶(又名富兰克胶)	增稠剂	5.0	固体饮料按冲调倍数增加使用量
胭脂树橙(红木素,降红木素)	着色剂	0.02	固体饮料按冲调倍数增加使用量
乙酰磺胺酸钾(又名安赛蜜)	甜味剂	0.3	固体饮料按冲调倍数增加使用量
异构化乳糖液	其他	1.5	固体饮料按冲调倍数增加使用量
异麦芽酮糖	甜味剂	按生产需要适量使用	
诱惑红及其铝色淀	着色剂	0.1	以诱惑红计,固体饮料按冲调倍数增加使用量
皂荚糖胶	增稠剂	4.0	固体饮料按冲调倍数增加使用量
蔗糖脂肪酸酯	乳化剂	1.5	固体饮料按冲调倍数增加使用量

食品名称/分类　饮料类(14.01 包装饮用水类、14.03.02 植物蛋白饮料、14.02.03 果蔬汁(肉)饮料除外)

添加剂名称	功　能	最大使用量/(g/kg)	备　注
海藻酸丙二醇酯	增稠剂、乳化剂、稳定剂	0.3	固体饮料按冲调倍数增加使用量

食品分类号　14.01.04

食品名称/分类　饮用矿物质水

添加剂名称	功　能	最大使用量/(g/kg)	备　注
氯化钾	其他	0.052	

食品分类号　14.01.05

食品名称/分类　其他饮用水(调制水)

添加剂名称	功　能	最大使用量/(g/L)	备　注
硫酸锌	其他	0.006	以 Zn 计为 2.4 mg/L
氯化钙	稳定剂和凝固剂、增稠剂	0.1	以钙计为 36 mg/L

表 A.2 (续)

食品分类号 14.02.01

食品名称/分类 果蔬汁(浆)

添加剂名称	功 能	最大使用量/(g/kg)	备 注
二氧化硫,焦亚硫酸钾,焦亚硫酸钠,亚硫酸钠,亚硫酸氢钠,低亚硫酸钠	漂白剂、防腐剂、抗氧化剂	0.05	最大使用量以二氧化硫残留量计,浓缩果蔬汁(浆)按浓缩倍数折算
果胶	乳化剂、稳定剂、增稠剂	3.0	
海藻酸钠	增稠剂	按生产需要适量使用	
黄原胶(又名汉生胶)	稳定剂、增稠剂	按生产需要适量使用	
卡拉胶	乳化剂、稳定剂、增稠剂	按生产需要适量使用	
那他霉素	防腐剂	0.3	表面使用,混悬液喷雾或浸泡,残留量小于10 mg/kg
脱氢乙酸及其钠盐	防腐剂	0.3	

食品分类号 14.02.02

食品名称/分类 浓缩果蔬汁(浆)

添加剂名称	功 能	最大使用量/(g/kg)	备 注
三氯蔗糖(又名蔗糖素)	甜味剂	1.25	

食品名称/分类 浓缩果蔬汁(浆)(仅限食品工业用)

添加剂名称	功 能	最大使用量/(g/kg)	备 注
苯甲酸及其钠盐	防腐剂	2.0	以苯甲酸计
山梨酸及其钾盐	防腐剂、抗氧化剂、稳定剂	2.0	以山梨酸计

食品分类号 14.02.03

食品名称/分类 果蔬汁(肉)饮料

添加剂名称	功 能	最大使用量/(g/kg)	备 注
苯甲酸及其钠盐	防腐剂	1.0	以苯甲酸计
茶黄色素,茶绿色素	着色剂	按生产需要适量使用	
赤藓红及其铝色淀	着色剂	0.05	
靛蓝及其铝色淀	着色剂	0.1	以靛蓝计
对羟基苯甲酸酯类及其钠盐(对羟基苯甲酸甲酯钠,对羟基苯甲酸乙酯及其钠盐,对羟基苯甲酸丙酯及其钠盐)	防腐剂	0.25	以对羟基苯甲酸计

表 A.2（续）

添加剂名称	功　能	最大使用量/(g/kg)	备　注
二甲基二碳酸盐	防腐剂	0.25	
富马酸	酸度调节剂	0.6	
海藻酸丙二醇酯	增稠剂、乳化剂、稳定剂	3.0	
黑豆红	着色剂	0.8	
红花黄	着色剂	0.2	
红曲米，红曲红	着色剂	按生产需要适量使用	
琥珀酸单甘油酯	乳化剂	2.0	
姜黄	着色剂	按生产需要适量使用	
焦磷酸钠	水分保持剂、膨松剂、酸度调节剂	1.0	
焦糖色(加氨生产)	着色剂	按生产需要适量使用	
焦糖色(普通法)	着色剂	按生产需要适量使用	
焦糖色(亚硫酸铵法)	着色剂	按生产需要适量使用	
菊花黄浸膏	着色剂	0.3	
聚氧乙烯山梨醇酐单月桂酸酯(又名吐温20)，聚氧乙烯山梨醇酐单棕榈酸酯(又名吐温40)，聚氧乙烯山梨醇酐单硬脂酸酯(又名吐温60)，聚氧乙烯山梨醇酐单油酸酯(又名吐温80)	乳化剂、消泡剂、稳定剂	0.75	
抗坏血酸(又名维生素C)	抗氧化剂	0.5	
辣椒红	着色剂	按生产需要适量使用	
蓝锭果红	着色剂	1.0	
亮蓝及其铝色淀	着色剂	0.025	以亮蓝计
六偏磷酸钠	水分保持剂、乳化剂、酸度调节剂	1.0	
萝卜红	着色剂	按生产需要适量使用	
玫瑰茄红	着色剂	按生产需要适量使用	
密蒙黄	着色剂	按生产需要适量使用	
葡萄皮红	着色剂	1.0	
普鲁兰多糖	被膜剂、增稠剂	3.0	
氢化松香甘油酯	乳化剂	0.1	
日落黄及其铝色淀	着色剂	0.1	以日落黄计
三聚磷酸钠	水分保持剂	1.0	

表 A.2 (续)

添加剂名称	功 能	最大使用量/(g/kg)	备 注
桑椹红	着色剂	1.5	
山梨醇酐单月桂酸酯(又名司盘20),山梨醇酐单棕榈酸酯(又名司盘40),山梨醇酐单硬脂酸酯(又名司盘60),山梨醇酐三硬脂酸酯(又名司盘65),山梨醇酐单油酸酯(又名司盘80)	乳化剂	3.0	
酸枣色	着色剂	1.0	
天然苋菜红	着色剂	0.25	
苋菜红及其铝色淀	着色剂	0.05	以苋菜红计,高糖果蔬汁(肉)饮料按照稀释倍数加入
新红及其铝色淀	着色剂	0.05	以新红计
胭脂虫红	着色剂	0.1	以胭脂红酸计
胭脂红及其铝色淀	着色剂	0.05	以胭脂红计
叶绿素铜钠盐,叶绿素铜钾盐	着色剂	按生产需要适量使用	
异抗坏血酸及其钠盐	抗氧化剂、护色剂	0.15	以抗坏血酸计
越橘红	着色剂	按生产需要适量使用	
藻蓝(淡、海水)	着色剂	0.8	
栀子黄	着色剂	0.3	
栀子蓝	着色剂	0.2	
植酸(又名肌醇六磷酸),植酸钠	抗氧化剂	0.2	
竹叶抗氧化物	抗氧化剂	0.5	
紫草红	着色剂	0.1	
紫胶红(又名虫胶红)	着色剂	0.5	

食品分类号　　14.03

食品名称/分类　蛋白饮料类

添加剂名称	功 能	最大使用量/(g/kg)	备 注
琥珀酸单甘油酯	乳化剂	2.0	
辣椒红	着色剂	按生产需要适量使用	
三聚磷酸钠	水分保持剂	1.0	
胭脂虫红	着色剂	0.15	以胭脂红酸计

表 A.2（续）

食品分类号 14.03.01
食品名称/分类 含乳饮料

添加剂名称	功 能	最大使用量/(g/kg)	备 注
红米红	着色剂	按生产需要适量使用	
红曲米，红曲红	着色剂	按生产需要适量使用	
焦糖色(加氨生产)	着色剂	按生产需要适量使用	
焦糖色(普通法)	着色剂	按生产需要适量使用	
焦糖色(亚硫酸铵法)	着色剂	按生产需要适量使用	
聚甘油脂肪酸酯(聚甘油单硬脂酸酯，聚甘油单油酸酯)	乳化剂、稳定剂、增稠剂、抗结剂	10.0	
亮蓝及其铝色淀	着色剂	0.025	以亮蓝计
六偏磷酸钠	水分保持剂、乳化剂、酸度调节剂	1.0	
日落黄及其铝色淀	着色剂	0.05	以日落黄计
胭脂红及其铝色淀	着色剂	0.05	以胭脂红计
硬脂酰乳酸钠，硬脂酰乳酸钙	乳化剂、稳定剂	2.0	

食品分类号 14.03.02
食品名称/分类 植物蛋白饮料

添加剂名称	功 能	最大使用量/(g/kg)	备 注
氨基乙酸(又名甘氨酸)	增味剂	1.0	
海藻酸丙二醇酯	增稠剂、乳化剂、稳定剂	5.0	
焦磷酸钠	水分保持剂、膨松剂、酸度调节剂	1.0	
聚甘油脂肪酸酯(聚甘油单硬脂酸酯，聚甘油单油酸酯)	乳化剂、稳定剂、增稠剂、抗结剂	10.0	
聚氧乙烯山梨醇酐单月桂酸酯(又名吐温20)，聚氧乙烯山梨醇酐单棕榈酸酯(又名吐温40)，聚氧乙烯山梨醇酐单硬脂酸酯(又名吐温60)，聚氧乙烯山梨醇酐单油酸酯(又名吐温80)	乳化剂、消泡剂、稳定剂	2.0	
抗坏血酸(又名维生素C)	抗氧化剂	0.5	
可可壳色	着色剂	0.25	

表 A.2（续）

添加剂名称	功 能	最大使用量/(g/kg)	备 注
六偏磷酸钠	水分保持剂、乳化剂、酸度调节剂	1.0	
日落黄及其铝色淀	着色剂	0.1	以日落黄计
山梨醇酐单月桂酸酯(又名司盘 20)，山梨醇酐单棕榈酸酯(又名司盘 40)，山梨醇酐单硬脂酸酯(又名司盘 60)，山梨醇酐三硬脂酸酯(又名司盘 65)，山梨醇酐单油酸酯(又名司盘 80)	乳化剂	6.0	
田菁胶	增稠剂	1.0	
胭脂红及其铝色淀	着色剂	0.025	以胭脂红计

食品分类号　14.04.01

食品名称/分类　碳酸饮料

添加剂名称	功 能	最大使用量/(g/kg)	备 注
苯甲酸及其钠盐	防腐剂	0.2	以苯甲酸计
赤藓红及其铝色淀	着色剂	0.05	
靛蓝及其铝色淀	着色剂	0.1	以靛蓝计
对羟基苯甲酸酯类及其钠盐(对羟基苯甲酸甲酯钠，对羟基苯甲酸乙酯及其钠盐，对羟基苯甲酸丙酯及其钠盐)	防腐剂	0.2	以对羟基苯甲酸计
二甲基二碳酸盐	防腐剂	0.25	
富马酸	酸度调节剂	0.3	
黑加仑红	着色剂	按生产需要适量使用	
红花黄	着色剂	0.2	
红曲米，红曲红	着色剂	按生产需要适量使用	
花生衣红	着色剂	0.1	
姜黄	着色剂	按生产需要适量使用	
姜黄素	着色剂	0.01	
焦糖色(亚硫酸铵法)	着色剂	按生产需要适量使用	
金樱子棕	着色剂	1.0	
抗坏血酸(又名维生素 C)	抗氧化剂	0.5	

表 A.2（续）

添加剂名称	功　能	最大使用量/(g/kg)	备　注
可可壳色	着色剂	2.0	
亮蓝及其铝色淀	着色剂	0.025	以亮蓝计
落葵红	着色剂	0.13	
葡萄皮红	着色剂	1.0	
日落黄及其铝色淀	着色剂	0.1	以日落黄计
天然苋菜红	着色剂	0.25	
苋菜红及其铝色淀	着色剂	0.05	以苋菜红计
新红及其铝色淀	着色剂	0.05	以新红计
胭脂虫红	着色剂	0.02	以胭脂红酸计
胭脂红及其铝色淀	着色剂	0.05	以胭脂红计
叶绿素铜钠盐，叶绿素铜钾盐	着色剂	0.3	
紫胶红（又名虫胶红）	着色剂	0.5	

食品分类号　14.04.01.01

食品名称/分类　可乐型碳酸饮料

添加剂名称	功　能	最大使用量/(g/kg)	备　注
多穗柯棕	着色剂	1.0	
咖啡因	其他	0.15	
橡子壳棕	着色剂	1.0	

食品分类号　14.04.02

食品名称/分类　非碳酸饮料

添加剂名称	功　能	最大使用量/(g/kg)	备　注
磷酸二氢钙	水分保持剂、酸度调节剂	2.0	以磷酸计
磷酸三钾	酸度调节剂	1.5	

食品分类号　14.04.02.01

食品名称/分类　特殊用途饮料(包括“运动饮料”、“营养素饮料”等)

添加剂名称	功　能	最大使用量/(g/kg)	备　注
氯化钾	其他	0.2	

食品分类号　14.04.02.02

食品名称/分类　风味饮料(包括果味饮料、乳味、茶味及其他味饮料)

添加剂名称	功　能	最大使用量/(g/kg)	备　注
聚甘油脂肪酸酯（聚甘油单硬脂酸酯，聚甘油单油酸酯）	乳化剂、稳定剂、增稠剂、抗结剂	10.0	

表 A.2（续）

食品名称/分类　风味饮料(包括果味饮料、乳味、茶味及其他味饮料)(仅限果味饮料)

添加剂名称	功　能	最大使用量/(g/kg)	备　注
苯甲酸及其钠盐	防腐剂	1.0	以苯甲酸计
茶黄色素,茶绿色素	着色剂	按生产需要适量使用	
赤藓红及其铝色淀	着色剂	0.05	
靛蓝及其铝色淀	着色剂	0.1	以靛蓝计
对羟基苯甲酸酯类及其钠盐(对羟基苯甲酸甲酯钠,对羟基苯甲酸乙酯及其钠盐,对羟基苯甲酸丙酯及其钠盐)	防腐剂	0.25	以对羟基苯甲酸计
二甲基二碳酸盐	防腐剂	0.25	
黑豆红	着色剂	0.8	
红花黄	着色剂	0.2	
红曲米,红曲红	着色剂	按生产需要适量使用	
姜黄	着色剂	按生产需要适量使用	
焦磷酸钠	水分保持剂、膨松剂、酸度调节剂	1.0	
焦糖色(加氨生产)	着色剂	按生产需要适量使用	
焦糖色(普通法)	着色剂	按生产需要适量使用	
焦糖色(亚硫酸铵法)	着色剂	按生产需要适量使用	
菊花黄浸膏	着色剂	0.3	
蓝锭果红	着色剂	1.0	
亮蓝及其铝色淀	着色剂	0.025	以亮蓝计
六偏磷酸钠	水分保持剂、乳化剂、酸度调节剂	1.0	
萝卜红	着色剂	按生产需要适量使用	
玫瑰茄红	着色剂	按生产需要适量使用	
密蒙黄	着色剂	按生产需要适量使用	
葡萄皮红	着色剂	1.0	
氢化松香甘油酯	乳化剂	0.1	
日落黄及其铝色淀	着色剂	0.1	以日落黄计
桑椹红	着色剂	1.5	
山梨醇酐单月桂酸酯(又名司盘20),山梨醇酐单棕榈酸酯(又名司盘40),山梨醇酐单硬脂酸酯(又名司盘60),山梨醇酐三硬脂酸酯(又名司盘65),山梨醇酐单油酸酯(又名司盘80)	乳化剂	0.5	

表 A.2（续）

添加剂名称	功　能	最大使用量/(g/kg)	备　注
酸枣色	着色剂	1.0	
天然苋菜红	着色剂	0.25	
苋菜红及其铝色淀	着色剂	0.05	以苋菜红计，高糖果味饮料按照稀释倍数加入
新红及其铝色淀	着色剂	0.05	以新红计
胭脂虫红	着色剂	0.1	以胭脂红酸计
胭脂红及其铝色淀	着色剂	0.05	以胭脂红计
叶绿素铜钠盐，叶绿素铜钾盐	着色剂	0.3	
越橘红	着色剂	按生产需要适量使用	
藻蓝（淡、海水）	着色剂	0.8	
栀子黄	着色剂	0.3	
栀子蓝	着色剂	0.2	
紫草红	着色剂	0.1	
紫胶红（又名虫胶红）	着色剂	0.5	

食品分类号　14.05

食品名称/分类　茶、咖啡、植物饮料类

添加剂名称	功　能	最大使用量/(g/kg)	备　注
琥珀酸单甘油酯	乳化剂	2.0	
聚甘油脂肪酸酯（聚甘油单硬脂酸酯，聚甘油单油酸酯）	乳化剂、稳定剂、增稠剂、抗结剂	5.0	

食品分类号　14.05.01

食品名称/分类　茶饮料类

添加剂名称	功　能	最大使用量/(g/kg)	备　注
茶黄色素，茶绿色素	着色剂	按生产需要适量使用	
二甲基二碳酸盐	防腐剂	0.25	
焦糖色（亚硫酸铵法）	着色剂	按生产需要适量使用	
抗坏血酸（又名维生素C）	抗氧化剂	0.5	
六偏磷酸钠	水分保持剂、乳化剂、酸度调节剂	0.5	
三聚磷酸钠	水分保持剂	1.0	
竹叶抗氧化物	抗氧化剂	0.5	

表 A.2（续）

食品分类号 14.05.02

食品名称/分类 咖啡饮料类

添加剂名称	功 能	最大使用量	备 注
单，双，三甘油脂肪酸酯（油酸、亚油酸、柠檬酸、亚麻酸、棕榈酸、山嵛酸、硬脂酸）	乳化剂	按生产需要适量使用	
海藻酸钠	增稠剂	按生产需要适量使用	

食品分类号 14.06

食品名称/分类 固体饮料类

添加剂名称	功 能	最大使用量/(g/kg)	备 注
二氧化硅	抗结剂	15.0	
二氧化钛	着色剂	按生产需要适量使用	
琥珀酸单甘油酯	乳化剂	20.0	按稀释10倍计算
己二酸	酸度调节剂	0.01	
亮蓝及其铝色淀	着色剂	0.2	以亮蓝计
磷酸二氢钙	水分保持剂、酸度调节剂	8.0	以磷酸计
磷酸化二淀粉磷酸酯	增稠剂	0.5	
磷酸三钙	抗结剂、酸度调节剂	8.0	
日落黄及其铝色淀	着色剂	0.6	以日落黄计
三氯蔗糖（又名蔗糖素）	甜味剂	1.25	
山梨醇酐单月桂酸酯（又名司盘20），山梨醇酐单棕榈酸酯（又名司盘40），山梨醇酐单硬脂酸酯（又名司盘60），山梨醇酐三硬脂酸酯（又名司盘65），山梨醇酐单油酸酯（又名司盘80）	乳化剂	3.0	
辛烯基琥珀酸铝淀粉	增稠剂、抗结剂、乳化剂	按生产需要适量使用	
诱惑红及其铝色淀	着色剂	0.6	以诱惑红计

食品分类号 14.06.02

食品名称/分类 蛋白型固体饮料（可可粉固体饮料）

添加剂名称	功 能	最大使用量/(g/kg)	备 注
碳酸镁	面粉处理剂	10.0	

表 A.2 (续)

食品分类号 14.06.03
食品名称/分类 速溶咖啡

添加剂名称	功 能	最大使用量/(g/kg)	备 注
山梨醇酐单月桂酸酯(又名司盘 20),山梨醇酐单棕榈酸酯(又名司盘 40),山梨醇酐单硬脂酸酯(又名司盘 60),山梨醇酐三硬脂酸酯(又名司盘 65),山梨醇酐单油酸酯(又名司盘80)	乳化剂	10.0	

食品分类号 14.07
食品名称/分类 乳酸菌饮料

添加剂名称	功 能	最大使用量/(g/kg)	备 注
琥珀酸单甘油酯	乳化剂	2.0	
甲壳素(又名几丁质)	增稠剂、稳定剂	2.5	
聚甘油脂肪酸酯(聚甘油单硬脂酸酯,聚甘油单油酸酯)	乳化剂、稳定剂、增稠剂、抗结剂	10.0	
辣椒红	着色剂	按生产需要适量使用	
日落黄及其铝色淀	着色剂	0.1	以日落黄计
山梨酸及其钾盐	防腐剂、抗氧化剂、稳定剂	1.0	以山梨酸计

食品分类号 15.0
食品名称/分类 酒类

添加剂名称	功 能	最大使用量/(g/kg)	备 注
高锰酸钾	其他	0.5	酒中残留量以锰计:≤2 mg/kg

食品分类号 15.01.03
食品名称/分类 白兰地

添加剂名称	功 能	最大使用量	备 注
焦糖色(加氨生产)	着色剂	按生产需要适量使用	
焦糖色(普通法)	着色剂	按生产需要适量使用	
焦糖色(亚硫酸铵法)	着色剂	按生产需要适量使用	

表 A.2（续）

食品分类号 15.01.04
食品名称/分类 威士忌

添加剂名称	功 能	最大使用量/(g/L)	备 注
焦糖色(加氨生产)	着色剂	6.0	
焦糖色(普通法)	着色剂	6.0	
焦糖色(亚硫酸铵法)	着色剂	6.0	

食品分类号 15.01.06
食品名称/分类 朗姆酒

添加剂名称	功 能	最大使用量/(g/L)	备 注
焦糖色(加氨生产)	着色剂	6.0	
焦糖色(普通法)	着色剂	6.0	
焦糖色(亚硫酸铵法)	着色剂	6.0	

食品分类号 15.02
食品名称/分类 配制酒

添加剂名称	功 能	最大使用量/(g/kg)	备 注
苯甲酸及其钠盐	防腐剂	0.2	以苯甲酸计
茶黄色素,茶绿色素	着色剂	按生产需要适量使用	
赤藓红及其铝色淀	着色剂	0.05	
靛蓝及其铝色淀	着色剂	0.1	以靛蓝计
多穗柯棕	着色剂	0.4	
黑豆红	着色剂	0.8	
红花黄	着色剂	0.2	
红米红	着色剂	按生产需要适量使用	
红曲米,红曲红	着色剂	按生产需要适量使用	
环己基氨基磺酸钠,环己基氨基磺酸钙(又名甜蜜素)	甜味剂	0.65	以环己基氨基磺酸计
姜黄	着色剂	按生产需要适量使用	
焦糖色(加氨生产)	着色剂	按生产需要适量使用	
焦糖色(普通法)	着色剂	按生产需要适量使用	
焦糖色(亚硫酸铵法)	着色剂	按生产需要适量使用	
金樱子棕	着色剂	0.2	
可可壳色	着色剂	1.0	

表 A.2（续）

添加剂名称	功　能	最大使用量/(g/kg)	备　注
亮蓝及其铝色淀	着色剂	0.025	以亮蓝计
萝卜红	着色剂	按生产需要适量使用	
玫瑰茄红	着色剂	按生产需要适量使用	
密蒙黄	着色剂	按生产需要适量使用	
柠檬黄及其铝色淀	着色剂	0.1	以柠檬黄计
葡萄皮红	着色剂	1.0	
日落黄及其铝色淀	着色剂	0.1	以日落黄计
三氯蔗糖(又名蔗糖素)	甜味剂	0.25	
山梨酸及其钾盐	防腐剂、抗氧化剂、稳定剂	0.2	以山梨酸计
糖精钠	甜味剂、增味剂	0.15	以糖精计
天然苋菜红	着色剂	0.25	
苋菜红及其铝色淀	着色剂	0.05	以苋菜红计
橡子壳棕	着色剂	0.3	
新红及其铝色淀	着色剂	0.05	以新红计
胭脂虫红	着色剂	0.2	以胭脂红酸计
胭脂红及其铝色淀	着色剂	0.05	以胭脂红计
叶绿素铜钠盐,叶绿素铜钾盐	着色剂	0.5	
异麦芽酮糖	甜味剂	按生产需要适量使用	
诱惑红及其铝色淀	着色剂	0.05	铝色淀除外
栀子黄	着色剂	0.3	
栀子蓝	着色剂	0.2	
紫胶红(又名虫胶红)	着色剂	0.5	

食品名称/分类　配制酒(仅限预调酒)

添加剂名称	功　能	最大使用量/(g/L)	备　注
喹啉黄	着色剂	0.1	

食品分类号　　15.03

食品名称/分类　发酵酒

添加剂名称	功　能	最大使用量	备　注
那他霉素	防腐剂	0.01 g/L	
三氯蔗糖(又名蔗糖素)	甜味剂	0.65 g/kg	

表 A.2 （续）

食品分类号　15.03.01
食品名称/分类　葡萄酒

添加剂名称	功　能	最大使用量/(g/kg)	备　注
苯甲酸及其钠盐	防腐剂	0.8	以苯甲酸计
单,双,三甘油脂肪酸酯(油酸、亚油酸、柠檬酸、亚麻酸、棕榈酸、山嵛酸、硬脂酸)	乳化剂	0.018	
二氧化硫,焦亚硫酸钾,焦亚硫酸钠,亚硫酸钠,亚硫酸氢钠,低亚硫酸钠	漂白剂、防腐剂、抗氧化剂	0.05	最大使用量以二氧化硫残留量计
果胶	乳化剂、稳定剂、增稠剂	按生产需要适量使用	
焦糖色(加氨生产)	着色剂	按生产需要适量使用	
焦糖色(普通法)	着色剂	按生产需要适量使用	
焦糖色(亚硫酸铵法)	着色剂	按生产需要适量使用	
山梨酸及其钾盐	防腐剂、抗氧化剂、稳定剂	0.6	以山梨酸计
异抗坏血酸及其钠盐	抗氧化剂、护色剂	0.15	以抗坏血酸计

食品分类号　15.03.01.02
食品名称/分类　起泡葡萄酒

添加剂名称	功　能	最大使用量/(g/kg)	备　注
黑加仑红	着色剂	按生产需要适量使用	
蓝锭果红	着色剂	1.0	

食品分类号　15.03.02
食品名称/分类　黄酒

添加剂名称	功　能	最大使用量	备　注
焦糖色(加氨生产)	着色剂	按生产需要适量使用	
焦糖色(普通法)	着色剂	按生产需要适量使用	
焦糖色(亚硫酸铵法)	着色剂	按生产需要适量使用	

食品分类号　15.03.03
食品名称/分类　果酒

添加剂名称	功　能	最大使用量/(g/kg)	备　注
苯甲酸及其钠盐	防腐剂	0.8	以苯甲酸计

表 A.2 (续)

添加剂名称	功　能	最大使用量/(g/kg)	备　注
二氧化硫,焦亚硫酸钾,焦亚硫酸钠,亚硫酸钠,亚硫酸氢钠,低亚硫酸钠	漂白剂、防腐剂、抗氧化剂	0.05	最大使用量以二氧化硫残留量计
黑加仑红	着色剂	按生产需要适量使用	
桑椹红	着色剂	1.5	
山梨酸及其钾盐	防腐剂、抗氧化剂、稳定剂	0.6	以山梨酸计
紫草红	着色剂	0.1	

食品分类号　15.03.05

食品名称/分类　啤酒和麦芽饮料

添加剂名称	功　能	最大使用量/(g/kg)	备　注
二氧化硫,焦亚硫酸钾,焦亚硫酸钠,亚硫酸钠,亚硫酸氢钠,低亚硫酸钠	漂白剂、防腐剂、抗氧化剂	0.01	最大使用量以二氧化硫残留量计
海藻酸丙二醇酯	增稠剂、乳化剂、稳定剂	0.3	
甲壳素(又名几丁质)	增稠剂、稳定剂	0.4	
焦糖色(加氨生产)	着色剂	按生产需要适量使用	
焦糖色(普通法)	着色剂	按生产需要适量使用	
焦糖色(亚硫酸铵法)	着色剂	按生产需要适量使用	
抗坏血酸(又名维生素 C)	抗氧化剂	0.04	
异抗坏血酸及其钠盐	抗氧化剂、护色剂	0.04	以抗坏血酸计

食品分类号　15.03.06

食品名称/分类　其他发酵酒类(充气型)

添加剂名称	功　能	最大使用量	备　注
二氧化碳	防腐剂	按生产需要适量使用	

食品分类号　16.01

食品名称/分类　果冻

添加剂名称	功　能	最大使用量/(g/kg)	备　注
L-α-天冬氨酰-N-(2,2,4,4-四甲基-3-硫化三亚甲基)-D-丙氨酰胺(又名阿力甜)	甜味剂	0.1	如用于果冻粉,按冲调倍数增加使用量

表 A.2（续）

添加剂名称	功　能	最大使用量/(g/kg)	备　注
刺云实胶	增稠剂	5.0	
二氧化钛	着色剂	10.0	如用于果冻粉，按冲调倍数增加使用量
红花黄	着色剂	0.2	如用于果冻粉，按冲调倍数增加使用量
红曲米，红曲红	着色剂	按生产需要适量使用	
环己基氨基磺酸钠，环己基氨基磺酸钙（又名甜蜜素）	甜味剂	0.65	以环己基氨基磺酸计，如用于果冻粉，按冲调倍数增加使用量
己二酸	酸度调节剂	0.1	如用于果冻粉，按冲调倍数增加使用量
姜黄素	着色剂	0.01	如用于果冻粉，按冲调倍数增加使用量
焦糖色（加氨生产）	着色剂	按生产需要适量使用	
焦糖色（普通法）	着色剂	按生产需要适量使用	
聚甘油脂肪酸酯（聚甘油单硬脂酸酯，聚甘油单油酸酯）	乳化剂、稳定剂、增稠剂、抗结剂	10.0	
聚葡萄糖	增稠剂、膨松剂、水分保持剂、稳定剂	按生产需要适量使用	
辣椒红	着色剂	按生产需要适量使用	
亮蓝及其铝色淀	着色剂	0.025	以亮蓝计，如用于果冻粉，按冲调倍数增加使用量
磷酸	酸度调节剂、稳定剂、水分保持剂	按生产需要适量使用	
罗望子多糖胶	增稠剂	2.0	如用于果冻粉，按冲调倍数增加使用量
萝卜红	着色剂	按生产需要适量使用	
落葵红	着色剂	0.25	如用于果冻粉，按冲调倍数增加使用量
麦芽糖醇	甜味剂、稳定剂、水分保持剂、乳化剂、膨松剂、增稠剂	按生产需要适量使用	
柠檬黄及其铝色淀	着色剂	0.05	以柠檬黄计，如用于果冻粉，按冲调倍数增加使用量
羟丙基淀粉	增稠剂、膨松剂、乳化剂、稳定剂	30.0	如用于果冻粉，按冲调倍数增加使用量
日落黄及其铝色淀	着色剂	0.025	以日落黄计，如用于果冻粉，按冲调倍数增加使用量
三氯蔗糖（又名蔗糖素）	甜味剂	0.45	

表 A.2（续）

添加剂名称	功 能	最大使用量/(g/kg)	备 注
桑椹红	着色剂	5.0	如用于果冻粉，按冲调倍数增加使用量
山梨酸及其钾盐	防腐剂、抗氧化剂、稳定剂	0.5	以山梨酸计，如用于果冻粉，按冲调倍数增加使用量
天然苋菜红	着色剂	0.25	如用于果冻粉，按冲调倍数增加使用量
苋菜红及其铝色淀	着色剂	0.05	以苋菜红计，如用于果冻粉，按冲调倍数增加使用量
胭脂红及其铝色淀	着色剂	0.05	以胭脂红计，如用于果冻粉，按冲调倍数增加使用量
叶绿素铜钠盐，叶绿素铜钾盐	着色剂	0.5	如用于果冻粉，按冲调倍数增加使用量
乙酰磺胺酸钾（又名安赛蜜）	甜味剂	0.3	如用于果冻粉，按冲调倍数增加使用量
诱惑红及其铝色淀	着色剂	0.025	以诱惑红计，如用于果冻粉，按冲调倍数增加使用量
藻蓝（淡、海水）	着色剂	0.8	如用于果冻粉，按冲调倍数增加使用量
栀子黄	着色剂	0.3	如用于果冻粉，按冲调倍数增加使用量

食品分类号 16.03

食品名称/分类 胶原蛋白肠衣（肠衣）

添加剂名称	功 能	最大使用量/(g/kg)	备 注
山梨酸及其钾盐	防腐剂、抗氧化剂、稳定剂	0.5	以山梨酸计
胭脂红及其铝色淀	着色剂	0.025	以胭脂红计
诱惑红及其铝色淀	着色剂	0.05	以诱惑红计

食品分类号 16.04.01

食品名称/分类 干酵母

添加剂名称	功 能	最大使用量/(g/kg)	备 注
山梨醇酐单月桂酸酯（又名司盘20），山梨醇酐单棕榈酸酯（又名司盘40），山梨醇酐单硬脂酸酯（又名司盘60），山梨醇酐三硬脂酸酯（又名司盘65），山梨醇酐单油酸酯（又名司盘80）	乳化剂	10.0	

表 A.2（续）

食品分类号　16.05

食品名称/分类　油炸食品

添加剂名称	功　能	最大使用量/(g/kg)	备　注
茶多酚(又名维多酚)	抗氧化剂	0.2	以油脂中儿茶素计
丁基羟基茴香醚	抗氧化剂	0.2	
二丁基羟基甲苯	抗氧化剂	0.2	
甘草抗氧物	抗氧化剂	0.2	以甘草酸计
硫代二丙酸二月桂酯	抗氧化剂	0.2	
硫酸铝钾(又名钾明矾),硫酸铝铵(又名铵明矾)	膨松剂、稳定剂	按生产需要适量使用	铝的残留量(干样品,以Al计)≤100mg/kg
没食子酸丙酯	抗氧化剂	0.1	
迷迭香提取物	抗氧化剂	0.3	
特丁基对苯二酚	抗氧化剂	0.2	
竹叶抗氧化物	抗氧化剂	0.5	

食品分类号　16.05.01

食品名称/分类　油炸小食品

添加剂名称	功　能	最大使用量/(g/kg)	备　注
丙二醇脂肪酸酯	乳化剂、稳定剂	2.0	
赤藓红及其铝色淀	着色剂	0.025	
靛蓝及其铝色淀	着色剂	0.05	以靛蓝计
二氧化钛	着色剂	10.0	
姜黄	着色剂	按生产需要适量使用	
聚甘油脂肪酸酯(聚甘油单硬脂酸酯,聚甘油单油酸酯)	乳化剂、稳定剂、增稠剂、抗结剂	10.0	
辣椒红	着色剂	按生产需要适量使用	
亮蓝及其铝色淀	着色剂	0.05	以亮蓝计
磷酸三钙	抗结剂、酸度调节剂	2.0	
柠檬黄及其铝色淀	着色剂	0.1	以柠檬黄计
日落黄及其铝色淀	着色剂	0.1	以日落黄计
山梨糖醇(液)	甜味剂、膨松剂、乳化剂、水分保持剂、稳定剂、增稠剂	按生产需要适量使用	
甜菊糖苷	甜味剂	按生产需要适量使用	
维生素 E(*dl-α*-生育酚)	抗氧化剂	0.2	以油脂计

表 A.2 （续）

添加剂名称	功　能	最大使用量/(g/kg)	备　注
胭脂虫红	着色剂	0.1	以胭脂红酸计
诱惑红及其铝色淀	着色剂	0.1	以诱惑红计

食品名称/分类　油炸小食品(仅限油炸薯片)

添加剂名称	功　能	最大使用量/(g/kg)	备　注
辣椒油树脂	增味剂	1.0	
乳酸钙	酸度调节剂、抗氧化剂、乳化剂、稳定剂和凝固剂、增稠剂	1.0	
双乙酸钠	防腐剂	1.0	
胭脂树橙(红木素，降红木素)	着色剂	0.01	
乙酸钠	酸度调节剂、防腐剂	1.0	

食品分类号　16.06

食品名称/分类　膨化食品

添加剂名称	功　能	最大使用量/(g/kg)	备　注
赤藓红及其铝色淀	着色剂	0.025	
靛蓝及其铝色淀	着色剂	0.05	以靛蓝计
二氧化钛	着色剂	10.0	
红曲米，红曲红	着色剂	按生产需要适量使用	
姜黄	着色剂	0.2	以姜黄素计
辣椒红	着色剂	按生产需要适量使用	
亮蓝及其铝色淀	着色剂	0.05	以亮蓝计
硫酸铝钾(又名钾明矾)，硫酸铝铵(又名铵明矾)	膨松剂、稳定剂	按生产需要适量使用	铝的残留量(干样品，以Al计)≤100 mg/kg
柠檬黄及其铝色淀	着色剂	0.1	以柠檬黄计
日落黄及其铝色淀	着色剂	0.1	以日落黄计
胭脂红及其铝色淀	着色剂	0.05	以胭脂红计
诱惑红及其铝色淀	着色剂	0.1	以诱惑红计
栀子黄	着色剂	0.3	
竹叶抗氧化物	抗氧化剂	0.5	

表 A.2（续）

食品分类号　16.07

食品名称/分类　其他(豆制品工艺用)

添加剂名称	功　能	最大使用量(g/kg)	备　注
二氧化硅	抗结剂	0.025	复配消泡剂用，以每千克黄豆的使用量计
聚二甲基硅氧烷	消泡剂、被膜剂	0.3	以每千克黄豆的使用量计
麦芽糖醇	甜味剂、稳定剂、水分保持剂、乳化剂、膨松剂、增稠剂	按生产需要适量使用	
山梨糖醇(液)	甜味剂、膨松剂、乳化剂、水分保持剂、稳定剂、增稠剂	按生产需要适量使用	

食品名称/分类　其他(发酵工艺用)

添加剂名称	功　能	最大使用量/(g/kg)	备　注
聚二甲基硅氧烷(乳液)	消泡剂	0.1	
聚氧丙烯甘油醚	消泡剂	按生产需要适量使用	
聚氧丙烯氧化乙烯甘油醚	消泡剂	按生产需要适量使用	
聚氧乙烯聚氧丙烯胺醚	消泡剂	按生产需要适量使用	
聚氧乙烯聚氧丙烯季戊四醇醚	消泡剂	按生产需要适量使用	
聚氧乙烯木糖醇酐单硬脂酸酯	乳化剂	5.0	
乳化硅油	消泡剂	0.20	

食品名称/分类　其他(果汁、浓缩果汁粉、饮料、速溶食品、冰淇淋、果酱、调味品和蔬菜加工工艺用)

添加剂名称	功　能	最大使用量/(g/kg)	备　注
聚二甲基硅氧烷(乳液)	消泡剂	0.05	

食品名称/分类　其他(焦糖色工艺用)

添加剂名称	功　能	最大使用量/(g/kg)	备　注
聚二甲基硅氧烷(乳液)	消泡剂	0.1	

食品名称/分类　其他(仅限即食菜肴)

添加剂名称	功　能	最大使用量/(g/kg)	备　注
蔗糖脂肪酸酯	乳化剂	5.0	

表 A.2（续）

食品名称/分类　其他(仅限膜片)

添加剂名称	功　能	最大使用量	备　注
普鲁兰多糖	被膜剂、增稠剂	按生产需要适量使用	

食品名称/分类　其他(酿造工艺用)

添加剂名称	功　能	最大使用量	备　注
麦芽糖醇	甜味剂、稳定剂、水分保持剂、乳化剂、膨松剂、增稠剂	按生产需要适量使用	
山梨糖醇(液)	甜味剂、膨松剂、乳化剂、水分保持剂、稳定剂、增稠剂	按生产需要适量使用	

食品名称/分类　其他(啤酒工艺用)

添加剂名称	功　能	最大使用量/(g/kg)	备　注
聚二甲基硅氧烷	消泡剂、被膜剂	0.2	

食品名称/分类　其他(肉制品工艺用)

添加剂名称	功　能	最大使用量/(g/kg)	备　注
聚二甲基硅氧烷	消泡剂、被膜剂	0.2	

食品名称/分类　其他(乳化天然色素)

添加剂名称	功　能	最大使用量/(g/kg)	备　注
聚氧乙烯山梨醇酐单月桂酸酯(又名吐温20),聚氧乙烯山梨醇酐单棕榈酸酯(又名吐温40),聚氧乙烯山梨醇酐单硬脂酸酯(又名吐温60),聚氧乙烯山梨醇酐单油酸酯(又名吐温80)	乳化剂、消泡剂、稳定剂	10.0	
蔗糖脂肪酸酯	乳化剂	10.0	

食品名称/分类　其他(杨梅罐头加工工艺用)

添加剂名称	功　能	最大使用量/(g/kg)	备　注
丙酸及其钠盐、钙盐	防腐剂	50.0	以丙酸计

表 A.2（续）

食品名称/分类　其他(饮料混浊剂)

添加剂名称	功　能	最大使用量	备　注
二氧化钛	着色剂	10.0 g/L	
山梨醇酐单月桂酸酯(又名司盘20)，山梨醇酐单棕榈酸酯(又名司盘40)，山梨醇酐单硬脂酸酯(又名司盘60)，山梨醇酐三硬脂酸酯(又名司盘65)，山梨醇酐单油酸酯(又名司盘80)	乳化剂	0.05 g/kg	

食品名称/分类　其他(制糖工艺用)

添加剂名称	功　能	最大使用量	备　注
麦芽糖醇	甜味剂、稳定剂、水分保持剂、乳化剂、膨松剂、增稠剂	按生产需要适量使用	
山梨糖醇(液)	甜味剂、膨松剂、乳化剂、水分保持剂、稳定剂、增稠剂	按生产需要适量使用	

表 A.3　可在各类食品中按生产需要适量使用的添加剂名单

序号	添加剂中文名称	添加剂英文名称	CNS 号	INS 号	功能
1	5′-呈味核苷酸二钠	disodium 5′-ribonucleotide	12.004	635	增味剂
2	5′-肌苷酸二钠	disodium 5′-inosinate	12.003	631	增味剂
3	5′-鸟苷酸二钠	disodium 5′-guanylate	12.002	627	增味剂
4	D-异抗坏血酸及其钠盐	D-isoascorbic acid (erythorbic acid), sodium isoascorbate	04.004,04.018	315,316	抗氧化剂
5	L(+)-酒石酸	L(+)-tartaric acid	01.111	334	酸度调节剂
6	*N*-[*N*-(3,3-二甲基丁基)]-L-α-天门冬氨-L-苯丙氨酸 1-甲酯(又名纽甜)	neotane	19.019	—	甜味剂
7	β-胡萝卜素	β-carotene	08.010	160a	着色剂
8	β-环状糊精	β-cyclodextrin	20.024	459	增稠剂
9	阿拉伯胶	arabic gum	20.008	414	增稠剂
10	半乳甘露聚糖	galactomannan	00.014	—	其他
11	醋酸酯淀粉	starch acetate	20.039	1 420	增稠剂

表 A.3（续）

序号	添加剂中文名称	添加剂英文名称	CNS 号	INS 号	功能
12	单，双，三甘油脂（油酸、亚油酸、柠檬酸、亚麻酸、棕榈酸、山嵛酸、硬脂酸、月桂酸）	mono-(di-,tri-)glyce rides of fatty acids	10.006	471	乳化剂
13	改性大豆磷脂	modified soybean phospholipid	10.019	—	乳化剂
14	柑橘黄	orange yellow	08.143	—	着色剂
15	甘油	glycerine	15.014	422	水分保持剂
16	高粱红	sorghum red	08.115		着色剂
17	谷氨酸钠	monosodium glutamate	12.001	621	增味剂
18	瓜尔胶	guar gum	20.025	412	增稠剂
19	果胶	pectins	20.006	440	增稠剂
20	海藻酸钾	potassium alginate	20.005	402	增稠剂
21	海藻酸钠	sodium alginate	20.004	401	增稠剂
22	槐豆胶（又名刺槐豆胶）	carob bean gum	20.023	410	增稠剂
23	黄原胶（又名汉生胶）	xanthan gum	20.009	415	增稠剂
24	结冷胶	gellan gum	20.027	418	增稠剂
25	酒石酸	tartaric acid	01.103	334	酸度调节剂
26	聚丙烯酸钠	sodium polyacrylate	20.036	—	增稠剂
27	卡拉胶	carrageenan	20.007	407	增稠剂
28	抗坏血酸	ascorbic acid	04.014	300	抗氧化剂
29	抗坏血酸钙	calcium ascorbate	04.009	302	抗氧化剂
30	酪蛋白酸钠（又名酪朊酸钠）	sodium caseinate	10.002	—	乳化剂
31	磷酸二氢钠	sodium dihydrogen phosphate	15.005	339i	水分保持剂
32	磷酸氢二钠	sodium phosphate dibasic	15.006	339ii	水分保持剂
33	磷酸酯双淀粉	distarch phosphate	20.034	1 412	增稠剂
34	磷脂	lecithin (phospholipid)	04.010	322	抗氧化剂
35	氯化钾	potassium chloride	00.008	508	其他
36	罗汉果甜苷	lo-han-kuo extract	19.015	—	甜味剂
37	明胶	gelatin	20.002	—	增稠剂
38	木糖醇	xylitol	19.007	967	甜味剂
39	柠檬酸	citric acid	01.101	330	酸度调节剂
40	柠檬酸钾	tripotassium citrate	01.304	332ii	酸度调节剂
41	柠檬酸钠	trisodium citrate	01.303	331iii	酸度调节剂

表 A.3 （续）

序号	添加剂中文名称	添加剂英文名称	CNS 号	INS 号	功能
42	柠檬酸一钠	sodium dihydrogen citrate	01.306	331i	酸度调节剂
43	柠檬酸脂肪酸甘油酯	citric and fatty acid esters of glycerol	10.032	472c	乳化剂
44	苹果酸	malic acid	01.104	296	酸度调节剂
45	葡萄糖酸-δ-内酯	glucono delta-lactone	18.007	575	稳定剂和凝固剂
46	羟丙基二淀粉磷酸酯	hydroxypropyl distarch phosphate	20.016	1 442	增稠剂
47	羟丙基甲基纤维素	hydroxypropyl methyl cellulose（HPMC）	20.028	464	增稠剂
48	琼脂	agar	20.001	406	增稠剂
49	乳酸	lactic acid	01.102	270	酸度调节剂
50	乳酸钾	potassium lactate	15.011	326	水分保持剂
51	乳酸钠	sodium lactate	15.012	325	水分保持剂
52	乳酸脂肪酸甘油酯	lactic and fatty acid esters of glycerol	10.031	472b	乳化剂
53	乳糖醇（又名 4-β-D 吡喃半乳糖-D-山梨醇）	lactitol	19.014	966	甜味剂
54	双乙酰酒石酸单双甘油酯	diacetyl tartaric acid ester of mono(di)glycerides	10.010	471e	乳化剂
55	酸处理淀粉	acid treated starch	20.032	1 401	增稠剂
56	羧甲基纤维素钠	sodium carboxy methyl cellulose	20.003	466	增稠剂
57	碳酸钙	calcium carbonate（light and heavy）	13.006	170i	膨松剂、面粉处理剂
58	碳酸钾	potassium carbonate	01.301	501i	酸度调节剂
59	碳酸氢铵	ammonium hydrogen carbonate	06.002	503ii	膨松剂
60	碳酸氢钾	potassium hydrogen carbonate	01.307	501ii	酸度调节剂
61	碳酸氢钠	sodium hydrogen carbonate	06.001	500ii	膨松剂
62	天门冬酰苯丙氨酸甲酯（又名阿斯巴甜[a]）	aspartame	19.004	951	甜味剂
63	甜菜红	beet red	08.101	162	着色剂
64	微晶纤维素	microcrystallin cellulose	02.005	460i	抗结剂
65	辛烯基琥珀酸淀粉钠	sodium starch octenyl succinate	10.030	1 450	乳化剂
66	氧化淀粉	oxidized starch	20.030	1 404	增稠剂

表 A.3（续）

序号	添加剂中文名称	添加剂英文名称	CNS 号	INS 号	功能
67	氧化羟丙基淀粉	oxidized hydroxypropyl starch	20.033	—	增稠剂
68	乙酸(又名醋酸)	acetic acid	01.107	260	酸度调节剂
69	乙酰化单、双甘油脂肪酸酯	acetylated mono-and diglyceride (acetic and fatty acid esters of glycerol)	10.027	472a	乳化剂
70	乙酰化二淀粉磷酸酯	acetylated distarch phosphate	20.015	1 414	增稠剂
71	乙酰化双淀粉己二酸酯	acetylated distarch adipate	20.031	1 422	增稠剂

a 添加阿斯巴甜之食品应标明："阿斯巴甜(含苯丙氨酸)"。

表 A.4 按生产需要适量使用的添加剂所例外的食品类别名单

食品分类号	食品名称
01.01.01	纯乳(全脂、部分脱脂、脱脂)，包括复原乳
01.02.01	原味发酵乳(全脂、部分脱脂、脱脂)
01.05.01	稀奶油
02.01	基本不含水的脂肪和油
02.02.01.01	黄油和浓缩黄油
04.01.01	新鲜水果
04.02.01	新鲜蔬菜
04.02.02.01	冷冻蔬菜
04.02.02.06	发酵蔬菜制品
04.03.01	新鲜食用菌和藻类
04.03.02.01	冷冻食用菌和藻类
06.01	原粮
06.02	大米及其制品(大米、米粉、米糕)
06.03.01	小麦粉
06.03.02.01	生湿面制品(面条、饺子皮、馄饨皮、烧麦皮)
06.03.02.02	生干面制品(挂面)
06.04	杂粮粉(包括豆粉)及其制品
06.05.01	食用淀粉
08.01	生、鲜肉
09.01	鲜水产品
09.03	预制水产品(半成品)
10.01	鲜蛋

表 A.4（续）

食品分类号	食 品 名 称
10.03.01	脱水蛋制品(如蛋白粉、蛋黄粉、蛋白片)
10.03.03	冷冻蛋制品(如冰蛋)
11.01	食糖
11.03.01	蜂蜜
12.01	盐及代盐制品
12.09	香辛料类
13.01	婴儿配方食品、较大婴儿和幼儿配方食品
13.02	婴幼儿断奶期食品
13.03	病人用特殊食品
14.01.01	饮用天然矿泉水
14.02.01	果蔬汁(浆)
15.03.01	葡萄酒
16.02	茶叶、咖啡

附 录 B
（规范性附录）
食品用香料名单

B.1 食品用香料指能够调配食品用香精的香料，本附录中的香料仅用于配制食品用香精。

B.2 食品用香料包括天然香料、天然等同香料和人造香料三种。

B.3 允许使用的食品用天然香料名单：见表B.1。

B.4 允许使用的食品用天然等同香料名单：见表B.2。

B.5 允许使用的食品用人造香料名单：见表B.3。

表 B.1 允许使用的食品用天然香料名单

编码	香料中文名称	香料英文名称（斜体为学名）	FEMA[3] 编号
N001	丁香叶油	clove leaf oil(*Eugenia* spp.)	2325
N002	丁香花蕾酊（提取物）	clove bud tincture(extract)(*Eugenia* spp.)	2322
N003	丁香花蕾油	clove bud oil(*Eugenia* spp.)	2323
N004	罗勒油	basil oil(*Ocimum basilicum* L.)	2119
N005	八角茴香油	anise star oil(*Illicum verum* Hook,F.)	2096
N006	九里香浸膏	common jasmin orange concrete(*Murraya paniculate*)	—
N007	广藿香油	patchouly oil(*Pogostemon cablin*)	2838
N008	万寿菊油	tagetes oil(*Tagetes* spp.)	3040
N009	大茴香脑	*trans*-anethole anise camphor	2086
N010	小豆蔻油	cardamom oil(cardamom seed oil)	2241
N011	小豆蔻酊	cardamom tincture(*Elletaria cardamomum*)	2240
N012	小茴香酊	fennel,tincture(*Foeniculum vulgare* Mill.)	—
N013	山苍籽油	*Litsea cubeba* berry oil	3846
N014	山楂酊	*Hawthorn* fruit tincture	—
N015	大蒜油	garlic oil(*Allium sativum* L.)	2503
N016	大蒜油树脂	garlic oleoresin(*Allium sativum* L.) garlic and its derivatives	—
N017	天然康酿克油	cognac oil,green	2331
N018	天然薄荷脑	*l*-menthol,natural	2665
N019	云木香油	costus root oil(*Saussures lappa* Clanke)	2336
N020	月桂叶油	bay, sweet,oil(*Laurus nobilis* L.)	2125
N021	乌梅酊	wumei tincture(*Prunus mume*)	—

3) FEMA:Flavour and Extract Manufacturers Association,（美国）香味料和萃取物制造者协会。

表 B.1（续）

编码	香料中文名称	香料英文名称（斜体为学名）	FEMA[1] 编号
N022	布枯叶油	buchu leaves oil(*Barosma* spp.)	2169
N023	可可酊	cocoa tincture(*Theobroma cocao* Linn.)	—
N024	可可壳酊	cocoa husk tincture(*Theobroma cocao* Linn.)	—
N025	甘松油	Chinese nardostachys' oil spikenard(*Nardostachys chinensis* Batal.)	—
N026	甘草酊	licorice tincture(*Glycyrrhiza* spp.)	—
N027	甘草流浸膏	licorice extract(*Glycyrrhiza* spp.)	2628
N028	冬青油	wintergreen oil(*Gaultheria procumbens* L.)	3113
N029	白兰花油	*Michelia alba* flower oil	3950
N030	白兰叶油	*Michelia alba* leaf oil	3950
N031	白兰净油	*Michelia alba* flower absolute	3950
N032	白兰浸膏	*Michelia alba* flower concrete	3950
N033	白芷酊	*Angelica dahurica* tincture	—
N034	白柠檬油	lime oil [*Citrus aurantifolia* (Christman) Swingle]	2631
N035	白柠檬萜烯	lime oil terpene	—
N036	生姜油树脂	ginger oleoresin(*Zingiber officinale* Rosc.)	2523
N037	肉豆蔻油	nutmeg oil(*Myristica fragrans* Houtt.)	2793
N038	肉豆蔻酊	nutmeg tincture(*Myristica fragrans* Houtt.)	—
N039	中国肉桂油	cassia oil(*Cinnamomum cassia* Blume)	2258
N040	中国肉桂皮酊（提取物）	cassia bark tincture(extract)(*Cinnamomum cassia* Blume)	2257
N041	红茶酊	black tea tincture	—
N042	印蒿油	davana oil(*Artemisia pallens* Wall.)	2359
N043	吐鲁酊（提取物）	tolu balsam tincture(extract)(*Myroxylon* spp.)	3069
N044	吐鲁香膏	tolu balsam gum(*Myroxylon* spp.)	3070
N045	豆豉酊	soya bean fermented tincture	—
N046	杜松籽油（又名刺柏子油）	juniper berry oil(*Juniperus communis* L.)	2604
N047	芫荽籽油	coriander oil(*Coriandrum sativum* L.)	2334
N048	芹菜花油	celery flower oil(*Apium graveolens* L.)	—
N049	芹菜籽油	celery seed oil(*Apium graveolens* L.)	2271
N050	牡荆叶油	*vitex cannabifolia* leaf oil	—
N051	圆柚油	grapefruit oil expressed(*Citrus paradisi* Mact.)	2530
N052	苍术脂（苍术硬脂，苍术油）	atractylis oil	—
N053	枣子酊	Chinese date tincture(*Ziziphus jujuba* Mill.)	—
N054	玫瑰花油	rose oil(*Rosa* spp.)	2989

表 B.1 （续）

编码	香料中文名称	香料英文名称(斜体为学名)	FEMA[1)]编号
N055	玫瑰净油	rose absolute(*Rosa* spp.)	2988
N056	玫瑰浸膏	rose concrete(*Rosa* spp.)	—
N057	鸢尾浸膏	orris root concrete(*Iris florentina* L.)	2829
N058	鸢尾脂(又名鸢尾凝脂)	orris root extract(*Iris florentina* L.)	2830
N059	杭白菊油	chrysanthemum Hang Zhou flower oil	—
N060	杭白菊浸膏(又名杭菊花流浸膏)	chrysanthemum Hang Zhou flower extract	—
N061	枫槭油	maple oil(*Acer negundo* L.)	—
N062	枫槭浸膏	maple concrete(*Acer negundo* L.)	—
N063	岩蔷薇浸膏(又名赖百当浸膏)	labdanum extract(*Cistus* spp.)	2610
N064	咖啡酊	coffee tincture(*Coffea* spp.)	—
N065	罗汉果酊	louhanfruit tincture[*Siraitia grosvenorii*(*swingle*) C. jeffrey]	—
N066	金合欢浸膏	cassie concrete(*Acacia farnesiana* Willd.)	—
N067	依兰依兰油	ylang ylang oil(*Cananga odorata* Hook. f. and thomas)	3119
N068	大花茉莉净油	*Jasminum grandiflorum* absolute	2598
N069	大花茉莉浸膏	*Jasminum grandiflorum* concrete(*Jasminum gradiflorum* L.)	2599
N070	小花茉莉净油	*Jasminum sambac* absolute	—
N071	小花茉莉浸膏	*Jasminum sambac* concrete	—
N072	佛手油	sarcodactylis oil(*Citrus medicus* L. var. *Sarcodactylus* swingle)	3899
N073	独活酊	angelica root tincture(extract)(*Angelica archangelica* L.)	2087
N074	洋葱油	onion oil(*Allium cepa* L.)	2817
N075	姜油(又名生姜油)	ginger oil(*Zingiber officinale* Rosc.)	2522
N076	姜黄油	turmeric oil(*Curcuma longa* L.)	3085
N077	姜黄油树脂	turmeric oleoresin(*Curcuma longa* L.)	3087
N078	姜黄浸膏	turmeric extract(*Curcuma longa* L.)	3086
N079	胡芦巴酊	fenugreek tincture(extract)(*Trigonella foenum graecum* L.)	2485
N080	玳玳花油	daidai flower oil(*Citrus aurantium* var. *amara* Engl.)	—
N081	玳玳花浸膏	daidai flower concrete	—
N082	玳玳果油	daidai fruit oil(*Citrus aurantium* var. *amara* Engl.)	—
N083	柚皮油	pummelo peel oil[*Citrus grandis*(L.)Osbeck]	—
N084	柏木油(又名北美香柏)	cedar leaf oil(*Thuja occidentalis* L.)	2267

表 B.1（续）

编码	香料中文名称	香料英文名称（斜体为学名）	FEMA[1] 编号
N085	枯茗籽油（又名孜然油）	cumin seed oil（*Cuminum cyminum* L.）	2343
N086	柠檬油	lemon oil[*Citrus limon*（L.）Burm. f.]	2625
N087	无萜柠檬油	lemon oil，terpeneless[*Citrus limon*（L.）Burm. f.]	2626
N088	柠檬油萜烯	terpenes of lemon oil	
N089	柠檬叶油	petitgrain lemon oil[*Citrus limon*（L.）Burm. f.]	2853
N090	柠檬草油	lemongrass oil（*Cymbopogon citratus* DC. and *C. flexuosus*）	2624
N091	栀子花浸膏	gardenia flower concrete（*Gardenia jasminoides* Ellis）	—
N092	树兰花油	*Aglaia odorata* flower oil	—
N093	树兰花酊	*Aglaia odorata* flower tincture	—
N094	树兰花浸膏	*Aglaia odorata* flower concrete	—
N095	树苔净油	treemoss absolute（*Evernia furfuraceae*）	—
N096	树苔浸膏	treemoss concrete（*Evernia furfuraceae*）	—
N097	香叶油（又名玫瑰香叶油）	geranium oil（geranium rose oil）（*Pelargonium graveolens* L'Her）	2508
N098	除萜香叶油	geranium oil terpeneless	2508
N099	香风茶油	xiang feng cha oil	—
N100	香芹醇	carveol，natural	2247
N101	香柠檬油	bergamot oil（*Citrus aurantium* L. subsp. *bergamia*）	2153
N102	香根油	vertiver oil（*Vetiveria zizanioides* Nash.）	—
N103	香根浸膏	vertiver concrete（*Vetiveria zizanioides* Nash.）	—
N104	香荚兰豆酊	vanilla bean tincture（*Vanills* spp.）	—
N105	香荚兰豆浸膏	vanilla bean concrete（extract）（*Vanilla* spp.）	3105
N106	香附子油	cyperus oil（*Cupressus sempervirens*）	—
N107	香葱油	chives oil（*Allium schoenoprasum*）	—
N108	香紫苏油	clary sage oil（*Salvia sclarea* L.）	2321
N109	香榧子壳浸膏	*Torreya grandis* shell concrete	—
N110	橘子油	mandarin oil（*Citrus reticulata blanco*）	2657
N111	除萜橘子油	mandarin oil，terpeneless	—
N112	酒花酊	hops tincture（extract）（*Humulus lupulus* L.）	2578
N113	酒花浸膏	hops extract，solid（*Humulus lupulus* L.）	2579
N114	桉叶油（又名蓝桉油）	eucalyptus oil（*Eucalyptus globulus* Labille）	2466
N115	海狸酊	castoreum tincture（extract）（*Castor* spp.）	2261
N116	斯里兰卡桂皮油	cinnamon bark oil（Srilanka）（*Cinnamomum* spp.）	2291
N117	斯里兰卡桂叶油	cinnamon leaf oil（Srilanka）（*Cinnamomum* spp.）	2292

表 B.1 (续)

编码	香料中文名称	香料英文名称(斜体为学名)	FEMA[1)] 编号
N118	桂花净油	*Osmanthus fragrans* flower absolute	3750
N119	桂花酊	*Osmanthus fragrans* flower tincture	—
N120	桂花浸膏	*Osmanthus fragrans* flower concrete	—
N121	桂圆酊	longan tincture(*Euphoria longan*)	—
N122	留兰香油	spearmint oil(*Mentha spicate*)	3032
N123	核桃壳浸膏	walnut hull extract(*Juglans* spp.)	3111
N124	素方花净油	common white jasmine flower absolute(*Jasminum jasminunm officinale* L.)	—
N125	桦焦油	birch sweet oil(*Betula lenta* L.)	2154
N126	蚕豆花酊	broad bean flower tincture(*Vicia faba* Linn.)	—
N127	绿茶酊	green tea tincture	—
N128	野玫瑰浸膏	wild rose concrete	—
N129	甜小茴香油	fennel oil, sweet(*Foeniculum vulgare* Mill. var. *dulce* D. C.)	2483
N130	甜叶菊油	*Stevia rebaudiana* oil	—
N131	甜橙油	orange oil[*Citrus sinensis*(L.)Osbeck]	2821
N132	除萜甜橙油	orange oil, terpeneless[*Citrus sinensis*(L.)Osbeck]	2822
N133	甜橙油萜烯	terpenes of orange oil	—
N134	菊苣浸膏	chicory concrete(extract)(*Cichorium intybus* L.)	2280
N135	晚香玉浸膏	tuberose concrete(*Polianthes tuberosa*)	—
N136	紫罗兰浸膏	violet leaf concrete(*Viola odorata*)	3110
N137	椒样薄荷油	peppermint oil(*Mentha piperita* L.)	2848
N138	黑加仑酊	black currant tincture(*Ribes nigrum* L.)	2346
N139	黑加仑浸膏	black currant concrete(*Ribes nigrum* L.)	2346
N140	槐树花净油	*Sophora japonica* flower absolute	—
N141	槐树花浸膏	*Sophora japonica* flower concrete	—
N142	辣椒酊	capsicum tincture(extract)(*Capsicum* spp.)	2233
N143	辣椒油树脂(又名灯笼辣椒油树脂)	paprika oleoresin(*Capsicum annuum* L.)	2834
N144	愈疮木油	guaiac wood oil(*Bulnesia sarmienti* Lor.)	2534
N145	缬草油	valerian root oil(*Valeriana officinalis* L.)	3100
N146	墨红花净油	*Rose crimsonglory* flower absolute	—
N147	墨红花浸膏	*Rose crimsonglory* flower concrete	—
N148	橡苔净油	oakmoss absolute(*Evernia* spp.)	2795
N149	橙叶油	petitgrain bigarade oil(*Citrus aurantium* L.)	2855
N150	亚洲薄荷油	*Mentha arvensis* oil	—

表 B.1 （续）

编码	香料中文名称	香料英文名称(斜体为学名)	FEMA[1] 编号
N151	亚洲薄荷素油	*Mentha arvensis* oil，partially dementholized	—
N152	檀香油	sandalwood oil(*Santalum album* L.)	3005
N153	薰衣草油	lavender oil(*Lavandula angustifolia*)	2622
N154	头状百里香油	origanum oil(*Thymus capitatus*)	2828
N155	可乐果提取物	kolas nut extract(*Cola acuminate* Schott et Endl.)	2607
N156	加州胡椒油	schinus molle oil(*Schinus molle* L.)	3018
N157	卡黎皮油	cascarilla bark oil(*Croton* spp.)	2255
N158	百里香油	thyme oil(*Thymus vulgaris or zigis* L.)	3064
N159	奶油发酵起子蒸馏物(黄油蒸馏物)	butter starters distillate	2173
N160	卡南伽油	cananga oil(*Cananga odorata* Hook. F. and Thoms)	2232
N161	月桂叶提取物/油树脂	laurel leaves extract/oleoresin(*Laurus nobilis* L.)	2613
N162	生姜提取物(又名生姜浸膏)	ginger extract(ginger concrete)(*Zingiber officinale*)	2521
N163	白栎木屑提取物	oak chips extract(*Quercus alba* L.)	2794
N164	龙蒿油	estragon oil(*Artemisia dracunculus* L.)	2412
N165	白樟油	camphor oil, white	2231
N166	肉豆蔻衣油	mace oil(*Myristica fragrans* Houtt.)	2653
N167	众香叶油	pimento leaf oil(*pimenta officinalis* Lindl.)	2901
N168	西班牙鼠尾草油	sage oil,spanish(*Salvia lavandulaefolia* Vahl.)	3003
N169	红橘油	tangerine oil(*Citrus reticulata blanco*)	3041
N170	杂薰衣草油	lavandin oil(*Lavandula hydrida*)	2618
N171	杏仁油	apricot kernel oil(*Prunus armeniaca* L.)	2105
N172	苏合香油	styrax oil(*Liquidambar* spp.)	3036
N173	苏合香提取物	styrax extract(*Liquidambar* spp.)	3037
N174	长角豆油	locust bean oil(*Ceratonia siliqua* L.)	—
N175	角豆提取物	carob bean extract(*Ceratonia siliqua* L.)	2243
N176	皂树皮提取物	quillaia(*Quillaja saponaria* Molina)	2973
N177	乳香油	olibanum oil(*Boswellia* spp.)	2816
N178	没药油	myrrh oil(*Commiphora* spp.)	2766
N179	良姜根提取物	galangal root extract(*Alpinia* spp.)	2499
N180	苏格兰松油	pine oil, scotch(*Pinus sylvestris* L.)	2906
N181	小茴香油(普通小茴香油)	fennel oil(common)(*Foeniculum vulgare* Mill)	2481
N182	苦杏仁油	almond oil,bitter(*Prunus amygdalus*)	2046
N183	阿魏油	asafoetida oil(*Ferula asafoetida* L.)	2108
N184	金合欢净油	cassie absolute[*Acacia farnesiana*(L.)Willd.]	2260

表 B.1 (续)

编码	香料中文名称	香料英文名称(斜体为学名)	FEMA[1)] 编号
N185	欧芹叶油	parsley leaf oil(*Petroselinum* Crispum.)	2836
N186	松针油	pine needle oil(*Abies* spp.)	2905
N187	波罗尼花净油	boronia absolute(*Boronia megastigma* Nees)	2167
N188	玫瑰木油	bois de rose oil(*Aniba rosaeodora* Ducke)	2156
N189	玫瑰草油	palmarosa oil[*Cymbopogon martini*(Roxb.) Stapf]	2831
N190	香茅油	citronella oil(*Cymbopogon nardus* Rendle)	2308
N191	迷迭香油	rosemary oil(*Rosemarinus officinalis* L.)	2992
N192	香脂冷杉油	balsam fir oil[*Abies balsamea*(L.) Mill.]	2114
N193	香脂冷杉油树脂	balsam fir oleoresin[*Abies balsamea*(L.)Mill.]	2115
N194	胡萝卜籽油	carrot seed oil(*Daucus carota* L.)	2244
N195	春黄菊花油(罗马)	chamomile flower oil(Roman)(*Anthemis nobilis* L.)	2275
N196	春黄菊净油(提取物)(罗马)	chamomile flower absolute(extract)(Roman)(*Anthemis nobilis* L.)	2274
N197	药鼠李提取物	cascara bitterless extract(*Rhamnus purshiana* DC.)	2253
N198	荜澄茄油	cubeb oil(*Piper cubeba* L. f.)	2339
N199	胡薄荷油(又名唇萼薄荷油)	pennyroyal oil(*Mentha pulegium* L.)	2839
N200	圆叶当归油(又名欧当归油)	lovage oil(*Levisticum officinale* Koch.)	2651
N201	夏至草提取物	horehound extract(*Marrubium vulgare* L.)	2581
N202	莫哈弗丝兰提取物	*Yucca mohav* extract	3121
N203	海草(藻)提取物	kelp(*Laminaria and kereocystis* spp.)	2606
N204	海索草油	hyssop oil(*Hyssopus officinalis* L.)	2591
N205	莳萝草油(又名莳萝油)	dill herb oil(*Anethum graveolens*)	2383
N206	秘鲁香脂	balsam peru(*Myroxylon pereirae* Klotzsch)	2116
N207	格蓬油	galbanum oil(*Ferula galbaniflua*)	2501
N208	脂檀油	amyris oil(*Amyris balsamifera* L.)	—
N209	银白金合欢净油(又名含羞草净油)	mimosa absolute (*Acacia decurrens* Will. var. *dealbata*)	2755
N210	接骨木花净油	elder flower absolute(*Sambucus canadensis* L. and *S. nigra* L.)	—
N211	甘牛至油	marjoram oil, sweet[*Majorana hortensis* Moench (*Origanum majorana* L.)]	2663
N212	黄龙胆根提取物	gentian root extract(*Gentiana lutea* L.)	2506
N213	黄葵籽油	ambrette seed oil(*Hibiscus abelmoschus* L.)	—
N214	野黑樱桃树皮提取物	cherry bark, wild, extract(*Prunus serotina* Ehrh.)	2276
N215	黑胡椒油	pepper oil, black(*Piper nigrum* L.)	2845
N216	葛缕籽油	caraway seed oil(*Carum carvi* L.)	2238

表 B.1 (续)

编码	香料中文名称	香料英文名称(斜体为学名)	FEMA[1)] 编号
N217	榄香香树脂	elemi resinoid(*Canarium* ssp.)	2407
N218	蜡菊提取物	immortelle extract(*Helichrysum angustifolium* DC.)	2592
N219	蜜蜂花油	balm oil(*Melissa officinalis* L.)	2113
N220	*d*-樟脑	*d*-camphor	2230
N221	橙花净油	orange flower absolute(*Citrus aurantium* L. subsp. *amara*.)	2818
N222	橙苷(柚皮甙提取物)	naringin extract(*Citrus paradisi* Macf.)	2769
N223	穗薰衣草油	spike lavender oil(*Lavandula latifolia* L.)	3033
N224	鹰爪豆净油	genet absolute(*Spartium junceum* L.)	2504
N225	玳玳果皮油	daidai peel oil(*Citrus aurantium* L. sub. *cyathifera* Y.)	3823
N226	甜橙油(橙皮压榨法)	orange oil, sweet cold pressed[*Citrus sinensis*(L.) Osbeck]	2825
N227	小米辣椒油树脂	capsicum oleoresin(*Capsicum* spp.)	2234
N228	丁香茎油	clove stem oil(*Eugenia* spp.)	2328
N229	大茴香油(又名茴芹油)	anise oil(*Pimpinella anisum* L.)	2094
N230	*l*-天冬酰胺	*l*-asparagine	—
N231	巴拉圭茶净油/提取物	mate absolute/extract (*Ilex paraguariensis* St. Hil.)	—
N232	白山核桃树皮提取物	hickory bark extract(*Carya* spp.)	2577
N233	瓜拉纳提取物	guarana extract(*Paullinia cupana* HBK)	2536
N234	甘草根	licorice root(*Glycyrrhiza glabra*)	2630
N235	白百里香油	thyme oil, white(*Thymus zygis* L.)	3065
N236	白胡椒油	pepper oil, white(*Piper nigrum* L.)	2851
N237	白胡椒油树脂	pepper oleoresin, white(*Piper nigrum* L.)	2852
N238	白康酿克油	cognac oil, white	2332
N239	白脱酯	butter esters	2172
N240	白脱酸	butter acids	2171
N241	众香果油	pimenta oil(*Pimenta officinalis*)	2018
N242	安息香树脂	benzoin resinoid(*Styrax tonkinensis* Pierre)	2133
N243	当归籽油	angelica seed oil(*Angelica archanglica* L.)	2090
N244	当归根油	angelica root oil(*Angelica archangelica* L.)	2088
N245	肉豆蔻衣油树脂/提取物	mace oleoresin/extract(*Myristica fragrans* Houtt)	2654
N246	西印度月桂叶提取物	bay leaves, west indian, extract(*Pimenta acris* Kostel)	2121
N247	西印度月桂叶油	bay leaves, west indian, oil(*Pimenta acris* Kostel)	2122

表 B.1（续）

编码	香料中文名称	香料英文名称(斜体为学名)	FEMA[1)]编号
N248	*l*-阿戊糖	*l*-arabinose	3255
N249	阿拉伯胶	arabic gum	2001
N250	欧当归提取物(又名圆叶当归提取物)	lovage extract(*Levisticum officinale* Koch)	2650
N251	欧芹油树脂	parsley oleoresin(*Petroselinum* spp.)	2837
N252	油酸	oleic acid	2815
N253	苦木提取物	auassia extract［*Picrasma excelsa*(Sw.) Planch-*quassia amara* L.］	2971
N254	苦橙叶净油	orange leaf absolute(*Citrus aurantium* L.)	2820
N255	苦橙油	orange oil, bitter(*Citrus aurantium* L.)	2823
N256	金鸡纳树皮	cinchona bark(yellow)(*Cinchona* spp.)	2283
N257	金钮扣油树脂	jambu oleoresin(*Spilanthes acmelia* Oleracea)	3783
N258	奎宁盐酸盐	quinine hydrochloride	2976
N259	枯茗油	cumin oil(*Cuminum cyminum* L.)	2340
N260	洋葱油树脂	onion oleoresin(*Allium cepa* L.)	—
N261	茶树油	tea tree oil(*Melaleuca alternifolia*)	3902
N262	除萜白柠檬油	lime oil, expressed terpeneless(*Citrus aurantifolia* Swingle)	2632
N263	除萜甜橙皮油	orange peel oil, sweet, terpeneless(*Citrus sinensis* L. Osbeck)	2826
N264	莳萝籽	dill seed, indian(*Anethum sowa* D.C.)	2384
N265	黄芥末提取物/黄芥末油树脂	mustard extract/oleoresin, yellow(*Brassica* spp.)	—
N266	棕芥末提取物	mustard extract, brown(*Brassica* spp.)	—
N267	焦木酸	pyroligneous acid	2967
N268	紫苏油	perilla leaf oil, shiso oil	4013
N269	葡萄柚油萜烯	grapefruit oil terpenes(*Citrus paradisi* Macf)	—
N270	黑胡椒油树脂/黑胡椒油提取物	pepper oleoresin/extract black(*Piper nigrum* L.)	2846
N271	榄香油/提取物/香树脂	elemi oil/extract/ resinoid(*Canarium cimmune or Iuzonicum* Miq)	2408
N272	蜂蜡净油	beeswax absolute(*Apis mellifera* L.)	2126
N273	赖百当净油(又名岩蔷薇净油)	labdanum absolute(*Cistus* spp.)	2608
N274	鼠尾草油	sage oil(*Salvia officinalis* L.)	3001
N275	蜡菊净油	helichrysum absolute(*Helichrysum augustifolium*)	—
N276	糖蜜提取物	molasses extract	—
N277	檀香醇(α,β)	santalol, α and β	3006
N278	山达草流浸膏	yerba santa fluid extract［*Eriodictyon californicum*(Hook and Arn) Torr］	3118

表 B.1 （续）

编码	香料中文名称	香料英文名称(斜体为学名)	FEMA[1)] 编号
N279	苜蓿提取物	alfalfa extract(*Medicago sativa* L.)	2013
N280	众香子	allspice(*Pimenta officinalis* Lind L.)	2017
N281	众香子油树脂/提取物	allspice oleoresin/extract(*Pimenta officinalis* Lind L.)	2019
N282	黄葵籽净油	ambrette seed absolute(*Hibiscus abelmoschus* L.)	2050
N283	秘鲁香膏油	balsam oil,peru(*Myroxylon pereirae* Klotzsch)	2117
N284	罗勒提取物	basil extract(*Ocimum basilicum* L.)	2120
N285	芹菜籽提取物(固体)	celery seed extract solid(*Apium graveolens* L.)	2269
N286	芹菜籽(CO_2)提取物	celery seed(CO_2) extract(*Apium graveolens* L.)	2270
N287	母菊油(又名匈牙利春黄菊油)	chamomile flower oil(Hungarian)(*Matricaria chamomilla* L.)	2273
N288	黄色金鸡纳树皮提取物	cinchona bark extract(yellow)(*Cinchona* spp.)	2284
N289	丁香花蕾油树脂	clove bud oleoresin(*Eugenia* spp.)	2324
N290	红三叶草提取物(固体)	clover tops red extract solid(*Trifolium pratense* L.)	2326
N291	蒲公英流浸膏	dandelion fluid extract(*Taraxacum* spp.)	2357
N292	蒲公英根固体提取物	dandelion root solid extract(*Taraxacum* spp.)	2358
N293	加拿大飞蓬草油	dleabane oil(*Erigeron canadensis*)	2409
N294	穗花槭提取物(固体)	mountain maple extract solid(*Acer spicatum* Lam.)	2757
N295	芸香油	rue oil(*Ruta graveolens* L.)	2995
N296	鼠尾草油树脂/提取物	sage oleoresin/extract(*Salvia officinalis* L.)	3002
N297	菝葜提取物	sarsaparilla extract(*Smilax* spp.)	3009
N298	水蒸气蒸馏松节油	turpentine,steam-distilled(*Pinus* spp.)	3089
N299	缬草根提取物	valerian root extract(*Valeriana officinalis* L.)	3099
N300	香荚兰油树脂	vanilla oleoresin(*Vanilla fragrans*)	3106
N301	紫罗兰叶净油	violet leaves absolute(*Viola odorata* L.)	3110
N302	洋艾油	wormwood oil(*Artemisia absinthium* L.)	3116
N303	玫瑰茄	roselle(*Hibiscus sabdariffa* L.)	—
N304	橘柚油	tangelo oil	—
N305	晚香玉净油	tuberose absolute(*Polianthes tuberosa* L.)	—
N306	美国栗树叶提取物	chestnut leaves extract[*Castanea dentata*(Marsh.) Borkh.]	—
N307	古巴香脂油	copaiba oil(South American spp. of *Copaifera*)	—
N308	达迷草叶	damiana leaves(*Turnera diffusa* Willd.)	—
N309	匈牙利春黄菊(母菊)花净油	chamomile flower absolute(Hungarian)(*Matricaria chamomilla* L.)	—
N310	接骨木花提取物	elder flowers extract(*Sambucus canadensis* L. and *S. nigra* L.)	—

表 B.1 (续)

编码	香料中文名称	香料英文名称(斜体为学名)	FEMA[1)] 编号
N311	防风根油	opoponax oil	—
N312	藏红花提取物	saffron extract(*Crocus sativus* L.)	2999
N313	香叶提取物	geranium extract(*Pelargonlium* spp.)	—
N314	胡芦巴油树脂	fenugreek oleoresin(*Trigonella foenum-graecum* L.)	2486
N315	柠檬提取物	lemon extract[*Citrus limon*(L.)Burm. f.]	2623
N316	德国鸢尾树脂	orris resinoid(*Iris germanical* L.)	—
N317	罗望子提取物(浸膏)	tamarind extract(*Tamarindus indica* L.)	—
N318	辣根油	horseradish oil(*Armoracia lapathifolia* Gilib)	—
N319	胡芦巴籽浸膏	fenugreek seed extract(*Trigonella foenum-graecum* L.)	2485
N320	芹菜叶油	celery leaf oil(*Apium graveolens* L.)	—
N321	柏木油萜烯	cedarwood oil terpenes	—
N322	肉豆蔻油树脂	nutmeg oleoresin(*Myristica fragrans* Houtt)	—
N323	八角茴香及其油	anise star or its oil(*Illicum verum* Hood. F.)	2096
N324	芫荽油	coriander oil(*Coriandrum sativum* L.)	2334
N325	胡芦巴	fenugreek(*Trigonella foenum-graecum* L.)	2484
N326	韭葱油	leek oil(*Allium porrum*)	—
N327	甜橙皮提取物	orange peel extract, sweet[*Citrus sinensis*(L.)Osbeck]	2824
N328	牛至油	*Origanum vulgare* oil	2660

表 B.2　允许使用的食品用天然等同香料名单

编码	香料中文名称	香料英文名称	FEMA 编号
I1001	1,2-丙二醇	1,2-propanediol(propylene glycol)	2940
I1002	丙三醇(又名甘油)	1,2,3-propanetriol(glycerol)	2525
I1003	异丙醇	isopropyl alcohol	2929
I1004	正丁醇	1-butanol(butyl alcohol)	2178
I1005	异丁醇	isobutyl alcohol	2179
I1006	正戊醇	1-pentanol(amyl alcohol)	2056
I1007	2-戊醇	2-pentanol	3316
I1008	异戊醇	isoamyl alcohol	2057
I1009	1-戊烯-3-醇	1-penten-3-ol	3584
I1010	正己醇	1-hexanol(hexyl alcohol)	2567
I1011	2-己烯-1-醇	2-hexen-1-ol	2562
I1012	4-己烯-1-醇	4-hexen-1-ol	3430
I1013	正庚醇	1-heptanol(heptyl alcohol)	2548

表 B.2（续）

编码	香料中文名称	香料英文名称	FEMA 编号
I1014	正辛醇	1-octanol(octyl alcohol)	2800
I1015	2-辛醇	2-octanol	2801
I1016	1-辛烯-3-醇	1-octen-3-ol	2805
I1017	顺式-5-辛烯-1-醇	*cis*-5-octen-1-ol	3722
I1018	正壬醇	1-nonanol(nonyl alcohol)	2789
I1019	顺式-6-壬烯-1-醇	*cis*-6-nonen-1-ol	3465
I1020	反式-2-壬烯-1-醇	*trans*-2-nonen-1-ol	3379
I1021	2,6-壬二烯-1-醇	2,6-nonadien-1-ol	2780
I1022	正癸醇	1-decanol(decyl alcohol)	2365
I1023	十一醇	undecyl alcohol	3097
I1024	月桂醇(又名十二醇)	lauryl alcohol(dodecyl alcohol)	2617
I1025	1-十六醇	1-hexadecanol	2554
I1026	小茴香醇	fenchyl alcohol	2480
I1027	叶醇(又名顺式-3-己烯-1-醇)	leaf alcohol(*cis*-3-hexen-1-ol)	2563
I1028	龙脑	borneol	2157
I1029	杂醇油(精制)	fusel oil,refined	2497
I1030	芳樟醇	linalool	2635
I1031	氧化芳樟醇	linalool oxide	3746
I1032	异胡薄荷醇	isopulegol	2962
I1033	苏合香醇(又名 α-甲基苄醇)	styralyl alcohol(α-methylbenzyl alcohol)	2685
I1034	苯甲醇(又名苄醇)	benzyl alcohol	2137
I1035	苯乙醇(又名 2-苯基乙醇)	phenethyl alcohol	2858
I1036	苯丙醇(又名 3-苯基丙醇)	phenylpropyl alcohol	2885
I1037	玫瑰醇	rhodinol	2980
I1038	α-松油醇	α-terpineol	3045
I1039	金合欢醇	farnesol	2478
I1040	香叶醇	geraniol	2507
I1041	*dl*-香茅醇	*dl*-citronellol	2309
I1042	茴香醇	anisyl alcohol	2099
I1043	肉桂醇	cinnamic alcohol	2294
I1044	α-紫罗兰醇(又名甲位紫罗兰醇)	α-ionol	3624
I1045	β-紫罗兰醇(又名乙位紫罗兰醇)	β-ionol	3625
I1046	二氢乙位紫罗兰醇	dihydro-β-ionol	3627
I1047	橙花醇	nerol	2770
I1048	橙花叔醇	nerolidol	2772

表 B.2（续）

编码	香料中文名称	香料英文名称	FEMA 编号
I1049	二甲基苄基原醇	dimethyl benzyl carbinol	2393
I1050	正丙醇	1-propanol(propyl alcohol)	2928
I1051	3-己醇	3-hexanol	3351
I1052	1-己烯-3-醇	1-hexen-3-ol	3608
I1053	2-乙基己醇	2-ethyl-1-hexanol	3151
I1054	2-庚醇	2-heptanol	3288
I1055	3-辛醇	3-octanol	3581
I1056	顺式-3-辛烯-1-醇	*cis*-3-octen-1-ol	3467
I1057	2-十一醇	2-undecanol	3246
I1058	对,*α*-二甲基苄醇	*p*,*α*-Dimethylbenzyl alcohol	3139
I1059	对异丙基苄醇	*p*-isopropylbenzyl alcohol	2933
I1060	对,*α*,*α*-三甲基苄醇	*p*,*α*,*α*-trimethylbenzyl alcohol	3242
I1061	*β*-石竹烯醇	*β*-caryophyllene alcohol	—
I1062	龙蒿脑	estragole	2411
I1063	四氢香叶醇	tetrahydrogeraniol	2391
I1064	二氢香芹醇	dihydrocarveol	2379
I1065	1-对-盖烯-4-醇	1-*p*-menthen-4-ol	2248
I1066	紫苏醇	perilla alcohol	2664
I1067	*dl*-薄荷脑	*dl*-menthol	2665
I1068	3-(*l*-薄荷氧基)-2-甲基-1,2-丙二醇	3-(*l*-menthoxy)-2-methylpropane-1, 2-diol	3849
I1069	3,5,5-三甲基环己醇	3,5,5-trimethylcyclohexanol	3962
I1070	顺式-2-壬烯-1-醇	*cis*-2-nonen-1-ol	3720
I1071	反式,反式-2,4-癸二烯醇	*E*,*E*-2,4-decadien-1-ol(*trans*,*trans*-2,4-decadien-1-ol)	3911
I1072	反式-2-辛烯-4-醇	(*E*)-2-octen-4-ol	3888
I1073	对-盖-3-烯-1 醇	*p*-menth-3-en-1-ol	3563
I1074	对-盖-1,8(10)二烯-9-醇	menthadienol(*p*-mentha-1,8(10)-dien-9-ol)	—
I1075	柏木烯醇	cedrenol	—
I1076	脱氢芳樟醇	dehydrolinalool [(*E*)-3,7-dimethyl-1,5,7-octatrien-3-ol]	3830
I1077	*d*-木糖	*d*-xylose	3606
I1078	*d*-核糖	*d*-ribose	3793
I1079	*l*-鼠李糖	*l*-rhamnose	3730
I1080	二苯醚	diphenyl ether	3667
I1081	对甲酚甲醚	*p*-cresyl methyl ether	2681

表 B.2（续）

编码	香料中文名称	香料英文名称	FEMA 编号
I1082	异丁香酚甲醚	*iso*-eugenyl methyl ether	2476
I1083	甲基苯乙醚	methyl phenethyl ether	3198
I1084	朗姆醚	rum ether(ethyl oxyhydrate)	2996
I1085	仲丁基乙醚	*sec*-butyl ethyl ether	3131
I1086	乙基苄基醚	ethyl benzyl ether	2144
I1087	大茴香醚	anisole	2097
I1088	邻-甲基大茴香醚	*o*-methylanisole	2680
I1089	橙花醚	nerol oxide	3661
I1090	2,4-二甲基大茴香醚	2,4-dimethylanisole	3828
I1091	香兰基乙醚	vanillyl ethyl ether	3815
I1101	丁香酚	eugenol	2467
I1102	异丁香酚	isoeugenol	2468
I1103	甲基丁香酚	methyl eugenol	2475
I1104	对-甲酚	*p*-cresol	2337
I1105	邻-甲酚	*o*-cresol	3480
I1106	间-甲酚	*m*-cresol	3530
I1107	百里香酚	thymol	3066
I1108	麦芽酚	maltol	2656
I1109	苯酚	phenol	3223
I1110	2-甲氧基-4-甲基苯酚	2-methoxy-4-methylphenol	2671
I1111	对-乙基苯酚	*p*-ethylphenol	3156
I1112	2-甲氧基-4-乙烯基苯酚	2-methoxy-4-vinylphenol	2675
I1113	对-二甲氧基苯	*p*-dimethoxybenzene	2386
I1114	愈疮木酚	guaiacol	2532
I1115	4-乙基愈疮木酚	4-ethylguaiacol	2436
I1116	苯甲醛丙二醇缩醛	benzaldehyde propylene glycol acetal	2130
I1117	2-异丙基苯酚	2-isopropylphenol	3461
I1118	2,6-二甲基苯酚	2,6-xylenol	3249
I1119	2,6-二甲氧基苯酚	2,6-dimethoxyphenol	3137
I1120	间苯二酚	resorcinol	3589
I1121	香芹酚	carvacrol	2245
I1122	2-甲氧基-4-丙基苯酚	2-methoxy-4-propylphenol	3598
I1123	2,5-二甲基苯酚	2,5-xylenol	3595
I1124	对-乙烯基苯酚	*p*-vinylphenol	3739
I1131	乙醛	acetaldehyde	2003

表 B.2 （续）

编码	香料中文名称	香料英文名称	FEMA 编号
I1132	乙醛二乙缩醛	acetaldehyde diethyl acetal	2002
I1133	丙醛	propionaldehyde	2923
I1134	3-(2-呋喃基)丙烯醛	3-(2-furyl)acrolein	2494
I1135	丁醛	butyraldehyde	2219
I1136	2-甲基丁醛	2-methylbutyraldehyde	2691
I1137	2-甲基-2-丁烯醛	2-methyl-2-butenal	3407
I1138	2-苯基-2-丁烯醛	2-phenyl-2-butenal	3224
I1139	戊醛	valeraldehyde	3098
I1140	异戊醛	isovaleraldehyde	2692
I1141	2-甲基戊醛	2-methylvaleraldehyde	3413
I1142	2-戊烯醛	2-pentenal	3218
I1143	2-甲基-2-戊烯醛	2-methyl-2-pentenal	3194
I1144	4-甲基-2-苯基-2-戊烯醛	4-methyl-2-phenyl-2-pentenal	3200
I1145	2,4-戊二烯醛	2,4-pentadienal	3217
I1146	己醛	hexanal	2557
I1147	2-己烯醛(又名叶醛)	2-hexenal	2560
I1148	顺式-3-己烯醛	*cis*-3-hexenal	2561
I1149	5-甲基-2-苯基-2-己烯醛	5-methyl-2-phenyl-2-hexenal	3199
I1150	2-异丙基-5-甲基-2-己烯醛	2-isopropyl-5-methyl-2-hexenal	3406
I1151	反式,反式-2,4-己二烯醛	*trans*,*trans*-2,4-hexadienal	3429
I1152	庚醛	heptyl aldehyde	2540
I1153	4-庚烯醛	4-heptenal	3289
I1154	反式-2-庚烯醛	*trans*-2-heptenal	3165
I1155	2,6-二甲基-5-庚烯醛	2,6-dimethyl-5-heptenal	2389
I1156	2,4-庚二烯醛	2,4-heptadienal	3164
I1157	辛醛	octylaldehyde	2797
I1158	2-辛烯醛	2-octenal	3215
I1159	反式,反式-2,4-辛二烯醛	*trans*,*trans*-2,4-octadienal	3721
I1160	反式,反式-2,6-辛二烯醛	*trans*,*trans*-2,6-octadienal	3466
I1161	壬醛	nonanal	2782
I1162	甲基壬乙醛(又名 2-甲基十一醛)	methylnonylacetaldehyde(2-methylundecanal)	2749
I1163	2-壬烯醛	2-nonenal	3213
I1164	顺式-6-壬烯醛	*cis*-6-nonenal	3580
I1165	2,4-壬二烯醛(又名反式-2-反式-4-壬二烯醛)	2,4-nonadienal(*trans*-2-*trans*-4-nonadienal)	3212

表 B.2（续）

编码	香料中文名称	香料英文名称	FEMA 编号
I1166	反式-2-顺式-6-壬二烯醛	nona-2-*trans*-6-*cis*-dienal	3377
I1167	桃金娘烯醇甲酸酯	myrtenyl formate	3405
I1168	正癸醛	*n*-decyl aldehyde(decanal)	2362
I1169	2-癸烯醛	2-decenal	2366
I1170	2,4-癸二烯醛	2,4-decadienal	3135
I1171	十一醛	undecanal	3092
I1172	2-十一烯醛	2-undecenal	3423
I1173	2,4-十一碳二烯醛	2,4-undecadienal	3422
I1174	月桂醛	lauric aldehyde	2615
I1175	2-十二碳烯醛	2-dodecenal	2402
I1176	反式-2-顺式-6-十二碳二烯醛	2-*trans*-6-*cis*-dodecadienal	3637
I1177	十四醛	tetradecyl aldehyde	2763
I1178	桃醛（又名 γ-十一烷内酯）	peach aldehyde(γ-undecalactone)	3091
I1179	大茴香醛	*p*-anisaldehyde	2670
I1180	水杨醛	salicylaldehyde	3004
I1181	苯甲醛	benzaldehyde	2127
I1182	甲基苯甲醛（邻-、对-、间-位混合物）	tolualdehydes(mixed *o*,*m*,*p*)	3068
I1183	3,4-二甲氧基苯甲醛	3,4-dimethoxybenzenecarbonal	3109
I1184	苯乙醛	phenylacetaldehyde	2874
I1185	苯乙醛二甲缩醛	phenylacetaldehyde dimethyl acetal	2876
I1186	苯丙醛（又名 3-苯基丙醛）	phenylpropyl aldehyde(3-phenylpropionaldehyde)	2887
I1187	枯茗醛	cuminaldehyde	2341
I1188	香兰素	vanillin	3107
I1189	香茅醛	citronellal	2307
I1190	柠檬醛	citral	2303
I1191	洋茉莉醛（又名胡椒醛）	heliotropin(piperonal)	2911
I1192	肉桂醛	cinnamic aldehyde	2286
I1193	肉桂醛乙二醇缩醛	cinnamaldehyde ethylene glycol acetal	2287
I1194	紫苏醛	perillaldehyde	3557
I1195	对-盂-1-烯-9-醛	*p*-menth-1-ene-9-al	3178
I1196	糠醛	furfural	2489
I1197	5-甲基糠醛	5-methylfurfural	2702
I1198	1,1-二甲氧基乙烷	1,1-dimethoxyethane	3426
I1199	(2,6,6-三甲基环己-1,3-二烯基)-甲醛	(2,6,6-trimethylcyclohexa-1,3-dienyl)-methanal	3389

表 B.2（续）

编码	香料中文名称	香料英文名称	FEMA 编号
I1200	异丁醛	isobutyraldehyde	2220
I1201	顺式-4-己烯醛	*cis*-4-hexenal	3496
I1202	顺式-5-辛烯醛	*cis*-5-octenal	3749
I1203	4-癸烯醛	4-decenal	3264
I1204	反式,反式-2,4-十二碳二烯醛	*trans*,*trans*-2,4-dodecadienal	3670
I1205	2-十三烯醛	2-tridecenal	3082
I1206	4-乙基苯甲醛	4-ethylbenzaldehyde	3756
I1207	2-羟基-4-甲基苯甲醛	2-hydroxy-4-methylbenzaldehyde	3697
I1208	邻-甲氧基肉桂醛	*o*-methoxycinnamaldehyde	3181
I1209	龙脑烯醛	campholenic aldehyde	3592
I1210	α-己基肉桂醛	α-hexylcinnamaldehyde	2569
I1211	香兰素-1,2-丙二醇缩醛	vanillin propylene glycol acetal	3905
I1212	乙醛乙醇顺式-3-己烯醇缩醛	acetaldehyde ethyl *cis*-3-hexenyl acetal	3775
I1213	反式-2-反式-6-壬二烯醛	2-*trans*-6-*trans*-nonadienal	3766
I1214	2,4,7-癸三烯醛	2,4,7-decatrienal	—
I1215	β-甜橙醛	β-sinensal	3141
I1216	4-羟基苯甲醛	4-hydroxy benzaldehyde	3984
I1217	邻-甲氧基苯甲醛	*o*-methoxybenzaldehyde	—
I1218	12-甲基十三醛	12-methyltridecanal	4005
I1231	甲乙酮	methyl ethyl ketone	2170
I1232	2-羟基-丁-3-酮	2-hydroxy-3-butanone	2008
I1233	4-(对甲氧基苯基)-2-丁酮	4-(*p*-methoxyphenyl)-2-butanone	2672
I1234	4-苯基-3-丁烯-2-酮	4-phenyl-3-buten-2-one	2881
I1235	丁二酮(又名 2,3-丁二酮)	diacetyl(2,3-diketo butane)	2370
I1236	2-戊酮	2-pentanone	2842
I1237	1-戊烯-3-酮	1-penten-3-one	3382
I1238	2,3-戊二酮	2,3-pentanedione	2841
I1239	3-乙基 2-羟基-2-环戊烯-1-酮	3-ethyl-2-hydroxy-2-cyclopenten-1-one	3152
I1240	甲基环戊烯醇酮(又名 3-甲基-2-羟基-2-环戊烯-1-酮)	methylcyclopentenolone	2700
I1241	4-己烯-3-酮	4-hexene-3-one	3352
I1242	5-甲基-3-己烯-2-酮	5-methyl-3-hexene-2-one	3409
I1243	3,4-己二酮	3,4-hexanedione	3168
I1244	2-庚酮	2-heptanone	2544
I1245	3-庚烯-2-酮(又名甲基戊烯基酮)	3-hepten-2-one methyl pentenyl ketone	3400

表 B.2（续）

编码	香料中文名称	香料英文名称	FEMA 编号
I1246	6-甲基-5-庚烯-2-酮	6-methyl-5-hepten-2-one	2707
I1247	1-辛烯-3-酮	1-octen-3-one	3515
I1248	2-壬酮	2-nonanone	2785
I1249	2-十一酮	2-undecanone	3093
I1250	2-十三酮	2-tridecanone	3388
I1251	圆柚酮	nootkatone	3166
I1252	L-香芹酮	L-carvone	2249
I1253	苯乙酮	acetophenone	2009
I1254	4-甲基苯乙酮	4-methylacetophenone(*p*-methylacetophenone)	2677
I1255	对-甲氧基苯乙酮	*p*-methoxyacetophenone	2005
I1256	顺式-茉莉酮	*cis*-jasmone	3196
I1257	覆盆子酮(又名悬钩子酮)	frambinon[4-(*p*-hydroxyphenyl)-2-butanone]	2588
I1258	*α*-突厥酮	*α*-damascone	3659
I1259	突厥烯酮	damascenone	3420
I1260	苯甲醛甘油缩醛	benzaldehyde glyceryl acetal	2129
I1261	*α*-鸢尾酮	*α*-irone	2597
I1262	*α*-紫罗兰酮	*α*-ionone	2594
I1263	*β*-紫罗兰酮	*β*-ionone	2595
I1264	*dl*-樟脑	*dl*-camphor	—
I1265	薄荷酮	menthone	2667
I1266	*d*,*l*-异薄荷酮	*d*,*l*-isomenthone	3460
I1267	4-(2-呋喃基)-3-丁烯-2-酮	4-(2-furyl)-3-buten-2-one	2495
I1268	2-乙基-4-羟基-5-甲基-3(2*H*)-呋喃酮	2-ethyl-4-hydroxy-5-methyl-3(2*H*)-furanone	3623
I1269	4,5-二甲基-3-羟基-2,5-二氢呋喃-2-酮	4,5-dimethyl-3-hydroxy-2,5-dihydr ofuran-2-one	3634
I1270	2-乙基-3-甲基-4-羟基二氢-2,5-呋喃-5-酮	2-ethyl-3-methyl-4-hydroxydihydro-2,5-furan-5-one	3153
I1271	4,5-二氢-3(2*H*)噻吩酮(又名四氢噻吩-3-酮)	4,5-dihydro-3-(2*H*) thiophenone(tetrahydrothiophen-3-one)	3266
I1272	2-乙基呋喃	2-ethylfuran	3673
I1273	2-乙酰基呋喃	2-acetylfuran	3163
I1274	2-乙酰基-5-甲基呋喃	2-acetyl-5-methylfuran	3609
I1275	丙酮	acetone	3326
I1276	1-苯基-1,2-丙二酮	1-phenyl-1,2-propanedione	3226
I1277	3,4-二甲基-1,2-环戊二酮	3,4-dimethyl-1,2-cyclopentadione	3268

表 B.2（续）

编码	香料中文名称	香料英文名称	FEMA 编号
I1278	3,5-二甲基-1,2-环戊二酮	3,5-dimethyl-1,2-cyclopentadione	3269
I1279	2,3-己二酮	2,3-hexanedione	2558
I1280	1-甲基-2,3-环己二酮	1-methyl-2,3-cyclohexadione	3305
I1281	2,2,6-三甲基环己酮	2,2,6-trimethylcyclohexanone	3473
I1282	2,6,6-三甲基-2-环己烯-1,4-二酮	2,6,6-trimethylcyclohex-2-ene-1,4-dione	3421
I1283	3-庚酮	3-heptanone	2545
I1284	5-甲基-2-庚烯-4-酮	5-methyl-2-hepten-4-one	3761
I1285	6-甲基-3,5-庚二烯-2-酮	6-methyl-3,5-heptadien-2-one	3363
I1286	2-辛酮	2-octanone	2802
I1287	3-辛酮	3-octanone	2803
I1288	3-辛烯-2-酮	3-octen-2-one	3416
I1289	6,10-二甲基-5,9-十一碳二烯-2-酮	6,10-dimethyl-5,9-undecadien-2-one	3542
I1290	2-十五酮	2-pentadecanone	3724
I1291	3-甲基-1-环十五酮	3-methyl-1-cyclopentadecanone	3434
I1292	环十七碳-9-烯-1-酮	cycloheptadeca-9-en-1-one	3425
I1293	二苯甲酮	benzophenone	2134
I1294	2-羟基苯乙酮	2-hydroxyacetophenone	3548
I1295	异佛尔酮	isophorone	3553
I1296	二氢茉莉酮(又名 2-戊基-3-甲基-2-环戊烯-1-酮)	dihydrojasmone (2-pentyl-3-methyl-2-cyclopenten-1-one)	3763
I1297	新甲基橙皮苷二氢查耳酮	neohesperidin dihydrochalcone (neohesperidin dhc)	3811
I1298	姜油酮	zingerone	3124
I1299	*β*-突厥酮[又名 4-(2,6,6-三甲基环己-1-烯基)丁-2-烯-4-酮]	*β*-damascone [4-(2,6,6-trimethylcyclohex-1-enyl) but-2-en-4-one]	3243
I1300	3-甲硫基丁醛	3-(methylthio)butanal	3374
I1301	*α*-戊基桂醛	*α*-amylcinnamaldehyde	2061
I1302	*d*-葑酮	*d*-fenchone	2479
I1303	2-甲基四氢呋喃-3-酮	2-methyltetrahydrofuran-3-one	3373
I1304	4-羟基-2,5-二甲基-3(2*H*)呋喃酮	4-hydroxy-2,5-dimethyl-3(2*H*)furan one	3174
I1305	2,5-二甲基-4-甲氧基-3(2*H*)呋喃酮	2,5-dimethyl-4-methoxy-3(2*H*)-fura none	3664
I1306	2-戊基呋喃	2-pentylfuran	3317
I1307	4,5,6,7-四氢-3,6-二甲基苯并呋喃(又名薄荷呋喃)	4,5,6,7-Tetrahydro-3,6-dimethylben zofuran (menthofuran)	3235
I1308	1,5,5,9-四甲基-13-氧杂三环[8.3.0.0(4,9)]十三烷	1,5,5,9-tetramethyl-13-oxatricyclo[8.3.0.0(4,9)]tridecane	3471

表 B.2（续）

编码	香料中文名称	香料英文名称	FEMA 编号
I1309	顺式-二氢香芹酮	*cis*-dihydrocarvone	3565
I1310	3-巯基-2-丁酮(3-巯基-丁-2-酮)	3-mercapto-2-butanone	3298
I1311	胡椒基丙酮	piperonyl acetone	2701
I1312	二氢-β-紫罗兰酮	dihydro-β-ionone	3626
I1313	4-甲基-2,3-戊二酮	4-methyl-2,3-pentanedione	2730
I1314	反式-7-甲基-3-辛烯-2-酮	(*E*)-7-methyl-3-octen-2-one	3868
I1315	3-乙酰硫基-2-甲基呋喃	3-(acetylthio)-2-methylfuran	3973
I1316	4-乙酰氧基-2,5-二甲基-3(2*H*)呋喃酮	4-acetoxy-2,5-dimethyl-3(2*H*)-fura none	3797
I1317	3-乙基-2-羟基-4-甲基-2-环戊-2-烯-1-酮	3-ethyl-2-hydroxy-4-methylcyclope nt-2-en-1-one	3453
I1318	环己酮	cyclohexanone	3909
I1319	2,3-庚二酮	2,3-heptanedione	2543
I1320	2,3-辛二酮	2,3-octanedione	4060
I1321	乙酸	acetic acid	2006
I1322	丙酸	propionic acid	2924
I1323	丙酮酸	pyruvic acid	2970
I1324	丁酸	butyric acid	2221
I1325	异丁酸	isobutyric acid	2222
I1326	2-甲基丁酸	2-methylbutyric acid	2695
I1327	2-乙基丁酸	2-ethylbutyric acid	2429
I1328	戊酸	valeric acid	3101
I1329	2-甲基戊酸	2-methylvaleric acid	2754
I1330	2-甲基-2-戊烯酸(又名草莓酸)	2-methyl-2-pentenoic acid(strawberriff)	3195
I1331	异戊酸	isovaleric acid	3102
I1332	己酸	hexanoic acid	2559
I1333	己二酸	adipic acid	2011
I1334	反式-2-己烯酸	*trans*-2-hexenoic acid	3169
I1335	3-己烯酸	3-hexenoic acid	3170
I1336	庚酸	heptanoic acid	3348
I1337	辛酸	octanoic acid	2799
I1338	壬酸	nonoic acid	2784
I1339	癸酸	decanoic acid	2364
I1340	十二酸(又名月桂酸)	dodecanoic acid(lauric acid)	2614
I1341	十四酸(又名肉豆蔻酸)	tetradecanoic acid(myristic acid)	2764

表 B.2（续）

编码	香料中文名称	香料英文名称	FEMA 编号
I1342	十六酸(又名棕榈酸)	hexadecylic acid(palmitic acid)	2832
I1343	苯甲酸	benzoic acid	2131
I1344	苯乙酸	phenylacetic acid	2878
I1345	柠檬酸	citric acid	2306
I1346	肉桂酸	cinnamic acid	2288
I1347	富马酸	fumaric acid	2488
I1348	3-甲基戊酸(又名酐酪酸)	3-methylpentanoic acid	3437
I1349	*β*-丙氨酸	*β*-alanine	3252
I1350	*l*-苯基丙氨酸	*l*-phenylalanine	3585
I1351	*l*-半胱氨酸	*l*-cysteine	3263
I1352	甘氨酸	glycine	3287
I1353	*l*-谷氨酸	*l*-glutamic acid	3285
I1354	*l*-亮氨酸	*l*-leucine	3297
I1355	*dl*-蛋氨酸	*dl*-methionine	3301
I1356	乙酰丙酸	levulinic acid	2627
I1357	2-氧代丁酸	2-oxobutyric acid	3723
I1358	2-甲基己酸	2-methylhexanoic acid	3191
I1359	2-甲基庚酸	2-methyloenanthic acid	2706
I1360	4-甲基辛酸	4-methyloctanoic acid	3575
I1361	3,7-二甲基-6-辛烯酸	3,7-dimethyl-6-octenoic acid	3142
I1362	9-癸烯酸	9-decenoic acid	3660
I1363	十一酸	undecanoic acid	3245
I1364	10-十一碳烯酸	10-undecenoic acid	3247
I1365	3-苯丙酸	3-phenylpropionic acid	2889
I1366	乳酸	lactic acid	2611
I1367	*l*-脯氨酸	*l*-proline	3319
I1368	*dl*-缬氨酸	*dl*-valine	3444
I1369	2-(4-甲氧基苯氧基)-丙酸钠	sodium 2-(4-methyoxy-phenoxy)propanoate	3773
I1370	*l*-和 *dl*-丙氨酸	*l*-and *d*,*l*-alanine	3818
I1371	*l*-精氨酸	*l*-arginine	3819
I1372	*l*-赖氨酸	*l*-lysine	3847
I1373	3-甲基巴豆酸	3-methylcrotonic acid	3187
I1374	甲酸	formic acid	2487
I1375	4-甲基壬酸	4-methylnonanoic acid	3574
I1376	异己酸	isohexanoic acid	3463

表 B.2（续）

编码	香料中文名称	香料英文名称	FEMA 编号
I1377	2-羟基苯甲酸(又名水杨酸)	2-hydroxybenzoic acid(salicylic acid)	3985
I1378	惕各酸	tiglic acid	3599
I1379	琥珀酸	succinic acid	—
I1380	硬脂酸	stearic acid	3035
I1381	甲酸乙酯	ethyl formate	2434
I1382	甲酸丁酯	butyl formate	2196
I1383	甲酸戊酯	amyl formate	2068
I1384	甲酸异戊酯	isoamyl formate	2069
I1385	甲酸己酯	hexyl formate	2570
I1386	甲酸苄酯	benzyl formate	2145
I1387	甲酸香叶酯	geranyl formate	2514
I1388	甲酸香茅酯	citronellyl formate	2314
I1389	甲酸苯乙酯	phenethyl formate	2864
I1390	甲酸芳樟酯	linalyl formate	2642
I1391	乙酸甲酯	methyl acetate	2676
I1392	乙酸乙酯	ethyl acetate	2414
I1393	乙酰乙酸乙酯	ethyl acetoacetate	2415
I1394	乙酸丙酯	propyl acetate	2925
I1395	乙酸异丙酯	isopropyl acetate	2926
I1396	乙酸烯丙酯	allyl acetate	—
I1397	乙酰丙酸乙酯	ethyl acetylpropanoate	2442
I1398	乙酸丁酯	butyl acetate	2174
I1399	乙酸异丁酯	isobutyl acetate	2175
I1400	乙酸异戊酯	isoamyl acetate	2055
I1401	乙酸己酯	hexyl acetate	2565
I1402	2-己烯-1-醇乙酸酯	2-hexen-1-yl acetate	2564
I1403	乙酸庚酯	heptyl acetate	2547
I1404	乙酸辛酯	octyl acetate	2806
I1405	3-辛醇乙酸酯	3-octyl acetate	3583
I1406	1-辛烯-3-醇乙酸酯	1-octen-3-yl acetate	3582
I1407	乙酸壬酯	nonyl acetate	2788
I1408	2-丁烯酸正己酯	*n*-hexyl 2-butenoate	3354
I1409	乙酸癸酯	decyl acetate	2367
I1410	乙酸苄酯	benzyl acetate	2135
I1411	乙酸苯乙酯	phenethyl acetate	2857

表 B.2 (续)

编码	香料中文名称	香料英文名称	FEMA 编号
I1412	乙酸茴香酯	anisyl acetate	2098
I1413	乙酸龙脑酯	bornyl acetate	2159
I1414	乙酸薄荷酯	menthol acetate	2668
I1415	乙酸肉桂酯	cinnamyl acetate	2293
I1416	乙酸香茅酯	citronellyl acetate	2311
I1417	乙酸香叶酯	geranyl acetate	2509
I1418	乙酸对-甲酚酯	*p*-cresyl acetate	3073
I1419	乙酸苏合香酯	styralyl acetate	2684
I1420	乙酸橙花酯	neryl acetate	2773
I1421	乙酸松油酯	terpinyl acetate	3047
I1422	异丁酸肉桂酯	cinnamyl isobutyrate	2297
I1423	顺式-3-己烯-1-醇乙酸酯(又名乙酸叶醇酯)	*cis*-3-hexen-1-yl acetate	3171
I1424	乙酸糠酯	furfuryl acetate	2490
I1425	庚酸烯丙酯	allyl heptanoate	2031
I1426	乙酸芳樟酯	linalyl acetate	2636
I1427	乙酸葛缕酯	carvyl acetate	2250
I1428	乙酸二氢葛缕酯	dihydrocarvyl acetate	2380
I1429	苯乙酸丁酯	butyl phenylacetate	2209
I1430	丙酸乙酯	ethyl propionate	2456
I1431	丙二酸二乙酯	diethyl malonate	2375
I1432	丙酸异丁酯	isobutyl propionate	2212
I1433	丙酸异戊酯	isoamyl propionate	2082
I1434	顺式-3-己烯醇丙酸酯和反式-2-己烯醇丙酸酯	*cis*-3-hexenyl propionate and *trans*-2-hexenyl propionate	3778
I1435	丙酸香叶酯	geranyl propionate	2517
I1436	丙酸香茅酯	citronellyl propionate	2316
I1437	丙酸苄酯	benzyl propionate	2150
I1438	丙酸苯乙酯	phenethyl propionate	2867
I1439	丙酸芳樟酯	linalyl propionate	2645
I1440	丁酸甲酯	methyl butyrate	2693
I1441	2-甲基丁酸甲酯	methyl 2-methylbutyrate	2719
I1442	丁酸乙酯	ethyl butyrate	2427
I1443	异丁酸乙酯	ethyl isobutyrate	2428
I1444	2-甲基丁酸乙酯	ethyl 2-methylbutyrate	2443

表 B.2 (续)

编码	香料中文名称	香料英文名称	FEMA 编号
I1445	3-羟基丁酸乙酯	ethyl 3-hydroxybutyrate	3428
I1446	丁二酸二乙酯	diethyl succinate	2377
I1447	异丁酸甲酯	methyl isobutyrate	2694
I1448	丁酸丁酯	butyl butyrate	2186
I1449	丁酸异丁酯	isobutyl butyrate	2187
I1450	2-甲基丁酸丁酯	*n*-butyl 2-methylbutyrate	3393
I1451	2-甲基丁酸 2-甲基丁酯	2-methylbutyl 2-methylbutyrate	3359
I1452	异丁酸丁酯	butyl isobutyrate	2188
I1453	丁酸戊酯	amyl butyrate	2059
I1454	丁酸异戊酯	isoamyl butyrate	2060
I1455	2-甲基丁酸异戊酯	isoamyl 2-methylbutanoate	3505
I1456	异丁酸异戊酯	isopentyl isobutyrate	3507
I1457	丁酸己酯	hexyl butyrate	2568
I1458	2-甲基丁酸己酯	hexyl 2-methylbutyrate	3499
I1459	顺式-3-己烯醇丁酸酯(又名丁酸叶醇酯)	*cis*-3-hexenyl butyrate(leaf butyrate)	3402
I1460	2-甲基丁酸-3-己烯酯	3-hexenyl 2-methylbutanoate	3497
I1461	异丁酸庚酯	heptyl isobutyrate	2550
I1462	2-甲基丁酸辛酯	octyl 2-methylbutyrate	3604
I1463	1-辛烯-3-醇丁酸酯	1-octen-3-yl butyrate	3612
I1464	丁酸苄酯	nenzyl butyrate	2140
I1465	异丁酸苄酯	benzyl isobutyrate	2141
I1466	丁酸苯乙酯	phenethyl butyrate	2861
I1467	2-甲基丁酸苯乙酯	phenethyl 2-methylbutyrate	3632
I1468	异丁酸苯乙酯	phenethyl isobutyrate	2862
I1469	丁酸香叶酯	geranyl butyrate	2512
I1470	异丁酸香叶酯	geranyl isobutyrate	2513
I1471	丁酸芳樟酯	linalyl butyrate	2639
I1472	异丁酸芳樟酯	linalyl isobutyrate	2640
I1473	当归酸异丁酯	isobutyl angelate	2180
I1474	异丁酸橙花酯	neryl isobutyrate	2775
I1475	正戊酸乙酯	ethyl valerate	2462
I1476	丁酰乳酸丁酯	butyl butyryllactate	2190
I1477	异戊酸乙酯	ethyl isovalerate	2463
I1478	柳酸丁酯(又名水杨酸丁酯)	butyl salicylate	3650

表 B.2 （续）

编码	香料中文名称	香料英文名称	FEMA 编号
I1479	异戊酸丁酯	butyl isovalerate	2218
I1480	异戊酸异戊酯	isoamyl isovalerate	2085
I1481	异戊酸 3-己烯酯	3-hexenyl isovalerate	3498
I1482	异戊酸壬酯	nonyl isovalerate	2791
I1483	异戊酸苯乙酯	phenethyl isovalerate	2871
I1484	异戊酸香叶酯	geranyl isovalerate	2518
I1485	己酸甲酯	methyl hexanoate	2708
I1486	2-己烯酸甲酯	methyl 2-hexenoate	2709
I1487	己酸乙酯	ethyl hexanoate(ethyl caproate)	2439
I1488	3-己烯酸乙酯	ethyl 3-hexenoate	3342
I1489	3-羟基己酸乙酯	ethyl 3-hydroxyhexanoate	3545
I1490	反式-2-己烯酸乙酯	ethyl *trans*-2-hexenoate	3675
I1491	己酸丙酯	propyl hexanoate	2949
I1492	己酸戊酯	amyl hexanoate	2074
I1493	己酸异戊酯	isoamyl hexanoate	2075
I1494	己酸己酯	hexyl hexanoate	2572
I1495	己酸顺式-3-己烯酯(又名己酸叶醇酯)	*cis*-3-hexenyl hexanoate	3403
I1496	庚酸乙酯	ethyl heptanoate	2437
I1497	庚酸丙酯	propyl heptanoate	2948
I1498	庚酸丁酯	butyl heptanoate	2199
I1499	2-甲基-3-巯基呋喃	2-methyl-3-furanthiol	3188
I1500	辛酸甲酯	methyl caprylate	2728
I1501	辛酸乙酯	ethyl caprylate	2449
I1502	顺式-4-辛烯酸乙酯	ethyl *cis*-4-octenoate	3344
I1503	顺式-4,7-辛二烯酸乙酯	ethyl *cis*-4,7-octadienoate	3682
I1504	辛酸异戊酯	isoamyl octanoate	2080
I1505	辛酸壬酯	nonyl octanoate	2790
I1506	辛酸苯乙酯	phenethyl octanoate	3222
I1507	2-壬烯酸甲酯	methyl 2-nonenoate	2725
I1508	壬酸乙酯	ethyl nonanoate	2447
I1509	癸酸乙酯	ethyl decanoate	2432
I1510	反式-2-顺式-4-癸二烯酸乙酯	ethyl *trans*-2,*cis*-4-decadienoate	3148
I1511	月桂酸乙酯	ethyl laurate	2441
I1512	十四酸甲酯(又名肉豆蔻酸甲酯)	methyl tetradecanoate (methtyl myristate)	2722

表 B.2（续）

编码	香料中文名称	香料英文名称	FEMA 编号
I1513	苯甲酸甲酯	methyl benzoate	2683
I1514	苯甲酸乙酯	ethyl benzoate	2422
I1515	苯甲酸丙酯	propyl benzoate	2931
I1516	苯甲酸己酯	hexyl benzoate	3691
I1517	苯甲酸苄酯	benzyl benzoate	2138
I1518	苯甲酸顺式-3-己烯酯（又名苯甲酸叶醇酯）	(*Z*)-3-hexenyl benzoate (*cis*-3-hexenyl benzoate)	3688
I1519	邻氨基苯甲酸甲酯	methyl anthranilate	2682
I1520	苯乙酸甲酯	methyl phenylacetate	2733
I1521	苯乙酸乙酯	ethyl phenylacetate	2452
I1522	苯乙酸异戊酯	isoamyl phenylacetate	2081
I1523	苯乙酸苯乙酯	phenethyl phenylacetate	2866
I1524	惕各酸乙酯	ethyl tiglate	2460
I1525	惕各酸苄酯	benzyl tiglate	3330
I1526	乳酸乙酯	ethyl lactate	2440
I1527	乳酸丁酯	butyl lactate	2205
I1528	肉桂酸甲酯	methyl cinnamate	2698
I1529	肉桂酸乙酯	ethyl cinnamate	2430
I1530	肉桂酸苄酯	benzyl cinnamate	2142
I1531	肉桂酸苯乙酯	phenethyl cinnamate	2863
I1532	肉桂酸肉桂酯	cinnamyl cinnamate	2298
I1533	水杨酸甲酯（又名柳酸甲酯）	methyl salicylate	2745
I1534	水杨酸乙酯（又名柳酸乙酯）	ethyl salicylate	2458
I1535	水杨酸异戊酯（又名柳酸异戊酯）	isoamyl salicylate	2084
I1536	肉豆蔻酸乙酯	ethyl myristate	2445
I1537	油酸乙酯	ethyl oleate	2450
I1538	棕榈酸乙酯	ethyl palmitate	2451
I1539	二氢茉莉酮酸甲酯	methyl dihydrojasmonate	3408
I1540	椰子油混合酸乙酯	ethyl ester of coconut oil mixed acid	—
I1541	柠檬酸三乙酯	triethyl citrate	3083
I1542	甲酸大茴香酯	anisyl formate	2101
I1543	甲酸叶醇酯（又名顺式-3-己烯醇甲酸酯）	*cis*-3-hexenyl formate	3353
I1544	乙酸 2-甲基丁酯	2-methylbutyl acetate	3644
I1545	乙酸 3-苯丙酯	3-phenylpropyl acetate	2890
I1546	乙酸丁香酚酯	eugenyl acetate	2469

表 B.2（续）

编码	香料中文名称	香料英文名称	FEMA 编号
I1547	4,5-二甲基-2-异丁基-3-噻唑啉	4,5-dimethyl-2-isobutyl-3-thiazoline	3621
I1548	乙酸异胡薄荷酯	isopulegyl acetate	2965
I1549	乙酸 1,3,3-三甲基-2-降龙脑酯	1,3,3-trimethyl-2-norbornanyl acetate	3390
I1550	丙酸甲酯	methyl propionate	2742
I1551	丙烯酸乙酯	ethyl acrylate	2418
I1552	乳酸叶醇酯（又名顺式-3-己烯醇乳酸酯）	*cis*-3-hexenyl lactate	3690
I1553	丙酸癸酯	decyl propionate	2369
I1554	反式-2-丁烯酸乙酯	ethyl *trans*-2-butenoate	3486
I1555	丁酸丙酯	propyl butyrate	2934
I1556	异丁酸异丙酯	isopropyl isobutyrate	2937
I1557	2-甲基丁酸异丙酯	isopropyl 2-methylbutyrate	3699
I1558	异丁酸己酯	hexyl isobutyrate	3172
I1559	丁酸庚酯	heptyl butyrate	2549
I1560	异丁酸辛酯	octyl isobutyrate	2808
I1561	异丁酸-3-苯丙酯	3-phenylpropyl isobutyrate	2893
I1562	丁酸香茅酯	citronellyl butyrate	2312
I1563	丁酸肉桂酯	cinnamyl butyrate	2296
I1564	异戊酸甲酯	methyl isovalerate	2753
I1565	异戊酸异丁酯	isobutyl isovalerate	3369
I1566	异戊酸 2-甲基丁酯	2-methylbutyl isovalerate	3506
I1567	异戊酸苄酯	benzyl isovalerate	2152
I1568	2-戊基吡啶	2-pentylpyridine	3383
I1569	异戊酸肉桂酯	cinnamyl isovalerate	2302
I1570	异戊酸薄荷酯	menthyl isovalerate	2669
I1571	3-己烯酸甲酯	methyl 3-hexenoate	3364
I1572	正己酸异丁酯	isobutyl caproate	2202
I1573	己酸烯丙酯	allyl hexanoate	2032
I1574	己酸芳樟酯	linalyl hexanoate	2643
I1575	3,7-二甲基-6-辛烯酸甲酯	methyl 3,7-dimethyl-6-octenoate	3361
I1576	3-壬烯酸甲酯	methyl 3-nonenoate	3710
I1577	9-十一烯酸甲酯	methyl 9-undecenoate	2750
I1578	十一酸乙酯	ethyl undecanoate	3492
I1579	十四酸异丙酯	isopropyl myristate	3556
I1580	*N*-甲基邻氨基苯甲酸甲酯	methyl *N*-methylanthranilate (dimethyl anthranilate)	2718

表 B.2（续）

编码	香料中文名称	香料英文名称	FEMA 编号
I1581	邻氨基苯甲酸乙酯	ethyl anthranilate	2421
I1582	苯甲酸异戊酯	isoamyl benzoate	2058
I1583	苯甲酸苯乙酯	phenethyl benzoate	2860
I1584	苯乙酸异丁酯	isobutyl phenylacetate	2210
I1585	苯乙酸己酯	hexyl phenylacetate	3457
I1586	苯丙酸乙酯(又名氢化肉桂酸乙酯)	ethyl 3-phenylpropionate(ethyl hydrocinnamate)	2455
I1587	环己基羧酸甲酯	methyl cyclohexanecarboxylate	3568
I1588	大茴香酸甲酯	methyl *p*-anisate	2679
I1589	大茴香酸乙酯	ethyl *p*-anisate	2420
I1590	水杨酸苯乙酯	phenethyl salicylate	2868
I1591	月桂酸异戊酯	isoamyl laurate	2077
I1592	亚油酸甲酯(48%)，亚麻酸甲酯(52%)混合物	methyl linoleate (48%) methyl linolenate (52%)mixture	3411
I1593	茉莉酮酸甲酯	methyl jasmonate	3410
I1594	水杨酸苄酯	benzyl salicylate	2151
I1595	肉桂酸异丁酯	isobutyl cinnamate	2193
I1596	肉桂酸 3-苯丙酯	3-phenylpropyl cinnamate	2894
I1597	酒石酸二乙酯	diethyl tartrate	2378
I1598	菸酸甲酯	methyl nicotinate	3709
I1599	惕各酸苯乙酯	phenethyl tiglate	2870
I1600	3-乙酰基-2,5-二甲基噻吩	3-acetyl-2,5-dimethylthiophene	3527
I1601	3,5,5-三甲基-1-己醇	3,5,5-trimethyl-1-hexanol	3324
I1602	丁酸茴香酯	anisyl butyrate	2100
I1603	异戊酸龙脑酯	bornyl isovalerate	2165
I1604	2,6-二甲基-4-庚醇	2,6-dimethyl-4-heptanol	3140
I1605	苯甲酸异丁酯	isobutyl benzoate	2185
I1606	甲酸橙花酯	neryl formate	2776
I1607	乙酸甲基苄醇酯(邻-,间-,对-,混合物)	methylbenzyl acetate(mixed *o*-,*m*-,*p*-)	3702
I1608	顺式-和反式-对-1,(7)8-盖二烯-2-醇乙酸酯	*cis*-and-*trans*-*p*-1,(7)8-menthadien-2-yl acetate	3848
I1609	乙酸龙脑烯醇酯	campholene acetate	3657
I1610	丙酸丙酯	propyl propionate	2958
I1611	丙酸丁酯	butyl propionate	2211
I1612	丙酸己酯	hexyl propionate	2576
I1613	丙酮酸乙酯	ethyl pyruvate	2457

表 B.2（续）

编码	香料中文名称	香料英文名称	FEMA 编号
I1614	丁酸辛酯	octyl butyrate	2807
I1615	异丁酸丙酯	*n*-propyl isobutyrate	2936
I1616	异丁酸异丁酯	isobutyl isobutyrate	2189
I1617	异丁酸香茅酯	citronellyl isobutyrate	2313
I1618	反式-2-丁烯酸叶醇酯	(*Z*)-3-hexenyl(*E*)-2-butenoate	3982
I1619	丁二酸单薄荷酯	momo-menthyl succinate	3810
I1620	正戊酸正戊酯	pentyl valerate	—
I1621	异戊酸辛酯	octyl isovalerate	2814
I1622	己酸丁酯	butyl hexanoate	2201
I1623	己酸苯乙酯	phenethyl hexanoate	3221
I1624	异丁酸叶醇酯（又名顺式-3-己烯醇异丁酸酯）	leaf isobutyrate[(*Z*)-3-hexenyl isobutyrate]	3929
I1625	辛酸己酯	hexyl octanoate	2575
I1626	2-辛烯酸乙酯	ethyl 2-octenoate	3643
I1627	2,4,7-癸三烯酸乙酯	ethyl 2,4,7-decatrienoate	3832
I1628	苯甲酸芳樟酯	linalyl benzoate	2638
I1629	惕各酸叶醇酯（又名顺式-3-己烯醇反式-2-甲基-2-丁烯酸酯）	(*Z*)-3-hexenyl(*E*)-2-methyl-2-butenoate	3931
I1630	2-丁烯酸异丁酯	isobutyl 2-butenoate	3432
I1631	3-甲基丁酸己酯	hexyl 3-methyl butanoate	3500
I1632	顺式-3-己烯酸顺式-3-己烯醇酯	*cis*-3-hexenyl *cis*-3-hexenoate	3689
I1633	3-羟基己酸甲酯	methyl 3-hydroxyhexanoate	3508
I1634	苯甲酸香叶酯	geranyl benzoate	2511
I1635	琥珀酸二甲酯	dimethyl succinate	2396
I1636	硬脂酸乙酯	ethyl stearate	3490
I1637	3-甲基 2-丁烯-1-醇乙酸酯	prenyl acetate	4202
I1638	己酸反式-2-己烯酯	trans-2-hexenyl hexanoate	3983
I1639	甲酸龙脑酯	bornyl formate	2161
I1640	顺式-4-庚烯酸乙酯	ethyl (*Z*)-hept-4-enoate	3975
I1641	辛酸戊酯	amyl octanoate	2079
I1642	4-甲基戊酸甲酯	methyl 4-methylvalerate	2721
I1643	3,4-亚甲基二氧苄醇乙酸酯	heliotropin acetate	2912
I1644	丙酸肉桂酯	cinnamyl propionate	2301
I1645	异丁酸甲基苯基原酯	styrallyl isobutyrate	2687
I1646	异丁酸十二酯	dodecyl isobutyrate	3452
I1647	异丁酸松油酯	terpinyl isobutyrate	3050

表 B.2（续）

编码	香料中文名称	香料英文名称	FEMA 编号
I1648	水杨酸异丁酯	isobutyl salicylate	2213
I1649	肉桂酸异戊酯	isoamyl cinnamate	2063
I1650	乙酸异龙脑酯	isobornyl acetate	2160
I1701	γ-戊内酯	γ-valerolactone	3103
I1702	γ-己内酯	γ-hexalactone	2556
I1703	γ-庚内酯	γ-heptalactone	2539
I1704	γ-辛内酯	γ-octalactone	2796
I1705	γ-壬内酯	γ-nonalactone	2781
I1706	γ-癸内酯	γ-decalactone	2360
I1707	γ-十二内酯	γ-dodecalactone	2400
I1708	γ-丁内酯	γ-butyrolactone	3291
I1709	δ-己内酯	δ-hexalactone	3167
I1710	δ-辛内酯	δ-octalactone	3214
I1711	δ-壬内酯	δ-nonalactone	3356
I1712	δ-癸内酯	δ-decalactone	2361
I1713	δ-十一内酯	δ-undecalactone	3294
I1714	δ-十二内酯	δ-dodecalactone	2401
I1715	十五内酯	pentadecanolide	2840
I1716	5-羟基-2-癸烯酸 δ-内酯	5-hydroxy-2-decenoic acid δ-lactone cocolactone	3744
I1717	3-丙叉苯酞	3-propylidenephthalide	2952
I1718	3-丁叉苯酞	3-butylidenephthalide	3333
I1719	薄荷内酯	mintlactone	3764
I1720	δ-十三内酯	δ-tridecalactone	—
I1721	δ-十四内酯	δ-tetradecalactone	3590
I1722	5-羟基-2,4-癸二烯酸内酯(又名 6-戊基-α-吡喃酮	5-hydroxy-2, 4-decadienoic acid lactone 6-pentyl-α-pyrone	3696
I1723	5-羟基-7-癸烯酸内酯(又名茉莉内酯)	5-hydroxy-7-decenoic acid lactone (jasmine lactone)	3745
I1724	威士忌内酯	whiskey lactone	3803
I1725	二氢猕猴桃内酯[又名(+/—)-2,6,6-三甲基-2-羟基环亚己基乙酸 γ-内酯]	dihydroactinidiolide [(+/—)-(2,6,6-trimethyl-2-hydroxycy clohexylidene)acetic acid γ-lactone]	4020
I1726	黄葵内酯	ambrettolide	2555
I1727	α-当归内酯	α-angelica lactone	3293
I1728	γ-甲基癸内酯	γ-methyldecalactone	3786
I1731	β-石竹烯	β-caryophyllene	2252

表 B.2（续）

编码	香料中文名称	香料英文名称	FEMA 编号
I1732	巴伦西亚橘烯	valencene	3443
I1733	月桂烯	myrcene	2762
I1734	*d*-苧烯	*d*-limonene	2633
I1735	异松油烯	terpinolene	3046
I1736	罗勒烯	ocimene	3539
I1737	莰烯	camphene	2229
I1738	α-蒎烯	α-pinene	2902
I1739	β-蒎烯	β-pinene	2903
I1740	1,8-桉叶素	1,8-cineole	2465
I1741	1,4-桉叶素	1,4-cineole	3658
I1742	二氢香豆素	dihydrocoumarin	2381
I1743	1,4-二甲基-4-乙酰基-1-环己烯	1,4-dimethyl-4-acetyl-1-cyclohexene	3449
I1744	2-甲酰基-6,6-二甲基双环［3.1.1］庚-2-烯（又名桃金娘烯醛）	2-formyl-6,6-dimethylbicyclo［3.1.1］-hept-2-ene (myrtenal)	3395
I1745	茶螺烷（1-氧杂螺-(4,5)-2,6,10,10-四甲基-6-癸烯）	theaspirane［2,6,10,10-tetramethyl-1-oxaspiro (4,5)-dec-6-ene］	3774
I1746	1,3,5-十一碳三烯	1,3,5-undecatriene	3795
I1747	对,α-二甲基苯乙烯	*p*,α-dimethylstyrene	3144
I1748	α-水芹烯	α-phellandrene	2856
I1749	红没药烯	bisabolene	3331
I1750	γ-松油烯	γ-terpinene	3559
I1751	6-羟基二氢茶螺烷	6-hydroxydihydrotheaspirane	3549
I1752	1-甲基-3-甲氧基-4-异丙基苯	1-methyl-3-methoxy-4-isopropylbenzene	3436
I1753	间二甲氧基苯	*m*-dimethoxybenzene	2385
I1754	对异丙基甲苯	*p*-cymene	2356
I1755	3,4-二甲酚	3,4-dimethylphenol	3596
I1756	1-甲基萘	1-methylnaphthalene	3193
I1757	1,2-二甲氧基苯	1,2-dimethoxybenzene	3799
I1758	α-金合欢烯	α-farnesene	3839
I1759	苏合香烯	styrene	3233
I1760	α-松油烯	α-terpinene	3558
I1761	3-蒈烯	3-carene	3821
I1762	聚苧烯	polylimonene	—
I1763	香菇素	lenthionine	—
I1764	氧化石竹烯	caryophyllene oxide	—

表 B.2（续）

编码	香料中文名称	香料英文名称	FEMA 编号
I1765	2,4,6-三甲基-1,3,5-三氧杂环己烷	paradehyde	4010
I1781	甲硫醇	methyl mercaptan	2716
I1782	3-甲硫基丙醇	3-(methylthio)propanol	3415
I1783	正丁硫醇	1-butanethiol	3478
I1784	2-甲基-1-丁硫醇	2-methyl-1-butanethiol	3303
I1785	3-甲硫基-1-己醇	3-(methylthio)-1-hexanol	3438
I1786	1,6-己二硫醇	1,6-hexanedithiol	3495
I1787	糠基硫醇(又名咖啡醛)	furfuryl mercaptan	2493
I1788	二甲基硫醚	dimethyl sulfide	2746
I1789	二甲基二硫醚	dimethyl disulfide	3536
I1790	二甲基三硫醚	dimethyl trisulfide	3275
I1791	二丁基硫醚	dibutyl sulfide	2215
I1792	二糠基硫醚[又名 2,2′-(硫代二亚甲基)-二呋喃]	2,2′-(thiodimethylene)-difuran 2-furfuryl monosufide bis(2-furfuryl)sulfide difurfuryl sulphide	3238
I1793	二糠基二硫醚	difurfuryl disulphide	3146
I1794	邻-甲硫基苯酚	*o*-(methylthio)-phenol	3210
I1795	3-甲硫基丙醛	3-(methylthio)propionaldehyde	2747
I1796	8-巯基薄荷酮	*p*-mentha-8-thiol-3-one	3177
I1797	硫代乙酸糠酯	furfuryl thioacetate	3162
I1798	3-甲硫基丙酸甲酯	methyl 3-methylthiopropionate	2720
I1799	3-甲硫基丙酸乙酯	ethyl 3-methylthiopropionate	3343
I1800	吲哚	indole	2593
I1801	三甲基胺	trimethylamine	3241
I1802	玫瑰醚	rose oxide	3236
I1803	羟基香茅醇	hydroxycitronellol	2586
I1804	3,5-二甲基-1,2,4-三硫杂环戊烷	3,5-dimethyl-1,2,4-trithiolane	3541
I1805	2-甲基吡嗪	2-methylpyrazine	3309
I1806	2,3-二甲基吡嗪	2,3-dimethylpyrazine	3271
I1807	2,5-二甲基吡嗪	2,5-dimethylpyrazine	3272
I1808	2,3,5-三甲基吡嗪	2,3,5-trimethylpyrazine	3244
I1809	对-甲苯基乙醛	*p*-tolylacetaldehyde	3071
I1810	2,6,6-三甲基-1 或 2-环己烯-1-甲醛	2,6,6-trimethyl-1 or 2-cyclohexen-1-carboxaldehyde	3639
I1811	2-异丁基-3-甲基吡嗪	2-isobutyl 3-methylpyrazine	3133

表 B.2（续）

编码	香料中文名称	香料英文名称	FEMA 编号
I1812	2-甲氧基-3-仲丁基吡嗪	2-methoxy-3-sec-butylpyrazine	3433
I1813	2,3-二乙基吡嗪	2,3-diethylpyrazine	3136
I1814	3-乙基-2,6-二甲基吡嗪	3-ethyl-2,6-dimethylpyrazine	3150
I1815	乙酰基吡嗪	acetylpyrazine	3126
I1816	2-乙酰基-3-乙基吡嗪	2-acetyl-3-ethylpyrazine	3250
I1817	2,3-二乙基-5-甲基吡嗪	2,3-diethyl-5-methylpyrazine	3336
I1818	5-异丙基-2-甲基吡嗪	5-isopropyl-2-methylpyrazine	3554
I1819	2,6-二甲基吡啶	2,6-dimethylpyridine	3540
I1820	4-甲基噻唑	4-methylthiazole	3716
I1821	*α*-甲基肉桂醛	*α*-methylcinnamaldehyde	2697
I1822	5-羟乙基-4-甲基噻唑	5-hydroxyethyl-4-methylthiazole	3204
I1823	2,4,5-三甲基噻唑	2,4,5-trimethylthiazole	3325
I1824	2-乙基-4-甲基噻唑	2-ethyl-4-methylthiazole	3680
I1825	5-乙烯基-4-甲基噻唑	4-methyl-5-vinylthiazole	3313
I1826	2-乙酰基噻唑	2-actylthiazole	3328
I1827	2-异丙基-4-甲基噻唑	2-isopropyl-4-methylthiazole	3555
I1828	2-异丁基噻唑	2-isobutylthiazole	3134
I1829	苯并噻唑	benzothiazole	3256
I1830	*N*-糠基吡咯	*N*-furfuryl pyrrole	3284
I1831	2-乙酰基吡咯	2-acetylpyrrole	3202
I1832	5,6,7,8-四氢喹嗯啉	5,6,7,8-tetrahydroquinoxaline	3321
I1833	2,4,5-三甲基-*δ*-3-噁唑啉	2,4,5-trimethyl-*δ*-3-oxazoline	3525
I1834	2-甲基-4-丙基-1,3-噁唑烷	2-methyl-4-propyl-1,3-oxathiane	3578
I1835	吡啶	pyridine	2966
I1836	二丙基二硫醚	propyl disulfide	3228
I1837	2-戊基硫醇	2-pentanethiol	3792
I1838	邻-甲基苯硫酚	*o*-toluenethiol	3240
I1839	苄基硫醇	benzyl mercaptan	2147
I1840	1-对-盂烯 8-硫醇	1-*p*-menthene-8-thiol	3700
I1841	甲基丙基二硫醚	methyl propyl disulfide	3201
I1842	甲基苄基二硫醚	methyl benzyl disulfide	3504
I1843	甲基糠基二硫醚	methyl furfuryl disulfide	3362
I1844	烯丙基二硫醚	allyl disulfide	2028
I1845	双(2-甲基-3-呋喃基)二硫醚	bis(2-methyl-3-furyl)disulfide	3259
I1846	糠基甲基硫醚	furfuryl methyl sulfide	3160

表 B.2 (续)

编码	香料中文名称	香料英文名称	FEMA 编号
I1847	2,6-二甲基苯硫酚	2,6-dimethylthiophenol	3666
I1848	2-甲基-3(2-呋喃基)丙烯醛	2-methyl-3(2-furyl)acrolein	2704
I1849	2-甲基四氢噻吩-3-酮	2-methyltetrahydrothiophen-3-one	3512
I1850	2-甲基-5-(甲硫基)呋喃	2-methyl-5-(methylthio)furan	3366
I1851	2-羟基-3,5,5-三甲基-2-环己烯酮	2-hydroxy-3,5,5-trimethyl-2-cycloh exenone	3459
I1852	糠酸甲酯	methyl 2-furoate	2703
I1853	硫代乙酸乙酯	ethyl thioacetate	3282
I1854	硫代乙酸丙酯	propyl thioacetate	3385
I1855	3-巯基丙酸乙酯	ethyl 3-mercaptopropionate	3677
I1856	硫代丁酸甲酯	methyl thiobutyrate	3310
I1857	异硫氰酸烯丙酯	allyl isothiocyanate	2034
I1858	2-硫代糠酸甲酯	methyl 2-thiofuroate	3311
I1859	3-甲基-1,2,4-三噻烷	3-methyl-1,2,4-trithiane	3718
I1860	2,3,5,6-四甲基吡嗪	2,3,5,6-tetramethylpyrazine	3237
I1861	2-乙基吡嗪	2-ethylpyrazine	3281
I1862	2-乙基-3,(5或6)-二甲基吡嗪	2-ethyl-3(5 or 6)-dimethylpyrazine	3149
I1863	2-甲氧基-3-异丁基吡嗪	2-methoxy-3-isobutyl pyrazine	3132
I1864	1-甲基-2-乙酰基吡咯	1-methyl-2-acetylpyrrole	3184
I1865	*N*-乙基-2-乙酰基吡咯	1-ethyl-2-acetylpyrrole	3147
I1866	喹啉	quinoline	3470
I1867	6-甲基喹啉	6-methylquinoline	2744
I1868	5-甲基喹噁啉	5-methylquinoxaline	3203
I1869	哌啶	piperidine	2908
I1870	*β*-甲基吲哚	*β*-methylindole	3019
I1871	5-乙基-2-甲基吡啶	5-ethyl-2-methylpyridine	3546
I1872	3-乙基吡啶	3-ethylpyridine	3394
I1873	2-乙酰基吡啶	2-acetylpyridine	3251
I1874	3-乙酰基吡啶	3-acetylpyridine	3424
I1875	甲酸肉桂酯	cinnamyl formate	2299
I1876	异戊胺	isopentylamine	3219
I1877	苯乙胺	phenethylamine	3220
I1878	2-甲基-1,3-二硫杂环戊烷	2-methyl-1,3-dithiolane	3705
I1879	6-乙酰氧基二氢茶螺烷	6-acetoxydihydrotheaspirane	3651
I1880	4,5-二甲基噻唑	4,5-dimethyl thiazole	3274
I1881	3-巯基己醇	3-mercaptohexanol	3850

表 B.2 （续）

编码	香料中文名称	香料英文名称	FEMA 编号
I1882	三硫丙酮	trithioacetone	3475
I1883	2,6-二甲基吡嗪	2,6-dimethylpyrazine	3273
I1884	2-(甲硫基)乙酸乙酯	ethyl 2-(methylthio)acetate	3835
I1885	3-巯基己醇乙酸酯	3-mercaptohexyl acetate	3851
I1886	2-(甲基二硫基)丙酸乙酯	ethyl 2-(methyldithio)propionate	3834
I1887	3-(甲硫基)丁酸乙酯	ethyl 3-(methylthio)butyrate	3836
I1888	3-巯基己醇丁酸酯	3-mercaptohexyl butyrate	3852
I1889	3-巯基己醇己酸酯	3-mercaptohexyl hexanoate	3853
I1890	糠醇	furfuryl alcohol	2491
I1891	四氢糠醇	tetrahydro furfuryl alcohol	3056
I1892	牛磺酸(又名 2-氨基乙基磺酸)	taurine (2-aminoethylsulfonic acid)	3813
I1893	2-乙基-3-甲基吡嗪	2-ethyl-3-methylpyrazine	3155
I1894	3-甲基-2-丁硫醇	3-methyl-2-butanethiol	3304
I1895	2-甲基-3-四氢呋喃硫醇	2-methyl-3-tetrahydrofuranthiol	3787
I1896	丙硫醇	propanethiol	3521
I1897	1,3-丙二硫醇	1,3-propanedithiol	3588
I1898	烯丙基硫醇	allyl mercaptan(2-propene - 1-thiol)	2035
I1899	4-甲氧基-2-甲基-2-丁硫醇	4-methoxy-2-methyl-2-butanethiol	3785
I1900	2-苯乙硫醇	2-phenylethyl mercaptan	3894
I1901	3-巯基-3-甲基-1-丁醇	3-mercapto-3-methyl-1-butanol	3854
I1902	甲基 2-甲基-3-呋喃基二硫醚	methyl 2-methyl-3-furyl disufide	3573
I1903	甲基乙基硫醚	methyl ethyl sulfide	3860
I1904	甲基苯基二硫醚	methyl phenyl disulfide	3872
I1905	二乙基硫醚	diethyl sulfide	3825
I1906	二丙基三硫醚	dipropyl trisulfide	3276
I1907	丙烯基丙基二硫醚	propenyl propyl disulfide	3227
I1908	二烯丙基硫醚	allyl sulfide	2042
I1909	二烯丙基三硫醚	diallyl trisulfide	3265
I1910	二烯丙基四硫醚(又名二烯丙基多硫醚)	diallyl tetrasulfide (diallyl polysulfide)	3533
I1911	2-甲硫甲基-2-丁烯醛	2-(methylthio)methyl-2-butenal	3601
I1912	3-甲硫基己醛	3-methylthio hexanal	3877
I1913	乙酸环己酯	cyclohexyl acetate	2349
I1914	邻氨基苯乙酮	*o*-amino acetophenone	3906
I1915	2-甲基-3-甲硫基呋喃	2-methyl-3-(methylthio)furan	3949

表 B.2 (续)

编码	香料中文名称	香料英文名称	FEMA 编号
I1916	甲酸 3-巯基 3-甲基丁酯	3-mercapto-3-methyl-butyl formate	3855
I1917	乙酸 3-甲硫基丙酯	3-(methylthio)propyl acetate	3883
I1918	异戊酸甲硫醇酯	*S*-methyl 3-methylbutanethioate	3864
I1919	甲硫磺酸 S-甲酯	methyl methanethiosulfonate	—
I1920	2-甲硫基丁酸甲酯	methyl 2-methythio butyrate	3708
I1921	3-甲硫基-1-己醇乙酸酯	3-(methylthio)-1-hexyl acetate	3789
I1922	甲硫醇乙酸酯	*S*-methyl thioacetate	3876
I1923	(5*H*)-5-甲基-6,7-二氢环戊基并(b)吡嗪	(5*H*)-5-methyl-6,7-dihydro-cyclopenta(b) pyrazine	3306
I1924	2-甲氧基吡嗪	2-methoxypyrazine	3302
I1925	2-,5 或 6-甲氧基-3-甲基吡嗪	2-,5 or 6-methoxy-3-methyl-pyrazine	3183
I1926	2-乙酰基-3,5(或 6)-二甲基吡嗪	2-acetyl-3,5(or6)dimethyl pyrazine	3327
I1927	2-乙酰基 3-甲基吡嗪	2-acetyl 3-methyl pyrazine	3964
I1928	四氢吡咯	pyrrolidine	3523
I1929	2-异丁基吡啶	2-isobutyl pyridine	3370
I1930	2-乙基-4,5-二甲基噁唑	2-ethyl-4,5-dimethyloxazole	3672
I1931	硫化铵	ammonium sulfide	2053
I1932	2-巯基丙酸乙酯	ethyl 2-mercaptopropionate	3279
I1933	*N*-(4-羟基-3-甲氧基苄基)壬酰胺	*N*-(4-hydroxy-3-methoxybenzyl)-nonanamide	2787
I1934	1,4-二噻烷	1,4-dithiane	3831
I1935	桃金娘烯醇	myrtenol	3439
I1936	胡椒碱	piperine	2909
I1937	2,3-二甲基苯并呋喃	2,3-dimethylbenzofuran	3535
I1938	4-羟基-5-甲基-3(2*H*) 呋喃酮(又名菊苣酮)	4-hydroxy-5-methyl-3-(2*H*)-furanone	3635
I1939	*γ*-紫罗兰酮	*γ*-ionone	3175
I1940	*α*-二氢紫罗兰酮	dihydro-alpha-ionone	3628
I1941	*d*-胡椒酮(又名对-盖-1-烯-3-酮)	*d*-piperitone(*p*-menth-1-en-3-one)	2910
I1942	胡椒烯酮	piperitenone [*p*-mentha-1,4(8)-dien-3-one]	3560
I1943	*l*-天冬氨酸	*l*-aspartic acid	3656
I1944	*d*,*l*-异亮氨酸	*d*,*l*-isoleucine	3295
I1945	焦木酸提取物	pyroligneous acid extract	2968
I1946	醋酸钠	sodium acetate	3024
I1947	二醋酸钠	sodium diacetate	3900

表 B.2 （续）

编码	香料中文名称	香料英文名称	FEMA 编号
I1948	琥珀酸二钠	disodium succinate	3277
I1949	5′-鸟苷酸二钠	disodium 5-guanylate	3668
I1950	5′-肌苷酸二钠	disodium 5-inosinate	3669
I1951	磷酸三钙	tricalcium phosphate	3081
I1952	δ-十六内酯	δ-hexadecalactone	—
I1953	(+/—)二氢薄荷内酯	(+/—)dihydromintlactone	4032
I1954	顺式-4-十二烯醛	(*Z*)-4-dodecenal	4036
I1955	4,5-环氧反式-2-癸烯醛	4,5-epoxy *trans*-2-decenal	4037
I1956	2-乙基-5-甲基吡嗪	2-ethyl-5-methylpyrazine	3154
I1957	顺式-3-顺式-6-壬二烯-1-醇	*cis*-3-*cis*-6-nonadien-1-ol	3885
I1958	2-甲基-1-丁醇	2-methyl-1- butanol	3998
I1959	异龙脑	isoborneol	2158
I1960	2-壬醇	2-nonanol	3315
I1961	反式-2-辛烯-1-醇	(*E*)-2-octen-1-ol (trans-2-octen-1-ol)	3887
I1962	香芹醇	carveol	2247
I1963	对-烷-盂酮	*p*-menthan-2-one	3176
I1964	4-甲基-3-戊烯-2-酮	4-methyl-3-penten-2-one	3368
I1965	反式,反式-3,5 辛二烯-2-酮	*trans*,*trans*-3,5-octadien-2-one	4008
I1966	2-甲基呋喃	2-methyl furan	4179
I1967	3-癸烯-2-酮	3-decen-2-one	3532
I1968	2-辛烯-4-酮	2-octen-4-one	3603
I1970	2-呋喃基-2-丙酮	(2-furyl)-2-propanone	2496
I1972	5-甲基-2,3-己二酮	5-methyl-2,3-hexanedione	3190
I1973	2-甲基-3-戊烯酸	2-methyl-3-pentenoic acid	3464
I1974	L-酪氨酸	L-tyrosine	3736
I1975	2-氧代戊二酸	2-oxopentanedioic acid	3891
I1976	4-茴香酸	4-anisic acid	3945
I1977	亚油酸	linoleic acid	3380
I1978	甘草酸	glycyrrhizic acid	—
I1979	L-胱氨酸	L-cystine	—
I1980	L-蛋氨酸	L-methionine	—
I1981	L-谷氨酰胺	L-glutamine	3684
I1982	2-丙硫醇	2-propanethiol	3897
I1983	4-巯基-4-甲基-2-戊酮	4-mercapto-4-methyl-2-pentanone	3997
I1984	1,2-乙二硫醇	1,2-ethanedithiol	3484

表 B.2 （续）

编码	香料中文名称	香料英文名称	FEMA 编号
I1985	异戊烯基硫醇	prenyl mercaptan	3896
I1986	甲基蛋氨酸-氯化锍	*d*,*l*-(3-amino-3-carboxypropyl)dime thylsulfonium chloride	3445
I1987	2-甲基-3-硫代乙酰氧基-4,5-二氢呋喃	2-methyl-3-thioacetoxy-4,5-dihydrofuran	3636
I1988	异丁基硫醇	isobutyl mercaptan	3874
I1989	苄基硫醇	benzenethiol	3616
I1990	异硫氰酸苄酯	benzyl isothiocyanate	4428
I1991	甲基烯丙基三硫醚	allyl methyl trisulfide	3253
I1992	2-戊基噻吩	2-pentyl thiophene	4387
I1993	3,5-二乙基-1,2,4-三硫杂环戊烷	3,5-diethyl-1,2,4-trithiolane	4030
I1994	噻吩	thiophene	—
I1995	2,4,6-三甲基二氢-4*H*-1,3,5-二噻嗪	2,4,6-trimethyldihydro-4*H*-1,3,5-dithiazine	4018
I1996	异硫氰酸 3-甲硫基丙酯	3-methylthiopropyl isothiocyanate	3312
I1997	3-甲基丁基硫醇	3-methylbutanethiol	3858
I1998	2-乙酰基-2-噻唑啉	2-acetyl-2-thiazoline	3817
I1999	甲基丙基三硫醚	methyl propyl trisulfide	3308
I2000	噻唑	thiazole	3615
I2001	吡嗪	pyrazine	4015
I2002	甲基 1-丙烯基二硫醚	methyl 1-propenyl disulfide	3576
注:凡列入天然等同香料目录的香料,其对应的天然物(即结构完全相同的对应物)应被视作已批准使用的香料。			

表 B.3　允许使用的食品用人造香料名单

编码	香料中文名称	香料英文名称	FEMA 编号
A3001	2-巯基-3-丁醇	2-mercapto-3-butanol	3502
A3002	硫代香叶醇	thiogeraniol	3472
A3003	蒎烷硫醇	pinanyl mercaptan	3503
A3004	*α*-甲基-*β*-羟基丙基 *α*-甲基-*β*-巯丙基硫醚	*α*-methyl-*β*-hydroxypropyl *α*-methyl-*β*-mercapto-propyl sulfide	3509
A3005	乙基麦芽酚	ethyl maltol	3487
A3006	柠檬醛二乙缩醛	citral diethyl acetal	2304
A3007	3-丙烯基-6-乙氧基苯酚	propenylguaethol	2922
A3008	*δ*-突厥酮	*δ*-damascone	3622
A3009	*β*-甲基紫罗兰酮	methyl-*β*-ionone	2712

表 B.3（续）

编码	香料中文名称	香料英文名称	FEMA 编号
A3010	δ-甲基紫罗兰酮	methyl-δ-ionone	2713
A3011	2,6-壬二烯醛二乙缩醛	2,6-nonadienal diethyl acetal	3378
A3012	9-十一烯醛	9-undecenal	3094
A3013	10-十一烯醛	10-undecenal	3095
A3014	十六醛(又名杨梅醛)	aldehyde C-16 pure (so called) (strawberry aldehyde)	2444
A3015	乙基香兰素	ethyl vanillin	2464
A3016	兔耳草醛(又名仙客来醛)	cyclamen aldehyde	2743
A3017	羟基香茅醛	hydroxycitronellal	2583
A3018	β-环高柠檬醛	β-homocyclocitral	3474
A3019	*l*-薄荷酮甘油缩酮	*l*-menthone 1,2-glycerol ketal	3807
A3020	4-甲硫基-4-甲基-2-戊酮	4-(methylthio)-4-methyl-2-pentanone	3376
A3021	3-巯基-2-戊酮	3-mercapto-2-pentanone	3300
A3022	*d*,*l*-薄荷酮甘油缩酮	*d*,*l*-menthone1,2-glycerol ketal	3808
A3023	α-甲基紫罗兰酮	methyl-α-ionone	2711
A3024	α-异甲基紫罗兰酮	α-*iso*-methylionone	—
A3025	烯丙基 α-紫罗兰酮	allyl α-ionone	2033
A3026	6-甲基香豆素	6-methylcoumarin	2699
A3027	2-巯基丙酸	2-mercaptopropionic acid	3180
A3028	2-甲基-4-戊烯酸(又名浆果酸)	2-methyl-4-pentenoic acid	3511
A3029	乙酸二甲基苄基原酯	benzyl dimethyl carbinyl acetate	2392
A3030	环己基乙酸烯丙酯	allyl cyclohexaneacetate	2023
A3031	乙酸玫瑰酯	rhodinyl acetate	2981
A3032	3-(2-呋喃基)丙酸乙酯	ethyl 3(2-furyl)propanoate	2435
A3033	丙酸烯丙酯	allyl propionate	2040
A3034	3-环己基丙酸烯丙酯	allyl 3-cyclohexylpropionate	2026
A3035	3-(2-呋喃基)丙酸异丁酯	isobutyl 3-(2-furan)propionate	2198
A3036	硫代丙酸糠酯	furfuryl thiopropionate	3347
A3037	丁酸二甲基苄基原酯	dimethyl benzyl carbinyl butyrate	2394
A3038	环己基丁酸烯丙酯	allyl cyclohexanebutyrate	2024
A3039	1,3-壬二醇乙酸酯(混合酯)	1,3-nonanediol acetate(mixed esters)	2783
A3040	丁酸苏合香酯	styralyl butyrate	2686
A3041	乙酸柏木酯	cedryl acetate	—
A3042	异丁酸麦芽酚酯	maltol isobutyrate	3462
A3043	2-甲基-4-戊烯酸乙酯	ethyl 2-methyl-4-pentenoate	3489

表 B.3 (续)

编码	香料中文名称	香料英文名称	FEMA 编号
A3044	乙酸四氢糠酯	tetrahydrofurfuryl acetate	3055
A3045	庚炔羧酸甲酯	methyl heptine carbonate	2729
A3046	辛炔羧酸甲酯	methyl octyne carbonate	2726
A3047	癸二酸二乙酯	diethyl sebacate	2376
A3048	10-十一烯酸乙酯	ethyl 10-undecenoate	2461
A3049	苯乙酸烯丙酯	allyl phenylacetate	2039
A3050	三乙酸甘油酯	triacetin	2007
A3051	苯乙酸香叶酯	geranyl phenylacetate	2516
A3052	苯乙酸对甲酚酯	*p*-cresyl phenylacetate	3077
A3053	4-苯基丁酸甲酯(苯丁酸甲酯)	methyl 4-phenylbutyrate	2739
A3054	4-苯基丁酸乙酯(苯丁酸乙酯)	ethyl 4-phenylbutyrate	2453
A3055	2-甲基戊酸乙酯	ethyl 2-methylpentanoate	3488
A3056	肉桂酸烯丙酯	allyl cinnamate	2022
A3057	2-甲基-3-戊烯酸乙酯	ethyl 2-methyl-3-pentenoate	3456
A3058	亚硝酸乙酯	ethyl nitrite	2446
A3059	庚酸戊酯	amyl heptanoate	2073
A3060	3-乙酰基-2,5-二甲基呋喃	3-acetyl-2,5-dimethylfuran	3391
A3061	2,5-二甲基-3-氧代(2*H*)-4-呋喃醇丁酸酯[又名4-丁酰氧基-2,5-二甲基-3(2*H*)-呋喃酮]	2,5-dimethyl-3-oxo-(2*H*)-fur-4-yl butyrate	3970
A3062	2-甲氧基-3(5或6)-异丙基吡嗪	2-methoxy-3(5 and 6)-isopropylpyranzine	3358
A3063	2-甲基-3(5或6)-糠硫基吡嗪	2-methyl-3,5-or 6-(furfurylthio)-pyrazine(mixture of isomers)	3189
A3064	2-甲基(或乙基)-3(5或6)-甲氧基吡嗪	2-methyl(or ethyl)-(3,5 or 6)-methoxy pyrazine	3280
A3065	2,5-二甲基-2,5-二羟基-1,4-二硫杂环己烷	2,5-dimethyl-2,5-dihydroxy-1,4-d ithiane	3450
A3066	5,7-二氢-2-甲基噻嗯并-(3,4-d)嘧啶	5,7-dihydro-2-methylthieno(3,4-d)-pyrimidine	3338
A3067	2-乙氧基噻唑	2-ethoxythiazole	3340
A3068	2,4-二甲基-5-乙酰基噻唑	2,4-dimethyl-5-acetylthiazole	3267
A3069	乙酸异丁香酚酯	isoeugenyl acetate	2470
A3070	3-甲基丁酸对-甲酚酯(异戊酸对甲酚酯)	*p*-methylphenyl 3-methylbutyrate	3387
A3071	*l*-薄荷醇乙二醇碳酸酯	*l*-menthol ethylene glycol carbonate	3805
A3072	3-(2-甲基丙基)吡啶	3-(2-methylpropyl)pyridine	3371
A3073	乙基香兰素1,2-丙二醇缩醛	ethylvanillin propylene glycol acetal	3838

表 B.3（续）

编码	香料中文名称	香料英文名称	FEMA 编号
A3074	人造康乃克油	artificial cognac oil	—
A3075	山楂核烟熏香味剂Ⅰ号	haw smoke flavourings No. 1	—
A3076	山楂核烟熏香味剂Ⅱ号	haw-pit smoke flavourings No. 2	—
A3077	苄基异丁基原醇(又名 α-异丁基苯乙醇)	isobutyl benzyl carbinol (α-butyl iso phenethyl alcohol)	2208
A3078	4-苯基-3-丁烯-2-醇	4-phenyl-3-buten-2-ol	2880
A3079	2-甲基-4-苯基-2-丁醇	2-methyl-4-phenyl-2-butanol	3629
A3080	*l*-薄荷醇 1-(或 2-)丙二醇碳酸酯	*l*-menthol 1-(or 2-)-propylene glycol carbonate	3806
A3081	辛酸烯丙酯	allyl octanoate	2037
A3082	α-丙基苯乙醇	α-propylphenethyl alcohol	2953
A3083	龙葵醇(又名 β-甲基苯乙醇)	hydratropyl alcohol (β-methylphenethyl alcohol)	2732
A3084	四氢芳樟醇	tetrahydrolinalool	3060
A3085	2,3-二巯基丁烷	2,3-dimercaptobutane	3477
A3086	β-萘乙醚	β-naphthyl ethyl ether	2768
A3087	异丁基 β-萘醚	β-naphthyl isobutyl ether	3719
A3088	邻丙基苯酚	*o*-propylphenol	3522
A3089	苄基异丁香酚	isoeugenyl benzyl ether	3698
A3090	2-甲基-3,5 或 6-甲硫基吡嗪	2-methyl-3,5-or 6-(methylthio)pyr azine	3208
A3091	香茅氧基乙醛	citronellyloxyacetaldehyde	2310
A3092	乙醛苯乙醇丙醇缩醛	acetaldehyde phenylethyl propyl acetal	2004
A3093	2-甲基-3-(对甲基苯基)丙醛	2-methyl-3-(*p*-methylphenyl) prop anal satinaldehyde	2748
A3094	2-苯基-3-(2-呋喃基)丙-2-烯醛	2-phenyl-3-(2-furyl)prop-2-enal	3586
A3095	3,5,5-三甲基己醛	3,5,5-trimethylhexanal	3524
A3096	2-甲基-3-乙氧基吡嗪	2-methyl-3,(5-or 6)-ethoxypyrazine	3569
A3097	庚醛甘油缩醛	heptanal glyceryl acetal	2542
A3098	苯乙醛甘油缩醛	phenylacetaldehyde glyceryl acetal	2877
A3099	对-异丙基苯乙醛	*p*-isopropyl phenylacetaldehyde	2954
A3100	2-甲基-4-苯丁醛	2-methyl-4-phenylbutyraldehyde	2737
A3101	龙葵醛	hydratropic aldehyde	2886
A3102	龙葵醛二甲缩醛	hydratropic aldehyde dimethyl acetal	2888
A3103	羟基香茅醛二乙缩醛	hydroxycitronellal diethyl acetal	2584
A3104	柠檬醛二甲缩醛	citral dimethyl acetal	2305
A3105	4-甲基-5-(2-乙酰氧乙基)-噻唑	4-methyl-5-(2-acetoxyethyl) thiazole	3205
A3106	α-丁基肉桂醛	α-butylcinnamaldehyde	2191
A3107	4-庚烯-3-酮	4-heptene-3-one	—

表 B.3 （续）

编码	香料中文名称	香料英文名称	FEMA 编号
A3108	4-甲基-1-苯基-2-戊酮	4-methyl-1-phenyl-2-pentanone	2740
A3109	1-(对甲氧基苯基)-1-戊烯-3-酮	1-(*p*-methoxyphenyl)-1-penten-3-one	2673
A3110	α-己叉基环戊酮	α-hexylidenecyclopentanone	2573
A3111	四甲基乙基环己烯酮	tetramethyl ethylcyclohexenone	3061
A3112	糠硫醇甲酸酯	furfurylthiol formate	3158
A3113	甲基 β-萘酮	methyl β-naphthyl ketone	2723
A3114	2-(3-苯丙基)-四氢呋喃	2-(3-phenylpropyl)tetrahydrofuran	2898
A3115	烯丙基乙酸	allyl acetic acid	2843
A3116	甲酸二甲基苄基原酯	dimethyl benzyl carbinyl formate	2395
A3117	4-乙酰基-6-叔丁基-1,1-二甲基茚满	4-acetyl-6-*t*-butyl-1,1-dimethylin dane	3653
A3118	癸醛二甲缩醛(又名1,1-二甲氧基癸烷)	decanal dimethyl acetal (1,1-dimethoxydecane)	2363
A3119	乙酸环己基乙酯	cyclohexaneethyl acetate	2348
A3120	对甲苯氧基乙酸乙酯	ethyl (*p*-tolyloxy)acetate	3157
A3121	乙酸二甲基苯乙基原酯	dimethyl phenethyl carbinyl acetate	2735
A3122	4-甲硫基-2-丁酮	4-methylthio-2-butanone	3375
A3125	丙酸甲基苯基原酯	methyl phenylcarbinyl propionate	2689
A3126	2-呋喃基丙烯酸丙酯	propyl 2-furanacrylate	2945
A3129	异丁酸二甲基苯乙基原酯	dimethyl phenethyl carbinyl isobutyrate	2736
A3130	异丁酸 2-苯氧基乙酯	2-phenoxyethyl isobutyrate	2873
A3133	十三碳二酸环乙二醇二酯	ethylene brassylate	3543
A3134	邻氨基苯甲酸异丁酯	isobutyl anthranilate	2182
A3135	对叔丁基苯乙酸甲酯	methyl *p*-tert-butylphenylacetate	2690
A3136	苯氧乙酸烯丙酯	allyl phenoxyacetate	2038
A3137	苯乙酸辛酯	octyl phenylaceteate	2812
A3138	苯乙酸苄酯	benzyl phenylacetate	2149
A3139	苯乙酸芳樟酯	linalyl phenylacetate	3501
A3140	苯乙酸香茅酯	citronellyl phenylacetate	2315
A3141	苯乙酸愈创木酚酯	guaiacyl phenylacetate	2535
A3142	3-甲基 2-丁烯酸 2-苯乙酯	phenethyl senecioate	2869
A3144	3-苯基缩水甘油酸乙酯	ethyl 3-phenylglycidate	2454
A3146	肉桂酸芳樟酯	linalyl cinnamate	2641
A3147	1,2-二((1′-乙氧基)-乙氧基)丙烷	1,2-di((1′-ethoxy)ethoxy)propane	3534

表 B.3 （续）

编码	香料中文名称	香料英文名称	FEMA 编号
A3148	*N*,2,3-三甲基-2-异丙基丁酰胺	2-isopropyl-*N*,2,3-trimethylbutyra mide	3804
A3149	*N*-乙基-2-异丙基-5-甲基-环己烷甲酰胺	*N*-ethyl-2-isopropyl-5-methylcyclohexane carbox-amide	3455
A3150	3-*l*-盖氧基-1,2-丙二醇	3-*l*-menthoxypropane-1,2-diol	3784
A3151	香兰基丁醚	vanillyl butyl ether	3796
A3152	9-癸烯醛	9-decenal	3912
A3153	2-仲丁基环己酮	2-*sec*-butylcyclohexanone	3261
A3154	2,3-十一碳二酮	2,3-undecadione	3090
A3155	环己烷基甲酸	cyclohexanecarboxylic acid	3531
A3156	5 和 6-癸烯酸(又名牛奶内酯)	5-and 6-decenoic acid(milk lactone)	3742
A3157	八乙酸蔗糖酯	sucrose octaacetate	3038
A3158	丁酸烯丙酯	allyl butyrate	2021
A3159	异丁酸香兰素酯	vanillin isobutyrate	3754
A3160	戊二酸单 *l*-薄荷醇酯	*l*-monomenthyl glutarate	4006
A3161	苯甲酰基乙酸乙酯	ethyl benzoylacetate	2423
A3162	乳酸 *l*-薄荷酯	*l*-menthyl lactate	3748
A3163	ε-十二内酯	ε-dodecalactone	3610
A3164	八氢香豆素	octahydrocoumarin	3791
A3165	2,5-二甲基-3-呋喃硫醇	2,5-dimethyl-3-furathiol	3451
A3166	1,2-丁二硫醇	1,2-butanedithiol	3528
A3167	双-(2,5-二甲基-3-呋喃基)二硫醚	bis(2,5-dimethyl-3-furyl)disufide	3476
A3168	丙基 2-甲基-3-呋喃基二硫醚	propyl 2-methyl-3--furyl disulfide	3607
A3169	二环己基二硫醚	dicyclohexyl disulfide	3448
A3170	糠基异丙基硫醚	furfuryl isopropyl sulfide	3161
A3171	2-乙基苯硫酚	2-ethyl thiophenol	3345
A3172	2-(乙酰氧基)丙酸甲硫醇酯	methylthio 2-(acetyloxy)propionate	3788
A3173	2-(丙酰氧基)丙酸甲硫醇酯	methylthio 2-(propionyloxy)propionate	3790
A3174	3-糠硫基丙酸乙酯	ethyl 3-(furfurylthio)propionate	3674
A3175	2-甲硫基吡嗪	2-methylthiopyrazine	3231
A3176	异硫氰酸苯乙酯	phenethyl isothiocyanate	4014
A3177	2-(3-苯丙基)吡啶	2-(3-phenylpropyl)pyridine	3751
A3178	4,5-二甲基-2-乙基-3-噻唑啉	4,5-dimethyl-2-ethyl-3-thiazoline	3620
A3179	2-仲丁基-4,5-二甲基-3-噻唑啉	2-(2-butyl)-4,5-dimethyl-3-thiazol ine	3619
A3180	吡嗪乙硫醇	pyrazine ethanethiol	3230
A3181	水杨酸苯酯	phenyl salicylate	3960

表 B.3 (续)

编码	香料中文名称	香料英文名称	FEMA 编号
A3182	庚醛二甲缩醛	heptanal dimethyl acetal	2541
A3183	羟基香茅醛二甲缩醛	hydroxy citronellal dimethyl acetal	2585
A3184	对-丙基茴香醚	*p*-propyl anisole	2930
A3185	异丁酸对-甲酚酯	*p*-tolyl isobutyrate	3075
A3186	异丁酸邻-甲酚酯	*o*-tolyl isobutyrate	3753
A3187	柠檬醛丙二醇缩醛	citral propylene glycol acetal	—
A3188	反式-2-己烯醛二乙缩醛	*trans*-2-hexenal diethyl acetal	4047
A3189	2-巯基噻吩	2-mercaptothiophene	3062
A3190	对-盖-3,8-二醇	*p*-menth-3,8-diol	4053
A3191	1,8-辛二硫醇	1,8-octanedithiol	3514
A3192	螺[2,4-二硫杂-1-甲基-8-氧杂双环[3.3.0]-辛烷-3,3′-(1′-氧杂-2′-甲基)环戊烷]	spiro[2,4-dithia-1-methyl-8-oxabi cyclo[3.3.0]octane-3,3′-(1′-oxa-2′-methyl)cyclopentane]	3270
A3193	3-壬烯-2-酮	3-nonen-2-one	3955
A3194	3-甲基-2,4-壬二酮	3-methyl-2,4-nonadione	4057
A3195	2,5-二甲基-3-硫代乙酰氧基呋喃	2,5-dimethyl-3-thioacetoxyfuran	4034
A3196	反式-4-己烯醛	*trans*-4-hexenal	4046
A3197	3-[(2-甲基-3-呋喃)硫基]-2-丁酮	(+/-)-3-[(2-methyl-3-furyl)thio]-2-butanone	4056
A3198	3-巯基-2-甲基戊醛	3-mercapto-2-methylpentanal	3994

附 录 C
（规范性附录）
食品工业用加工助剂使用名单

C.1 表 C.1 以加工助剂名称汉语拼音排序规定了食品加工中允许使用的助剂（不含酶制剂）。

C.2 表 C.2 以酶制剂名称汉语拼音排序规定了食品加工中允许使用的酶。各种酶的来源和供体应符合表中的规定。

表 C.1 食品工业用加工助剂使用名单（不含酶制剂）

序号	助剂中文名称	助剂英文名称
1	氨水	ammonia
2	凹凸棒粘土	attapulgite clay
3	钯	palladium
4	白油（又名液体石蜡）	white mineral oil
5	6-苄基腺嘌呤	6-benzylaminopurine
6	1-丙醇	1-propanol
7	1,2-丙二醇	1,2-propanediol
8	丙三醇（又名甘油）	glycerol
9	丙酮	acetone
10	不溶性聚乙烯聚吡咯烷酮	insoluble polyvinylpolypyrrolidone(PVPP)
11	次氯酸钠	sodium hypochlorite
12	单乙醇胺	monoethanol amine
13	氮气	nitrogen
14	1-丁醇	1-butanol
15	二氯异腈氰尿酸钠	sodium dichlorisocyanurate
16	1,2-二氯乙烷	1,2-dichloroiethane
17	二氧化氯	chlorine dioxide
18	二氧化碳	carbon dioxide
19	凡士林	vaseline
20	高岭土	kaolin
21	高碳醇脂肪酸酯复合物	higher alcohol fatty acid ester complex
22	固化单宁	immobilized tannin
23	硅胶	silica gel
24	硅酸钙铝	calcium aluminum silicate
25	硅藻土	diatomaceous earth
26	过氧化氢	hydrogen peroxide
27	过氧乙酸	peroxyacetic acid
28	6 号轻汽油	solvent No. 6
29	琥珀酸酐	succinic anhydride

表 C.1 （续）

序号	助剂中文名称	助剂英文名称
30	滑石粉	talc
31	活性白土	activated clay
32	活性炭	activated carbon
33	己二酸	adipic acid
34	己二酸酐	adipic acid anhydride
35	己烷	hexane
36	甲醇	methanol
37	甲醛	formaldehyde
38	焦磷酸四钾	tetrapotassium pyrophosphate
39	聚丙烯酰胺	polyacrylamide
40	聚甘油聚亚油酸酯	polyglycerol ester of polylinoleic acid
41	矿物油	mineral oil
42	离子交换树脂	ion exchange resins
43	磷酸	phosphoric acid
44	磷酸铵	ammonium phosphate
45	磷酸二氢钾	potassium phosphate, monobasic
46	磷酸二氢钠	sodium dihydrogen phosphate
47	磷酸钙	calcium phosphate
48	磷酸氢二钠	disodium hydrogen phosphate
49	磷酸三钠	trisodium phosphate
50	硫酸	sulfuric acid
51	硫酸铵	ammonium sulfate
52	硫酸镁	magnesium sulfate
53	硫酸钠	sodium sulfate
54	硫酸锌	zinc sulfate
55	硫酸亚铁	ferrous sulfate
56	4-氯苯氧乙酸钠	sodium 4-chlorophenoxyacetate
57	氯化胺铵	ammonium chloride
58	氯化钙	calcium chloride
59	氯化钾	potassium chloride
60	氯化磷酸三钠	trisodium phosphate chlorinated
61	尿素	urea
62	镍	nickel
63	膨润土	bentonite
64	氢气	hydrogen

表 C.1（续）

序号	助剂中文名称	助剂英文名称
65	氢氧化钙	calcium hydroxide
66	氢氧化钾	potassium hydroxide
67	氢氧化钠	sodium hydroxide
68	三硅酸镁	magnesium trisilicate
69	三乙醇胺	triethanol amine
70	十二烷基苯磺酸钠	sodium alkyl benzene sulfonate(ABS)
71	十二烷基二甲基溴化胺(又名新洁尔灭)	bromo geramium
72	十二烷基磺酸钠	sodium alkyl sulfonate(AS)
73	石蜡	paraffin
74	石油醚	petroleum ether
75	食用单宁	edible tannin
76	松香甘油酯	glycerol ester of rosin
77	碳酸钙(包括轻质和重质碳酸钙)	calcium carbonate(light,heavy)
78	碳酸钾	potassium carbonate
79	碳酸镁(包括轻质和重质碳酸镁)	magnesium carbonate(light,heavy)
80	碳酸钠	sodium carbonate
81	碳酸氢钾	potassium hydrogen carbonate
82	碳酸氢钠	sodium hydrogen carbonate
83	铁粉	powdered ferric(powdered iron)
84	维生素B族	vitamin B family
85	五碳双缩醛	glutaraldehyde
86	纤维素	cellulose
87	硝酸	nitric acid
88	亚硫酸铵	ammonium sulfite
89	盐酸	hydrochloric acid
90	氧化钙	calcium oxide
91	氧化镁(包括重质和轻质)	magnesium oxide(heavy,light)
92	氧化铁	ferric oxide(iron oxide)
93	乙醇	ethanol
94	乙二胺四乙酸二钠	disodium EDTA
95	乙醚	ether
96	乙酸钠	sodium acetate
97	乙酸乙酯	ethyl actetate
98	银	silver
99	油酸	oleic acid

表 C.1 （续）

序号	助剂中文名称	助剂英文名称
100	蔗糖聚丙烯醚	sucrose polyoxypropylene ester
101	珍珠岩	pearl rock
102	脂肪醇酰胺	aliphatic alcohol amide
103	脂肪醚硫酸钠	aliphatic ether sodium sulfate
104	植物活性炭	vegetable carbon (activated)

表 C.2　食品用酶制剂及其来源名单

序号	酶	来　源[a]	供　体[b]
1	阿拉伯呋喃糖苷酶 arabinofuranosidease	黑曲霉 *Aspergillus niger*	
2	氨基肽酶 aminopeptidase	米曲霉 *Aspergillus oryzae*	
3	α-半乳糖苷酶 α-galactosidase	黑曲霉 *Aspergillus niger*	
4	半纤维素酶 hemicellulase	黑曲霉 *Aspergillus niger*	
5	菠萝蛋白酶 bromelain	菠萝 *Ananas* spp.	
6	蛋白酶(包括乳凝块酶) protease(including milk clotting enzymes)	寄生内座壳（栗疫菌）*Cryphonectria parasitica* (*Endothia parasitica*)	寄生内座壳（栗疫菌）*Cryphonectria parasitica* (*Endothia parasitica*)
		地衣芽孢杆菌 *Bacillus licheniformis*	
		黑曲霉 *Aspergillus niger*	
		解淀粉芽孢杆菌 *Bacillus amyloliquefaciens*	
		解淀粉芽孢杆菌 *Bacillus amyloliquefaciens*	解淀粉芽孢杆菌 *Bacillus amyloliquefaciens*
		枯草芽孢杆菌 *Bacillus subtilis*	
		寄生内座壳（栗疫菌）*Cryphonectria parasitica* (*Endothia parasitica*)	
		米黑根毛霉 *Rhizomucor miehei*	
		米曲霉 *Aspergillus oryzae*	
		乳克鲁维酵母 *Kluyveromyces lactis*	小牛胃 calf stomach
		微小毛霉 *Mucor pusillus*	

表 C.2 （续）

序号	酶	来　源[a]	供　体[b]
7	α-淀粉酶　α-amylase	地衣芽孢杆菌 *Bacillus licheniformis*	地衣芽孢杆菌 *Bacillus licheniformis*
			嗜热脂肪芽孢杆菌 *Bacillus stearothermophilus*
		黑曲霉 *Aspergillus niger*	
		解淀粉芽孢杆菌 *Bacillus amyloliquefaciens*	
		枯草芽孢杆菌 *Bacillus subtilis*	嗜热脂肪芽孢杆菌 *Bacillus stearothermophilus*
		米根霉 *Rhizopus oryzae*	
		米曲霉 *Aspergillus oryzae*	
		嗜热脂肪芽孢杆菌 *Bacillus stearothermophilus*	
		猪或牛的胰腺 hog or bovine pancreas	
8	β-淀粉酶　β-amylase	大麦、山芋、大豆、小麦和麦芽 barley, taro, soya, wheat and malted barley	
		枯草芽孢杆菌 *Bacillus subtilis*	
9	多聚半乳糖醛酸酶 polygalacturonase	黑曲霉[c] *Aspergillus niger*	
		米根霉 *Rhizopus oryzae*	
10	谷氨酰胺转氨酶 glutamine transaminase	茂原链轮丝菌 *Streptoverticillium mobaraense*	
11	果胶裂解酶 pectinlyase	黑曲霉 *Aspergillus niger*	
12	果胶酶 pectinase	黑曲霉 *Aspergillus niger*	
		米根霉 *Rhizopus oryzae*	
13	果胶酯酶（果胶甲基酯酶）pectinesterase (pectin methylesterase)	黑曲霉 *Aspergillus niger*	
		黑曲霉 *Aspergillus niger*	黑曲霉 *Aspergillus niger*
14	过氧化氢酶 catalase	黑曲霉 *Aspergillus niger*	
		牛、猪或马的肝脏 bovine, pig or horse liver	
		溶壁微球菌 *Micrococcus lysodeicticus*	
15	己糖氧化酶 hexose oxidase	（多形）汉逊酵母 *Hansenula polymorpha*	*Chondrus crispus*
16	菊糖酶 glycogenase	黑曲霉 *Aspergillus niger*	
17	磷酸酯酶 phospholipase	胰腺 pancreas	
18	磷酸酯酶 A2 phospholipase A2	猪胰腺组织 porcine pancreas	

表 C.2（续）

序号	酶	来源[a]	供体[b]
19	麦芽碳水化合物水解酶(α-、β-麦芽碳水化合物水解酶)malt carbohydrases(alpha-and beta-amylase)	麦芽和大麦 malted barley and barley	
20	麦芽糖淀粉酶 maltogenic amylase	枯草芽孢杆菌 *Bacillus subtilis*	嗜热脂肪芽孢杆菌 *Bacillus stearothermophilis*
21	木瓜蛋白酶 papain	木瓜 *Carica papaya*	
22	木聚糖酶 xylanase	*Fusarium venenatum*	棉状嗜热丝孢菌 *Thermomyces lanuginosus*
		毕赤氏酵母 *Pichia paseoris*	
		孤独腐质霉 *Humicola insolens*	
		黑曲霉 *Aspergillus niger*	
		黑曲霉 *Aspergillus niger*	黑曲霉 *Aspergillus niger*
		李氏木霉 *Trichoderma reesei*	
		绿色木霉 *Trichoderma viride*	
		枯草芽孢杆菌 *Bacillus subtilis*	枯草芽孢杆菌 *Bacillus subtilis*
		米曲霉 *Aspergillus oryzae*	棉状嗜热丝孢菌 *Thermomyces lanuginosus*
		米曲霉 *Aspergillus oryzae*	黑曲霉[c] *Aspergillus niger*
23	凝乳酶 A chymosin A	大肠杆菌 K-12 *Eschorichia Coli* K-12	小牛前凝乳酶 A 基因 calf prochymosin A gene
24	凝乳酶 B chymosin B	黑曲霉泡盛变种 *Aspergillus niger* var. *awamori*	小牛前凝乳酶 B 基因 calf prochymosin B gene
		乳克鲁维酵母 *Kluyveromyces lactis*	小牛前凝乳酶 B 基因 calf prochymosin B gene
25	凝乳酶或粗制凝乳酶 chymosin or rennet	小牛、山羊或羔羊的皱胃 calf, kid, or lamb abomasum	
26	β-葡聚糖酶 β-glucanase	地衣芽孢杆菌 *Bacillus licheniformis*	
		孤独腐质霉 *Humicola insolens*	
		哈次木霉 *Trichoderma harzianum*	
		黑曲霉[c] *Aspergillus niger*	
		枯草芽孢杆菌 *Bacillus subtilis*	
		李氏木霉 *Trichoderma reesei*	
		解淀粉芽孢杆菌 *Bacillus amyloliquefaciens*	解淀粉芽孢杆菌 *Bacillus amyloliquefaciens*
		Disporotrichum dimorphosporum	
		Talaromyces emersonii	
		绿色木霉 *Trichoderma viride*	

表 C.2 (续)

序号	酶	来源[a]	供体[b]
27	葡糖淀粉酶(淀粉葡糖苷酶) glucoamylase(amyloglucosidase)	戴尔根霉 *Rhizopus delemar*	
		黑曲霉 *Aspergillus niger*	黑曲霉 *Aspergillus niger*
			Talaromyces emersoni
		米根霉 *Rhizopus oryzae*	
		米曲霉 *Aspergillus oryzae*	
		雪白根霉 *Rhizopus niveus*	
28	葡糖氧化酶 glucose oxidase	黑曲霉 *Aspergillus niger*	
		米曲霉 *Aspergillus oryzae*	黑曲霉 *Aspergillus niger*
29	葡糖异构酶(木糖异构酶) glucose isomerase(xylose isomerase)	橄榄产色链霉菌 *Streptomyces olivochromogenes*	
		橄榄色链霉菌 *Streptomyces olivaceus*	
		密苏里游动放线菌 *Actinoplanes missouriensis*	
		凝结芽孢杆菌 *Bacillus coagulans*	
		锈棕色链霉菌 *Streptomyces rubiginosus*	
		紫黑吸水链霉菌 *Streptomyces violaceoniger*	
		鼠灰链霉菌 *Streptomyces murinus*	
30	普鲁兰酶 pullulanase	产气克雷伯氏菌 *Klebsiella aerogenes*	
		枯草芽孢杆菌 *Bacillus subtilis*	
		嗜酸普鲁兰芽孢杆菌 *Bacillus acidopullulyticus*	
		枯草芽孢杆菌 *Bacillus subtilis*	*Bacillus deramificans*
31	漆酶 laccase	米曲霉 *Aspergillus oryzae*	*Myceliophthora thermophila*
32	溶血磷脂酶(磷脂酶 B) lysophospholipase(lecithinase B)	黑曲霉 *Aspergillus niger*	
		黑曲霉 *Aspergillus niger*	黑曲霉 *Aspergillus niger*
33	乳糖酶(β-半乳糖苷酶) lactase (β-galactosidase)	脆壁克鲁维酶母 *Kluyveromyces fragilis*	
		黑曲霉 *Aspergillus niger*	
		米曲霉 *Aspergillus oryzae*	

表 C.2 （续）

序号	酶	来源[a]	供体[b]
33	乳糖酶(β-半乳糖苷酶)lactase (β-galactosidase)	乳克鲁维酵母 *Kluyveromyces lactis*	
		乳克鲁维酵母 *Kluyveromyces lactis*	乳克鲁维酵母 *Kluyveromyces lactis*
34	胃蛋白酶 pepsin	猪、小牛、小羊、禽类的胃组织 hog,calf,goat(kid) or poultry stomach	
35	无花果蛋白酶 ficin	无花果 *Ficus* spp.	
36	纤维二糖酶 cellobiase	黑曲霉 *Aspergillus niger*	
37	纤维素酶 cellulase	黑曲霉 *Aspergillus niger*	
		李氏木霉 *Trichoderma reesei*	
		绿色木霉 *Trichoderma viride*	
38	胰蛋白酶 typsin	猪或牛的胰腺 porcine or bovine pancreas	
39	胰凝乳蛋白酶(糜蛋白酶) chymotrypsin	猪或牛的胰腺 porcine or bovine pancreas	
40	α-乙酰乳酸脱羧酶 α-acetolactate decarboxylase	枯草芽孢杆菌 *Bacillus subtilis*	短小芽孢杆菌 *Bacillus brevis*
41	脂肪酶 lipase	黑曲霉 *Aspergillus niger*	
		米根霉 *Rhizopus oryzae*	
		米黑根毛霉 *Rhizomucor miehei*	
		米曲霉 *Aspergillus oryzae*	
		米曲霉 *Aspergillus oryzae*	尖孢镰刀菌 *Fusarium oxysporum*
			棉状嗜热丝孢菌 *Thermomyces lanuginosus*
		小牛或小羊的唾液腺或前胃组织 salivary glands or forestomach of calf,kid,or lamb	
		雪白根霉 *Rhizopus niveus*	
		羊咽喉 goat gullets	
		猪或牛的胰腺 hog or bovine pancreas	
		米曲霉 *Aspergillus oryzae*	米黑根霉 *Rhizomucor miehei*
42	酯酶 esterase	黑曲霉 *Aspergillus niger*	
		李氏木霉 *Trichoderma reesei*	
		米黑根毛霉 *Rhizomucor miehei*	

表 C.2（续）

序号	酶	来源[a]	供体[b]
43	植酸酶 phytase	黑曲霉 *Aspergillus niger*	
44	转化酶（蔗糖酶）invertase（saccharase）	酿酒酵母 *Saccharomyces cerevisiae*	
45	转葡糖苷酶 transglucosidase	黑曲霉 *Aspergillus niger*	

a 指用于提取酶制剂的动物、植物或微生物。

b 指为酶制剂的生物技术来源提供基因片段的动物、植物或微生物。

c 包括针尾曲霉 *Aspergillus aculeatus* 和泡盛曲霉 *Aspergillus awamori*。

附　录　D
（规范性附录）
胶基糖果中基础剂物质及其配料名单

胶基糖果中基础剂物质（简称胶基）及其配料应由符合表D.1中所列的各项物质配合制成。各成分用量在本标准中有规定者按规定执行，未规定者按生产需要适量使用。

表D.1　胶基及其配料允许使用的物质名单

胶基中文名称/类别	胶基英文名称
D1　天然橡胶	natural gum
1　巴拉塔树胶	massaranduba balata
2　节路顿胶	jelutong
3　来开欧胶	leche caspi(sorva)
4　茨茨棕树胶	chiquibul
5　糖胶树胶	chicle
6　天然橡胶(乳胶固形物)	natural rubber(latex solids)
D2　合成橡胶	synthetic rubber
1　丁二烯-苯乙烯75/25、50/50橡胶(丁苯橡胶)	butadiene-styrene rubber 75/25, 50/50(SBR)
2　聚丁烯	polybutylene
3　聚乙烯	polyethylene
4　聚异丁烯	polyisobutylene
5　异丁烯-异戊二烯共聚物(丁基橡胶)	isobutylene-isoprene copolymer (butyl rubber)
D3　树脂	resin
1　部分二聚松香(包括松香、木松香、妥尔松香)甘油酯	glycerol ester of partially dimerized rosin(gum, wood, tall oil)
2　部分氢化松香(包括松香、木松香、妥尔松香)甘油酯	glycerol ester of partially hydrogenated rosin(gum, wood, tall oil)
3　部分氢化松香(包括松香、木松香、妥尔松香)季戊四醇酯	pentaerythritol ester of partially hydrogenated rosin(gum, wood, tall oil)
4　部分氢化松香(包括松香、木松香、妥尔松香)甲酯	methyl ester of partially hydrogenated rosin(gum, wood, tall oil)
5　醋酸乙烯酯-月桂酸乙烯酯共聚物	vinyl acetate-vinyl laurate copolymer
6　合成树脂(包括萜烯树脂)	synthetic resin (synthetic terpene resin)
7　聚醋酸乙烯酯	polyvinyl acetate (PVA)
8　聚合松香(包括木松香、妥尔松香)甘油酯	glycerol ester of polymerized rosin(gum, wood, tall oil)
9　木松香甘油酯	glycerol ester of wood rosin
10　松香(包括松香、木松香、妥尔松香)季戊四醇酯	pentaerythritol ester of rosin(gum, wood, tall oil)
11　松香甘油酯	glycerol ester of gum rosin
12　妥尔松香甘油酯	glycerol ester of tall oil rosin
D4　蜡类	wax
1　巴西棕榈蜡	carnauba wax
2　蜂蜡	beeswax
3　聚乙烯蜡均聚物	polyethylene-wax homopolymer
4　石蜡	paraffin
5　石油石蜡(费-托合成法)	paraffin wax, synthetic (Fischer-Tropsch)
6　微晶石蜡	microcrystalline wax
7　小烛树蜡	candelilla wax

表 D.1 (续)

胶基中文名称/类别	胶基英文名称
D5 乳化剂、软化剂	emulsifier and softener
1 丙二醇	propylene glycol
2 单、双、三脂肪酸甘油酯	mono, di, tri-glycerides of esters of fatty acids
3 单脂肪酸甘油酯	monoglycerides
4 甘油	glycerine
5 果胶	pectin
6 海藻酸、海藻酸钠、海藻酸铵	alginic acid, sodium alginate, ammonium alginate
7 磷脂	phospholipid
8 明胶	gelatin
9 氢化植物油	hydrogen vegetable oils
10 三乙酸甘油酯	triacetin
11 脱脂可可粉	defatted cocoa powder
12 乙酰化单双脂肪酸甘油酯	acetylated mono and di-glycerides
13 硬脂酸、硬脂酸钙、硬脂酸镁、硬脂酸钠、硬脂酸钾	stearic acid and its calcium, magnesium, sodium and potassim salts
14 蔗糖脂肪酸酯	sucrose fatty acid ester
D6 抗氧化剂、防腐剂	antioxidant, preservative
1 苯钾酸钠	benzoic acid, sodium benzoate
2 丁基羟基茴香醚	butylated hydroxyanisole(BHA)
3 二丁基甲基甲苯	butylated hydroxy toluene(BHT)
4 没食子酸丙酯	propyl gallate(PG)
5 山梨酸钾	sorbic acid, potassium sorbate
6 生育酚	tocopherol
7 竹叶抗氧化物	antioxidant of bommboo leaf
D7 填充剂	filling agent
1 滑石粉	talc
2 磷酸氢钙	calcium hydrogen phosphate (dicalcium orthophosphate)
3 碳酸钙(包括轻质和重质碳酸钙)	calcium carbonate(light, heavy)
4 碳酸镁	magnesium carbonate

附 录 E
（资料性附录）
食品添加剂功能类别

每个添加剂在食品中常常具有一种或多种技术作用。在本标准每个添加剂的具体规定中，列出了该添加剂常用的技术作用，并非详尽的列举，同时，也不用作食品标签的目的。

E.1 酸度调节剂：用以维持或改变食品酸碱度的物质。

E.2 抗结剂：用于防止颗粒或粉状食品聚集结块，保持其松散或自由流动的物质。

E.3 消泡剂：在食品加工过程中降低表面张力，消除泡沫的物质。

E.4 抗氧化剂：能防止或延缓油脂或食品成分氧化分解、变质，提高食品稳定性的物质。

E.5 漂白剂：能够破坏、抑制食品的发色因素，使其褪色或使食品免于褐变的物质。

E.6 膨松剂：在食品加工过程中加入的，能使产品发起形成致密多孔组织，从而使制品具有膨松、柔软或酥脆的物质。

E.7 胶基糖果中基础剂物质：赋予胶基糖果起泡、增塑、耐咀嚼等作用的物质。

E.8 着色剂：使食品赋予色泽和改善食品色泽的物质。

E.9 护色剂：能与肉及肉制品中呈色物质作用，使之在食品加工、保藏等过程中不致分解、破坏，呈现良好色泽的物质。

E.10 乳化剂：能改善乳化体中各种构成相之间的表面张力，形成均匀分散体或乳化体的物质。

E.11 酶制剂：由动物或植物的可食或非可食部分直接提取，或由传统或通过基因修饰的微生物（包括但不限于细菌、放线菌、真菌菌种）发酵、提取制得，用于食品加工，具有特殊催化功能的生物制品。

E.12 增味剂：补充或增强食品原有风味的物质。

E.13 面粉处理剂：促进面粉的熟化、增白和提高制品质量的物质。

E.14 被膜剂：涂抹于食品外表，起保质、保鲜、上光、防止水分蒸发等作用的物质。

E.15 水分保持剂：有助于保持食品中水分而加入的物质。

E.16 营养强化剂：为增强营养成分而加入食品中的天然的或者人工合成的属于天然营养素范围的物质。

E.17 防腐剂：防止食品腐败变质、延长食品储存期的物质。

E.18 稳定剂和凝固剂：使食品结构稳定或使食品组织结构不变，增强粘性固形物的物质。

E.19 甜味剂：赋予食品以甜味的物质。

E.20 增稠剂：可以提高食品的粘稠度或形成凝胶，从而改变食品的物理性状，赋予食品粘润、适宜的口感，并兼有乳化、稳定或使呈悬浮状态作用的物质。

E.21 食品用香料：能够用于调配食品香精，并使食品增香的物质。

E.22 食品工业用加工助剂：有助于食品加工顺利进行的各种物质，与食品本身无关。如助滤、澄清、吸附、润滑、脱模、脱色、脱皮、提取溶剂、发酵用营养物质等。

E.23 其他：上述功能类别中不能涵盖的其他功能。

附 录 F
（资料性附录）
食品分类系统

食品分类系统见表 F.1。

表 F.1 食品分类系统

食品分类号	食品类别/名称
01.0	乳及乳制品(13.0 特殊营养用食品涉及品种除外)
01.01	乳及调制乳
01.01.01	纯乳(全脂、部分脱脂、脱脂),包括复原乳
01.01.02	调制乳
01.01.02.01	调味乳
01.02	发酵乳
01.02.01	原味发酵乳(全脂、部分脱脂、脱脂)
01.02.02	调味和果料发酵乳
01.03	乳粉(包括加糖乳粉)和奶油粉及其调制产品
01.03.01	乳粉(全脂乳粉、脱脂乳粉和部分脱脂乳粉)和奶油粉
01.03.02	调制乳粉和调制奶油粉(包括调味乳粉和调味奶油粉)
01.04	炼乳及其调制产品
01.04.01	淡炼乳(原味)
01.04.02	调制炼乳(包括甜炼乳、调味甜炼乳及其他使用了非乳原料的调制炼乳)
01.05	稀奶油(又名淡奶油)及其类似品
01.05.01	稀奶油
01.05.02	凝固稀奶油
01.05.03	调味稀奶油
01.05.04	稀奶油类似品
01.06	干酪
01.06.01	非熟化干酪
01.06.02	熟化干酪
01.06.03	乳清干酪
01.06.04	再制干酪
01.06.04.01	普通再制干酪
01.06.04.02	调味再制干酪
01.06.05	干酪类似品
01.06.06	乳清蛋白干酪
01.07	以乳为主要配料的即食风味甜点或其预制产品(不包括冰淇淋和调味酸奶)
01.08	其他乳制品(如乳清粉、酪蛋白粉等)
02.0	脂肪,油和乳化脂肪制品
02.01	基本不含水的脂肪和油
02.01.01	植物油脂
02.01.01.01	植物油
02.01.01.02	氢化植物油
02.01.02	动物油脂(猪油、牛油、鱼油和其他动物脂肪)
02.01.03	无水黄油,无水乳脂
02.02	水油状脂肪乳化制品
02.02.01	脂肪含量 80%以上的乳化制品

表 F.1（续）

食品分类号	食品类别/名称
02.02.01.01	黄油和浓缩黄油
02.02.01.02	人造黄油及其类似制品（如黄油和人造黄油混合品）
02.02.02	脂肪含量 80%以下的乳化制品
02.03	02.02 类以外的脂肪乳化制品，包括混合的和（或）调味的脂肪乳化制品
02.04	脂肪类甜品
02.05	其他油脂或油脂制品
03.0	冷冻饮品
03.01	冰淇淋类
03.02	雪糕类
03.03	风味冰、冰棍类
03.04	食用冰
03.05	其他冷冻饮品
04.0	水果、蔬菜（包括块根类）、豆类、食用菌、藻类、坚果以及籽类等
04.01	水果
04.01.01	新鲜水果
04.01.01.01	未经加工的鲜果
04.01.01.02	经表面处理的鲜水果
04.01.01.03	去皮或预切的鲜水果
04.01.02	加工水果
04.01.02.01	冷冻水果
04.01.02.02	水果干类
04.01.02.03	醋、油或盐渍水果
04.01.02.04	水果罐头
04.01.02.05	果酱
04.01.02.06	果泥
04.01.02.07	除 04.01.02.05 以外的果酱（如印度酸辣酱）
04.01.02.08	蜜饯凉果
04.01.02.08.01	蜜饯类
04.01.02.08.02	凉果类
04.01.02.08.03	果脯类
04.01.02.08.04	话化类（甘草制品）
04.01.02.08.05	果丹（饼）类
04.01.02.08.06	果糕类
04.01.02.09	装饰性果蔬
04.01.02.10	水果甜品，包括果味液体甜品
04.01.02.11	发酵的水果制品
04.01.02.12	煮熟的或油炸的水果
04.01.02.13	其他加工水果
04.02	蔬菜
04.02.01	新鲜蔬菜
04.02.01.01	未经加工鲜蔬菜
04.02.01.02	经表面处理的新鲜蔬菜
04.02.01.03	去皮、切块或切丝的蔬菜
04.02.01.04	豆芽菜
04.02.02	加工蔬菜
04.02.02.01	冷冻蔬菜
04.02.02.02	干制蔬菜

表 F.1（续）

食品分类号	食品类别/名称
04.02.02.03	腌渍的蔬菜
04.02.02.03.01	酱渍的蔬菜
04.02.02.03.02	盐渍的蔬菜
04.02.02.03.03	糖醋渍的蔬菜
04.02.02.03.04	其他腌渍的蔬菜
04.02.02.04	蔬菜罐头
04.02.02.05	蔬菜泥(酱)(番茄沙司除外)
04.02.02.06	发酵蔬菜制品
04.02.02.07	经水煮或油炸的蔬菜
04.02.02.08	其他加工蔬菜
04.03	食用菌和藻类
04.03.01	新鲜食用菌和藻类
04.03.01.01	未经加工鲜食用菌和藻类
04.03.01.02	经表面处理的鲜食用菌和藻类
04.03.01.03	去皮、切块或切丝的食用菌和藻类
04.03.02	加工食用菌和藻类
04.03.02.01	冷冻食用菌和藻类
04.03.02.02	干制食用菌和藻类
04.03.02.03	腌渍的食用菌和藻类
04.03.02.03.01	酱渍的食用菌和藻类
04.03.02.03.02	盐渍的食用菌和藻类
04.03.02.03.03	糖醋渍的食用菌和藻类
04.03.02.03.04	其他腌渍的食用菌和藻类
04.03.02.04	食用菌和藻类罐头
04.03.02.05	经水煮或油炸的藻类
04.03.02.06	其他加工食用菌和藻类
04.04	豆类制品
04.04.01	非发酵豆制品
04.04.01.01	豆腐类(北豆腐、南豆腐、内酯豆腐、冻豆腐)
04.04.01.02	豆干类
04.04.01.03	豆干再制品
04.04.01.03.01	炸制半干豆腐
04.04.01.03.02	卤制半干豆腐
04.04.01.03.03	熏制半干豆腐
04.04.01.03.04	其他半干豆腐
04.04.01.04	腐竹类(包括腐竹、油皮)
04.04.01.05	新型豆制品(大豆蛋白膨化食品、大豆素肉等)
04.04.01.06	熟制豆类
04.04.02	发酵豆制品
04.04.02.01	腐乳类
04.04.02.02	豆豉及其制品(包括纳豆)
04.05	坚果和籽类
04.05.01	新鲜坚果与籽类
04.05.02	加工坚果与籽类
04.05.02.01	烘焙/炒制坚果与籽类
04.05.02.01.01	带壳烘焙/炒制坚果与籽类
04.05.02.01.02	脱壳烘焙/炒制坚果与籽类

表 F.1 (续)

食品分类号	食品类别/名称
04.05.02.02	包衣的坚果和籽类
04.05.02.03	坚果与籽类罐头
04.05.02.04	坚果与籽类的泥(酱),包括花生酱等
04.05.02.05	其他方法(如腌渍的果仁)
05.0	可可制品、巧克力和巧克力制品(包括类巧克力和代巧克力)以及糖果
05.01	可可制品、巧克力和巧克力制品,包括类巧克力和代巧克力
05.01.01	可可制品(以可可为主要原料的脂、粉、浆、酱、馅)
05.01.02	巧克力和巧克力制品、除 05.01.01 以外的可可制品
05.01.03	类巧克力和代巧克力及使用可可代用品的巧克力类似产品
05.02	糖果
05.02.01	硬质糖果
05.02.02	硬质夹心糖果
05.02.03	乳脂糖果
05.02.04	压片糖果
05.02.05	凝胶糖果
05.02.06	抛光糖果
05.02.07	充气糖果
05.02.08	胶基糖果
05.02.08.01	无糖胶基糖果
05.02.08.02	含糖胶基糖果
05.02.09	其他糖果
05.03	糖果、巧克力制品包衣
05.04	装饰糖果(如工艺造型,或用于蛋糕装饰)、顶饰(非水果材料)和甜汁
06.0	粮食和粮食制品,包括大米、面粉、杂粮、块根植物、豆类和玉米提取的淀粉等(不包括 07.0 类焙烤制品)
06.01	原粮
06.02	大米及其制品(大米、米粉、米糕)
06.02.01	大米
06.02.02	大米制品
06.02.03	米粉(包括汤圆粉等)
06.02.04	米粉制品
06.03	小麦粉及其制品
06.03.01	小麦粉
06.03.01.01	自发粉
06.03.01.02	饺子粉
06.03.01.03	蛋糕预拌粉
06.03.01.04	其他专用粉
06.03.02	小麦粉制品
06.03.02.01	生湿面制品(如面条、饺子皮、馄饨皮、烧麦皮)
06.03.02.02	生干面制品
06.03.02.03	发酵面制品
06.03.02.04	面糊(如用于鱼和禽肉的拖面糊)、裹粉、煎炸粉
06.04	杂粮粉(包括豆粉)及其制品
06.04.01	杂粮粉
06.04.02	杂粮制品
06.04.02.01	八宝粥罐头
06.04.02.02	其他杂粮制品
06.05	淀粉及淀粉类制品

表 F.1（续）

食品分类号	食品类别/名称
06.05.01	食用淀粉
06.05.02	淀粉制品
06.05.02.01	粉丝、粉条
06.05.02.02	虾味片
06.05.02.03	藕粉
06.06	即食谷物，包括碾轧燕麦（片）
06.07	方便米面制品
06.08	冷冻米面制品
06.09	谷类和淀粉类甜品（如米布丁、木薯布丁）
06.10	粮食制品馅料
07.0	焙烤食品
07.01	面包
07.02	糕点
07.02.01	中式糕点（月饼除外）
07.02.02	西式糕点
07.02.03	月饼
07.02.04	糕点上彩装
07.03	饼干
07.03.01	夹心及装饰类饼干
07.03.02	威化饼干
07.03.03	蛋卷
07.03.04	其他饼干
07.04	焙烤食品馅料
07.05	其他焙烤食品
08.0	肉及肉制品
08.01	生、鲜肉
08.01.01	生鲜肉
08.01.02	冷却肉（排酸肉、冰鲜肉、冷鲜肉）
08.01.03	冻肉
08.02	预制肉制品
08.02.01	调理肉制品（生肉添加调理料）
08.02.02	腌腊肉制品类（如咸肉、腊肉、板鸭、中式火腿、腊肠等）
08.03	熟肉制品
08.03.01	酱卤肉制品类
08.03.01.01	白煮肉类
08.03.01.02	酱卤肉类
08.03.01.03	糟肉类
08.03.02	熏、烧、烤肉类
08.03.03	油炸肉类
08.03.04	西式火腿（熏烤、烟熏、蒸煮火腿）类
08.03.05	肉灌肠类
08.03.05.01	高温蒸煮肠
08.03.05.02	低温蒸煮肠
08.03.05.03	其他肉肠
08.03.06	发酵肉制品类
08.03.07	熟肉干制品
08.03.07.01	肉松类

表 F.1（续）

食品分类号	食品类别/名称
08.03.07.02	肉干类
08.03.07.03	肉脯类
08.03.08	肉罐头类
08.03.09	可食用动物肠衣类
08.03.10	其他肉及肉制品
09.0	水产品及其制品（包括鱼类、甲壳类、贝类、软体类、棘皮类等水产品及其加工制品）
09.01	鲜水产品
09.02	冷冻水产品及其制品
09.02.01	冷冻制品
09.02.02	冷冻挂浆制品
09.02.03	冷冻鱼糜制品（包括鱼丸等）
09.03	预制水产品（半成品）
09.03.01	醋渍或肉冻状水产品
09.03.02	腌制水产品
09.03.03	鱼子制品
09.03.04	风干、烘干、压干等水产品
09.03.05	其他预制水产品（鱼肉饺皮）
09.04	熟制水产品（可直接食用）
09.04.01	熟干水产品
09.04.02	经烹调或油炸的水产品
09.04.03	熏、烤水产品
09.04.04	发酵水产品
09.05	水产品罐头
09.06	其他水产品及其制品
10.0	蛋及蛋制品
10.01	鲜蛋
10.02	再制蛋（不改变物理性状）
10.02.01	卤蛋
10.02.02	糟蛋
10.02.03	皮蛋
10.02.04	咸蛋
10.02.05	其他再制蛋
10.03	蛋制品（改变其物理性状）
10.03.01	脱水蛋制品（如蛋白粉、蛋黄粉、蛋白片）
10.03.02	热凝固蛋制品（如蛋黄酪、松花蛋肠）
10.03.03	冷冻蛋制品（如冰蛋）
10.03.04	液体蛋
10.04	其他蛋制品
11.0	甜味料，包括蜂蜜
11.01	食糖
11.01.01	白糖及白糖制品（如甘蔗糖、甜菜糖、冰糖、果糖等）
11.01.02	其他糖和糖浆（如红糖、赤砂糖、槭树糖浆）
11.02	淀粉糖（果糖，葡萄糖、饴糖；部分转化糖，包括糖蜜等）
11.03	蜂蜜及花粉
11.03.01	蜂蜜
11.03.02	花粉
11.04	餐桌甜味料

表 F.1（续）

食品分类号	食品类别/名称
11.05	调味糖浆
11.05.01	水果调味糖浆
11.05.02	其他调味糖浆
11.06	其他甜味料
12.0	调味品
12.01	盐及代盐制品
12.02	鲜味剂和助鲜剂
12.03	醋
12.03.01	酿造食醋
12.03.02	配制食醋
12.04	酱油
12.04.01	酿造酱油
12.04.02	配制酱油
12.05	酱及酱制品
12.05.01	酿造酱
12.05.02	配制酱
12.06	—
12.07	料酒及制品
12.08	—
12.09	香辛料类
12.09.01	香辛料及粉
12.09.02	香辛料油
12.09.03	香辛料酱(如芥末酱、青芥酱)
12.09.04	其他香辛料加工品
12.10	复合调味料
12.10.01	固体复合调味料
12.10.01.01	固体汤料
12.10.01.02	鸡精、鸡粉
12.10.01.03	其他固体复合调味料
12.10.02	半固体复合调味料
12.10.02.01	蛋黄酱、沙拉酱
12.10.02.02	以动物性原料为基料的调味酱
12.10.02.03	以蔬菜为基料的调味酱
12.10.02.04	其他
12.10.03	液体复合调味料(不包括 12.03,12.04)
12.10.03.01	浓缩汤(罐装、瓶装)
12.10.03.02	肉汤
12.10.03.03	调味清汁
12.10.03.04	蚝油、虾油、鱼露等
12.11	其他调味料
13.0	特殊营养用食品
13.01	婴儿配方食品、较大婴儿和幼儿配方食品
13.01.01	婴儿配方食品
13.01.02	较大婴儿配方食品
13.01.03	幼儿配方食品
13.02	婴幼儿断奶期食品
13.03	病人用特殊食品

表 F.1 （续）

食品分类号	食品类别/名称
13.04	低能量配方食品
13.05	除 13.01～13.04 外的其他特殊营养用食品
13.05.01	孕产妇(乳母)配方食品
13.05.02	运动营养食品(运动饮料除外)
14.0	饮料类
14.01	包装饮用水类
14.01.01	饮用天然矿泉水
14.01.02	自然来源饮用水
14.01.03	饮用纯净水
14.01.04	饮用矿物质水
14.01.05	其他饮用水
14.02	果蔬汁类
14.02.01	果蔬汁(浆)
14.02.02	浓缩果蔬汁(浆)
14.02.03	果蔬汁(肉)饮料
14.03	蛋白饮料类
14.03.01	含乳饮料
14.03.02	植物蛋白饮料
14.04	水基调味饮料类
14.04.01	碳酸饮料
14.04.01.01	可乐型碳酸饮料
14.04.01.02	其他型碳酸饮料
14.04.02	非碳酸饮料
14.04.02.01	特殊用途饮料(包括“运动饮料”、“营养素饮料”等)
14.04.02.02	风味饮料(包括果味饮料、乳味、茶味及其他味饮料)
14.05	茶、咖啡、植物饮料类
14.05.01	茶饮料类
14.05.02	咖啡饮料类
14.05.03	植物饮料(除果蔬汁以外)类
14.06	固体饮料类
14.06.01	果香型固体饮料
14.06.02	蛋白型固体饮料
14.06.03	速溶咖啡
14.06.04	其他固体饮料
14.07	乳酸菌饮料
14.08	其他饮料类
15.0	酒类
15.01	蒸馏酒
15.01.01	白酒
15.01.02	调香蒸馏酒
15.01.03	白兰地
15.01.04	威士忌
15.01.05	伏特加
15.01.06	朗姆酒
15.01.07	其他蒸馏酒
15.02	配制酒
15.03	发酵酒

表 F.1 (续)

食品分类号	食品类别/名称
15.03.01	葡萄酒
15.03.01.01	无汽葡萄酒
15.03.01.02	起泡葡萄酒
15.03.01.03	调香葡萄酒
15.03.01.04	特种葡萄酒(按特殊工艺加工制作的葡萄酒,如在葡萄原酒中加入白兰地、浓缩葡萄汁等)
15.03.02	黄酒
15.03.03	果酒
15.03.04	蜂蜜酒
15.03.05	啤酒和麦芽饮料
15.03.06	其他发酵酒类(充气型)
16.0	其他类(第01.0～15.0类除外)
16.01	果冻
16.02	茶叶、咖啡
16.03	胶原蛋白肠衣(肠衣)
16.04	酵母类制品
16.04.01	干酵母
16.04.02	其他酵母类制品
16.05	油炸食品
16.05.01	油炸小食品
16.05.02	其他油炸食品
16.06	膨化食品
16.07	其他

ICS 65.060.10
T 67

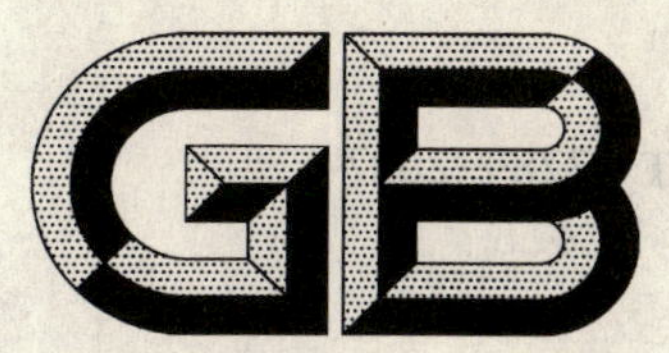

中华人民共和国国家标准

GB/T 2778—2007
代替 GB/T 2778—1992

农业拖拉机动力输出皮带轮 圆周速度和宽度

Power take-off pulley for agricultural tractors—Peripheral speed and width

2007-06-25 发布

2007-11-01 实施

中华人民共和国国家质量监督检验检疫总局
中国国家标准化管理委员会
发布

前 言

本标准是对 GB/T 2778—1992《农林拖拉机动力输出皮带轮圆周速度和宽度》的修订，修订时除作了编辑性修改外，本标准与 GB/T 2778—1992 相比主要技术内容有如下变化：

——取消引用标准，改为发动机转速对应于动力输出轴标准转速；

——胶带宽度，改为轮缘宽度。

本标准自实施之日起代替 GB/T 2788—1992。

本标准由中国机械工业联合会提出。

本标准由全国拖拉机标准化技术委员会归口。

本标准起草单位：洛阳拖拉机研究所、国家拖拉机质量监督检验中心。

本标准主要起草人：李乐臣、柳玲文、王洪斌。

本标准所代替标准的历次版本发布情况为：

——GB/T 2778—1992。

农业拖拉机动力输出皮带轮 圆周速度和宽度

1 范围

本标准规定了农业拖拉机动力输出皮带轮的圆周速度、传递功率和轮缘宽度等。

本标准适用于农业轮式和履带拖拉机。

2 圆周速度

当发动机转速对应于动力输出轴标准转速时，皮带轮圆周速度为 16 m/s±1 m/s。

3 传递功率和轮缘宽度

皮带轮传递功率和轮缘宽度要求见表 1。

表 1

皮带轮传递功率 kW	轮缘宽度 mm
≤20	100
>20～30	150
>30～45	175
>45～60	225

ICS 13.340.20
C 73

中华人民共和国国家标准

GB 2811—2007
代替 GB 2811—1989

安　　全　　帽

Safety helmet

2007-01-19 发布　　　　2007-12-01 实施

中华人民共和国国家质量监督检验检疫总局
中国国家标准化管理委员会　发布

前　言

本标准4.1.11、4.1.12、4.2、4.3、6条款为强制性条款，其余为推荐性条款。

本标准修订过程中主要参考了ISO 3873：1987《工业用安全帽》、EN 397：1995《工业安全帽技术规范》、JIS T 8131：2000《工业安全帽》和ANSI Z 89.1—2003《安全帽》。

本标准是对GB 2811—1989《安全帽》的修订。

本标准进行了以下修订：

——增加了对下颏带的要求；

——增加了对检验的详细要求；

——增加了紫外线照射预处理后冲击和穿刺测试要求；

——增加了穿刺性能测试预处理条件的要求；

——增加了检验项目的分类；

——增加了进货检验的规定；

——在标识章节中增加了产品说明；

——增加了附录A和附录B；

——修改了安全帽的定义；

——修改了对安全帽透气孔的要求；

——修改了垂直间距的要求；

——修改了防寒安全帽的重量要求；

——删除了原附录A试验用头模；

——删除了颜色、分类、结构形式的要求以及采购、监督和管理内容。

本标准实施之日起代替GB 2811—1989《安全帽》。

本标准由国家安全生产监督管理总局政策法规司提出。

本标准由全国个体防护装备标准化技术委员会归口。

本标准起草单位：北京市劳动保护科学研究所、无锡梅思安安全设备有限公司、北京慧缘有限责任公司、北京力达塑料制造有限公司。

本标准主要起草人：杨文芬、肖义庆、臧兰兰、邓保举、袁人熙、项树乔、张东伟、姚海峰。

安 全 帽

1 范围

本标准规定了职业用安全帽的技术要求、检验规则及其标识。

本标准适用于工作中通常使用的安全帽，附加的特殊技术性能仅适用相应的特殊场所。

本标准不适用于大盖帽、布帽、摩托头盔、防暴头盔、运动头盔、草帽、普通棉帽、军事装备等。

2 规范性引用文件

下列文件中的条款通过本标准的引用而成为本标准的条款。凡是注日期的引用文件，其随后所有的修改单（不包括勘误的内容）或修订版均不适用于本标准，然而，鼓励根据本标准达成协议的各方研究是否可使用这些文件的最新版本。凡是不注日期的引用文件，其最新版本适用于本标准。

GB/T 2428　成人头面部尺寸

GB/T 2812—2006　安全帽测试方法

GB/T 2829　周期检查计数抽样程序及抽样表（适用于生产过程稳定性的检查）

GB 12158　防止静电事故通用导则

3 术语和定义

下列术语和定义适用于本标准。

3.1

安全帽　safety helmet

对人头部受坠落物及其他特定因素引起的伤害起防护作用的帽。由帽壳、帽衬、下颏带、附件组成。

3.2

帽壳　shell

安全帽外表面的组成部分。由帽舌、帽沿和顶筋组成。

3.3

帽舌　peak

帽壳前部伸出的部分。

3.4

帽沿　brim

在帽壳上，除帽舌以外帽壳周围其他伸出的部分。

3.5

顶筋　top reinforcement

用来增强帽壳顶部强度的结构。

3.6

帽衬　harness

帽壳内部部件的总称。由帽箍、吸汗带、缓冲垫、衬带等组成。

3.7

帽箍　headband

绕头围起固定作用的带圈。包括调节带圈大小的结构。

3.8

吸汗带　sweatband

附加在帽箍上的吸汗材料。

3.9

缓冲垫　inner cushion

设置在帽箍和帽壳之间吸收冲击能力的部件。

3.10

衬带　liner strip

与头顶直接接触的带子。

3.11

下颏带　chins trap

系在下巴上，起辅助固定作用的带子。由系带、锁紧卡组成。

3.12

锁紧卡　lock

调节与固定系带有效长短的零部件。

3.13

水平间距　horizontal distance

安全帽在佩戴时，帽箍与帽壳内侧之间在水平面上的径向距离。

3.14

垂直间距　vertical distance

安全帽在佩戴时，头顶最高点与帽壳内表面之间的轴向距离(不包括顶筋的空间)。

3.15

佩戴高度　wearing height

安全帽在佩戴时，帽箍底部至头顶最高点的轴向距离。

3.16

头模　headform

测试安全帽时使用的模拟人头模型。

3.17

通气孔　vent

设置在帽壳上的通气孔。

3.18

附件　accessories

附加于安全帽的装置。包括眼面部防护装置、耳部防护装置、主动降温装置、电感应装置、颈部防护装置、照明装置、警示标志等。

3.19

联接　joint

帽壳与帽衬之间联结结构。包括插接、拴接、铆接、挂接、栓接等。

4　技术要求

4.1　一般要求

4.1.1　帽箍可根据安全帽标识中明示的适用头围尺寸进行调整。

4.1.2　帽箍对应前额的区域应有吸汗性织物或增加吸汗带，吸汗带宽度大于或等于帽箍的宽度。

4.1.3　系带应采用软质纺织物，宽度不小于 10 mm 的带或直径不小于 5 mm 的绳。

4.1.4 不得使用有毒、有害或引起皮肤过敏等人体伤害的材料。

4.1.5 材料耐老化性能应不低于产品标识明示的日期，正常使用的安全帽在使用期内不能因材料原因导致其性能低于本标准要求。所有使用的材料应具有相应的预期寿命。

4.1.6 当安全帽配有附件时，应保证安全帽正常佩戴时的稳定性。安全帽应不影响安全帽的正常防护功能。

4.1.7 质量：普通安全帽不超过 430 g；防寒安全帽不超过 600 g。

4.1.8 帽壳内部尺寸：长：195 mm～250 mm；宽：170 mm～220 mm；高：120 mm～150 mm。

4.1.9 帽舌：10 mm～70 mm。

4.1.10 帽沿：≤70 mm。

4.1.11 佩戴高度：按照 GB/T 2812—2006 中 4.1 规定的方法测量，佩戴高度应为 80 mm～90 mm。

4.1.12 垂直间距：按照 GB/T 2812—2006 中 4.2 规定的方法测量，垂直间距应≤50 mm。

4.1.13 水平间距：5 mm～20 mm。

4.1.14 突出物：帽壳内侧与帽衬之间存在的突出物高度不得超过 6 mm，突出物应有软垫覆盖。

4.1.15 通气孔：当帽壳留有通气孔时，通气孔总面积为 150 mm^2～450 mm^2。

4.2 基本技术性能

4.2.1 冲击吸收性能

按照 GB/T 2812—2006 中 4.3 规定的方法，经高温、低温、浸水、紫外线照射预处理后做冲击测试，传递到头模上的力不超过 4 900 N，帽壳不得有碎片脱落。

4.2.2 耐穿刺性能

按照 GB/T 2812—2006 中 4.4 规定的方法，经高温、低温、浸水、紫外线照射预处理后做穿刺测试，钢锥不得接触头模表面，帽壳不得有碎片脱落。

4.2.3 下颏带的强度

按照 GB/T 2812—2006 中 4.5 规定的方法，下颏带发生破坏时的力值应介于 150 N～250 N 之间。

4.3 特殊技术性能

产品标识中所声明的安全帽具有的特殊性能，仅适用于相应的特殊场所。

4.3.1 防静电性能

按照 GB/T 2812—2006 中 4.6 规定的方法进行测试，表面电阻率不大于 1×10^9 Ω。

4.3.2 电绝缘性能

按照 GB/T 2812—2006 中 4.7 规定的方法进行测试，泄漏电流不超过 1.2 mA。

4.3.3 侧向刚性

按照 GB/T 2812—2006 中 4.8 规定的方法进行测试，最大变形不超过 40 mm，残余变形不超过 15 mm，帽壳不得有碎片脱落。

4.3.4 阻燃性能

按照 GB/T 2812—2006 中 4.9 规定的方法进行测试，续燃时间不超过 5 s，帽壳不得烧穿。

4.3.5 耐低温性能

按照 GB/T 2812—2006 中 4.3 规定的方法，经低温(－20℃)预处理后做冲击测试，冲击力值应不超过 4 900 N；帽壳不得有碎片脱落。

按照 GB/T 2812—2006 中 4.4 规定的方法，经低温(－20℃)预处理后做穿刺测试，钢锥不得接触头模表面；帽壳不得有碎片脱落。

5 检验

5.1 样品

检验样品应符合产品标识的描述，零件齐全，功能有效。

检验样品的数量应根据检验的要求确定，表1规定的各检验项目最小检验数量均为1顶。

非破坏性检验可以同破坏性检验共用样品，不另外增加样品数量。

检验样品应在最终生产工序完成后，在普通大气环境中至少平衡3 d。

表 1

性能类别	检验项目
基本性能	高温(50℃)处理后冲击吸收性能
	低温(−10℃)处理后冲击吸收性能[a]
	浸水处理后冲击吸收性能
	辐照处理后冲击吸收性能
	高温(50℃)处理后耐穿刺性能
	低温(−10℃)处理后耐穿刺性能[a]
	辐照处理后耐穿刺性能
	浸水处理后耐穿刺性能
	外观结构及尺寸
	下颏带强度检验
特殊性能	阻燃性能
	侧向刚性
	防静电性能
	电绝缘性能
	低温(−20℃)处理后冲击吸收性能
	低温(−20℃)处理后耐穿刺性能

a 具有耐低温特殊性能的安全帽不做此项。

5.2 检验类别

检验类别分为出厂检验、型式检验、进货检验三类。

5.3 出厂检验

生产企业应逐批进行出厂检验。

检查批量以一次生产投料为一批次，最大批量应小于8万顶。各项检验样本大小、不合格分类、判定数组见表2。

表 2

检验项目	批量范围	单项检验样本大小	不合格分类	单项判定数组	
				合格判定数	不合格判定数
冲击吸收性能、耐穿刺性能、电绝缘性能、侧向刚性、阻燃性能、防静电性能、垂直间距、佩戴高度、标识	<500	3	A	0	1
	501～5 000	5		0	1
	5 001～50 000	8		0	1
	≥50 001	13		1	2

表 2(续)

检验项目	批量范围	单项检验样本大小	不合格分类	单项判定数组	
				合格判定数	不合格判定数
重量、水平间距、帽壳内突出物、下颏带强度、通气孔设置	<500	3	B	1	2
	501～5 000	5		1	2
	5 001～50 000	8		1	2
	≥50 001	13		2	3
帽舌尺寸、帽沿、帽壳内部尺寸、吸汗带要求、系带的要求	<500	3	C	1	2
	501～5 000	5		1	2
	5 001～50 000	8		2	3
	≥50 001	13		2	3

5.4 型式检验

5.4.1 有下列情况时需进行型式检验：

5.4.1.1 新产品鉴定；

5.4.1.2 当配方、工艺、结构发生变化时；

5.4.1.3 停产一定周期后恢复生产时；

5.4.1.4 周期检查，每年一次；

5.4.1.5 出厂检验结果与上次型式检验结果有较大差异时。

5.4.2 型式检验样本数量根据检验项目的要求按照表1的规定执行。

5.4.3 样本由提出检验的单位或委托第三方从逐批检查合格的产品中随机抽取。判别水平、不合格质量水平、判定数组见表3。

表 3

判别水平	不合格类别	不合格质量水平	合格判定数	不合格判定数
		RQL	A_c	R_e
Ⅱ	A	50	0	1
	B	50	1	2
	C	50	2	3

5.5 进货检验

进货单位按批量对冲击吸收性能、耐穿刺性能、垂直间距、佩戴高度、标识及标识中声明的符合本标准4.3规定的特殊技术性能或相关方约定的项目进行检测，无检验能力的单位应到有资质的第三方实验室进行检验。样本大小按表4执行，检验项目必须全部合格。

表 4

批量范围	<500	≥500～5 000	≥5 000～50 000	≥50 000
样本大小	$1\times n$	$2\times n$	$3\times n$	$4\times n$
注：n 为满足表1规定检验需求的项数。				

6 标识

每顶安全帽的标识由永久标识和产品说明组成。

6.1 永久标识

刻印、缝制、铆固标牌、模压或注塑在帽壳上的永久性标志。必须包括：

6.1.1 本标准编号；

6.1.2 制造厂名；

6.1.3 生产日期(年、月)；

6.1.4 产品名称(由生产厂命名)；

6.1.5 产品的特殊技术性能(如果有)。

6.2 产品说明

每个安全帽均要附加一个含有下列内容的说明材料，可以使用印刷品、图册或耐磨不干胶贴等形式，提供给最终使用者。必须包括：

6.2.1 声明："为充分发挥保护力，安全帽佩戴时必须按头围的大小调整帽箍并系紧下颏带"；

6.2.2 声明："安全帽在经受严重冲击后，即使没有明显损坏，也必须更换"；

6.2.3 声明："除非按制造商的建议进行，否则对安全帽配件进行的任何改造和更换都会给使用者带来危险"；

6.2.4 是否可以改装的声明；

6.2.5 是否可以在外表面涂敷油漆、溶剂、不干胶贴的声明；

6.2.6 制造商的名称、地址和联系资料；

6.2.7 为合格品的声明及资料；

6.2.8 适用和不适用场所；

6.2.9 适用头围的大小；

6.2.10 安全帽的报废判别条件和保质期限；

6.2.11 调整、装配、使用、清洁、消毒、维护、保养和储存方面的说明和建议；

6.2.12 使用的附件和备件(如果有)的详细说明。

附 录 A
（资料性附录）
安全帽的适用场所

A.1 本附录规定了安全帽的适用场所。

A.2 普通安全帽

普通安全帽适用于大部分工作场所，包括建设工地、工厂、电厂、交通运输等。

在这些场所可能存在：坠落物伤害、轻微磕碰、飞溅的小物品引起的打击等。

A.3 含特殊性能的安全帽

有特殊性能的安全帽可作为普通安全帽使用，具有普通安全帽的所有性能。特殊性能可以按照不同组合适用于特定的场所。

按照特殊性能的种类其对应的工作场所包括：

A.3.1 阻燃性

适用于可能短暂接触火焰、短时局部接触高温物体或曝露于高温的场所。

A.3.2 抗侧压性能

适用于可能发生侧向挤压的场所，包括可能发生塌方、滑坡的场所；存在可预见的翻倒物体；可能发生速度较低的冲撞场所。

A.3.3 防静电性能

适用于对静电高度敏感、可能发生引爆燃的危险场所，包括油船船仓、含高浓度瓦斯煤矿、天然气田、烃类液体灌装场所、粉尘爆炸危险场所及可燃气体爆炸危险场所；在上述场所中安全帽可能同佩戴者以外的物品接触或摩擦；同时使用防静电安全帽时所穿戴的衣物应遵循防静电规程的要求。

A.3.4 绝缘性能

适用于可能接触 400 V 以下三相交流电的工作场所。

A.3.5 耐低温性能

适用于头部需要保温且环境温度不低于－20℃的工作场所。

A.4 其他可能存在的特殊性能

根据工作的实际情况可能存在以下特殊性能，包括摔倒及跌落的保护、导电性能、防高压电性能、耐超低温、耐极高温性能、抗熔融金属性能等，本标准未详细规定其性能及检测要求。制造商和采购方应参照本标准作出技术方面的补充协议。

附 录 B
（资料性附录）
安全帽上的通气孔

B.1 本附录规定了安全帽上通气孔的设计、要求。

B.2 当工作人员佩戴安全帽后，应充分考虑由于散热不良给佩戴者带来的不适。通气孔作为主要的散热措施应该受到制造商及采购方的重视。通气孔的设置应根据佩戴者的工作环境、劳动强度、气象条件及被保护的严密程度等确定。

B.3 通气孔的设置应使空气尽可能对流，推荐的方法是使空气从安全帽底部边缘进入、从安全帽上部三分之一位置处开孔排出。

B.4 帽衬同帽壳或缓冲垫之间应保留一定的空间，使空气可以流通。如果存在缓冲垫，缓冲垫不应遮盖通气孔。

B.5 如果安全帽上设置通气孔，通气孔总面积为 150 mm^2～450 mm^2。

B.6 可以提供关闭通气孔的措施，如果提供这类措施，通气孔应可以开到最大。

参 考 文 献

ISO 3873:1987 工业用安全帽

EN 397:1995 工业安全帽技术规范

ANSI Z 89.1—2003 安全帽

JIS T 8131:2000 工业安全帽

ICS 23.100.50
J 20

中华人民共和国国家标准

GB/T 2877—2007
代替 GB/T 2877—1981

液压二通盖板式插装阀　安装连接尺寸

Hydraulic fluid power—Two-port slip-in cartridge valves—Cavities

2007-04-30 发布　　2007-12-01 实施

中华人民共和国国家质量监督检验检疫总局
中国国家标准化管理委员会　发布

前 言

本标准是对 GB/T 2877—1981《二通插装式液压阀安装连接尺寸》的修订。本标准修订时参考了 ISO/DIS 7368.2《液压传动　二通盖板式插装阀　安装连接尺寸》。

本标准与 GB/T 2877—1981 相比，主要技术内容改变如下：

——更改了标准名称；

——改变了安装尺寸（阀孔）标识代号；

——对规格 16～63 将溢流阀与其他阀的安装连接尺寸分开；

——增加通径 125 mm 和 160 mm 两个规格的安装尺寸。

本标准自实施之日起代替 GB/T 2877—1981。

本标准由中国机械工业联合会提出。

本标准由全国液压气动标准化技术委员会（SAC/TC 3）归口。

本标准负责起草单位：济南铸锻所捷迈机械有限公司。

本标准参加起草单位：中国船舶重工集团公司第七〇四研究所。

本标准主要起草人：李文钧、黄人豪、彭力。

本标准所代替标准的历次版本发布情况为：

——GB/T 2877—1981。

液压二通盖板式插装阀　安装连接尺寸

1　范围

本标准规定了液压二通盖板式插装阀(以下简称插装阀)安装连接尺寸和与其相关的其他数据,以保证产品的互换性。

本标准适用于一般工业设备用的插装阀。

2　规范性引用文件

下列文件中的条款通过本标准的引用而成为本标准的条款。凡是注日期的引用文件,其随后所有的修改单(不包括勘误的内容)或修订版均不适用于本标准,然而,鼓励根据本标准达成协议的各方研究是否可使用这些文件的最新版本。凡是不注日期的引用文件,其最新版本适用于本标准。

GB/T 14043　液压传动　阀安装面和插装阀阀孔的标识代号(GB/T 14043—2005,ISO 5783:1995,IDT)

GB/T 17446　流体传动系统及元件　术语(GB/T 17446—1998,idt ISO 5598:1985)

3　定义

GB/T 17446 中确立的术语和定义适用于本标准。

4　符号

4.1　本标准采用下列符号:

a)　A、B、X、Y、Z_X 和 Z_Y 用于标示油口,在某些情况下可以与下列示例不同。

示例:

——A:在液压回路中的进油口、工作油口、出油口;

——B:在液压回路中的进油口、工作油口、出油口;

——X:先导油口、进油口;

——Y:先导油口、回油口;

——Z_X:辅助先导油口、进油口;

——Z_Y:辅助先导油口、回油口。

b)　F_1、F_2、F_3、F_4、F_5、F_6、F_7、F_8、F_9、F_{10}、F_{11} 和 F_{12} 表示连接螺钉的螺纹孔。

c)　G、G_1、G_2 表示定位销孔。

4.2　本标准采用符合 GB/T 14043 规定的标识代号。

5　公差

5.1　下列数值适用于插装阀的安装面,即在双点划线以内的区域:

——表面粗糙度:如图 1～图 16 所示;

——表面平面度:每 100 mm 距离上为 0.01 mm;

——定位销孔直径公差:H13。

——其余尺寸见图 1～图 16。

6 尺寸

6.1 插装阀安装连接尺寸应从6.2～6.17的图中选择。

6.2 除主系统溢流阀外，主油口公称通径为16 mm的方形盖板插装阀安装连接尺寸(规格06)(代号：GB/T 2877-06-01-×—2007)见图1。

6.3 主油口为公称通径16 mm，方形盖板的主系统溢流阀安装连接尺寸(规格06)(代号：GB/T 2877-06-02-×—2007)见图2。

6.4 除主系统溢流阀外，主油口为公称通径25 mm的方形盖板插装阀安装连接尺寸(规格08)(代号：GB/T 2877-08-03-×—2007)见图3。

6.5 主油口为公称通径25 mm，方形盖板的主系统溢流阀安装连接尺寸(规格08)(代号：GB/T 2877-08-04-×—2007)见图4。

6.6 除主系统溢流阀外，主油口公称通径为32 mm的方形盖板插装阀安装连接尺寸(规格09)(代号：GB/T 2877-09-05-×—2007)见图5。

6.7 主油口为公称通径32 mm，方形盖板的主系统溢流阀安装连接尺寸(规格09)(代号：GB/T 2877-09-06-×—2007)见图6。

6.8 除主系统溢流阀外，主油口为公称通径40 mm的方形盖板插装阀安装连接尺寸(规格10)(代号：GB/T 2877-10-07-×—2007)见图7。

6.9 主油口为公称通径40 mm，方形盖板的主系统溢流阀安装连接尺寸(规格10)(代号：GB/T 2877-10-08-×—2007)见图8。

6.10 除主系统溢流阀外，主油口为公称通径50 mm的方形盖板插装阀安装连接尺寸(规格11)(代号：GB/T 2877-11-09-×—2007)见图9。

6.11 主油口为公称通径50 mm，方形盖板的主系统溢流阀安装连接尺寸(规格11)(代号：GB/T 2877-11-10-×—2007)见图10。

6.12 除主系统溢流阀外，主油口为公称通径63 mm的方形盖板插装阀安装连接尺寸(规格12)(代号：GB/T 2877-12-11-×—2007)见图11。

6.13 主油口为公称通径63 mm，方形盖板的主系统溢流阀安装连接尺寸(规格12)(代号：GB/T 2877-12-12-×—2007)见图12。

6.14 主油口为公称通径80 mm、圆形盖板的插装阀安装连接尺寸(规格13)(代号：GB/T 2877-13-13-×—2007)见图13。

6.15 主油口为公称通径100 mm、圆形盖板的插装阀安装连接尺寸(规格14)(代号：GB/T 2877-14-14-×—2007)见图14。

6.16 主油口为公称通径125 mm、圆形盖板的插装阀安装连接尺寸(规格15)(代号：GB/T 2877-15-15-×—2007)见图15。

6.17 主油口为公称通径160 mm、圆形盖板的插装阀安装连接尺寸(规格16)(代号：GB/T 2877-16-16-×—2007)见图16。

7 工作压力的标识

供应商应在阀块上清晰地、永久性地标明最高工作压力。

8 标注说明(引用本标准)

当选择遵照用本标准时，在产品试验报告、产品样本及销售文件中使用下列说明："液压二通盖板式插装阀安装连接尺寸符合GB/T 2877—2007《液压二通盖板式插装阀　安装连接尺寸》"。

代号：GB/T 2877-06-01-×—2007

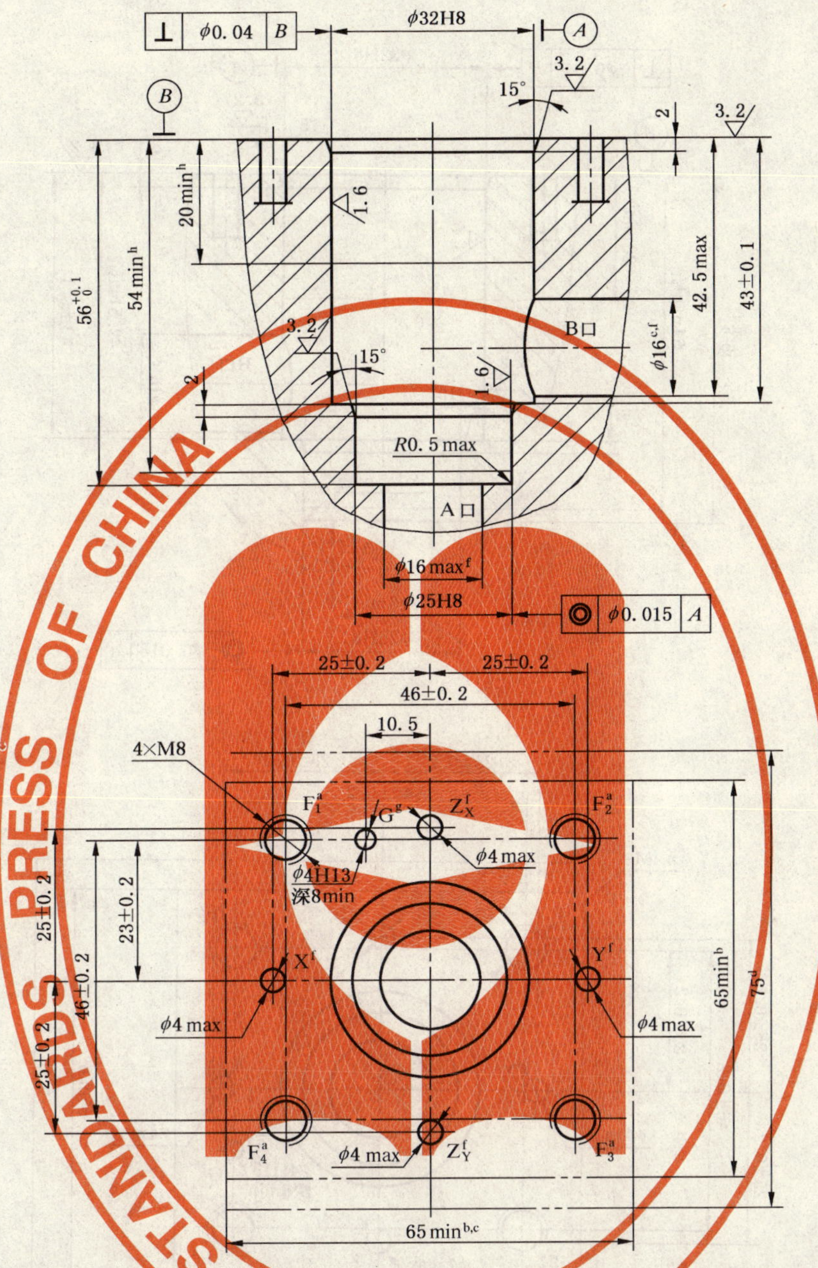

a　最小螺纹深度为螺钉直径 D 的 1.5 倍，为了提高阀的互换性及减小固定螺钉长度，推荐螺纹深度为 $(2D+6)$mm，但要保证连接螺孔到油口 B 之间留有足够的距离。对于黑色金属材料的阀体，推荐固定螺孔的拧入深度为 $1.25D$。

b　双点画线标明的尺寸范围是安装插装阀盖板的最小尺寸。矩形直角处可以做成圆角，最大圆角半径 r_{max} 为连接螺钉的螺纹直径。每个连接螺孔到阀盖板边缘的距离相等。

c　先导阀和调节装置允许超过这个尺寸。

d　这个尺寸是插装阀及盖板要求的最小安装空间。该尺寸也是同一集成块上的两个相同的安装孔中心线的最小距离。制造商应注意，需要安装在盖板上的所有零部件均不应超出这个尺寸。

e　推荐值，也可以是从表面精加工要求（注 h）的最小限定深度到该阀孔底边之间的任意数值。油口 B 不一定由机加工制成，也可以铸造出来。

f　先导油口、主油口的深度和角度由回路设计和阀在油路块上的位置决定。

g　盲孔，是与安装在盖板上的定位销钉相对应的定位孔。

h　对表面粗糙度有要求的最小深度。

图 1　除主系统溢流阀外所有主油口公称通径为 16 mm（规格 06）方形盖板的插装阀安装连接尺寸

代号:GB/T 2877-06-02-×—2007

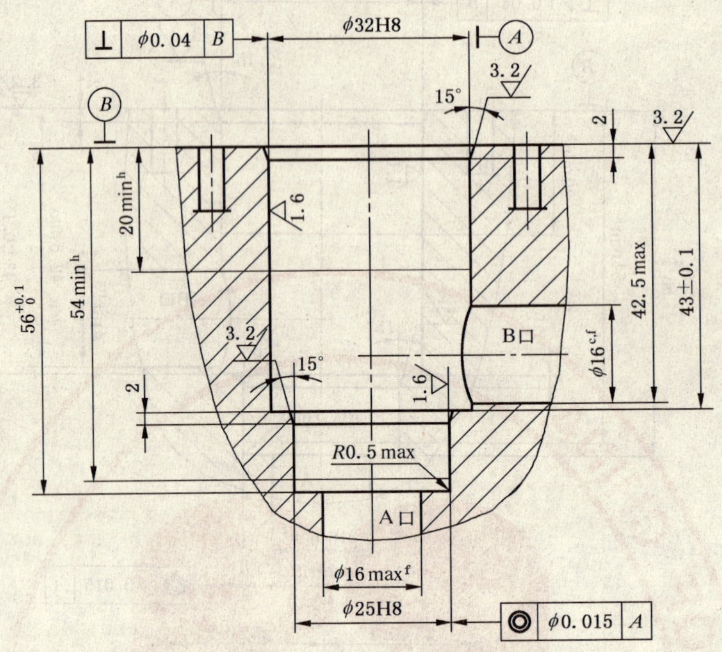

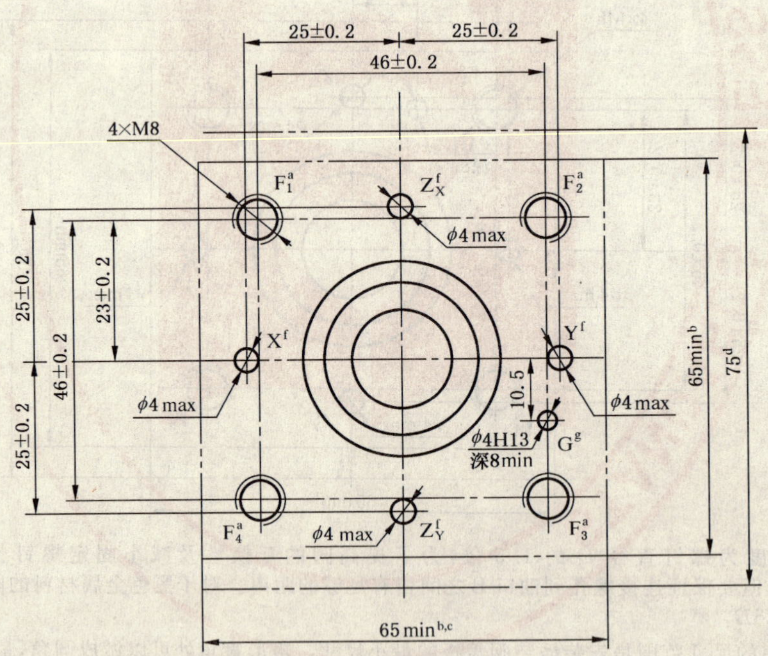

注:图中脚注的注释见图1。

图2 主油口公称通径为16 mm(规格06)方形盖板的主系统溢流阀安装连接尺寸

代号:GB/T 2877-08-03-×—2007

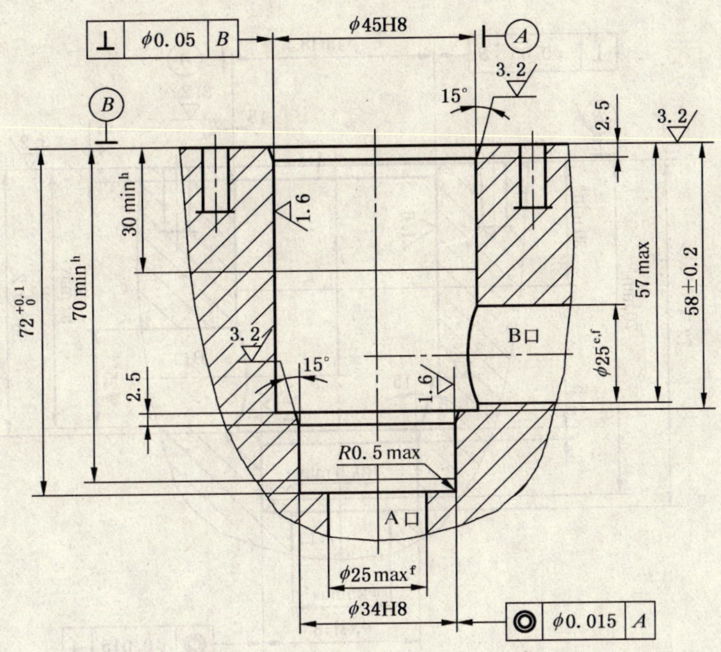

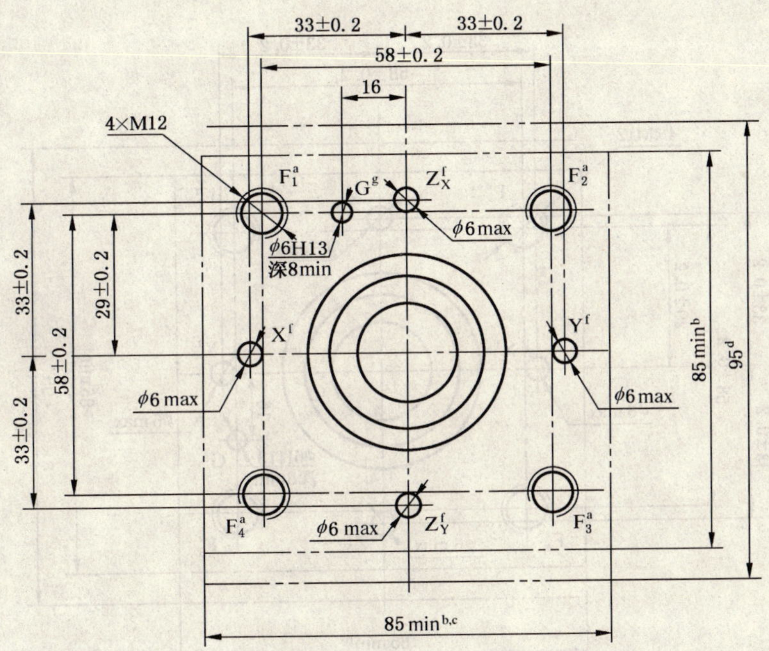

注:图中脚注的注释见图 1。

图 3　除主系统溢流阀外所有主油口公称通径为 25 mm(规格 08)方形盖板的插装阀安装连接尺寸

代号:GB/T 2877-08-04-×—2007

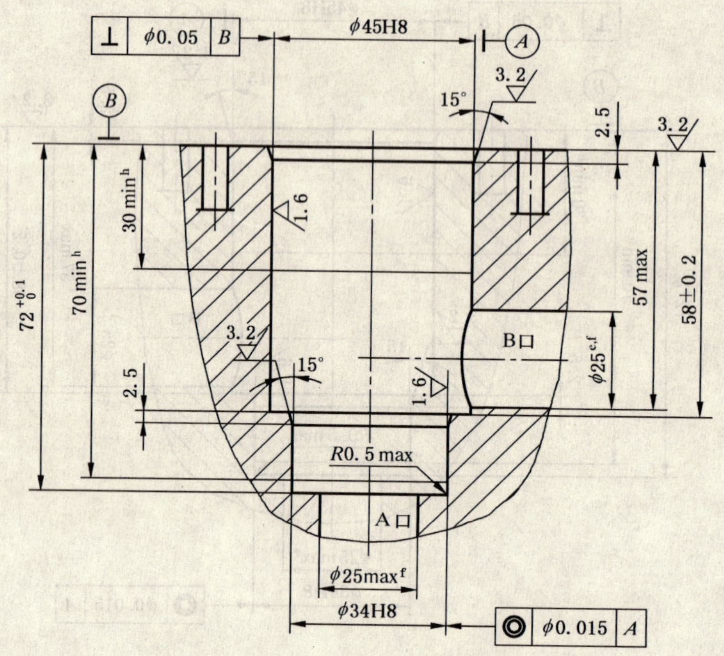

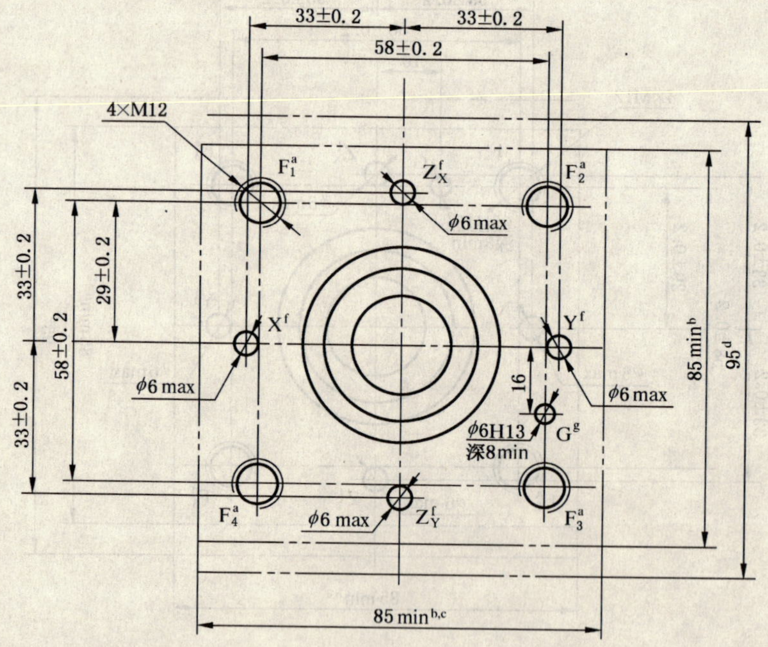

注：图中脚注的注释见图1。

图4 主油口公称通径为25 mm(规格08)方形盖板的主系统溢流阀安装连接尺寸

代号:GB/T 2877-09-05-×—2007

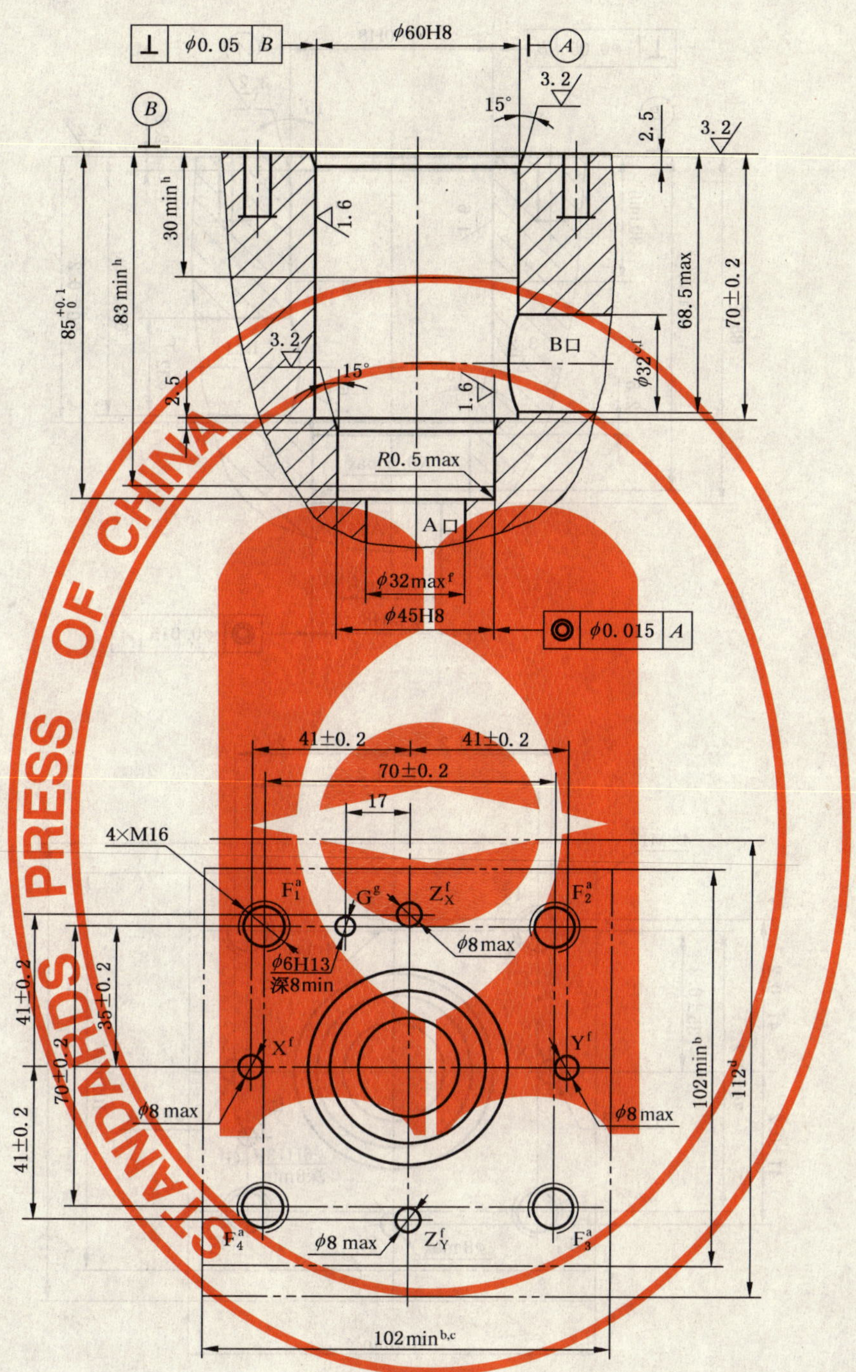

注:图中脚注的注释见图1。

图5 除主系统溢流阀外所有主油口公称通径为32 mm(规格09)方形盖板的插装阀安装连接尺寸

代号:GB/T 2877-09-06-×—2007

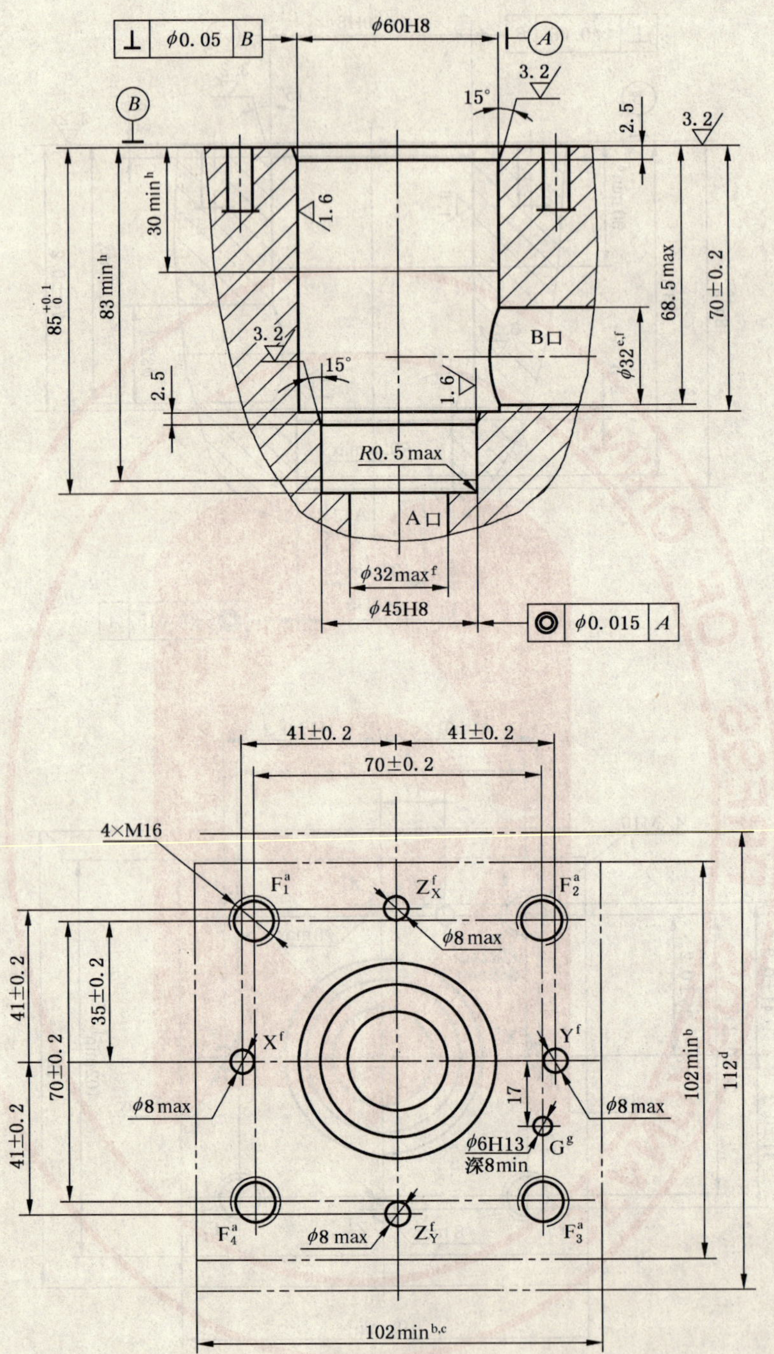

注:图中脚注的注释见图1。

图6　主油口公称通径为32 mm(规格09)方形盖板的主系统溢流阀安装连接尺寸

代号:GB/T 2877-10-07-×—2007

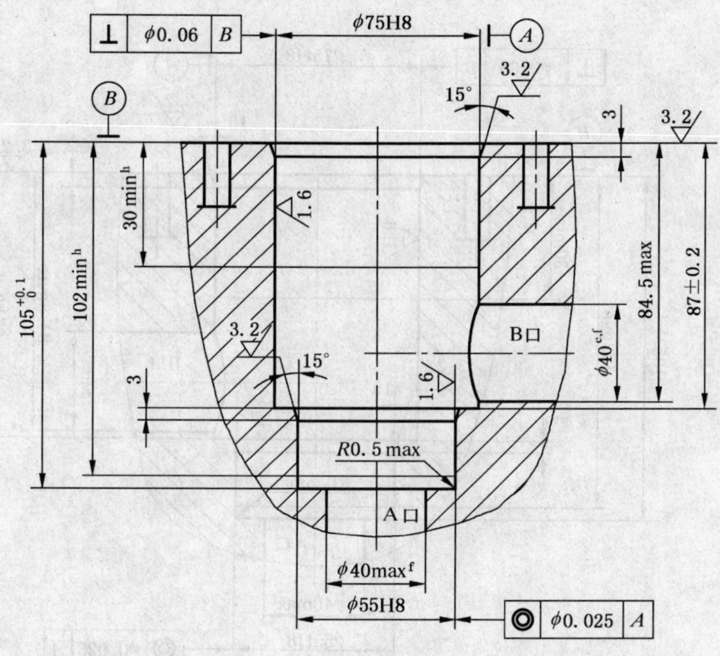

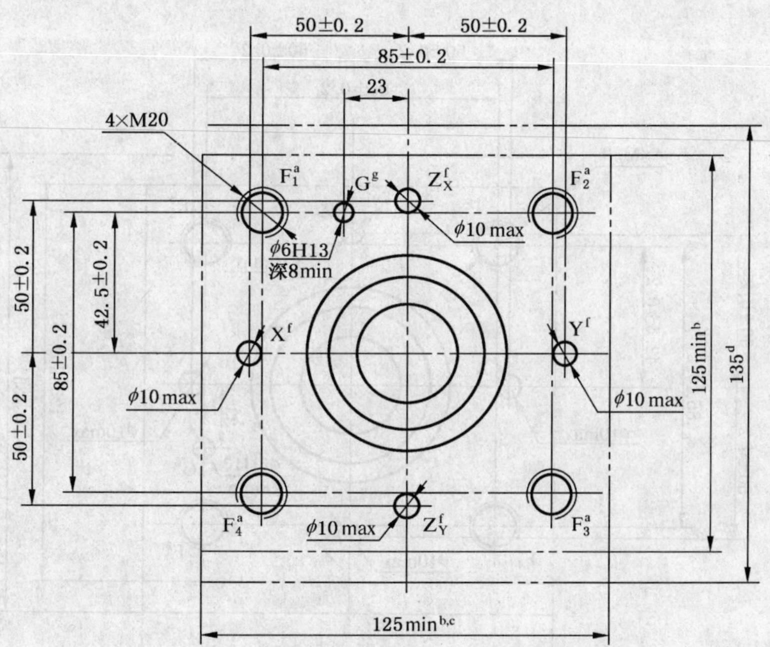

注：图中脚注的注释见图1。

图7 除主系统溢流阀外所有主油口公称通径为40 mm(规格10)方形盖板的插装阀安装连接尺寸

代号:GB/T 2877-10-08-×—2007

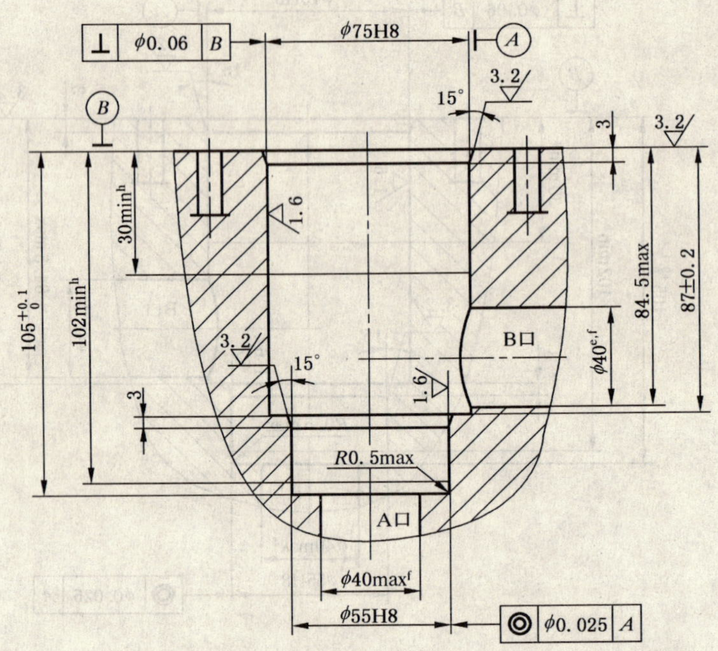

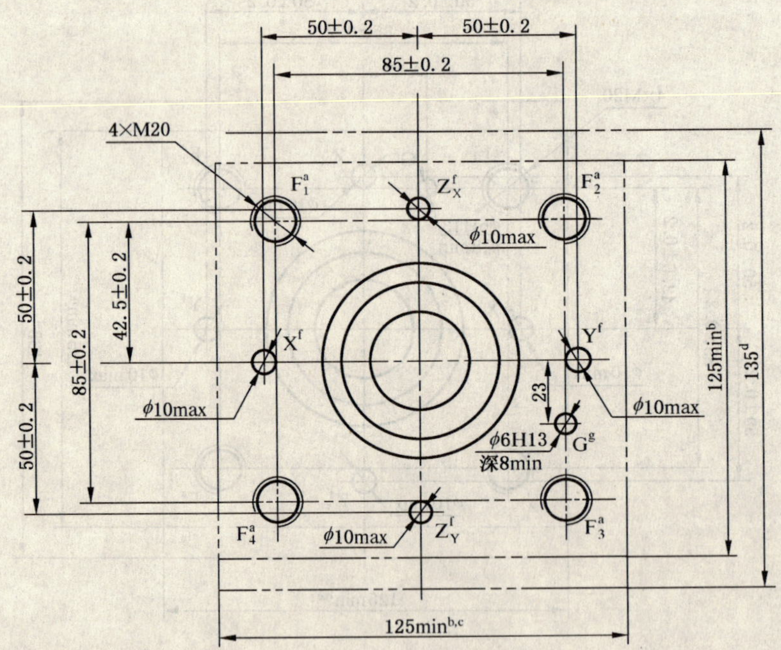

注:图中脚注的注释见图1。

图8 主油口公称通径为40 mm(规格10)方形盖板的主系统溢流阀安装连接尺寸

代号:GB/T 2877-11-09-×—2007

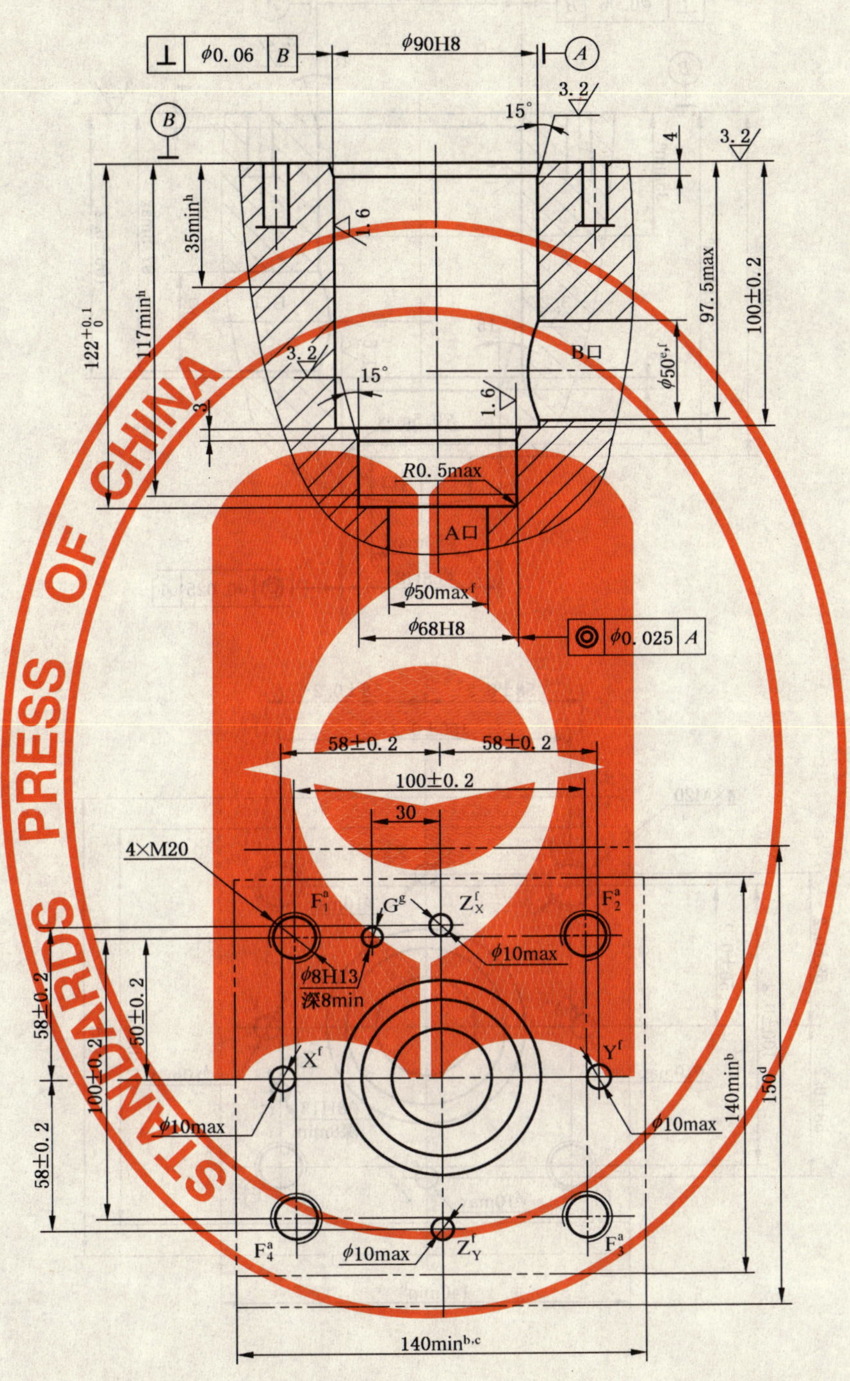

注：图中脚注的注释见图1。

图9 除主系统溢流阀外所有主油口公称通径为 50 mm(规格 11)方形盖板的插装阀安装连接尺寸

代号:GB/T 2877-11-10-×—2007

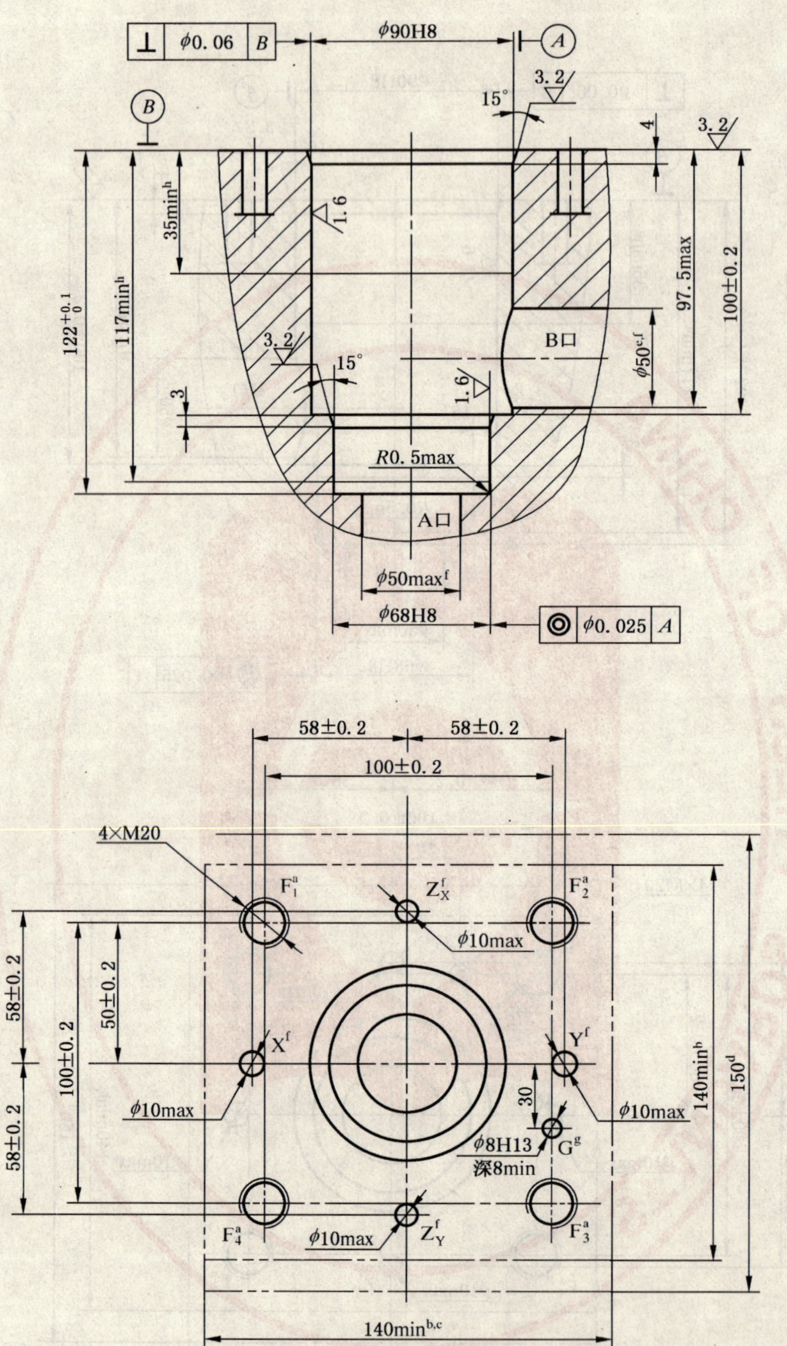

注：图中脚注的注释见图1。

图10　主油口公称通径为50 mm(规格11)方形盖板的主系统溢流阀安装连接尺寸

代号：GB/T 2877-12-11-×—2007

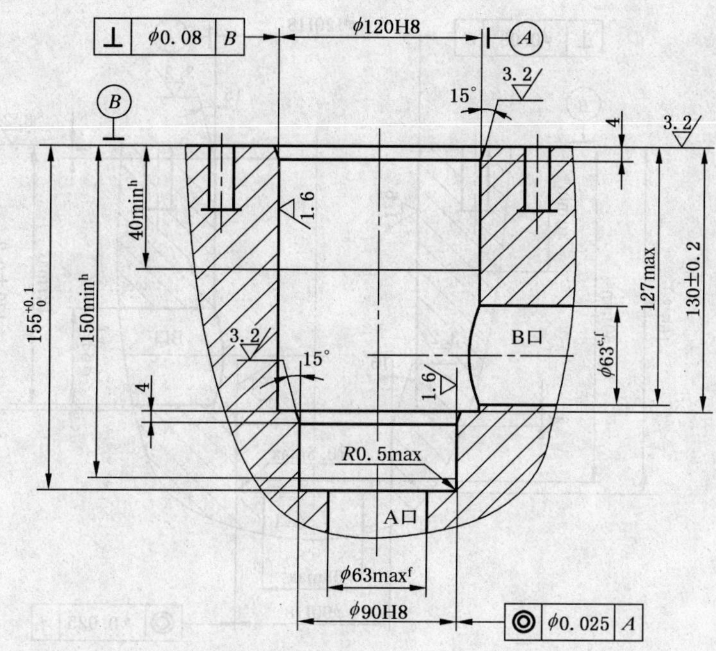

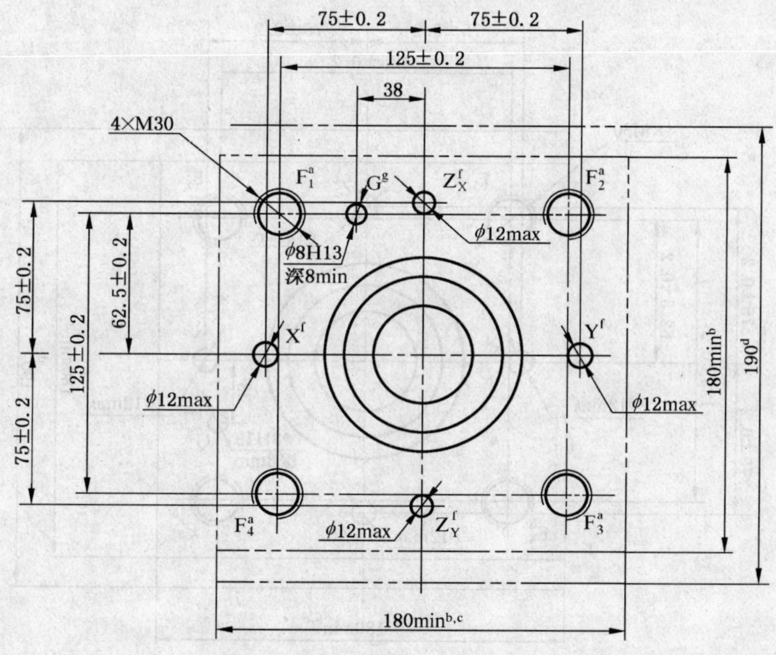

注：图中脚注的注释见图1。

图 11　除主系统溢流阀外所有主油口公称通径为 63 mm(规格 12)方形盖板的插装阀安装连接尺寸

代号:GB/T 2877-12-12-×—2007

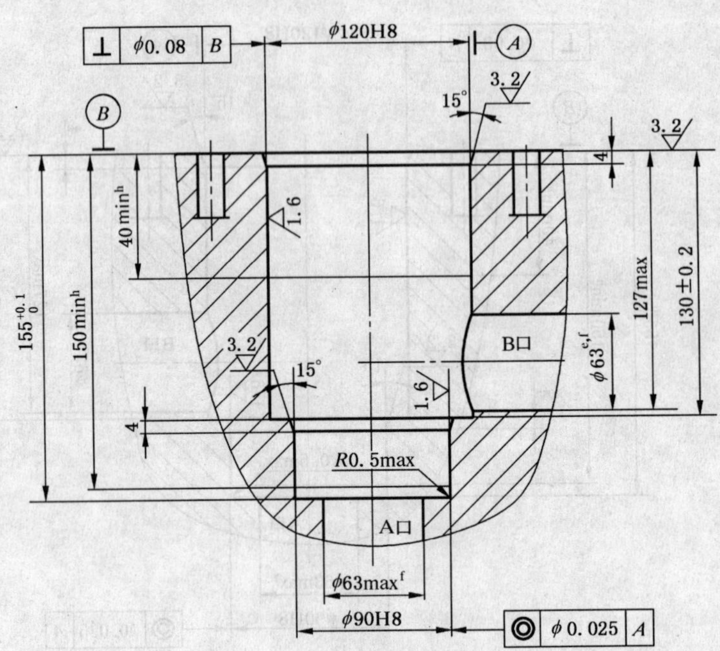

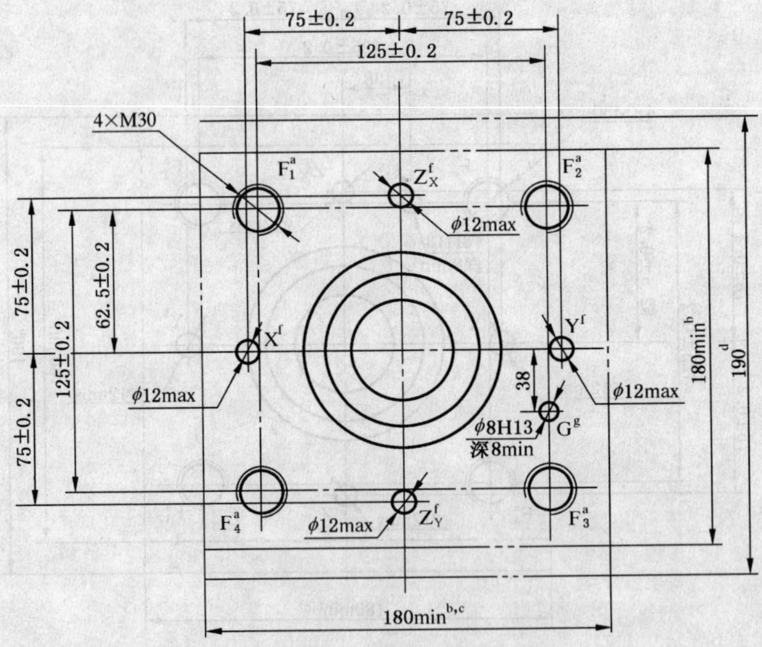

注：图中脚注的注释见图 1。

图 12　主油口公称通径为 63 mm(规格 12)方形盖板的主系统溢流阀安装连接尺寸

代号:GB/T 2877-13-13-×—2007

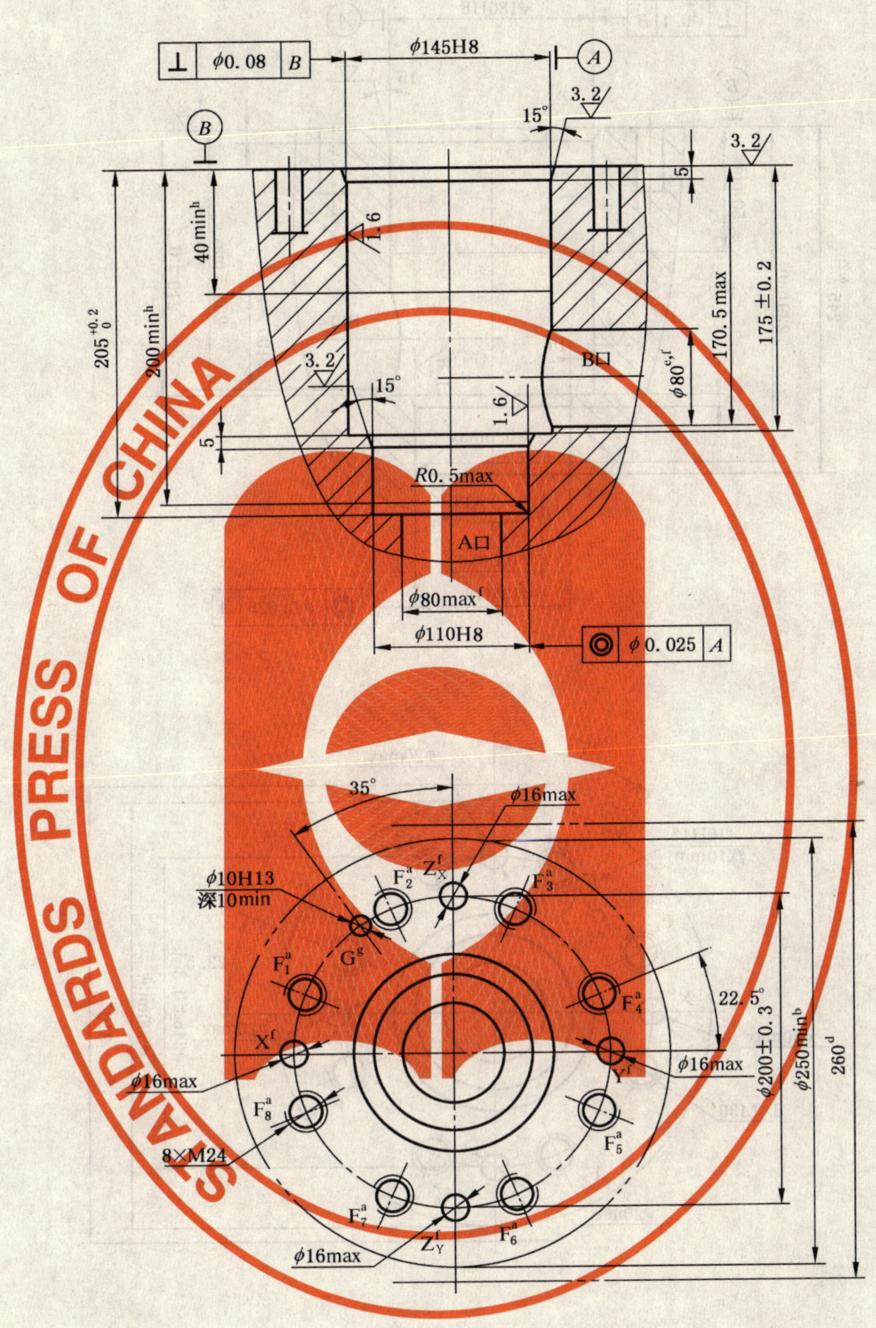

注:图中脚注的注释见图 1。

图 13　主油口公称通径为 80 mm(规格 13)圆形盖板的插装阀安装连接尺寸

代号：GB/T 2877-14-14-×—2007

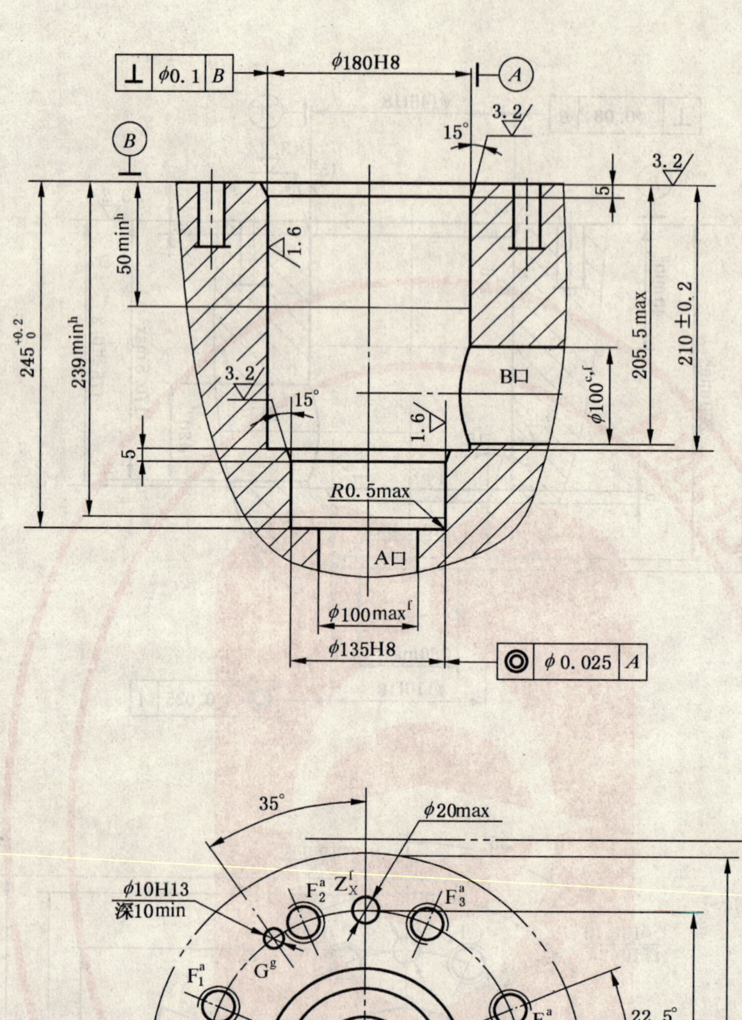

注：图中脚注的注释见图 1。

图 14　主油口公称通径为 100 mm(规格 14)圆形盖板的插装阀安装连接尺寸

代号：GB/T 2877-15-15-×—2007

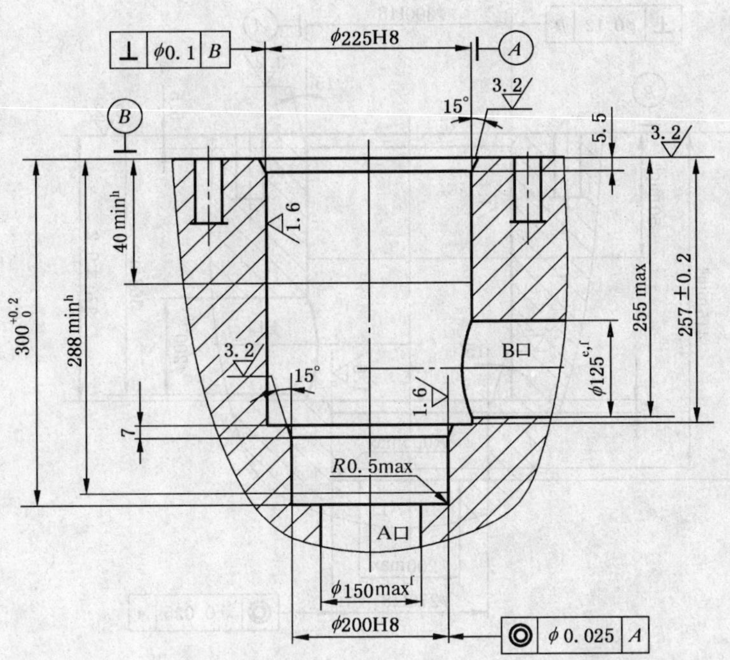

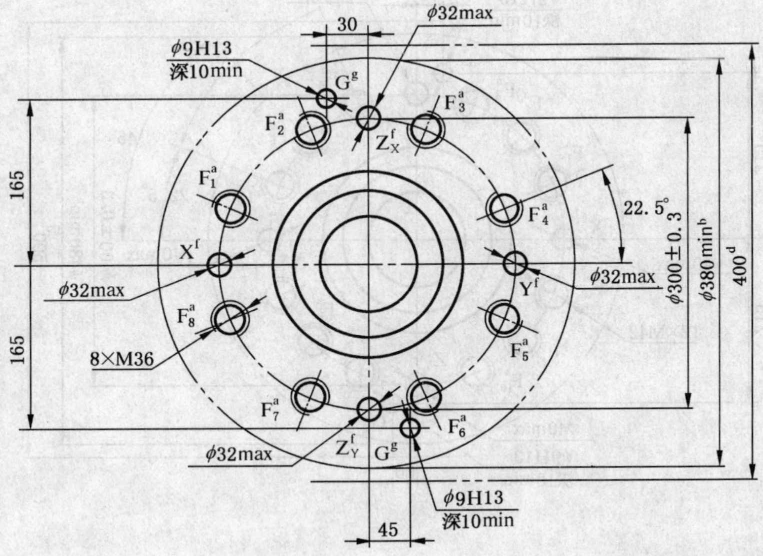

注：图中脚注的注释见图 1。

图 15　主油口公称通径为 125 mm(规格 15)圆形盖板的插装阀安装连接尺寸

代号：GB/T 2877-16-16-×—2007

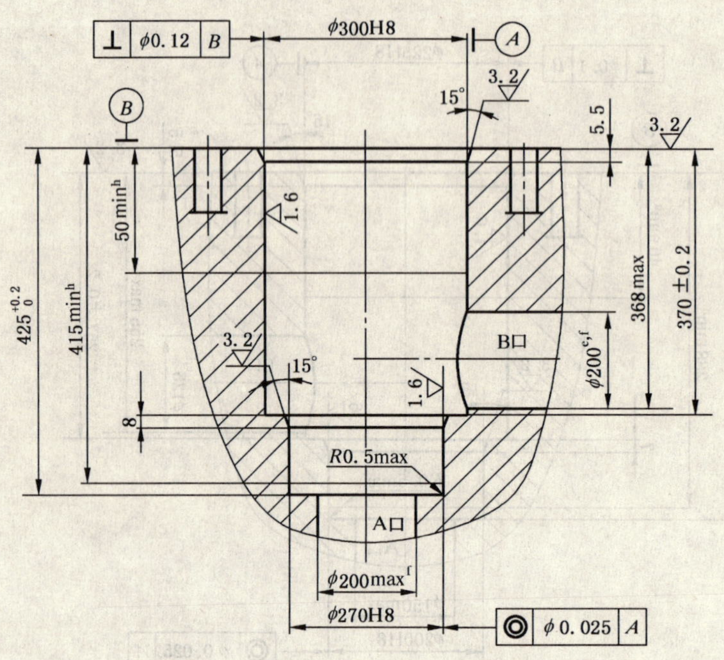

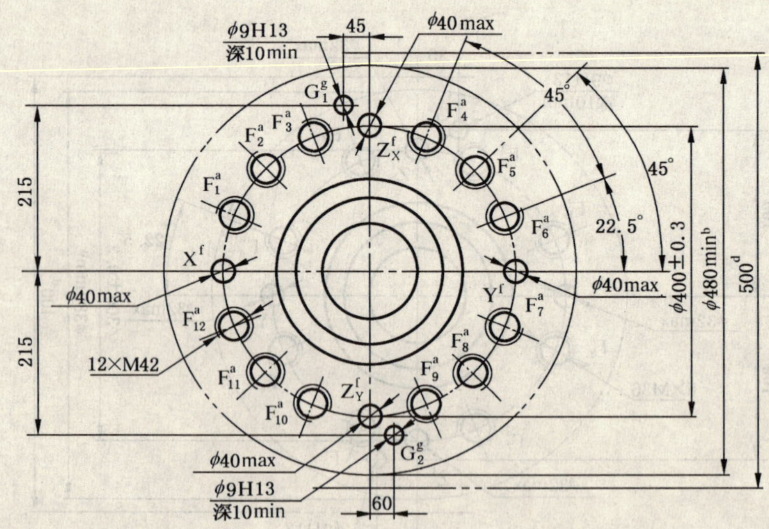

注：图中脚注的注释见图 1。

图 16　主油口公称通径为 160 mm(规格 16)圆形盖板的插装阀安装连接尺寸